SPECIES

DES

HYMÉNOPTÈRES

D'EUROPE & D'ALGÉRIE

Rédigé d'après les principales collections,
les mémoires les plus récents des auteurs et les communications
des entomologistes spécialistes

ENRICHI DE PLANCHES COLORIÉES DONNANT,
D'APRÈS NATURE,
OUTRE UN OU PLUSIEURS SPÉCIMENS DES INSECTES DE CHAQUE GENRE,
DE NOMBREUX DESSINS AU TRAIT
DES CARACTÈRES UTILES A L'INTELLIGENCE DU TEXTE;

FONDÉ PAR

ED. ANDRÉ

Lauréat de l'Institut

ET CONTINUÉ SOUS LA DIRECTION SCIENTIFIQUE DE

ERNEST ANDRÉ

Membre de la Société Entomologique de France, etc.

**Ouvrage couronné par l'Académie des Sciences, par la Société
Entomologique de France (prix Dollfus, 1882, 1883, et 1895) et par
l'Académie des Sciences, Arts et Belles-Lettres de Dijon, 1888**

Est quâdam prodire tenus, si non datur ultrâ
(HORACE, épître I, livre I, vers 32)

TOME CINQUIÈME

PARIS

Vve DUBOSCLARD, ÉDITEUR

18 bis, RUE DENFERT-ROCHEREAU, 18 bis

1896

SPECIES

DES

HYMÉNOPTÈRES

D'EUROPE

SPECIES

DES

HYMÉNOPTÈRES

D'EUROPE & D'ALGÉRIE

Rédigé d'après les principales collections,
les mémoires les plus récents des auteurs et les communications
des entomologistes spécialistes

ENRICHI DE PLANCHES COLORIÉES DONNANT,
D'APRÈS NATURE,
OUTRE UN OU PLUSIEURS SPÉCIMENS DES INSECTES DE CHAQUE GENRE,
DE NOMBREUX DESSINS AU TRAIT
DES CARACTÈRES UTILES A L'INTELLIGENCE DU TEXTE;

FONDÉ PAR

ED. ANDRÉ

Lauréat de l'Institut

ET CONTINUÉ SOUS LA DIRECTION SCIENTIFIQUE DE

Ernest ANDRÉ

Membre de la Société Entomologique de France, etc.

**Ouvrage couronné par l'Académie des Sciences, par la Société
Entomologique de France (prix Dollfus, 1882, 1883, et 1895) et par
l'Académie des Sciences, Arts et Belles-Lettres de Dijon, 1888.**

Est quàdam prodire tenus, si non datur ultrà
(Horace, épître I livre I, vers 32)

TOME CINQUIÈME

PARIS

Vve DUBOSCLARD, ÉDITEUR

18 bis, RUE DENFERT-ROCHEREAU, 18 bis

1896

EDMOND ANDRÉ

C'est sous l'empire d'une profonde et douloureuse émotion que j'ouvre, par une page de deuil, ce nouveau volume du *Species des Hyménoptères*. Le fondateur de cette œuvre considérable, celui qui avait consacré tant de temps et d'efforts à élever ce monument à la science entomologique, Edmond André, mon frère bien-aimé, n'est plus. Il est mort trop jeune, hélas! car il n'avait pas 47 ans quand il a été enlevé, le 10 janvier dernier, à ses utiles travaux, à l'affection des siens, à l'estime de tous. Il s'est éteint doucement, après une courte maladie, dans tout l'essor de ses facultés, dans l'instant le plus rempli de sa vie laborieuse, alors que la science, sa famille et ses amis pouvaient compter longtemps encore sur son intelligence féconde, sur son affection si vive, sur son commerce si agréable.

Des liens trop étroits m'unissent à mon cher défunt pour qu'il me soit permis de retracer ici ce qu'était le savant et ce qu'était l'homme privé. D'autres se sont chargés de ce soin et je les en remercie. Je ne veux ajouter qu'un mot à ces éloges mérités et à ces regrets unanimes, c'est qu'Edmond fut pour moi un frère incomparable et que son souvenir, à la fois doux et triste, restera désormais inséparable de chaque jour de mon existence.

Plus que personne je m'étais intéressé à cette vaste entreprise qui avait pour objectif l'histoire générale des Hyménoptères de la Faune paléarctique, considérés au triple point de vue de leur évolution, de leurs mœurs et de leur classification systématique. J'ai conscience de n'avoir pas ménagé à mon cher Edmond l'aide qu'il m'était possible de lui fournir pour mener à bien ce travail qui, comme il le disait lui-même, devait être l'œuvre de sa vie. Il a tenu parole et n'a pas failli à ses promesses ; mais la tombe s'est refermée sur lui avant l'heure, et l'édifice reste inachevé. Je dois à sa mémoire de lui trouver des continuateurs et je fais, dans ce but, un pressant appel à tous les dévouements, à toutes les bonnes volontés.

Que les savants et les spécialistes veuillent bien me prêter leur concours, et le *Species* vivra, en perpétuant dans l'avenir le nom si cher à mon cœur, si sympathique à tous, de son créateur, Edmond André !

Ernest ANDRÉ.

Gray, le 2 février 1891.

SPECIES DES HYMÉNOPTÈRES

LES BRACONIDES

(SUITE)

par T.-A. MARSHALL

Membre de la Société entomologique de Londres

4ᵉ DIVISION. — POLYMORPHES

Les *Polymorphes*, tels que je les laisse ici subsister, paraissent
se distinguer des autres divisions par des caractères presque né-
gatifs. Il sera donc peut-être utile de résumer d'une façon un peu
plus précise les particularités à l'aide desquelles on parviendra à
les reconnaître. Ils ont l'épistome entier, ou non échancré ; mais
il est souvent relevé en avant, de sorte qu'on aperçoit entre lui
et les mandibules une fente plus ou moins apparente. Les mandibules ferment exactement la bouche. La deuxième cellule cubitale est assez grande et quadrangulaire, mais quelquefois nulle.
Le premier segment de l'abdomen est sessile dans la plupart des
cas, et de largeur variable ; lorsqu'il est fort grêle et que les stigmates avoisinent sa base, on peut le considérer comme subses-

sile ; dans les deux premières tribus, cependant, il est nettement pétiolé, présentant un pédicule assez mince suivi d'une partie postérieure ou condyle considérablement épaissi, à l'instar des Ichneumons. Le deuxième segment est presque toujours soudé avec le troisieme ; les sutures séparatrices des autres segments sont diarthrodiales, quoique souvent difficiles à voir, à cause de leur ténuité. Le genre *Gnamptodon* seul déroge à cette dernière règle, comme nous l'avons remarqué dans l'introduction (p. 26).

D'après ces données, on peut distinguer un *Polymorphe* d'un *Cyclostome* par la forme de l'épistome ; d'un *Aréolaire* par la grandeur de la deuxième cellule cubitale, lorsqu'elle existe, et en outre par le vertex entier ou convexe à son bord postérieur ; d'un *Cryptogastre* par la conformation de l'abdomen, qui montre presque toujours 6 à 7 segments distinctement articulés en dessus, et n'est jamais rebordé en dessous jusqu'à l'extrémité ; d'un *Exodonte* par la structure des mandibules, dont les dents sont dirigées en dedans ; et enfin d'un *Flexiliventre* par la conformation de l'abdomen et de presque tous les organes du corps.

Les *Polymorphes* offrent, de tous les groupes des Braconides, le plus de diversité dans leurs genres, ce qui facilite à un certain degré leur identification. Les espèces sont nombreuses et se lient à d'autres groupes par plusieurs points de contact. Ainsi les *Meteoridæ* ressemblent à certains Ichneumons vrais par leur abdomen pétiolé, et par l'ensemble de leurs faciès. Parmi les *Calyptidæ* il en est dont l'abdomen est recouvert jusqu'au sommet par le deuxième segment, comme cela a lieu chez les *Cryptogastres*, et en même temps ils n'ont que deux cellules cubitales aux ailes antérieures. La tête des *Macrocentridæ* à vertex étroit et excavé postérieurement fait ressembler ces insectes aux *Aréolaires*, mais leur deuxième cellule cubitale est tout autrement conformée. Les *Opiidæ* conservent d'un côté une certaine affinité avec les *Bracon*, et d'autre avec les *Alysia* ; toutefois ils n'ont ni l'ouverture buccale propre aux *Cyclostomes*, ni les mandibules béantes qui distinguent les *Exodontes*.

Iʳᵉ Tribu. — Euphoridæ

Caractères. — Occiput rebordé. Palpes maxillaires de 4 à 6, labiaux de 1 à 3 articles. Epistome arrondi en avant, ordinairement séparé de la face, portant de chaque côté de la base une impression ponctiforme. Mandibules à peine bifides. Antennes de longueur et de forme variables, quelquefois coudées ou brisées avec le scape allongé (*Streblocera*); ou en massue et coudées à la fois (*Eustalocerus*). Sillons mésothoraciques tantôt distincts, tantôt effacés. Ailes antérieures avec deux cellules cubitales parfois peu ou point visibles, dont la première est confondue souvent avec la première discoïdale; cellule radiale ou cultriforme atteignant presque le sommet de l'aile, ou petite, lancéolée, parfois en forme de lunule; et alors le métacarpe devient plus court ou pas plus long que le stigma; cellule costale des ailes postérieures à peine plus courte que la brachiale; nervure transvirso-discoïdale parfois effacée. Abdomen pétiolé; deuxième suture effacée; deuxième et troisième segments beaucoup plus longs que les autres, qui se rétrécissent rapidement jusqu'à l'anus. Tarière cachée ou saillante.

La réunion d'un abdomen pétiolé et de deux cellules cubitales ne se retrouve pas ailleurs que chez les *Euphoridae* de la faune européenne, mais dans l'Amérique méridionale, il existe des représentants de cette tribu qui offrent trois cellules cubitales et se confondent par là avec la tribu suivante; j'ai proposé pour ces insectes le genre *Aridelus*, fondé sur une espèce de Trinidad. La tribu qui nous occupe correspond à la première section des *Perilitus*, Nees, à l'exclusion de sa dernière espèce appartenant aux *Exodontes*, et comprend la forme typique *Euphorus pallidicornis*, rangée par le même auteur dans la famille des *Oxyures*, et par Haliday et Curtis parmi les *Liophronidae*. Les espèces sont de taille moyenne ou petite, et encore peu étudiées. Ces insectes font ordinairement leur proie des Coléoptères phytophages, ce qui a rendu leurs habitudes d'une observation difficile. Quelques uns de leurs genres ont des représentants dans l'ancien comme dans le nouveau continent.

TABLEAU DES GENRES

1 Antennes droites. **2**

— Antennes une ou deux fois coudées. **6**

2 Face munie d'un appareil composé de deux étuis ou cornes cylindriques, creuses, où s'emboîte la base des antennes.
       G. 4. **Cosmophorus**, RATZEBURG.

— Face simple. **3**

3 Premier segment pas plus long que le reste de l'abdomen; condyle plus large que le pétiole. Tête de grandeur moyenne. **4**

— Premier segment plus long que les autres réunis; condyle à peine élargi. Tête aussi grande que le mésothorax.
       G. 2. **Wesmaëlia**, FOERSTER.

4 Cellule radiale très courte, cordiforme ou lancéolée, très éloignée de l'extrémité de l'aile. **5**

— Cellule radiale moins courte, cultriforme, atteignant presque l'extrémité de l'aile. G. 7. **Microctonus**, WESMAEL.

5 Palpes maxillaires de 5 articles. Métathorax ni verticalement tronqué, ni excavé en arrière. Tarière cachée. G. 1. **Euphorus**, NEES

— Palpes maxillaires de 6 articles. Métathorax verticalement tronqué et excavé en arrière. Tarière exserte. G. 6. **Perilitus**, NEES.

6 Première cellule cubitale séparée de la première discoïdale. Antennes ♀ renflées à l'extrémité. G. 3. **Eustalocerus**, FOERSTER.

— Première cellule cubitale confondue avec la première discoïdale. Antennes ♀ sans renflement terminal.
       G. 5. **Streblocera**, WESTWOOD.

Iᵉʳ GENRE. — EUPHORUS, NEES, 1834

εὔφορος, agile.

Epistome arrondi, plus large que long, étroitement appliqué contre les mandibules. Palpes maxillaires de 5, labiaux de 3 articles. Antennes droites, filiformes chez les ♂; plus courtes chez les ♀, grossissant souvent vers l'extrémité, et submoniliformes. Tête cubique, avec les angles émoussés, aussi large ou un peu plus large que le thorax. Occiput faiblement rebordé. Deux cellules cubitales aux ailes antérieures, souvent invisibles par suite de la décoloration des nervures ; première cellule cubitale séparée de la première discoïdale ; cellule radiale très petite, subcordiforme ou lunulée, se termimant près du stigma qui est plus long que le métacarpe ; nervure radiale régulièrement arquée, sa première abscisse souvent ponctiforme ou nulle, et dans ce cas la deuxième cellule cubitale confine le stigma ; nervure récurrente interstitiale ; cellules costale et médiane de niveau à l'extrémité ; stigma grand, triangulaire. Sillons mésothoraciques tantôt distincts, tantôt effacés. Métathorax allongé, sans excavation postérieure. Premier segment de l'abdomen presque linéaire, avec le pétiole et les tubercules stigmatifères peu accentués ; segments deuxième et troisième allongés, couvrant la majeure partie de l'abdomen ; quatrième segment très court, les suivants rétractés, peu visibles. Tarière cachée, subulée ou falciforme, décourbée ; ses valves élargies, ovalaires.

Nees von Esenbeck, le fondateur de ce genre, avait dans l'origine placé les deux femelles de son *E. pallidicornis* parmi les Oxyures, probablement parce que chez elles les cellules discoïdales et cubitales étaient effacées. Le nombre des espèces s'élève actuellement à une vingtaine environ, dont quelques unes sont douteuses ou trop succintement caractérisées. On pourrait supposer que le mémoire de Ruthe intitulé « Prodomus d une monographie des *Microctonus*, » et qui se trouve dans le *Stettiner Zeitung* pour 1856, dût fournir tous les détails nécessaires pour l'étude des *Euphorus* et genres alliés, mais malheureusement cet ouvrage reste inachevé, et son utilité n'est que médiocre.

1   Premier segment de l'abdomen à peine plus long que large. Noir, luisant. Antennes de 23 articles, un peu plus courtes que le corps, presque filiformes, d'un testacé obscur, ainsi que la bouche et les palpes. Sillons mésothoraciques ponctués, convergeant postérieurement ;

milieu du mesonotum lisse. Métathorax granulé, pubescent. Ailes hyalines; nervures et stigma brunâtre-pâle ; radicules et écaillettes testacées. Pattes testacées, celles de derrière plus
obscures; hanches noirâtres. Premier segment
de l'abdomen aciculé, ses tubercules situés près
de la base, où il y a un rétrécissement. Probablement ♀. Long. 2 2/3ᵐᵐ. Env. 6ᵐᵐ.

Mitis, HALIDAY.

Obs.— L'insecte ci-dessus décrit d'après Haliday
n'est plus connu. L'auteur ajoute à son égard une
note supplémentaire que voici : « Je n'ai vu qu'un
individu de cette espèce, lequel semblait avoir éprou-
vé quelques lésions à l'état de nymphe, les ailes n'é-
tant pas complètement déployées. Il se pourrait que
la brieveté anormale du premier segment fût aussi
produite par quelque accident, puisque les autres
caractères s'accordent avec ceux de l'espèce suivante, » — c'est-à-dire *E. pallidipes*, Curt. (V. nᵒ 7).

PATRIE : Irlande.

——   Premier segment de l'abdomen 3 à 5 fois plus
long que large.   2

2   Sillons mésothoraciques complets, pointillés.   3

——   Sillons mésothoraciques incomplets, lisses.   9

3   Corps testacé-rougeâtre, avec le métathorax et
le premier segment de l'abdomen assombris. De
forme assez grêle. Face, parties buccales, et antennes, testacées. Tête subcubique; hypostome fortement penché en arrière ; région temporale très
large, à bord fortement arqué; yeux petits. Métathorax court, tronqué perpendiculairement en arrière, ruguleux-pointillé. Ailes hyalines; stigma
grand, testacé, ainsi que les nervures ; nervure
radiale fortement arquée, sa première abscisse
annulée par le stigma; cellule radiale extrême-

ment réduite. Pattes testacées. Premier segment
de l'abdomen grêle, ruguleux-ponctué ou striolé d'une manière éparse, peu élargi postérieurement ; pétiole allongé, d'un tiers environ plus
long que le condyle. ♀ Long. 3 1/3^{mm}.

Reclinator, Ruthe.

Patrie : Allemagne.

— Corps noir, avec la tête et le premier segment
de l'abdomen parfois testacés.   **4**

4   Antennes de la ♀ ayant 16 articles. Mâle inconnu. Cellule costale des ailes postérieures ouverte ; leur nervure transverso-discoïdale incomplète ou effacée. Noir ; abdomen brun de
poix, plus pâle et même souvent roux sur le
premier segment et la base du deuxième. Tête
sans ponctuation. Antennes un peu épaissies
vers l'extrémité, aussi longues que la tête, le
thorax et le pétiole, testacées, leur moitié apicale assombrie. Thorax nullement ponctué. Sillons mésothoraciques distincts mais peu profonds, convergeant vers un espace lisse devant
le scutellum qui est aussi lisse et luisant. Métathorax finement réticulé. Ailes hyalines ;
écaillettes et nervures testacées ; stigma grand,
brunâtre-pâle ou testacé avec le tiers basilaire
hyalin ; première abscisse de la nervure radiale
nulle, en sorte que la deuxième abscisse et la
première nervure transverso-cubitale naissent
immédiatement du stigma ; cellule radiale extrêmement réduite. Pattes d'un testacé plus ou
moins brunâtre ; base des hanches de derrière
brun de poix. Premier segment de l'abdomen
grêle, presque linéaire, ponctué-réticulé, resserré à la base, formant à peu près un tiers de
la longueur totale de l'abdomen ; tubercules
stigmatifères peu distincts ; les segments pos-

térieurs forment ensemble un ovale court et convexe. Long. 1 1/2-2^{mm}. Env. 3-4^{mm}.

Var. Testacé-rougeâtre avec le métathorax et l'extrémité de l'abdomen noirâtres (Ruthe). Comparez *E. ornatus* (n° 12) qui présente la même coloration, mais point de sillons visibles sur le mesonotum.   **Similis**, Curtis.

Patrie : Allemagne, Angleterre, Irlande. Espèce assez commune.

—   Antennes de la ♀ avec plus de 16 articles (sauf la ♀ de *picipes*, n° 6, qui parfois n'a que 16 articles); antennes du ♂ avec plus de 17 articles. Cellule costale des ailes postérieures fermée par la nervure transverso-discoïdale.   **5**

5   Mesonotum ponctué.   **6**

—   Mesonotum lisse.   **8**

6   Antennes de la ♀ avec 16 à 18 articles; celles du ♂ avec 19 à 21 articles. Elles sont subclaviformes chez la ♀, pas plus longues que la tête et le thorax; chez le ♂, plus courtes que le corps; testacées, assombries vers l'extrémité. Noir; abdomen nuancé de brun à partir de la base du deuxième segment. Face peu pubescente. Mesonotum luisant, ponctué. Metanotum finement réticulé-rugueux. Ailes obscurément hyalines; écaillettes, stigma et nervures, brun de poix, plus ou moins pâles; stigma hyalin à la base, séparé de la deuxième cellule cubitale par la première abscisse de la nervure radiale, qui est très courte et presque ponctiforme. Pattes testacées; hanches de derrière plus ou moins noirâtres, parfois aussi l'extrémité de leurs tibias; souvent les pattes de devant sont brun de poix très pâle, les quatre postérieures plus sombres, et les hanches de derrière noires. Premier seg-

ment de l'abdomen striolé, s'élargissant progressivement depuis la base jusqu'à l'extrémité,
qui est deux fois aussi large que la base ; segments postérieurs lisses et luisants. Long.
2-2/3ᵐᵐ. Env. 4-5 1/3ᵐᵐ.   **Picipes**, HALIDAY.

> OBS.— Semblable à *E. pallidipes* (n⁰ 7). Se dis-
> tingue tant par sa taille plus petite que par les an-
> tennes, qui ont un moindre nombre d'articles ; celles
> de la femelle sont remarquablement courtes, grossis-
> sant vers l'extrémité. La cellule radiale est plus
> étroite, et la première abscisse de la nervure radiale
> notablement plus courte, presque ponctiforme ; le
> métacarpe est de moitié plus court que le stigma.
> Les pattes sont relativement plus épaisses, et par
> conséquent toutes leurs articulations en apparence
> plus courtes. Le *Microctonus relictus*, Ruthe, se-
> rait, au dire de Reinhard, la même espèce, mais
> Ruthe passe sous silence les particularités des an-
> tennes, et il signale la disparition de la première
> abscisse, qui n'a pas lieu chez le *picipes*, Hal. Je
> n'ai pu vérifier l'espèce de Ruthe, qui paraît trop peu
> caractérisée.

PATRIE : Angleterre, Irlande. Espèce assez commune.

———   Antennes de la ♀ avec plus de 18 articles ; celles du ♂ avec 23 à 27 articles.   **7**

7   Tubercules stigmatifères du premier segment
abdominal peu distincts. Noir ; palpes, mandibules et épistome tantôt obscurs, tantôt testacés.
Tête grosse ; vertex se prolongeant loin derrière les yeux ; face carrée, garnie d'un duvet
épais blanchâtre, qu'on aperçoit mieux de profil ; au dessus de l'épistome on remarque une
rangée de longs poils dirigés en avant. Antennes plus ou moins testacées vers la base ; d'a-
près les nombreux individus que j'ai examinés,
le chiffre des articles est de 21 à 23 (rarement
de 24 ou 25) pour les ♀, qui ont les antennes
plus courtes que le corps ; chez les ♂ elles sont
plus longues, et de 23 à 27 articles. Prosternum
lisse, luisant. Mesonotum luisant, impressionné

de points gros et épars; sillons ordinaires crénelés, convergeant en angle aigu devant le scutellum. Metanotum pubescent, uniformément convexe, peu élevé, réticulé-rugueux. Ailes hyalines, un peu obscures; écaillettes et nervures brun rougeâtre, celles-ci souvent décolorées dans la région apicale, ainsi que partout dans les ailes inférieures; stigma dégagé de la deuxième cellule cubitale, grand, subtriangulaire, d'un brun plus ou moins foncé, avec une tache pâle, parfois très petite, à la base; cellule radiale lunulée, moins grande que le stigma; nervure radiale fortement arquée, formant un angle à la première abscisse, qui est très distincte; métacarpe à peu près de moitié moins long que le stigma. Pattes testacées; hanches de derrière ordinairement noirâtres, et quelquefois aussi celles du milieu; tibias et tarses de derrière, moins souvent aussi les cuisses, plus ou moins assombris. Premier segment de l'abdomen striolé, moins long que la moitié de l'abdomen, progressivement élargi, sans la moindre sinuosité, depuis la base jusqu'à l'extrémité, où il est deux fois aussi large qu'à la base; segments 2-3 soudés, formant ensemble les 3/5 du reste de l'abdomen; segments postérieurs lisses et luisants. Long. 3-4ᵐᵐ. Env. 6-8ᵐᵐ.

Var. 1. ♀ Tête rougeâtre; stemmaticum noir, antennes testacées, sauf à l'extrémité (*Leiophron orchesiae*, Curtis).

Var. 2. ♂ Plus grêle; tête, prothorax, mésothorax et scutellum rougeâtres; antennes presque entièrement testacées; deuxième segment de l'abdomen roux de poix. (Ruthe, Wesm.). J'ai pris cette variété à Gavarnie (Hautes-Pyrénées); ce serait peut-être une espèce à part,

car les différences qui distinguent ces insectes
sont très minutieuses; mais pour décider la
question il faudrait examiner un plus grand
nombre d'exemplaires.   **Pallidipes**, Curtis.

Obs.— On a élevé une fois en Angleterre la var. 1,
du coléoptère *Orchesia minor*, Walker, à l'état de
nymphe. Les limites de cette espèce, qui est de beaucoup la plus vulgaire du genre, ne sont pas bien
arrêtées. Le *Microctonus brevicornis*, Ruthe, par
exemple, est fort douteux, à cause de la brièveté et
de l'épaisseur de ses antennes; et l'on trouve d'autres formes intermédiaires, qu'il serait téméraire de
regarder comme spécifiquement distinctes.

Patrie : Europe en général. Espèce très commune.

Tubercules stigmatifères assez saillants. Voisin du précédent, mais trois fois moins grand.
Noir; abdomen brun de poix à partir de la base
du deuxième segment, plus sombre vers l'extrémité. Tête comme chez *pallidipes*, seulement
la face n'est pas pubescente. Antennes testacées
à la base, de 20 articles chez la ♀, plus courtes
que le corps; plus longues et de 24 articles
chez le ♂. Sillons mésothoraciques crénelés,
convergeant en angle aigu devant le scutellum;
lobe médian densément ponctué; scutellum à
ponctuation plus éparse. Metanotum ponctué-
ruguleux. Ailes hyalines; écaillettes et nervures
testacées; stigma brun avec la base hyaline.
Les ailes diffèrent de celles du *pallidipes* en ce
que la première abscisse de la nervure radiale
est très courte et ponctiforme, la deuxième cellule cubitale aboutissant au stigma; la cellule
radiale est obtusément arrondie dessous le stigma, au lieu d'y former un angle; le stigma est
proportionnellement plus grand, les nervures
plus pâles, et la cellule costale des ailes postérieures fermée. Pattes testacées, y compris les
hanches; tibias et tarses de derrière assombris

vers l'extrémité. Premier segment abdominal
de la ♀ striolé, grêle, resserré à la base, s'élargissant vers les tubercules, qui sont aigus et
proéminents ; condyle deux fois aussi large que
le pétiole ; le ♂ a le premier segment un peu
plus étroit. Long. 2 1/2ᵐᵐ. Env. 4 2/3ᵐᵐ.

Tuberculifer, MARSHALL.

PATRIE : Angleterre.

8   Première abscisse de la nervure radiale très
courte et ponctiforme ; mais le stigma et la
deuxième cellule cubitale ne sont pas absolument en contact. Noir ; abdomen brun de poix
à partir de la base du deuxième segment. Tête
grosse, lisse, luisante ; vertex prolongé derrière
les yeux. Antennes ♀ brunes, plus pâles à la
base, submoniliformes, épaissies vers l'extrémité, pas plus longues que la tête et le thorax,
de 16 articles. Mesonotum luisant, sans ponctuation ; sillons ordinaires distincts, lisses, convergeant vers un espace lisse devant le scutellum. Metanotum inégal, mat, densément pointillé. Ailes hyalines ; écaillettes, nervures et
stigma brun-rougeâtre ; stigma à peine plus
pâle à la base ; nervulation assez distincte ; cellule radiale lunulée, arrondie dessous le stigma
qui est deux fois aussi long que le métacarpe.
Pattes courtes, épaisses, brun de poix ; tibias
et tarses plus pâles que les cuisses. Premier
segment de l'abdomen striolé, s'élargissant
progressivement vers l'extrémité, qui est deux
fois aussi large que la base ; segments postérieurs lisses et luisants. Mâle inconnu. Long.
2ᵐᵐ. Env. 4ᵐᵐ.   **Coactus.** MARSHALL.

OBS. — Cette espèce est le *Leiophron picipes*,
Curtis, qui diffère du *picipes*, Haliday (v. nº 6) en ce
que le mesonotum est sans ponctuation, la taille un
peu moindre, et la couleur des pattes plus sombre.

PATRIE : Angleterre.

— Première abscisse de la nervure radiale nulle, en sorte que la deuxième cellule cubitale touche au stigma. Tête, thorax et pétiole noirs; abdomen brun de poix. ♂ Antennes de 22 articles, grêles, à peine plus courtes que le corps, noirâtres avec la base ferrugineuse. Sillons mésothoraciques crénelés, convergeant en ang'e vers le scutellum; lobe médian lisse; scutellum à ponctuation très faible. Metanotum finement ruguleux. Ailes hyalines; radicules et écaillettes testacées; stigma brunâtre, pâle à la base; cellule radiale étroite, anguleuse dessous le stigma. Pattes ferrugineuses. Premier segment de l'abdomen presque linéaire, longitudinalement ruguleux, un peu resserré devant les tubercules; ceux-ci aigus et assez saillants. Femelle inconnue. Long. 2 1/2^{mm}. Env. 5^{mm}.

Accinctus, HALIDAY.

Obs.—Cet insecte est resté inconnu depuis le temps de Haliday, qui en a donné la description ci-dessus traduite.

Patrie : Irlande ou Angleterre.

9   Sillons mésothoraciques amorcés à la base, puis effacés postérieurement.   **10**

—   Sillons mésothoraciques entièrement effacés.   **11**

10   Corps entièrement de couleur sombre. Brun de poix avec la tête et le thorax noirâtres; abdomen plus rougeâtre. Entièrement lisse et luisant, excepté le métathorax et le premier segment de l'abdomen. Antennes ♀ de 16 articles, presque filiformes ou peu épaissies vers l'extrémité, aussi longues que le corps, brunâtrepâle, assombries vers le sommet. Mesonotum sans ponctuation; sillons ordinaires effacés, à l'exception de deux fossettes antérieures peu

profondes et d'une légère impression ridée devant le scutellum, laquelle se partage en deux par une carène. Metanotum densément pointillé, un peu luisant. Ailes hyalines ; écaillettes, stigma et nervures principales jaunâtre-pâle ; nervures secondaires décolorées ; stigma hyalin à la base, contigu à la deuxième cellule cubitale ; cellule radiale en lunule, angulée dessous le stigma ; métacarpe plus court que le stigma ; cellule costale des ailes inférieures ouverte. Pattes d'un brunâtre très pâle. Premier segment de l'abdomen linéaire, faiblement arqué, resserré à la base ; tubercules situés au milieu, un peu saillants. Mâle inconnu. Long, 1 1/2ᵐᵐ. Env. 3-4ᵐᵐ.

Intactus, Haliday.

Obs. — Les antennes sont plus longues et plus grêles que celles de *fulvipes* (v. nᵒ 14), et plus longues que celles de *parvulus* (v. nᵒ 13) ; en outre, ces deux espèces n'ont aucun vestige de sillons mésothoraciques, tandis que chez *intactus* on en voit le commencement. Pour ce qui concerne la synonymie, voyez plus loin *claviventris*, Wesm., parmi les espèces douteuses de ce genre.

Patrie : Angleterr , Irlande.

— Corps en partie testacé. Noir ; tête, prothorax, et quelquefois mésothorax, testacé-rougeâtre. Antennes testacées, de moitié moins longues que le corps, composées de 16 articles chez la ♀ et de 17 chez le ♂. Sillons du mesonotum légèrement indiqués. Metanotum très finement ponctué-ruguleux, un peu bombé. Ailes cunéiformes, presque hyalines ; cellules cubitales et discoïdales tout à fait effacées ; nervure anale à peine visible ; nervure radiale mince, pâle, fortement arquée ; stigma brunâtre-pâle, à base blanchâtre et diaphane ; cellule radiale d'une étroitesse extraordinaire. Pattes testacé-rougeâtre. Premier segment de l'abdomen droit,

peu élargi en arrière, vaguement striolé. ♂♀
Long. 1 1/3ᵐᵐ. Env. 2ᵐᵐ.   **Deficiens,** RUTHE.

OBS. — Cette espèce pourrait bien être identique
avec *E. pallidicornis*, Nees ; voir plus loin espèces
douteuses.

PATRIE : Allemagne.

11   Corps testacé ; extrémité de l'abdomen assombrie.   **12**

—   Corps noir, ou brun-noirâtre.   **13**

12   Ailes enfumées, souvent traversées par une
bande blanchâtre. Premier segment de l'abdomen linéaire, ni resserré à la base, ni élargi
vers l'extrémité ; ses tubercules presque effacés. Corps d'un testacé rougeâtre ou jaunâtre,
variable ; abdomen toujours noirâtre à partir
de la base du troisième segment ; poitrine, pleures, métathorax et base du pétiole souvent assombris chez la ♀. Yeux verdâtres pendant la
vie ; ocelles noirâtres. Antennes testacées avec
l'extrémité brune ; celles de la ♀ de 16 articles,
dont les deux apicaux imparfaitement séparés ;
troisième article allongé ; antennes du ♂ de 17
à 19 articles. Mésothorax lisse, ou n'ayant que
quelques petites rides transversales sur le dos ;
sillons ordinaires effacés. Métathorax ponctué-
réticulé, allongé, horizontal, brusquement arrondi ou presque tronqué en arrière. Près des
radicules des ailes, un point sombre. Ailes enfumées ; la teinte devenant progressivement
plus faible depuis la nervure margino-discoïdale jusqu'à l'extrémité ; stigma brun, sa base
occupée par la bande blanchâtre ; chez les plus
petits individus, notamment les ♂, cette coloration s'efface plus ou moins, de même que la
bande blanchâtre ; côte et nervure margino-dis-

coïdale brunes, les autres nervures peu visibles, cellule costale des ailes inférieures ouverte. Pattes testacées ; cuisses de derrière et milieu de leurs tibias rarement assombris. Premier segment de l'abdomen ponctué, grêle, courbé, allongé, nullement élargi vers le sommet ; tubercules à peine saillants, situés avant le milieu ; segments postérieurs en ovale pyriforme, lisses, luisants ; anus du ♂ tronqué. Long. 2-3 1/3ᵐᵐ. Env. 3 1/2-5 1/2ᵐᵐ. **Apicalis**, Curtis.

Obs.— D'après Vollenhoven, on a élevé une fois cette espèce d'un cocon de *Coleophora*, mais une telle origine n'est pas vraisemblable.

Patrie : Allemagne (Berlin : forêt de Brieselanger) ; Angleterre (Devonshire et autres comtés méridionaux). Assez rare partout.

Ailes hyalines. Premier segment de l'abdomen resserré de chaque côté de la base, et élargi vers le sommet ; ses tubercules saillants. Testacé avec les yeux et le tiers apical de l'abdomen noirâtres ; métathorax et premier segment de l'abdomen brun de poix. ♂ Antennes assombries et épaissies vers l'extrémité, un peu plus courtes que le corps, de 17 articles. Mesonotum parfaitement lisse, sans ponctuation ni vestige des sillons ordinaires. Métathorax ponctué, un peu allongé ; presque horizontal et tronqué en arrière. Réseau alaire très pâle et indistinct ; stigma brunatre-pâle avec la base hyaline ; point de cellules discoïdales ; ailes postérieures sans nervures visibles. Pattes testacées. Premier segment de l'abdomen ruguleux. Femelle inconnue. Long. 2 1/2ᵐᵐ. Env. 4 1/2ᵐᵐ.

Ornatus, Marshall.

Obs. — Je n'ai vu qu'un seul exemplaire de cette espèce, qui est bien différente et de l'*apicalis* et de toute autre. On pourrait la soupçonner d'être la va-

riété pâle du *Microctonus claviventris*, Wes.
(voyez espèces d'*Euphorus* douteuses), si l'auteur
n'eût pas passé sous silence le mésothorax de son
insecte. Afin de trancher cette question, M. Preud-
homme de Borre et le docteur Jacobs, de Bruxelles,
eurent la bienveillance de visiter, à ma prière, les
types de la collection Wesmaël conservés au Musée
Royal. D'après leurs constatations il paraît: 1° qu'il
n'existe pas dans la collection belge d'insecte comparable à l'*ornatus*; 2° et que les soi-disants types du
claviventris, au nombre de deux, sont en désaccord
avec la description, tandis que les variétés rangées
à côté d'eux sont un mélange d'espèces diverses.

Patrie : Angleterre.

13   Antennes de la ♀ plus longues que la tête et le
thorax, mais plus courtes que le corps, filiformes. Grêle, luisant; noir; abdomen brun de poix,
à partir de la base du deuxième segment. Tête
subcubique. Antennes testacées, un peu obscures vers le sommet, notamment chez la ♀, de 16
articles ; de 17 articles chez le ♂. Mesonotun très
luisant, sans trace de sillons. Métathorax un
peu rétréci en arrière, arqué en courbe régulière depuis la base jusque près de l'extrémité,
finement ruguleux et subréticulé. Ailes hyalines, à nervures distinctes, la radiale fortement
arquée; cellule radiale très petite; stigma brunâtre, plus pâle chez la ♀, plus ou moins blanchâtre à la base. Pattes testacées; base des hanches de derrière obscure. Premier segment de
l'abdomen droit, à peine élargi en arrière, ponctué-ruguleux, ses tubercules un peu saillants,
situés au milieu. Long. 1 1/3-2ᵐᵐ. Env. 2 2/3-4ᵐᵐ.

                     ***Parvulus**, Ruthe.

Obs. — Plus allongé que *fulvipes* (v. n° 14), ayant
les pattes et le pétiole plus grêles; il diffère d'*intactus* (v. n° 10) par les antennes plus courtes et par
le défaut des sillons mésothoraciques.

Patrie : Allemagne (Berlin); Angleterre.

---

* Le nom de *pallidistigma* Curtis a le droit de priorité, mais je me permets de le
supprimer, en vertu d'une règle posée par Linné, comme mot impossible, et qui
n'est ni substantif ni adjectif.

—   Autennes de la ♀ pas plus longues que la tête
et le thorax, épaissies vers l'extrémité.   **14**

14   Tubercules stigmatifères du premier segment
très saillants. Grêle, luisant, noir. Tête très lisse. Mandibules testacées. ♀ Antennes à peine
plus longues que la moitié du corps, épaissies
vers l'extrémité, de 16 articles. Mesonotum sans
sillons. Métathorax court, cylindrique, brusquement déclive en arrière, légèrement ruguleux et un peu réticulé. Ailes quelque peu enfumées ; stigma brunâtre à base hyaline ; nervures très minces mais discernables ; nervure
radiale plus épaisse, fortement arquée ; cellule
radiale en lunule très étroite. Pattes testacées ;
hanches de derrière à peine plus obscures. Premier segment de l'abdomen roussâtre, luisant,
vaguement et finement striolé ; condyle carré,
gibbeux en arrière. Mâle inconnu, mais selon
l'analogie, ses antennes doivent avoir 17 articles. Long. 1 1/2ᵐᵐ.   **Truncator**, Ruthe.
Patrie : Allemagne.

—   Tubercules stigmatifères à peine indiqués.
Brun de poix. Antennes ♀ de 16 articles, pas
plus longues que la tête et le thorax, noires
avec la base testacée ; antennes ♂ plus longues
et plus grêles. Mesonotum luisant, ses sillons
effacés. Metanotum ponctué-réticulé. Ailes hyalines avec une légère teinte sombre ; écaillettes
et nervures testacé-pâle ; stigma brunâtre-pâle,
à base hyaline ; première abscisse de la nervure
radiale se confondant avec le stigma ; cellule
radiale en lunule, formant un angle dessous le
stigma, qui est presque trois fois aussi long que
le métacarpe. Pattes assez courtes, testacé-pâle.
Premier segment de l'abdomen ponctué-réticulé, linéaire, plus court que dans les espèces

voisines, resserré à la base et un peu élargi au
delà des tubercules ; ceux-ci situés avant le milieu ; segments postérieurs très lisses. Long.
1-1 1/2^{mm}. Env. 2-2 1/2^{mm}.   **Fulvipes,** CURTIS.

PATRIE : Angleterre. Assez commun dans les haies.

ESPÈCES D'EUPHORUS DOUTEUSES
OU IMPARFAITEMENT DÉCRITES

1. **Pallidicornis**, NEES, 1834. — Noir, lisse, luisant ; front
caréné ; parties buccales jaunes ; palpes allongés. Antennes jaunes, plus courtes que le corps, de 17 [*lire* 16] articles, dont les 5
apicaux subglobuleux et plus distinctement séparés. Sillons mésothoraciques effacés. Métathorax rugueux, tronqué en arrière.
Ailes hyalines, de la longueur du corps ; nervures très minces,
brunâtre-pâle ; stigma grand, en ovale arrondi, testacé ; cellule
radiale en lunule ; cellules cubitales peu distinctes par suite de
la décoloration des nervures. Pattes jaunes, y compris les hanches ; crochets des tarses noirs. Abdomen aussi long que la tête
et le thorax ; premier segment de la longueur des suivants réunis, linéaire ; deuxième un peu déprimé et très lisse, ainsi que
le reste de l'abdomen. Mâle inconnu. Longueur, selon Nees, 2 lignes ou presque 4^{mm} ; erreur typographique manifeste.

> OBS. — Quoique ces caractères soient trop généraux pour conduire
> à une détermination, on peut conjecturer que cette espèce ne s'éloigne
> pas beaucoup du *deficiens*, Ruthe. (V. n° 10).

PATRIE · Franconie (Sickershausen).

2. **Brevicornis**, HERRICH SCHÆFFER, (*sans date*). — Noir,
tête rouge [*cubique, prolongée derrière les yeux*]. Antennes de
la longueur du thorax, de 16 articles [*testacées*]. Cellule radiale
beaucoup moins grande que le stigma ; celui-ci blanchâtre à la
base. Pattes testacées. Premier segment de l'abdomen conique,
formant un tiers de la longueur totale de l'abdomen. ♀ Long,
2 1/2^{mm}.

> OBS. — J'ai fait reproduire la figure assez grossière publiée par H.
> Schæffer, d'où il paraît au premier coup d'œil que cette espèce ne peut
> pas être le *Microctonus brevicornis*, Ruthe ; ce dernier n'est proba-
> blement qu'une variété du *pallidipes*. (V. n° 7).

PATRIE : Allemagne.

3. **Claviventris**, WESMAEL, 1835. — Noir ; tête grosse, carrée ; épistome, mandibules et palpes testacés ; face hérissée de

quelques poils épars, longs et penchés en avant. Antennes de même structure que chez *pallidipes* (V. nº 7), mais de 16 articles, noires, avec les deux premiers articles testacés. Métathorax rugueux, peu convexe, s'abaissant, sans troncature de la base à l'extrémité. Ailes hyalines ; nervures pâles et faiblement tracées; nervure radiale seule un peu plus foncée, fortement arquée; cellule radiale de moitié moindre que le stigma ; celui-ci grand, testacé ; cellule costale des ailes inférieures entièrement ouverte postérieurement. Pattes un peu épaisses, testacées. Premier segment de l'abdomen ne faisant pas tout à fait la moitié de sa longueur, étroit, exactement linéaire avec les tubercules saillants vers le milieu, rugueux; le deuxième s'élargit brusquement, et forme, avec les derniers segments, un ovale de la largeur du thorax ; ventre tronqué obliquement à l'extrémité. Tarière non saillante. ♀ Long. 2^{mm}.

Var. 1. Testacé avec le tiers postérieur de l'abdomen noir ; antennes de 17 articles, testacées, ♂.

Obs. — Comme l'auteur n'a pas décrit le mésothorax de cet insecte, et que le type n'existe plus dans sa collection, il est impossible de l'accueillir aujourd'hui dans un tableau. De l'avis de Reinhard, c'est peut-être le *Leiophron intactus*, Hal. (v. nº 10 ci-dessus). Quant à la variété, qui ne se trouve pas non plus à sa place, Reinhard la rapporte à l'*apicalis* (v. nº 12); voir aussi *ornatus* (nº 12) et l'observation y adjointe.

Patrie : Belgique.

4. **Claviventris**, Ruthe, 1856. — Noir; tête grosse; épistome presque carré, tronqué, ses angles antérieurs dentiformes ; yeux assez petits. Antennes testacées depuis la base jusqu'au milieu, de 16 articles. Sillons mésothoraciques bien distincts, ponctués. Métathorax convexe, très finement ponctué-ruguleux. Ailes hyalines ; nervures décolorées ; stigma très grand, brun avec la base blanchâtre ; cellule costale des ailes inférieures imparfaitement fermée. Pattes testacé-brunâtre, très pâles ; hanches de derrière et tibias de la même paire un peu assombris. Premier segment de l'abdomen ou exactement linéaire ou un peu élargi postérieurement, ponctué-ruguleux; tubercules peu prononcés, situés dans le milieu. ♀ Long. 2 1/2-2 1/3^{mm}.

Obs. — Serait-ce par un effet du hasard que cette espèce porte le même nom que la précédente? Je pense que oui; car les différences qui se trouvent dans les descriptions, quoique très légères, sont assez nombreuses pour qu'on hésite a soutenir leur identité ; et, de plus, Ruthe ne cite pas ici le nom de Wesmaël, comme il le fait toutes les fois qu'il reproduit une espèce déjà publiée par son devancier.

Patrie : Allemagne,

5. **Lævviventris**, Ruthe, 1856. — Noir ; parties buccales testacées ; front très finement pointillé ; vertex étroit, très lisse. Antennes testacées à la base. Sillons mésothoraciques visibles, ponctués. Poitrine luisante, sans ponctuation distincte. Métathorax en pente arrondie d'un bout à l'autre, très finement réticulé-ruguleux. Ailes hyalines ; nervures assez fortes, brunâtre-pâle, ainsi

que la côte ; stigma brun avec un point pâle à la base ; nervure radiale fortement arquée, sa première abscisse nulle ; cellule radiale à peine moins grande que le stigma. Pattes testacé-clair ; hanches de derrière noirâtres à la base. Premier segment à peine élargi postérieurement, vaguement striolé dans le milieu, lisse à l'extrémité. ♀ Inconnue. Long. 2 2/3ᵐᵐ.

? Var. 1. Face, parties buccales, joues et tempes, rouges ; première moitié des antennes et totalité des pattes testacé-pâle ; tarses de derrière plus obscurs ; deuxième segment de l'abdomen roussâtre à la base ; ailes blanchâtres, nervures décolorées. Comparez *pallidipes* (n° 7) et sa var. 1.

PATRIE : Allemagne.

6. **Relictus**, RUTHE, 1856. — Grêle, noir ; mandibules testacé-brunâtre ; front sans ponctuation. Antennes, d'après Ruthe, ayant 18 articles ou au delà, leur base testacé-brunâtre. Poitrine finement ponctuée. Métathorax moins haut que le mésothorax, en pente arrondie d'un bout à l'autre, très finement ponctué-ruguleux ou indistinctement striolé. Ailes presque hyalines ; nervures presque testacées, un peu épaissies ; stigma grand, court, brun, parfaitement triangulaire ; nervure radiale fortement arquée, sa première abscisse occupée par le stigma ; cellule radiale étroite, un peu obtuse vis à vis du stigma ; cellule costale des ailes inférieures complètement fermée. Pattes testacé-brunâtre ; hanches, cuisses et sommet des tibias de derrière noirâtres. Pétiole du premier segment plus court que le condyle, qui est notablement élargi. ♂♀ Long. 2-3ᵐᵐ.

OBS. — La vérification de cette espèce ne peut pas avoir lieu parce que le nombre des articles antennaires reste inconnu. Reinhard a supposé que le *picipes*, Curtis (v. *coactus* n° 8) pouvait être la même espèce ; mais ses antennes n'ont que 16 articles, tandis que l'espèce actuelle en possède au moins 18. On peut aussi comparer le *picipes* Hal. (n° 6), dont les antennes sont plus conformes à celles de *relictus*.

PATRIE : Allemagne.

J'ai omis à dessein ici le *Leiophron nitidus*, Curtis, appartenant aux *Euphorus*, parce que sa diagnose est tout à fait insuffisante et inutile.

2ᵉ GENRE. — WESMAELIA, FOERSTER, 1862

Mâle inconnu. Tête cubique, d'une grosseur remarquable, plus large que le thorax et aussi grande que le mésothorax ; vertex large, convexe ; yeux proéminents ; épistome non distinct, portant une fossette de chaque côté de sa base, relevé au sommet de sorte qu'il ne touche pas les mandibules ; celles-ci bidenticulées,

Antennes filiformes. Protothorax profondément enfoncé entre la tête et le mésothorax. Mésothorax trilobé, pas plus long que la tête. Métathorax court, ruguleux, brusquement tronqué en arrière, avec une excavation triangulaire dans sa face postérieure. Première cellule discoïdale séparée de la première cubitale; cellule radiale à demi cordiforme; métacarpe pas plus long que le stigma; nervure radiale légèrement courbée; cellule médiane à peine plus longue que la costale; nervure récurrente rejetée. Pattes grêles, allongées. Premier segment de l'abdomen un peu plus long que les suivants pris ensemble, grêle, courbé, presque linéaire, portant les stigmates avant le milieu, où il est légèrement renflé, sans tubercules saillants; derniers segments en ovale un peu comprimé; deuxième et troisième soudés, cachant tous les suivants, sauf le sommet du segment anal. Tarière très courte, subulée, relevée.

Ce genre, à peine indiqué par Foerster, se laisse reconnaître à la forme de l'abdomen, qui ressemble à celui d'un *Ammophila* ou d'un *Pelopœus*. Il n'a qu'un seul représentant en Europe, mais quelques espèces du Nouveau-Monde l'avoisinent de très près, comme l'insecte que j'ai décrit sous le nom d'*Aridelus bucephalus*, de Trinidad (Trans. Soc. Ent. de Londres, 1887, p. 66).

—— Testacé; yeux, stemmaticum et valves de la tarière, noirs; antennes assombries vers l'extrémité, grêles, aussi longues que le corps, de vingt-six articles. Métathorax roussâtre, plus ou moins assombri ou noirâtre en arrière. Ailes hyalines; nervures testacées; stigma jaune, bordé de brun en dessous. ♀ Long. 3 1/3ᵐᵐ. Env. 6ᵐᵐ.   **Cremasta**, Marshall

Patrie : Espagne (Pyrénées; j'en ai pris un exemplaire à Bielsa), Allemagne, Angleterre (Devonshire).

3ᵉ GENRE. — EUSTALOCERUS, Foerster, 1862

εὐσταλής, bien fourni, équipé; κέρας, corne; allusion à la forme des antennes

Mâle inconnu. Antennes coudées, et un peu renflées à l'extrémité, leur premier article allongé. Deuxième article des palpes maxillaires dilaté. Première cellule cubitale séparée de la première discoïdale ; nervure radiale peu arquée. Tarière exserte.

——   Noir. Antennes d'un testacé obscur, environ deux fois aussi longues que la tête, de dix articles ; le premier article forme le cinquième de l'antenne ; le deuxième et les suivants sont coudés sur le premier et grossissent insensiblement jusqu'à l'extrémité ; deuxième article très court, mais épais ; troisième plus mince et du double plus long ; les suivants plus courts, diminuant un peu de longueur jusqu'au dixième, qui est à peu près aussi long que les trois précédents et qui, vu à une forte loupe, offre des traces de divisions en quatre ou cinq anneaux. Tête de la largeur du thorax ; vertex peu épais ; face assez large, un peu convexe, chagrinée, mate. Extrémité de l'épistome, mandibules et palpes, testacés ; ceux-ci ont le deuxième article très dilaté. Métathorax court, rugueux, brusquement tronqué à l'extrémité. Ailes hyalines, avec une très légère teinte obscure, nervures épaisses, noirâtres ; stigma noir. Pattes médiocrement épaisses, testacées ; celles de derrière avec une légère teinte obscure. Premier segment de l'abdomen fortement élargi dans sa moitié postérieure, ses tubercules saillants ; immédiatement au-dessus d'eux on distingue deux fossettes profondes ; depuis ces fossettes, le segment offre des rugosités longitudinales peu nombreuses et peu serrées, qui n'atteignent pas tout-à-fait l'extrémité. Tarière de la longueur des deux tiers de l'abdomen, à valves noires, à peine un peu élargies vers le bout. ♀ Long. 2mm.   ·   **Clavicornis**, Wesmael.

Obs.— On n'a rencontré que deux fois cet insecte remarquable ; Wesmaël en a trouvé un exemplaire

dans une oseraie, et Haliday un autre, dont il a dessiné l'aile et l'antenne, reproduites dans les *Schetsen*
de Vollenhoven.

PATRIE : Belgique, Angleterre.

4ᵉ GENRE. — **COSMOPHORUS**, RATZEBURG, 1848

κοσμοφόρος, portant des ornements; allusion à la conformation de la tête

Mâle inconnu. Parties buccales incomplètes et comme rabougries ; palpes maxillaires n'ayant que quatre articles ; palpes labiaux d'un seul article ; mandibules bidentées, fortement courbées, proéminentes, leur courbure les écarte de la face en laissant
une ouverture qui n'est fermée que par l'épistome : celui-ci court,
transversal, sa tranche antérieure légèrement arquée, sans échancrure. Antennes courtes, emboîtées chacune par la base dans un
renflement de la face partagé en deux étuis, ou cornes creuses,
qu'on aurait tort de prendre pour le premier article du scape.
Vertex très large. Première cellule cubitale confondue avec la
première discoïdale ; cellule radiale éloignée de l'extrémité de
l'aile ; nervure postérieure interstitiale ; deuxième cellule discoïdale entièrement ouverte en dehors. Abdomen pyriforme, plus
court que la tête et le thorax. Tarière allongée.

—— Brun noirâtre, çà et là un peu plus clair, notablement plus clair en dessous. Corps lisse,
luisant. Antennes filiformes, pas plus longues
que la tête et le thorax, de dix-huit articles,
dont les quatre ou cinq premiers roussâtres ou
testacés. Quelques lignes de rugulosité sur le
métathorax. Ailes hyalines ; cellule radiale à
demi cordiforme, éloignée de l'extrémité de
l'aile ; métacarpe de moitié plus long que le
stigma ; nervure radiale régulièrement arquée,
formant à la base un angle à la première abscisse, qui est très courte, mais dégagée du stig-

ma. Pattes roussâtres, ou testacé-rougeâtre.
Premier segment de l'abdomen, et base du deuxième, finement ruguleux ; ventre comprimé à
partir du tiers de sa longueur ; ses bords latéraux tranchants. Tarière naissant de l'origine
de la partie comprimée du ventre, et tout au
plus aussi longue que l'abdomen, paraissant
plus courte au repos. ♀ Long. 2-2 1/4ᵐᵐ.

Klugii, RATZEBURG.

OBS.— Cette espèce est peu connue depuis l'époque
de Ratzeburg, qui n'en a laissé qu'une mediocre description. Parasite du coléoptère *Polygraphus pu-
bescens*, Er., élevé plusieurs fois par Radzay.

PATRIE : Allemagne (Falkenberg, en Silésie).

5ᵉ GENRE. — STREBLOCERA, WESTWOOD, 1833

στρεβλός, distors, tortu; κέρας, corne; ayant les antennes coudées

Antennes sortant de deux tubercules frontaux, avec le premier
et le troisième articles allongés, ou seulement le premier ; une
ou deux fois coudées chez la ♀, droites ou deux fois coudées chez
le ♂, selon l'espèce. Sillons mésothoraciques distincts. Première
cellule cubitale confondue avec la première discoïdale ; cellule
radiale éloignée de l'extrémité de l'aile ; nervure radiale arquée.
Pétiole de l'abdomen court. Tarière exserte ou presque cachée.
On connaît deux espèces de ce genre singulier, lesquelles se distinguent facilement par la dissemblance de leurs antennes.

1   Antennes ♀♂ deux fois coudées ; tarière à
peine exserte. ♀ Noire ou brun de poix ; tête
ferrugineuse ; yeux et stemmaticum noirâtres.
Tête grosse, plus large que le thorax ; vertex
élevé, transversal ; occiput largement excavé.
Antennes noires avec les trois premiers articles
rougeâtres, de seize articles ; premier article
plus long que la tête, épaissi, armé en dessous

d'un crochet dentiforme et sinué au delà de la denticulation; deuxième article court, coudé sur le précédent en angle aigu; troisième plus court que le premier, épaissi et courbé; quatrième obliquement inséré avant l'extrémité du troisième, formant un second angle; articles suivants moniliformes. Métathorax court, tronqué en arrière, peu profondément excavé, inégal, à peine luisant. Ailes hyalines; écaillettes, nervures et stigma testacés; nervure médiane distincte; cellule radiale à demi cordiforme, son extrémité moins éloignée du bout de l'aile qu'elle ne l'est du stigma; nervure radiale en arc régulier. Pattes testacées; tarses et sommet des tibias à peine assombris. Abdomen, vu en dessus, ovalaire, beaucoup plus court que le thorax; premier segment deux fois aussi long que sa largeur apicale, ses tubercules situés au-delà du milieu; deuxième deux fois aussi long que le troisième; les segments suivants très courts. Tarière très courte; ses valves noires, épaisses. ♂ Antennes de dix-neuf articles, dont le premier et le troisième allongés, épaissis; deuxième et quatrième obliquement insérés, formant deux coudes; articles suivants filiformes. Long. 1 1/2-2ᵐᵐ. Env. 3-4ᵐᵐ.

Fulviceps, WESTWOOD.

Obs. — Cet insecte est très rare, et, à défaut de recherches, on ne l'a pas signalé, que je sache, hors de ce pays. Le professeur Westwood publia sa description en 1833 d'après un exemplaire anglais pris dans le comté de Surrey: je n'en ai vu que deux autres, dont l'un est conservé au Musée Britannique, et l'autre dans ma propre collection.

PATRIE: Angleterre.

Antennes ♀ une fois coudées; ♂ filiformes; tarière presque aussi longue que la moitié de l'abdomen. ♀ Brun-châtain, roussâtre, ou brun

de poix ; métathorax et abdomen noirâtres ; face
et parties buccales testacées. Antennes ♀ de
dix-huit articles, dont les trois premiers rougeâtres ; premier article d'une longueur extraordinaire, égalant les dix suivants réunis ; deuxième obliquement inséré, formant un angle
avec le précédent ; troisième deux fois aussi
long que le quatrième ; articles 3-6 filiformes,
les suivants moniliformes. Ailes presque hyalines ; nervures et stigma testacés ; nervure
médiane distincte. Pattes testacées. Pétiole du
premier segment abdominal à peine plus long
que large, striolé ; condyle conique, très élargi.
Valves de la tarière noires. Mâle de forme plus
svelte ; antennes un peu moins longues que le
corps, filiformes, de dix-huit articles ; premier
aussi long que les deux suivants pris ensemble;
d'ailleurs semblable à la ♀. Long. 1 1/2-3ᵐᵐ.
Env. 3-6ᵐᵐ.   **Macroscapa**, Ruthe.

Patrie : Allemagne, Angleterre. Très rare. On en connaît environ cinq exemplaires.

6ᵉ GENRE. — PERILITUS, Nees, 1819

περί, très, fort, bien ; λιτός, lisse

Palpes maxillaires de 6, labiaux de 2 ou de 3 articles. Antennes ni coudées ni renflées à l'extrémité. Sillons mésothoraciques
distincts. Métathorax verticalement ou presque verticalement
tronqué et excavé en arrière, parfois irrégulièrement aréolé. Première cellule cubitale le plus souvent confondue avec la première discoïdale, mais quelquefois séparée ; cellule radiale éloignée
de l'extrémité de l'aile, subcordiforme ou lancéolée ; nervure radiale en arc régulier, moins souvent un peu redressée vers l'extrémité ; cellule radiale des ailes inférieures pétiolée, comme dans
les *Meteoridæ*.

Parmi une vingtaine d'espèces environ qui se rangent dans le genre *Perilitus*, quelques unes ne peuvent pas être distinguées avec certitude, à cause de l'insuffisance des descriptions; cependant, en me servant de tous les détails donnés, je suis parvenu à comprendre dans un tableau la plupart d'entre elles; quant aux moins connues, le lecteur les reconnaîtra facilement à la brièveté de leurs diagnoses. Je n'ai pas admis le genre *Dinocamptus*, Fœrster, fondé sur une légère différence dans les ailes, laquelle, à mon avis, n'est pas d'une valeur générique. Les sexes des *Perilitus* sont dissemblables, et ne se rapportent l'un à l'autre qu'avec difficulté; les ♀ ont souvent la tête rouge, et d'autres parties de leur corps de la même couleur; les ♂ sont plus sombres, avec les antennes plus longues et plus épaisses. D'après les faits constatés en Europe et en Amérique, on est autorisé à croire que les *Perilitus* sont exclusivement parasites des coléoptères.

1	Première cellule cubitale séparée de la première discoïdale.	**14**
—	Première cellule cubitale confondue avec la première discoïdale.	**2**
2	Scape des antennes très épais, pyriforme, aussi long que le premier article du funicule, dont les 4 premiers articles sont longuement ciliés. Noir; face, joues, et orbites des yeux plus ou moins d'un roux sombre. Antennes testacées à la base, aussi longues que la tête, le thorax et le premier segment de l'abdomen, de 19 articles. Métathorax court, gibbeux, rugueux, à peine aréolé, tronqué en arrière. Ailes presque hyalines; nervures brunâtre-pâle, la médiane et l'anale assez distinctes; stigma brun, pâle à l'extrême base; nervure radiale fortement arquée; cellule radiale très étroite, obtuse. Pattes entièrement testacées. Premier segment de l'abdomen striolé, à peine tuberculé. Tarière droite, aussi longue que la moitié de l'abdomen; ses	

valves noires, filiformes. ♂ Inconnu. ♀ Long.
2 1/2-3ᵐᵐ.   **Plumicornis**, Ruthe.

> Obs. — N'a pas été retrouvé depuis Ruthe; la
> description laisse à désirer, mais l'insecte appartient
> probablement au présent genre.

Patrie : Allemagne.

—   Scape moins épais, non pyriforme, seulement
un peu plus épais que le funicule dont les premiers articles ne sont point ciliés.   3

3   Nervure radiale fortement arquée près de
l'extrémité; métacarpe beaucoup plus court que
la côte depuis l'extrémité de la cellule radiale
jusqu'au bout de l'aile.   4

—   Nervure radiale moins fortement arquée, un
peu redressée vers l'extrémité; métacarpe aussi
long que la côte, depuis l'extrémité de la cellule radiale jusqu'au bout de l'aile, rarement
un peu plus long ou un peu plus court.   13

4   Abdomen noir, soit en entier, soit plus ou
moins à l'extrémité.   5

—   Abdomen testacé à partir de la base du deuxième segment, ou avec l'extrémité testacée; plus
cette couleur se répand à la base, plus elle
est pâle.   11

5   Antennes ♂♀ de 18 à 25 articles; celles du ♂
quelquefois de 28 articles, et alors les cuisses,
ou les pattes en entier sont noires.   6

—   Antennes ♂♀ de 29 articles; pattes pâles. Noir;
tête rouge; face et épistome testacés; base de
l'abdomen plus ou moins brun de poix. Antennes de la longueur du corps, testacées à la base. Prothorax testacé-rougeâtre. Métathorax finement ruguleux, un peu réticulé, uniformément

déclive et légèrement convexe depuis la base jusqu'à l'extrémité. Ailes presque hyalines ; stigma et nervures d'un testacé brunâtre ; cellule radiale en ovale oblong, aussi longue que le stigma ; nervures médiane et anale distinctes. Pattes entièrement testacées. Premier segment de l'abdomen très finement striolé, d'un brun de poix pâle, ainsi que la base du deuxième segment ; tubercules à peine saillants. Tarière filiforme, à peine plus longue que la moitié de l'abdomen. Long. 1 1/2-2^{mm}.   **Fulviceps**, Ruthe.

Obs. — Cette espèce, selon Ruthe, est voisine de *P. bicolor*, Wesm. (V. n° 10).

Patrie : Allemagne.

6   Stigma plus ou moins brun-noirâtre, quelquefois brunâtre très pâle, et dans ce cas la première abscisse de la nervure radiale est moins longue que le quart de la hauteur du stigma.   **7**

—   Stigma pâle, rarement un peu assombri ; première abscisse de la nervure radiale plus longue que la moitié de la hauteur du stigma.   **10**

7   Première abscisse de la nervure radiale aussi longue que la moitié de l'épaisseur du stigma ; tarière moins longue ou pas plus longue que la moitié de l'abdomen.   **8**

—   Première abscisse de la nervure radiale très courte ; stigma beaucoup moins grand ; tarière à peu près de la longueur de l'abdomen. Noirâtre ; tête rougeâtre obscur ; vertex et milieu du front noirâtres. Prothorax et pleures plus ou moins d'un rougeâtre obscur. Métathorax finement ruguleux, d'un rougeâtre obscur en dessus. Ailes hyalines ; stigma assez petit, brunâtre ; cellule radiale ovalaire, un peu obtuse ; nervures médiane et anale distinctes, de niveau à

l'extrémité. Pattes testacées. Abdomen brunâtre ; base du pétiole pâle, ses tubercules distincts, saillants. Tarière presque droite, à peine
plus courte que l'abdomen. Mâle inconnu ♀
Long. 1 1/2ᵐᵐ.   **Lancearius**, Ruthe.

> Obs. — Selon Ruthe, cette espèce est voisine de
> *P. bicolor*, Wesm. (v. n° 10), mais sa tarière est à
> peu près le double plus longue, et moins droite ; la
> cellule radiale plus lancéolée et plus ovalaire, et le
> métathorax plus finement ruguleux.

Patrie : Allemagne.

8   Métathorax couvert d'une rugulosité confuse,
sans aréoles.   **9**

—   Métathorax divisé en aréoles distinctes, mais
irrégulières. Palpes labiaux de 2 articles ; palpes maxillaires courts, leur premier article à
peine distinct ; deuxième plus long que le troisième ; cinquième et sixième étroitement unis,
pas plus longs, pris ensemble, que le quatrième ; sixième conique, atténué. ♀ Noire ; tête rouge ; stemmaticum et quelquefois le bord de l'occiput, noirâtres. Antennes de 20 à 23 articles,
un peu plus courtes que le corps, filiformes,
avec le premier article rouge en dessous. Thorax noir ; métathorax court. Ailes presque hyalines ; nervures et stigma testacé-brunâtre ; écaillettes jaunâtre-sale ; stigma en ovale élargi,
lancéolé ; cellule radiale subcordiforme, son extrémité un peu plus rapprochée du stigma que
du bout de l'aile. Pattes d'un testacé rougeâtre.
Abdomen comprimé, tronqué en arrière, brun
de poix, obscurément rougeâtre à l'extrémité ;
premier segment noir, formant environ la moitié de la longueur totale de l'abdomen, régulièrement striolé, ses tubercules distincts ; condyle
à côtés parallèles. Tarière décourbée, aussi lon-

gue que la moitié de l'abdomen. ♂ Plus sombre que la ♀ ; noir ; antennes plus longues que
le corps, leur base, ainsi que la bouche et l'é-
pistome, testacé-obscur ; orbites largement rouges ; pattes testacé-rougeâtre, hanches de derrière noirâtres en dessus ; abdomen ovalaire.
Long. 2-3ᵐᵐ. Env. 4-6ᵐᵐ.   **Cerealium**, Haliday.

> Obs. — Le nombre des articles des palpes labiaux,
> et l'étroitesse relative des ailes, distinguent cette es-
> pèce du *P. secalis* (v. nº 12) ; elle est plus grêle que
> *P. æthiops* (v. nº 9), et en diffère en outre par son
> métathorax aréolé, par la nervure radiale plus for-
> tement arquée, la cellule radiale plus courte, et la
> tarière décourbée. Elle est assez semblable aussi à
> *P. falciger* (v. nº 15), mais celui-ci a la première
> cellule cubitale séparée de la première discoïdale.

> Patrie : Allemagne, Hollande, Angleterre. Espèce com-
> mune et sans doute répandue dans plu-
> sieurs contrées de l'Europe.

9   Toutes les hanches noires ; chez le ♂ les pattes presque en entier sont de la même couleur.
Très semblable à *P. secalis* (V. nº 12) mais
ayant les palpes labiaux de 2 articles. ♀ Noire ;
face, bouche, joues et orbites rougeâtre-obscur ;
ou bien la tête est entièrement testacé-rougeâtre. Antennes à peine plus courtes que le corps,
de 25 à 26 articles. Sillons mésothoraciques distincts. Métathorax couvert de rugulosités serrées et réticulées, légèrement excavé à sa face
postérieure. Ailes hyalines, blanchâtres ; stigma, écaillettes et nervures brun-noirâtre ; stigma moins large que chez *secalis* ; cellule radiale subcordiforme, son extrémité un peu plus
rapprochée du stigma que du bout de l'aile ;
nervure radiale fortement arquée ; nervure médiane très distincte. Pattes rouges, hanches de
derrière noires, tarses assombris. Premier segment de l'abdomen plus large que celui de se-

calis, striolé en long, avec les tubercules fort saillants ; condyle oblong, légèrement élargi vers l'extrémité. Tarière de la longueur de la moitié de l'abdomen, ses valves filiformes, noires. ♂ Antennes d'un tiers plus longues que le corps, de 27 à 30 articles ; premier article des palpes maxillaires court, mais distinct, articles 5-6, pris ensemble, d'un tiers plus longs que le quatrième, sixième aminci à l'extrémité. Noir ; pattes souvent brun de poix ou noirâtres ; sommet des cuisses et base des tibias rouges ; cuisses de devant, ou toutes les cuisses, souvent rougeâtre-obscur avec la base noire. Abdomen ovalaire, lancéolé, son premier segment beaucoup plus grêle que celui de la ♀. Long. 2-3ᵐᵐ. Env. 4 1/2-6 1/2ᵐᵐ.

Var. ♂. D'une moitié ou d'un tiers moins grand ; antennes de 24 à 25 articles ; les palpes labiaux n'ont pas été étudiés et il se pourrait que cette espèce fût le ♂ de *P. secalis*, Hal. resté inconnu.   **Æthiops**, Nees.

Ons. — Wesmael a fait mention de seize mâles dont les antennes avaient de 22 à 28 articles ; quelques-uns d'entre eux appartenaient probablement à d'autres espèces ; l'incertitude s'attache aussi aux trois femelles signalées par le même auteur, et chez lesquelles les antennes avaient 23 articles. Quant aux trois variétés énumérées par Ruthe, et présentant des différences dans la nervulation, elles ne doivent pas certainement être rapportées à l'*æthiops*.

Patrie : Allemagne, France, Hollande, Angleterre. Espèce vulgaire et répandue.

Hanches et pattes testacées, seulement les tarses noirâtres. Noir ; tête testacée. Antennes de 22 articles, scape testacé, à peine plus long que l'entr'article qui le suit. Pleures testacées en avant. Métathorax assez court, finement ruguleux et réticulé, concave et obliquement tron-

qué en arrière. Ailes subhyalines ; stigma brunâtre-pâle ; nervures médiane et anale distinctes, pâles ; cellule radiale ovalaire, un peu acuminée. Pattes testacées, avec tous les tarses
noirâtres. Premier segment de l'abdomen brun
de poix à la base, striolé, ses tubercules distincts
et saillants ; deuxième segment un peu brunâtre. Tarière presque droite, plus courte que la
moitié de l'abdomen. Mâle inconnu. ♀ Long.
1 1/2^{mm}. **Melanopus**, RUTHE.

> OBS.—Cette espèce, selon son auteur, est très voi-
> sine de la suivante, et pourrait bien n'en être qu'une
> variété ; en effet, la seule particularité qu'on remar-
> que dans la description, c'est que les tarses de *me-
> lanopus* sont noirâtres.

PATRIE : Allemagne.

10 Poitrine testacée ; tarière de la longueur de
la moitié de l'abdomen. Variable ; tête et thorax
plus ou moins rougeâtres, bruns ou noirs ; stemmaticum noir ; face et bouche testacé-rougeâtre.
Palpes labiaux de 3 articles. Antennes plus courtes que le corps, noirâtres, avec la base testacée,
de 18 articles chez la ♀, de 20 à 21 articles chez
le ♂. Prothorax rougeâtre. Mésothorax noir en
dessus, ses sillons sans ponctuation, dirigés
vers un espace ruguleux situé devant le scutellum. Métathorax court, très finement chagriné,
aréolé, sans excavation sensible à sa face postérieure, presque verticalement tronqué. Ailes
subhyalines ; stigma et nervures testacés, quelquefois légèrement obscurs ; cellule radiale un
peu lancéolée, acuminée, son extrémité moins
éloignée du stigma que du bout de l'aile ; nervure médiane distincte. Pattes testacé-rougeâtre. Abdomen noir ou noirâtre à partir de la
base du deuxième segment ; premier segment
ordinairement testacé-rougeâtre, rarement noir,

striolé; pétiole grêle; tubercules fort saillants, placés derrière le milieu; condyle deux fois aussi large que le pétiole, à côtés presque parallèles; segments postérieurs en ovale court. Tarière droite, aussi longue que la moitié de l'abdomen. Long. 1 1/2-2 1/2ᵐᵐ. Env. 3-5ᵐᵐ.

? Var. ♀. Antennes de 24 articles; sous tous autres rapports, elle ressemble exactement aux femelles typiques.   **Bicolor**, Wesmael.

Obs. — *P. secalis* (v. n° 12) a quelques rapports avec cette espèce, et ses palpes labiaux ont également trois articles; mais la base de l'abdomen n'est pas pâle, et les tubercules sont moins prononcés. Dans une note à propos de *P. bicolor*, Wesmael cherche à le différencier du *P. conterminus*, Nees, appartenant maintenant aux *Microctonus* (v. ce genre n° 3).

Patrie : Belgique, France, Allemagne, Angleterre. Assez commun.

Poitrine noire; tarière presque aussi longue que l'abdomen. Voisin du précédent, mais ayant les antennes plus courtes, le métathorax beaucoup plus finement ruguleux, et la tarière plus longue. Noir; tête rougeâtre; bouche testacé-obscur; milieu du front et du vertex noirâtre. Antennes ♀ de 18 articles, plus courtes que le corps, noirâtres avec la base pâle. Prothorax rougeâtre. Métathorax finement ruguleux, un peu réticulé. Ailes subhyalines; stigma et nervures testacé-obscur; nervures médiane et anale pâles, de niveau à l'extrémité; cellule radiale presque en ovale, subacuminée. Pattes d'un testacé obscur. Premier segment de l'abdomen très finement striolé; pétiole testacé obscur; tubercules assez saillants. Tarière légèrement courbée. Mâle inconnu. ♀ Long. 1 1/2ᵐᵐ.

Parcicornis, Ruthe.

Patrie : Allemagne.

11   Base du premier segment de l'abdomen tes-

tacée, ou plus pâle que le reste de l'abdomen ;
valves de la tarière élargies. De forme courte ;
testacé ; mésothorax, métathorax et moitié postérieure du premier segment de l'abdomen
noirs. Tête testacée, excepté une grande tache
noire occupant le milieu du vertex et une partie du front. Antennes ♀ un peu moins longues
que le corps, grêles, de 19 articles, noires, avec
le scape testacé. Métathorax entièrement rugueux, terne, un peu excavé à sa face postérieure. Ailes hyalines ; stigma testacé ; nervure
radiale un peu moins arquée que ⌣hez les *P.
æthiops* et *bicolor* ; nervure médiane distincte.
Pattes testacées. Premier segment de l'abdomen
étroit et testacé de la base au milieu ; du milieu à l'extrémité il est assez fortement élargi
et noir, ayant quelques rugosités sur les côtés ;
tubercules très peu distincts ; deuxième segment testacé, les suivants fauves ; extrémité de
l'abdomen tronquée (« peut-être' accidentellement », dit Wesmael, en parlant de son unique
exemplaire). Tarière aussi longue que la moitié
de l'abdomen, ses valves très larges, s'élargissant insensiblement de la base à l'extrémité,
qui est arrondie. Mâle inconnu. Long. 1 1/2-2^{mm}.

Vaginator, Wesmael.

Obs. — Cette femelle, selon Wesmael, ne peut
pas être réunie aux mâles de *P. bicolor*, parce que
la nervure radiale est un peu moins arquée, et le
métathorax plus rugueux, plus terne, excavé postérieurement.

Patrie : Belgique, Allemagne.

————   Base du premier segment de l'abdomen noire ;
valves de la tarière filiformes.   **12**

12   Mesonotum rouge. Voisin de *P. bicolor*
(V. n° 10). Grêle, testacé-rougeâtre ; face et
bouche plus pâles. Antennes aussi longues que

le corps, noires, avec la base testacée, de 21 articles. Prothorax testacé. Scutellum brunâtre-
pâle. Métathorax noir, finement ruguleux, un
peu réticulé, déclive et un peu convexe en arrière, sa face postérieure légèrement canalicu-
lée. Ailes presque hyalines ; stigma et nervures
d'un testacé obscur. Pattes d'un testacé pâle ;
tarses assombris. Premier segment de l'abdomen noir, striolé, avec le condyle presque lisse ;
tubercules un peu saillants ; deuxième segment
brunâtre-pâle à la base. Tarière droite, ayant la
longueur des deux tiers de l'abdomen. Mâle inconnu. Long. 2ᵐᵐ.   **Labilis**, Ruthe.

Patrie : Allemagne.

—

Mesonotum noir. ♀ Variable, ordinairement
noire avec la tête testacé-rougeâtre ; quelquefois
la tête est noire, excepté les parties buccales et
les orbites des yeux. Palpes labiaux de 3 articles, dont le premier obconique, les 2 suivants
plus courts, ovalaires ; ce caractère distingue
cette espèce de *P. cerealium* et de *P. æthiops*,
(V. nᵒˢ 8, 9), qui ont les palpes labiaux de 2 articles. Premier article des palpes maxillaires
très court ; troisième plus long et plus épais que
le deuxième ; quatrième plus long que le troisième ; sixième plus court que le quatrième,
mais un peu plus long que le cinquième. Antennes noirâtres, avec la base obscurément
rouge, filiformes, à peine plus courtes que le
corps, de 21 à 25 articles. Thorax noir. Prothorax testacé en dessous. Sillons mésothoraciques
distincts. Métathorax ponctué-rugueux, caréné,
verticalement tronqué, et portant sur sa face
postérieure une impression oblongue. Ailes
hyalines ; stigma et nervures d'un testacé brunâtre ; écaillettes jaunâtre-obscur ; stigma en

ovale large, plus grand que chez *P. aethiops*
(V. n° 9), lancéolé; cellule radiale subcordiforme, son extrémité un peu plus rapprochée du
stigma que du bout de l'aile. Pattes testacé-
rougeâtre ; hanches de derrière, leurs trochanters, et l'extrémité de tous les tarses, noirâtres;
mais les hanches postérieures sont quelquefois
testacées. Premier segment noir, striolé en long;
tubercules moins saillants que chez *P. bicolor*
(V. n° 10); souvent l'abdomen, à partir de la
base du deuxième segment, est brun de poix ;
derniers segments de la même couleur, ou noirs,
ou testacés. Tarière droite, aussi longue que la
moitié de l'abdomen; ses valves filiformes, noires, plus pâles à la base. Mâle inconnu (voyez
toutefois *P. aethiops* var ♂). Long. 2 1/2-3ᵐᵐ.
Env. 5 1/2-6 1/2ᵐᵐ.   **Secalis**, Haliday.

Obs. — Il faut remarquer que cette espèce n'est
pas, comme le pensait autrefois Haliday, l'*Ichneumon secalis*, Linné, qui appartient à la tribu des
Helcontidæ, et au genre *Cenocœlius*. La distinction
du *P. secalis*, Hal. ♀, et du *P. æthiops*, Nees, ♀,
est fort difficile à cause de leur grande affinité :
peut-être n'est-il possible de les séparer autrement
que par un examen de leurs palpes labiaux, fait au
microscope, et sur des exemplaires récemment capturés. Néanmoins, en comparant des individus des
deux espèces, on constatera que chez *secalis* le métathorax est un peu luisant, et plutôt ponctué que
ruguleux, et que les écaillettes sont couleur de paille
ou jaunâtre plus ou moins obscur; l'*æthiops*, au
contraire, a le métathorax ruguleux-réticulé, et les
écaillettes d'un brun sombre.

Patrie · Allemagne, Belgique, Angleterre. Assez commun.

13   Pattes de la ♀ entièrement testacées ; celles du
♂ assombries. Noir. ♀ Tête noire, d'épaisseur
médiocre ; face testacée, convexe, couverte de
rugosités transversales très fines. Antennes un
peu moins longues que le corps, de 25 articles,

dont les deux premiers fauves. Métathorax très rugueux, un peu excavé à sa face postérieure. Ailes avec une très légère teinte obscure ; stigma et nervures noirâtres ; nervure postérieure et extrémité de la nervure cubitale faiblement marquées ; nervure radiale peu arquée. Abdomen noir ; premier segment testacé vers la base, assez fortement élargi dans sa partie postérieure, très finement et très densément ruguleux ; ses tubercules non saillants ; un peu au dessous d'eux, on distingue deux fossettes dorsales. Tarière un peu plus longue que la moitié de l'abdomen, à valves noires, filiformes. ♂ Antennes au moins aussi longues que le corps, sétacées, de 28 articles. Tête noire ; épistome, mandibules, joues et palpes testacés ; face bordée de fauve contre les yeux, ses rugosités plus prononcées que chez la ♀ ; tubercules du premier segment plus saillants ; pattes testacées ; hanches de derrière et quelquefois celles du milieu noires ; le dessus ou la plus grande partie des cuisses postérieures, avec les tibias et les tarses de la même paire, noirâtres. Long. 3ᵐᵐ.

Deceptor, Wesmael.

Obs. — « Quoique cette espèce ait beaucoup d'analogie avec » *P. rutilus* (V. nᵒ 16), dit Wesmael, « je la crois cependant différente ; les pieds sont proportionnellement plus courts et plus épais, la face un peu plus convexe, le stigma noirâtre, etc. »

Patrie : Belgique.

Pattes de la ♀ en parties brunes ou noirâtres ; mâle inconnu. Voisin de *P. cerealium* (V. nᵒ 8), mais du double plus grand, plus épais, et facile à distinguer. ♀ Noire ; tête testacé-rougeâtre ; occiput, stemmaticum et milieu du front noirâtres. Palpes labiaux de 3 articles qui sont presque égaux ; derniers articles des palpes maxil-

laires presque aussi longs que les premiers. Antennes à peine plus courtes que le corps, noires
avec le premier article rougeâtre ; de 26 articles.
Sillons mésothoraciques dirigés vers une dépression large et densément ponctuée, située devant le scutellum ; dans le milieu de cette dépression on distingue une ligne longitudinale ;
angles postérieurs du mésothorax saillants.
Métathorax très court, verticalement tronqué,
rugueux, réticulé. Ailes presque hyalines ; stigma et nervures bruns ; cellule radiale ovalaire,
lancéolée, son extrémité un peu plus rapprochée du bout de l'aile que du stigma. Pattes de
devant testacé-rougeâtre ; les quatre pattes postérieures brun-jaunâtre avec l'extrémité de
leurs tibias plus sombre ; hanches de derrière
brunes ; tarses noirâtres. Abdomen noir de poix,
avec la base du premier segment pâle ; ce segment est beaucoup plus épais que chez la plupart des espèces, élevé en arrière, obconique,
ruguleux, ses angles apicaux striolés en long ;
tubercules placés au milieu. Tarière recourbée,
un peu moins longue que la moitié de l'abdomen ; ses valves obscurément ferrugineuses.
♀ Long. 3 1/2ᵐᵐ. Env. 6 1/2ᵐᵐ. **Brevicollis**, Haliday.
Patric : Angleterre, Allemagne.

14   Nervure radiale redressée vers l'extrémité ;
cellule radiale] un peu lancéolée, se terminant
à un point moins éloigné du bout de l'aile que
du stigma, ou exactement au milieu des deux.   **15**

—   Nervure radiale uniformément arquée, cellule radiale subcordiforme, se terminant à un
point moins éloigné du stigma que du bout de
l'aile. Noir ; parties buccales roux de poix. Face
terne, ruguleuse, carénée dans le milieu. Antennes plus longues que le corps chez le ♂, un

peu plus courtes chez la ♀, de 23 à 25 articles ;
scape roux. Sillons mésothoraciques ponctués.
Fossette antéscutellaire très grande, presque
aussi longue que le scutellum, transversale,
largement elliptique, rebordée de tous les côtés.
Scutellum lisse. Métathorax court, brusquement déclive, ruguleux, à peine impressionné
dans le milieu. Ailes presque hyalines ; stigma
brun-testacé. Cuisses et tibias roux de poix.
Premier segment de l'abdomen conique, dilaté
vers l'extrémité, striolé, irrégulièrement ruguleux dans le milieu ; deuxième segment quelquefois noir de poix ; derniers segments lisses.
Tarière aussi longue que la moitié de l'abdomen, un peu courbée à l'extrémité ; ses valves
linéaires. ♂♀ Long. 2mm.   **Foveolatus**, Reinhard.

Obs. — Décrit par Reinhard sur 14 ♂ et 6 ♀ de
la collection Sichel à Paris ; deux petits cartons, fi-
chés sur la même épingle, portent chacun un amas
de coques blanches, d'un tissu extrêmement lâche,
dont quelques unes renferment encore leur insecte.
L'espèce se distingue de toutes les autres par la
grandeur exceptionnelle de la fossette antéscutellaire.

Patrie : Non indiquée, probablement France.

15   Nervure radiale se terminant à un point
moins éloigné du bout de l'aile que du stigma.   16

—   Nervure radiale se terminant exactement au
milieu entre le stigma et le bout de l'aile. De
forme assez grêle. ♀ Noire, y compris la tête ;
mandibules rouges. Antennes pas plus longues
que le corps, filiformes, de 22 à 24 articles. Sillons mésothoraciques distincts. Fossette antéscutellaire beaucoup plus courte que le scutellum ; celui-ci lisse, luisant. Métathorax court,
ruguleux, à peu près verticalement tronqué et
légèrement excavé à sa face postérieure. Ailes
presque hyalines ; stigma, écaillettes et nervu-

res testacé-brunâtre ; cellule radiale plus courte que chez *P. rutilus* et *strenuus* (V. n°s 16,
17), subcordiforme ; nervure séparatrice entre
la première cellule cubitale et la première discoïdale très faible. Pattes rougeâtre-obscur ;
hanches noires ; tarses noirâtres à l'extrémité.
Abdomen testacé à la base, tronqué en arrière ;
premier segment striolé ; pétiole de moitié
moins large que l'extrémité du condyle ; tubercules saillants, situés au milieu. Tarière aussi
longue que la moitié de l'abdomen, décourbée
à partir de son milieu. ♂ Antennes plus longues que le corps, sétacées, de 28 articles, noires, plus pâles en dessous à la base ; premier
segment de l'abdomen entièrement noir. Long.
2 1/2^{mm}. Env. 5-6 1/2^{mm}.

Var. ♀. Bouche testacée ; base des antennes,
joues et face rougeâtres ; pattes testacé-rougeâtre, hanches de derrière noires. (Ruthe.)

Falciger, Ruthe.

OBS. — Un exemplaire conservé au Musée Britannique est étiqueté comme provenu d'un coléoptère
adulte et vivant, *Timarcha coriaria*, Fab

PATRIE : Allemagne, Angleterre.

16   Pattes testacées, seulement les hanches de
derrière du ♂ assombries. ♀ Noire ; tête et majeure partie de l'abdomen testacé-rougeâtre ;
stemmaticum noirâtre. Antennes aussi longues
que le corps, filiformes, noires, avec la base
plus ou moins testacée, de 25 à 26 articles. Thorax noir. Prothorax testacé. Sillons mésothoraciques convergeant vers une dépression ponctuée. Fossette antéscutellaire beaucoup plus
courte que le scutellum qui est lisse et luisant.
Métathorax sans aréoles , ponctué-ruguleux,
tronqué, portant à sa face postérieure une excavation oblongue. Ailes presque hyalines ;

stigma jaune-rougeâtre ; écaillettes et nervures brunâtre-pâle ; cellule radiale allongée, un peu lancéolée, son extrémité plus rapprochée du bout de l'aile que du stigma ; deuxième abscisse de la nervure radiale presque droite vers l'extrémité ; nervure séparatrice des cellules première cubitale et première discoïdale faible, incomplète ; nervure cubitale subobsolète. Pattes grêles, testacées ; tarses assombris. Abdomen testacé-clair à partir de la base du deuxième segment ; premier segment très mince à la base, striolé, noir, avec la première moitié du pétiole testacée ; condyle trois fois aussi large que le pétiole ; tubercules du premier segment de l'abdomen peu saillants, situés en son milieu ; derniers segments formant un ovale oblong. Tarière droite, aussi longue que les trois quarts de l'abdomen, à valves filiformes, noires. ♂ Noir ; face et orbites testacées. Antennes épaisses, plus longues que le corps, entièrement noires, de 28 à 29 articles. Hanches et tibias postérieurs, ainsi que tous les tarses, noirâtres. Abdomen plus sombre que celui de la ♀, noirâtre à l'extrémité, Long. 2 2/3-3 1/2^{mm}. Env. 5 1/2-6 1/2^{mm}.   **Rutilus**, Nees.

Patrie : Allemagne, Belgique, Hollande, Angleterre, et probablement toute l'Europe ; assez vulgaire.

——   Pattes ayant les cuisses ou les tibias postérieurs plus ou moins noirâtres.   **17**

17   Scutellum ponctué ou ruguleux. ♀ Noire ; tête rouge ; stemmaticum et milieu de l'occiput noirs ; face convexe, fortement rétrécie depuis les yeux jusqu'à la bouche. Antennes aussi longues que le corps, grêles, noires, avec le deuxième article testacé à la base, ou rarement le premier article testacé en devant. Métathorax court,

élevé, large, verticalement tronqué, entièrement rugueux et mat, légèrement excavé à sa
face postérieure. Ailes avec une teinte obscure :
stigma grand, noir ; nervures du disque et de
l'extrémité épaisses, noirâtres ; nervure radiale
médiocrement arquée ; cellule radiale plus grande que le stigma ; nervure récurrente insérée
dans la première cellule cubitale. Cuisses et
tibias antérieurs fauve-testacé, leurs hanches et
trochanters ordinairement de même couleur,
quelquefois obscurs, soit seulement du côté
postérieur, soit en entier ; hanches intermédiaires noires, trochanters noirs ou en partie fauves, cuisses fauves, plus ou moins noires vers
la base, leurs tibias fauves, noirâtres vers l'extrémité ; hanches et trochanters postérieurs
noirs, leurs cuisses noires en entier ou d'un
fauve obscur vers l'extrémité, leurs tibias noirs,
ordinairement avec une teinte fauve-obscur
vers le milieu ; tous les tarses noirs. Premier
segment noir, rugueux, mat, avec quelques rugosités longitudinales seulement vers les bords ;
condyle fortement élargi ; tubercules saillants ;
deuxième segment noir, excepté vers les côtés
de sa moitié postérieure, qui sont d'un fauve
foncé ; segments suivants de même couleur, ordinairement plus obscurs sur le dos. Tarière
de la longueur de la moitié de l'abdomen, à valves noires, filiformes. ♂ Semblable ; vertex et
occiput noirs ; orbites rouges. Antennes plus
fortes. Les quatre pattes antérieures entièrement fauves ; celles de derrière brun de poix ;
deuxième article de leurs trochanters et base
des tibias fauves. Deuxième segment de l'abdomen plus ou moins brun de poix ; derniers segments noirs, anus à peine roussâtre. Long, 2-
4 1/2^{mm}. Env. 4-8 1/2^{mm}.   **Terminatus**, Nees.

Obs. — Audouin, dans son mémoire « sur le parasitisme des insectes », nous a laissé une indication des habitudes de cette espèce. Il s'est assuré qu'un individu était sorti d'un coléoptère du genre *Coccinella*, soit *septempunctata* soit *quinquepunctata*, L. Des expériences ultérieures faites par Ratzeburg ont démontré non seulement l'exactitude de l'observation d'Audouin, mais, en les poursuivant, cet auteur a découvert quelques autres détails non dépourvus d'intérêt. La mère parasite confie son œuf non à la larve de la coccinelle, mais à l'insecte parfait. Trois coccinelles, des espèces ci-dessus mentionnées, étaient gardées à vue par Ratzeburg ; elles s'étaient attachées à la tige de quelque plante, et y restaient sans mouvement. Dans peu de temps on put remarquer sous le ventre de chacune d'elles une coque grise et pyriforme, entourée de filaments lâches qui empêtraient leurs pattes ; et de ces coques sortirent, vers la mi-juin, trois femelles de *P. terminatus*. Deux coccinelles étaient alors mortes ; la troisième trainait encore. Les larves parasites sortaient des sutures ventrales, qui se resserraient ensuite, sans laisser aucune ouverture sensible. La dissection d'une coccinelle montra les parois de l'abdomen affaissées en dedans, et son intérieur tout à fait désorganisé. Dans une autre occasion Ratzeburg introduisit une femelle vivante de *Perilitus* dans une boite vitrée contenant une *Coccinella septempunctata* ; le parasite se mit sur le champ à harceler sa victime, circulant avec beaucoup d'agilité et l'observant de tous côtés ; enfin elle prit l'attitude caractéristique d'un ichneumon qui se dispose à piquer, en avançant l'abdomen entre les pattes jusqu'au delà de la tête. L'abdomen s'allongea beaucoup, et la tarière atteignit son maximum d'extension, embrassée et soutenue par les valves, autant que celles-ci pouvaient s'étendre. Six à dix ponctions eurent lieu coup sur coup et étaient toujours dirigées sur les incisions ventrales ; dans le cours d'une heure la coccinelle subit trois ou quatre de ces assauts, sans se reculer ni faire preuve du sentiment d'aucun danger. Elle n'avait d'ailleurs rien à craindre, car la femelle parasite n'était pas fécondée, et toutes ses manœuvres n'étaient que la manifestation infructueuse de son instinct. Plusieurs observateurs américains ont confirmé tout récemment les résultats obtenus en Europe, et il est maintenant bien constaté que la *Megilla maculata*, De G., des Etats-Unis, analogue aux coccinelles européennes, ainsi que la *C. novempunctata*, L. est infestée par des parasites du genre *Perilitus*. Je renvoie sur cette

question à un mémoire du prof. Riley (Insect Life,
vol. I-1888, p. 101) qui résume presque tous les faits
connus jusqu'ici, en donnant une bonne figure d'un
parasite qu'il nomme *Centistes americana*, mais
qui appartient au genre *Perilitus*.

PATRIE · Europe centrale et méridionale; assez commun.

— Scutellum lisse, luisant. Noir; ♀ parties buccales et orbites testacé-rougeâtre, ou orbites
quelquefois noires. Antennes noires, de 23 articles; radicules rougeâtres. Sillons mésothoraciques convergeant vers une dépression ruguleuse. Ailes presques hyalines; stigma, écaillettes et nervures brunâtre-pâle. Scutellum très
peu ponctué et sur les côtés seulement. Fossette antéscutellaire beaucoup plus courte que le
scutellum. Métathorax court, brusquement
tronqué, ruguleux, avec deux carènes médianes
plus ou moins sensibles, qui, partant de la base,
sont parallèles jusqu'à la troncature où elles divergent, en se dirigeant de chaque côté de l'excavation postérieure. Les quatre pattes antérieures testacées; cuisses intermédiaires assombries à la base; pattes de derrière brun de poix
ou testacé-brunâtre, leurs tibias plus sombres
vers l'extrémité; tous les tarses noirs. Premier
segment de l'abdomen entièrement noir, strié
en long; condyle deux fois aussi large que le
pétiole; tubercules placés au milieu du segment; segments 2-3 brun de poix. Tarière aussi longue que la moitié de l'abdomen. ♂ Antennes épaisses, plus longues que le corps, de 28
à 29 articles. Premier segment de l'abdomen de
moitié moins large que celui de la ♀. Long. 3ᵐᵐ.
Env. 6ᵐᵐ.   **Strenuus**, MARSHALL.

OBS. — Voisin du précédent, mais ayant le scutellum lisse. Il est plus robuste que *P. rutilus*
(V. nᵒ 16), le métathorax et le premier segment de
l'abdomen sont autrement conformés, la cellule ra-

diale est plus allongée, les nervures plus fortes, et
les pattes des deux sexes, de même que l'abdomen
de la femelle, autrement colorés.

Patrie : Angleterre.

ESPÈCES DE PERILITUS DOUTEUSES
OU IMPARFAITEMENT DÉCRITES

1. **Consuetor**, Nees, 1834. ♂ Noir, pubescent. Tête un peu
plus étroite que le thorax, transversale ; vertex étroit ; face aplatie, pubescente ; mandibules rouges ; palpes brun de poix. Antennes plus longues que le corps, sétacées, noires ; leurs articles
cylindriques. Métathorax convexe, ruguleux. Ailes hyalines ; nervures et stigma bruns, celui-ci ovalaire ; cellule radiale petite,
en demi-ovale, éloignée de l'extrémité de l'aile. Pattes d'un brun-
rougeâtre ; toutes les hanches et le second article des trochanters
postérieurs brun-noirâtre ; tibias de derrière plus pâles à la base.
Abdomen ovalaire, comprimé ; premier segment aussi long que
les suivants réunis, conique, striolé vers la base, lisse à l'extrémité ; pétiole linéaire ; condyle dilaté ; tubercules situés dans le
milieu ; derniers segments noir de poix ; anus obtus, comprimé.
Femelle inconnue. Long. 3^{mm}.

Patrie : Franconie, pris une fois seulement près de Sickershausen.

2. **Erythrogaster**, Herrich-Schæffer, (sans date). ♀ Voisine de *conterminus*, H. Sch. [*bicolor*, Wesm. V n° 10] ; antennes de 26 articles ; tête, poitrine, pattes et abdomen orangés ; premier segment brun, pâle seulement à la base ; tarière à peu près
aussi longue que l'abdomen ; métathorax ruguleux, excavé. Première cellule cubitale confondue avec la première discoïdale.
Taille non indiquée

Patrie : Allemagne.

3. **Distinguendus**, Herrich-Scæffer, (sans date). Noir, orbites brun-rougeâtre. Antennes rouges ; mutilées, n'ayant que 14
articles allongés. Métathorax ruguleux. Nervures des ailes testacé-rougeâtre ; stigma brunâtre-pâle, largement blanc à la base,
plus grand que la cellule radiale ; première cellule cubitale séparée de la première discoïdale ; nervure récurrente insérée dans
la première cellule cubitale [comme chez *P. terminatus*, V. n°
17]. Pattes testacé-jaunâtre. Deuxième segment de l'abdomen
brun-rougeâtre. Formes de *P. brevicornis*, H. Sch. (V. *Euphorus*, espèces douteuses, n° 2). Taille et sexe non indiqués. Ap-

partient au genre *Euphorus*, de même que le *P. petiolaris*, H. Sch. dont cet auteur n'a donné aucune description. si ce n'est que la nervure récurrente est insérée dans la deuxième cellule cubitale, et que le pétiole linéaire fait à lui seul la moitié de l'abdomen.

PATRIE : Allemagne.

4. **Dubius**, WESMAEL, 1838. ♀ Testacée; mesonotum et premier segment de l'abdomen noirs. Fossette antéscutellaire de grandeur ordinaire. Première cellule cubitale séparée de la première discoidale; nervure radiale arquée jusqu'à l'extrémité. Tarière aussi longue que les deux tiers de l'abdomen. « Cette espèce ressemble beaucoup au *M. œthiops* [sic] : la cellule radiale a la même étendue et le radius la même courbure... Elle ressemble aussi aux *M. deceptor* et *rutilus*, mais ceux-ci ont la cellule radiale plus aiguë à l'extrémité, le radius moins arqué et plus faiblement tracé. . Cette espèce me paraît assez problématique, et pourrait bien n'être qu'une variété du *M. œthiops*, » (Wesmael).

PATRIE : Belgique.

7ᵉ GENRE. — MICROCTONUS, WESMAEL, 1835.

μικροκτόνος, tuant les petites bestioles; insecticide

Palpes maxillaires de 6, labiaux de 3 articles. Antennes droites, filiformes. Sillons mésothoraciques presque toujours effacés. Métathorax lisse ou indistinctement aréolé, plus ou moins tronqué et excavé en arrière. Première cellule cubitale confondue avec la première discoïdale; cellule radiale cultriforme, allongée, atteignant presque l'extrémité de l'aile ; nervure radiale droite, ou à peine arquée. Tarière exserte, quelquefois très courte.

Les espèces assez rares et peu nombreuses de ce genre ont le corps lisse et luisant, diversement nuancé de testacé et de noir ; leur parenté avec les *Meteoridæ* est plus proche que celle des autres *Euphoridæ*, à cause de leurs palpes qui offrent le même nombre d'articles, et de la cellule radiale allongée. La nervure radiale présente rarement une très légère courbure, et lorsque cela a lieu, son extrémité s'écarte un peu du bout de l'aile; l'ensemble du système alaire rappelle celui des *Liophron* et des *Blacus*.

seulement dans ces genres la première cellule cubitale et la première discoïdale sont séparées par une nervure. Nees von Esenbeck connaissait deux espèces de *Microctonus* vrais, Haliday une
seule et Ruthe quatre, auxquelles j'en ai pu ajouter autant de
nouvelles. toutes trouvées en Angleterre. J'ai supprimé comme
inutile le genre *Syntretus* de Foerster, créé pour isoler le *Perilitus conterminus*, Nees ; cette espèce ne diffère pas essentiellement des autres. Les premiers états des *Microctonus* ne sont point
connus.

1   Tête deux fois plus large que le thorax, se rétrécissant tellement sous les yeux, vers la bouche, qu'elle a presque la forme d'une poire ren-
versée ; yeux très saillants. ♀ Noire ; front, vertex, et commencement de l'occiput, noirs ; le
reste de la tête, y compris les parties buccales,
d'un testacé blanchâtre ; face un peu concave ;
épistome petit, convexe ; vertex peu épais ;
ocelles placés très près de son bord postérieur,
peu saillants. Antennes environ de la longueur
du corps, ou un peu plus longues, grêles, de 31
articles cylindriques et étroitement unis, noires, avec les deux premiers articles d'un testacé
pâle. Thorax court ; vers le devant du mésothorax, sa hauteur égale sa longueur totale, et il
s'abaisse presque insensiblement jusqu'à l'extrémité du métathorax. Prothorax, poitrine et
pleures testacés. Dessus du mésothorax et métathorax, noirs ; celui-ci peu convexe, rugueux,
et surmonté vers son extrémité de deux carènes
dont l'intervalle est destiné à recevoir le pétiole
de l'abdomen. Ailes hyalines ; stigma et nervures testacés ; nervure radiale droite ; nervure
médiane effacée vers la base. Pattes longues,
grêles, entièrement testacées. Abdomen (chez
l'exemplaire·décrit par Wesmael) comprimé
accidentellement ; premier segment très étroit

vers la base, faisant tout au plus le tiers de la
longueur de l'abdomen ; celui-ci d'un noir obscur, avec le disque du deuxième segment testacé. Tarière saillante (probablement par suite
de la compression de l'abdomen), de la longueur
du premier segment ; valves larges, amincies
vers l'extrémité. ♂ Semblable. Long. 2 1/2-3ᵐᵐ.

Boops, Wesmael.

Obs. — La ♀ a été décrite sur un exemplaire dont
on avait écrasé l'abdomen, ce qui a empêché l'auteur
de fixer ses caractères d'une manière complète ; plus
tard il captura un ♂ de la même espèce, sans cependant suppléer aux défauts de la description pri-
mitive.

Patrie · Belgique.

——   Tête de forme ordinaire ; yeux non remarqua-
blement saillants.   **2**

2   Métathorax finement caréné dans le milieu.   **3**

——   Métathorax sans carène médiane.   **5**

3   Nervure médiane obsolète. Lisse et luisant ;
variable de taille et de couleur ; testacé, avec
la tête, le thorax, et l'abdomen plus ou moins
noirâtres en dessus. ♀ Tête assez épaisse ; yeux
verts ; ocelles très peu saillants, situés à une
assez grande distance du bord de la tête. Antennes plus courtes que le corps, filiformes, de
18 à 21 articles, dont les 4 ou 5 premiers testacés. Sillons mésothoraciques non entièrement
effacés. Métathorax court, sa face postérieure
légèrement déclive, partagé en aréoles régulières par des lignes élevées ; deux aréoles à la
base, une de chaque côté, tout à fait lisses et
luisantes ; une troisième sur la partie déclive,
très légèrement ruguleuse, et assez fortement
excavée. Ailes hyalines ; nervures et stigma
testacé-pâle ; nervure radiale droite ; ailes inférieures sans cellule costale. Pattes testacé-

pâle ; dernier article des tarses noirâtre. Abdomen comprimé ; presque linéaire vu d'en haut ; ovalaire vu de côté ; ventre comprimé, caréniforme ; premier segment fort étroit et peu élargi sur le condyle, sans sinuosités latérales, couvert vers l'extrémité de quelques rugosités transversales très fines ; il est aussi long que le deuxième segment, qui est un peu plus long que les suivants réunis. Tarière de la longueur du tiers de l'abdomen, avec les valves en massue et noires. ♂ Plus sombre que la ♀ ; antennes plus courtes que le corps, de 23 à 25 articles. Long. 2-2 1/2. Env. 4-5ᵐᵐ.

Variétés : les parties sujettes à être assombries sont le vertex, le stemmaticum, le mesonotum (où trois taches noires marquent souvent les trois lobes), le scutellum, le métathorax, et le dos de l'abdomen, spécialement vers l'extrémité. -

Var. 1. ♂ Testacé-brunâtre avec les pleures pâles ; hanches de derrière assombries. (*M. politus*, Ruthe).

Var. 2. ♀ Premier segment de l'abdomen noir.

Var. 3. ♂ Thorax presque entièrement noir.

Conterminus, NEES.

OBS. — Quoique la description de Nees soit défectueuse, on ne peut plus douter qu'il n'ait eu sous les yeux l'espèce nommée depuis par Wesmael *M. vernalis*. Le nom *conterminus*, Nees, a le droit de priorité, mais la meilleure description est celle de Wesmael ; en restituant donc le plus ancien nom, j'ai pensé qu'il n'y avait plus lieu maintenant de tenir compte de la valeur relative de ces deux descriptions, puisque tous les caractères nécessaires sont ci-dessus exposés en détail).

PATRIE : Allemagne, Belgique, Hollande, Angleterre ; assez rare partout.

Nervure médiane assez mince, mais toujours visible.

4   Métathorax faiblement partagé en cinq aréoles. ♀ Testacé-rougeâtre ; stemmaticum, trois lignes sur le mesonotum, et premier segment de l'abdomen, noirs. Tête transversale, non rétrécie derrière les yeux, à côtés presque parallèles. Antennes ♂♀ à peu près aussi longues que la moitié du corps, de 19 articles ; noires avec les deux premiers articles jaunes. Mésothorax très lisse, portant sur le dos trois lignes noires dont la médiane abrégée postérieurement. Métathorax. dans un seul exemplaire, noirâtre. Ailes avec une légère teinte obscure ; nervures testacées, brunâtres vers la base ; écaillettes testacées : stigma jaune ; cellule radiale un peu plus longue que le stigma, assez éloignée de l'extrémité de l'aile. Pattes testacées. Abdomen lisse, luisant, claviforme ; premier segment formant environ le tiers de sa longueur totale, assez étroit, à peu près deux fois aussi large à l'extrémité qu'à la base ; tubercules saillants, situés très près du milieu. Tarière un peu plus longue que le tiers de l'abdomen. ♂ Tête et tout le corps noirs ; pattes et scape des antennes testacé-rougeâtre. Long. 4ᵐᵐ. Env. 7ᵐᵐ.   **Testaceus**, Capron.

Patrie : Angleterre.

—   Métathorax faiblement partagé en trois aréoles. ♀ Entièrement lisse et luisante ; roux de poix ou testacé-brunâtre ; variable ; yeux, une grande tache sur la face, et une autre sur l'occiput, stemmaticum, scutellum, métathorax, et premier segment de l'abdomen noirs ou noirâtres ; segments 2-3 roussâtres ; derniers segments rouge-pâle. Antennes noirâtres avec les cinq premiers articles testacé-pâle, plus courtes que le corps, de 22 à 23 articles. Sillons mésotho-

raciques indiqués en avant par deux impressions qui s'effacent avant d'arriver au scutellum. Métathorax court, tronqué et excavé en
arrière, avec une carène médiane qui se bifurque au commencement de la partie déclive et
va entourer de chaque côté la concavité postérieure ; cette concavité est partagée en trois
aréoles, dont les deux latérales sont plus lisses
que la postéro-médiane. Pattes testacé-pâle.
Premier segment plus long que le tiers de l'ab-
men, très peu et insensiblement élargi depuis
la base jusqu'à l'extrémité ; tubercules non saillants. Tarière aussi longue que le cinquième de
l'abdomen, à valves noires, filiformes. ♂ Antennes aussi longues que le corps, de 26 articles ; noires avec le scape testacé. Prothorax
testacé. Mesonotum, scutellum et deuxième
segment de l'abdomen d'un roux très obscur ;
hanches de derrière assombries. Long. 3ᵐᵐ.
Env. 6ᵐᵐ.

Var. ♀. Tête testacé-rougeâtre avec les yeux
et le stemmaticum noirs.   **Cultus**, Marshall.

Patrie : Angleterre.

5   Premier segment de l'abdomen jamais complètement lisse, faiblement strié ou ponctué-
ruguleux.   6

—   Premier segment de l'abdomen complètement
lisse.   7

6   Mesonotum finement ponctué-ruguleux. ♀
D'un noir foncé. Tête subcubique, transversale,
front finement ponctué-ruguleux ; face pubescente, rouge, ainsi que les tempes et l'épistome,
qui est cilié de longs poils ; mandibule et joues
rouges, celles-ci élargies ; palpes assombris. Antennes courtes à peine aussi longues que la tê-

te et le thorax, de 22 articles ; scape rouge ; dernier article presque deux fois aussi long que large. Métathorax court, finement ruguleux, largement et profondément excavé à sa face postérieure. Ailes hyalines ; stigma presque triangulaire, jaune-rougeâtre ; nervure radiale un peu arquée ; cellule radiale grande. Pattes testacées ; hanches de derrière assombries. Premier segment de l'abdomen très dilaté vers l'extrémité, non striolé, finement ponctué-ruguleux sur le milieu du dos. Tarière droite ; plus courte qne la moitié de l'abdomen Mâle tout à fait semblable. Long. 3 1/2-4 1/2^{mm}. **Klugii**, Ruthe.

Patrie : Allemagne, Autriche (Vienne).

—

Mesonotum lissse. ♂ D'un noir brillant ; tête testacé-rougeâtre en dessous et en arrière, ainsi que les joues. Tête plus large que le thorax, transversale, subcubique ; joues un peu renflées ; palpes testacés. Antennes aussi longues que la tête, le thorax et le premier segment abdominal, épaisses, filiformes, de 19 articles ; scape testacé. Sillons mésothoraciques effacés. Métathorax court, lisse, sa troncature postérieure presque verticale, excavée, sans carène médiane ni aréoles. Ailes hyalines avec une légère teinte jaune ; écaillettes, stigma et nervures testacé-pâle ; nervure médiane bien tracée ; cellule radiale un peu plus courte que chez *M. cultus* (V. n° 4) ; nervure radiale non exactement droite. Pattes testacées ; hanches de derrière légèrement assombries. Premier segment de l'abdomen luisant, très finement striolé, plus long que le tiers de l'abdomen, plus épais que chez *M. cultus* ; tubercules situés derrière le milieu ; depuis ce point le condyle s'élargit insensiblement jusqu'à l'extrémité ; première suture rouge ; segments postérieurs, vus d'en haut, formant un ovale allongé; vus de côté, claviformes; abdomen obliquement tronqué à l'extrémité; dans l'intérieur de cette troncature on aperçoit les valves courtes et aplaties de la pince anale, et, au-dessus d'elles, le fourreau de l'organe copulateur. Femelle inconnue. Long. 2 2/3^{mm}. Env. 5 1/2^{mm}.   **Splendidus,** MARSHALL.

PATRIE : Angleterre.

7   Corps entièrement noir; tête testacée ou en partie brunâtre.   **8**

—   Corps et tête testacé-rougeâtre; stemmaticum, une tache sur l'occiput et orbites noirs. Face très large, jaune-rougeâtre. ainsi que les parties buccales. Antennes un peu plus longues que la tête et le thorax, testacées, assombries vers l'extrémité, de 30-33 articles courts, dont le dernier à peine plus long que large. Sillons mésothoraciques effacés. Scutellum testacé, les parties circonvoisines noires. Métathorax très court, noir, ruguleux; sa face postérieure largement et profondément excavée. Ailes hyalines; nervure radiale presque droite, obsolète à l'extrémité; stigma jaune; nervures cubitale et postérieure en grande partie effacées; deuxième cellule discoïdale incomplète. Pattes testacées; dernier article des tarses noirâtre. Premier segment de l'abdomen d'un noir intense, allongé, lisse; condyle élargi insensiblement de la base à l'extrémité, où il est trois fois plus large qu'à la base; segments postérieurs testacés. Tarière aussi longue que le tiers de l'abdomen, droite. Mâle semblable. ♂♀ Long. 4-5^{mm}. Env. 5 1/2-7^{mm}.   **Elegans.** RUTHE.

PATRIE : Allemagne (Kœnigsberg, Bautzen; Berlin, forêt de Brieselanger); France (Paris); Hongrie (Tokaj).

8   Tête testacée; stemmaticum noirâtre. D'un

noir intense, brillant. ♀ Antennes plus courtes que le corps; filiformes, de 28 articles; noires, avec le scape testacé. Sillons mésothoraciques effacés. Métathorax court, portant sur sa face postérieure une excavation triangulaire. Ailes hyalines avec une très légère teinte obscure; écaillettes jaune de paille; nervures brunâtres; stigma testacé, bordé tout autour de brunâtre. Pattes testacées; hanches de derrière marquées à la base d'une tache sombre; dernier article de tous les tarses noirâtre. Abdomen comprimé; premier segment faisant plus d'un tiers de sa longueur totale, linéaire et déprimé jusqu'aux stigmates; condyle convexe et très peu élargi; segments 2-3 s'étendant presque jusqu'à l'extrémité, les suivants annuliformes, retractés; partie postérieure de l'abdomen, vue d'en haut, elliptique, aussi longue que la tête et le thorax; vue de côté, claviforme; tubercules peu sensibles. Tarière courte, décourbée, falciforme. Mâle inconnu. Long 4ᵐᵐ. Env. 7 1/3ᵐᵐ.

Xanthocephalus, Marshall.

Patrie : Angleterre.

—

Vertex, front et occiput brunâtres; face et parties buccales testacées; le reste de la tête noir. ♂ Corps noir. Antennes noirâtres avec la base testacée, composées (chez l'unique exemplaire connu) l'une de 16, l'autre de 17 articles; elles sont d'un tiers plus courtes que le corps, avec tous les articles à peu près égaux, cylindriques et étroitement unis. Côtés du prothorax testacés. Mésopleures brunâtres. Métathorax lisse et très finement caréné dans le milieu, un peu ruguleux sur les côtés; sa face postérieure peu excavée. Ailes hyalines; nervures et stigma pâles; celui-ci grand, triangulaire,

acuminé ; première abscisse de la nervure radiale de moitié moins longue que la hauteur du
stigma ; deuxième abscisse presque droite. Pattes testacées. Premier segment parfaitement lisse, brunâtre, faisant à peu près la moitié de la
longueur totale de l'abdomen, élargi insensiblement depuis la base étroite jusqu'à l'extrémité, où il est presque trois fois plus large ; tubercules un peu saillants, situés au delà du milieu ; base du deuxième segment brunâtre. Femelle inconnue. Long. 1 1/2ᵐᵐ. **Parvicornis,** RUTHE.

PATRIE . Allemagne (Berlin).

NOTE ADDITIONNELLE

SUR LE *PERILITUS FALCIGER*, RUTHE (Page 42)

Aujourd'hui, 4 mai 1891, et postérieurement à la rédaction du
genre *Perilitus*, on m'a communiqué le récit d'une observation
que je dois faire connaître, avant d'aborder la tribu suivante des
Meteoridæ. Un coléoptère fort robuste, *Timarcha lævigata*, L. capturé en Angleterre près du cap Finisterre, vient d'émettre de son
corps environ une quarantaine de petits Braconides que j'ai reconnus pour être le *Perilitus falciger*. Mon correspondant m'as-
sure que ces parasites ne sont pas sortis des sutures ventrales,
mais de l'orifice anal de leur victime. Il y a presque autant de
mâles que de femelles ; ils se sont façonné des coques blanches
et semi-transparentes, fixées isolément au fond de la boîte qui
contenait le *Timarcha*. Espérant apprendre des nouvelles intéressantes, j'ai demandé comment se portait le coléoptère après son
singulier accouchement ; mais malheureusement on l'avait traité
par l'eau bouillante, de sorte que, par ce procédé aussi radical
que regrettable, on a coupé court à une expérience dont l'occasion ne se reproduit pas deux fois par siècle.

Une autre observation, également un peu incomplète, se trouve
relatée dans les Annales de la Société entomologique de France,
1854, Bull. p. LVII ; et comme le fait qui vient de se produire ici
jette sur elle, après tant d'années, un rayon de lumière, je crois
devoir en donner la transcription. Je penche à croire que les
« deux espèces différentes » dont il est fait mention, doivent être
les deux sexes si dissemblables du *Perilitus falciger*, ou de quelque espèce voisine.

« M. Sichel fait voir un *Timarcha tenebricosa* que M. Chevrolat a eu la bonté de lui donner. Ce coléoptère était resté depuis deux ans avec d'autres insectes dans une bouteille hermétiquement fermée. Dans le petit cornet de papier qui enveloppait le *Timarcha* se trouve maintenant une vingtaine de petits Braconides de deux espèces différentes, que M. Sichel n'a pas eu le temps de déterminer : un certain nombre de ces hyménoptères sont encore placés dans un tissu floconneux, espèce de cocon non fermé, adhérant au papier, et fabriqué par les larves écloses du *Timarcha*. »

2ᵒ Tribu. — Meteoridæ

Caractères compris dans ceux de l'unique genre qui suit.

GENRE METEORUS, Haliday, 1836

μετέωρος, élevé dans l'air ; allusion aux coques suspendues à un fil.

Palpes maxillaires de 6, labiaux de 3 articles. Occiput rebordé. Antennes minces, allongées, ordinairement filiformes chez la ♀, sétacées chez le ♂. Sillons mésothoraciques distincts. Trois cellules cubitales aux ailes antérieures, la deuxième trapéziforme, la première séparée de la première discoïdale ; cellule radiale cultriforme, atteignant presque l'extrémité de l'aile ; nervure radiale droite ; métacarpe plus long que le stigma. Tarière exserte.

Tête aussi large ou plus large que le thorax ; occiput à peine concave ; yeux petits, légèrement pubescents ; épistome arrondi en avant, séparé de la face par une ligne enfoncée ayant à chaque extrémité une fossette ponctiforme ; mandibules en forme de pince, bidentées. La deuxième cellule cubitale se rétrécit plus ou moins du côté supérieur, et son angle intérieur se prolonge un peu ; la cellule costale est ordinairement plus courte que la médiane ; exceptionnellement les deux cellules sont de niveau à l'ex-

trémité, et dans une seule espèce la cellule costale est la plus
longue ; la nervure récurrente est le plus souvent un peu rejetée,
parfois interstitiale ou évectée, mais ce dernier cas n'a lieu que
rarement ; chez deux espèces la cellule radiale des ailes inférieures est partagée en deux par un rameau accessoire qui la traverse
à l'endroit d'un rétrécissement, et on aperçoit une trace de la
même disposition dans quelques individus d'autres espèces. Les
ailes sont hyalines, excepté chez trois espèces, qui les ont enfumées, avec un trait blanchâtre sur le pli transversal qui se forme
dessous le stigma ; les ailes se replient naturellement le long de
cette ligne, ce qui égare l'œil en observant la direction de la nervure récurrente. L'abdomen est ou ovalaire ou lancéolé, comprimé vers l'extrémité chez la ♀ ; son premier segment consiste,
comme chez les *Ichneumonidæ*, en un véritable pétiole linéaire,
et s'étendant jusqu'aux tubercules stigmatifères, qui sont situés
très près du milieu ; la partie postérieure (*condyle*) s'élargit insensiblement de la base jusqu'à l'extrémité ; le pétiole est souvent
lisse, mais le reste du segment porte ordinairement quelques rugosités. Dans la majorité des cas on distingue, sur le premier
segment et au bout du pétiole, deux gouttières parallèles, séparées par une arête mitoyenne, et conduisant aux ouvertures spi-
raculaires ; dans les descriptions j'appellerai ces gouttières *rainures trachéales*. Les segments postérieurs sont toujours lisses
et luisants ; le deuxième et le troisième sont coalisés, plus longs
que les suivants pris ensemble ; ceux-ci se rétrécissent brusquement vers l'anus. Les téguments sont peu épais, et les couleurs
inconstantes ; il existe, pour quelques espèces, une variété testacée permanente.

Les *Meteorus* sont les proches parents de la tribu précédente,
tout en présentant une conformation plus avancée ; quelques-uns
excèdent de beaucoup la taille moyenne des Braconides, et ressemblent, par leur abdomen pétiolé et les proportions des autres
parties du corps, à certains Ichneumonides, par exemple aux
Mesochorus, lesquels sont tous des hyperparasites, et [infestent,
entre autres espèces, celles du genre actuel. Les plus grands
Meteorus sont souvent testacés, et pourraient, au premier coup
d'œil, se confondre avec les *Ophion* et les *Paniscus*, qui ont une

semblable coloration. Ce n'est pas sans une attention scrupuleuse qu'on parvient à les séparer des insectes du genre *Zele*, qui sera décrit plus loin parmi les *Macrocentridæ*. Il suffit de remarquer ici que le meilleur moyen de distinction réside dans le premier segment abdominal des *Zele*, lequel, quoique très mince, n'est nullement pétiolé, mais porte les tubercules spiraculifères tout près de sa base.

Les *Meteorus* figurent assez rarement, malgré leur nombre, dans les ouvrages des anciens entomologistes ; De Geer, le premier, en 1771, fit observer l'existence de certains cocons blancs et suspendus aux environs des nids de *Bombyx processionea* ; Latreille, Spinola, et Nees von Esenbeck dans ses premiers écrits, avaient décrit des *Meteorus* pêle-mêle avec les *Ichneumon* et les *Bracon*. Le dernier auteur, en 1834, opéra leur séparation comme une section de ses *Perilitus*, et en rassembla dans une monographie treize espèces, dont douze paraissent être de vrais *Meteorus*. En 1835, Haliday, avec la collaboration de Curtis, décrivit dix-sept espèces britanniques, et, dans la même année, Wesmael en publia vingt-trois qu'il avait observées en Belgique. On trouve aussi quelques descriptions dans l'ouvrags de Ratzeburg. Mais le travail le plus récent et le plus étendu au sujet des *Meteorus* est un mémoire posthume de Ruthe, publié par Reinhard dans le « Berliner Zeitschrift » de 1862 ; j'ai déjà fait connaître, dans ma monographie des Braconides britanniques, presque toutes les additions à ce compte-rendu qui se sont présentées jusqu'à l'année 1887, de sorte qu'il ne me reste ici que peu de découvertes nouvelles à signaler.

Les genres *Zemiotes* et *Protelus* sont des démembrements du genre *Meteorus* proposés par Fœrster pour isoler deux espèces seulement, mais ces coupes ne sont pas adoptées ici pour des raisons qui me paraissent irréfutables. Le genre *Zemiotes* a pour caractère distinctif uniquement la division de la cellule radiale des ailes inférieures par un rameau accessoire, tel qu'on le voit chez *M. albiditarsis*, Curtis ; or, outre que ce caractère est des plus insignifiants, il exclut trois espèces qui, sous d'autres rapports, sont très voisines, tandis qu'il accueille le *M. caligatus*, Hal. (espèce inconnue à Fœrster, comme il semble), lequel s'écarte de l'*albiditarsis* aussi loin que le permettent les limites génériques. Quant à *Protelus*, il ne diffère de *Meteorus*, d'après Foerster, qu'en ce que la cellule costale des ailes antérieures est plus longue que la cellule médiane. Ce caractère, encore plus banal que l'autre, n'est pas même constant, car j'ai souvent trouvé des sujets chez lesquels les deux cellules étaient parfaitement de niveau à l'extrémité. C'est par suite de ces considérations que j'ai été amené à supprimer les genres *Zemiotes* et *Protelus*.

La plupart des *Meteorus* sont ennemis des Lépidoptères, chaque parasite s'appropriant une chenille; toutefois les larves des plus petites espèces vivent en société dans la même victime; on en trouve aussi qui infestent solitairement les Coléoptères fungivores, même alors que ceux-ci ont subi leur dernière transformation. Plusieurs espèces, comme nous l'avons déjà remarqué, manifestent l'instinct d'attacher leurs coques brunes et polies aux feuilles et aux tiges des arbres, au moyen d'un fil de soie qui laisse la pupe pendre librement dans l'air; c'est cette habitude qui a valu à une espèce observée par Latreille le nom d'*Ichneumon pendulator*, dont l'identification est maintenant incertaine, mais qui pourrait bien être, au dire de Haliday, le *M. ictericus*, Nees; Curtis a figuré une de ces coques pendantes dans la planche 415 de son « British Entomology »; voyez aussi notre planche III de ce volume. La pupe se présente constamment la tête en bas, et quand on réfléchit que l'opération de filer s'effectue par la bouche, il est difficile d'imaginer par quelles manœuvres la larve parvient à renverser sa position, de sorte qu'en état de suspension c'est par l'extrémité anale du corps qu'elle est attachée tandis que sa tête reste libre. Il est à présumer que la larve commence par attacher son corps derrière le milieu, au moyen d'une ou plusieurs ceintures, au fil suspenseur, avant de se laisser descendre. Le reste de l'opération a été observé par Hartig : il a vu les larves de son *Perilitus unicolor*, qui se précipitaient de petites branches ou de l'extrémité des feuilles à une profondeur d'un à quatre pouces, et pendillant ainsi, tête en bas, s'occupaient de construire leur berceau aérien. Les détails de ce procédé ne sont pas connus, mais la corde de suspension est toujours raide, beaucoup plus forte, et souvent autrement colorée que la soie employée pour l'enveloppe de la nymphe; au lieu de descendre en ligne droite, elle se boucle çà et là un peu en tire-bouchon, afin, peut-être, de diminuer l'amplitude des oscillations. Mais les plus grands *Meteorus*, et beaucoup d'autres, attachent leurs coques par un réseau de filaments, de sorte que celles-ci restent immobiles; les larves sociales, qui sortent en multitude du corps de leur victime, s'amoncellent à la manière des *Microgaster*; enfin celles qui dévorent les petits Coléoptères (*Orchesia*, etc.) s'attachent à la surface inférieure du corps qui leur a servi de logement. Nonobstant cette diversité dans les habitudes des larves, il règne dans tout le genre une telle conformité de structure, qu'on est obligé, pour la classification des espèces, d'avoir recours quelquefois à des caractères peu prononcés.

Le genre *Meteorus* peut se diviser en deux sections :

1ʳᵉ Section. — Rainures trachéales du 1ᵉʳ segment de l'abdomen bien visibles ;

2ᵉ Section. — Rainures trachéales du 1ᵉʳ segment de l'abdomen effacées.

1ʳᵉ SECTION

1   Cellule radiale des ailes inférieures resserrée au milieu et divisée en deux par une nervure accessoire.   2

—   Cellule radiale des ailes inférieures peu ou point resserrée au milieu, non divisée en deux, ou n'ayant qu'un vestige à peine discernable de la nervure accessoire.   3

2   Cellules costale et médiane des ailes supérieures d'égale longueur. Antennes de 43 à 49 articles. ♀ Entièrement d'un testacé rougeâtre; yeux verts; stemmaticum et sommet des mandibules noirâtres. Palpes pâles, allongés. Tête transversale; front excavé; yeux grands, glabres; face transversale, couverte de poils courts,

blanchâtres ; épistome proéminent, convexe, hérissé de poils plus longs. Antennes d'un tiers plus longues que le corps, grêles, sétacées, testacées, un peu plus obscures vers le bout. Sillons mésothoraciques profonds ; mésopleures ponctuées, lisses au dessous des ailes ; métathorax court, arrondi, très faiblement ruguleux et réticulé; surmonté d'une carène médiane très fine. Ailes hyalines, lavées de jaunâtre ; écaillettes et stigma d'un jaune rougeâtre ; nervures brunes, la récurrente interstitiale ou rejetée ; deuxième cellule cubitale un peu plus longue que large ; première nervure transverso-cubitale beaucoup plus longue que la deuxième. Pattes testacées ; tarses, surtout ceux de derrière, blanchâtres ; dans les tarses de derrière, le cinquième article et la base du premier sont ou testacés ou assombris; extrémité du deuxième article des trochanters noire. Abdomen aussi long que la tête et le thorax, et, à partir de son milieu, de même largeur que le thorax, un peu falciforme et comprimé; premier segment occupant les deux tiers de la longueur totale, trois fois aussi large à l'extrémité qu'à la base ; stigmates très distincts, placés un peu plus près de la base que de l'extrémité ; deuxième suture presque effacée ; condyle très finement ruguleux ; le reste de l'abdomen lisse et luisant. Tarière aussi longue que le premier segment, ses valves brunes avec l'extrémité blanchâtre. Le ♂ diffère beaucoup de la ♀ ; il est d'un brun noirâtre ; orbites des yeux, milieu de l'abdomen et pattes d'un rouge obscur; hanches, cuisses et tibias de derrière assombris, leurs tarses blanchâtres; antennes de 47 à 49 articles, noirâtres, avec les deux premiers articles plus ou moins testacés.

Ailes légèrement enfumées; écaillettes testa-

cées; nervures plus sombres et plus épaisses
que chez la ♀; stigma brun. Métathorax plus
distinctement ruguleux. Long. 8-10ᵐᵐ Env.
16-18ᵐᵐ. Un ♂ de ma collection est plus petit,
n'ayant que 6ᵐᵐ de longueur.   **Albiditarsis**, Curtis.

> Obs. — Le ♂ ressemble beaucoup à celui de *M.
> deceptor*, Wesm. (v. n° 6); la ♀ est non seulement
> analogue à la même espèce, mais aussi à *M. chry-
> sophthalmus*, Nees (v. n° 3), et à *Zele testaceator*,
> Curtis, appartenant aux *Macrocentridæ*. La coque
> est blanchâtre ou couleur de paille, feutrée, et un
> peu floconneuse: elle a ordinairement une longueur
> de 12ᵐᵐ, et se trouve attachée aux feuilles. Ce *Me-
> teorus* est le plus grand du genre, et médiocrement
> commun; on l'a vu plusieurs fois éclore des lépi-
> doptères dont il est parasite solitaire, mais les noms
> de ses hôtes ne sont point venus à ma connaissance.

Patrie : Europe en général.

———

Cellule costale plus courte que la médiane.
Antennes de 34 articles ♀; de 36 ♂. Noir luisant; deuxième segment de l'abdomen et la
majeure partie des pattes, d'un testacé rougeâtre.
Palpes très pâles, les maxillaires allongés. Mandibules testacées. Yeux assez grands. ♀ Antennes sétacées, un peu plus longues que le
corps, roussâtres en dessous à la base. Mésothorax luisant, un peu ponctué sur les côtés, les
sillons peu profonds, convergeant vers le scutellum de chaque côté d'un espace ruguleux qui
est partagé par une carène longitudinale. Métathorax médiocrement convexe, luisant, marqué
de quelques points et de quelques rides transversales, ses angles postérieurs droits. Ailes
obscurément hyalines; écaillettes testacé-jaunâtre; stigma et nervures noirâtres; nervure
récurrente rejetée; cellule radiale géminée par
un rameau accessoire très subtil, parfois à peine
visible. Pattes d'un testacé rougeâtre; hanches
concolores; extrémité des cuisses de derrière,

ainsi que les tibias et les tarses de la même paire, noirâtres ;. tibias postérieurs pâles ou blanchâtres vers la base. Abdomen subpétiolé ; premier segment court, large, presque lisse ; pétiole épais, aussi large que le tiers de l'extrémité du segment ; tubercules placés dans le milieu ; rainures trachéales distinctes ; condyle obconique, presque aussi large que le deuxième segment ; segments deuxième et troisième coalisés, testacés, plus ou moins noirs en arrière. Tarière plus courte que le premier segment. Le ♂ est semblable, avec les pattes plus assombries ; les antennes sont de 36 articles, beaucoup plus longues que le corps. Long, 5ᵐᵐ. Env. 10ᵐᵐ. **Caligatus**, Hadiday.

Obs. — Outre la division de la cellule radiale des ailes inférieures, cet insecte a peu de rapports avec l'espéce précédente ; il diffère aussi de tous les suivants par l'épaisseur du pétiole. On ne l'a signalé que dans la Grande-Bretagne, où il se rencontre assez rarement. La coque est ovalaire, non pendante, feutrée et blanchâtre.

Parasite solitaire de :
Melitæa Aurinia, Rott.   Lépidoptère.
Eupithecia expallidata, Guenée.   —

Patrie : Irlande, Ecosse (les Hébrides), Angleterre.

3   Cellule costale plus longue que la médiane, ou bien les deux cellules sont de même longueur. Antennes de 35 à 44 articles. ♀ D'un testacé-rougeâtre ; front, vertex, occiput, thorax (surtout le métathorax) et pétiole souvent plus ou moins assombris ou noirâtres. Yeux verts. Stemmaticum noirâtre. Antennes brunes, sauf à la base, plus longues que le corps, sétacées, de 31-39 articles. Mésothorax pointillé, ses sillons distincts, renfermant entre eux une grande dépression ruguleuse devant le scutellum. Mésopleures pointillées, presque rugueuses au-

dessous du sillon ordinaire, qui est le plus souvent brunâtre. Métathorax court, régulièrement arrondi, caréné au milieu, finement ruguleux et réticulé, plus fortement en arrière, où il est revêtu d'une pubescence blanchâtre. Ailes hyalines, lavées de testacé, parfois avec une très légère teinte obscure; écaillettes et stigma d'un jaune intense; nervures d'un testacé-brunâtre, la récurrente interstitiale, rarement un peu rejetée; deuxième cellule cubitale presque carrée; cellule radiale des ailes inférieures montrant un étranglement, mais non divisée par un rameau accessoire, c'est-à-dire que celui-ci est décoloré et invisible. Pattes testacées; tarses de derrière souvent blanchâtres à l'extrémité; crochets noirâtres. Abdomen aussi long que la tête et le thorax et un peu moins large que ce dernier, non falciforme, à peine comprimé; premier segment plus ou moins finement ruguleux-ponctué, souvent lisse en arrière, formant les deux-tiers de la longueur totale de l'abdomen, trois fois aussi large à l'extrémité qu'à la base; pétiole très grêle; tubercules situés devant le milieu; deuxième suture presque effacée. Tarière rouge, subulée, un peu plus longue que les trois-quarts de l'abdomen, ses valves épaisses, noirâtres.

Le ♂ ne diffère qu'en ce que les antennes se composent de 38 à 42 articles; le prothorax, les côtés du mésothorax et le métathorax sont toujours en grande partie noirâtres: quelquefois le thorax en entier est noir, excepté le scutellum. .

Long. 5 1/2-7^{mm}. Env. 10-13^{mm},

Chrysophthalmus, Nees.

Obs. —Pour distinguer la ♀ de cette espèce de la ♀ de *M. deceptor*, Wesm. (v. n° 6), il faut faire attention que chez *chrysophthalmus* la cellule costale n'est jamais plus courte que la cellule médiane; les ♂ sont moins difficiles à reconnaître. Cependant ces deux espèces ont été habituellement confondues, de sorte qu'il règne, dans les signalements de leur parasitisme, beaucoup d'incertitude. Parmi les éclosions jusqu'ici rapportées, je n'ai pu recueillir que les suivantes qui soient bien constatées. La coque n'a pas été décrite, mais elle ressemble sans doute à celle de *deceptor*.

Parasite solitaire de :

Heterogenea limacodes, Hueb.	Lépidoptère.
Odontoptera bidentata, Clerck.	—
Rodophæa suavella, Zinck.	—
Eucosmia certata, Hueb.	—

Patrie : Europe centrale et boréale; assez commun.

— Cellule costale plus courte que la médiane; rarement les deux cellules sont de même longueur, et alors les antennes ont un moindre nombre d'articles.   4

4 Nervure récurrente reçue par la première cellule cubitale, à une distance appréciable de son extrémité.   5

— Nervure récurrente interstitiale ou subinterstitiale, (c'est-à-dire qu'elle atteint l'extrémité même de la première cellule cubitale, ou la base même de la deuxième) ou rarement évectée.   33

5 Antennes de 40 articles environ; rarement de 35 à 38 articles.   6

— Antennes ordinairement avec moins de 30 articles, rarement avec 30 et encore plus rarement avec 36 articles.   7

6 Abdomen plus long que la tête et le thorax; condyle du premier segment deux fois aussi long que sa largeur apicale. Hanches et cuisses de derrière, prises ensemble, aussi longues que

l'abdomen. ♀ D'un testacé-rougeâtre ; yeux verts; vertex et occiput quelquefois plus ou moins assombris: mandibules obscures à l'extrémité. Une excavation frontale derrière les antennes, divisée par une carène médiane. Antennes noirâtres vers l'extrémité, sétacées, plus longues que le corps, de 35 à 40 articles. Mésothorax sans ponctuation ; les sillons ordinaires plus profondément creusés en arrière, renfermant un espace rugueux, partagé par une carène longitudinale. Mésopleures finement ruguleuses. Ailes hyalines, lavées de testacé ; écaillettes et stigma d'un jaune intense ; nervures d'un testacé obscur ; cellule costale ordinairement plus courte, parfois de même longueur, mais jamais plus longue que la cellule médiane ; nervure récurrente rejetée ; cellule radiale des ailes postérieures sans aucune trace de division. Pattes testacées; crochets noirâtres; tarses de derrière non blanchâtres, mais un peu plus pâles vers l'extrémité. Abdomen conformé comme chez *M. chrysophthalmus* (V. nº 3), obliquement tronqué au bout; pétiole quelquefois obscur à la base ; condyle deux fois aussi long que sa largeur apicale. Tarière aussi longue que la moitié de l'abdomen ; ses valves noires. Le ♂ diffère beaucoup de la ♀ et ressemble au ♂ de *M. albiditarsis* (V. nº 2), dont on peut le distinguer par les ailes inférieures. Il est noirâtre ou brun de poix ; base des antennes, face, orbites, scutellum, segments deuxième, troisième, quelquefois davantage, et pattes, d'un testacé rougeâtre ; cuisses de derrière obscures, leurs tibias noirâtres, sauf à la base, leurs tarses testacés. Antennes de 38 à 44 articles. Ailes hyalines avec une légère nuance sombre; nervures et stigma brunâtres. Long. 6-7ᵐᵐ. Env. 11-12 2/3ᵐᵐ.

Var. ♀. Ayant les couleurs du mâle, mais l'abdomen testacé à partir de la base du deuxième segment.   **Deceptor**, Wesmael.

Obs. — Les caractères qui distinguent cette espèce de *M. chrysophthalmus* étant sujets à des exceptions, j'ajoute ici que *M. deceptor* est un peu plus petit, que le ♂ a toujours une coloration plus sombre, surtout aux tibias postérieurs, et que la tarière de la ♀ est plus courte. Cet insecte est très commun, et on en a fait de nombreuses éducations. Sa coque est blanche, d'une longueur de 10ᵐᵐ, feutrée et non pendante.

Parasite solitaire de :

Crocallis elinguaria, L.	Lépidoptère.
Himera pennaria, L.	—
Odontoptera bidentata, Clerck.	—
Hadena oleracea, L.	—
Charadrina alsines, Brahm.	—
Anarta myrtilli, L.	—
Erastria fasciana, L.	—
Melanippe fluctuata, L.	—
Chesias spartiata, Fues.	—

Patrie : Très répandu dans l'Europe centrale et boréale.

—

Abdomen pas plus long que la tête et le thorax ; condyle du premier segment moins de deux fois aussi long que sa largeur apicale. Hanches et cuisses de derrière, prises ensemble, plus longues que l'abdomen. ♀ D'un testacé rougeâtre ; orbites, occiput, stemmaticum et dessous du thorax, sujets à être plus ou moins noirâtres. Tête un peu plus large que le thorax. Antennes filiformes, plus longues que le corps, testacées, annelées de brun, insensiblement assombries vers l'extrémité, de 36 à 39 articles, dont les deux premiers d'un roussâtre obscur. Métathorax irrégulièrement et faiblement réticulé, avec une carène médiane peu prononcée ou même effacée. Ailes hyalines, lavées de testacé ; écaillettes et stigma d'un jaune intense ; nervures d'un testacé obscur ; cellule costale plus courte que la médiane ; nervure récurrente rejetée (parfois presque interstitiale) ; cellule radiale des ailes postérieures non divisée. Pattes testacées ; tarses de derrière plus pâles ; crochets noirâtres. Abdomen ovalaire, subclaviforme, un peu comprimé, plus large et plus court que chez *M. deceptor* ; premier segment un peu aplati ; pétiole ponctué-ruguleux, ses tubercules saillants, placés dans le milieu ; condyle lisse, ou n'ayant que quelques très petites rides à la base ; rainures trachéales distinctes. Tarière, vue d'en haut, aussi longue que les quatre derniers segments. ♂ Plus sombre que la ♀, ayant le thorax d'un roussâtre obscur, sauf sur le disque, qui est plus clair, et sur le métathorax, qui est noirâtre. Antennes de mon échantillon mutilées (il en reste cependant 40 articles), noirâtres avec les 4 premiers articles rougeâtres. Stigma rougeâtre, Abdomen claviforme, plus large et plus aplati que celui de la ♀. Long. 5 1/2^{mm}. Env. 11^{mm}.   **Pallidus**, Nees.

Obs.— Diffère de *M. deceptor* par la taille moindre et les proportions du corps ci-dessus indiquées ; se distingue de toutes les espèces suivantes par le nombre des articles antennaires, car le ♂ de ma collection, bien que mutilé, doit avoir eu jadis plus de 40 articles. Parasite, selon Perris, des lépidoptères *Chelonia aulica*, L. et *Chimatobia brumata*, L.

Patrie . Allemagne (Franconie), Russie, France, Angleterre (dans les bruyères boréales), Écosse (monts Grampiens).

7   Stigma pâle, jaune ou testacé, unicolore, ou ayant quelquefois une lisière obscure.   8

—   Stigma brun, plus ou moins sombre, ordinairement avec l'angle intérieur, et parfois aussi l'extérieur, pâles ; ou avec une bordure testacée du côté externe.   18

8 Face brune, luisante. ♀ Noire; orbites plus
ou moins obscurément rougeâtres; deuxième
segment de l'abdomen testacé. Antennes assez
épaisses, filiformes, plus courtes que le corps,
de 28 à 32 articles, testacées, noirâtres vers
l'extrémité; ou noirâtres avec la base du funicule testacée; scape brunâtre. Tête un peu
moins large que le thorax, assez rétrécie derrière les yeux; face presque carrée; épistome
brun, lisse, convexe; de chaque côté du vertex
une tache orbitale obscurément rouge, qui se
prolonge en ligne étroite vers les antennes, suivant ensuite le pourtour des yeux et s'élargissant dessous la tête; parfois il ne reste de ce
dessin qu'une petite tache de chaque côté du
vertex. Palpes d'un brunâtre pâle. Prothorax
et mésothorax entièrement noirs ou noirâtres,
revêtus d'une pubescence blanchâtre, plus serrée que chez les autres espèces. Sillons mésothoraciques crénelés, débouchant devant le scutellum dans une dépression rugueuse. Mésopleures rugueuses, avec un espace médian lisse
et luisant; sillon ordinaire élargi, rugueux et
peu profond. Métathorax convexe, couvert d'une
rugosité fine, confuse, et parcouru dans sa longueur par une carène faible. Ailes hyalines;
écaillettes testacé-rougeâtre; stigma d'un jaune
intense, ses angles extérieur et inférieur bruns;
nervures brunâtre-pâle; nervure récurrente
rejetée dans la première cellule cubitale à une
distance égale à la longueur de la première abscisse; deuxième cellule cubitale très légèrement rétrécie vers la nervure radiale; première
abscisse plus courte que la deuxième. Pattes
d'un testacé rougeâtre; celles de derrière plus
obscures, leurs hanches brunâtres, leurs tarses
un peu assombris; selon Wesmael, toutes les

pattes sont quelquefois testacées. Abdomen aussi long que la tête et le thorax, et plus étroit que celui-ci ; premier segment noir, brunâtre à l'extrémité, grêle, couvert de stries très fines et confuses, presque réticulé ; condyle à peine plus large que le pétiole ; tubercules placés à la distance d'un tiers de la base ; rainures trachéales étroites. Tarière aussi longue que les trois quarts de l'abdomen. ♂ Noir ; pattes, et bords latéraux du deuxième segment de l'abdomen, d'un brun rougeâtre. Antennes filiformes, plus longues que le corps, de 35 articles. Ailes légèrement enfumées ; stigma* brun, avec une tache pâle à l'angle intérieur. D'ailleurs il ressemble à la ♀. Long. 4-4 2/3^{mm}. Env. 9-9 1/3^{mm}.

Tabidus. WESMAEL.

Parasite, selon Perris, des longicornes *Saperda scalaris*, L. et *Liopus nebulosus*, L.

PATRIE : Allemagne, Angleterre, Belgique.

—— Face testacée ou rougeâtre.   9

9   Tarses de devant et de derrière noirâtres, les intermédiaires plus pâles. ♀ Noire ; tête obscurément rouge : front, milieu du vertex, occiput et bord des tempes noirâtres ; parties buccales testacées ; épistome plus pâle que la face ; mandibules testacées, brunâtres à l'extrémité ; palpes testacés. Thorax entièrement noirâtre ; côtés du prothorax très finement ridés ; sillon des mésopleures peu profond, légèrement rugueux-ponctué : métathorax assez fortement rugueux, réticulé, sans carène médiane. Ailes hyalines ; stigma pâle, bordé tout autour par

---

* Ce mâle appartient, par la couleur du stigma, à une autre rubrique : il figure donc deux fois dans la table dichotomique, ainsi que tous les mâles et les variétés qui sont déplacés par les exigences de l'arrangement.

une lisière obscure ; nervures brunâtres : écaillettes, côte et base des nervures longitudinales testacées. Pattes testacées ; extrémité des tibias postérieurs à peine assombrie ; tarses noirâtres, les intermédiaires plus pâles, au moins sur les trois premiers articles. Abdomen un peu plus court, et d'un tiers moins large que le thorax ; noir, excepté le deuxième segment qui est d'un brunâtre de poix et translucide vers la base ; premier segment s'élargissant progressivement depuis la base jusqu'à l'extrémité, assez fortement striolé en dessus ; rainures trachéales allongées, séparées par une arête presque caréniforme ; pétiole court, beaucoup plus large que chez *M. ictericus* (V. n° 15), rebordé tant en dessus qu'en dessous. Ventre d'un testacé obscur. Tarière à peine plus courte que l'abdomen. Mâle inconnu. Taille non indiquée.

Nigritarsis , Ruthe.

Obs. — Voisin de *M. pallidipes* (v. n° 13), mais ayant la face plus obscure, de même que le pourtour des yeux ; la face n'est pas plus étroite que celle de *M. ictericus*. Au dire de Ruthe, le caractère essentiel qui semble réclamer l'établissement, comme espèce à part, de l'unique échantillon à lui connu, réside dans la couleur inusitée des tarses, dont les intermédiaires sont moins foncés que les autres.

Patrie : Allemagne.

— Tous les tarses concolores, ou seulement les articles de ceux de derrière assombris au sommet ; rarement ils sont noirâtres en entier.   10

10   Premier segment de l'abdomen court (d'un tiers seulement plus long que sa largeur apicale), parcouru par de nombreuses stries à peine sensibles sans une forte loupe, et dont toutes les médianes sont convergentes. ♀ D'un testacé rougeâtre ; thorax en entier, surtout le

métathorax, premier segment de l'abdomen et ses segments apicaux. d'un rouge plus foncé et plus obscur. Ocelles très saillants. Antennes de la longueur du corps, de 29 articles, jaunâtres, rembrunies vers l'extrémité; toutes les articulations plus obscures; scape très pâle en dessous. Métathorax fort convexe, finement et confusément ruguleux, réticulé, avec des vestiges d'une carène médiane et de quelques lignes saillantes sur la partie déclive. Ailes hyalines, un peu blanchâtres, irisées; nervures d'un brun clair ; stigma presque blanchâtre , plus gros que d'ordinaire, son bord intérieur brunâtre, l'extérieur presque blanc et remarquablement épaissi, surtout vers l'angle interne; nervure récurrente sensiblement rejetée; deuxième abscisse de la nervure radiale plus courte que la première. Pattes très pâles; hanches et trochanters presque blanchâtres; dernier article de tous les tarses, et l'extrémité de l'avant-dernier article des postérieurs, rembrunis. Abdomen aussi long que le thorax et à peu près de même largeur dans le milieu ; premier segment faisant les 2/5 de la longueur totale, plus épais que chez la plupart des espèces congénères, surtout en arrière; ses stries fines et nombreuses sont droites seulement sur les bords, les intérieures convergeant des deux côtés. Tarière un peu plus courte que l'abdomen, ses valves d'un brun sombre, délicatement velues de poils blancs. Mâle inconnu Long. 4ᵐᵐ.

Liquis, Ruthe.

Obs. — Selon l'auteur, cet insecte paraît avoisiner le *M. unicolor* (v. n° 39), tout en présentant un premier segment beaucoup plus court et plus épais, une tarière plus allongée, etc. ; il est encore plus ressemblant à la variété fauve du *M. ictericus,* quoi-

que le premier segment de celui-ci soit beaucoup
plus mince et plus fortement strié.

Patrie : Allemagne.

— Premier segment de l'abdomen allongé, assez
distinctement striolé, les stries parallèles. **11**

11 Sillon ordinaire des mésopleures profondément creusé, allongé, faiblement crénelé, un
peu arqué. Antennes de la ♀ ordinairement de
32 à 33 articles. **12**

— Sillon ordinaire des mésopleures peu profond, relativement plus large, presque lisse, ou
à peine crénelé. Antennes de la ♀ ordinairement de 27 articles. **16**

12 Antennes brunes ou noirâtres. **13**

— Antennes jaunâtres ou testacées. **14**

13 . Tarière aussi longue que l'abdomen. ♂♀ Noir;
face, épistome, et tout le tour des yeux, d'un
testacé rougeâtre; parties buccales jaunâtres.
Ressemble extrêmement au *M. ictericus* (V. nº
15), mais, outre ses couleurs plus sombres, la
face est évidemment plus étroite, ayant dans le
milieu une légère élévation longitudinale, et
les joues sont un peu plus larges vers la bouche. Ocelles très saillants. Antennes noirâtres
avec l'extrême base pâle, de la longueur du
corps chez la ♀, un peu plus longues chez le ♂,
filiformes, de 28 à 31 articles. Prothorax brunâtre en dessous. Epaules quelquefois rougeâtres, nuancées de noir en arrière. Métathorax
court, convexe, presque tronqué en arrière,
couvert d'une rugosité confuse. Ailes à peu
près hyalines; écaillettes et stigma jaunes, celui-ci souvent bordé de brun; nervures d'un

testacé obscur, la récurrente un peu rejetée; deuxième cellule cubitale assez grande, plus large que longue, non rétrécie vers la nervure radiale. Pattes testacées; les quatre tarses postérieurs rembrunis. Abdomen noir avec le deuxième segment plus ou moins roussâtre; premier segment striolé, plus convexe que celui du *M. ictericus*, rebordé en dessous jusqu'à la base, à peu d'exceptions près; rainures trachéales distinctes. Long. 5ᵐᵐ. Env. 10ᵐᵐ.

Var. ♀. Face et épistome plus pâles; mandibules et palpes blanchâtres; deuxième segment de l'abdomen testacé.   **Pallidipes**, Wesmael.
Patrie : Allemagne, Russie, Belgique, Angleterre.

Tarière aussi longue que l'abdomen et le thorax. Mâle inconnu. ♀ Ressemble à l'espèce précédente; elle en diffère cependant, dit Wesmael, sous des rapports importants : 1° les yeux sont plus grands, plus rapprochés vers l'épistome, ce qui rend la face plus étroite; 2° la tarière est beaucoup plus longue. Testacé; tête noire en dessus et en arrière, excepté les côtés du front, du vertex et l'extrémité des joues. Antennes obscures, sauf le dessous du scape, qui est testacé, (les derniers articles manquaient à l'unique exemplaire de Wesmael). Prothorax, mesonotum, et une tache allongée vers le bas des mésopleures, d'un fauve obscur; le reste du thorax est noir. Ailes comme chez le *M. pallidipes*, mais le stigma est noirâtre à l'extrémité. Pattes testacées, avec l'extrémité des tibias de derrière et de chaque article des tarses de la même paire légèrement obscure. Abdomen conformé comme chez le *M. pallidipes*; premier segment striolé, noir, avec l'extrémité testacée; les autres segments testacés. Tarière testacée, ses valves noires. Long. 5ᵐᵐ.   **Affinis**, Wesmael.
Patrie : Belgique.

14 Corps entièrement d'un testacé peu clair.

Ictericus var. (V. n° 15).

— Corps en partie noir, en partie testacé. **15**

15 Métathorax presque lisse. ♂ D'un testacé rougeâtre ; face, parties buccales, prothorax et épaules plus pâles ; abdomen noir, avec le deuxième segment testacé. Premier article des antennes testacé, les suivants fauves, les derniers obscurs. Métathorax d'un fauve obscur, ou d'un brun noirâtre. Ailes hyalines ; stigma d'un testacé pâle ; nervures disposées comme chez le *M. ictericus*. Pattes d'un testacé pâle. Premier segment de l'abdomen couvert de rugosités longitudinales comme chez l'espèce suivante, mais il paraît être un peu moins rétréci près de la base ; il est noirâtre ainsi que le troisième et les suivants ; l'anus est testacé. Femelle inconnue. Long. 4ᵐᵐ. **Xanthomelas**, Wesmael.

Obs. — Cette espèce, dont Wesmael ne connaissait que deux mâles, et qui est restée depuis inconnue, a bien l'air de n'être qu'une des variétés du *M. ictericus*, malgré les légères différences signalées par l'auteur.

Patrie : Belgique.

— Métathorax rugueux. Très variable ; d'un testacé rougeâtre, ordinairement noir en dessus, excepté la tête et le deuxième segment de l'abdomen. Stemmaticum noir. Face aplatie, presque carrée, ayant quelquefois une légère élévation au dessus de l'épistome, laquelle, vue d'en haut, fait l'effet d'une carène. Palpes blanchâtres. Yeux velus ; ocelles fort saillants. Antennes ♂♀ à peu près aussi longues que le corps, sétiformes, de 27 à 35 articles, testacées, obscures vers l'extrémité, chaque article annelé de la même nuance. Prothorax toujours d'un tes-

tacé rougeâtre. Métathorax le plus souvent
ruguleux, et plus ou moins sensiblement réticulé, sans carène longitudinale; mais il présente
parfois deux aréoles lisses et presque carrées,
qui sont séparées par une faible carène; on
trouve aussi toutes les formes intermédiaires.
Ailes hyalines; écaillettes jaunes; stigma ordinairement d'un jaune clair, unicolore, mais
souvent bordé d'une lisière obscure, surtout en
dessous; nervures d'un testacé obscur; la récurrente plus ou moins rejetée, jamais interstitiale; deuxième cellule cubitale très peu rétrécie vers la nervure radiale, ses côtés externe
et interne à peu près parallèles, elle est aussi
moins large que longue. Pattes testacées: extrémité des tibias de derrière et de chacun des
articles des tarses de la même paire noirâtre.
Abdomen aussi long que la tête et le thorax;
premier segment faisant le tiers ou les 2/5 de
sa longueur totale, couvert de rugosités longitudinales presque régulières et parallèles, rebordé latéralement en dessous jusqu'à la base;
pétiole grêle, allongé, mais ses proportions
sont sujettes à un peu de variation. Tarière un
peu moins longue que l'abdomen, rougeâtre;
ses valves noires. Long. 4 1/2-5ᵐᵐ. Env. 9-10ᵐᵐ.

Les variétés se laissent disposer de la manière
suivante :

A. Mâles, dont les derniers segments de l'abdomen sont constamment noirâtres.

Var. 1. Tête et mésothorax d'un testacé rougeâtre sans tache, ou le mésothorax assombri
daus le milieu de sa base.

Var. 2. Tête d'un testacé rougeâtre; mesonotum portant sur ses trois lobes le commencement d'autant de lignes noirâtres; metanotum
noirâtre; premier segment de l'abdomen à peine
plus sombre que le suivant.

Var. 3. Tête de même nuance ; mesonotum avec trois lignes noirâtres complètes ; mésopleures rougeâtres, bordées de noir.

Var. 4. Tête de même nuance ; tout le mesonotum noirâtre ou rembruni ; pleures et poitrine d'un testacé rougeâtre, ou plus ou moins assombries.

Var. 5. Front, vertex et occiput rembrunis ; mesonotum marqué de trois lignes noirâtres ; scutellum d'un brun plus ou moins foncé ; pleures et poitrine assombries.

Var. 6. Front, vertex et occiput rembrunis, laissant le tour des yeux largement testacé (comme chez la var. 5) ; tout le thorax, ainsi qu'une grande partie des pleures et de la poitrine, noirâtres, deuxième segment de l'abdomen jaune.

B. Femelles, dont les derniers segments de l'abdomen sont plus ou moins testacés.

Var. 7. Corps entièrement d'un testacé peu clair.

Var. 8. Testacé avec le premier segment de l'abdomen noirâtre ; métathorax parfois légèrement rembruni.

Var. 9. Métathorax et premier segment de l'abdomen noirâtres ; mésothorax ou testacé, unicolore, ou faiblement marqué d'une ligne sombre, parfois de deux à trois lignes sombres.

Var. 10. Mesonotum et scutellum plus ou moins noirâtres.

Var. 11. Mésothorax testacé ; métathorax et premier segment de l'abdomen plus ou moins assombris, ainsi que le quatrième segment et les suivants.

Var. 12. Mésothorax entièrement noirâtre ; poitrine et pleures plus ou moins rembrunies, celles-ci portant ordinairement une tache rouge

dans le milieu ; abdomen noirâtre aux deux
bouts.   **Ictericus**, NEES.

OBS. — A cause de l'inconstance de ses couleurs,
jointe aux variations de la forme du pétiole et de la
sculpture du métathorax, cette espèce est fort exposée à être méconnue ; les variétés, cependant, sont
beaucoup moins communes que la forme typique,
décrite ici sur 29 individus des deux sexes. La coque,
ordinairement suspendue à une soie de longueur variable, est d'un brun jaunâtre, luisante, à demi trans-
parente, et se distingue à peine de plusieurs autres
faites par les espèces congénères. L'ichneumonide
Hemiteles areator, Panz., infeste ce *Meteorus* en
qualité de parasite au second degré, et le *Meteorus*
lui-même attaque un grand nombre de lépidoptères
dont on n'a fait connaître que les noms suivants :

Eupithecia virgaureata, Doubl.
Gnophos asperaria, Tr
Chimatobia brumata, L.
Scopula alpinalis, Schiff.
Tortrix piceana, L.
Dictyopteryx Bergmanniana, L.
Psedisca Solandriana, L.
Pardia tripunctana, F.
Laverna conturbatella, Hueb.

PATRIE : Europe en général ; très commun.

16   Antennes filiformes, les 8 derniers articles,
environ, dictinctemsnt séparés et guère plus
longs qu'épais. ♀ Noire ; tête testacée ; milieu du
front et de l'occiput, stemmaticum, pleures en
partie, et deuxième segment de l'abdomen d'un
brun de poix. Ocelles peu saillants. Face soulevée vers le bas, formant presque une carène
près de l'extrémité, qui est presque aussi large
que la partie supérieure. Antennes un peu plus
courtes que le corps, brunes, plus claires en
dessous, de 27 articles, dont les deux basilaires
très pâles en dessous. Palpes très pâles. Thorax
noirâtre en dessus et en dessous ; côtés du prothorax de teinte moins foncée, presque lisses,
ainsi que les mésopleures et leur sillon, qui est

peu profond et assez large. Métathorax fort luisant, finement et diffusément ruguleux, régulièrement convexe. Ailes hyalines avec une
nuance blanchâtre ; stigma pâle, son bord extérieur un peu assombri ; nervures d'un brunâtre
clair ; la récurrente reçue dans la première cellule cubitale à une distance de son extrémité
égale à la longueur de la première abscisse.
Pattes d'un testacé très pâle ; tarses de derrière
bruns. Abdomen mince, à peu près de la longueur du thorax, mais beaucoup moins large,
noir en dessus et en dessous ; premier segment
un peu arqué, s'élargissant progressivement
depuis la base jusqu'à l'extrémité, où il paraît
un peu plus étroit que chez le *M. ictericus* (V.
n° 15) : deuxième segment d'un brun de poix,
avec le bord antérieur et la moitié des bords
latéraux d'un testacé de poix. Tarière aussi
longue que l'abdomen, Mâle inconnu. Taille
non indiquée, sinon qu'elle est moindre que
celle du *M. pallidipes* (V. n° 13), ce qui seul a
empêché Ruthe de fusionner les deux espèces,
tant elles se ressemblent sous d'autres rapports ;
cet auteur ajoute que l'insecte actuel a aussi
beaucoup d'analogie avec le *M. ictericus.*

Pleuralis, Ruthe.

Patrie : Allemagne.

——   Antennes presque sétacées, médiocrement
grêles, les avant-derniers articles notablement
plus longs qu'épais.   **17**

17   Tête et mésothorax d'un testacé rougeâtre ;
nervures pâles. Corps marqué d'un dessin variable, noirâtre ou brun. Stemmaticum et occiput plus ou moins noirâtres. Ocelles moins
grands et moins saillants que ceux du *M. ictericus.* Palpes blanchâtres. Face soulevée dans
le milieu en forme de carène obtuse et peu mar-

quée. Antennes testacées ou brunâtres, plus sombres vers l'extrémité; toutes les articulations annelées de brun; celles de la ♀ aussi longues que les trois quarts du corps, de 27 articles; celles du ♂ de 29 articles, plus longues que le corps. Mesonotum portant une tache plus ou moins obscure sur chacun des trois lobes. Metanotum noirâtre avec les côtés d'un testacé pâle vers le bas; il est couvert de rugosités confuses et tronqué obliquement en arrière; sa surface postérieure présente une aire lisse bordée par une ligne saillante. Ailes subhyalines; écaillettes et stigma d'un jaune rougeâtre pâle, celui-ci grand, presque transparent, avec le bord inférieur assombri; la plupart des nervures sont également jaunes, la margino-discoïdale et la médio-discoïdale seules plus ou moins assombries; deuxième cellule cubitale un peu rétrécie vers la nervure radiale; celle-ci bien tracée, le reste du réseau apical des quatre ailes décoloré. Pattes d'un testacé pâle; extrémité de chaque article des tarses de derrière assombrie. Premier segment de l'abdomen formant à peu près les deux cinquièmes de la longueur totale, moins rétréci à la base que chez le *M. ictericus*, faiblement et irrégulièrement striolé, testacé à chaque extrémité, assombri dans le milieu; le reste de l'abdomen d'un testacé rougeâtre, deuxième segment plus pâle; une tache dorsale noirâtre sur chacun des segments apicaux. Tarière aussi longue que l'abdomen. Les deux sexes sont semblables. Long. 3 1/2^{mm}. Env. 7^{mm}.

Var. 1. ♂ Testacé avec l'extrémité de l'abdomen noire; le dessin général s'indique par une nuance légèrement obscure.

Var. 2. ♂ Toutes les parties sujettes à s'assombrir sont absolument noires.

Entre ces deux variétés extrêmes il y a plusieurs formes intermédiaires, à en juger d'après les dix exemplaires, dont deux femelles, que j'ai sous les yeux.　　　　　**Confinis**, Ruthe.

> Obs. — Nous avons ici une autre espèce très voisine de l'*ictericus*, mais à coup sûr distincte ; elle est plus petite, les antennes se composent d'un nombre moindre d'articles ; les nervures longitudinales des ailes s'effacent avant d'atteindre l'extrémité ; le premier segment de l'abdomen est relativement plus large et plus court.

Patrie · Allemagne, Angleterre.

Tout le thorax noirâtre ; nervures brunes. ♀ D'un brun noirâtre ; tête, côtés du prothorax et deuxième segment de l'abdomen d'un testacé rougeâtre. Parties buccales pâles. Stemmaticum et (chez les plus grands exemplaires) la partie inférieure de l'occiput, noirs. Antennes de la longueur environ des deux tiers de l'abdomen, assombries, excepté à la base, de 27 articles. Ailes subhyalines ; stigma pâle, bordé de couleur sombre ; nervures en majeure partie brunes ; deuxième cellule cubitale un peu rétrécie vers la nervure radiale. Pattes d'un testacé pâle ; extrême sommet des tibias de derrière, et tarses de la même paire, un peu plus obscurs. Premier segment raccourci, à peine plus long que le tiers de l'abdomen, fortement striolé. Tarière de la longueur de l'abdomen. Mâle inconnu. Long. 3 1/2-4^{mm}.

Var. ♀. Mesonotum marqué de deux lignes d'un testacé rougeâtre.　　　　**Fallax**, Ruthe.

> Obs. — En dehors des couleurs, Ruthe a avoué qu'il n'était en mesure de préciser aucune différence sensible entre son *fallax* et son *confinis* : cependant, à son avis, ces deux insectes sont spécifiquement distincts ; à propos du *fallax*, il ajoute que rien, sauf sa taille moindre, n'empêche de l'identifier avec le *pallidipes*, Wesm. (v. nº 13).

Patrie : Allemagne.

18   Pattes en grande partie noirâtres, brunes ou
          assombries.   **Tabidus**, ♂ (V. n° 8).

—   Pattes testacées.   **19**

19   Ailes enfumées, laissant paraître plus ou
          moins distinctement un trait pâle vis-à-vis du
          stigma. Deuxième cellule cubitale notablement
          rétrécie vers la nervure radiale. Tarière ordi-
          nairement de moitié moins longue que l'abdo-
          men, parfois encore plus courte.   **31**

—   Ailes hyalines, quelquefois avec une teinte
          blanchâtre ; ou subhyalines, mais jamais assez
          obscures pour montrer un trait pâle vis-à-vis
          du stigma. Deuxième cellule cubitale rarement,
          et, en tout cas, très peu rétrécie vers la nervure
          radiale. Tarière ordinairement plus longue,
          rarement de la même longueur ou de moitié
          moins longue que l'abdomen.   **20**

20   Ailes blanchâtres.   **28**

—   Ailes sans teinte blanchâtre.   **21**

21   Métathorax lisse.   **22**

—   Métathorax ruguleux ou ponctué.   **23**

22   Stigma de grandeur moyenne. ♀ Noire, avec
          le deuxième segment de l'abdomen d'un testacé
          rougeâtre. Tête aussi large que le thorax, noire
          sans tache, luisante. Parties buccales testacées.
          Yeux grands, proémiments, à peine velus. Ocel-
          les peu saillants. Joues non renflées, brusque-
          ment arrondies derrière les yeux. Face quadran-
          gulaire, un peu plus large que longue, couverte
          d'une pubescence blanchâtre, soulevée en bosse
          luisante dessous les antennes ; épistome assez
          convexe, distinct, luisant, légèrement teinté de

roussâtre. Antennes d'un brun rougeâtre avec
la base concolore en dessous, médiocrement
épaisses, filiformes, presque de la longueur du
corps. Bien que mutilées au sommet chez l'exemplaire décrit par Ruthe, il en restait cependant 27 articles, dont les derniers très distinctement séparés, et presque deux fois aussi longs
que larges. Thorax entièrement noir et luisant;
pleures polies, très finement et faiblement pointillées. Metanotum lisse, un peu inégal, insensiblement déclive depuis la base jusqu'à l'extrémité; celle-ci et les bords latéraux un peu
ridés. Ailes amples, subhyalines; stigma médiocrement gros, d'un brun clair avec le bord inférieur et l'angle interne plus pâles; nervure
récurrente reçue par la première cellule cubitale
tout près de sa base; deuxième cellule cubitale
grande, en quadrilatère oblique et régulier.
Pattes d'un testacé rougeâtre avec le premier
article des trochanters et la base des tibias plus
pâles; tibias et tarses de derrière d'un brun
rouge; tibias intermédiaires un peu plus pâles.
Premier segment de l'abdomen assez large à la
base, de là s'élargissant insensiblement jusqu'à
l'extrémité, presque lisse en dessus, luisant,
n'ayant que quelques stries latérales à peine
visibles; pétiole très court et large, à peine rebordé en dessous; deuxième segment testacé,
d'un brun-noir à l'extrémité, comme tout le
reste de l'abdomen. Tarière un peu plus longue
que le tiers de l'abdomen. Mâle inconnu.
Long. 5ᵐᵐ. **Neesii**, Ruthe.

Parasite, selon Brischke, du lépidoptère *Eupithecia absinthiata*, Clerck.

Patrie : Allemagne.

Stigma aussi grand que la première cellule
cubitale. ♀ Noire, luisante; parties de la bou-

che ferrugineuses. Yeux grands. Antennes noirâtres avec la base ferrugineuse, de 19 à 20
articles. Ailes hyalines; stigma d'un brun noir,
marqué d'une tache pâle. Pattes ferrugineuses.
Premier segment de l'abdomen obconique, allongé, atténué à la base. Tarière de la longueur
de l'abdomen. ♂ Tête grande, plus large que
le thorax. Antennes plus longues que le corps,
de 29 articles, noirâtres avec les deux premiers
articles ferrugineux. Côtés du prothorax testacés. Metanotum non convexe, insensiblement déclive dès la base, presque lisse, traversé supérieurement par une carène transversale. Ailes
hyalines avec une très légère teinte obscure;
écaillettes testacées; nervures brunes; stigma
très grand, d'un brun noir; deuxième cellule
cubitale fortement rétrécie vers la nervure radiale, en triangle tronqué; nervure récurrente
interstitiale. Abdomen plus court que le thorax;
extrémité du premier segment et base du deuxième vaguement testacées; premier segment
court, irrégulièrement striolé, trois fois aussi
large à l'extrémité qu'il ne l'est au pétiole; rainures trachéales distinctes; segments postérieurs en ovale court. Long. 3ᵐᵐ. Env. 6 1/2ᵐᵐ.

Vexator, Haliday.

Obs. — La ♀ m'est inconnue en nature, et sa description est traduite de Haliday; selon lui cette ♀ est
très ressemblante au *M. delator* (v. espèces douteuses, n° 2) et au *M. filator* (v. 2ᵉ section, n° 7), d'une
taille intermédiaire, et munie d'une tarière plus
courte que celle de *filator*. J'ai ajouté ce qui concerne le ♂ d'après un mauvais exemplaire de ma
collection; pourtant la réunion des sexes ne paraît
pas incertaine, à cause de la grandeur exceptionnelle
du stigma.

Patrie : Irlande, Angleterre; espèce peu commune.

23   Métathorax ponctué. ♀ Noire; tête et côtés

du prothorax d'un testacé rougeâtre; abdomen
d'un brunâtre de poix en arrière. Stemmaticum et yeux noirs. Mandibules étroites, pâles, à
extrémité brune. Palpes pâles. Antennes sétacées, de la longueur du corps, d'un testacé obscur; les deux premiers articles d'un testacé
clair. Thorax lisse, noir, un peu luisant; une
tache latérale de chaque côté, devant l'insertion
des ailes, obscurément rouge. Métathorax convexe, pointillé, caréné au milieu, concave en
arrière près de l'extrémité. Ailes hyalines avec
une teinte légèrement obscure; nervures et
stigma bruns; nervure récurrente rejetée. Pattes d'un rouge foncé; tibias et tarses de derrière
assombris, ceux-là blanchâtres à la base. Abdomen un peu plus long que la tête et le thorax,
claviforme; premier segment de la longueur
des suivants pris ensemble, insensiblement dilaté dès la base, aplati, striolé, un peu en carène
à son origine, où les bords latéraux sont élevés; il est tout noir; les segments suivants sont
d'un noirâtre de poix, le deuxième rougeâtre à
la base. Tarière décourbée, de la longueur de
l'abdomen. ♂ Antennes brunes, à peine plus
pâles à la base; tête noire; parties buccales
rouges; carène du métathorax presque effacée;
abdomen noir avec le deuxième segment rouge.
Long. 4 2/3ᵐᵐ.   **Ruficeps,** Nees.

Obs.— Cette espèce, au dire de son auteur, est
voisine du *M. ictericus* (v. nº 15), dont elle diffère
par les antennes plus longues, plus épaisses, et par
les couleurs, spécialement celle du stigma. Nees von
Esenbeck n'a observé chez aucune de ses espèces les
rainures trachéales du premier segment; par conséquent il se peut que le *ruficeps* soit déplacé dans
la première section, bien que cela ne me paraisse
pas probable. Il est parasite, selon Brischke, du lépidoptère *Calymnia trapezina*, L.

Patrie : Allemagne (Sickershausen, Dantzig), Russie.

—   Métathorax ruguleux.   **24**

24   Tête pas plus large que le thorax.   **27**

—   Tête plus large que le thorax.   **25**

.25   Tibias de derrière épaissis. ♀ Noire ; une partie des pleures, premier segment de l'abdomen et base du deuxième, roussâtres. Tête luisante, notablement plus large que le thorax. Face presque quadrangulaire, peu convexe, sans élévation ni carène auprès des antennes, irrégulièrement et très finement striolée. Joues nullement renflées, brusquement arrondies derrière les yeux. Epistome peu convexe, avec une fossette bien distincte de chaque côté de la base, d'un testacé rougeâtre, ainsi que les joues et les mandibules. Yeux fort grands. proéminents, spécialement du côté de la face, velus de poils très courts. Palpes d'un testacé pâle ; les trois derniers articles des maxillaires blanchâtres, à peu près de longueur égale. Antennes presque aussi longues que le corps, d'un testacé obscur, devenant de plus en plus noires vers l'extrémité, de 33 articles, dont les basilaires pas plus sombres en dessus qu'en dessous. Côtés du prothorax lisses, leur bord inférieur seulement ayant une nuance roussâtre. Sillon des mésopleures élargi, en grande partie rugueux-ponctué. Métathorax irrégulièrement et faiblement ruguleux, portant sur le disque deux aréoles assez indistinctes, séparées par une faible carène, et rétrécies en arrière ; la partie déclive moins longue que le disque, en pente escarpée. Ailes dépassant un peu l'extrémité anale, hyalines avec une légère teinte obscure ; nervures testacées ; stigma d'un brun clair avec la base d'un blanc jaunâtre, et une tache plus petite de même nu-

ance à l'angle externe ; deuxième cellule cubitale beaucoup plus large que longue, mais non
rétrécie à son extrémité extérieure, par suite du
parallèlisme de ses côtés. Pattes d'un testacé
rougeâtre, celles de devant plus pâles ; base des
hanches de derrière, cuisses de la même paire,
et leurs tibias (sauf à l'extrême base), un peu
asssombris ; tarses de derrière concolores ; les
tibias de derrière sont un peu plus longs que
chez les autres espèces, et notablement épaissis,
ayant un diamètre qui excède celui des cuisses,
ce qui les fait paraître atténués à la base. Abdomen de la longueur du thorax, et un peu plus
étroit au milieu ; premier segment faisant à
peu près les trois-septièmes de la longueur totale, à peine arqué, s'élargissant insensiblement
dès la base, finement striolé ; les stries sont régulières sur les côtés, confuses et en partie tor-
tueuses dans le milieu ; rainures trachéales
petites mais distinctes ; point de rebord en dessous à la base du pétiole ; premier segment
d'un brun roussâtre ; deuxième brunâtre à la
base ; le reste de l'abdomen d'un noir de poix,
luisant. Tarière un peu plus longue que l'abdomen. Mâle inconnu. Long. 4 1/2ᵐᵐ.

Oculatus, Ruthe.

Patrie · Allemagne ; un seul exemplaire connu.

—   Tibias de derrière non épaissis.   **26**

26   Stigma de grandeur moyenne. Tarière à peine
plus courte que le corps. ♀ Noire ; tête et prothorax rouges ; stemmaticum et occiput noirâtres. Tête assez grosse, un peu plus large que
le thorax, à peine rétrécie derrière les yeux.
Palpes pâles. Yeux peu saillants en avant, laissant la face large, non rétrécie vers la bouche.
Epistome convexe, luisant. Antennes un peu

plus longues que la moitié du corps, de 30 articles. Côtés du prothorax en majeure partie rugueux et profondément ponctués; mésopleures lisses vers le haut, avec le sillon ordinaire élargi, peu profond, et rugueux-ponctué. Métathorax réticulé-rugueux, déclive, tronqué en arrière; chargé quelquefois plus ou moins distinctement de trois lignes longitudinales élevées, et d'une ligne transverse qui limite la déclivité. Ailes presque hyalines; écaillettes et radicules pâles; stigma brun, à base pâle; nervure récurrente interstitiale, ou peu s'en faut; deuxième cellule cubitale non rétrécie vers la nervure radiale. Pattes rouges. Premier segment de l'abdomen à peu près aussi long que tous les suivants, arqué, striolé de chaque côté vers l'extrémité, irrégulièrement rugueux dans le milieu du disque, élargi progressivement à partir du milieu, rebordé en dessous; base du pétiole quelquefois rougeâtre; deuxième segment roussâtre à l'extrême base. Tarière de la longueur du corps moins la tête. Mâle inconnu. Long. 5ᵐᵐ.   **Longicaudis**, Ratzeburg.

Obs.— Elevé bien souvent du coléoptère *Orchesia micans*, Panz. Selon Reinhard, qui nous a donné la description ci-dessus traduite, cette espèce ne peut se confondre qu'avec deux autres à tarière allongée, *M. affinis*, Wesm, (v. n° 13) et *M. jaculator*, Haliday (v. n° 34), mais toutes deux, d'après leurs diagnoses, s'en éloignent tout à fait sous d'autres rapports.

Patrie : Allemagne.

———

Stigma presque aussi grand que la première cellule cubitale. Tarière plus courte que l'abdomen. Variable; ordinairement noir, avec le prothorax, le mésothorax, le scutellum et le milieu de l'abdomen, d'un rouge testacé; une tache noirâtre sur chaque lobe du mésothorax. Chez

les variétés le mésothorax ou l'abdomen devient plus ou moins noirâtre, et la poitrine sou·
vent testacée ; ou bien l'abdomen est plus ou
moins brunâtre, plus pâle dans le milieu ; mais
nonobstant cette diversité, on reconnaît facilement l'espèce à sa conformation générale. Tête
plus large que le thorax, à peine rétrécie derrière
les yeux. Palpes testacés. Antennes de la ♀ un
peu plus longues que la moitié du corps, submoniliformes vers l'extrémité, de 23 à 27 articles,
testacées depuis la base jusqu'au milieu, noirâtres à partir de là ; antennes du ♂ filiformes,
plus longues que le corps, de 29 à 30 articles.
Métathorax court, brusquement déclive en arrière, presque tronqué, et à peine excavé ; réticulé-ruguleux, partagé indistinctement en deux
aires par une carène médiane qui se bifurque
en atteignant la partie déclive. Ailes hyalines ;
écaillettes testacées ; nervures brunâtres, plus
pâles vers l'extrémité ; stigma brun, son angle
interne nettement testacé ; nervure récurrente
plus ou moins distinctement rejetée ; deuxième
cellule cubitale non rétrécie vers la nervure
radiale. Pattes testacées. Premier segment de
l'abdomen confusément striolé ; pétiole court,
rebordé ; tubercules non saillants, situés devant
le milieu ; rainures trachéales distinctes. Le ♂
est semblable. Long. 4-4 1/2ᵐᵐ. Env. 8-9ᵐᵐ.

Obfuscatus, Nees.

Obs. — La description a été faite sur vingt-six
exemplaires, dont dix mâles. Ce *Meteorus* est bien
connu comme parasite solitaire et commun des coléoptères fungicoles, *Orchesia micans*, Panz., etc.
On ignore si la femelle confie son œuf à la larve
de l'*Orchesia* ou à l'insecte adulte ; quoi qu'il en
soit, j'ai vu plusieurs fois des *Orchesia* à l'état par-
faits, trouvés morts, et ayant leurs membres enche-
vêtrés dans le lainage de la coque blanchâtre du parasite, qui s'était attaché à leur ventre. Au témoi-

gnage du docteur Reinhard, la collection Sichel, à
Paris, conserve une dizaine de ces parasites, obtenus
de *Triplax russica*, L. par Lespès ; et il dit expres-
sément que c'est de la larve du coléoptère et non de
l'insecte parfait, que les parasites sont sortis. (« An
den Nadeln sind noch die *Kæferlarven* mit dem Cocon der Parasiten befestigt. »).

Patrie : Allemagne, Belgique, France, Angleterre, et
probablement toute l'Europe.

27   Premier segment de l'abdomen ponctué-ruguleux ; deuxième d'un jaune doré. Variable ;
ordinairement noir, avec l'épistome et la partie
inférieure de la face, testacés ; tour des yeux
parfois d'un rouge obscur ; thorax varié de testacé. Parties buccales et palpes d'un testacé
jaunâtre. Tête de la largeur du thorax ; face un
peu transverse, rétrécie vers la bouche ; épistome médiocrement convexe, luisant. Antennes
noirâtres avec la radicule testacée ; chez la ♀
elles sont plus longues que la tête et le thorax,
de 28 à 29 articles, dont les six avant-derniers
sont aussi longs que larges ; celles du ♂ sétacées, plus longues que le corps, de 31 à 32 articles. Thorax noir en entier, ou avec le mesonotum et les pleures testacés, laissant sur les trois
lobes du mesonotum autant de taches noires.
Pleures luisantes, très finement et peu densément aciculées. Métathorax couvert de rugulosités confuses. Ailes subhyalines ; écaillettes
testacées ; stigma brun, plus ou moins nettement jaune à la base ; nervure récurrente dirigée presque vers l'angle même de la première
cellule cubitale, subinterstitiale ; deuxième cellule cubitale trapéziforme, non rétrécie vers la
nervure radiale. Pattes d'un testacé jaunâtre ;
hanches de derrière parfois brunâtres ; extrémité des cuisses de la même paire, leurs tibias,
et les quatre tarses postérieurs, ayant une légère

teinte obscure. Abdomen aussi long que la tête
et le thorax, atténué aux deux bouts chez la ♀,
plus obtus chez le ♂; premier segment ponctué
longitudinalement dans le milieu, striolé sur
les bords latéraux; deuxième segment bordé de
noir en arrière; le reste de l'abdomen d'un
brun noirâtre, pâlissant progressivement vers
l'extrémité. Tarière de la longueur de l'abdomen. La taille varie beaucoup; c'est peut-être
par accident que les mâles de ma collection
sont plus grands que les femelles. ♀ Long.
3-3 1/2ᵐᵐ. Env. 5-6ᵐᵐ. ♂ Long. 3 1/3-4 2/3ᵐᵐ.
Env. 6-8ᵐᵐ.

Var. 1. ♀ Sillons du mésothorax, un espace
devant le scutellum, et côtés du prothorax testacés.

Var. 2. ♂ Stigma à peine pâle à la base; côtés
du deuxième segment de l'abdomen bruns.

Var. 3. ♂♀ Face, orbites des yeux et pleures
d'un rouge obscur; antennes d'un testacé brunâtre, plus sombres vers l'extrémité.

Punctiventris, Ruthe.

Parasite des lépidoptères *Scoparia angusta*, Ste.
et *S. murana*, Curt.

Patrie : Allemagne, Angleterre.

Premier segment de l'abdomen régulièrement
striolé; deuxième d'un roux de poix. D'un noir
brunâtre; face et orbites verticales des yeux
d'un rouge obscur. ♀ Antennes aussi longues
que les deux tiers du corps, noirâtres, pâles à
la base, de 30 articles, dont les avant-derniers
distinctement plus longs que larges. Pleures
ruguleuses, pointillées. Ailes hyalines, relativement plus grandes que chez le *punctiventris*;
stigma d'un jaune-blanchâtre sale, portant près
de son extrémité une tache brune. Pattes testa-

cées ; hanches de derrière concolores, mais plus ovalaires et plus épaisses que celles du *puncti-ventris* ; tarses de la même paire assombris. Abdomen un peu dilaté. Tarière de la longueur de l'abdomen. Les autres caractères sont ceux de l'espèce précédente. Long. 4 1/2ᵐᵐ.

Var. ♀. Antennes noirâtres, testacées en dessous à la base ; stigma brun, plus pâle au bord externe, son tiers apical d'un blanchâtre sale ; hanches de derrière brunes, plus claires à l'extrémité. ♂ Tête noire ; épistome et mandibules d'un jaune rougeâtre ; palpes blanchâtres. Antennes plus longues que le corps, grêles, sétacées, brunes, de 33 articles. Côtés du prothorax presque lisses, roussâtres au-dessus des hanches ; sillon ordinaire des mésopleures bien creusé, faiblement ponctué-rugueux au fond : métathorax rugueux, surmonté des deux aires ordinaires, sa partie déclive étroite, limitée par des lignes saillantes, luisante, un peu inégale au milieu. Ailes hyalines, lavées de blanchâtre ; stigma brun, blanchâtre à la base et tout le long du bord externe ; nervure récurrente interstitiale. Pattes d'un testacé obscur ; cuisses et tibias de derrière assombris, sauf la base des tibias ; hanches et tarses de la même paire encore plus obscurs. Long. 4ᵐᵐ.   **Dubius**, Ruthe.

Ods.— Ruthe paraît avoir hésité à rapporter ce ♂ à la var. ♀ de son *dubius* ; n'ayant vu ni l'un ni l'autre, je ne suis pas en mesure de suggérer des rectifications ; les caractères donnés sont si incertains que l'on est en droit de suspecter même la séparation du *dubius* d'avec son très variable voisin le *puncti-ventris*.

Patrie · Allemagne.

28   Antennes filiformes, assez épaisses, les avant-derniers articles aussi larges que longs chez la ♀, distinctement séparés. ♀ Noire ; protho-

rax et épaules plus ou moins, et deuxième segment de l'abdomen, d'un rouge-obscur. Tête de
la largeur du thorax ; face en carré transversal,
presque deux fois plus large que longue, faiblement carénée au milieu, et d'un fauve obscur. Epistome élargi, déprimé, testacé, ainsi que
les palpes et les mandibules. Ocelles peu saillants. Antennes très courtes, de moitié moins
longues que le corps, plus ou moins testacées
vers la base, noirâtres vers l'extrémité, de 22 à
27 articles. Métathorax court, peu convexe,
ruguleux, portant sur le dos un espace encadré
qui est lisse, luisant et partagé en deux par un
faible sillon longitudinal. Ailes hyalines, ordinairement lavées de blanchâtre ; écaillettes testacées ; stigma d'un brun noir, soit unicolore,
soit avec la base et une petite tache à l'extrémité pâles ; nervures fines, la cubitale et la postérieure souvent plus ou moins effacées ; chez
une seule ♀ la deuxième transverso-cubitale est
aussi décolorée ; nervure récurrente à peine
rejetée, parfois interstitiale ; deuxième cellule
cubitale plus longue que large, à peine rétrécie
extérieurement. Pattes assez courtes, testacées,
celles de derrière assombries, excepté l'extrémité de leurs hanches et la base de leurs tibias
qui est pâle. Premier segment de l'abdomen
allongé, presque linéaire, seulement deux fois
aussi large à l'extrémité qu'à la base, portant
sur les bords postérieurs quelques stries longitudinales, et couvert dans le milieu de rugosités plus fines et entrecroisées. Tarière aussi
longue que l'abdomen et le métathorax. ♂ Semblable, mais l'abdomen est souvent noir tout
entier. Antennes sétacées plus longues que le
corps, de 35 articles. Long. 4-5 1/2^{mm}. Env.
7-9 1/2^{mm}.

Var. ♀ Thorax et abdomen entièrement noirs; pattes testacées. **Atrator**, Curtis.

Obs. — On a élevé cette espèce en Angleterre de quelque lépidoptère dont le nom n'a pas été conservé. Dans la liste d'éclosions d'insectes observées par Giraud (*Ann. Soc. Ent. Fr.* 1877) on trouve *M. similator*, Wesm. (synonyme d'*atrator*), enregistré comme parasite du lépidoptère *Œcocecis Guyonella*, Guenée, habitant l'Algérie. Nees von Esenbeck le croyait identique au *Bracon cis*, Bouché, parasite de *Cis boleti*, Scop., mais une telle origine est impossible, à cause de la petitesse de ce coléoptère; le *Bracon cis* est presque certainement le *M. profligator*, Hal. (V. 2ᵉ section, n° 7).

Patrie : Angleterre, Belgique, Allemagne, Russie, Algérie.

— Antennes grêles, presque sétacées, les avant-derniers articles, chez la ♀, sensiblement plus longs et un peu plus distinctement séparés que les articles basilaires du funicule.   **29**

29 Abdomen noir en entier; face non rétrécie vers la bouche. ♀ Noire, luisante. Tête à peu près aussi large que le thorax. Parties buccales testacées. Yeux parsemés d'une pubescence très courte et éparse, peu saillants en avant, laissant à la face un espace assez large; celle-ci soulevée longitudinalement, d'un brun-roussâtre obscur. Epistome assez grand, convexe, luisant, d'un testacé rougeâtre; ses fossettes basilaires profondes, réunies par un sillon transverse. Antennes aussi longues que les deux tiers du corps, en majeure partie noirâtres, testacées en dessous, le dessus des articles basilaires brunâtre. Côtés du prothorax lisses, d'un brun de poix. Mésopleures sensiblement ruguleuses au-dessous des ailes, leur sillon peu profond et presque lisse. Métathorax un peu allongé, rétréci en arrière, à peine luisant; son disque

sans rugulosités distinctes, parcouru au milieu
par une carène très fine ; la partie postérieure
brusquement déclive et plus sensiblement ruguleuse. Ailes hyalines avec une teinte blanchâtre ; nervures d'un jaunâtre pâle avec la côte
obscure ; stigma d'un brun sombre, blanchâtre
à la base ; nervure récurrente reçue par la première cellule cubitale à une distance de son
extrémité plus longue que la première abscisse ;
deuxième cellule cubitale un peu oblique,
presque quadrangulaire, plus large que longue.
Pattes d'un testacé sale, celles de derrière à
peine plus obscures ; la moitié basilaire de leurs
hanches d'un brun sombre ; cuisses, tibias et
tarses de la même paire quelque peu assombris
à l'extrémité. Abdomen aussi large au milieu
que le thorax, noir avec la base du deuxième
segment seulement un peu roussâtre et translucide ; premier segment faisant à peu près les
deux cinquièmes de la longueur. totale, mat,
non rebordé en dessous, obscurément ponctué-
rugueux sur le dos, et chargé en outre de quelques lignes saillantes ; rainures trachéales très
petites et peu profondes. Tarière plus longue
que l'abdomen. Mâle inconnu Long. 3ᵐᵐ.

Ambiguus, Ruthe.

Patrie : Allemagne.

— Abdomen en partie d'un jaune doré ou roussâtre ; face rétrécie vers la bouche.   **30**

30 Tarière de la longueur de l'abdomen.

Dubius, var. (V. n° 27).

— Tarière plus longue que l'abdomen. ♀ Grêle,
noire, avec le deuxième segment de l'abdomen
d'un jaune-doré un peu obscur. Tête à peine
plus large que le thorax ; face brunâtre, aplatie,

moins large que longue ; épistome faiblement
convexe, d'un brun clair, avec le bord antérieur
d'un testacé obscur, ainsi que les mandibules.
Palpes presque blancs. Yeux gros, sensiblement
mais peu densément velus, beaucoup plus saillants que le renflement postérieur des joues.
Ocelles petits, peu saillants. Antennes (mutilées
chez le seul exemplaire connu) grêles, noirâtres, pâles en dessous à la base. Thorax noir,
seulement une ligne de chaque côté sur les
flancs, entre les ailes, d'un testacé obscur.
Pleures presque en totalité finement ponctuées-
ruguleuses ; sillon des mésopleures large et peu
profond. Métathorax un peu allongé, finement
ruguleux et réticulé, sa partie déclive courte,
en talus peu sensible. Ailes hyalines, blanchâtres ; nervures brunes, plus pâles vers la base ;
stigma d'un brun-gris, plus foncé au bord externe ; deuxième cellule cubitale trapéziforme,
irrégulière, peu rétrécie vers la nervure radiale.
Les ailes antérieures présentent chacune une
anomalie, en ce que la nervure cubitale commence au milieu de la margino-discoïdale, laissant ouverte la première cellule cubitale. Pattes
de devant d'un testacé sale, leurs hanches blanchâtres ; celles de derrière assombries, l'extrémité de leurs hanches, leurs trochanters, et la
base de leurs tibias testacés ; tarses intermédiaires brunâtres. Milieu de l'abdomen un peu
plus étroit que le thorax ; premier segment très
finement ruguleux, à peine sensiblement striolé,
presque mat, à peine rebordé en dessous vers
la base, mais distinctement à l'extrémité ; rainures trachéales très petites.

☌. Chez l'un des trois mâles que Ruthe s'est
avisé d'associer à cette femelle, les tempes sont
plus renflées, la face plus large, mais non plus

large que longue, mesurée à la base de l'épistome ; chargée vers le bas d'une élévation obtuse, caréniforme. Antennes un peu plus longues que le corps, grêles, sétacées, brunes, plus claires en dessous vers la base, de 30 articles. Nervures plus pâles, la cubitale naissant de la côte. Métathorax muni en dessus de deux aires presque lisses, séparées par une fine carène. Pattes de derrière à peine plus obscures que celles de devant, excepté leurs tarses. Chez le deuxième mâle la face est notablement plus large ; la tête noire, avec la face, les joues et la tranche inférieure des mandibules d'un rougeâtre obscur. Antennes de 29 articles. Pattes d'un testacé plus obscur, comme chez la ♀ ; hanches noirâtres, sauf à l'extrémité. Deuxième segment de l'abdomen d'un jaune moins vif. Le troisième mâle a la face pareillement élargie, la tête d'un rougeâtre obscur, avec le milieu du vertex et du front, ainsi que l'occiput tout entier, rembrunis ; le sommet du scutellum, une ligne de chaque côté sur les flancs, entre les ailes, et le deuxième segment de l'abdomen, d'un jaune de paille ; le troisième segment rougeâtre au milieu. Antennes de 29 articles, plus pâles que chez le précédent, comme le sont aussi les pattes. Long. à peu près 3ᵐᵐ.

Gracilis, Ruthe.

Patrie : Allemagne.

31 Deuxième cellule cubitale fortement rétrécie supérieurement, en triangle obtus. ♀ Noire ; deuxième segment de l'abdomen d'un brunâtre de poix. Tête un peu moins large que le thorax ; vertex court ; joues prolongées dessous les yeux ; face transverse, presque deux fois aussi large que longue, pointillée, carénée au milieu. Par-

ties buccales d'un testacé rougeâtre obscur ;
mandibules noirâtres au sommet. Palpes courts,
d'un testacé obscur. Ocelles fort saillants. Antennes plus épaisses que chez aucune autre espèce, un peu moins longues que le corps, filiformes, de 32 articles, dont les deux premiers
brunâtres, les articles 3 à 15 d'un blanc jaunâtre, les suivants nettement noirâtres. Thorax
robuste, grossièrement sculpté ; fossette antéscutellaire remarquablement allongée, ce qui
donne au scutellum une certaine apparence de
petitesse. Côtés du prothorax et sillon des mésopleures rugueux-ponctués. Métathorax très
convexe, gibbeux, allongé, grossièrement rugueux et réticulé, sans carène médiane, faiblement excavé en arrière. Ailes courtes, étroites,
dépassant de très peu le bout de l'abdomen
chez la ♀, enfumées, avec un trait blanchâtre
vis-à-vis du stigma ; écaillettes testacées ; nervures et stigma d'un brun noirâtre, celui-ci
pâle à l'angle interne ; deuxième abscisse de la
nervure radiale presque nulle, la troisième se
réunissant à la première par une courbe courte
et brusque ; cellule radiale petite ; nervure récurrente rejetée, rarement interstitiale. Pattes
courtes, épaisses, d'un testacé rougeâtre obscur ; tibias de derrière plus pâles à la base. Abdomen à peu près aussi long que la tête et le
thorax, et aussi large au milieu que celui-ci ;
premier segment plus court que la moitié de
l'abdomen, élargi graduellement depuis la base,
qui est quatre fois moins large que l'extrémité,
couvert de stries profondes et régulières ; deuxième segment plus ou moins brunâtre ou testacé en avant, assombri en arrière ; parfois entièrement noir ; rainures trachéales larges, distinctes. Tarière plus courte que chez aucune

autre espèce, ne faisant pas le cinquième de
l'abdomen ; ses valves grêles, blanchâtres, brunâtres vers la base. ♂ Semblable ; antennes
d'un quart plus longues que le corps, sétacées,
de 33 à 36 articles, noirâtres, d'un brun de poix
vers la base ; ailes étroites, mais dépassant de
beaucoup le bout de l'abdomen. Long. 4ᵐᵐ.
Env. 7 1/2ᵐᵐ.   **Albicornis**, Ruthe.

> Obs. — On le donne pour parasite de *Scolytus
> multistriatus*, Marsham ; je dois remarquer cepen-
> dant que ce coléoptère n'a tout au plus que la moitié
> de la grandeur du *Meteorus*.

Patrie : Allemagne, Belgique, Angleterre.

— Deuxième cellule cubitale moins fortement
rétrécie, trapéziforme.   **32**

32 Deuxième segment de l'abdomen noir ou
brun ; antennes brunes, les derniers articles
sensiblement plus longs qu'épais, excepté
l'avant-dernier. ♀ D'un noir intense. Tête aussi
large que le thorax ; vertex et tempes élargis ;
ocelles peu saillants ; yeux assez gros, proéminents, sensiblement mais finement velus. Face
transverse, moins de deux fois aussi large que
longue, non rétrécie vers la bouche, convexe,
élevée en carène au milieu. Epistome fort saillant, presque verticalement déclive en avant à
partir du milieu, découvrant en partie la lèvre,
qui est rougeâtre. Mandibules de même couleur, brunâtres à l'extrémité. Palpes maxillaires
ordinairement d'un testacé sale avec les deux
premiers articles, et parfois le suivant, bruns.
Antennes filiformes, plus courtes que le corps,
noirâtres, plus ou moins testacées en dessous
vers la base, de 25 ou de 26 articles. Mesonotum
luisant ; l'espace antéscutellaire, où convergent
les sillons, ponctué-rugueux, ainsi que les

pleures. Métathorax allongé, couvert de rugosités très fines et entrecroisées, faiblement caréné au milieu ; sa partie déclive plus courte
que le dos, nettement limitée, très escarpée et
un peu excavée au milieu. Ailes enfumées,
étroites, dépassant à peine le bout de l'abdomen ;
stigma fort atténué, brun avec la base pâle ; .
nervure récurrente reçue par la première cellule cubitale assez loin de son angle interne ;
deuxième cellule cubitale rétrécie vers la nervure radiale, trapéziforme, longuement pétiolée. Pattes grêles, d'un testacé rougeâtre obscur,
soit unicolores, soit avec les hanches et les
cuisses de derrière plus ou moins assombries,
celles-ci quelquefois brunes ; tibias et tarses de
la même paire ordinairement un peu plus
clairs. Abdomen aussi long que la tête et le
thorax, et de même largeur au milieu que le
thorax ; premier segment allongé, un peu plus
court que les suivants réunis, élargi auprès des
rainures trachéales, qui sont assez grandes ; de
là jusqu'à la base il va s'épaississant en carène,
sans devenir plus large ; il est profondément
strié en dessus ; les tubercules ordinaires un
peu saillants. Tarière aussi longue que l'abdomen moins le pétiole. ♂ Inconnu. Long.
4-5 1/2ᵐᵐ.   **Brunnipes**, Ruthe.

Parasite, selon Brischke, de *Cucullia argentea*,
Ochs., et d'*Eupithecia sobrinata*, Hueb. ; infesté par
l'hyperparasite *Mesochorus leucogrammus*, Holm.
Coque brune, luisante, suspendue à un fil.

Patrie : Allemagne ; six femelles furent capturées par
Ruthe aux environs de Berlin sur un ter-
rain marécageux ombragé d'aunes.

Deuxième segment de l'abdomen presque toujours rougeâtre, au moins sur sa moitié antérieure ; antennes ♀ un peu épaissies vers l'extré-

mité ; funicule ordinairement d'un testacé clair
jusqu'au milieu, noirâtre au delà ; derniers
articles à peu près aussi longs qu'épais. Noir ;
tête aussi large que le thorax ; face pointillée,
transverse, presque deux fois aussi large que
longue, non rétrécie vers la bouche, sans carène
médiane, munie au-dessus de l'épistome d'une
élévation luisante ; joues et vertex assez épais.
Mandibules rougeâtres, à extrémité noire. Palpes ou fauves ou assombris. Antennes de la ♀
aussi longues que les deux tiers du corps, de 22
à 25 articles, testacées jusque vers le milieu,
soit depuis la base, soit seulement depuis le
troisième article. Thorax robuste, grossièrement sculpté ; fossette antéscutellaire grande et
profonde, partagée par une carène médiane ;
côtés du prothorax convexe, rugueux, ainsi que
le sillon des mésopleures ; métathorax non
allongé, régulièrement convexe, un peu excavé
en arrière, grossièrement rugueux et réticulé ;
chez quelques individus on distingue vers la
base une petite carène médiane et une autre de
chaque côté. Ailes étroites, dépassant de très
peu le bout de l'abdomen, enfumées, avec un
espace transparent et incolore peu distinct vis-
à-vis du stigma ; écaillettes rougeâtres ; nervures assez épaisses, brunes, rougeâtres vers
la base ; stigma noirâtre. un peu plus pâle à
l'angle interne ; nervure récurrente rejetée,
chez quelques femelles elle est presque interstitiale ; deuxième cellule cubitale rétrécie supérieurement ; deuxième abscisse distincte. Pattes
épaisses, rougeâtres ; cuisses et tibias de derrière plus ou moins noirs au sommet, leurs
tarses noirs en entier. Abdomen aussi long que
la tête et le thorax, plus atténué postérieurement que chez *M. albicornis* (V. n° 31) ; pre-

mier segment striolé faisant le quart de la longueur totale de l'abdomen, s'élargissant brusquement auprès des tubercules, rebordé en dessous de chaque côté jusqu'à la base ; rainures trachéales allongées et fort distinctes ; deuxième segment très rarement noir tout entier, ordinairement rouge, au moins en avant. Tarière environ de la longueur des deux tiers de l'abdomen. ♂ Semblable ; antennes sétacées, plus longues que le corps, de 28 à 32 articles, ordinairement toutes noires ; rarement le troisième et le quatrième articles d'un fauve obscur ; nervure récurrente plus sensiblement rejetée. Long. 4 5 1/2^{mm}. Env. 6 1/2-8 2/3^{mm}. **Abdominator**, Nees.

Parasite, selon Brischke, de *Melanippe fluctuata*, L.

Patrie : Allemagne, Belgique, Hollande, France, Russie, Angleterre, Irlande ; espèce commune et répandue.

33   Nervure récurrente évectée.
Melanostictus (V. n° 36).

—   Nervure récurrente interstitiale ou subinterstitiale.   **34**

34   Tarière de la longueur de l'abdomen et du métathorax. La plus petite espèce du genre. Noir ; métathorax et abdomen quelquefois d'un brun de poix. Epistome, bouche et palpes pâles ; mandibules noirâtres au sommet. Face transverse, non rétrécie inférieurement, impressionnée à la base de l'épistome. Antennes de la ♀ noirâtres, de la longueur des trois-quarts du corps, de 20 à 25 articles, dont les avant-derniers à peine plus longs qu'épais. Pleures presque lisses, seulement le sillon ordinaire des mésopleures marqué de quelques très petites rides ;

métathorax rétréci postérieurement, finement ruguleux et réticulé, sa partie déclive mal définie. Ailes amples, hyalines, avec une légère teinte blanchâtre ; écailllettes pâles ; stigma assez grand, brunâtre, à peine plus pâle à la base ; nervures pâles et très minces, la cubitale et la postérieure décolorées ; la récurrente subinterstitiale ; deuxième cellule cubitale rétrécie vers la nervure radiale. Pattes d'un testacé très pâle ; hanches, tibias, et tarses de derrière un peu obscurs. Premier segment de l'abdomen obconique, presque droit, finement striolé jusque vers l'extrémité, qui est lisse ; rainures trachéales distinctes mais très petites ; bord antérieur du deuxième segment plus pâle que le reste de l'abdomen. ♂ Semblable ; antennes un peu plus longues que le corps, de 26 articles. Long. 2 2/3ᵐᵐ. Env. 5ᵐᵐ. **Jaculator**, Halıday.

Patrie : Allemagne, Angleterre, Irlande.

—— Tarière plus courte ou rarement aussi longue que l'abdomen. Espèces de taille grande ou moyenne.   35

35 Stigma rembruni, quelquefois avec le bord extérieur pâle.   36

—— Stigma pâle ou très légèrement assombri, bordé quelquefois d'une teinte plus obscure.   37

36 Stigma entièrement sombre. ♀ D'un noir un peu brunâtre. Tête testacée, transverse, un peu rétrécie derrière les yeux ; stemmaticum et occiput brun de poix ; palpes pâles. Antennes noirâtres, à peu près filiformes, environ de la longueur du corps, de 25 à 28 articles, dont les deux premiers testacés. Côtés du prothorax testacés. Poitrine noire. Métathorax convexe, caréné au

milieu, excavé en arrière, couvert de rugosités entrecroisées. Ailes hyalines ; écaillettes testacées ; stigma unicolore, noirâtre, ainsi que les nervures ; nervure récurrente sensiblement évectée seulement chez la ♀ ; deuxième cellule cubitale non rétrécie vers la nervure radiale. Pattes testacées ; tibias de derrière noirâtres au sommet, et annelés indistinctement de la même couleur avant la base, qui est blanchâtre ; tarses noirâtres. Premier segment de l'abdomen striolé, trois fois aussi large à l'extrémité qu'à la base ; tubercules situés au milieu ; rainures trachéales distinctes. Tarière plus courte que la moitié de l'abdomen. ♂ Tête d'un noir brunâtre, avec les orbites plus ou moins testacées. Côtés du prothorax, toute la poitrine, et quelquefois le sommet du scutellum, d'un testacé rougeâtre. Antennes filiformes, plus longues que le corps, de 34 à 35 articles. Nervure récurrente ordinairement interstitiale, chez un seul exemplaire évectée, comme celle de la femelle. Long. 5^{mm}. Env. 10^{mm}. **Melanostictus**, Capron.

Obs. — Voisin du *M. scutellator* (v. nº 39) sous plusieurs rapports, mais en différant par la couleur constante du stigma, et par l'insertion de la nervure récurrente chez toutes les femelles, ainsi que chez un seul exemplaire d'entre les mâles ; les autres mâles ayant leur nervure récurrente interstitiale à la manière du *scutellator*.

Patrie · Angleterre.

Stigma sombre avec le bord extérieur pâle. D'un rouge testacé, variable ; face et prothorax jaunâtres ; metanotum, premier segment de l'abdomen, ordinairement aussi le troisième et le quatrième, noirs. Tête moins large que le thorax ; face presque carrée, un peu ridée transversalement ; mandibules et palpes jaunes. An-

tennes ♂♀ filiformes, de 29 à 31 articles ; chez
la ♀ testacées jusque près du milieu, les articulations obscures ; de là à l'extrémité progressivement plus assombries. Thorax élargi et très
robuste ; lobes du mesonotum gibbeux ; fossette
antéscutellaire crénelée ; sillon des mésopleures
élargi, peu profond, rugueux-ponctué ; métathorax pas plus étroit que le mésothorax, convexe, couvert de rugosités serrées et entrecroisées, brusquement déclive et excavé en arrière.
Ailes hyalines ; écaillettes d'un testacé rougeâtre ; stigma d'un brun noir, avec le bord costal
plus ou moins distinctement pâle, ainsi que les
angles ; nervures brunâtres, testacées vers la
base ; nervure récurrente subinterstitiale ; deuxième cellule cubitale un peu rétrécie supérieurement. Pattes d'un testacé jaunâtre, y compris
les hanches ; cuisses et tibias rougeâtres au milieu, ceux de derrière noirs à l'extrémité ; hanches de la même paire pointillées ou ruguleuses ; crochets des tarses noirs. Premier segment
de l'abdomen faisant plus des deux-cinquièmes
de sa longueur totale ; pétiole dilaté à l'extrême
base, qui est souvent rouge ; tubercules situés
derrière le milieu ; condyle s'élargissant depuis
cet endroit jusqu'à l'extrémité, qui est environ
quatre fois aussi large que la base du pétiole ;
rainures trachéales larges et profondes. Tarière
environ de deux-cinquièmes moins longue que
l'abdomen. ♂ Semblable ; antennes plus longues que le corps, leur funicule souvent noirâtre
en entier. Long. 4-5 1/2ᵐᵐ. Env. 6 1/2-9 1/2ᵐᵐ.

Var. 1. Segments postérieurs de l'abdomen
rouges ou testacés, surmontés ou non d'une tache noire commune. ♂♀.

Var. 2. Entièrement noir en dessus, excepté
la face, les orbites, le scutellum et le deuxième

segment de l'abdomen ; ce dernier est occupé presque en totalité par une fascie transverse noirâtre. ♂.

Var. 3. Comme le précédent ; seulement les sillons et l'espace médian du mesonotum sont rouges. ♂.

Var. 4. Occiput noir ; mésothorax rouge, avec les sillons noirs ; côtés du métathorax rouges. ♂.

Var. 5. Métathorax et sommets des cuisses de derrière obscurs ; abdomen rouge avec le deuxième segment jaunâtre.

Pulchricornis, Wesmael.

Obs. — La description précédente est faite sur 42 exemplaires des deux sexes, dont plusieurs sont sortis de diverses chenilles de lépidoptères. Ce parasite est ou social ou solitaire selon la dimension de sa victime. Il a pour hyperparasite le *Mesochorus confusus*, Holmgr. La coque pendante, d'un brun gris, et très luisante, ressemble à celle du *M. ictericus* (v. n° 15). On l'a obtenu des chenilles de :

Agrotis agathina, Dup.
—   *strigula*, Thunb.
Tæniocampa stabilis, View
Hibernia leucophæaria, Schiff.
Anisopteryx æscularia, Schiff.
Cheimatobia brumata, L.
Oporobia dilutata, Bork.
Harpella Geoffroyella, L.
Scoparia truncicolella, Staint.

Patrie : Toute l'Europe ; espèce des plus communes.

37   Tarière de la longueur de l'abdomen.   **38**

—   Tarière n'ayant que le tiers ou les deux cinquièmes de la longueur de l'abdomen.   **39**

38   Thorax noir ou brun. Tête et abdomen d'un brun rougeâtre. Stemmaticum noir. Bouche et palpes testacés. Tête très légèrement ponctuée ; front et face soyeux. Antennes d'un brun sombre, les deux premiers articles roussâtres. Tho-

rax très légèrement ponctué ; prothorax testacé
sur les côtés et en dessous ; métathorax en
grande partie lisse, muni sur le dos de deux
compartiments encadrés par de fines lignes saillantes, lisses au milieu et faiblement rugueux
vers les côtés. Ailes hyalines ; écaillettes d'un
testacé brunâtre ; stigma d'un brun clair ; nervure récurrente interstitiale. Pattes d'un testacé
obscur ; tibias de derrière noirâtres au sommet ;
articles des quatre tarses postérieurs assombris
vers l'extrémité. Abdomen assombri postérieurement, aussi long que la tête et le thorax ; premier segment noir, faisant le tiers de la longueur totale ; pétiole striolé, caréniforme vers
la base, s'élargissant graduellement jusqu'à
l'extrémité ; condyle épais, aplati, un peu comprimé en dessous. Tarière de la longueur de
l'abdomen. Le ♂, bien qu'on l'ait obtenu d'éclosion, n'a pas été décrit. Long. 5ᵐᵐ.

Var. ♂. Thorax brun-rougeâtre ; pétiole
blanc-brunâtre, noirâtre à l'extrémité, sauf un
petit tubercule qui reste pâle ; rainures trachéales effacées. Ratzeburg regardait cet individu comme une monstruosité.

Rubriceps, Ratzeburg.

Obs. — Selon Ratzeburg, ce *Meteorus* a beaucoup
d'analogie avec le *ruficeps*, Nees (v. nᵒ 23), mais s'en
distingue par la direction de la nervure récurrente,
la longueur du premier segment de l'abdomen et le
métathorax. La coque, au dire de Brischke, est brunâtre, luisante et suspendue à un fil ; analogue à
celle du *M. bimaculatus*, Wesm. (= *versicolor*,
Wesm. v. 2ᵉ section, nᵒ 3). Parasite d'*Abraxas
grossulariata*, L., *Tortrix rosana*, L. et *Penthina
pruniana*, Hueb.

Patrie : Allemagne.

Thorax testacé, en partie noir. ♀ D'un testacé rougeâtre ; vertex, occiput, trois bandes

sur les lobes du mésothorax, métathorax, poitrine et premier segment de l'abdomen, noirâtres. Tête un peu moins large que le thorax ;
face et bouche testacées ; palpes blanchâtres.
Antennes à peu près de la longueur du corps,
filiformes, noirâtres, plus pâles en dessous, de
31 à 34 articles dont les deux premiers d'un
testacé obscur. Thorax de couleur variable,
soit testacé avec le metathorax, le postscutellum,
et parfois le lobe médian du mésothorax assombris, soit portant trois taches sur les lobes du
mésothorax, et ayant en outre les pleures et la
poitrine noirâtres ; métathorax un peu allongé,
ruguleux et réticulé, légèrement excavé en
arrière. Ailes hyalines ; écaillettes testacées ; nervures obscures ; stigma jaune, sa moitié terminale vaguement assombrie en dessous ; nervure
récurrente ou interstitiale ou subinterstitiale ;
deuxième cellule cubitale à peine rétrécie vers
la nervure radiale. Pattes testacées, hanches,
cuisses et tibias de derrière quelquefois rougeâtres ; cuisses et tibias de la même paire
assombris au sommet ; leurs tarses assombris.
Abdomen grêle, moins large au milieu que le
thorax ; premier segment un peu plus court que
les suivants réunis, noir, striolé ; pétiole court ;
tubercules peu distincts ; condyle dilaté progressivement jusqu'à l'extrémité, qui est trois
fois aussi large que la base du pétiole ; segments
postérieurs ou testacés tout entiers ou légèrement assombris aux sutures ; on distingue entre
les rainures trachéales une arête élevée. Tarière
de la longueur de l'abdomen. Mâle inconnu.
Long. 4 1/2ᵐᵐ. Env. 8 1/2ᵐᵐ.   **Consors**, Ruthe.

Parasite du lépidoptère *Bryotropha domestica,*
Haworth.

Patrie : Allemagne, Angleterre.

39   Corps en partie noir. Variable de couleur;
ordinairement face, épistome, mandibules, orbites plus ou moins, épaules, pleures, poitrine,
scutellum et deuxième segment de l'abdomen,
d'un testacé rougeâtre; mésopleures quelquefois noirâtres en avant. Tête un peu moins large
que le thorax; face aplatie, carrée; épistome très
convexe; ocelles fort saillants; palpes testacés.
Antennes ♀ de la longueur du corps, presque
sétacées, obscures, plus ou moins testacées à la
base, de 33 à 35 articles. Prothorax tantôt testacé, tantôt noirâtre. Sillon des mésopleures en
grande partie lisse, luisant, finement crénelé
en arrière. Mesonotum noir, brunâtre, ou testacé. Metanotum noir; le reste du thorax, y
compris le scutellum, est testacé. Métathorax
assez court, un peu obliquement déprimé,
rugueux, parcouru par une faible carène
médiane. Ailes grandes, hyalines; écaillettes et
stigma jaunes; nervures d'un testacé obscur;
nervure récurrente interstitiale; deuxième cellule cubitale à peine rétrécie vers la nervure
radiale. Pattes testacées; tibias et tarses de derrière plus ou moins obscurs vers le sommet;
quelquefois on distingue un petit anneau obscur avant la base des tibias. Premier segment
de l'abdomen noir, striolé, faisant plus du tiers
de la longueur totale; tubercules situés derrière le milieu; condyle élargi graduellement
vers l'extrémité, qui est trois fois aussi large
que la base du pétiole; deuxième segment fauve
ou testacé, quelquefois obscur sur le disque;
les autres segments noirs, parfois nuancés de
testacé obscur; rainures trachéales petites mais
distinctes. Tarière aussi longue que les deux
cinquièmes de l'abdomen. ♂ Semblable; antennes beaucoup plus longues, de 35 articles.
Long. 4-5 1/2ᵐᵐ. Env. 8 2/3-12ᵐᵐ.

Var. ♂. Rouge ; métathorax noir ; stigma d'un jaune rougeâtre ; premier segment de l'abdomen brunâtre vers l'extrémité.

Scutellator, Nees.

Obs. — Espèce commune, et probablement identi-que à l'*Ichneumon pendulator* de Latreille, non de Haliday. Coque pendante, plus grande que celles de *pulchricornis* et d'*ictericus* (v. n⁰ˢ 36, 15), mais d'ailleurs tout à fait semblable.

Parasite de

Leucoma salicis, L.	Lépidoptère,
Ocneria dispar, L.	—
Bombyx neustria, L.	—
Agrotis nigricans, L.	—
Noctua xanthographa, F.	—
— *triangulum*, Hufn.	—
Tæniocampa stabilis, View.	—
Scopelosoma satellitia, L.	—
Calymnia trapezina, L.	—
Eupithecia exiguata, Hueb.	—

Patrie : Allemagne, Belgique, Suisse, France, Angle-terre, Russie, et probablement toute l'Eu-rope.

Corps testacé en entier, seulement le premier segment de l'abdomen légèrement obscur. En dehors des couleurs, il n'y a presque aucune différence entre cette espèce et la précédente, cependant la taille est un peu moindre, et les antennes relativement plus longues. Celles-ci sont obscures à partir du milieu, toutes les ar-ticulations annelées de la même teinte ; celles de la ♀ de 32 à 34, celles du ♂ de 29 ou de 33 articles. Métathorax régulièrement convexe, ruguleux et réticulé, parcouru ou non par une carène médiane. Ailes hyalines ; écaillettes et stigma jaunes ; nervures d'un testacé obscur, jaunes vers la base ; nervure récurrente inters-titiale ; deuxième cellule cubitale presque car-rée, non rétrécie vers la nervure radiale. Pattes testacées ; crochets des tarses assombris. Pre-

mier segment faisant à peu près la moitié de la
longueur totale de l'abdomen, régulièrement
striolé, obscur ou brunâtre, plus pâle à la base;
rainures trachéales distinctes. Tarière aussi
longue que le tiers ou la moitié de l'abdomen.
Le mâle est semblable. Long. 5ᵐᵐ. Env. 10ᵐᵐ.

Unicolor, Wesmael.

Obs.—Selon Brischke, la coque pendante ne diffère
pas de celle du *M. versicolor* (v. 2ᵉ section, n° 3). Parasite des lépidoptères *Tethea retusa*, L., *Orthosia
lota*, Clerck, et *Cucullia argentea*, Ochs.

Patrie : Allemagne, Belgique, France, Angleterre.

2ᵉ SECTION

1   Ailes étroites, dépassant à peine le bout de
l'abdomen, enfumées, avec un trait blanchâtre
vis-à-vis du stigma. Noir, deuxième segment
de l'abdomen, ou tous les segments excepté le
premier, d'un brun de poix foncé. Tête plus
large que le thorax; face très convexe; yeux
petits; palpes courts. Antennes de la ♀ pas
plus longues que la tête et le thorax, épaisses,
submoniliformes, brunes ou obscurément ferrugineuses, plus sombres vers l'extrémité, de
23 à 25 articles. Thorax légèrement comprimé:
métathorax finement rugueux et réticulé. Ailes
de la ♀ évidemment trop peu développées pour
le vol; écaillettes et nervures brunes; stigma
noirâtre; nervure récurrente rejetée; deuxième
cellule cubitale rétrécie supérieurement; deuxième abscisse de la nervure radiale aussi longue que la première. Pattes d'un brun de poix
foncé, épaisses. Premier segment de l'abdomen
presque lisse, ou n'ayant que quelques très
petites stries longitudinales; pétiole étroit, arqué; tubercules médians; condyle graduelle-

ment et très peu dilaté jusqu'à l'extrémité, qui est un peu plus dé trois fois aussi large que le pétiole. Ventre comprimé, tronqué en arrière: Tarière plus longue que la moitié de l'abdomen. ♂ Souvent noir en entier, avec les pattes brunes ; antennes un peu plus courtes que le corps, de 24 à 27 articles ; ailes un peu plus longues que celles de la ♀. Long. 3–5ᵐᵐ. Env. ♀ 4 1/2–7 1/2ᵐᵐ ; ♂ 5–8ᵐᵐ.   **Micropterus**, Haliday.

> Obs. — Voisin du *M. brunnipes*, Ruthe (v. 1ʳᵉ section, n° 32), qui a aussi les ailes étroites, mais les rainures trachéales distinctes, les pattes grêles, etc. On ne l'a pas signalé jusqu'ici hors de la Grande Bretagne, où il paraît propre aux bruyères froides et élevées.

Patrie : Angleterre, Irlande.

—   Ailes bien développées : hyalines, ou peu s'en faut.   **2**

2   Pétiole du premier segment de l'abdomen blanc, ou au moins plus pâle que le condyle. Nervure récurrente insérée dans la première cellule cubitale à une distance sensible de son extrémité, rarement subinterstitiale.   **3**

—   Pétiole pas plus pâle que le condyle, ordinairement noir. Nervure récurrente interstitiale ou subinterstitiale, jamais sensiblement rejetée.   **5**

3   Abdomen en grande partie noir, blanc à la base et sur la première suture. Variable ; ordinairement rouge, avec le métathorax et l'abdomen noirs. Tête moins large que le thorax, d'un testacé rougeâtre ; face aplatie, carrée, jaunâtre ; joues étroites ; yeux et ocelles saillants ; palpes blanchâtres. ♀ Antennes noirâtres, testacées à la base, sétacées, de la longueur du corps, de 29 à 30 articles. Thorax rouge, avec les côtés

du prothorax et les épaules jaunâtres; métathorax plus ou moins noir en dessus, ou entièrement noir, court, et couvert de rugosités entrecroisées; la partie déclive bien déterminée,
rebordée antérieurement, un peu excavée en
arrière. Ailes hyalines; écaillettes testacées;
stigma jaune, parfois plus ou moins obscur sur
le bord intérieur; nervures obscures; la récurrente ou interstitiale ou moins souvent légèrement rejetée; deuxième cellule cubitale presque carrée, non rétrécie supérieurement. Pattes
jaunâtres; hanches, cuisses, et tibias de derrière plus ou moins largement noirs; ces cuisses et tibias blanchâtres à la base. Abdomen à
peine plus long que la tête et le thorax, et aussi
large au milieu que celui-ci; premier segment
faisant presque la moitié de la longueur totale,
blanchâtre jusqu'aux tubercules, ensuite d'un
noir intense avec le bord postérieur blanc; pétiole lisse, courbé à l'extrémité; condyle striolé,
dilaté graduellement jusqu'à l'extrémité, qui
est moins de quatre fois aussi large que la base
du pétiole; deuxième segment en majeure partie noir par suite de la réunion de deux taches,
qui ne laissent de jaune que le bord antérieur;
troisième segment (soudé avec le deuxième)
noir; deuxième suture quelquefois pâle; quatrième segment et suivants ou noirs en entier,
ou le dernier plus ou moins testacé, ainsi que
le ventre. Tarière environ de la longueur de la
moitié de l'abdomen. ♂ Antennes presque de
même longueur que celles de la ♀, de 32 articles; partie déclive du métathorax moins nettement déterminée; une tache jaunâtre plus ou
moins grande sur les segments deuxième et
troisième de l'abdomen. Long. 4-5ᵐᵐ. Env.
8-10ᵐᵐ.

La forme typique se reconnaît aisément à l'abdomen noir de jais, taché de blanc-jaunâtre, au pétiole blanchâtre, à l'absence des rainures trachéales, et surtout à la première suture de l'abdomen chez la ♀, laquelle est presque toujours marquée d'une ligne blanche. Les variétés peuvent se disposer comme suit :

Var. 1. ♂ Tête et thorax rouges ; metanotum noir ; pattes jaunâtres, hanches de derrière rouges ; pétiole de l'abdomen, bord postérieur du premier segment, et deux taches triangulaires sur les segments deuxième et troisième, réunies par une bande médiane, d'un blanc jaunâtre.

Var. 2. ♀ Tête noire ; mésothorax et scutellum rouges ; abdomen noir, excepté le pétiole et la première suture, qui sont d'un blanc jaunâtre ; hanches, cuisses et tibias de derrière noirs, les cuisses étroitement blanches à la base, les tibias plus largement.

Var. 3. ♀ Rouge ; métathorax plus ou moins obscur ; premier segment de l'abdomen à pétiole blanchâtre, et portant près de l'extrémité deux taches noirâtres confluentes ; cuisses et tibias de derrière noirâtres à l'extrémité ; nervure récurrente subinterstitiale. Assez commun (*M. bimaculatus,* Wesm.)

Var. 4. ♀ Premier segment de l'abdomen non blanchâtre à la base ; hanches et cuisses de derrière rouges.   **Versicolor**, Wesmael.

Obs. — Parasite tantôt social, tantôt solitaire, de plusieurs lépidoptères. Reinhard obtint, en deux ans de suite, environ une centaine d'exemplaires de cette espèce, provenus des chenilles de *Laria L-nigrum* Muell.; à peu près une vingtaine d'entre eux avaient la nervure récurrente rejetée, tandis que chez les autres elle était interstitiale ; les couleurs de la seconde génération étaient moins vives. Wesmael a aussi observé une éclosion nombreuse des mêmes

parasites, qui avaient vécu aux dépens de deux chenilles d'*Asteroscopus sphinx*, Hufn., trouvées sur
un tilleul aux environs de Charleroi. Ces larves se
filèrent des coques brunes, longues de 4^{mm}, tenant
toutes ensemble au moyen de brins de soie enchevê-
trés sans aucune symétrie. Comme il est bien constaté que ces coques ont été rencontrées ailleurs en
suspension, faut-il en conclure que les larves élevées
par Wesmael dérogeaient à leur habitude parce que,
se trouvant en captivité, elles n'avaient pas le moyen
de se laisser tomber d'un point élevé? Outre les deux
lépidoptères ci-dessus cités, le *M. versicolor* infeste
Bombyx neustria, L., *Triphæna pronuba*, L., *Geo-
metra papilionaria*, I., *Eupithecia exiguata*,
Hueb., et, au dire de Brischke, *Argyresthia niti-
della*, F.

PATRIE : Belgique, Hollande, France, Allemagne, Hongrie, Angleterre, et probablement toute
l'Europe.

— Abdomen testacé, blanc ou blanchâtre à la
base, ou du moins plus pâle que le reste du
corps. 4

4 Pétiole de l'abdomen blanc; condyle surmonté d'une bande transverse composée de
deux taches noires réunies. **Versicolor**, Var. 3.

— Pétiole plus pâle que le condyle, mais non
blanc; point de taches noires sur le dos du condyle. ♀ D'un testacé rougeâtre. Tête un peu
moins large que le thorax ; face quadrangulaire,
aplatie; épistome étroit, peu saillant; mandibules et palpes presque blanchâtres. Antennes sétacées, de la longueur du corps, testacées avec
leur tiers apical obscur, de 32 articles, dont les
avant-derniers deux fois aussi longs que larges.
Prothorax plus pâle que le mésothorax ; métathorax court, couvert de rugosités entrecroisées,
doucement déclive et légèrement excavé en arrière. Ailes amples, aussi longues que la tête
et le corps, hyalines; nervures légèrement obs-

cures; stigma jaunâtre; deuxième cellule cubitale un peu plus large que longue; nervure récurrente subinterstitiale. Pattes testacées avec les trochanters et les tibias plus pâles; hanches et cuisses de derrière légerement obscures, ainsi que le dernier article des tarses. Abdomen un peu plus long que la tête et le thorax, et à peine moins large au milieu que le thorax; premier segment faisant environ la moitié de la longueur totale; tubercules saillants; pétiole grêle, aplati et faiblement rebordé en dessus, convexe et sans rebord en dessous; condyle d'un roux brunâtre, plus clair postérieurement, notablement dilaté en arrière, profondément et irrégulièrement strié, les stries se prolongeant sur une partie du pétiole; le reste de l'abdomen d'un testacé brunâtre; deuxième segment concolore. Tarière aussi longue que la moitié de l'abdomen. Mâle inconnu. Long. 5 1/2^{mm}.

Decoloratus, Ruthe.

Obs.— Un seul excxemplaire connu. Selon Ruthe, il diffère du *versicolor* principalement par la couleur, et pourrait bien n'en être qu'une variété; cependant le corps est plus robuste, la tête plus épaisse, les antennes et les ailes relativement plus longues.

Patrie · Allemagne.

5	Stigma brun avec l'angle interne pâle.	**6**
—	Stigma entièrement pâle.	**9**
6	Tête plus large que le thorax.	**7**
—	Tête moins large que le thorax.	**8**
7	Première abscisse de la nervure radiale beaucoup plus courte que la deuxième. Tarière moins longue que l'abdomen. Pétiole épais, plus court que le condyle. ♀ Noire; deuxième	

segment de l'abdomen, ou tous les segments excepté le premier, d'un brun de poix foncé. Tête
grande, plus large que le thorax. Palpes pâles.
Antennes noirâtres, testacées à la base, filiformes, moins longues que le corps, de 20 ou de
21 articles, dont les huit derniers sont presque
aussi longs qu'épais. Métathorax court, couvert
de rugosités entrecroisées. Ailes hyalines ; écaillettes testacées ; nervures brunâtres ; stigma
d'un brun noirâtre avec l'angle interne largement et nettement pâle ; nervure récurrente légèrement rejetée ; deuxième cellule cubitale
non rétrécie supérieurement. Pattes testacées.
Premier segment de l'abdomen irrégulièrement
ruguleux, insensiblement élargi depuis la base
jusqu'à l'extrémité, qui est quatre fois aussi
large que la base ; pétiole court, large, pâle et
un peu dilaté à l'extrême base ; tubercules effacés ; les segments postérieurs forment un ovale
de la largeur du thorax. Tarière à peine plus
courte que l'abdomen. Mâle inconnu. Long.
2 1/2ᵐᵐ. Env. 5ᵐᵐ.   **Profligator**, HALIDAY.

Obs. — Quatre espèces de Haliday sont imparfaitement décrites, ce sont les *delator, vexator, profligator* et *jaculator*, mais j'ai réussi à les reconnai-
tre toutes excepté la première, et c'est avec *delator*
(v. espèces douteuses, n° 2) que l'auteur compare l'espèce actuelle ; selon lui celle-ci est plus petite, ayant
le prothorax et le métathorax plus courts, et le premier segment resserré à la base au lieu d'être linéaire. On a élevé des femelles de *profligator* en
Angleterre, au nombre de neuf, du coléoptère *Cis
boleti*, Scop., habitant le *Polyporus versicolor*.
C'est sans doute le *profligator* qui doit être rapporté
au *Bracon cis* de Bouché, pris à tort par Nees v.
Esenbeck pour le *M. atrator* (v. 1ʳᵉ section, n° 28)
qui est beaucoup trop grand relativement à la taille
du *Cis*. Bouché a décrit la larve parasite, qui est
blanche, oblongue, rugueuse, avec la tête sphérique
et les parties buccales noirâtres.

PATRIE : Angleterre, Allemagne.

Première abscisse de la nervure radiale aussi longue que la deuxième. Tarière de la longueur de l'abdomen. Pétiole grêle, plus long que le condyle. Noir; côtés du prothorax en partie d'un testacé obscur. Tête grande, plus large que le thorax; yeux saillants, grands; ocelles petits; palpes blanchâtres; face, épistome et mandibules d'un testacé obscur; face presque carrée, sans carène médiane, couverte d'une ponctuation éparse. Antennes ♀ à peine plus longues que la tête et le thorax, épaisses, filiformes, testacées avec leur quart apical, ou davantage, noirâtre; les huit avant-derniers articles aussi larges que longs. Métathorax court, presque tronqué obliquement en arrière, finement et irrégulièrement ruguleux, partagé en deux aires sur le dos par trois carènes longitudinales. Ailes hyalines; écaillettes testacées; nervures obscures; stigma noirâtre avec l'angle interne pâle; nervure récurrente insérée à l'extrême angle de la première cellule cubitale; deuxième cellule cubitale non rétrécie supérieurement. Pattes d'un testacé rougeâtre; base des hanches de derrière, cuisses, tibias et tarses de la même paire, quelquefois obscurs. Premier segment de l'abdomen presque aussi long que tous les suivants réunis, ruguleux et réticulé; tubercules non saillants; pétiole grêle, linéaire; condyle brusquement dilaté, ayant de chaque côté, outre ses rugulosités, quelques stries arquées; deuxième segment quelquefois brunâtre à la base. Tarière courbée, de la longueur de l'abdomen; ses valves brunâtres, plus sombres au sommet. ♂ Antennes sétacées, plus longues que le corps, entièrement noirâtres, ou n'ayant que l'extrême base pâle, de 28 à 31 articles. Long. 4 1/2-4 2/3ᵐᵐ. Env. 8-9 1/2ᵐᵐ.   **Filator**, Haliday.

Obs. — Parmi les espèces noires on reconnaît celle-ci facilement à son pétiole très allongé, ainsi que par les antennes de la ♀, qui sont extraordinairement courtes. L'insecte se trouve quelquefois abondamment dans les bolets (*Polyporus versicolor*, etc.), où il manifeste les mêmes mœurs que le *M. obfuscatus* (V. 1ʳᵉ section, n° 26); quand on le dérange, il feint le mort.

Patrie : Angleterre, Irlande, Belgique, Allemagne.

8   Pétiole du premier segment de l'abdomen plus court que le condyle. Noir; face, orbite des yeux, une partie du mesonotum, et deuxième segment de l'abdomen, testacés. Tête moins large que le thorax, d'un testacé rougeâtre; occiput, stemmaticum, et milieu du front, noirs, laissant les orbites rouges, plus largement sur le vertex; yeux grands; face étroite; épistome saillant; extrémité des palpes blanchâtre. Antennes ♀ filiformes, noirâtres avec la moitié basilaire du funicule testacée, de la longueur des trois-quarts du corps, de 25 à 27 articles. Thorax noir, ordinairement plus ou moins testacé le long des sutures mésothoraciques et dans l'espace médian; scutellum et pleures parfois testacés; métathorax un peu allongé, insensiblement déclive en arrière, densément et finement ruguleux. Ailes hyalines avec une légère teinte obscure; écaillettes testacées; nervures obscures; stigma noirâtre, plus ou moins pâle à la base; nervure récurrente le plus souvent évectée, quelquefois interstitiale; deuxième cellule cubitale faiblement rétrécie vers la nervure radiale. Pattes testacées; cuisses et tibias de derrière à sommet obscur. Abdomen un peu plus long que la tête et le thorax; premier segment faisant à peine les deux-cinquièmes de la longueur totale; pétiole lisse et luisant, de même longueur que le

condyle; celui-ci striolé, dilaté insensiblement
depuis les tubercules jusqu'à l'extrémité, qui est
environ trois fois aussi large que le pétiole; deuxième segment jaunâtre, soit en entier, soit sur
sa moitié antérieure ou postérieure; segments
suivants noirs, ou les derniers quelquefois d'un
testacé obscur. Tarière aussi longue que les deux
tiers de l'abdomen. ♂ Antennes sétacées, noirâtres avec le scape pâle, beaucoup plus longues
que le corps, de 28 à 30 articles; ailes plus enfumées que celles de la ♀, parfois assez sombres pour laisser voir un trait transparent vis-
à-vis du stigma; abdomen plus court que la tête
et le thorax. Il ressemble beaucoup au ♂ de *M.*
punctiventris (V. 1ʳᵉ section, n° 27), abstraction
faite des rainures trachéales. Long. 4-4 1/2ᵐᵐ.
Env. 7-8ᵐᵐ.

Var. ♀ Hanches de derrière presque entièrement noires; antennes et deuxième segment de
l'abdomen d'un testacé obscur.   **Cinctellus,** Nees.

Obs. — Parasite, selon Brischke, de *Thera juni-*
perata, L., et, selon Bouché, de *Tortrix viridana,*
L. Coque pendante.

Patrie : Allemagne, Belgique, Angleterre.

— Pétiole et condyle de longueur égale. ♀ Noire
avec la tête en partie d'un testacé rougeâtre;
une bande jaune au milieu de l'abdomen. Tête
un peu moins large que le thorax; front, vertex,
et occiput noirs, laissant les parties buccales,
deux grandes taches orbitales et la majeure partie des joues, rouges. Face presque carrée;
yeux non rapprochés par devant; épistome
lisse, saillant; palpes testacés. Antennes filiformes, à peine plus courtes que le corps, noirâtres, rougeâtres en dessous et à la base, de
27 articles, dont les avant-derniers plus longs

que larges. Thorax noir, excepté quelquefois
une tache rouge sur les mésopleures; métathorax un peu allongé, densément et finement
ruguleux, sans carène médiane ni excavation
postérieure. Ailes courtes, dépassant à peine le
bout de l'abdomen, hyalines; écaillettes testacées; nervures et stigma bruns, celui-ci vaguement pâle à la base; nervure récurrente à peine
évectée; deuxième cellule cubitale très peu rétrécie supérieurement. Pattes testacées; hanches de derrière quelquefois rougeâtres; tarses
assombris. Abdomen pas plus long que la tête
et le thorax; premier segment faisant les deux-
cinquièmes de la longueur totale, noir; pétiole
subcylindrique, lisse, grêle; condyle finement
strié, s'élargissant graduellement à partir des
tubercules; deuxième segment, et parfois la
base du troisième, jaunes; les suivants noirs,
ou les derniers quelquefois jaunâtres. Tarière
aussi longue que la moitié de l'abdomen. Mâle
inconnu. Long. 3ᵐᵐ.. Env. 5 1/2ᵐᵐ.

Tenellus, MARSHALL.

Obs. — On ne peut comparer cette espèce qu'avec
la précédente, qui se distingue sans difficulté. Parasite solitaire de *Peronea hastiana*, L.

PATRIE : Angleterre.

9   Antennes de la ♀ filiformes, presque toujours
de 26 articles; celles du ♂ sétacées, n'ayant jamais un nombre d'articles supérieur à 28;
nervure récurrente interstitiale ou subinterstitiale.   10

—   Antennes sétacées dans les deux sexes, de
30 à 34 articles; nervure récurrente évectée.   12

10   Tête, thorax et abdomen testacés, sauf le métathorax et le premier segment de l'abdomen,

qui sont noirs. Sauf la couleur, presque tous les caractères sont ceux du *M. læviventris*, Wesm. (V. ci-dessous, n° 11). Tête ou unicolore, ou avec le stemmaticum et l'occiput noirâtres. Antennes ♀ aussi longues que la tête, le thorax et le premier segment de l'abdomen, de 26, rarement de 25 ou de 27 articles. Métathorax quelquefois noir, portant de chaque côté une tache rouge. Nervure récurrente interstitiale. Pattes testacées. Premier segment de l'abdomen tantôt lisse, tantôt plus ou moins striolé ; le plus souvent obscur ou noirâtre, rarement rouge en entier ; derniers segments parfois noirâtres. Tarière aussi longue que la moitié de l'abdomen. ♂ Antennes plus longues que le corps, de 28 articles ; abdomen souvent noir à partir de la base du troisième segment, ou portant sur le disque de chaque segment une tache noirâtre. Long. 3-4 1/2ᵐᵐ. Env. 6 1/2-9 1/2ᵐᵐ.

Rubens, Nees.

Obs. — Cette espèce et la suivante sont peut-être de simples aberrations ou des races du *M. læviventris*, mais, faute de preuves directes, il convient de maintenir provisoirement leur séparation. Le *M. rubens* fréquente de préférence, selon Haliday, les dunes sablonneuses du bord de la mer, où je l'ai parfois trouvé en abondance au fond des touffes du jonc maritime ; mais on le rencontre aussi dans l'intérieur du pays. Ses larves sociales amoncellent leurs coques sans ordre, comme celles de plusieurs Microgastérides. Parasite d'*Agrotis tritici*, L. et d'*A. vestigialis*, Hufn.

Patrie : Allemagne ; Belgique ; Angleterre ; Irlande.

—   Tête, thorax et abdomen en grande partie noirs.   11

11   Tarière de la longueur de l'abdomen. ♀ Noire ; parties buccales, face et orbites des yeux, rouges ; devant des épaules testacé ; mésothorax en

partie, scutellum en entier, d'un rouge obscur.
Tête fauve avec le milieu du front, du vertex et
de l'occiput noir. Epistome convexe. Ocelles
très saillants. Antennes non décrites. Prothorax
noir, avec le dessous de l'extrémité testacé.
Pleures, depuis le milieu jusqu'à l'extrémité,
d'un rouge obscur, ainsi que les sillons du mesonotum. Métathorax couvert de rugosités très
fines, réticulées. Ailes hyalines ; stigma testacé ;
deuxième cellule cubitale notablement rétrécie
supérieurement ; nervure récurrente chez la ♀
atteignant l'origine de la deuxième cellule cubitale. Pattes testacées, avec les hanches de derrière légèrement obscures, et une tache obscure
un peu avant la base des tibias de la même
paire. Abdomen noir ; premier segment fortement élargi vers le milieu, couvert de rugosités
longitudinales depuis la base jusqu'à l'extrémité ; on remarque au milieu de la base du
deuxième segment une petite tache pâle ; extrémité du ventre testacé. ♂ Antennes plus longues que le corps, noires vers l'extrémité, d'un
fauve un peu obscur vers la base, avec le devant
des deux premiers articles testacé ; nervure récurrente interstitiale. Long. 4-4 1/2^{mm}.

Obsoletus, Wesmael.

Atrie : Belgique.

—

Tarière de moitié moins longue que l'abdomen. Noir, variable ; ordinairement face, parties de la bouche, orbites, côtés du prothorax,
milieu du mesonotum, et scutellum, d'un rouge obscur. Tête un peu moins large que le thorax ; face transverse, aplatie, non rétrécie vers
la bouche, faiblement ruguleuse au milieu.
♀ Antennes aussi longues que les trois-quarts
du corps, filiformes, obscures, plus ou moins

roussâtres en dessous et à la base, de 26 articles. Métathorax court, hémisphérique, ruguleux et réticulé, à peine excavé en arrière. Ailes hyalines; écaillettes testacées; stigma jaune; nervures obscures, la récurrente ou légèrement rejetée ou interstitiale; deuxième cellule cubitale un peu rétrécie supérieurement; cellule radiale presque lancéolée, se terminant avant l'extrémité de l'aile. Pattes testacées; hanches de derrière noirâtres en dessus; quelquefois les pattes de derrière sont obscures. Premier segment de l'abdomen formant à peu près les trois quarts de la longueur totale, tantôt striolé, plus ou moins, surtout sur le condyle, tantôt lisse en entier; pétiole court; deuxième segment d'un brun de poix, le reste de l'abdomen noir. ♂ Antennes sétacées, plus longues que le corps, de 28 articles; abdomen plus court et plus étroit que celui de la ♀. Long. 3 1/2–4 1/2ᵐᵐ. Env. 7 1/2–9 1/2ᵐᵐ.

Var. ♀♂ Front, stemmaticum, milieu du vertex, occiput, trois taches sur les lobes du mesonotum, métathorax et abdomen, noirs; deuxième segment de ce dernier d'un brun de poix; le reste du corps testacé. Pattes d'un testacé pâle. (*M. medianus*, Ruthe.)

Lœviventris, Wesmael.

Obs. — A en juger par l'ensemble des analogies, on pourrait prendre cette espèce pour centre de variation, autour duquel se groupent les deux précédentes et leurs modifications; toutes les trois ont cela de commun, que leur premier segment est sujet à être plus ou moins lisse; elles sont également dépourvues de rainures trachéales, et pratiquent probablement un parasitisme social. La forme la plus aberrante est l'*obsoletus*, à cause de sa tarière un peu allongée

Patrie · Belgique, Hollande, Allemagne, Angleterre, Irlande.

12   Corps entièrement d'un testacé pâle.

Luridus, var. (V. n° 13).

—   Corps en partie testacé, en partie noir.   **13**

13   Abdomen ♂♀ noir; deuxième segment testacé, marqué souvent de deux taches sombres. ♀ Noire en dessus, d'un testacé jaunâtre en dessous; face, parties buccales et orbites pâles; scutellum souvent rougeâtre. Tête de même largeur que le thorax. Epistome convexe. Ocelles très saillants. Palpes blanchtâres. Antennes plus longues que le corps, grêles, sétacées, soit noirâtres avec l'extrême base testacée, soit d'un testacé obscur, plus sombres vers l'extrémité, de 31 à 32 articles. Mesonotum ou noir ou d'un brun de poix sombre; scutellum tantôt rougeâtre en entier, tantôt seulement à l'extrémité, la région circonvoisine ordinairement de la même nuance. Mésopleures d'un testacé rougeâtre. souvent noirâtre sous l'origine des ailes. Métathorax s'inclinant en pente graduelle postérieurement, la partie déclive mal déterminée. Ailes amples, hyalines ; écaillettes et stigma d'un testacé jaunâtre; nervures obscures, la récurrente évectée, insérée dans un prolongement de la deuxième cellule cubitale; celle-ci est fortement rétrécie supérieurement. Pattes d'un testacé pâle; cuisses et tibias de derrière obscurs à l'extrémité; ceux-ci faiblement annelés de la même teinte avant la base. Premier segment de l'abdomen noir, quelquefois d'un testacé obscur vers la base, allongé, ses tubercules situés au milieu mais peu distincts; pétiole presque lisse; condyle striolé, progressivement et faiblement dilaté jusqu'à l'extrémité, qui est trois fois aussi large que le pétiole; deuxième segment testacé ou fauve, avec l'extrémité noire, et surmonté de deux taches obscures et mal déterminées, qui manquent rarement; troisième segment et suivants noirs ou noirâtres, rarement testacé; anus testacé. Tarière aussi longue que la moitié de l'abdomen. ♂ Semblable; antennes de moitié plus longues que le corps, en grande partie testacées, obscures vers l'extrémité, de 31 à 36 articles. Long. 4-4 1/2ᵐᵐ. Env. 8-9ᵐᵐ.

Fragilis, Wesmael.

Obs. — Parasite ou social ou solitaire de *Tæniocampa stabilis*, View., de *Phalera bucephala*, L, de *Cucullia argentea*, Ochs, et surtout de *Gnophria quadra*, L., dont il recherche les chenilles avec acharnement. La coque pendante ressemble tout à fait à celle du *M. versicolor*. (V. n° 3.)

Patrie : Belgique, Allemagne, Angleterre, Irlande, et probablement toute l'Europe.

—

Abdomen ♀ d'un testacé plus ou moins clair à partir de la base du deuxième segment; celui du ♂ assombri à l'extrémité. Très ressemblant au *fragilis*, mais un peu plus robuste et plus grand; il en diffère aussi par la couleur, les mœurs de la larve, et l'arrangement des coques. Corps testacé; face, parties buccales, joues et prothorax, plus pâles; tête, mésothorax, métathorax, et premier segment de l'abdomen, quelquefois plus ou moins obscurs. Antennes ♀ de la longueur du corps, de 30 à 33 articles; chez les individus les plus pâles elles sont testacées jusque vers l'extrémité; chez les plus foncés elles sont obscures, pâles en dessous, et avec les deux premiers articles toujours testacés. Ailes amples, hyalines avec une très légère teinte obscure; écaillettes, nervures et stigma, jaunes; nervure récurrente évectée, insérée dans un prolongement de la deuxième cellule cubitale, mais quelquefois presque interstitiale; deuxième cellule cubitale à peine rétrécie supérieurement. Pattes d'un testacé pâle. Sur vingt exemplaires de la ♀ étudiés par Ruthe, aucun ne présentait de nuance obscure sur l'abdomen, à partir de la base du troisième segment; cependant le deuxième segment est parfois d'un jaune plus pâle que les suivants; les stries du condyle sont plus fines et plus nombreuses que chez le *fragilis*, s'étendant souvent sur une partie du pétiole. Tarière à peine plus longue que la moitié de l'abdomen. ♂ Semblable; antennes de moitié plus longues que le corps, de 34 articles; abdomen obscur vers l'extrémité. Long. 5mm. Env. 10mm.

Tous les exemplaires que j'ai examinés sont d'un testacé uniforme, mais Ruthe a signalé les variétés suivantes :

Var. 1. Testacé, avec le métathorax et les derniers segments de l'abdomen rougeâtres; antennes noirâtres à l'extrémité, et toutes leurs articulations obscures. ♂♀.

Var. 2. Trois taches obscures sur les lobes mésothoraciques; front, stemmaticum et occiput noirs; métathorax et premier segment de l'abdomen plus ou moins obscurs; antennes noirâtres, pâles à la base.

Var. 3. Mesonotum et metanotum noirs ou noirâtres; tibias de derrière parfois avec un anneau obscur avant la base. ♀.

Var. 4. Tête ou mésothorax noirâtre; scutellum rougeâtre ; abdomen noir, seulement le deuxième segment testacé en avant. ♂.

Luridus, Ruthe.

Obs. — Parasite solitaire d'*Eupithecia venosata*, F. Parasite social de *Noctua brunnea*, F.; vingt-trois individus sont éclos de la même chenille. Les coques sont d'un brunâtre pâle, entassées sans ordre, et nullement pendantes ; chacune est enveloppée d'un réseau lâche de filaments qui ternit son lustre.

Patrie : Allemagne, Angleterre.

ESPÈCES DE METEORUS DOUTEUSES
OU IMPARFAITEMENT DÉCRITES

1. Consimilis, Nees, 1834. ♂ D'un noir intense. Tête moins large que le thorax ; vertex transverse, très étroit ; face rétrécie vers la bouche ; épistome impressionné de deux fossettes profondes. Mandibules et palpes d'un roux foncé, Antennes de la longueur du corps, sétacées, noires, à peine roussâtres à la base. Métathorax sans carène médiane, ruguleux et réticulé. Stigma noirâtre. Pattes d'un roux foncé, cuisses et tibias de derrière obscurs à l'extrémité. Abdomen en ovale oblong, un peu comprimé en arrière ; premier segment un peu allongé, conique, striolé, à surface égale. ♀ Inconnue. Long. 4^{mm}. (*Perilitus consimilis*, Nees).

Patrie : Franconie (Sickershausen).

2. Delator, Haliday, 1835. ♀ Noire, luisante ; bouche ferrugineuse. Antennes grêles, obscurément ferrugineuses à la base en dessous, de 23 articles. Stigma sombre, avec une petite tache pâle. Pattes ferrugineuses, les postérieures obscures, avec la base des articles plus pâle. Premier segment de l'abdomen obconique, allongé, atténué, à la base ; deuxième segment d'un brun de poix. Très ressemblant au *M. filator* (V. 2e section n° 7) ; il en diffère par la forme du pétiole, lequel, tout en présentant la même sculpture, est plus court que celui du *M. cinctellus* (V. 2e section, n° 8). ♂ Inconnu. Long. 3^{mm}. Env. 5 1/3^{mm}.

Patrie ; Irlande ; trouvé avec *M. filator*, mais beaucoup plus rare.

3. Fuscipes, Wesmael, 1835. ♀ Noire, y compris les parties de la bouche. Face assez étroite, un peu convexe dans le milieu ; épistome et ocelles très saillants. Les deux premiers articles des antennes noirs, les suivants d'un fauve très obscur en dessous, noirâtres en dessus (l'extrémité manque). Métathorax terne, fortement rugueux. Ailes hyalines avec une teinte obscure ; stigma noirâtre ; nervure récurrente interstitiale ; deuxième cellule cubitale un peu rétrécie supérieurement. Pattes d'un testacé obscur ;

cuisses de derrière, l'extrémité et un anneau peu distinct avant
la base de leurs tibias, et leurs tarses noirs. Premier segment de
l'abdomen sans rainures trachéales, non rebordé en dessous sur
les côtés, en grande partie lisse, seulement vers l'extrémité, sur
les côtés, il y a des rugosités longitudinales obliques ; tubercules
saillants ; deuxième segment d'un testacé un peu fauve, avec quelques nuances noirâtres (peut-être accidentelles). Tarière environ
de la longueur des deux tiers de l'abdomen. ♂ Inconnu. Long.
5^{mm}. (*Perilitus fuscipes*, Wesm.)

Patrie : Belgique.

4. **Brevipes**, Wesmael, 1838. ♀ Noire, excepté le deuxième
segment de l'abdomen, qui a une teinte d'un fauve sombre. Palpes et mandibules d'un testacé pâle, épistome d'un testacé plus
foncé. Antennes obscures, assez épaisses, à peine aussi longues
que la moitié du corps, de 24 articles. Ailes hyalines ; stigma noir,
avec une tache pâle à la base ; deuxième cellule cubitale beaucoup moins rétrécie supérieurement que chez le mâle [du
M. albicornis, Ruthe qui est le *brevipes* ♂ de Wesmael]. Pattes
plus courtes et plus épaisses que chez la plupart des autres espèces. d'un testacé un peu sombre, avec la base des tibias de derrière un peu plus pâle. Premier segment de l'abdomen striolé.
Tarière un peu moins longue que l'abdomen. ♂ Inconnu. Long.
4^{mm}. *Perilitus brevipes*, Wesm. à l'exclusion du ♂, (V. 1re section, n° 31, *albicornis*.)

Patrie : Belgique (Bruxelles) ; un seul exemplaire connu.

5. **Unicolor**, Hartig, 1838. D'un testacé uniforme ; antennes,
tarses de derrière et premier segment de l'abdomen, un peu plus
obscurs ; metanotum et premier segment parfois presque noirs ;
premier segment fortement strié. (*Perilitus unicolor*, Hartig).
   Telle est la diagnose de Hartig, sans indication de sexe. Ratzeburg a ajouté plus tard quelques détails tirés d'un individu
femelle,
   Corps plus obscur, d'un testacé brunâtre ; prothorax et lobes
du mesonotum d'un brun sombre ; metanotum entièrement noir ;
premier segment de l'abdomen d'un brun noirâtre vers l'extrémité, qui est élargie. Métathorax fortement rugueux et réticulé.
Antennes annelées de couleur obscure. Tarière aussi longue que
les deux tiers ou les trois quarts de l'abdomen. Long. 5^{mm}.

Obs. — Cet insecte diffère tout à fait de l'*unicolor*, Wesm. (V. 1re
section, n° 30). D'après l'esquisse de l'aile antérieure et de l'abdomen
du ♂ donnée par Ratzeburg, il n'appartient pas aux *Meteorus*, mais
plutôt au genre *Zele* des Macrocentrides, car l'abdomen n'est nullement pétiolé, et la nervure récurrente est rejetée à une distance de
l'angle de la première cellule cubitale qu'on ne voit point parmi les
Meteorus, bien qu'elle soit de règle chez les *Zele*. Pourtant la diagnose et les mœurs de la larve, ne s'accordent avec aucune des espèces de *Zele* connues. Les *Zele* n'ont pas l'habitude de suspendre leurs
coques à un fil, comme le font, selon Hartig et Ratzeburg, les larves
de ce *Perilitus unicolor* " Die Larven," dit Ratzeburg, " wurden

am 13 April an den von den Nadeln herabhangenden Faeden spinnend gefunden". Des faits si discordants entre eux ne trouveront d'explication qu'après un nouvel examen de l'insecte. Il est parasite des chenilles de *Psilura monacha*, L. et de *Panolis piniperda*, Panz., probablement en jeune âge, car les chenilles des alentours trouvées à la même époque que les parasites n'avaient que 2 à 3^{mm} de longueur. Coque pendante, translucide, d'un brun luisant, occupée souvent par un Cryptide hyperparasite, dont le nom reste inconnu. Le fil suspenseur est noir, et beaucoup plus épais que la soie qui emmaillote la nymphe; il se contourne plusieurs fois en spirale tout auprès de la coque, et entoure aussi celle-ci de quelques circonvolutions bien visibles à cause de leur couleur sombre.

Patrie . Allemagne.

6. **Flaviceps**, Ratzeburg, 1844. ♀ Voisine du *M. rubriceps* (V. 1re section, n° 38); elle en diffère seulement par les deux compartiments du métathorax qui n'ont pas de rebord du côté externe; par le pétiole striolé et à peine rebordé en dessous qui est plus court; l'abdomen presque tout noir; par les ocelles plus saillants et les tarses de derrière assombris. Stemmaticum noir. Antennes plus longues que le corps, de 33 à 35 articles. Prothorax un peu roussâtre en dessous et sur les côtés. Métathorax plus sensiblement rugueux. Abdomen noir, un peu brunâtre au milieu, ou roussâtre de chaque côté de la première suture; rainures trachéales distinctes. Long. 4 2/3^{mm}. (*Perilitus flaviceps*, Ratz.)

Obs. — On ne voit rien de clair à travers ces renseignements vagues et incomplets. L'insecte est parasite de *Tortrix piceana* [ou *piceana*, L. ou *piceana*, Froel.═*xylosteana*, L.] et de *Tortrix hercyniana* [probablement *Hedya ocellana*, F.] La coque d'un blanc de neige se trouve logée entre les aiguilles du sapin. La durée de l'état de nymphe n'est que de cinq jours. Quelques chenilles tordeuses ont survécu six à huit jours après l'éclosion de leurs parasites, sans donner aucun signe externe de malaise.

Patrie : Allemagne.

7. **Longicornis**, Ratzeburg, 1844. ♀ Corps très grêle. D'un testacé brunâtre clair; stemmaticum sombre, la même teinte s'étendant aussi sur l'occiput. Trois taches plus ou moins noirâtres sur les lobes du mesonotum. Pétiole et milieu du metanotum assombris. Tête plus large que d'ordinaire. Antennes aussi longues que le corps et la tarière, finement annelées de couleur sombre, de 33 articles. Métathorax faiblement rugueux. Nervure récurrente assez longuement rejetée; deuxième cellule cubitale plus haute que large. Abdomen plus long que le thorax; premier segment allongé, élevé, aplati, striolé, faisant un peu plus du tiers de la longueur totale de l'abdomen; pétiole élargi insensiblement à partir du milieu; rainures trachéales distinctes; condyle en ovale allongé, convexe sur le dos, un peu caréné en dessous. Tarière à peu près aussi longue que la moitié de l'abdomen. ♂ Inconnu. Long. 5^{mm}. (*Perilitus longicornis*, Ratz.)

Parasite de *Gnophria quadra*, L.; Ratzeburg a obtenu deux femelles de la même chenille.

Patrie : Allemagne.

8. Gracilis, RATZEBURG, 1844. ♀ D'un noir brunâtre; deuxième segment de l'abdomen d'un testacé rougeâtre clair; tête d'un testacé brunâtre. Stemmaticum noir. Antennes un peu moins longues que le corps, de 26 ou de 27 articles, d'un testacé brunâtre. Métathorax fortement rugueux . Ecaillettes d'un testacé brunâtre; stigma d'un jaune pâle; nervure récurrente rejetée. Pattes d'un testacé obscur. Premier segment de l'abdomen fortement strié, faisant un peu plus du tiers de la longueur totale; rainures trachéales distinctes. Tarière de la longueur de l'abdomen. ♂ Inconnu. Long. 3ᵐᵐ.

> OBS. — D'après les descriptions, il n'a aucun rapport avec son homonyme le *M. gracilis*, Ruthe (V 1ʳᵉ section, n° 30), ni avec le *M. atrator*, Curtis, auquel l'a comparé Ratzeburg (V. 1ʳᵉ section, n° 28). Parasite de *Tortrix cratægana*, Hueb.

PATRIE : Allemagne.

9. Dejanus, RONDANI, 1877. ♀ Noire; tête rougeâtre : stemmaticum noir; antennes noirâtres, un peu rouges à la base; palpes pâles. Thorax testacé, orné de taches et de bandes noires; les trois lobes du mesonotum portent autant de bandes noires, dont l'intermédiaire parfois peu distincte. Ailes hyalines; stigma jaune. Pattes d'un testacé rougeâtre. Premier segment de l'abdomen faiblement striolé; deuxième segment rouge. Tarière aussi longue que la moitié de l'abdomen. ♂ Inconnu. Long. 3-4ᵐᵐ.

Parasite de *Nomophila noctuella*, Schiff.

PATRIE : Italie.

3ᵉ Tribu. — Calyplidæ

Caractères. — Abdomen sessile. Deux cellules cubitales aux ailes antérieures; la première séparée de la première discoïdale; nervure récurrente rejetée; cellule radiale lancéolée, n'atteignant pas l'extrémité de l'aile: première cellule discoïdale pétiolée; cellule anale plus ou moins distinctement traversée par une nervure oblique. Tarière allongée.

Cette tribu ne comprend que deux genres, d'une apparence si diverse, qu'au premier coup d'œil, leur association pourrait bien paraître trop artificielle; leur abdomen, par exemple, présente des différences très importantes. Cependant ils s'accordent par la réunion d'un abdomen sessile et de deux cellules cubitales, caractères faciles à saisir, et qui ne se retrouvent ailleurs que chez les *Blacidæ* et les *Liophronidæ*. Mais ces deux tribus sont pourvues d'une cellule anale ouverte, sans nervure transversale, et leur deuxième cellule discoïdale n'est pas entièrement fermée; tandis que la même cellule est à peu près complète chez les *Calyptidæ*.

TABLEAU DES GENRES

1 Abdomen montrant en dessus 3 segments, dont 'e premier beaucoup plus long que large.   G. 1. **Eubadizon**. Nees.

— Abdomen n'ayant ordinairement que 3 à 4 segments visibles en dessus, les postérieurs rétractés; premier segment à peine plus long que sa largeur apicale. G. 2. **Calyptus**. Haliday.

Iᵉʳ GENRE. — EUBADIZON, Nees

εὖ bien, βαδίζων marchant; allusion à l'allure des insectes, dont les pattes allongées enjambent le sol, idée peu convenable à la plupart des espèces

Forme grêle allongée. Palpes maxillaires de 6, labiaux de 3 ou presque de 4 articles (ayant un article imparfaitement divisé). Abdomen linéaire, avec tous les segments dorsaux visibles; deuxième suture effacée au milieu; premier segment plus ou moins striolé, inégal ou ruguleux, beaucoup plus long que large, un peu rétréci vers la base; ses tubercules situés avant le milieu. Pattes assez grêles, le plus souvent allongées. Tarière allongée.

Tête transversale, plus large que le thorax; épistome séparé de la face par une impression arquée, plus profonde des deux côtés, avec deux fossettes basilaires; mandibules bidentées. Antennes minces, sétiformes ou filiformes, allongées; parfois un peu plus courtes, et alors légèrement épaissies vers l'extrémité. Segments 1-3 de l'abdomen assez longs, les suivants très courts; premier segment et quelquefois la base du deuxième sculptés, les autres lisses et luisants; toutes les sutures visibles et diarthrodiales, excepté la deuxième qui s'efface sur le dos. Ventre de la ♀ comprimé, caréné.

Les espèces peu nombreuses de ce genre sont répandues dans tous les pays tempérés de l'Europe et de l'Amérique; celles de notre faune se rencontrent assez rarement, si l'on en excepte l'*extensor*, L., parasite bien connu de Lépidoptères. Les petites espèces n'ont pas donné lieu à beaucoup d'observations, et leurs mœurs restent inconnues. Selon Ratzeburg [Ichn. d. Forst. ii. 65] le charançon *Cryptorhynchus lapathi*, L. laissa éclore une fois un parasite que Reissig, son éleveur, n'a pas eu soin de décrire; on le signale seulement comme ressemblant à un *Macrocentrus*, quant à l'ensemble de ses formes, mais n'ayant que deux cellules cubitales. Cette indication permet à peine de douter que le parasite en question n'appartienne au genre actuel, et que certaines espèces attaquent les Coléoptères, comme le font aussi les insectes du genre suivant.

Nees von Esenbeck, le fondateur du genre *Eubadizon*, en décrit cinq espèces en deux sections, dont la seconde est munie de trois cellules cubitales et constitue maintenant le genre *Microtypus*, Ratz. Dans ma monographie des Braconides britanniques j'ai émis l'opinion que l'*E. macrocephalus*, Nees, se rapporte au genre *Calyptus*, mais je le reconnais maintenant, à la figure publiée par Herrich-Schaeffer, comme un *Eubadizon* légitime, ayant les segments postérieurs de l'abdomen normalement disposés. N'ayant pu me procurer que deux espèces de ce genre, je regrette que quelques unes des descriptions suivantes restent moins détaillées que je l'eusse souhaité; les diagnoses de Herrich-Schaeffer surtout sont de simples ébauches, et ne serviront peut-être qu'à indiquer l'existence d'autant d'espèces à rechercher.

1	Deuxième segment de l'abdomen striolé et mat en partie ou en entier.	6
—	Deuxième segment totalement lisse et luisant.	2
2	Corps en partie rougeâtre ou testacé. Stigma jaune, tout au plus avec une tache centrale obscure.	3

—   Corps entièrement noir. Stigma noirâtre ou assombri.   **4**

3   Stigma jaune sans tache. Face sans excavation remarquable. Premier segment de l'abdomen rugueux par places, inégal. Noir ; poitrine, pleures, prothorax, scutellum, mesonotum, et côtés du métathorax plus ou moins d'un testacé rougeâtre, variables. Palpes testacés ; les maxillaires très longs, les articles premier et deuxième courts, le quatrième plus long. Mandibules rouges ou noirâtres, aiguës et bidentées à l'extrémité. Antennes ♀ plus longues que le corps, fort grêles, sétiformes, de 42 à 46 articles, noires ou brunâtres, avec le premier article et l'extrémité du deuxième plus pâles. Thorax rétréci en avant et en arrière ; sillons du mesonotum sans ponctuation ; métathorax convexe, arrondi, luisant, portant au milieu une fossette oblongue et pointillée, avec les bords relevés. Ailes amples, hyalines ; écaillettes, côte et stigma jaunes ; nervures d'un brunâtre pâle ; stigma en ovale lancéolé ; cellule radiale acuminée, n'atteignant pas exactement le bout de l'aile ; nervure radiale sinuée ; nervure récurrente longuement rejetée ; cellule médiane des ailes postérieures plus longue que les deux tiers de la cellule costale ; nervure transverse de la cellule anale distincte. Pattes grêles, entièrement testacées. Abdomen plus long que la tête et le thorax, et moins large que le thorax ; premier segment ne faisant pas le tiers de la longueur totale, linéaire, luisant, inégal et un peu ruguleux en dessus, ses tubercules saillants et situés près de la base ; segments suivants lisses, luisants ; deuxième suture presque effacée ; segments 2-3 pris ensemble aussi longs que tous les postérieurs. Tarière de la longueur du corps, ou à peine plus courte ; ses valves pubescentes. ♂ Semblable ; antennes de moitié plus longues que le corps, de 42 à 46 articles ; derniers segments de l'abdomen plus allongés. Long. 4 1/2-6ᵐᵐ ; Env. 9-12ᵐᵐ.   **Extensor**, Linné.

> Obs. — Gravenhorst (Ichn. Eur. III. 175) avait tort de supposer que l'*Ichneumon extensor*, L. fût identique avec le *Pimpla roborator*, Fab., car M. Fitch a constaté *de visu* que l'échantillon de Linné, conservé encore dans sa collection, représente l'insecte actuel, auquel j'ai, en conséquence, restitué le nom qui a la priorité. Cet *Eubadizon*, le plus grand et le plus commun du genre, est parasite solitaire de plusieurs chenilles, surtout des tordeuses.
>
> *Earias chlorana,* L
> *Tortrix rosana,* L.
> —   *viridana,* L.
> —   *cratægana,* Hueb.
> —   *diversana,* Hueb.
> *Sericoris Noerdlingeriana,* Ratz.
> *Coccyx (?) Mulsantiana,* Ratz.
> *Phlœodes immundana,* Fisch.
> *Depressaria nervosa,* Haw.
> *Psoricoptera gibbosella,* Zell.

Patrie : Europe en général.

Stigma jaune, avec une tache centrale obscure. Face portant au milieu une forte impression triangulaire. Premier segment de l'abdomen lisse, luisant. ♀ Noire ; parties de la bouche, prothorax et mesonotum testacés ; pleures, poitrine et partie des côtés du métathorax d'un fauve obscur. Tête de la largeur du thorax, d'un fauve obscur avec le front et le vertex noirs ; l'impression de la face commence sous les antennes, ayant là la largeur de l'intervalle qui les sépare, et se rétrécissant jusqu'à la base de l'épistome ; sa profondeur augmente insensiblement des côtés au centre ; épistome, mandibules et palpes testacés ; palpes maxillaires à peine aussi longs que la tête, leur dernier article, ainsi que le dernier des labiaux, ovoïde. Antennes grêles, plus longues que le corps, noires, avec les deux premiers articles testacés (l'extrémité était cassée chez l'exemplaire décrit). Mésothorax un peu inégal et tubéreux (défiguré par l'épingle). Ailes hyalines. Pattes grêles, testacées (celles de derrière manquaient). Abdomen droit sur les bords; premier segment faisant environ le quart de sa longueur, de même largeur partout; ses tubercules très saillants près de la base; deuxième segment noir à la base et fauve-obscur sur le reste de son étendue; sur les côtés, il est un peu rebordé vers la base; les segments suivants noirs, luisants. Tarière un peu moins longue que l'abdomen, beaucoup plus épaisse que chez l'espèce précédente. ♂ Inconnu. Long. 3ᵐᵐ.   **Dubius**, Wesmael.

Obs. — Wesmael n'avait de cette espèce qu'un individu en mauvais état, mais bien remarquable par l'excavation médiane de la face. L'auteur ajoute qu'il existait une frappante analogie tant de couleurs que de formes entre cet insecte et le *Macrocentrus collaris*, Spin.; toutefois celui-ci se distingue au premier coup d'œil par ses trois cellules cubitales.

Patrie : Belgique.

4   Tubercules du premier segment de l'abdomen effacés. Tarière ♀ plus courte que le corps; ♂ Inconnu. Noir; parties buccales d'un brun rougeâtre. Antennes moins longues que le corps, d'un brunâtre de poix en dessous, de 27 articles. Stigma noirâtre. Pattes ferrugineuses; hanches, extrémité des tibias de derrière et tarses de la même paire brunâtres. Abdomen ovalaire, plus court que la tête et le thorax, à peine trois fois aussi long que large; premier segment beaucoup plus court que celui du *macrocephalus* (v. nº 5), striolé, les suivants lisses. Semblable au *macro-*

cephalus, dont il diffère par la brièveté relative
de la tarière, et par l'absence des tubercules
du premier segment. Long. 5ᵐᵐ.

Aequator, HERRICH-SCHÆFFER*

PATRIE : Allemagne.

—   Tubercules du premier segment saillants ou
visibles, quoique très petits. Tarière ♀ beaucoup plus longue que le corps.   5

5   Pattes d'un rouge obscur ; hanches de derrière noirâtres ; cuisses et tibias de la même
paire noirâtres à l'extrémité ; leurs tarses entièrement noirâtres. Noir, luisant ; parties de la
bouche testacées. Tête transverse, aussi large
que le thorax. Face un peu convexe, verticale.
Antennes ♀ filiformes, plus courtes que le
corps, d'un brun-rougeâtre à la base en dessous ;
on n'a pas constaté le nombre de leurs articles.
Sillons du mesonotum ponctués. Métathorax
très rugueux, pourvu d'une aréole supéro-mé-
diane pentagonale. Ailes hyalines, nervures et
stigma noirâtres, celui-ci grand, ovalaire ; cellule radiale ovalaire, ample ; première cellule
cubitale en hexagone dont chaque côté court est
placé entre deux longs. Pattes robustes. Abdomen de la longueur du thorax ; premier segment
un peu rétréci à la base et sinué de chaque côté,
ses tubercules assez saillants ; il est plan en
dessus, striolé, excavé à la base, surmonté de
deux carènes latérales qui convergent postérieurement ; segments 2-3 très grands, les suivants courts, lisses, très luisants. Tarière pubescente. ♂ Semblable ; antennes de 26 articles ; métathorax sans aréole, étroitement lisse
à la base. Premier segment de l'abdomen sans
carènes distinctes. Long. 2 2/3ᵐᵐ. Env. 4ᵐᵐ.

Macrocephalus, NEES

Patrie : Autriche (Vienne); Franconie (Sickershausen);
France.

Pattes d'un testacé jaunâtre, y compris les
hanches ; extrémité des tibias de derrière, et
tarses de la même paire, légèrement assombris.
♀ Noire, luisante. Antennes plus courtes que le
corps, filiformes, de 21 articles, dont le dernier
élargi, oblong. Sillons du mesonotum sans
ponctuation. Métathorax aréolé, vaguement
ponctué. Ailes hyalines ; stigma noirâtre ; radicule et écaillettes pâles, ferrugineuses ; cellule
médiane des ailes postérieures à peine aussi
longue que les deux tiers de la cellule costale.
Abdomen plus étroit et à peine plus long que le
thorax ; premier segment occupant plus d'un
tiers de la longueur totale, ses tubercules petits, placés entre la base et le milieu ; il porte
sur le dos deux carènes aiguës, élevées, convergeant postérieurement, dont l'intervalle est à
peine striolé ; segments suivants très lisses, les
deuxième et troisième à peine distincts, de
même longueur, pris ensemble, que le premier ;
le quatrième et les suivants très courts ; ventre
pâle, translucide, caréné. ♂ Semblable ; antennes un peu plus longues que le corps, de 24
à 25 articles. Long. 2 2/3-3 1/3ᵐᵐ. Env. 5-6ᵐᵐ.

Var. ♀. Antennes de 22 articles, un peu épaissies vers l'extrémité. Nervures des ailes, surtout des postérieures, décolorées et à peine visibles. Dessus des hanches de derrière assombri ;
les quatre cuisses postérieures rayées d'une
ligne obscure ; tibias de derrière largement
obscurs à l'extrémité. Premier segment de l'abdomen d'un brun de poix, testacé à l'extrême
base.   **Flavipes**, Haliday.

Patrie : Irlande, Angleterre.

6   Moitié postérieure du deuxième segment de

l'abdomen lisse. ♂ Noir, semblable, quant à la taille et aux formes, au *pallidipes*, Nees (v. nº 8). Antennes de 27 articles, distinctement pubescentes. Métathorax sans aréole, plus court que celui du *pallidipes*. Ailes, et surtout leurs nervures, plus obscures. Pattes noires; tibias de devant entièrement, et tous les genoux largement testacés. Premier segment de l'abdomen plus court que chez le *pallidipes*, striolé, rétréci à la base, ses tubercules effacés; base du deuxième segment beaucoup plus finement striolée. ♀ Inconnue. Taille non indiquée.

Fuscipes, HERRICH-SCHÆFFER.

PATRIE : Allemagne ; pris une fois seulement aux environs de Regensburg.

— Deuxième segment de l'abdomen totalement striolé et mat.   **7**

7   Tubercules du premier segment de l'abdomen effacés, ou peu s'en faut. Hanches noirâtres. ♂ Noir, luisant ; palpes pâles. Ailes hyalines avec une très légère teinte obscure ; stigma grand, noir. Pattes testacées. Abdomen de la longueur du thorax ; les deux premiers segments légèrement scabres et ternes, les suivants très luisants ; premier segment non sinué à la base de chaque côté. ♀ Inconnue. Taille non indiquée.   **Orchestis**, RONDANI.

OBS.— Parasite du charançon *Orchestes quercus*, L., selon Rondani.

PATRIE : Italie.

— Tubercules du premier segment de l'abdomen plus saillants. Hanches testacées, ou, par exception, en partie obscures.   **8**

8   Tibias de derrière rayés de noir vers l'extrémité ; leurs tarses assombris, Antennes ♂ de

28 à 30, ♀ de 23 à 24 articles. ♀ Noire; parties buccales testacées, ainsi que les palpes, le
dessous du premier article des antennes, et
l'extrémité du deuxième article. Métathorax rugueux, caréné à la base, et terminé de chaque
côté, à l'extrémité, par une saillie anguleuse.
Ailes hyalines ; écaillettes rouges; stigma et
nervures noirâtres. Pattes rouges; tibias et tarses de derrière plus ou moins assombris, ceux-
là pâles à la base. Premier segment de l'abdomen profondément creusé près de la base,
striolé, mat, surmonté de deux carênes basilaires se réunissant postérieurement pour former un faible sillon qui s'étend depuis le milieu
jusqu'à l'extrémité; tubercules fort saillants ;
deuxième segment striolé, marqué à la base de
deux fossettes profondes ; segments suivants
lisses et luisants. Tarière de moitié plus longue
que le corps. Le ♂ (*E. coxalis*, Nees) a les antennes grêles, un peu plus longues que le corps,
de 28 à 30 articles, dont les deux premiers testacés en dessous. Mandibules petites, presque
cachées, d'un testacé-jaunâtre. Sillons du mesonotum pointillés. Métathorax densément ponctué. Cellule radiale pointue; cellule médiane
des ailes postérieures d'un tiers moins longue
que la cellule costale. Hanches noirâtres ou
assombries. Abdomen à peine plus étroit que
le thorax, linéaire, déprimé ; premier segment
occupant le quart de la longueur totale, de
moitié plus long que large ; tubercules situés
entre la base et le milieu ; deuxième segment
plus court, striolé, au moins sur sa moitié antérieure, ses bords latéraux étroitement lisses ;
segments suivants progressivement raccourcis,
lisses, leurs sutures à peine visibles, segments
2-3 réunis un peu plus longs que tous les der-

niers; pince anale grande, saillante, conchi-
forme. Long. 3 1/2-4ᵐᵐ.   **Pallidipes**, Nees.

Patrie : Allemagne, Belgique, Irlande, Angleterre.

— Pattes entièrement testacées. Antennes ♂ de
33 articles ; ♀ inconnue. Noir'; parties buccales
testacées. Il est plus grand et plus épais que le
précédent. Antennes noirâtres en dessus, brunâtres vers la base et en dessous ; les deux premiers articles testacés en dessous. Premier
segment de l'abdomen plus court que chez
pallidipes, ses tubercules beaucoup moins prononcés ; segments 1 et 2 striolés. Long. 5ᵐᵐ.

Rufipes, Herrich-Schæffer.

Patrie : Autriche, Hollande.

2ᵉ GENRE. — CALYPTUS, Haliday, 1885,

καλυπτός, couvert, caché; allusion aux segments postérieurs des femelles.

Formes plus courtes et plus trapues que chez les insectes du
genre précédent. Palpes maxillaires de 6, labiaux de 3 articles.
Abdomen oblong ou ovoïde, pas plus long que le thorax ; le plus
souvent il n'y a que trois segments qui soient visibles en dessus
chez la ♀, les suivants étant rétractés, ou très raccourcis ; deuxième suture effacée, de sorte que les segments 2-3 paraissent n'en
former qu'un seul allongé, et leur ensemble porte pour cette raison, chez plusieurs auteurs, le nom de deuxième segment. Chez
le ♂, les segments postérieurs, à partir de la base du quatrième,
restent à découvert, quoiqu'ils soient souvent assez courts. Premier segment élargi, conique, tronqué postérieurement ; ordinairement pas plus long, ou à peine plus long que sa largeur
apicale ; tubercules situés près du milieu. Pattes plus courtes que

chez les *Eubadizon*; celles de derrière un peu épaissies. Tarière exserte, de longueur moyenne.

' La tête est plus large que le thorax, et peu rétrécie derrière les yeux ; le vertex transversal, et l'occiput distinctement rebordé. Dans les palpes maxillaires le quatrième article est le plus long ; les labiaux sont composés de 3 articles égaux. Le mésothorax est élevé et gibbeux, avec les sillons dorsaux bien dessinés. L'abdomen de la ♀ est en apparence biarticulé; le premier segment toujours striolé ou rugueux ; les segments 2-3 sans rebord latéral, uniformément arrondis sur les côtés ; le ventre présente au milieu une arête saillante ; l'extrémité tronquée du troisième segment se courbe un peu vers le bas, laissant dans la surface postéro-inférieure une cavité où sont retirés les derniers anneaux, dont on peut apercevoir les arêtes en tenant l'insecte à l'envers ; c'est du centre de cette cavité que sort la tarière. On trouve parfois des femelles chez lesquelles les derniers segments ne sont pas complètement cachés, mais les parties visibles ne sont jamais aussi grandes que chez l'autre sexe. La ♀ n'a que le premier segment qui soit rebordé latéralement ; chez le ♂ la base du deuxième est aussi quelquefois rebordée. Ces particularités de l'abdomen suffisent pour faire distinguer ces insectes de ceux du genre *Sigalphus*, à propos desquels le lecteur peut consulter notre premier volume, page 311. Du reste, les *Calyptus* possèdent un habitus qui leur est propre, et qui ne permet pas de les méconnaître.

Nos connaissances au sujet de ces insectes sont très incomplètes, et plus particulièrement en Angleterre, où il n'existe peut-être qu'une demi-douzaine des 30 espèces indiquées plus ou moins clairement par les auteurs ; je n'en ai trouvé aucune dans les envois reçus du continent, excepté dans la collection Wesmael, et la plupart d'entre elles me restent inconnues en nature.

La première espèce décrite a été le *Sigalphus fasciatus* Nees, compris plus tard par Haliday dans son genre *Calyptus*, avec deux autres espèces anglaises; la même année (1835) parut le genre *Brachistes* de Wesmael, contenant quatre espèces, dont l'une (*B. uncigenis*) me paraît identique avec le *C. tibialis* Hal.; en 1838 Wesmael fit connaître son *B. nasutus*. Ratzeburg, dans

ses « Ichneumonen der Forstinsekten » (1844-52) porta le chiffre
des espèces à 14, provenues des larves de coléoptères lignivores ;
mais malheureusement ses observations intéressantes manquent
d'utilité à cause de l'insuffisance des descriptions. Enfin le D^r
Reinhard nous a donné, dans le Berliner Zeitschrift pour 1867,
un tableau synoptique de 20 espèces, rédigé d'après une monographie manuscrite et inachevée de Ruthe, et suivi d'une dizaine
de diagnoses. Les caractères qu'on est obligé d'employer dans
les distinctions spécifiques ne sont pas trop bien appréciables ;
même pour introduire dans le tableau le peu d'espèces qui y
manquaient, j'ai dû travailler longtemps au microscope, sans
obtenir toujours le résultat que j'aurais désiré.

Les *Calyptus* sont d'une taille médiocre ou petite, au corps
noir et luisant, rarement varié de rouge ; leurs pattes sont d'un
testacé plus ou moins sombre. On les trouve dans les forêts, où
leurs larves vivent aux dépens de celles des coléoptères rongeurs
de bois, comme les vrillettes, les charançons et les petits longicornes.

1	Epistome deux fois aussi large que long.	**2**
——	Epistome à peine plus large que long.	**18**
2	Mésopleures entièrement lisses.	**4**
——	Mésopleures ayant leur sillon longitudinal ponctué.	**3**
3	Antennes de 30 articles. Métathorax avec 3 carènes visibles à son extrémité. ♂ Noir ; parties buccales testacées. Face couverte de petits points enfoncés très serrés, un peu gibbeuse dans le milieu, immédiatement au-dessus de l'épistome ; celui-ci a, de chaque côté, une fossette profonde ; supérieurement il n'est limité que par une impression transversale tellement faible, qu'il semble presque se confondre avec la face. Mandibules d'un testacé obscur. Palpes testacés ;	

deuxième article des maxillaires beaucoup plus épais que les suivants. Antennes noires, de la longueur du corps. Côtés du prothorax en grande partie rugueux. Mésopleures rugueuses vers le bas. Métathorax rugueux, tronqué à l'extrémité, surmonté en cet endroit d'une carène médiane, et de chaque côté près du bord, d'une autre carène oblique. Ailes hyalines ; stigma noirâtre. Pattes entièrement testacées. Abdomen ovoïde ; premier segment à peine rétréci vers la base, à peu près aussi long que le tiers de l'abdomen, convexe en dessus, rugueux et néanmoins luisant, sans aucun vestige de carène longitudinale ; segments suivants très lisses ; deuxième et troisième segments pris ensemble, à peu près une fois aussi longs que tous les suivants réunis. Femelle inconnue. Long. 4^{mm}.   **Nasutus**, WESMAEL.

PATRIE . Belgique (Liège); un seul exemplaire connu.

———   Antennes de 25 articles. Métathorax dépourvu de carènes apicales. ♂ Noir ; abdomen d'un châtain très obscur à partir de la base du deuxième segment. Face régulièrement convexe sans proéminence médiane, rugueuse et mate ; épistome ferrugineux, petit, convexe, deux fois aussi large que long, semi-circulaire. Mandibules ferrugineuses. Palpes testacés. Vertex lisse et luisant. Point de tubercule près de la base des antennes. Celles-ci plus longues que le corps, noirâtres avec les 5-6 premiers articles rouges. Mesonotum lisse et luisant ; ses sillons ordinaires profondément creusés. Mésopleures fortement ponctuées avec un espace médian lisse ; sillon longitudinal ponctué. Métathorax très court, brusquement déclive, peu convexe, tronqué postérieurement, rugueux-ponctué, sans aréoles

distinctes, mais pourvu d'une carène médiane
partant de la base et n'atteignant pas le bord
postérieur. Ailes hyalines; nervures et stigma
d'un brun noirâtre; écaillettes testacées. Pattes
entièrement ferrugineuses, y compris les hanches. Abdomen un peu plus court et plus large
que le thorax, plan en dessus, arrondi en arrière; premier segment court, presque deux
fois aussi large à l'extrémité qu'à la base, striolé,
avec un faible sillon longitudinal au milieu,
mais nullement caréné à la base; deuxième segment et suivants très lisses, d'un roux obscur
(chez deux exemplaires); tous les segments visibles. Femelle inconnue. Long. 3-3 1/3ᵐᵐ;
Env. 6-6 2/3ᵐᵐ. **Semicastaneus**, MARSHALL.
PATRIE : Angleterre.

4 Extrémité inférieure des joues formant, de
chaque côté, un crochet aplati courbé en dedans. Deuxième segment de l'abdomen au moins
aussi long que large. 5

— Joues simples. Deuxième segment moins long
et ordinairement beaucoup moins long que
large. 7

5 Deuxième segment ruguleux-coriacé, mat.
♂♀ Noirs; parties buccales d'un testacé jaunâtre. Antennes de 30 articles. Joues en crochet à l'extrémité. Mésopleures lisses. Métathorax rugueux, aréolé. Pattes d'un testacé jaunâtre;
base des hanches et des tarses de derrière,
ainsi que l'extrémité des tibias de la même
paire, noirâtres. Premier segment de l'abdomen
pas plus long que sa largeur apicale, ruguleux,
chargé de deux carènes; segments 2-3 rugu-
leux-coriacés, mats, pubescents ; deuxième un
peu plus long que large; troisième arrondi à
l'extrémité; les suivants rétractés. Tarière aussi

longue que l'abdomen et la moitié du thorax.
Long. 4ᵐᵐ.   **Opacus**, Reinhard.

Patrie : Autriche (Vienne).

—   Deuxième segment plus ou moins fortement
ponctué, luisant.   6

6   Premier segment de moitié plus long que sa
largeur apicale, ses tubercules saillants. ♀ Noire,
luisante, couverte d'une courte pubescence
blanche et éparse. Epistome et face parsemés
de points serrés ; celle-ci inégale, présentant
une fossette profonde de chaque côté au-dessus
de l'épistome, une troisième dans le milieu peu
marquée, et un sillon peu profond contre chaque
œil. Mandibules rouges, avec la base noire.
Palpes d'un testacé rougeâtre. Antennes de la
longueur du corps ; articles au nombre de 30,
cylindriques, insensiblement moins longs vers
le sommet ; deuxième article ordinairement
d'un testacé obscur. Prothorax ruguleux. Sillons du mésothorax profondément creusés, ponctués. Fossette antéscutellaire large, ponctuée,
partagée en deux par une carène ; scutellum
petit. Métathorax ponctué, divisé en aréoles,
dont la médiane pentagonale. Ailes presque
hyalines avec le stigma et les nervures noirâtres ; écaillettes testacées. Pattes d'un testacé
rougeâtre ; hanches de derrière rembrunies,
noirés en dessus ; tibias et tarses de la même
paire noirâtres, ceux-là testacés à la base. Abdomen de la longueur et de la largeur du thorax,
plan en dessus, luisant, droit sur les côtés,
tronqué au bout du troisième segment, qui
cache tous les suivants ; premier segment ruguleux ou chagriné, un peu plus long que sa largeur apicale, qui excède de trois fois celle de la
base ; tubercules assez saillants ; deux carènes

partant des angles de la base se terminent vers
le milieu de la longueur; troisième segment
lisse. Tarière droite, de la longueur du corps.
♂ Semblable; antennes d'un quart plus longues,
de 32 articles; segments postérieurs de l'abdomen un peu exserts. Long. 3-4ᵐᵐ; Env. 6-8ᵐᵐ.

Tibialis, HALIDAY.

Obs. — Répandu et assez commun; capturé par
Wesmael en abondance sur une palissade faite de
vieux bois, et par moi dans les fourrés; parasite
supposé des *Anobium*. Selon Ratzeburg, on a élevé
le *Brachistes politus*, que je regarde comme la même espèce, du charançon *Rhynchites betuleti*, Fab.

PATRIE : Allemagne, Belgique, Hollande, France, Angleterre, Irlande.

Premier segment pas plus long que sa largeur apicale; ses tubercules effacés. ♂ Comme
presque tous les caractères sont absolument les
mêmes que ceux de l'espèce précédente, il suf-
fira de préciser les différences. Antennes de 31
articles. Ecaillettes brunes avec une lisière rougeâtre. Premier segment de l'abdomen plus
court, et seulement deux fois aussi large à
l'extrémité qu'à la base, angles basilaires obtu-
sement carénés; les autres segments irrégulièrement pointillés, couverts d'une éparse pubescence blanchâtre; deuxième segment deux fois
aussi long que le premier; troisième ruguleux
à l'extrémité. Femelle inconnue. Long. 3 1/2ᵐᵐ;
Env. 8ᵐᵐ.

Puber, HALIDAY.

Obs. — Trouvé par Haliday aux bords du Shannon,
dans les bois, mais assez rarement; d'ailleurs inconnu, et probablement la même espèce que *C. tibialis*, Hal. = *Brachistes uncigenis*, Wesm. Cependant la forme de l'abdomen ne permet pas, sans
preuves directes, de supprimer le nom donné par
Haliday, qui paraît en avoir pris plusieurs exemplaires.

PATRIE : Irlande.

7 Abdomen rouge avec le premier segment noir. Corps trapu, pubescent. Noir; parties buccales d'un rouge ferrugineux. Antennes de 30 articles, leur base ferrugineuse en dessous. Mésopleures lisses et luisantes. Métathorax rugueux. Ailes lavées d'une teinte jaunâtre; nervures et stigma d'un brunâtre pâle; écaillettes et base de la côte testacées. Pattes ferrugineuses. Premier segment de l'abdomen couvert d'une ponctuation serrée, plutôt rugueux, avec deux carènes à la base; deuxième large, striolé en rides, et surmonté également de deux carènes. Tarière aussi longue que les deux tiers de l'abdomen. ♂♀ La seule paire connue. Long. 4^{mm}.   **Cruentatus**, Ruthe.

Patrie : Allemagne (Berlin).

—— Abdomen en entier noir ou d'un brun foncé. **8**

8 Toutes les hanches d'un testacé rougeâtre; celles de derrière parfois noirâtres à la base. **9**

—— Toutes les hanches d'un brun-noirâtre. **13**

9 Abdomen, à partir de la base du deuxième segment, de même largeur jusqu'à l'extrémité. **11**

—— Abdomen, à partir de la base du deuxième segment, s'élargissant vers l'extrémité. **10**

10 Tibias de derrière entièrement pâles. ♀ Noire, luisante; palpes d'un testacé rougeâtre. Antennes noirâtres, à peine plus courtes que le corps, filiformes, presque moniliformes vers l'extrémité, de 28 articles. Métathorax lisse, indistinctement partagé en quatre aréoles. Ailes hyalines; nervures et stigma brunâtres; ailes inférieures légèrement échancrées au côté interne. Pattes d'un testacé rougeâtre; dernier

article des tarses assombri. Abdomen un peu
claviforme, obtus et arrondi à l'extrémité ;
premier segment faiblement et irrégulièrement
striolé, sans carènes dorsales ; deuxième complètement lisse. Tarière droite, à peine aussi
longue que les trois quarts de l'abdomen. Mâle
inconnu. Long. 2 1/2ᵐᵐ.   **Claviventris,** Ruthe.

Patrie : Allemagne (Berlin) ; un seul exemplaire connu.

Tibias de derrière noirâtres, sauf à la base.
♂ Noir, luisant, ayant quelquefois sur l'abdomen une légère teinte roussâtre. Palpes pâles.
Antennes plus longues que le corps, entièrement noires, de 27 articles. Prothorax pointillé,
luisant. Sillons du mésothorax lisses. Métathorax déclive depuis la base, nullement tronqué
en arrière, indistinctement aréolé, luisant. Ailes hyalines ; stigma brun ; nervures d'un brunâtre plus pâle, presque effacées au delà du
stigma ; cellule radiale un peu cultriforme ;
nervure radiale presque droite. Pattes d'un testacé pâle, y compris les hanches ; les quatre
tarses antérieurs noirâtres à l'extrémité ; tibias
et tarses de derrière noirâtres, ceux-là testacés
à la base. Abdomen plus court que le thorax,
ovoïde, déprimé, arrondi sur les côtés ; premier segment un peu plus long que sa largeur
apicale, qui n'est que d'une moitié plus grande
que la largeur de la base ; il est striolé et surmonté par deux carènes longitudinales qui
s'effacent avant d'atteindre le bord postérieur ;
la base extrême est testacée ; les tubercules à
peine saillants. Segments 2-7 lisses et luisants ;
deuxième aussi long que le premier, élargi en
arrière ; troisième n'ayant que le quart de la
longueur du deuxième ; 4-7 exserts, aussi
longs, pris ensemble, que le troisième, et suc-

cessivement un peu moins larges jusqu'au septième, qui se rétrécit brusquement. Femelle inconnue. Long. 2 2/3ᵐᵐ ; Env. 5ᵐᵐ.

Segmentatus, Marshall.

Obs. — Je possède trois exemplaires de cet insecte
que j'aurais rapportés au *C. exsertor,* Ruthe (V. nᵒ
24), si ce n'était que le premier segment de cette
espèce est plus court que sa largeur à l'extrémité.

Patrie . Angleterre.

11   Pattes rouges. ♀ Noire ; mandibules d'un
fauve obscur vers le milieu ; palpes d'un testacé pâle. Un petit tubercule saillant au milieu
du bord supérieur de la face. Antennes un peu
plus courtes que le corps. Métathorax très
court, en pente brusque, partagé par des lignes
élevées en plusieurs aréoles symétriques, dont
les deux de la base ont tout le disque très brillant. Ailes hyalines ; stigma noir ; écaillettes
testacées. Pattes ayant l'extrémité des tibias de
derrière et les tarses de la même paire noirâtres. Premier segment de l'abdomen chargé de
rugosités longitudinales, et parcouru par deux
carènes parallèles peu élevées ; tubercules en
saillie obtuse ; les autres segments lisses et luisants ; quatrième segment et suivants rétractés.
Tarière aussi longue que l'abdomen et le thorax. ♂ Antennes de la longueur du corps, de 32
articles chez un individu. Tous les segments de
l'abdomen exserts, arrondis sur les côtés, et
diminuant insensiblement de largeur vers l'extrémité. Long. 3 1/2ᵐᵐ.   **Ruficoxis**, Wesmael.

Patrie : Belgique, Hollande.

——   Pattes d'un jaunâtre pâle.   **12**

12   Deuxième segment de l'abdomen lisse. Tarière de la longueur du corps. ♀ Corps trapu.

Noire; palpes d'un brunâtre pâle, ou d'un testacé blanchâtre. Antennes de 20 articles. Métathorax rugueux, surmonté d'une carène onduleuse en forme de W, comme chez C. *longicaudis* et *robustus*, Ratz. (V. nᵒˢ 19, 21). Base des
ailes et écaillettes d'un testacé blanchâtre. Pattes d'un testacé brunâtre; hanches concolores;
tarses de derrière et extrémité de leurs tibias
assombris. Abdomen obovoïde; premier segment striolé, les deux suivants lisses; tous les
autres retractés. ♂ Antennes de **22** articles.
Hanches noires. Deuxième segment de l'abdomen, et même le troisième, en partie striolés;
segments postérieurs découverts, formant un
tiers de la longueur totale de l'abdomen. Long.
1 1/2-1 2/3ᵐᵐ.   **Minutus,** Ratzeburg.

Parasite du charançon *Orchestes fagi*, L.

Patrie : Allemagne (Darmstadt).

—

Deuxième segment de l'abdomen striolé. Tarière de la longueur du tiers de l'abdomen. La
plus petite espèce du genre. ♀ Corps médiocrement grêle, d'un brun de poix avec la tête
noire; palpes pâles. Joues distinctement prolongées vers le bas, au-dessous des yeux. Antennes minces, plus longues que le corps, d'un
testacé obscur à la base, noirâtres vers l'extrémité, de 23 articles, dont les dix premiers linéaires, diminuant insensiblement de longueur,
les suivants submoniliformes. Thorax comprimé, moins large que la tête; prothorax d'un
brunâtre pâle, pointillé et mat; mésothorax
gibbeux, ses sillons ordinaires lisses; métathorax en pente douce depuis la base, non tronqué postérieurement, partagé en aréoles, dont
les supérieures lisses et luisantes, les autres
mates; denticulé de chaque côté. Ailes hyali-

nes ; stigma grand, brun ; nervures plus pâles, presque effacées au delà du stigma; cellule radiale ovalaire, acuminée. Pattes d'un brunâtre pâle. Abdomen ovoïde, déprimé, plus court que le thorax ; premier segment transversal, aciculé, rebordé, un peu roussâtre, presque deux fois aussi large à l'extrémité qu'à la base, chargé sur le dos de deux carènes longitudinales qui s'effacent avant d'atteindre le bord postérieur; première suture profondément creusée; deuxième segment aussi long que le premier et un peu plus long que le troisième, aciculé, déprimé ; troisième à côtés parallèles, aciculé latéralement à la base, surmonté d'une carène longitudinale obtuse, tronqué en arrière ; le reste de l'abdomen lisse et luisant ; quatrième segment un peu exsert, testacé. Tarière légèrement courbée. Mâle inconnu. Long. 2ᵐᵐ; Env. 4 2/3ᵐᵐ, **Sigalphoides**, Marshall.

Patrie : Angleterre.

13	Palpes d'un jaunâtre clair.	14
—	Palpes plus ou moins rembrunis.	15

14 Tarière un peu plus courte que l'abdomen. ♀ Noire, luisante, finement pubescente; abdomen souvent un peu brunâtre. Palpes et mandibules testacés. Epistome irrégulièrement impressionné. Antennes noires, filiformes, submoniliformes vers l'extrémité, de la longueur du corps, de 20 articles qui sont plus courts que chez les autres espèces. Prothorax lisse. Mésothorax très gibbeux, concave antérieurement et incliné sur le prothorax ; sillons ordinaires distincts, à peine ponctués. Métathorax très court, brusquement déclive en arrière, pointillé, un peu luisant, chargé de trois aréoles étroites,

dont la médiane arrondie postérieurement.
Ailes tantôt presque hyalines, tantôt d'une teinte
assez sombre pour laisser paraître un trait pâle
au-dessous du stigma (comme chez l'individu
décrit par Nees); stigma et nervures noirâtres;
cellule radiale courte, ovalaire, acuminée.
Pattes courtes, épaisses, d'un rouge brunâtre,
hanches noires. Abdomen un peu plus court et
plus étroit que le thorax, plan en dessus, à côtés
parallèles, tronqué au bout du troisième segment qui cache tous les suivants; premier segment ruguleux, mat, déprimé, un peu plus court
que sa largeur apicale qui est le double de celle
de la base; il est surmonté à la base par deux
courtes carènes; tubercules peu saillants; première suture profondément creusée; segments
2-3 aplatis, lisses et très brillants; deuxième
plus court que le premier et plus long que le
troisième. Tarière épaisse, légèrement courbée.
♂ Semblable sous tous les rapports. Antennes
mutilées chez mon unique exemplaire. Segments postérieurs un peu exserts. Long 2ᵐᵐ;
Env. 4 2/3ᵐᵐ.   **Fasciatus**, NEES.

Obs. — Cet insecte est resté inconnu aux auteurs
depuis Nees v. Esenbeck et Haliday, qui ne possé-
daient chacun qu'une femelle; car le mâle décrit par
Nees, ayant le premier segment lisse, les pattes de
derrière allongées, etc., appartient évidemment à
quelque autre espèce. J'ai réussi à capturer en Angleterre cinq femelles et un mâle à la fois, sur les
ombellifères, dans une clairière des bois. Nees
donna à son exemplaire le nom spécifique de *fasciatus*, probablement à cause du trait blanchâtre qui
se voit parfois sur les ailes antérieures; mais ce
trait est ordinairement peu distinct. Le *Sigalphus
curculionum*, Hartig, parasite du charançon *Pissodes Hercyniæ*, Herbst., est peut-être l'espèce actuelle, mais la diagnose citée par Ratzeburg ne vaut
rien, et je ne fais qu'émettre une supposition.

PATRIE : Allemagne, Angleterre, Irlande.

— Tarière de moitié plus longue que l'abdomen.
♀ Selon Wesmael, cette espèce a la plus grande
ressemblance de formes avec *C. ruficoxis* (V.
n° 11), auquel il renvoie le lecteur pour la plupart des caractères ; elle en diffère seulement
par les points suivants. — Face sans tubercule
au milieu du bord antérieur. Palpes testacés.
Mandibules fauves. Ailes hyalines ; écaillettes
testacées. Pattes testacées ; hanches noires, mais
rarement en entier, ordinairement avec le dessous en partie testacé. Abdomen tronqué à l'extrémité du troisième segment, qui cache tous
les suivants. ♂ Antennes de 30 articles (chez
cinq individus) ; segments postérieurs exserts.
Long. 2 1/2ᵐᵐ.   **Nigricoxis**, Wesmael.
Patrie : Belgique.

15 Deuxième segment de l'abdomen entièrement lisse.   16

— Deuxième segment, au moins vers la base,
coriacé, pointillé, ou indistinctement striolé. 17

16 Toutes les cuisses ferrugineuses. Tarière à
peu près de la longueur de l'abdomen. Wesmael n'a donné que les caractères suivants,
pour distinguer cette espèce de la précédente :
♀ Noire ; face sans tubercule saillant au milieu
du bord antérieur. Palpes noirs. Antennes de
la longueur de la moitié du corps, de 18 articles
chez une ♀, de 20 chez une autre. Ailes hyalines, avec une très légère teinte obscure ;
écaillettes noires. Pattes d'un testacé fauve, avec
les hanches et les trochanters noirs ; base des
cuisses obscure, ainsi que les tarses et les tibias
de derrière vers l'extrémité. Tarière un peu
plus ou un peu moins longue que l'abdomen.
♂ Antennes un peu plus courtes que le corps,

de 22 articles chez un individu, de 25 chez un
autre. Long. 2-2 1/2^{mm}.   **Fuscipalpis**, Wesmael.

Patrie : Belgique.

Cuisses de derrière noires. Tarière un peu
plus longue que le corps. ♀ Noire; palpes noirâtres. Face lisse, épistome presque deux fois
aussi large que long. Antennes de 26 articles.
Mésopleures lisses. Métathorax ponctué-rugueux dans sa partie postérieure ; les aréoles
basilaires lisses. Pattes de couleur sombre,
avec les tibias et l'extrémité des quatre cuisses
antérieures d'un testacé-rougeâtre; tibias de
derrière assombris à l'extrémité. Premier segment de l'abdomen un peu plus court que sa
largeur apicale, luisant, striolé ; les autres très
lisses ; deuxième et troisième transversaux, de
longueur égale ; quatrième et suivants exserts.
Mâle inconnu. Long. 3 1/3-3 1/2^{mm}.

Gallicus, Reinhard.

Patrie : France (environs de Paris) ; deux exemplaires
seulement connus.

17   Pattes presque entièrement noires. ♂ D'un
noir intense ; parties buccales concolores. Face
très finement pointillée, épistome ponctué-rugueux. Antennes de la longueur du corps, presque
filiformes, de 26 à 28 articles. Métathorax insensiblement déclive, sans aréoles au milieu de sa
partie postérieure, finement ruguleux. Ailes presque hyalines ; nervures, stigma et écaillettes
d'un brun noirâtre ; cellule radiale en ovale lancéolé ; bord interne des ailes inférieures à peine
échancré. Pattes noires, sommet de toutes les
cuisses, tibias de devant en entier, et base des
quatre postérieurs, d'un rouge obscur. Abdomen
presque linéaire, arrondi postérieurement ; premier segment ponctué-ruguleux et un peu

striolé près du bord postérieur ; deuxième très
finement coriacé, presque aussi long que large
(comparez l'espèce suivante). Femelle inconnue. Long. 3-3 1/3ᵐᵐ.   **Nigripes**, Ruthe.

Patrie : Allemagne (Berlin).

—— Pattes en partie d'un roussâtre sale, en partie noirâtres. ♀ Noire; mandibules d'une teinte
châtaine ; palpes d'un brun testacé. Face très
finement pointillée. Antennes de 24 à 25 articles.
Métathorax ponctué-ruguleux, mais peu distinctement, chargé près de la base de deux
aréoles lisses et presque carrées, séparées par
une carène bien sensible. Ailes hyalines ; nervures, stigma et écaillettes bruns ; bord interne
des ailes postérieures légèrement échancré.
Pattes d'un roussâtre obscur ; hanches, trochanters en partie, base des cuisses plus ou
moins, extrémité des tibias de derrière et tarses
de la même paire, noirs ou noirâtres. Abdomen
plus court, mais à peine plus étroit que le
thorax ; premier segment ponctué-ruguleux,
surmonté de deux carènes basilaires ; deuxième
presque aussi long que large, très finement et
densément pointillé, presque coriacé ; troisième
segment lisse. Tarière à peine plus longue que
la moitié de l'abdomen, presque droite. Mâle
inconnu. Long. 2-2 1/2ᵐᵐ.   **Parvulus**, Ruthe.

Obs. — M. Reinhard a fait observer que cette espèce et la précédente, ayant le deuxième segment
de l'abdomen presque aussi long que large, s'éloignent en cela de toutes les autres à lui connues :
chez celles-ci, le deuxième segment est rien plus
court ; seulement le *tibialis* et l'*opacus* (V. nᵒˢ 6, 5)
l'ont un peu plus allongé. Cette particularité de
structure tend à fortifier la conjecture que le *nigripes* et le *parvulus* sont les deux sexes de la même
espèce.

Patrie : Allemagne (Berlin).

18   Mésopleures ponctuées.   **19**

——   Mésopleures lisses, au moins dans le milieu.   **22**

19   Deuxième segment lisse. Tarière plus longue
que le corps. Corps notablement allongé, sculpté
à peu près comme chez le *C. robustus* (V. n° 21).
♀ Noire ; palpes d'un testacé rougeâtre ; antennes d'un brun noirâtre. Métathorax aréolé. Ecaillettes brunâtres ; nervure recurrente non interstitiale. Pattes entièrement d'un testacé rougeâtre. Abdomen allongé, lancéolé ; tous les
segments après le premier lisses et très luisants.
Ratzeburg a reçu de Noerdlinger, deux femelles ;
il n'a pas décrit l'abdomen de la première, mais
il dit que la seconde présentait une segmentation
différente, en ce que le deuxième segment (deuxième et troisième réunis) n'avait pas beaucoup
plus du tiers de la longueur totale de l'abdomen : le tiers apical se composait de quatre anneaux découverts, diminuant progressivement
de largeur ; ainsi l'abdomen de cette femelle
avait sept segments visibles en dessus. Tarière
ayant une longueur de 4 1/2ᵐᵐ, plus longue que
le corps. Mâle inconnu. Long. du corps, 3ᵐᵐ.

Longicaudis, Ratzeburg.

Parasite de *Scolytus rugulosus*, Ratz. nichant
dans les ramuscules d'un pommier malade.

Patrie : Allemagne, Russie.

——   Deuxième segment plus ou moins distinctement ponctué. Tarière plus courte que l'ab-
domen.   **20**

20   Toutes les cinq aréoles du métathorax indistinctement dessinées.   **21**

——   Aréole postéro-médiane bien accusée. ♀ Noire ;
palpes assombris. Face un peu convexe, à sur-

face égale, couverte d'un duvet épars, et indistinctement pointillée; épistome étroit, inégal,
presque en forme de triangle. Antennes de 29
articles. Mésothorax couvert partout de petits
points serrés. Métathorax partagé en cinq
aréoles, dont les deux dorsales lisses, la postéro-médiane ruguleuse, subtriangulaire. Ailes
hyalines; stigma, écaillettes et nervures brunâtres. Pattes d'un testacé rougeâtre; hanches
et tarses de derrière noirâtres; tibias blanchâtres à la base. Abdomen plus court que le thorax; premier segment demi-circulaire, faiblement striole-ruguleux, chargé de deux carènes
basilaires; deuxième ponctué au milieu, très
luisant en arrière et sur les côtés, comme le
sont aussi le troisième et les extrémités des
deux suivants. Tarière plus courte que l'abdomen. Mâle inconnu. Cette espèce est très semblable aux deux suivantes, mais munie d'une
tarière un peu plus longue. Long. 2 2/3^{mm}.

Corrugatus, RUTHE.

PATRIE Allemagne (Berlin); un seul exemplaire connu.

21   Métathorax muni de chaque côté d'un denticule émoussé. Tarière un peu moins longue
que l'abdomen. ♀ Corps trapu. Noire; tête presque sphérique; antennes et palpes brunâtres;
celles-là annelées de noir. Métathorax indistinctement partagé en cinq aréoles, au moyen
d'une carène onduleuse en forme de W. Stigma
d'un brun testacé; écaillettes un peu rembrunies; nervure récurrente non interstitiale. Pattes
d'un testacé brunâtre avec les hanches plus
sombres. Abdomen arrondi, avec une forte carène longitudinale sur le ventre, laquelle
s'étend jusqu'à l'insertion de la tarière; premier segment striolé; deuxième ponctué, mat;

les suivants lisses et luisants. Tarière droite.
♂ Semblable ; abdomen plus allongé, lancéolé,
très aplati. Long. 4ᵐᵐ.   **Robustus**, Ratzeburg.

> Trouvé par Reissig dans les pommes de pin habi-
> tées par les larves du charançon *Pissodes notatus*,
> Fab., aux dépens desquelles il parait vivre en para-
> site.

Patrie : Allemagne.

— Métathorax inerme. Tarière plus longue que
la moitié de l'abdomen. ♀ Noire ; antennes concolores. Thorax assez densément ponctué. Métathorax partagé en cinq aréoles, dont les deux
supérieures lisses, ponctuées seulement sur les
côtés ; les trois autres ruguleuses. Stigma d'un
brun noirâtre ; écaillettes légèrement rembrunies. Pattes d'un brun rougeâtre ; hanches et
base des trochanters noires ; extrémité des tibias
et des tarses de derrière assombrie. Abdomen
presque de moitié moins long que le thorax ; premier segment régulièrement striolé ;
deuxième couvert de rugosités un peu plus
faibles, confuses et ramiformes ; troisième parfaitement lisse, ainsi que les deux suivants qui
se montrent en forme d'anneaux étroits. ♂ Semblable, à pattes plus sombres, ayant la moitié
basilaire des quatre cuisses antérieures et la
majeure partie de celles de derrière noires.
Long. 2 1/2-3ᵐᵐ.   **Rugosus**, Ratzeburg.

> Trouvé par Noerdlinger dans les jeunes sapins
> morts habités par les larves du charançon *Magda-
> linus violaceus*, L.

Patrie : Allemagne (Hohenheim).

22   Deuxième segment ruguleux.   23

—   Deuxième segment lisse.   24

23   Epistome en plein cintre à l'extrémité, faible-

ment ruguleux. ♀ Noire ; palpes d'un testacé-
brunâtre peu clair. Antennes entièrement noires
ou d'un brun noirâtre. Métathorax grossièrement rugueux, presque réticulé. Stigma noirâtre ; écaillettes un peu rembrunies. Pattes d'un
testacé brunâtre sale. Abdomen (selon la figure
donnée par Ratzeburg) tronqué au bout du
troisième segment, une fois et demie plus long
que large, fortement rétréci vers la base ; premier segment aciculé, muni de deux carènes
basilaires qui s'effacent postérieurement ; deuxième plus faiblement aciculé, élevé et longitudinalement lisse au milieu, et plus largement lisse sur les côtés ; l'espace aciculé forme
ainsi un triangle, divisé au milieu par une
bande lisse ; troisième segment lisse et luisant ;
segments postérieurs cachés. Tarière un peu
plus courte que l'abdomen. ♂ Semblable, avec
le premier segment seul aciculé, ou tout au plus
la base du deuxième. Taille non indiquée ;
mais l'insecte est un peu plus grand que le *C.
firmus*, Ratz, (à peine décrit), qui a une longueur de 3 à 3 1/2ᵐᵐ.   **Atricornis**, Ratzeburg.

Un des parasites principaux du *Pissodes notatus,*
Fab. et de *P. Hercyniæ,* Herbst.

Patrie : Allemagne.

———   Epistome tronqué à l'extrémité, presque en
rectangle, pointillé. ♂ Noir ; palpes d'un testacé pâle ; mandibules rougeâtres. Antennes
rougeâtres à la base, de 28 articles. Tête transversale, lisse. Métathorax à peine déclive, sans
carène postérieure, ruguleux-ponctué, aréolé ;
les deux aréoles dorsales lisses, ponctuées sur
les côtés externes, ouvertes en arrière. Ailes
hyalines, lavées de blanchâtre, jaunâtres à la
base ; écaillettes jaunâtres ; stigma et nervures

bruns. Pattes rougeâtres; tibias de derrière assombris, ainsi que leurs tarses. Abdomen déprimé, presque linéaire, à peine rétréci aux deux bouts; segments 1-2 finement striolés, le premier indistinctement bicaréné; tous les suivants exserts, complètement lisses; valves anales proéminentes, arquées; deuxième suture plus profondément creusée que chez la plupart des espèces. Femelle inconnue. Long, 3ᵐᵐ.

Vagus, Ruthe.

Patrie : Allemagne (Berlin); un seul exemplaire connu.

24 Hanches jaunâtres. ♀ Corps un peu trapu, noir; palpes d'un testacé pâle. Face à surface égale; épistome court, presque demi-circulaire, très finement ponctué-ruguleux, mat; mandibules d'un testacé rougeâtre. Antennes noires avec le scape testacé en dessous. Métathorax en pente escarpée, irrégulièrement ruguleux, portant en arrière deux carènes indistinctes, et sur le dos autant d'aréoles à peu près lisses. Ailes hyalines, testacées à la base, ainsi que l'écaillette; nervures et stigma bruns. Pattes d'un testacé rougeâtre; tibias de derrière et leurs tarses assombris; base des mêmes tibias testacée. Abdomen beaucoup plus court que le thorax; premier segment large, à peu près demi-circulaire, finement striolé, surmonté à la base par deux petites carènes; segments suivants complètement lisses, formant ensemble presque un demi-cercle. Tarière droite, aussi longue que l'abdomen. Mâle inconnu. Long. 3ᵐᵐ.

Augustinus, Ruthe.

Patrie : Allemagne; France (Mont-de-Marsan).

— Hanches noires. ♂♀ Noirs; palpes testacés. Face luisante; épistome presque carré, rugueux.

Antennes de 30 articles. Mésopleures lisses. Métathorax aréolé, luisant. Pattes testacées ; tibias de derrière assombris, pâles à la base. Premier segment de l'abdomen plus court que sa largeur apicale, luisant, striolé, bicaréné ; segments 2-3 transversaux, de longueur à peu près égale, lisses et luisants comme les postérieurs, qui sont tous apparents. Tarière de la longueur de la moitié de l'abdomen. Long. 3 1/3-4ᵐᵐ.   **Exsertor**, Reinhard.

Patrie : Allemagne.

ESPÈCES DE CALYPTUS DOUTEUSES
OU IMPARFAITEMENT DÉCRITES

J'omets à dessein le *Sigalphus curculionum*, Hartig, appartenant probablement aux *Calyptus*, mais dont la diagnose est tout à fait insuffisante ; ayant les ailes enfumées, il ressemble sous ce rapport au *C. fasciatus*, Nees (V. nᵒ 14). Il est parasite de *Pissodes Hercyniæ*, Herbst. Le *S. complanellæ*, Hartig, également méconnaissable, appartient, selon la conjecture de Ratzeburg, aux *Sigalphus* légitimes, et même à l'espèce *caudatus*, Nees.

1. **Firmus**, Ratzeburg, 1844. Voisin du *C. robustus* (V. nᵒ 21), et du *C. atricornis* (V. nᵒ 23), mais l'abdomen est un peu plus arrondi, et la tarière un peu incourbée. ♀ Noire ; parties buccales d'un testacé brunâtre. Antennes de la même couleur, annelées de noir. Métathorax aréolé. Écaillettes d'un testacé sale. Segments 1-2 de l'abdomen striolés. ♂ Parties buccales d'un testacé plus clair ; antennes noires avec le scape brunâtre. Long. ♀ 3 1/2ᵐᵐ ; ♂ 3ᵘᵘᵐ.

Élevé par Ratzeburg des pommes de pin habitées par le charançon *Pissodes notatus*, Fab.

Patrie : Allemagne

2. **Interstitialis**, Ratzeburg, 1844. ♂ Noir ; palpes bruns. Antennes de la longueur du corps, de 23 articles, d'un brun foncé. Métathorax presque lisse, avec les aréoles peu distinctes. Nervure récurrente exactement interstitiale ; écaillettes assombries. Pattes brunes, en partie de couleur encore plus sombre. Premier segment de l'abdomen et la majeure partie du deuxième striolés. Femelle inconnue. Long. à peine 2^{mm}.

Parasite supposé de la vrillette *Dryophilus pusillus*, Gyll., et trouvé par Noerdlinger dans les boutons d'un sapin desséché.

Patrie : Allemagne (Stuttgart).

3. **Noctuæ**, Ratzeburg, 1844. ♂ Sa grande ressemblance avec le *C. firmus* (n° 1) fait soupçonner qu'il n'en diffère pas spécifiquement ; cependant le métathorax est plus rugueux, sauf une bande complètement lisse qui traverse la partie antérieure ; et il est, en outre, dépourvu de carènes, hormis les deux qui renferment le sillon longitudinal du milieu. Après avoir affirmé la provenance de ce parasite d'une chrysalide de lépidoptère, *Panolis piniperda*, Panz., l'auteur en est venu plus tard à douter de ce fait, puisque tous les autres *Calyptus* connus sont parasites de coléoptères.

Patrie : Allemagne.

4. **Destitutus**, Ratzeburg, 1848. ♂ Noir ; antennes de 28 articles. Tête et thorax lisses et luisants. Métathorax partagé en cinq aréoles assez distinctes, dont les deux antérieures presque lisses, rugueuses seulement sur les côtés. Nervure récurrente à peu près interstitiale ; stigma d'un gris brunâtre ; écaillettes assombries. Pattes d'un brun rougeâtre ; cuisses de derrière rayées de noirâtre sur les deux tranches, leurs tibias en grande partie, et leurs tarses, noirâtres : chez un individu, les quatre hanches antérieures sont assombries. Abdomen un peu plus court que le thorax ; premier segment couvert de rugosités confuses ; segments suivants lisses. Femelle inconnue. Long. 3^{mm}.

Elevé une fois seulement par Noerdlinger du coléoptère *Synchita juglandis*, Fab. habitant le bois d'un hêtre.

Patrie : Allemagne (Stuttgart).

5. **Punctatus**, Ratzeburg, 1852. ♂ Noir ; antennes aussi longues que le corps, de 28 articles. Métathorax entièrement rugueux-ponctué. Pattes d'un brun-rougeâtre avec les hanches plus sombres. Premier segment de l'abdomen rugueux-ponctué au lieu d'être striolé, avec indication d'un sillon médian ; deuxième densément ponctué ; les autres segments lisses et luisants. Femelle inconnue. Long. 2^{mm}.

Trouvé une fois par Noerdlinger dans une pomme de pin, avec la vrillette *Anobium abietis*, Fab.

Patrie : Allemagne.

4· Tribu. — Blacidæ

Caractères. — Palpes maxillaires de 5 à 6, labiaux de 3 à
4 articles. Abdomen sessile ou subsessile, ayant huit segments
visibles en dessus ; deuxième suture effacée. Deux cellules cubitales aux ailes antérieures, la première séparée de la première
discoïdale ; cellule radiale cultriforme, atteignant presque l'extrémité de l'aile ; nervure radiale à peu près droite ; cellule anale
non divisée par une nervure transverse ; nervure récurrente
évectée ou interstitiale, rarement un peu rejetée ; nervure cubitale plus ou moins obsolète ; deuxième cellule discoïdale ouverte.
Tarière exserte, de longueur moyenne, droite, ou légèrement
arquée.

Les *Blacidæ* se rapprochent sensiblement des *Liophronidæ*,
auxquels Haliday associait autrefois le premier genre *Pygostolus* :
On trouve les caractères distinctifs dans la forme de l'abdomen
chez la femelle et dans les ailes des deux sexes. Chez les *Blacidæ*
la nervure radiale est droite, ou à peine sensiblement arquée, à
première abscisse distinctement dégagée, aussi longue que'
l'épaisseur du stigma, ou peu s'en faut ; l'abdomen de la femelle
n'est jamais incourbé à l'extrémité, et la tarière prend une direction normale. Les *Liophronidæ*, au contraire, présentent une
nervure radiale plus distinctement arquée, dont la première
abscisse est beaucoup plus courte ; et l'abdomen de la femelle est
incourbé à l'extrémité, ce qui donne à la tarière une direction
vers la tête. (V. vol. I, pl. IV, fig. 2 a).

Le genre *Blacus*, origine du groupe actuel, fut établi en 1819
par Nees von Esenbeck ; cet auteur le publia à nouveau en 1834
avec deux sections, qui sont assez confusément rédigées pour
renfermer, dans la deuxième section, trois des *Aphidiidæ*, en
même temps que son genre *Bracon* commence par deux autres
Blacus , associés avec autant de *Liophronidæ*. Wesmael, le pre-

mier, en 1835, corrigea ces anomalies en précisant les limites
du genre *Blacus*, qui ne comprenait désormais que les insectes
auxquels nous avons affaire. Quelques modifications furent in-
troduites par Haliday en 1835; il partagea les *Blacus* en deux
sous-genres *Blacus* et *Ganychorus*, et en retira deux espèces
anormales, *Ichneumon sticticus*, Fab. et *Liophron falcatus*,
Nees, pour former d'elles un autre sous-genre *Pygostolus*, faisant partie, selon lui, des *Liophron*. Cette manière de voir se
justifie à un certain point dans les caractéristiques des deux insectes, quoi qu'il semble préférable de les ranger auprès des
Blacus. comme l'ont fait Wesmael et Ruthe.

TABLEAU DES GENRES

1   Première cellule discoïdale portée sur un pétiole, qui l'écarte
du parastigma; premier article du funicule des antennes plus
court que le deuxième.   G. 1. **Pygostolus**, HALIDAY.

—   Première cellule discoïdale sans pétiole, contiguë au parastigma; premier article du funicule presque toujours plus long
que le deuxième.   G. 2. **Blacus**, NEES.

Iᵉʳ GENRE. — PYGOSTOLUS, HALIDAY, 1833

πυγοστόλος, trainant la robe à queue (dit d'une dame grecque à la mode)
Allusion à la longueur et l'amplitude des ailes

Tête transverse; face presque carrée; épistome saillant; mandibules proéminentes, armées de deux dents inégales. Palpes
maxillaires de 5 articles, labiaux de 4 (à première vue tri-arti-
culés, le quatrième article étant très petit). Occiput rebordé seulement en bas. Mésothorax trilobé, à sillons distincts. Métathorax
bien développé, régulièrement convexe, sans aréoles. Nervure
récurrente interstitiale ou subinterstitiale; nervure cubitale partant de la nervure margino-discoïdale.

Les *Pygostolus* ont le corps testacé, plus ou moins varié de noirâtre : le métathorax est presque toujours assombri ; il existe une variété du *P. falcatus* qui est entièrement noirâtre. Tête un peu moins large que le thorax ; antennes plus longues que le corps, plutôt sétacées que filiformes ; premier article du funicule toujours un peu plus court que le deuxième ; dent inférieure des mandibules plus courte que la supérieure, et plus recourbée au sommet. Mésothorax gibbeux, partagé en trois lobes par des sillons profonds. Sillon ordinaire des mésopleures élargi, peu profond, faiblement rugueux ou crénelé et un peu courbé. Fossette antéscutellaire bien développée, géminée par une carène. Métathorax allongé, régulièrement bombé, presque de même hauteur que le mésothorax, sans partie horizontale et partie brusquement déclive, comme on le voit chez les *Blacus*. Ailes amples, dépassant de beaucoup le bout de l'abdomen ; nervures pâles, en partie noirâtres (comme chez les *Ophion* et plusieurs insectes testacés) ; nervure radiale droite, naissant ordinairemsnt au-delà du milieu du stigma, rarement du milieu même ; cellule médiane plus longue que la costale. Pattes épaisses, relativement plus courtes que celles des *Blacus* ; tarses de derrière beaucoup moins longs que leurs tibias.

De ce genre parfaitement naturel on ne connaît que trois espèces particulières à l'Europe ; car un individu mexicain qui m'a été communiqué sous le nom de *P. mellipes*, Ashmead, appartient au groupe des Exodontes, et au genre *Dacnusa*. La conformation des trois espèces est très homogène, mais leur grandeur relative permet de les reconnaître au premier coup d'œil. Leurs larves vivent au dépens de celles des mouches à scie, parfois des Lépidoptères et des Coléoptères.

1 Nervure récurrente rejetée, partant près de l'angle inféro-extérieur de la première cellule cubitale. Tarière droite, épaisse, inclinée un peu vers le bas. ♀ D'un testacé rougeâtre, lisse et luisant ; yeux, stemmaticum, occiput, mésothorax, pleures, poitrine, scutellum, métathorax et base du premier segment de l'abdomen, sujets à deve-

rir plus ou moins noirâtres ou assombris. Palpes blanchâtres. Epistome très convexe. Ocelles grands, saillants, situés à l'extrême bord de la tête, qui est brusquement tronquée sous eux. Antennes de 33 à 35 articles, grêles, ferrugineuses de la base au milieu, puis insensiblement plus obscures jusqu'à l'extrémité ; les jointures des articles noires. Poitrine couverte d'un duvet épais, qui, vu de côté, parait blanchâtre. Métathorax pubescent sur les côtés, finement ruguleux, réticulé postérieurement, sans lignes élevées ni aréoles. Ailes hyalines ; stigma d'un jaune clair ; côte, nervures radiale, postérieure, et une portion de la médiane, noirâtres, les autres ferrugineuses ; nervure cubitale en grande partie décolorée. Pattes testacées, assez épaisses ; cuisses et tibias longs, cylindriques ; tarses très velus en dessous, les quatre antérieurs plus longs que ceux de derrière, qui n'ont que les deux tiers de la longueur des tibias. Abdomen plus court, mais aussi large que le thorax, en ovale oblong, vu en dessus ; vu de côté, il présente une troncature oblique ; premier segment en carré long, rétréci à la base, près de laquelle sont situées les saillies anguleuses qui portent les stigmates ; côtés du condyle presque droits, parallèles ; ce premier segment très finement aciculé, tous les suivants lisses ; deuxième suture à peine visible, seulement sur les côtés. Tarière à peine aussi longue que la moitié de l'abdomen, droite, épaisse ; ses valves hérissées, noires. Mâle inconnu. Long. 5ᵐᵐ. Env. 12ᵐᵐ.   **Sticticus**, Fabricius.

Obs. — Parasite solitaire de :

Nematus ribesii. Scop.	Hyménoptères.
Macrophya ribis. Schr.	—
Pterostoma palpina, L.	Lépidoptères.
Depressaria angelicella, Hueb	—

La coque est grise avec une teinte roussâtre, raboteuse, raide, feutrée, et nullement luisante; on la trouve attachée aux tiges.

Patrie : Europe centrale et boréale; il est rare partout. Une fois, j'en ai obtenu deux individus de suite, en secouant des aulnes dans un marais.

— Nervure récurrente|exactement interstitiale. Tarière arquée, assez grêle, portée horizontalement.

2

2   Antennes de 34 à 36 articles. Envergure des ailes de 15 à 20ᵐᵐ. ♀ D'un testacé rougeâtre. Mandibules noirâtres à l'extrémité. Antennes d'un tiers plus longues que le corps, sétacées, ou à peine filiformes, testacées sur toute leur longueur, avec les jointures des articles noirâtres. Ocelles grands, saillants. Métathorax chagriné, réticulé sur la partie postérieure, sans lignes élevées, ni aréoles, moins gibbeux que chez le précédent. Ailes amples, hyalines, légèrement lavées de blanchâtre, irisées; stigma jaune; nervures des régions discale et caractéristique noirâtres, excepté la cubitale qui est pâle et faible; nervure récurrente interstitiale; deuxième cellule discoïdale de même longueur que le côté externe de la première discoïdale (chez *P. falcatus* elle est plus longue). Pattes testacées, quelquefois avec l'extrême bout du second article des trochanters, et l'extrême base des cuisses de derrière, étroitement assombris; hanches d'une teinte plus pâle; onglets noirâtres. Premier segment de l'abdomen finement ponctué, surmonté (entre les deux carènes latérales de la base) d'une carène médiane lisse et peu élevée, qui se continue par une bifurcation indistincte presque au bord postérieur du segment; tubercules très saillants; deuxième su

ture effacée ; segments postérieurs lisses et luisants. Tarière plus longue que la moitié de l'abdomen , légèrement arquée. ♂ Semblable,
mais un peu moins grand. Long. 6-8ᵐᵐ; Env.
15-20ᵐᵐ.   **Multiarticulatus**, Ratzeburg.

Var. ♀. Métathorax noirâtre. Long. 8ᵐᵐ. Capturé aux environs de Liège, par M. Carlier.
(Wesmael).

Var. ♂. Antennes de 34 articles. Long. 4ᵐᵐ.
(Ratzeburg).

Obs. — Cette espèce varie probablement, quant à
la coloration, comme les deux autres, quoique les
exemplaires connus ne soient pas assez nombreux
pour la constatation du fait. La coque, trouvée toujours attachée aux aiguilles des conifères, est d'un
gris brunâtre, au dire de Ratzeburg; mais j'en possède un exemplaire accompagné de l'insecte qui l'a
tissée et provenant de la Suisse, qui est blanc avec
une légère teinte jaunâtre, raboteux, feutré, et couvert d'un voile mince de lainage blanc pur; cette
coque a une longueur de 9ᵐᵐ. Les mœurs du parasite restent inconnus.

Patrie : Allemagne; Belgique; Suisse.

———

Antennes de 29 à 30 articles. Envergure des
ailes de 7 à 9ᵐᵐ. Très ressemblant au précédent,
à première vue. ♀ D'un testacé-rougeâtre, tantôt unicolore, tantôt varié de noirâtre sur le
stemmaticum, l'occiput, le métathorax, la partie postérieure de la poitrine, la base et l'extrémité de l'abdomen. Antennes plus longues que
le corps, grêles, filiformes, de 29 à 30 articles
(chez 20 exemplaires) ; d'un testacé fauve vers
la base, obscures vers l'extrémité, avec toutes
les jointures des articles noires. Poitrine couverte d'un duvet velouté. Métathorax convexe,
chagriné, pubescent sur les côtés, portant quelquefois des vestiges de deux carènes médianes
et de deux latérales. Ailes comme chez le pré-

cédent, mais le stigma jaune est souvent assombri ; nervure récurrente interstitiale ; selon
les auteurs elle peut-être aussi un peu rejetée,
mais je n'en ai pas vu d'exemple. Pattes
testacées. Premier segment de l'abdomen ou
faiblement aciculé ou presque lisse, surtout
vers l'extrémité. Tarière de la longueur des
deux tiers de l'abdomen, falciforme, valves
épaisses, noires, hérissées en dessous. ♂ Semblable, mais l'abdomen est arrondi à l'extrémité, au lieu d'être tronqué. Il est de même
taille que la femelle. Long. 3-4ᵐᵐ ; Env. 7-9ᵐᵐ.

Falcatus, Nees.

Var. 1. Brunâtre, avec les palpes et les pattes
testacés ; base des antennes, orbites des yeux,
face, côtés du prothorax et moitié basilaire du
ventre, d'un testacé-rougeâtre. (Ruthe.)

Var. 2. Entièrement testacé ; nervure cubitale
complètement effacée jusqu'à la base, de sorte
que la première cellule cubitale n'est plus séparée de la première discoïdale. (Ruthe.)

Obs. — Cette espèce est un peu moins rare que les
autres. Dans les Ann. Soc. Ent. de France, 1869,
M. Tappes a figuré un mâle, provenu, selon lui, du
Coléoptère *Cryptocephalus bipunctatus*, L.

Patrie : Europe en général.

2ᵉ GENRE. — BLACUS, Nees, 1819

βλάξ, lâche, tardif, flasque

Tête petite, subglobuleuse ; occiput rebordé sur tout son con-
tour. Palpes maxillaires de 6, labiaux de 3 articles. Antennes ♀
de 17 à 24 (ordinairement de 17 à 20) articles ; celles du ♂ de 14

à 26 (ordinairement de 19 à 21 ou 22) articles; premier article du funicule presque toujours plus long que le suivant. Thorax comprimé; mésothorax trilobé, ses sillons distincts ; métathorax non bombé comme chez les *Pygostolus*, mais incliné presque dès la base, chargé de quelques carènes. Ailes parfois raccourcies chez les ♀; nervure récurrente insérée dans la première cellule cubitale près de son extrémité. Abdomen au moins aussi long que le thorax, et beaucoup plus étroit à la base, subsessile ou presque pétiolé, élargi progressivement vers l'extrémité chez les ♂, comprimé chez les ♀ ; premier segment oblong, portant les tubercules stigmatifères avant le milieu ; anus tronqué (♀), ou arrondi (♂). Pattes plus longues et plus grêles que celles des *Pygostolus*, un peu épaissies chez les ♀ ; tarses de derrière à peu près aussi longs que leurs tibias; crochets quelquefois pectinés. Tarière de longueur variable ; pince anale du ♂ exserte.

Les *Blacus* connus comprennent environ vingt-cinq espèces répandues dans les deux hémisphères, et dont une vingtaine, à peu près, habitent le territoire européo-méditerranéen. J'adopte ici le genre *Blacus* dans le sens de la monographie de Ruthe, et non dans celui de Wesmael, qui y ajoutait les *Pygostolus*. Je supprime le sous-genre *Ganychorus*, selon l'avis de son auteur Haliday, qui, dans son « Synopsis », publié avec l' « Introduction » de Westwood, l'abandonna comme division fautive, renfermant des femelles dont l'autre sexe se range parmi les *Blacus* vrais. M. Thomson, dans le xvıᵉ fascicule de ses « Opuscula Entomologica, » rétablit le nom de *Ganychorus*, en qualité de sousgenre; mais m'étant assuré qu'en suivant ce système, il serait difficile ou impossible de déterminer la place de certains mâles sans connaissance préalable de l'autre sexe, j'ai cru convenable de retrancher une division qui entraîne avec elle un tel embarras. Je n'adopte pas non plus le genre *Goniocormus*, Foerster, fondé sur la proéminence plus ou moins accusée des angles du métathorax, caractère qui devient par degré insaisissable.

Les insectes de ce genre se plaisent dans les endroits humides et ombrageux des bois, où quelques-uns des plus vulgaires s'associent parfois en foule ; les mâles voltigent dans l'air comme les petits Tipulaires (voyez l'introduction de cet ouvrage, page 39) ;

les femelles sont moins agiles au vol, quelquefois même presque
aptères ; elles se tiennent abritées, s'insinuant sous la mousse et
les feuilles mortes, parmi lesquelles on les trouve souvent en-
gourdies, au cœur de l'hiver. Leur parasitisme a été insuffisamment observé, mais il est à présumer, d'après les signalements
quelquefois douteux des auteurs, que la plupart des *Blacus* attaquent les Coléoptères et les Diptères ; on cite aussi parmi leurs
victimes quelques Lépidoptères, mais probablement à tort.

1   Ailes plus ou moins raccourcies ou rudimentaires.   **18**

—   Ailes bien développées.   **2**

2   Antennes de 24 à 26 articles. ♀ Noire ; abdomen parfois brunâtre au milieu. Antennes de
24 articles, rarement de 25, presque de la longueur du corps, ferrugineuses, avec le scape,
les jointures des articles intermédiaires, et les (
cinq ou six articles terminaux, noirâtres. Epistome plan, d'un testacé-obscur, ainsi que les
mandibules. Prothorax allongé en forme de cou,
ruguleux. Mésothorax luisant ; sillons du mesonotum profonds, convergeant vers le scutellum ; mésopleures lisses, traversées par un sillon ponctué et peu profond ; scutellum pointu
et élevé au sommet, un peu ruguleux, sensiblement rebordé. Métathorax un peu élevé et convexe, en pente brusque vers l'extrémité. Ailes
amples, hyalines, aussi longues que le corps
entier ; stigma et nervures d'un jaune tendre.
Pattes d'un testacé pâle, longues et grêles ; base
extrême des hanches de derrière et crochets des
tarses noirâtres. Abdomen un peu claviforme ;
son premier segment occupant à peine le tiers
de la longueur totale, linéaire, rugueux ; tubercules assez saillants, situés un peu en avant du
milieu ; segments postérieurs lisses et luisants.

Tarière aussi longue que le tiers de l'abdomen.
♂ Semblable ; antennes plus longues, de 25 à
26 articles, noirâtres, avec la base du funicule
plus ou moins ferrugineuse ; parastigma et
extrémité du stigma assombris ; pattes plus longues, avec le dernier article des tarses noirâtre ; abdomen linéaire. Long. 4ᵐᵐ. Env. 9ᵐᵐ.

Tuberculatus, Wesmael.

Obs. — Ce *Blacus* est le plus grand du genre et se
distingue par le nombre des articles antennaires.
D'après une observation de Boudier, publiée dans
les Ann. Soc. Ent. de France, 1834, pp. 327-336, il
est parasite des charançons *Otiorhynchus li-
gneus*, Ol. et *Barynotus mœrens*, Fab. M. Boudier éleva à Montmorency une ♀ qu'il nomma *Bracon Otiorhynchi*, et un ♂ sous le nom de *Bracon
Barynoti*, tout en reconnaissant qu'ils pouvaient
être les deux sexes de la même espèce. A l'aide
des figures ajoutées à la description, l'identification
de ces parasites avec le *Blacus tuberculatus* me
paraît être presque assurée. Les noms imposés par
Boudier ont le droit de priorité ; et si je laisse subsister le nom de Wesmael, c'est parce que mon opinion sur la question d'identité pourrait être révoquée en doute par d'autres.

Patrie : Allemagne ; France ; rare en Belgique ; inconnu
 en Suède, au témoignage de Thomson ; as-
 sez commun en Angleterre, dans les haies
 et les bois.

—	Antennes n'ayant tout au plus que 22 articles.	**3**
3	Antennes du ♂ n'ayant que 14 articles.	
	Interstitialis (V. nº 16).	
—	Antennes du ♂ ayant plus de 14 articles.	**4**
4	Antennes ♂♀ de 18 à 22 articles.	**5**
—	Antennes ♂ de 19, rarement de 20 articles, (excepté le ♂ de *B. interstitialis* qui n'a que 14 articles, v. nº 16] ; antennes ♀ de 17, rare- ment de 18 articles.	**11**

5   Métathorax inerme, sans denticules postérieurs. Palpes pâles.   **6**

——   Métathorax denticulé. Palpes assombris, du
moins vers la base.   **10**

6   Scutellum mutique, sans épine apicale.   **8**

——   Scutellum armé d'une courte épine apicale.   **7**

7   Antennes de la ♀ de 20 articles. Tarière aussi longue que le quart de l'abdomen. Mâle inconnu. ♀ Noire, ventre et milieu de l'abdomen
d'un brun de poix. Tête un peu moins large
que le thorax ; face rétrécie vers la bouche, finement ruguleuse, mate ; épistome convexe, lisse,
luisant ; mandibules ferrugineuses ; palpes pâles, blanchâtres vers l'extrémité, plus longs
que la tête. Antennes plus courtes que le corps,
légèrement épaissies à l'extrémité, ferrugineuses avec le scape et les 7 articles terminaux
bruns ; premier article du funicule de moitié
plus long que le suivant ; avant-derniers articles presque globuleux. Côtés du prothorax finement et densément ponctué-ruguleux, mats ;
mésopleures légèrement ruguleuses au milieu ;
métathorax finement ponctué-ruguleux, surmonté d'une carène médiane, et de deux autres
latérales, renfermant deux aréoles allongées,
peu luisantes. Ailes très étroites, ayant toutes
les nervures transversales raccourcies, hyalines
à la base, enfumées vers l'extrémité ; stigma et
nervures bruns, celles-ci testacées à la base des
ailes, ainsi que les écaillettes ; première cellule
discoïdale complète, c'est-à-dire non tronquée
par le parastigma. Pattes ferrugineuses, cuisses de derrière plutôt brunâtres, surtout vers
l'extrémité ; tarses de la même paire plus clairs
que leurs tibias ; dernier article de tous les tar-

ses noirâtre. Abdomen grêle, aussi long que la tête et le thorax, et visiblement moins large que celui-ci ; premier segment étroit, très peu élargi à l'extrémité, vaguement et irrégulièrement striolé, muni d'une carène médiane très fine ; tubercules situés avant le milieu, à peine saillants ; segments postérieurs lisses et luisants ; les rangées ordinaires de points avant le bord postérieur des segments ne sont pas visibles ; deuxième suture un peu indiquée. Long. à peine 2ᵐᵐ.   **Armatulus**, Ruthe.

> Obs. — Selon M. Thomson cette espèce peut être identique avec la suivante, qui porte également une petite dent élevée au sommet du scutellum. Cependant, comme le ♂ reste inconnu et que les descriptions présentent des différences assez tranchées, je n'ai pas osé les réunir.

Patrie : Allemagne (Berlin) ; Suède (Lund).

Antennes de la ♀ de 18 à 19 articles. Tarière aussi longue que la moitié de l'abdomen. Voisin du précédent ; noir, avec le milieu de l'abdomen un peu brunâtre, mandibules fauves. Palpes blanchâtres. ♀ Antennes plus courtes que le corps ; articles 1-2 d'un fauve-obscur, les 5 ou 6 suivants testacés, les autres noirs. Métathorax mat, offrant à la base un espace encadré, biparti, bien circonscrit ; et on en distingue ordinairement un autre semblable qui occupe la face postérieure. Ailes hyalines ; stigma testacé. Pattes longues, grêles, testacées, premier segment de l'abdomen rugueux. ♂ Semblable, antennes un peu moins longues que le corps, de 20 à 21 articles ; troisième article très long, cylindrique, ainsi que les 5 ou 6 suivants qui diminuent peu à peu de longueur ; les 9 ou 10 derniers courts, arrondis, un peu plus gros que les précédents. Long. 1 1/2ᵐᵐ.

                    Conformis, Wesmael.

Obs. — Cette description est empruntée à Wesmael, qui possédait trois couples de l'insecte en question.

Patrie : Belgique (Bruxelles).

8   Pattes d'un testacé pâle, y compris les cuisses de derrière. D'un brun noirâtre; abdomen parfois d'un brun de poix ou testacé dans le milieu. Mandibules et épistome rougeâtres. Palpes testacés. ♀ Antennes épaisses, filiformes, un peu plus courtes que le corps, rougeâtres, de 20 à 21 articles, dont les deux derniers paraissent souvent soudés; scape et articles terminaux ordinairement noirâtres; articles intermédiaires annelés chacun de cette couleur à l'extrémité; avant-derniers articles plus longs que larges. Prothorax ponctué-ruguleux, lisse en dessus sur les côtés. Métathorax court, finement ruguleux et réticulé, tronqué presque verticalement en arrière, partagé en quatre aréoles, et chargé d'une carène longitudinale. Ailes assez grandes, presque hyalines : stigma brun, plus ou moins pâle ou marqué de taches pâles; nervure cubitale et quelques autres noirâtres, le reste du réseau d'un brunâtre pâle; parastigma jaunâtre, assez petit (chez la ♀), laissant dégagée la première cellule discoïdale. Dernier article des tarses assombri. Abdomen un peu claviforme; premier segment étroit, à peine dilaté postérieurement, plus ou moins distinctement striolé, faiblement rebordé, sans sillon longitudinal au milieu, segments suivants lisses, portant chacun, tout près du bord postérieur, une rangée transversale de petits points à peine distincts. Tarière aussi longue que le tiers de l'abdomen. ♂ Antennes sétiformes, noires, avec un peu de testacé à la base, aussi longues que le corps, de 21 à 22 articles, dont les avant-derniers sont deux fois aussi longs que larges ; ailes allongées, lavées d'une teinte blanchâtre ; stigma d'un jaune de paille, parastigma plus grand, coupant l'angle de la première cellule discoïdale ; abdomen grêle, à peine claviforme ; premier segment sillonné longitudinalement au milieu. Long. 3ᵐᵐ ; Env. 6 2/3ᵐᵐ.

Var. 1. ♂♀ D'un rouge châtain ; tête, extrémité de l'abdomen, quelquefois aussi le premier segment de l'abdomen et le métathorax noirâtres.

Var. 2. ♀ Ailes en parties avortées, très étroites, n'atteignant pas le sommet de l'abdomen, et portant le stigma près de l'extrémité ; cellule radiale raccourcie, pas plus longue que le stigma, nervure radiale arquée ; première cellule cubitale confondue avec la première discoïdale. Métathorax tronqué verticalement en arrière. Tarière moins longue que le tiers de l'abdomen. Long. 2ᵐᵐ, Env. 1 1/2ᵐᵐ.   **Ruficornis.** Nees.

Obs. — Ruthe a décrit un *Blacus* hermaphrodite, appartenant soit à cette espèce, soit au *B. maculipes*, Wesm. (Voir n° 9), chez lequel les antennes, les ailes, etc. du côté droit ne correspondaient pas, sous le rapport du sexe, avec les mêmes organes du côté gauche. Le *B. ruficornis* est commun et très répandu ; il se trouve quelquefois en sociétés sur les buissons ; quelques-unes au moins des femelles hivernent dans la mousse ou sous les dépouilles des arbres. Au témoignage de Ratzeburg, Dahlbom a obtenu une fois un exemplaire de ce parasite d'une pupe du charançon *Cionus fraxini*, De Geer.

Patrie : Europe en général.

— Pattes d'un testacé rougeâtre ; cuisses de derrière plus ou moins annelées de noirâtre ou assombries avant l'extrémité.   9

9 .   Antennes ♂♀ testacées dans leur moitié basi-

laire, assombries vers l'extrémité ; celles du ♂
filiformes ou très peu épaissies vers le sommet ;
avant-derniers articles à peine de moitié plus
longs que larges ; cuisses de derrière faiblement
assombries au-delà du milieu. Corps grêle,
noir ; deuxième segment de l'abdomen un peu
brunâtre. Palpes pâles. ♀ Antennes un peu plus
courtes que le corps, submoniliformes vers
l'extrémité, de 20 articles dont les 2-6 ou 2-8
ferrugineux ; scape quelquefois plus sombre
que les articles suivants. Scutellum légèrement
pointu ; métathorax finement ponctué-ruguleux,
indistinctement partagé en quatre aréoles. Ailes
presque cunéiformes, teintées de brunâtre ; radicule et écaillettes d'un jaune de paille ; stigma
et nervures plus ou moins rembrunis ; parastigma, chez ♂♀, ponctiforme, mais coupant
l'extrême angle de la première cellule discoïdale. Pattes grêles ; cuisses de derrière toujours
plus ou moins bicolores. Premier segment de
l'abdomen étroit, ruguleux-ponctué ou faiblement striolé, canaliculé au milieu. Tarière à
peine aussi longue que le tiers de l'abdomen. ♂ Antennes à peu près de la longueur
du corps, grossissant à peine vers l'extrémité,
de 21 articles dont les 6-8 premiers testacés ;
scape un peu plus obscur. Ailes plus claires
que celles de la ♀ ; stigma et nervures d'un
brun moins sombre. Cuisses de derrière très
peu assombries, ou même par exception, conco·
lores. Long. 2ᵐᵐ.   **Compar**, Ruthe.

Obs. — M. Thomson reconnaît dans la ♀ de cette
espèce le *Bracon diversicornis*, Nees ; mais je
trouve la description de celui-ci si défectueuse que
j'ai jugé plus sage de le reléguer à la catégorie des
espèces douteuses. Selon Ruthe, le *Blacus compar* ♂
ne diffère de *B. conformis*. Wesm. (V. nᵒ 7) que
par le développement chez celui-ci de l'épine scutellaire ; il n'en est pas ainsi de la ♀, qui présente

toujours 20 articles aux antennes. tandis que la ♀ de
conformis n'en a que 18 ou 19, Peut-être trouvera-
t-on à l'avenir que les *B. compar*, Ruthe, *conformis*, Wesm., et *diversicornis*, Nees, doivent être
rapportés tous trois à la même espèce.

Patrie : Allemagne ; Suède.

Antennes du ♂ noirâtres à partir du quatrième
article ; avant-derniers articles deux fois aussi
longs que larges ; antennes de la ♀ épaissies,
moniliformes, ferrugineuses, avec l e scape et
l'article terminal noirâtres ; cuisses de derrière
toujours assombries avant l'extrémité, mais plus
légèrement chez le ♂. ♀ Noire ; parties buccales
brunâtres ; deuxième segment de l'abdomen
plus ou moins d'un brun de poix. Tête semi-
circulaire en avant, transversale, un peu moins
large que le thorax ; face à peine sensiblement
ruguleuse ; épistome large, brun, parsemé de
petits points épars ; palpes pâles, presque blanchâtres ; mandibules proéminentes. Antennes à
peine aussi longues que les trois quarts du corps,
de 20 articles. Côtés du prothorax finement ruguleux, lisses vers le haut ; mésopleures lisses
ou à peine striolées dans le milieu ; scutellum
lisse, à extrémité émoussée ; métathorax court,
gibbeux, presque vertical en arrière, finement
et irrégulièrement ruguleux, partagé en quatre
aréoles, dont les deux supérieures presque lisses ;
une carène médiane plus ou moins sensible.
Ailes légèrement enfumées, plus courtes et
moins larges que celles du ♂ ; stigma et nervures brunâtres, celles-ci testacées vers l'origine
de l'aile, ainsi que la radicule et les écaillettes.
Pattes assez courtes, d'un rougeâtre obscur ;
cuisses de derrière noirâtres dans leur moitié
terminale, ou davantage. Premier segment de
l'abdomen sans sillon longitudinal ni tubercules
sensibles, Tarière un peu plus longue que le

tiers de l'abdomen. ♂ Plus grand et plus grêle ;
antennes plus longues que le corps, sétiformes,
de 21 articles ; ailes assez larges, à peu près de
la longueur du corps, à peine enfumées ; nervures, radicules et écaillettes jaunâtres ; stigma
brunâtre ; parastigma pâle avec une tache sombre au milieu ; pattes allongées, d'un rougeâtre
plus clair que celles de la ♀ ; cuisses de derrière
annelées de noirâtre, parfois aussi le sommet
des tibias et la base des hanches de la même
paire assombris ; premier segment de l'abdomen
étroit, élargi en arrière, à peine rebordé, irrégulièrement striolé, portant quelquefois un
faible sillon longitudinal au milieu ; tubercules
saillants, situés avant le milieu. Long. 2 1/2ᵐᵐ.
Env. 6ᵐᵐ.   **Maculipes**, Wᴇsᴍᴀᴇʟ,

Fᴀᴛʀɪᴇ : Belgique; Angleterre; Irlande; Allemagne
          (très commun aux environs de Berlin); Rus-
          sie; Laponie; Suède.

10   Corps ferrugineux, ou d'un brun de poix ;
deuxième article du funicule (chez la ♀) plus
long que le premier; deuxième abscisse de la
nervure radiale droite. ♀ Parties buccales d'un
rougeâtre obscur. Antennes à peine aussi longues
que le corps, de 19 articles, ferrugineuses,
avec le scape et le dernier article assombris.
Angles postérieurs du métathorax saillants,
dentiformes. Ailes hyalines ; nervures en grande
partie décolorées, les autres d'un brunâtre-pâle ;
stigma, radicule et écaillettes jaunâtres. Pattes
grêles, d'un jaunâtre pâle ; dernier article des
tarses, au moins des quatre antérieurs, noirâtre.
Abdomen grêle, élargi en arrière ; premier segment à peine aussi long que le tiers de l'abdomen,
presque linéaire ; tubercules plus rapprochés
du milieu que de la base. Tarière à peine aussi
longue que le tiers de l'abdomen. ♂ De cou-

leur variable, noirâtre ou brun, avec la tête et
les segments postérieurs de l'abdomen plus
sombres. Palpes pâles, noirâtres à la base. Antennes un peu plus longues que le corps, de 22
articles, noirâtres avec la base ferrugineuse ;
les deux premiers articles du funicule de longueur presque égale. Prothorax d'un testacé
rougeâtre, ponctué-ruguleux. Mésothorax tantôt
brun, tantôt plus ou moins rougeâtre. Poitrine
souvent rougeâtre. Scutellum émoussé à l'extrémité. Mésopleures ponctué-ruguleuses, lisses
dans le milieu. Métathorax ferrugineux, non
gibbeux, incliné presque en ligne droite, de la
base à l'extrémité, rugueux, presque réticulé,
surmonté de trois carènes longitudinales, dont
les deux extérieures se terminent en saillie dentiforme. Ailes assez larges, hyalines, avec une
légère teinte obscure ; nervures et stigma bruns ;
radicule et écaillettes rougeâtres ; les deux
abscisses de la nervure radiale droites, formant
un angle droit ; la première prend naissance en
avant du milieu du stigma, elle est plus longue
que la nervure transverso-cubitale ; angle supérieur de la première cellule discoïdale non
tronqué par le parastigma. Pattes allongées ;
tibias et tarses de derrière un peu assombris,
ceux-ci moins longs que les tibias. Abdomen
plus court que la tête et le thorax ; premier
segment souvent rouge, excavé à la base, peu
dilaté en arrière, striolé seulement à l'extrémité.
Long. 3ᵐᵐ. Env. 6 2/3ᵐᵐ.   **Tripudians**, HALIDAY.

OBS. — Le *B. tripudians*, d'ailleurs assez rare,
paraît être commun en Irlande, où Haliday a vu autrefois des sociétés de mâles qui voltigeaient ensemble dans l'air, autour des *Salix Caprea*.

PATRIE : Irlande ; Angleterre ; Allemagne.

Corps noir ; deuxième article du funicule plus

court que le premier (moins sensiblement chez
le ♂) ; deuxième abscisse de la nervure radiale
un peu arquée. ♀ Parties buccales testacées,
ainsi qu'une portion des joues. Antennes plus
courtes que le corps, assez épaisses, filiformes,
brunes, plus sombres vers l'extrémité ; premier
article du funicule de moitié plus long que le
deuxième. Prothorax ponctué-rugueux, lisse
sur la partie supérieure des côtés. Scutellum
obtus, plus ou moins ruguleux. Sillon des mésopleures ponctué. Métathorax court, tronqué, à
surface postérieure beaucoup moins longue que
la supérieure ; ruguleux, surmonté de trois
carènes, dont les deux latérales se terminent
par une saillie obtuse. Ailes étroites, enfumées ;
nervures, radicule et écaillettes brunes ; stigma
un peu plus pâle, émettant la nervure radiale
au-delà du milieu ; première abscisse beaucoup
plus courte que la nervure transverso-cubitale ;
angle supérieur de la première cellule discoïdale non coupé par le parastigma ; nervure
radiale non absolument droite à la base. Pattes
d'un testacé rougeâtre ; tibias et tarses de derrière d'une teinte plus foncée. Abdomen plus
court et plus étroit que le thorax, lancéolé en
dessus ; vu de côté, claviforme ; comprimé vers
l'extrémité ; premier segment environ trois fois
aussi long que large, à peine grossi en arrière,
très finement striolé, rebordé, bicaréné à la base.
Tarière légèrement arquée, de moitié plus
longue que l'abdomen. ♂ Semblable ; antennes
à peu près de la longueur du corps, de 20 à 21
articles, sétiformes, noires, quelquefois un peu
ferrugineuses à la base en dessous ; premier
article du funicule plus long que le deuxième.
Métathorax et milieu de l'abdomen plus ou
moins brunâtres. Pattes plus pâles que celles

de la ♀. Abdomen plus étroit, pas plus long que le thorax, comprimé à l'extrémité. Long. 2 1/2^{mm}. Env. 5^{mm}.   **Hastatus**, Haliday.

> Obs. — La ♀ se distingue de toute autre par la longueur de la tarière; le ♂ se confond facilement avec celui de *B. paganus* (V. n° 15). M. Thomson regarde comme ♂ de l'espèce actuelle celui que j'ai décrit sous le nom de *B. paganus*; mais il passe sous silence les considérations qui ont motivé ce jugement; je suis donc forcé de laisser la question indécise. Ayant soumis à un examen rigoureux les ♂ de ces deux espèces, je me trouve attaché à ma première opinion. Le ♂ de *paganus* est plus grand que celui de *hastatus*, correspondant à cet égard à sa ♀ (selon M. Thomson, les deux espèces sont de même taille); son abdomen est aussi long que la tête et le thorax pris ensemble, et nullement comprimé à l'extrémité; ses ailes sont plus amples et la cellule radiale plus longue; du reste, ces ♂ se ressemblent comme deux gouttes d'eau. Il est à remarquer que M. Thomson range son *B. hastatus* dans une section distinguée par les mots « *Abdomen terebra brevi* », tandis qu'il signale dans sa diagnose la « *terebra longa* », qui est en effet la première caractéristique de l'espèce.

> Patrie : Irlande; Angleterre; Suède; Allemagne; assez rare partout.

11   Métathorax plus ou moins denticulé aux angles postérieurs.   **12**

—   Métathorax mutique.   **16**

12   Antennes ♀ d'un testacé rougeâtre, de 18 articles (♂ inconnu); angles postérieurs du métathorax prononcés, en forme de mamelons. Noir; deuxième segment de l'abdomen un peu brunâtre. Tête presque cubique, lisse, un peu moins large que le thorax; face ridée transversalement; épistome lisse; mandibules d'un roux brunâtre; palpes pâles. Antennes assez épaisses, presque aussi longues que le corps; scape et extrémité brunâtres; article terminal arrondi,

pointu, paraissant composé de trois divisions
soudées; les quatre avant-derniers articles arrondis ; deuxième article du funicule d'un tiers
moins long que le premier. Prothorax d'une
épaisseur insolite, allongé en forme de cou, rugueux. Mésopleures en grande partie lisses.
Scutellum court, rugueux. Métathorax ponctué-
ruguleux, plan en dessus, caréné, excavé en
arrière ; angles postérieurs en saillie émoussée.
Ailes étroites, courtes, dépassant à peine le bout
de l'abdomen, enfumées ; nervures et stigma
bruns, celui-ci plus pâle à la base ; côte, radicules et écaillettes jaunâtres. Pattes courtes,
épaisses, ferrugineuses avec les tarses d'un jaunâtre pâle ; tarses de derrière sensiblement
plus courts que leurs tibias. Abdomen oblong,
subclaviforme, à peu près aussi long que la
tête et le thorax ; premier segment subconique,
ponctué-striolé, très finement rebordé. Tarière
presque droite, aussi longue que le tiers de
l'abdomen. Long. 2-2 1/2^{mm}.

Var. 1. Ailes raccourcies, ne dépassant pas
le milieu de l'abdomen, très étroites, et relativement plus enfumées ; le stigma manque, et
son emplacement n'est indiqué que par un léger
épaississement de la côte. (Ruthe).

Var. 2. Même conformation des ailes ; antennes de 18 articles ; côtés du prothorax, mesonotum et scutellum plus ou moins rouges ;
troisième segment de l'abdomen testacé. (*B.
aptenodytes*, Marsh.). Je soupçonne aussi que
le *B. spinifer*, Thoms. appartient à cette variété microptère, nonobstant les 17 articles des
antennes, et la tarière aussi longue que le corps.
(V. n° 20).   **Mamillanus**, Ruthe.

Patrie : Allemagne ; Angleterre ; espèce très rare.

—   Antennes ♂♀ en partie noirâtres, celle de la
♀ toujours de 17 articles ; angles postérieurs du
métathorax moins saillants.   **13**

13   Angle supérieur de la première cellule discoïdale tronqué par l'empiètement du parastigma (plus sensiblement chez le ♂). Nervure
radiale droite.   .   **14**

—   Angle supérieur de la première cellule discoïdale dégagé du parastigma. Nervure radiale
un peu arquée. D'un noir intense ; mandibules
d'un brun-rougeâtre ; palpes pâles. Tête lisse et
luisante. ♀ Antennes assez épaisses, aussi longues que les deux tiers du corps, grossissant
vers l'extrémité, les quatre avant-derniers articles arrondis. Métathorax ponctué-rugueux,
surmonté de trois carènes longitudinales, dont
les extérieures sont faibles et sinuées près de
l'extrémité ; saillies postérieures minimes. Ailes
hyalines ; stigma et nervures d'un jaune brunâtre pâle : côte, radicules et écaillettes brunes ;
cellule radiale ovale ; cellule médiane aboutissant au milieu de la première nervure transversale ; parastigma ponctiforme. Pattes grêles,
d'un testacé brunâtre ; hanches de derrière
noires ; cuisses de la même paire ordinairement
noirâtres. Abdomen plus long que le thorax ;
premier segment presque linéaire, finement
rebordé, convexe, fortement ponctué-ruguleux
ou striolé. Tarière de la longueur du tiers de
l'abdomen. ♂ Semblable ; antennes presque
aussi longues que le corps, filiformes, noirâtres, avec l'extrémité du scape rougeâtre ; avant-
derniers articles deux fois aussi longs que
larges. Pince anale un peu exserte. Long.
2-2 1/2ᵐᵐ.   **Instabilis**, Ruthè.

Obs. — Cette espèce ne me paraît pas être le *B. trivialis*, Haliday, comme l'a pensé le Dr Reinhard, parce que chez celui-ci la première cellule discoïdale est diminuée par le parastigma. M. Thomson regarde comme identiques *B. exilis*, Nees, *instabilis*, Ruthe, et *humilis*, Nees; mais les descriptions de Nees sont tout à fait insuffisantes, et quoique les auteurs aient cru reconnaître le *B. humilis* (V. espèces douteuses, n° 2), seulement, peut-être, à cause de sa petitesse, le *B. exilis* reste encore indéterminable (V. espèces douteuses n° 3). Selon Ruthe, *B. instabilis* diffère de *B. humilis* par sa taille, qui est beaucoup plus grande, par la tarière, qui est deux fois aussi longue, et par d'autres particularités que l'on remarquera en comparant les deux diagnoses.

Patrie : Allemagne (Berlin); Ruthe possédait 8 mâles et 6 femelles.

14   Tarière dé la longueur de l'abdomen ; (♂ inconnu). D'un noir brunâtre, tête d'un brun de poix obscur. Antennes fort épaisses, à peine aussi longues que la moitié du corps, testacées, assombries au sommet. Métathorax assez allongé, presque plan en dessus, ruguleux, surmonté d'une ligne élevée, profondément excavé en arrière ; la surface horizontale se termine de chaque côté en angle obtus, dentiforme et comprimé. Ailes hyalines ; stigma et nervures d'un testacé pâle ; selon M. Thomson l'angle supérieur de la première cellule discoïdale est retranché par le parastigma. Pattes jaunâtres. Abdomen linéaire en dessus ; vu de côté, triangulaire, largement tronqué à l'extrémité ; premier segment allongé, pointillé, à rebords latéraux aigus, pâles ; segments postérieurs lisses, luisants et fortement comprimés. Tarière brune, de la longueur de l'abdomen. Long. 3^mm.

Longipennis, Gravenhorst.

Obs. — J'insère ici cet insecte peu connu en me fiant à l'autorité de M. Thomson, qui croit l'avoir

retrouvé à Pàlsjœ, en Suède. La description de Nees,
ci-dessus traduite laisse à désirer, et M. Thomson
n'y ajoute rien, si ce n'est ce qui concerne le parastigma. La même espèce figure dans une liste d'insectes russes, publiée par Kawal. Elle est fondée
probablement sur un individu de l'espèce suivante,
à tarière accidentellement allongée.

PATRIE : Allemagne; Russie ; Suède.

—   Tarière beaucoup plus courte que l'abdomen.   **15**

15   Métathorax rétus, muni en arrière de quatre
saillies dentiformes. Antennes ♀ épaisses,
moins longues que la moitié du corps. ♀ Noire,
ou brun de poix, mandibules rouges, palpes
brunâtres, les deux articles terminaux des maxillaires plus pâles. Antennes moniliformes,
pas plus longues que la tête et le thorax, nullement épaissies vers l'extrémité, de 17 articles,
dont le dernier se compose de deux anneaux
soudés. Thorax pubescent, irrégulièrement
pointillé, mésopleures ruguleuses, un peu plus
lisses vers l'origine des ailes, et dans le sillon
ordinaire, qui est peu profond ; scutellum pointillé ; métathorax court, incliné depuis la base
jusqu'à l'extrémité, ruguleux, et surmonté de
trois carènes. Ailes hyalines, un peu blanchâtres, stigma et nervures bruns (ou jaunâtres, et
dans ce cas le parastigma et la côte sont plus
sombres) ; écaillettes d'un brun de poix, parastigma élargi, retranchant l'angle de la première
cellule discoïdale. Pattes courtes, épaisses, d'un
rouge obscur, celles de devant plus pâles, milieu des cuisses de derrière et sommet de leurs
tibias, ainsi que toutes les hanches, ordinairement assombris. Abdomen de la longueur du
thorax, comprimé en arrière, oblong en dessus,
vu de côté, triangulaire ; premier segment presque en rectangle, deux fois aussi long que

large, un peu resserré à la base, rebordé, ponctué-striolé, surmonté de deux faibles carènes
longitudinales ; tubercules situés avant le milieu ; deuxième suture un peu visible ; segments
2-3 pris ensemble plus longs que le premier ;
troisième segment faiblement pointillé. Tarière
incourbée, de la longueur, à peu près, du tiers
de l'abdomen. ♂ Semblable ; antennes grêles,
filiformes, plus longues que le corps, de 19 à 20
articles. Parastigma moins grand que celui de
la ♀, laissant libre la cellule discoïdale. Abdomen plus grêle ; deuxième segment parfois
testacé. Pattes beaucoup plus longues. Selon M.
Thomson, ce ♂ appartient à *B. hastatus* (V. n°
10), apparemment à cause de la petitesse du
parastigma. Il diffère cependant, sous des rapports importants, des ♂ que j'ai attribués à *B.
hastatus*, et j'ai exposé ces différences en trai-
tant de cette espèce. Enfin, s'il y a quelque erreur, et que le ♂ actuel ne soit pas à sa place,
il n'est certainement pas le ♂ de *hastatus*.
Long. 3ᵐᵐ. Env. 6ᵐᵐ. **Paganus**, HALIDAY.

PATRIE : Irlande, Angleterre, Belgique, Allemagne, Suède ;
espèce peu commune.

———

Métathorax tronqué, assez faiblement biden-
té en arrière. Antennes ♀ grêles, aussi longues
que les deux tiers du corps. Semblable au précédent, mais plus petit. Noir, mandibules rougeâtres, palpes d'un brunâtre pâle. ♀ Antennes
grossissant insensiblement vers l'extrémité, de
17 articles ; les 4 avant-derniers articles arrondis, l'article terminal oblong. Métathorax ponctué-ruguleux, surmonté de trois carènes ; angles postérieurs obtus, plus ou moins saillants.
Ailes amples, hyalines, stigma et nervures jaunâtres, côte, radicule et écaillettes brunâtres,

nervure radiale presque droite; parastigma élargi, retranchant l'angle de la première cellule discoïdale. Pattes grêles, ferrugineuses ; sommet des tarses assombri ; hanches de derrière souvent noirâtres. Abdomen plus long que le thorax ; premier segment deux fois aussi long que large, à peine élargi en arrière, finement rebordé, ponctué-ruguleux, tubercules peu sensibles. Tarière droite, à peu près aussi longue que la moitié de l'abdomen. ♂ Semblable ; antennes de 19 articles, à peine plus courtes que le corps, noirâtres, avec les deux premiers articles plus ou moins rougeâtres ; premier segment de l'abdomen linéaire; pince ' anale un peu exserte. Long. 2 1/2ᵐᵐ. Env. 5ᵐᵐ.

Var. Long. 1 1/2-2ᵐᵐ. Hormis la taille, elle a tous les caractères de cette espèce, et n'en est probablement qu'une forme rapetissée pour habiter le corps de quelque insecte vivant dans les grains des céréales ; on la prend communément dans les champs de blé ; voyez les observations de Curtis (Farm Insects, p. 294), où le même parasite est indiqué sous le nom de *Dacnusa cerealis*. *B. humilis*, Nees, et, *B. exilis*, Nees, sont très probablement identiques avec cette variété, mais l'un et l'autre sont si insuffisamment décrits, que leur indentification serait fort hasardée.

Trivialis, Haliday.

Obs. — *B. trivialis* est fort difficile à séparer du *paganus*, Hal. et de l'*instabilis*, Ruthe (V. nᵒ 13). *B. paganus* est presque toujours beaucoup plus grand, les antennes de la ♀ sont plus courtes, et le métathorax, outre les saillies anguleuses de l'extrémité, présente de chaque côté un autre petit tubercule situé plus en haut, de sorte que le métathorax des deux sexes est quadridenté. *B. instabilis* se distingue par la première cellule discoïdale qui n'est pas envahie par le parastigma. M. Thomson affirme

l'identité du *B. humilis*, Nees, avec *trivialis*, Hal.
et j'adopte son opinion avec de la bonne volonté,
n'ayant jamais pu les séparer autrement que par
leurs dimensions. On se débarrasse ainsi du nom de
humilis, Nees, Wesm. et Hal., lequel a été constamment une source d'erreur, par suite de la description vague de Nees von Esenbeck.

Patrie ; Allemagne ; Angleterre ; Belgique ; Suède ; et
probablement toute l'Europe. Espèce très
commune.

16   Nervure postérieure interstitiale, formant la
prolongation, en ligne droite, de la nervure
médiane, qui n'est pas coudée au-dessus de la
deuxième cellule discoïdale. Noir ; deuxième
segment de l'abdomen un peu rembruni. ♀ Face
aplatie, lisse, luisante ; mandibules d'un testacé
brunâtre ; palpes pâles, blanchâtres. Antennes
grêles, presque filiformes, ou très peu épaissies vers l'extrémité, de la longueur environ
des deux tiers du corps, noirâtres, testacées à
la base, de 17 articles. Mésopleures lisses, sauf
leur faible sillon, qui est rugueux-ponctué.
Métathorax court, finement ruguleux, surmonté
des carènes ordinaires, presque vertical en arrière. Ailes subhyalines, allongées, étroites ;
radicule et écaillettes jaunâtres ; stigma moins
large que chez aucune autre espèce, d'un brunâtre pâle, ainsi que les nervures ; cellule radiale étroite, lancéolée-cunéiforme, trois fois
aussi longue que large ; nervure transverso-cubitale effacée ; nervure postérieure décolorée
et d'une observation difficile, exactement interstitiale. Pattes assez grêles, d'un testacé rougeâtre ; dernier article des tarses assombri.
Abdomen à peine plus long que la tête et le
thorax ; premier segment un peu élargi en arrière, ponctué-rugueux, très finement rebordé ;
tubercules parfois très saillants. Tarière droite,

un peu moins longue que la moitié de l'abdomen. Le ♂ se distingue de tout autre par la conformation des antennes, qui sont aussi longues que le corps, très grêles, filiformes, de 14 articles seulement, dont le dernier allongé ; les deux premiers articles sont testacés, les suivants noirâtres ; avant-derniers articles plus de deux fois aussi longs que larges. Long. à peine 2ᵐᵐ. **Interstitialis**, Ruthe.

Patrie : Allemagne (Berlin) ; Suède (Lund).

—— Nervure postérieure non interstitiale ; nervure médiane brisée en angle, comme d'ordinaire, au-dessus de la deuxième cellule discoïdale.   **17**

17   Stigma très étroit, son épaisseur n'égalant pas même la longueur de la courte première abscisse de la nervure radiale ; deuxième abscisse un peu arquée. ♂ Noir ; mandibules d'un rouge obscur ; palpes d'un brunâtre pâle. Antennes pâles à la base en dessous, aussi longues que le corps. Métathorax imparfaitement aréolé. Ailes étroites, subhyalines ; stigma et nervures d'un brunâtre-pâle ; côte, radicules et écaillettes brunes ; cellule radiale lancéolée ; nervure radiale presque droite. Pattes d'un jaune de paille. Abdomen à peine plus long que le thorax ; premier segment étroit, presque linéaire, marqué de stries éparses. Femelle inconnue. Long. 1 1/2.

Leptostigmus, Ruthe.

Obs. — Selon Ruthe, cette espèce, au premier coup d'œil, correspond au *B. exilis*, Nees (V. Espèces douteuses, n° 3), probablement une petite variété du *B. trivialis*, Hal. (V. n° 15) ; mais elle en diffère par l'étroitesse insolite du stigma et de la cellule radiale.

M. Thomson préférerait la réunir au *B. mamillanus*, Ruthe (V. n° 12), dont elle pourrait être le ♂
inconnu.

PATRIE : Allemagne (Berlin).

——— Stigma de largeur ordinaire ; deuxième abscisse de la nervure radiale droite. Noir ou noirâtre. Tête un peu plus large que le thorax,
lisse ; face aplatie, à surface inégale, indistinctement carénée au milieu ; épistome, large, court
souvent en partie brunâtre ; joues et palpes rougeâtres. ♀ Antennes aussi longues que les deux
tiers du corps, filiformes ou à peine épaissies
vers l'extrémité, noirâtres avec la base plus pâle,
de 17 articles, dont les 4 avant-derniers arrondis.
Scutellum lisse. Sillon des mésopleures large,
peu profond, rugueux-ponctué. Métathorax en
pente légère, ponctué-rugueux, faiblement caréné, les deux aréoles supérieures à peine distinctement séparées. Ailes étroites, allongées,
légèrement enfumées ; stigma, nervures, radicule, et écaillettes brunâtres ; stigma quelquefois jaunâtre. Pattes grêles, d'un testacé brunâtre, celles de derrière plus sombres, parfois
noirâtres avec les trochanters et les tarses testacés. Abdomen à peine aussi long que la tête
et le thorax ; premier segment à peu près linéaire, très finement ruguleux-ponctué, plus ou
moins distinctement bicaréné à la base, finement rebordé ; tubercules parfois un peu saillants. Tarière ordinairement un peu plus
courte que l'abdomen, testacée, brune dans le
milieu.

♂ Semblable ; antennes sétiformes, aussi longues que le corps, de 19 articles cylindriques,
dont les avant-derniers deux fois aussi longs
que larges. Ailes plus amples que celles de la
♀ ; pattes de teinte moins claire, tous les tarses
noirâtres. Long. 3-3 1/3ᵐᵐ.

Ruthe énumère cinq variétés de la ♀, mais j'en ai supprimé la quatrième, qui ne diffère pas essentiellement de la troisième.

Var. 1. Tarière un peu plus longue que l'abdomen ; premier segment de l'abdomen plus convexe et plus luisant, bicaréné à la base.

Var. 2. Tarière plus longue que l'abdomen ; premier segment densément ruguleux-ponctué, mat, caréné ; pattes d'un testacé obscur, celles de derrière les plus sombres.

Var. 3-4. Tarière de la longueur de l'abdomen ; premier segment faiblement bicaréné ; antennes rougeâtres jusqu'au milieu ; pattes de derrière à peine plus sombres que les antérieures.

Var. 5. Face, poitrine, pleures, métathorax, premier segment abdominal et pattes d'un rouge plus ou moins obscur ; semblable, quant à la coloration, au *B. tripudians* (V. nᵒ 10).

Errans, NEES.

18	Antennes de 17-18 articles.	**19**
—	Antennes de 20 articles.	**21**
19	Thorax noir.	**Mamillanus**, v ır (V. nᵒ 12).
—	Thorax en grande partie rouge.	**20**

20 Tarière de la longueur du corps. ♀ Noire; pronotum et mesonotum rouges. Tête cubique. Antennes rouges, assombries au sommet, de 17 articles, moniliformes vers l'extrémité. Pronotum avancé. Mésothorax parsemé de poils épars, blanchâtres, à sillons profonds. Métathorax armé de chaque côté d'une épine dressée, assez forte. Ailes presque sans nervation, rabougries,

moins longues que le métathorax. Pattes rouges, celles de derrière épaissies, allongées. Abdomen fortement comprimé. Tarière légèrement
incourbée. Mâle inconnu. Long. 2 1/2^{mm}.

Spinifer, Thomson.

Obs.— Il ne diffère de mon B. aptenodytes, décrit
dans la monographie des Braconides britanniques,
que par la longueur de la tarière. Je suis presque
certain que les deux espèces doivent être réunies et
rapportées l'une et l'autre au B. mamillanus (V. n°
12), en qualité de formes microptères.

Patrie : Suède (Palsjœ).

—   Tarière très courte.   **Mamillanus**, var. (V. n° 12).

21   Cuisses de derrière annelées de noirâtre; tarière de la longueur de l'abdomen. ♀ D'un
noir de poix; deuxième segment de l'abdomen
rougeâtre, ainsi que les parties de la bouche.
Tête en cube arrondi. Antennes ferrugineuses,
noirâtres à l'extrémité; avant-derniers articles
moins longs, et article apical plus gros que
chez B. ruficornis (V. n° 8); toutefois les antennes sont plus analogues à celles de ruficornis qu'à celles de maculipes (V. n° 9), et d'une
coloration semblable. Métathorax à peu près
cubique, tronqué en arrière, densément granulé. Ailes raccourcies, étroites, teintées de
brun; stigma et nervures noirâtres; radicule et
écaillettes jaunâtres. Pattes plus courtes, et
d'un rouge plus obscur que chez ruficornis;
cuisses de derrière noirâtres avant l'extrémité;
base des hanches de derrière et dernier article
de tous les tarses noirâtres. Abdomen court,
comprimé; premier segment occupant à peine
le tiers de sa longueur totale, plus épais que
chez ruficornis, avec les tubercules moins sensibles. Tarière aussi longue que l'abdomen.
Mâle inconnu. Long. 2 1/2^{mm}; Env. 3 1/2^{mm}.

Var. ♀. Mesonotum et scutellum rougeâtres.

Ambulans, Haliday.

Obs. — Cette espèce est restée inconnue depuis le temps de Curtis et de Haliday, dont j'ai reproduit la description. Elle représente probablement la forme microptère soit de *B. ruficornis*, soit de *B. maculipes*, mais je n'ai pu l'identifier plus exactement.

Patrie : Angleterre.

ESPÈCES DE BLACUS DOUTEUSES
OU IMPARFAITEMENT DÉCRITES

1. **Diversicornis**, Nees, 1834. ♀ Noire; pubescente; deuxième segment de l'abdomen brunâtre. Antennes épaisses, rouges, noires vers l'extrémité; articles terminaux presque globuleux. Métathorax tronqué postérieurement. Ailes, par comparaison à celles de *B. ruficornis* (V. n° 8), un peu plus courtes, plus étroites, et plus obscures, à nervation plus forte. Pattes rouges. Abdomen ovalaire, comprimé. Tarière aussi longue que le tiers de l'abdomen. ♂ Semblable; antennes subsétiformes, noires; articles 2-3 rouges. Ailes plus amples. Long. 2-2 1/2^{mm}. (*Bracon diversicornis*, Nees).

Patrie : Allemagne (Sickershausen et montagnes de la Bohême).

2. **Humilis**, Nees, 1834. ♀ Noire; parties de la bouche testacées; palpes très pâles. Antennes brunâtres avec les deux premiers articles noirs; aussi longues que la moitié du corps. Ailes hyalines; stigma et nervures d'un testacé pâle. Pattes testacées. Abdomen linéaire, comprimé; premier segment presque en rectangle, rebordé latéralement, gibbeux dans le milieu du dos et ruguleux. Tarière aussi longue que la moitié de l'abdomen. ♂ Semblable; antennes de la longueur du corps, pubescentes; parties génitales sortant visiblement de l'extrémité tronquée de l'abdomen. Long. 2^{mm}.

Obs. — Dans son supplément l'auteur rapporte à cette espèce le *Bracon humilis*, Bouché; cependant il est douteux que ce dernier appartienne au genre actuel, car Bouché l'avait vu éclore en grand nombre du Lépidoptère *Hadena oleracea*, L.; origine en contradiction avec ce qu'on connait des habitudes des *Blacus*.

Patrie ; Allemagne (Sickershausen).

3. **Exilis**, Nees, 1834. Très ressemblant au précédent, mais plus petit. ♀ Noire; palpes d'un brunâtre pâle; mandibules

noires ; articles inférieurs (*basilaires?*) des antennes moins allongés, par rapport aux autres, que chez *B. humilis*. Ailes hyalines;
stigma et nervures d'un testacé pâle. Pattes testacées ; hanches,
du moins les postérieures, largement noirâtres à la base ; cuisses
de derrière plus obscures au milieu que celles de *B. humilis* ;
tarses à extrémité noirâtre. Abdomen linéaire, oblong, comprimé. Tarière aussi longue que les deux derniers segments de
l'abdomen. ♂ Semblable ; hanches de derrière plus largement
noires. Long. 1ᵐᵐ.

PATRIE : Allemagne (Sickershausen).

4. **Florus**, GOUREAU, 1848. ♀ Noire, luisante. Antennes de 25
articles, testacées à premier article noir, les derniers bruns, les
intermédiaires de plus en plus tachés de brun à l'extrémité supérieure ; troisième article long, cylindrique ; les suivants diminuent graduellement de longueur et finissent par devenir moniliformes. Ailes légèrement lavées de jaune, à nervures jaunes ;
cellule radiale grande, atteignant le bout de l'aile ; deux cellules
cubitales, la première grande, presque carrée, mais un peu en
trapèze, la deuxième incomplète ; première cellule discoïdale à
peu près carrée, aussi grande que la première cubitale. Pattes
testacées; crochets des tarses bruns. Abdomen ovoïde, allongé,
atténué en pédicule. Tarière un peu saillante. ♂ Inconnu.
Long. 4ᵐᵐ.

> OBS. — Toute la description ramène l'insecte à *B. tuberculatus*,
> Wesm. (V. n° 2), qui seul présente 25 articles dans les antennes. Gou-
> reau le croyait d'abord parasite du diptère *Agromysa nana*, Meig.,
> mais plus tard il reconnut l'impossibilité de cette origine, vu le volume
> du parasite, par rapport aux larves de la mouche ; il faut donc avoir
> recours à quelque autre hypothèse.

PATRIE : France.

5. **Fuscipes**, GOUREAU, 1861. ♂ Noir, luisant. Antennes de 25
articles, dont les 15 derniers moniliformes. Palpes noirs. Thorax
ovalaire, de la largeur de la tête ; métathorax arrondi, chagriné.
Ailes hyalines, à nervures et stigma noirs ; cellule radiale lancéolée; deux cellules cubitales, dont la première reçoit la nervure récurrente. Pattes brunes, à hanches noires. Abdomen aussi
long que le thorax, ovalaire, aminci aux deux extrémités, à premier segment presque carré, un peu rétréci à la base, strié en
long; les autres lisses, luisants. ♀ Inconnue. Long. 3ᵐᵐ.

> OBS. — Bien que les antennes de cette espèce aient le même nombre
> d'articles que celles de *B. florus*, on ne peut pas la rapporter à *B. tu-*
> *berculatus*, Wesm., à cause de plusieurs petites différences, comme
> la couleur des palpes, des ailes et des pattes : elle n'appartient pas,
> peut-être, au genre *Blacus*. Selon Goureau, la larve du coléoptère
> *Scolytus rugulosus*, Ratz., est atteinte dans sa galerie sur les vieux
> pommiers par ce parasite, qui fait périr un grand nombre de victimes,
> chaque femelle de *Blacus* en détruisant autant qu'elle a d'œufs à
> pondre.

PATRIE : France.

6. Brachialis, Rondani, 1877. Noir ; antennes presque nues, plus longues que le corps, de 40 articles, à peu près. Ailes presque hyalines ; nervure radiale légèrement arquée, se terminant avant l'extrémité de l'aile. Pattes d'un brunâtre obscur, ou noirâtres, avec les cuisses et les tibias de devant en partie rougeâtres. Sexe et taille non indiqués. L'auteur n'en dit pas davantage, si ce n'est que l'insecte vit dans la larve du diptère *Chlorops tæniopus*, Meig. Il ne peut pas rentrer dans le genre *Blacus* à cause de la conformation des antennes.

Patrie : Italie.

On fait mention dans les Ann. Soc. ent. de France (1877, p. 411) d'un *B. exocentri*, Giraud, mais sans en donner la description ; selon Giraud ce parasite infeste le longicorne *Exocentrus punctipennis*, Muls.

5ᵉ Tribu. — Liophronidæ

Caractères. — Palpes maxillaires de 5, labiaux de 3 articles. Sillons du mesonotum tantôt nuls, tantôt distincts. Ailes à deux cellules cubitales, conformées à peu près comme chez la tribu précédente, mais la nervure radiale est toujours arquée, et sa première abscisse beaucoup plus courte que l'épaisseur verticale du stigma. Abdomen subsessile, en ovale convexe ; deuxième suture effacée ; segments apicaux de la ♀ pliés en bas, de sorte que la courte tarière prend une direction vers la tête.

Nees von Esenbeck, le fondateur du genre *Liophron*, en a indiqué trois espèces, qui appartiennent de nos jours à autant de genres distincts ; *L. falcatus* aux *Pygostolus*, *L. ater* aux *Liophron* et *L. clavipes* inconnu, mais réclamant peut-être un genre particulier, à cause de son abdomen rebordé. Wesmael a décrit quatre espèces, parmi lesquelles figure comme type un prétendu *L. ater*, Nees ; mais cet insecte est plutôt le *Bracon lucidator*, Nees. Ces quatre espèces forment les deux genres *Ancylus* et *Centistes*, de Haliday, qui supprima dans ses derniers ouvrages le mot *Ancylus* et réintégra à sa place le nom original *Liophron*. On trouve dans le Berliner Zeitschrift de 1862 un utile mémoire de Reinhard sur les genres *Liophron* et *Centistes*, accompagné de diagnoses spécifiques. Foerster, dans son « Synopsis », a créé un peu de confusion en appliquant aux *Centistes* le nom de *Liophron*, et en citant pour type le *L. ater*, Nees (*Ancylus excrucians*, Hal.) ; ce type doit être le *L. ater*, Wesm. Quant aux *Liophron* (*Ancylus*) de Haliday, Foerster en a fait deux nouvelles divisions, *Ancylocentrus*, renfermant (encore une fois) *Ancylus excrucians*, Hal. dont les crochets tarsaux sont bifides, et *Allurus*, contenant *Ancylus muricatus*, Hal., aux crochets simples. Le caractère tiré des crochets est interverti dans les deux genres, et en outre il n'est qu'une distinction sexuelle. Un troisième genre de Foerster, *Syrrhizus*, reste sans description.

Les *Liophronidæ* terminent la série des Polymorphes caractérisés par deux cellules cubitales conjointement avec un abdomen sessile ou subsessile. Il n'y a qu'une espèce qu'on rencontre communément, le *Centistes lucidator*, Nees ; les autres se trouvent occasionnellement dans les bois et parmi les diverses espèces de champignons bâtards. Pour éclaircir le mystère qui plane sur leurs premiers états, il faudrait élever en nombre les larves fongivores de tout ordre, dans l'espérance d'obtenir de ces parasites obscurs.

Les huit espèces décrites se rapportent à deux genres :

Sillons du mesonotum distincts.	G. 1. **Liophron**, Nees.
Sillons du mesonotum effacés.	G. 2. **Centistes**, Haliday.

Iᵉʳ GENRE. — LIOPHRON, Nees, 1819

λεῖος lisse, doux ; φρήν esprit, âme (l'étymolologie donnée par Nees lui-même est inadmissible)

Antennes un peu plus courtes ou plus longues que le corps, de 24 à 33 articles cylindriques et très serrés. Première cellule cubitale séparée de la première discoïdale, qui se dégage nettement du parastigma ; deuxième discoïdale entr'ouverte à l'extrémité ; nervure récurrente interstitiale ; nervure cubitale faiblement tracée ; stigma en ovale acuminé. Hanches de derrière souvent prolongées en saillie dentiforme ; crochets des tarses tantôt simples dans les deux sexes, tantôt bifides chez la ♀. Abdomen vu d'en haut elliptique, subsessile, convexe, comprimé à l'extrémité chez la ♀ ; premier segment court, portant les tubercules près de la base ; segments 2-3 pris ensemble beaucoup plus longs que le premier, lisses et luisants ; les suivants courts mais distincts ; bord postérieur du troisième arceau ventral et des suivants, souvent bidenticulé. Tarière courte, arquée, inclinée un peu vers le bas et dirigée en avant ; ses valves élargies, cultriformes. Le corps est noir et assez brillant, souvent plus ou moins rouge au milieu de l'abdomen, sur les côtés ; les téguments sont durs.

Outre les six espèces européennes, j'en trouve dans les listes de M. Cresson une seule transatlantique, provenant du Canada.

1   Premier segment de l'abdomen à peu près carré, non rétréci à la base ; crochets des tarses bifides chez la ♀, simples chez le ♂.   **2**

—   Premier segment plus long que large, rétréci à la base ; crochets des tarses simples dans les deux sexes.   **4**

2   Abdomen en partie rouge.   **3**

—   Abdomen noir en entier. **Muricatus**, var. (V. n° 3).

3   Hanches de derrière armées en dessous d'une dent obtuse, verticale, et assez forte : arceaux du ventre, à partir du troisième, bidenticulés sur leur tranche postérieure ; deuxième segment de l'abdomen totalement rouge, ainsi que la surface inférieure et les côtés du troisième. ♀ Noire, brillante ; pubescente, notamment en dessous. Mandibules et quelquefois l'épistome rougeâtres. Palpes testacés. Antennes un peu plus longues que le corps, plus ou moins rouges à la base, de 30 à 31 articles. Poitrine revêtue d'un épais duvet velouté. Métathorax convexe, finement ruguleux, mat, portant à la base, de chaque côté, un espace lisse mal dé-

terminé. Ailes hyalines ; stigma d'un brun noirâtre ; nervures plus pâles ; radicules et écaillettes d'un jaunâtre obscur. Pattes épaisses, allongées, rouges ; base des hanches de derrière,
sommet des tibias de la même paire, et leurs
tarses, assombris ; tarses de derrière plus longs
que les autres. Premier segment de l'abdomen
un peu rugueux en long, particulièrement vers
les bords, lisse au milieu de l'extrémité ; impressionné transversalement de chaque côté au-
dessus du milieu ; les bords un peu dilatés très
près de la base, à l'emplacement des stigmates ;
deuxième segment ferrugineux, souvent plus
ou moins noir au milieu du disque ; troisième
noir avec les côtés ferrugineux, et cette teinte
s'étend sur le ventre, qui porte en cet endroit
deux denticules aigus dirigés en arrière, un peu
écartés entre eux ; on voit de pareils denticules,
mais de plus en plus faibles, sur la surface ventrale des segments suivants, qui sont totalement noirs. Tarière très courte, ses valves arrondies, ferrugineuses, en forme d'écailles, et
hérissées de longs poils. Mâle inconnu.

Long. 2-3 1/3ᵐᵐ ; Env. 3-5ᵐᵐ.

Var. ♀. Abdomen entièrement noir. Wesmael.   **Muricatus**, Haliday.

Patrie : Angleterre ; Belgique ; France (Lokmariaker en
Bretagne) ; rare partout.

—

Armature des hanches de derrière plus faible ;
arceaux du ventre à peine bidenticulés ; abdomen totalement noir en dessus, d'un rouge
obscur sur les côtés. Peut-être n'avons-nous ici
qu'une variété du précédent ; il se distingue cependant par les particularités suivantes. Taille
ordinairement plus grande ; les parties rouges
plus obscures ; antennes de 31 à 33 articles ;

abdomen plus long et plus grêle; deuxième
segment noir ou d'un brun de poix en dessus;
côtés de tous les segments et ventre en entier
ferrugineux. Le ♂, qui m'est inconnu en nature,
diffère, selon Reinhard, en ce que les crochets
des tarses sont simples, et l'abdomen sans
courbe.

    Long. 4^{mm}; Env. 7 1/2^{mm}.   **Lituratus**, Haliday.

Patrie : Angleterre; Belgique.

4   Ventre denticulé. ♀ Noire, y compris l'abdomen. Parties buccales d'un rouge testacé; palpes plus pâles. Antennes à peine plus longues
que le corps, de 24 à 25 articles, plus ou moins
rouges en dessous vers la base. Ailes comme
chez *L. muricatus* (V. n°3). Pattes d'un testacé
rougeâtre; hanches de derrière mutiques, plus
ou moins noirâtres en dessus; crochets des tarses simples, noirâtres. Premier segment de
l'abdomen plus long que large, s'élargissant
insensiblement depuis la base jusqu'à l'extrémité, qui est presque deux fois aussi large que
celle-là; finement aciculé, à tubercules peu distincts; segments suivants lisses et luisants. Tarière très courte, arquée; ses valves testacées,
♂ Semblable; abdomen plus étroit; antennes
plus longues; selon Nees, de 25 (i. e. de 24) articles.

    Long. 3^{mm}; Env. 6^{mm}.   **Ater**, Nees.

    Obs. — Nees von Esenbeck a capturé les deux
sexes *in copula* dans son jardin à Sickershausen.

Patrie : Allemagne (Franconie); Angleterre.

—— Ventre inerme.   **5**

5   Hanches noires. ♀ Plus robuste que le précédent; corps noir. Mandibules d'un rouge testacé, à extrémité noirâtre. Palpes pâles. Anten-

nes de 26 articles environ, d'un rouge obscur à
la base en dessous. Sillons mésothoraciques
peu profonds, s'effaçant en arrière. Métathorax
court, faiblement ruguleux, un peu luisant. Ailes obscurément hyalines ; stigma et nervures
noirâtres ; radicules jaunâtres ; écaillettes brunes ; cellule radiale allongée, étroite à la base
et encore plus atténuée vers l'extrémité. Pattes
d'un rouge jaunâtre ; hanches mutiques ; tarses
noirâtres, excepté à la base. Abdomen un peu
déprimé ; premier segment aciculé, plus épais
que celui du *L. ater*, rétréci à la base, excepté
auprès des tubercules, où il devient presque
aussi large qu'à l'extrémité ; ventre aplati, sans
denticulation aux bords des segments. ♂ Semblable ; antennes pas plus longues que le corps,
de 25 articles, chez mon unique exemplaire.
Les quatre tibias postérieurs rayés de noirâtre
en dessus ; ceux de derrière un peu assombris
au sommet.

Long. 3ᵐᵐ ; Env. 6ᵐᵐ.   **Edentatus**, HALIDAY.

Obs. — Forme de transition, tirant sur les *Centistes* par la structure du thorax. Nul n'a pu retrouver
la ♀ depuis Haliday, qui remarqua à propos de ses
deux exemplaires en mauvais état, que l'aplatisse-
ment de l'abdomen était peut-être le résultat de
quelque meurtrissure.

PATRIE : Angleterre.

———

Hanches rouges. Noir ; mandibules et palpes
rouges. Face finement rugueux-ponctuée, plus
lisse dans le milieu, qui s'élève presque en forme de carène. ♀ Antennes un peu plus courtes
que le corps, d'un rouge brunâtre obscur, noirâtres en dessus et vers l'extrémité. Métathorax
court, obliquement tronqué en arrière, rugueux,
plus luisant en dessus. Pattes entièrement rouges ; hanches mutiques. Premier segment de

l'abdomen un peu plus long que sa largeur
apicale, légèrement rétréci vers la base, striolé,
plus lisse dans le milieu ; tubercules peu saillants. Arceaux du ventre non denticulés. ♂ Semblable ; antennes plus longues que le corps.

Long. 4 1/2-5ᵐᵐ.   **Saxo**, Reinhard.

Patrie : Allemagne (Dresde).

ESPÈCE DOUTEUSE DE LIOPHRON

1. Clavipes, Nees. 1834. ♀ Entièrement ferrugineuse, avec
la tête et le métathorax un peu plus obscurs. Corps légèrement
pubescent. Tête moins large que le thorax. Antennes très minces, filiformes, un peu plus courtes que le corps ; avant-derniers
articles allongés. Mesonotum légèrement déprimé ; sillons ordinaires nettement tracés. Scutellum triangulaire, précédé d'une
fossette de même forme. Métathorax faiblement ruguleux, surmonté d'une carène obtuse. Ailes hyalines ; nervures testacées ;
stigma noirâtre. Pattes assez courtes, d'un rouge jaunâtre ; toutes les cuisses un peu plus obscures, épaissies, subclaviformes.
Abdomen un peu plus long et plus large que la tête et le thorax,
également rétréci aux deux bouts, convexe en dessus, rebordé de
tous côtés par une ligne enfoncée ; premier segment conique,
s'élargissant de la base à l'extrémité, élevé au milieu du disque,
lisse avec quelques stries seulement vers l'extrémité, ses côtés
déclives, striolés ; segments 2-3 pris ensemble très grands, enflés
latéralement vers la base, leur bord postérieur sinué au milieu ;
extrémité de l'abdomen aiguë, recourbée ; ventre concave. Tarière cachée. Mâle inconnu. Long. 2 1/2ᵐᵐ.

Patrie · Italie (Turin). Nees possédait deux exemplaires provenant de
l'ancienne collection Bonelli.

2ᵉ GENRE. — CENTISTES, Haliday. 1835

λεντίστήϛ, erreur pour κεντητήϛ, celui qui pique

Caractères des *Liophron*, mais le mesonotum est lisse, sans
trace de sillons. Le nombre des articles antennaires est le même

chez les deux sexes. Abdomen de la ♀ obovale, convexe, replié à l'extrémité ; chez le ♂ il est droit et un peu déprimé ; premier segment plus long que large, rétréci à la base, sans tubercules sensibles. Tarière courte, subulée, dirigée en avant.

Il n'y a que deux espèces décrites, propres à la faune européenne ; d'autres que j'ai vues, provenant de l'Amérique et portant le nom de *Centistes*, n'appartiennent pas au genre actuel.

1   Antennes aussi longues ou plus longues que le corps, de 24 articles, dont les 2-3 premiers testacés en dessous ; pattes testacées. ♀ Noire, brillante ; mandibules et quelquefois l'épistome testacés ; palpes très pâles. Face carénée dans le milieu. Mesonotum gibbeux, lisse et très brillant. Métathorax légèrement ruguleux, portant à la base, de chaque côté, un espace luisant, et un pareil espace à l'extrémité. Ailes hyalines ; nervures et stigma bruns, radicule et écailettes d'un jaunâtre obscur. Tibias postérieurs noirâtres vers l'extrémité ; leurs tarses noirâtres. Premier segment de l'abdomen ariculé, portant deux carènes latérales et une médiane qui n'atteint ni la base ni l'extrémité ; segments suivants très lisses et luisants. Tarière aussi longue que le premier segment, cachée au repos ; ses valves noires, aiguës, lancéolées. ♂ Semblable ; antennes plus longues ; abdomen droit.

Long. 2-2/3ᵐᵐ ; Env. 4-5 1/3ᵐᵐ. **Lucidator**, Nᴇᴇs.

Pᴀᴛʀɪᴇ : Allemagne ; Angleterre ; France ; Russie ; espèce commune.

———— Antennes de moitié moins longues que le corps, de 19 articles, épaisses, filiformes, noirâtres en entier ; pattes brunes. ♀ Corps plus court et plus ramassé que celui du précédent ; noir, luisant. Mandibules rouges. Palpes bruns. Mesonotum lisse, gibbeux. Métathorax légèrement ruguleux, surmonté d'une carène médiane, transversale, plus ou moins distincte.

Ailes plus courtes que chez *lucidator*, enfumées ; nervures et stigma noirâtres ou rougeâtre obscur ; celui-ci court, élargi, triangulaire. Pattes épaisses, brunes, avec les cuisses et les tibias de devant quelquefois roussâtres, les quatre postérieurs toujours obscurs ; genoux plus pâles ; articles des tarses raccourcis. Abdomen en ovale oblong ; premier segment plus large que chez *lucidator*, striolé, plus lisse vers le milieu de son extrémité ; ventre comprimé. Tarière aussi longue que le quart de l'abdomen, cachée au repos ; ses valves noires, subcylindriques, arrondies au sommet. ♂ Semblable.

Long. 2ᵐᵐ. Env. 4ᵐᵐ. **Fuscipes**, Nees.

Obs. — Ces insectes sont assez rares ; lorsqu'on les rencontre, c'est sur les fleurs en ombelle, et plusieurs ensemble, au bord des forêts.

Patrie : Allemagne ; Belgique ; Angleterre ; Russie.

6° Tribu. — Ichneutidæ

Caractères. — Palpes maxillaires de 5, labiaux de 4 articles. Sillons du mesonotum distincts. Trois cellules cubitales aux ailes antérieures, dont la première reçoit la nervure récurrente ; deuxième petite, trapéziforme, à peu près de même grandeur que le stigma chez les *Ichneutes*, plus petite chez les *Proterops* ; cellule radiale très courte, subtriangulaire ; métacarpe pas plus long que le stigma ; cellules costale et médiane d'égale longueur ; nervure postérieure non interstitiale. Cellule médiane des ailes inférieures de moitié moins longue que la costale. Abdomen sessile, déprimé, subclaviforme, montrant en dessus 7-8 segments. Tarière visible, mais ne dépassant pas l'extrémité du dernier segment.

Cette tribu ne comprend jusqu'ici que quatre espèces de notre faune, et autant qui sont propres à l'Amérique, formant deux genres bien tranchés. Ils sont dans un isolement complet par l'ensemble de leurs caractères, et particulièrement par la nervulation. Ces insectes sont peu communs, à allures tardives et inertes, recherchant les larves de certaines mouches à scie, contre lesquelles un oviducte allongé n'est pas nécessaire.

TABLEAU DES GENRES

Première abscisse de la nervure radiale beaucoup plus courte que la deuxième; deuxième cellule cubitale plus large que longue, son côté supérieur beaucoup plus long que la deuxième nervure transverso-cubitale; nervure radiale des ailes inférieures confondue avec la cubitale; ocelle de devant situé, comme d'ordinaire, à une certaine distance de la base des antennes.   G. 1. **Ichneutes**, Nees.

Première abscisse plus longue que la deuxième; deuxième cellule cubitale plus longue que large, son côté supérieur plus court que la deuxième nervure transverso-cubitale; nervure radiale des ailes inférieures séparée de la cubitale; ocelle de devant situé entre les antennes par suite de l'abréviation du front.   G. 2. **Proterops**, Wesmael.

Iᵉʳ GENRE. — ICHNEUTES, Nees, 1816

Ἰχνευτής, suivant à la trace, chasseur

Tête transversale, aussi large que le thorax; occiput non rebordé; face carrée; épistome arqué en arrière, droit sur la tranche de devant, presque plan; mandibules larges, bidentées. Antennes sétiformes, presque de même longueur chez les deux sexes. Thorax court; mesonotum élevé. Ailes amples; deuxième cellule discoïdale presque aussi grande que la première; cellule radiale courte, triangulaire, éloignée du bout de l'aile. Pattes courtes, épaisses; tibias de derrière subclaviformes, à éperons très courts. Abdomen aussi long que le thorax ; premier segment s'élargissant de la base à l'extrémité ; segments suivants insensiblement plus larges, le dernier, chez la ♀, saillant au milieu de son extrémité qui forme un petit angle.

Je reconnais maintenant trois espèces de ce genre, quoique Wesmael ait réuni son *I. brevis* à l'*I. reunitor*, Nees : Ratzeburg a bien décrit l'*I, brevis*, seule espèce à lui connue et qui se trouve aussi en Angleterre. La troisième espèce me reste inconnue. Le genre se retrouve en Amérique, mais les espèces ne sont pas plus nombreuses que celles de l'Europe.

1   Face ruguleuse ; mésopleures en grande partie granulées et mates ; ailes hyalines.   2

—   Face et mésopleures entièrement lisses ; ailes enfumées. ♀ Noire ; parties buccales d'un testacé rougeâtre. Tête lisse et luisante. Bord supérieur de l'épistome en bourrelet très saillant, séparé de la face par une impression transversale qui s'élargit de chaque côté en une fosse profonde. Face surmontée dans toute sa longueur d'une forte carène aiguë. Antennes noires avec les quatre premiers articles d'un fauve testacé. Côtés de la poitrine entièrement lisses. Métathorax rugueux, terne, traversé d'un bout à l'autre dans le milieu par une aréole presque linéaire. Ailes obscures, traversées par une bande hyaline irrégulière, vis à vis du stigma ; celui-ci est noir, assez épais, arrondi intérieurement ; première cellule cubitale plus large, et deuxième tout à la fois plus large et plus courte que chez les espèces suivantes ; nervure radiale droite. Ailes inférieures sans échancrure ni dilatation au côté interne près de la base ; extrémité de la cellule médiane presque contiguë au bord. Pattes entièrement d'un fauve testacé. Premier segment de l'abdomen chargé

de deux carènes marginales, partant de la base,
qui s'écartent entre elles jusque vers le tiers
du segment, où elles font de chaque côté un
tubercule saillant, pour se rapprocher ensuite
insensiblement jusqu'à l'extrémité ; l'espace
compris entre ces carènes est luisant, et il est
interrompu un peu au-dessous des tubercules
par une légère élévation transversale ; les bords
sont très rugueux ; les segments postérieurs
sont lisses. ♂ Inconnu. Long. 2 1/2ᵐᵐ. **Levis**, Wesmael.

> Obs. — La description est empruntée à Wesmael,
> qui n'avait qu'un seul exemplaire. Brischke signale
> l'*I. levis* comme étant provenu des galles de *Nema-*
> *tus viminalis*, L.

Patrie : France (Lille); Allemagne.

2   Antennes de 31 à 32 articles ; abdomen, à
partir de la base du troisième segment, non entièrement lisse. Noir ; abdomen quelquefois un
peu brunâtre dans le milieu ; corps pubescent,
à poils gris. Face pubescente, portant sur sa
partie supérieure une courte carène peu prononcée. Joues, vertex et front granulés. Palpes
et milieu des mandibules testacés. Antennes ♂♀
aussi longues que le corps. Métathorax court,
étroit, rugueux, irrégulièrement bicaréné, les
carènes renfermant une aréole médiane oblongue et peu distincte. Stigma et nervures d'un
brun-foncé ; nervure radiale légèrement arquée ;
deuxième nervure transverso-cubitale très
courte, décolorée ; cellule médiane des ailes inférieures éloignée du bord postérieur. Pattes
d'un testacé rougeâtre ; hanches ordinairement
noires. Premier segment de l'abdomen rugueux, rebordé, surmonté de deux carènes
écartées à la base et convergeant vers l'extrémité ; deuxième segment ponctué-rugueux ; portant à la base un commencement de carène qui

n'atteint pas le milieu; troisième également
ponctué-rugueux; quatrième et suivants plus
lisses, vaguement ponctués. Valves de la tarière
coniques. ♂ Semblable; premier segment de
l'abdomen plus allongé, plus rétréci à la base.
Long. 3-5ᵐᵐ; Env. 6-10ᵐᵐ.

Var. ♂ Antennes, hanches et milieu de l'ab-
domen testacés.   **Reunitor**. Nees.

OBS. — Je crois avoir ici décrit le véritable *reunitor*, Nees, à cause du nombre des articles des antennes précisé par cet auteur. Le *reunitor*, Wesm.
semble appartenir plutôt à l'espèce suivante, puisque
Wesmael dit que les deux insectes se ressemblent
tellement entre eux, qu'il hésitait longtemps à les
séparer, et que, dans son Supplément, il se décida
à les réunir; il aurait dû trancher la question en
énumérant les articles des antennes. Par suite de
cette confusion d'espèces, il résulte que les quelques
cas de parasitisme cités par les auteurs peuvent s'attribuer indifféremment au *reunitor* ou au *brevis*;
les éducations faites par Hartig se rapportent certainement à ce dernier. C'est donc avec quelque incertitude que je donne le *reunitor* pour parasite des
Nematus septentrionalis L., *frigidus* Boh. et sa-
licis L.

PATRIE : L'espèce est peu commune, mais très répandue
         depuis les régions arctiques jusqu'à la Médi-
         terranée; on l'a capturé en Spitzberg, Angle-
         terre, Hollande et Italie.

—

Antennes de 24 à 25 articles; abdomen, à
partir de la base du troisième segment, com-
lètement lisse. Corps couvert d'une éparse pubescence grise. ♀ Noire; face rugueuse, surmontée vers le haut d'une petite carène aiguë
et lisse; palpes bruns. Antennes à peine aussi
longues que le corps, brunes à la base, noirâtres
vers le sommet. Métathorax rugueux, presque
réticulé, chargé d'une faible carène médiane
qui se bifurque près de la base, en émettant
deux branches divergentes, lesquelles renferment une aréole ovale, indistincte. Ailes hya-

lines; nervures, stigma et écaillettes d'un brun foncé; troisième abscisse de la nervure radiale à peine arquée. Pattes d'un testacé rougeâtre-obscur, toutes les hanches, ainsi que les trochanters de devant noirâtres; cuisses et tibias plus ou moins rayés de noirâtre en dessus; tibias de derrière sinués au côté postérieur. Premier segment de l'abdomen rugueux presque en stries, plus court et plus large que le *reunitor*, portant deux carènes écartées à la base, et qui, se rapprochant insensiblement, se rejoignent à l'extrémité; l'entre-deux de ces carènes est élevé; deuxième segment également rugueux; les suivants entièrement lisses et luisants. ♂ Semblable; cuisses et tibias sans rayure noirâtre; dernier segment de l'abdomen beaucoup plus long que le précédent, avec une impression transversale avant l'extrénité. Long. 2 2/3-3ᵐᵐ; Env. 5 1/3-6ᵐᵐ.   **Brevis**, Wesmael.

Obs. — Hartig éleva les deux sexes des galles de *Nematus viminalis*, L. sur *Salix aqualica*.

Patrie · Allemagne; Belgique; Angleterre.

2ᵉ GENRE. — PROTEROPS, Wesmael, 1835

πρστεροϛ, antérieur; *ὤψ*, œil; allusion à la position insolite de l'ocelle de devant

Caractères des *Ichneutes*, mais l'ocelle antérieur est situé entre les antennes, par suite de la brièveté du front. Deuxième cellule cubitale presque une fois plus courte que la première, rétrécie supérieurement. Nervure radiale des ailes inférieures fortement tracée. Pattes plus grêles; tibias de derrière droits et réguliers au lieu d'être claviformes, leurs éperons ayant la moitié de la longueur du métatarse.

Notre faune ne possède qu'une seule espèce, qui se reconnaît à sa taille supérieure, aux ailes noirâtres, et à l'abdomen orangé, caractères qui la font ressembler à un *Bracon*; en effet, on l'a jadis prise à tort pour le *B. denigrator*, F. Il existe en Amérique une seconde espèce du genre, décrite par Cresson, le *P. californicus*.

— Noir, luisant, pubescent; abdomen d'un jaune safrané. Face impressionnée de chaque côté, au-dessus de l'épistome, d'une fossette profonde. Palpes et mandibules noirs. Antennes épaisses, grossissant un peu vers l'extrémité, au moins d'un quart plus longues que le corps, de 34 articles chez le ♂ (la ♀ manque à ma collection). Sillons mésothoraciques lisses, profondément creusés. Métathorax court, ruguleux, terne. Ailes d'un brun très foncé, irisées, avec un trait irrégulier presque transparent, mais peu distinct, vis à vis du stigma, qui est noir, ainsi que les nervures; ailes inférieures légèrement échancrées et ensuite dilatées au côté interne de la base. Pattes noires, velues. Abdomen entièrement luisant, pointillé, à pubescence rougeâtre ; on distingue chez la ♀ 7 segments en dessus, 8 chez le ♂; premier segment s'élargissant insensiblement de la base à l'extrémité qui est deux fois aussi large que celle-là; tubercules basilaires saillants ; bord postérieur échancré; disque convexe, séparé des bords latéraux par un sillon de chaque côté; deuxième suture très profonde, non crénelée; jusqu'au quatrième segment l'abdomen s'élargit, les cinquième et sixième sont plus étroits; septième presque caché, le milieu de son extrémité saillant chez la ♀ en forme d'angle mousse un peu relevé; arrondi chez le ♂, et suivi de l'extrémité apicale du huitième segment. Tarière cachée. Long. 5 1/2ᵐᵐ. Env. 12ᵐᵐ.

Nigripennis, Wesmael.

Parasite des mouches à scie *Hylotoma enodis*, L.
et *H. atrata*, Foerst.

PATRIE : Belgique (Bruxelles); Angleterre; Ecosse; Allemagne; Italie (Canonica d'Adda); Autriche (Vienne); rare partout.

7° Tribu. — Helcontidæ

Caractères compris dans ceux de l'unique genre qui suit.

GENRE HELCON, NEES, 1819

ἕλκων, trainant; allusion aux allures lourdes et tardives de ces insectes

Palpes allongés, les maxillaires de 6, les labiaux de 4 articles. Tête épaisse, presque cubique ; front profondément et largement excavé, armé entre les antennes d'une dent verticale. Thorax cylindrique ; sillons du mesonotum distincts ; métathorax rugueux, plus ou moins aréolé. Ailes avec trois cellules cubitales, dont la première séparée de la première discoïdale ; deuxième trapéziforme ; nervure récurrente longuement rejetée ; cellule radiale lancéolée, acuminée, n'atteignant pas le bout de l'aile ; première cellule discoïdale ou contiguë, ou écartée du parastigma par un court pétiole. Cuisses de derrière renflées, souvent armées d'une forte dent en dessous. Abdomen sessile ; le premier segment fait presque la moitié de sa longueur. Tarière allongée.

Quelques détails additionnels sont nécessaires pour l'intelligence des descriptions, et pour arriver à une juste idée de ces insectes. Les antennes, dans les deux sexes, sont aussi longues ou plus longues que le corps ; elles sont situées sur le bord même de la grande excavation frontale, et se composent d'articles serrés et cylindriques. dont le troisième et le quatrième sont égaux. Epistome tantôt droit en avant, tantôt sinué ou arrondi, séparé de la face par une ligne enfoncée, terminée de chaque côté par une fossette. Mandibules fortes, obtusément bidentées. Prothorax allongé, souvent ponctué, rebordé sur les côtés ; lobe médian du mesonotum avancé, gibbeux, métathorax déprimé, tronqué postérieurement, parfois partagé en compartiments par 4-6 carènes. Ailes de grandeur médiocre ; stigma étroit, lancéolé ; deuxième cellule cubitale petite, à peine plus longue que large, parfois rétrécie vers la côte ; cellule médiane plus longue que la costale ; deuxième discoïdale complètement fermée ; nervure postérieure distincte ; cellule anale toujours divisée par une nervure axillaire (*bipartite*), et quelquefois par une nervure accessoire (*tripartite*). Pattes longues, particulièrement celles de derrière, qui ont les hanches et les cuisses renflées ; tibias épais, à éperons petits ; tarses allongés. Abdomen tantôt linéaire, tantôt un peu renflé et arrondi par derrière, aussi long mais moins large que le thorax ; premier segment très long, bicaréné et canaliculé au milieu ; segments 2-3 pris ensemble plus courts que le premier ; les suivants transversaux.

Autrefois j'associais provisoirement le genre *Cenocœlius* avec la tribu des *Helcontidæ*, parce que, n'ayant vu que deux exemplaires, je n'étais pas en mesure d'apprécier leurs affinités réelles ; maintenant, d'un examen réitéré, je suis arrivé à la conclusion qu'ils seront moins déplacés parmi les *Diospilidæ*, et ils y figureront dans le présent ouvrage.

Les *Helcon* sont des insectes robustes et de forte taille parmi les Braconides ; ils ont une certaine analogie avec les Ichneumonides des genres *Xorides* et *Xylonomus*, et cette ressemblance est rendue encore plus frappante par la conformité de mœurs qui règne parmi tous ces parasites. On trouve les *Helcon* dans les forêts de l'Europe centrale et boréale, où les femelles grimpent lentement sur les troncs des vieux arbres, à la recherche des larves de Coléoptères, presque toujours de longicornes.

Quelques espèces américaines diffèrent de celles de notre faune par leurs couleurs plus vives, ayant l'abdomen et le métathorax plus ou moins rouges ; les *Helcon* de l'Europe sont toujours sombres.

1   Cuisses de derrière armées d'une forte dent en dessous.   **2**

—   Cuisses de derrière inermes. (Genre *Gymnoscelus*, Foerst.)   **4**

2   Antennes de la ♀ et les quatre tarses postérieurs des deux sexes annelés de blanc. ♀ Noire ; face rugueux-ponctuée ; vertex déprimé, lisse, luisant, transversal. Mandibules et palpes noirâtres. Antennes de la longueur du corps, filiformes, amincies vers l'extrémité, de 29 articles, dont les 13-15 blancs. Thorax pubescent, à poils noirs, densément ponctué et mat, avec un espace lisse et brillant sur les mésopleures, audessous des ailes ; métathorax grossièrement réticulé sans ordre, surmonté de quatre carènes longitudinales, dont les deux dorsales, en se rapprochant avant la base, forment un triangle allongé ; l'intervalle de chaque paire de carènes extérieures est partagé en trois compartiments par deux carènes transversales. Ailes hyalines ; stigma et nervures noirâtres ; cellule anale tripartite ; nervure radiale des ailes inférieures droite. Pattes rouges ; les quatre hanches et trochanters antérieurs, ainsi que les tibias et les tarses de derrière noirâtres ; cuisses de devant et les quatre tibias antérieurs bruns vers la base ; tarses de devant rouges, noirâtres au sommet ; les autres tarses blanchâtres, avec la base du premier article et le dernier article en entier, ordinairement obscurs ; cuisses de derrière unidentées. Abdomen aussi long et un peu moins large que le thorax ; premier segment

plus long que les deuxième et troisième pris ensemble et occupant à lui seul presque la moitié
de l'abdomen, à peine élargi en arrière, relevé
aux bords latéraux, surmonté de deux carènes
dorsales parallèles dont l'entre-deux est rugueux ; le reste du segment lisse, ou n'ayant que
quelques points épars ; segments postérieurs
lisses et luisants. Tarière de la longueur de l'abdomen avec le métathorax. ♂ Plus petit; antennes sans anneau blanc; abdomen plus étroit.
♀ Long. 10ᵐᵐ; Env. 18ᵐᵐ. ♂ Long. 8ᵐᵐ;
Env. 15ᵐᵐ.   **Annulicornis**, Nees.

> Obs. — Quoique aucun *Helcon* ne soit indigène en
> Angleterre, plusieurs individus de l'*annulicornis*
> furent jadis capturés par M. Newman près de Leo-
> minster : ce fait singulier s'explique en supposant
> qu'ils y ont été introduits du continent avec des
> larves de Coléoptères logées dans du bois de cons-
> truction.

Patrie · Allemagne (Oedelein); France (Nantes, Lyon,
         Bourg); il est probablement très répandu.

Antennes de la ♀ et tarses des deux sexes sans
anneau blanc.   **3**

3   Tibias et tarses de derrière noirâtres. ♂♀ Noir,
luisant; corps moins rugueux que chez les
autres espèces. Tête très épaisse; vertex presque
carré, à peu près lisse, n'ayant que quelques
très petits points épars ; face densément et
très finement pointillée ; épine frontale fort
accusée. Mandibules d'un brun foncé ; le reste
de la bouche testacé. Antennes un peu plus
courtes que le corps, brunâtres vers la base.
Mesonotum et scutellum clairsemés d'une ponctuation très fine; mésopleures lisses et luisantes;
leurs alentours, ainsi que les sillons mésothoraciques, ruguleux; métathorax ponctué-ruguleux, à surface presque égale, surmonté parfois

de 2 ou 4 carènes longitudinales, et d'un sillon médian indistinct, aminci par devant. Ailes obscurément hyalines, plus claires à la base; stigma et nervures bruns; radicule et écaillettes d'un testacé brunâtre. Pattes d'un rouge plus foncé que chez *annulicornis*; cuisses de derrière plus épaisses, unidentées. Abdomen subclaviforme, rétréci vers la base; premier segment subconique, pointillé, plus long que les deux suivants réunis, convexe, ou plutôt élevé longitudinalement en arête obtuse, dont la surface plane s'élargit postérieurement; il est obsolètement canaliculé, avec une plaque lisse à l'extrémité; deuxième segment et suivants lisses, s'élargissant insensiblement; le deuxième porte à la base, de chaque coté, une ligne enfoncée. Tarière plus longue que le corps. Long. 8-11^{mm}.

Var. Tout le métathorax grossièrement rugueux. Premier segment de l'abdomen rugueux; deuxième chargé, de chaque côté de sa base, dans un prolongement du sillon qui parcourt le premier segment, de rugosités longitudinales. (*H. rugator*, Ratz.)   **Aequator**, Nees.

Obs. — Radzay envoya à Ratzeburg, de Falkenberg, en Silésie, des bûches de pin trouées par un longicorne, soit *Callidium abdominale*, Bon. (*luridum*, Ol.), soit *Tetropium luridum*, L. Les larves de ce longicorne étaient évidemment infestées par *H. æquator*, dont les coques se trouvaient abritées tantôt sous l'écorce, tantôt au cœur même de la bûche, dans les galeries du coléoptère. Ratzeburg n'a pas décrit ces coques qui, d'après lui, ressemblaient à celles faites par les *Xylonomus*. Il ajoute que le *X. dentipes*, Grav. et le *H. æquator* sont tellement semblables l'un à l'autre, qu'au premier coup d'œil on pourrait facilement les confondre.

Patrie : Allemagne (montagnes du Harz, Goettingen, Silésie, Montagnes bavaroises); Italie (Turin); Russie; Suède (peu commun dit M. Thomson, mais répandu depuis la Laponie jusqu'à la Scanie: trouvé exclusivement dans les forêts de sapins).

Tibias de derrière rouges, leurs tarses jaunâtres. De forme plus ramassée que le précédent. ♂♀ Noir; luisant; palpes obscurs; épistome rouge, soyeux. Métathorax rugueux, réticulé, avec une aréole médiane distincte en triangle aigu par devant, rectangulaire en arrière. Ailes hyalines avec une légère teinte obscure; nervures et stigma d'un brun foncé; première abscisse de la nervure radiale à peine plus courte que la deuxième. Hanches noires; trochanters rouges, les 4 postérieurs assombris à la base; cuisses rouges, celles de derrière épaissies, unidentées, leur tranche inférieure ridée en travers; les quatre tibias antérieurs d'un rouge un peu jaunâtre, ceux de derrière allongés. Abdomen aussi long que la tête et le thorax; premier segment faisant presque la moitié de sa longueur totale, étroit à la base et s'élargissant ensuite jusqu'à l'extrémité, avec les côtés droits, il est rugueux en dessus, et chargé de deux carènes aiguës; tubercules saillants près de la base; segments 2-3 réunis, de moitié moins longs que le premier, obsolètement ponctués; segments suivants diminuant insensiblement de longueur, rétractés; extrémité un peu en massue, arrondie. Tarière de la longueur du corps. Long. 8-10ᵐᵐ.

Var. Tarses noirâtres. Kawall.   **Ruspator**, Linné.

Parasite du longicorne *Strangalia quadrifasciata*, L.

Patrie : Suède (dans les forêts, plus rare que le *H. æqualor*, selon M. Thomson); France (environs de Paris); Allemagne; Russie (Livonie, Courlande).

4   Bord antérieur de l'épistome sinué ou arrondi ; deuxième cellule cubitale d'un quart
plus large sur la nervure cubitale qu'elle ne
l'est sur la radiale ; cellule anale bipartie (*G.
Aspicolpus*, Wesmael).   **5**

—   Bord antérieur de l'épistome droit ; deuxième
cellule cubitale deux fois aussi large sur la nervure cubitale qu'elle ne l'est sur la radiale ;
cellule anale tripartie.   **6**

5   Tibias et tarses de derrière entièrement noirs ;
deuxième segment de l'abdomen presque lisse.
♀ Noire ; allongée ; mandibules testacées avec
l'extrémité noire ; palpes d'une teinte plus pâle.
Front, face, épistome et partie inférieure des
joues couverts de points enfoncés ; à quelque
distance de la base des mandibules, le bord des
joues fait une saillie en forme de dent obtuse.
Face transversalement enfoncée, et parcourue
dans le milieu par une ligne élevée longitudinale. Bords latéraux de la cavité frontale s'a-
baissant insensiblement contre la base extérieure des antennes. Antennes de la longueur
du corps, leur tiers apical environ, et les deux
articles de la base noirs ; les intermédiaires
d'un testacé plus ou moins obscur ; selon Nees
les antennes sont entièrement noires. Thorax
en grande partie ponctué et rugueux ; scutellum précédé d'une fosse profonde qui est simplement bipartie. Métathorax fortement rugueux, surmonté au milieu d'une carène aiguë
longitudinale, presque toujours bifurquée près
de l'extrémité ; on voit, de chaque côté de cette
carène, une aréole arrondie, lisse. Ailes hyalines ; nervures et stigma noirs ; radicules et
écaillettes rougeâtres ; deuxième cellule cubitale

environ aussi large que longue. Pattes rouges,
excepté les tibias et les tarses de derrière. Abdomen aussi long que la tête et le thorax, comprimé à partir de la base du quatrième segment;
premier segment moins fortement rugueux que
le métathorax, brusquement rétréci à peu de
distance de la base, parcouru par deux carènes
longitudinales et parallèles ; deuxième segment
à peu près de la longueur du premier, rugueux
avec l'extrémité lisse, et souvent plus ou moins
lisse dans le milieu ; segments suivants lisses.
Tarière de la longueur des deux tiers du corps,
ou, selon Nees et Ratzeburg, aussi longue que
le corps. ♂ Semblable ; métathorax et premier
segment de l'abdomen plus grossièrement sculptés, avec les carènes plus fortes ; premier segment à peine plus long que large ; segments 2-3
à peu près aussi longs que le premier ; abdomen un peu plus long que la tête et le thorax.
Long. 8-11ᵐᵐ.   **Carinator**, Nees.

Obs. — Elevé par Ratzeburg d'une larve du longicorne *Callidium variabile*, L. trouvée dans un ramuscule de chêne; il infeste aussi, peut-être, *Xylo-
pertha sinuata*, F. qui est assez grand pour le
nourrir, et se trouvait dans le même logement. Wissmann obtint les deux sexes de la larve du *Callidium
violaceum*, L.

Patrie : Allemagne (Neustadt Eberswalde, Bade); Autriche (Vienne); Suède (Oeland); Russie.

—— Tibias de derrière pâles à la base, leurs tarses pâles à l'extrémité ; deuxième segment de
l'abdomen rugueux. ♀ Voisin du précédent.
Funicule des antennes plus grêle, sa première
moitié rouge. Cavité frontale et épine ordinaire
moins grandes. Pattes rouges ; tibias et tarses
de derrière noirs, excepté les parties ci-dessus

signalées. Carènes du premier segment de l'abdomen moins fortes. ♂ Inconnu. Long. 8ᵐᵐ.

Borealis, Thomson.

Patrie : Suède (Norrland).

6   Nervure radiale des ailes inférieures sinuée
dans le milieu, puis fléchie insensiblement vers
le bord postérieur de l'aile. ♀ Noire; vertex
convexe, ponctué; front rugueux sur les côtés,
lisse au milieu, devant les ocelles; face et épistome rugueux et mats; joues ponctuées, non
anguleuses sur le bord. Bords latéraux de la
cavité frontale peu élevés, se terminant près de
la base extérieure des antennes sans faire la
moindre saillie dentiforme. Palpes testacés.
Antennes un peu moins longues que le corps,
avec la base du funicule rouge en dessous.
Pleures lisses. Fossette antéscutellaire renfermant une rangée de crénelures oblongues. Métathorax fortement rugueux, chargé d'une carène médiane qui se bifurque à peu de distance
de la base, et dont les deux branches parallèles
s'avancent jusqu'à l'extrémité; une carène transversale forme de chaque côté deux encadre-
ments, dont le postérieur est de beaucoup le
plus grand; comparez *H. cylindricus* (n° 7).
Ailes hyalines, nervures et stigma noirs; première abscisse de la nervure radiale un peu
plus longue que la deuxième; première nervure
transverso-cubitale très oblique; deuxième
cellule cubitale beaucoup plus longue sur la
nervure cubitale qu'elle ne l'est sur la radiale.
Hanches et trochanters rouges, ainsi que les cuisses de derrière; les quatre cuisses antérieures
souvent d'un rouge testacé; les quatre tibias antérieurs et tous les tarses testacés, excepté le premier article des tarses de derrière qui est noir;

tibias de derrière noirs ; cuisses très épaisses,
sinuées en dessous près de l'extrémité. Abdomen de la longueur du thorax et aussi large
que lui vers le milieu, où il est arrondi sur les
côtés ; il se rétrécit insensiblement jusqu'à la
base ; premier segment rugueux, surmonté de
deux carènes fortes et aiguës qui se rapprochent et parcourent parallèlement le dos jusque
vers le tiers postérieur, où elles s'évanouissent
en divergeant ; leur entre-deux forme un sillon
profond, lisse et luisant ; tubercules situés près
de la base ; deuxième segment lisse, marqué
d'une tache rouge-obscur sur le milieu de chaque côté ; segments suivants lisses, diminuant
peu à peu de largeur. Tarière à peine aussi longue que le thorax et l'abdomen. ♂ Inconnu.
Long. 7-8ᵐᵐ.   **Claviventris**, Wesmael.

Trouvé par Nœrdlinger dans un tronçon de vieux
hêtre, en société avec le coléoptère *Melandrya caraboides*, L.

Patrie : Belgique (Charleroi) : Suède (Oeland ; rare, selon
M. Thomson ; on n'en a capturé qu'un seul
exemplaire) ; France (Grand Jouan, près de
Nantes).

—   Nervure radiale des ailes inférieures droite.   **7**

7   Palpes pâles ; premier segment de l'abdomen
n'ayant qu'une faible carène de chaque côté de
la base, laquelle s'évanouit avant d'avoir parcouru le quart du segment. ♀ Noire ; tête luisante et ponctuée sur le vertex et les joues ;
front, face et épistome rugueux, mats. Palpes
d'un testacé fauve. Antennes un peu plus courtes que le corps. Thorax cylindrique ; métathorax en pente plane, très rugueux ; une partie
de la base est occupée par un encadrement
transversal, biparti au milieu et en partie lisse ;

à l'extrême bout, dans le milieu, on distingue les traces de trois rugosités longitudinales, également espacées et parallèles ; de chaque côté, une rugosité un peu sinuée part de l'angle postérieur externe de l'espace encadré, et se prolonge jusqu'à l'extrémité. Fossette antéscutellaire renfermant une rangée de crénelures oblongues. Ailes hyalines ; nervures et stigma noirs ; deuxième cellule cubitale beaucoup plus longue sur la nervure cubitale qu'elle ne l'est sur la radiale. Pattes fauves ; tibias et tarses de derrière d'un noir obscur. Abdomen de la longueur du thorax, plus étroit que lui et linéaire sur le dos ; premier segment rugueux, deuxième à peine plus court que le premier, finement rugueux vers la base. Tarière fort grêle, de la longueur du corps. ♂ Inconnu. Long. 9^{mm}.   **Cylindricus**, Wesmael.

Patrie : Belgique (environs de Bruxelles).

———   Palpes assombris ; premier segment de l'abdomen bicaréné.   **8**

8   Métathorax grossièrement rugueux, sans être réticulé, surmonté de quelques carènes longitudinales. ♀ Noire ; face et épistome très rugueux, bord apical de celui-ci droit, déprimé, lisse. Joues et vertex assez finement et vaguement ponctués, luisants. Chaque bord latéral de la cavité frontale s'arrête brusquement près de la base des antennes, formant, en cet endroit, une saillie dentiforme. Palpes d'un noir brunâtre ; troisième article des maxillaires fortement et brusquement dilaté, à peine plus long que large. Antennes de la longueur des trois quarts du corps environ. Pleures, poitrine, mesonotum et scutellum à peu près lisses ; fossette antéscutellaire bipartie, chacune des moitiés présentant quelques rugosités irrégulières. Métathorax très rugueux ; de chaque côté, une carène longitudinale un peu ondulée s'étend de la base à l'extrémité, et, dans le milieu, une carène qui, à peu de distance de la base, se bifurque, et dont les rameaux, descendant jusque vers l'extrémité, circonscrivent une aréole longue et étroite ; une carène plus extérieure, de chaque côté, se termine en une dent aiguë au-dessus des hanches. Ailes d'une teinte obscure ; stigma et nervures noirs ; écaillettes fauves ; radicule noire. Pattes fauves, avec les tibias et les tarses de derrière noirs, excepté la base de ceux-là qui est d'un fauve sombre. Abdomen un peu plus étroit que le thorax, droit sur les côtés, rétréci à la base et à l'extrémité ; premier segment faisant les deux cinquièmes de l'abdomen, aux côtés parallèles, se rétrécissant à la base, devant les petits tubercules ; il est entièrement rugueux, surmonté de deux fortes carènes aiguës partant de la base en ligne courbe, et qui, après s'être un peu rapprochées, se redressent et s'étendent parallèlement jusque près du bord postérieur, en s'abaissant peu à peu ; deuxième segment d'un tiers plus court que le premier, presque lisse ; les suivants complètement lisses ; on distingue, à chaque angle de la base du troisième segment, une petite tache d'un fauve sombre. Tarière un peu moins longue que le corps. ♂ Semblable ; antennes plus longues que le corps ; épine frontale plus courte que celle de la ♀ ; abdomen plus étroit, comprimé vers l'extrémité ; tibias de derrière noirs en entier. ♀ Long. 12ᵐᵐ ; Env., 21ᵐᵐ. ♂ Long. 11ᵐᵐ ; Env. 20ᵐᵐ. **Tardator, Nees.**

Patrie : Allemagne (Franconie) ; France (Nantes) ; Suède (Scanie) ; Belgique, très commun à en juger par les nombreux exemplaires de la collection Wesmael ; Algérie (Oran).

Métathorax rugueux, réticulé; ses carènes presque effacées ou nulles. Très voisin du précédent, dont il pourrait bien n'être qu'une variété. ♀ Noire, luisante; tête et thorax du *tardator*, hormis la sculpture du métathorax, qui est simplifiée; on n'y distingue sur le fond rugueux que des vestiges d'une aréole médiane. Pattes d'un rouge testacé; tibias et tarses de derrière noirâtres. Abdomen, par rapport au reste du corps, plus étroit que celui du *tardator*, beaucoup plus rétréci vers la base; premier segment linéaire, convexe, ponctué-rugueux et mat, parcouru par un sillon peu profond, qui n'atteint ni la base ni l'extrémité, avec une fossette de chaque côté avant le bout; bord postérieur entre les deux fossettes, rougeâtre; tubercules à peine sensibles; segments suivants lisses et luisants. Tarière ordinairement aussi longue que le thorax et l'abdomen. ♂ Semblable; aréoles du métathorax un peu plus distinctes; pattes d'un rouge plus foncé. Long. 6 2/3-10ᵐᵐ.

Nees a signalé les variétés suivantes, qui diffèrent principalement par la longueur de la tarière :

Var. 1. Abdomen très lisse, à partir de la base du deuxième segment; tarière de la longueur du corps.

Var. 2. Deuxième segment finement ponctué-rugueux à la base; tarière aussi longue que la tête et le thorax.

Var. 3. Tarière aussi longue que la tête et le métathorax.

Var. 4. Abdomen brunâtre, à partir de la base du deuxième segment; deuxième segment finement ponctué-rugueux à la base; tarière aussi longue que l'abdomen.   **Angustator**, Nᴇᴇs.

Pᴀᴛʀɪᴇ : Italie (Parme); Autriche (Vienne); Allemagne (montagnes bavaroises).

ESPÈCES D'HELCON DOUTEUSES

OU IMPARFAITEMENT DÉCRITES

1. Intricator. RATZEBURG, 1852. ♂ Très voisin du *carinator* (V. n° 5), mais encore plus raboteux que lui, étant le plus rugueux de tous les *Helcon*; deuxième segment de l'abdomen entièrement rugueux; troisième couvert sur presque toute sa surface de stries confuses.

Parasite de la tordeuse *Stigmonota dorsana*, F.

PATRIE : Bohême (Neuhaus).

2. Femoralis, THOMSON, 1892. ♂♀ Noir; palpes pâles; deuxième article des maxillaires non dilaté. Ailes légèrement enfumées; nervure radiale des postérieures droite. Pattes rouges; sommet des cuisses de derrière, ainsi que les tibias et les tarses de la même paire en entier, noirâtres; cuisses de derrière inermes, sinuées en dessous près de l'extrémité; tibias de derrière comprimés, avec un sillon latéral. Premier segment de l'abdomen un peu dilaté en arrière, sans carènes longitudinales; deuxième finement ruguleux et mat. Long. 8^{mm}.

PATRIE : Suède ; répandu, selon M. Thomson, de la Laponie jusqu'en Scanie; il est commun, mais particulier aux forêts de sapins.

8ᵉ Tribu. — Macrocentridæ

Caractères. — Forme grêle, allongée. Tête fortement transversale; front égal, ou à peine excavé ; ocelle de devant situé au niveau du vertex, nullement enfoncé; antennes très longues; palpes maxillaires de 6, labiaux de 4 articles. Sillons mésothoraciques distincts. Trois cellules cubitales, dont la première sé-

parée de la première discoïdale ; cellule radiale allongée, lancéolée ou cultriforme, atteignant presque le bout de l'aile ; première
cellule discoïdale contiguë au parastigma ; cellule médiane un
peu plus longue que la costale. Abdomen plus long que le thorax, linéaire, sessile ou subsessile ; tous les segments visibles ;
tubercules basilaires. Pattes grêles, allongées ; cuisses de derrière simples, non épaissies ; éperons des tibias de derrière allongés. Tarière exserte, de longueur médiocre (*Zele*), ou très allongée (*Macrocentrus*).

Les deux genres *Macrocentrus* et *Zele*, dégagés maintenant
d'une synonymie confuse, expriment assez nettement les deux
formes de cette tribu, présentant, avec une physionomie diverse,
les mêmes caractères généraux. Deux autres divisions, élevées
par Foerster au rang de genres sous les noms de *Amicroplus* et
de *Homolobus*, paraissent reposer sur des caractères purement
spécifiques.

TABLEAU DES GENRES

Occiput non rebordé ; lobe médian du mesonotum gibbeux ;
abdomen linéaire en dessus, premier segment de même longueur ou à peine plus long que le deuxième ; tarière droite, au
moins aussi longue que l'abdomen, ordinairement beaucoup
plus longue.   G. 1. — **Macrocentrus**, Curtis.

Occiput rebordé ; lobe médian du mesonotum pas plus saillant
que les deux latéraux ; abdomen, vu en dessus, subclaviforme,
premier segment beaucoup plus long que le deuxième ; tarière
falciforme, beaucoup plus courte que l'abdomen.
     G. 2. — **Zele**, Curtis.

Iᵉʳ GENRE. — MACROCENTRUS, Curtis, 1833

μακρός, long ; κέντρον, aiguillon, tarière

Tête deux fois plus large que longue en dessus ; vertex mince,
élevé en arête transversale. Nervure radiale des ailes postérieu-

res à peu près droite, leur cellule radiale jamais bipartie. Eperons des tibias de derrière moins longs que la moitié du métatarse. Deuxième segment de l'abdomen canaliculé de chaque côté.

Tête aussi large ou plus large que le thorax ; occiput échancré en dessus ; yeux grands ; ocelles situés près du bord postérieur du vertex ; front s'abaissant brusquement ; face aplatie, élargie ; épistome distinct, transversal, impressionné d'une fossette de chaque côté de la base ; mandibules aiguës, bidentées. Antennes grêles, sétiformes, ordinairement plus longues que le corps, de 30 à 54 articles. Thorax oblong, un peu comprimé ; lobes du mesonotum tubéreux, notamment le médian ; métathorax court, presque tronqué. Stigma ovalaire, faisant souvent ressaut au-delà de la côte ; cellule radiale lancéolée, atteignant presque le bout de l'aile ; première cellule cubitale recevant la nervure récurrente dans sa deuxième moitié ; deuxième petite, oblongue, son angle inféro-intérieur prolongé ; nervure radiale des ailes postérieures brièvement pétiolée, leur cellule médiane plus longue que la moitié de la cellule costale. Pattes allongées ; deuxième article des trochanters armé quelquefois, du côté extérieur, d'une très petite épine. Abdomen plus long et moins large que le thorax, linéaire, déprimé, comprimé vers l'extrémité chez la ♀ ; montrant en dessus 8 segments ; le premier linéaire, allongé, avec les tubercules basilaires ; segments 2-3 un peu plus courts, les suivants transversaux ; ventre caréniforme ; anus de la ♀ tronqué ; hypopygium avancé en angle obtus. Tarière plus longue que le corps, rarement plus courte.

Les *Macrocentrus* ont ordinairement le corps noir, mélangé de testacé et de rouge, en diverses proportions ; quelques espèces américaines sont entièrement rouges, et le *M. abdominalis*, de l'Europe, est le plus souvent totalement jaunâtre. L'ensemble de leurs formes les fait ressembler aux *Lissonota* et aux *Glypta* parmi les Ichneumonides. Ils vivent aux dépens des Lépidoptères, infestant souvent en foule la même chenille : leur corps fluet paraît fait exprès pour le fourmillement d'une vie intestinale.

Bien que les auteurs aient indiqué une vingtaine environ d'espèces européennes, le nombre que j'oserai présenter dans ces pages sera beaucoup moindre, à cause de l'insuffisance des descriptions. Herrich-Schæffer a publié les noms de plusieurs espèces en forme de tableau, sans s'étendre sur les renseignements les plus indispensables, et il en est presque de même des diagnoses vagues et décousues de Ratzeburg. Néanmoins, j'ai tout lieu de penser que la plupart de ces indications, s'il nous était possible de les vérifier, se rapporteraient comme synonymes ou comme variétés à des espèces connues.

1   Antennes de 45 à 54 articles ; palpes maxillaires allongés, troisième article aussi long ou plus long que le premier article du funicule.   2

—   Antennes de 30 à 37 articles ; palpes maxillaires courts, troisième article plus court que le premier article du funicule (G. *Amicroplus*, Foerster).   7

2   Troisième segment de l'abdomen jamais complètement lisse, ayant au moins la base très finement striolée ; ordinairement striolé presque en entier.   4

—   Troisième segment complètement lisse.   3

3   Mesonotum et scutellum noirs ; stigma noirâtre, pâle à la base.   **Marginator**, var. 1 (V. n° 5).

—   Mesonotum et scutellum rouges ; stigma d'un rouge jaunâtre, unicolore. Tête et pattes rouges ; trochanters assombris. ♂ Noir ; il diffère du *marginator* par l'abdomen et les antennes beaucoup plus longs, et par les couleurs. Une grande tache noire s'étend sur la face depuis la base de l'épistome jusqu'au stemmaticum, qui est également noir, ainsi que la cavité de l'occiput. Parties buccales rouges ; palpes allongés, obscurs. Antennes une fois et demie aussi lon-

gues que le corps, de 45 articles, noires avec la
radicule rouge. Mesonotum et scutellum ponctués, luisants ; le reste du thorax densément
granulé et mat, métathorax plutôt ruguleux,
avec des vestiges d'une carène médiane. Ailes
hyalines avec une légère teinte brunâtre ; stigma ovalaire, lancéolé ; nervures d'un brun
foncé ; radicule et écaillettes rouges ; la direction des nervures ressemble à celle du *marginator*, excepté que les cellules costale et médiane sont de niveau à l'extrémité. Pattes grêles, allongées ; premier article des trochanters
brun foncé ; deuxième d'un brun plus clair ;
tibias de derrière arqués. Abdomen plus long
que la tête et le thorax ; premier segment légèrement striolé, tous les suivants lisses ; deuxième suture rouge, de même que la moitié antérieure des segments 5-7. ♀ Inconnue. Long.
9ᵐᵐ ; Env. 12ᵐᵐ.   **Hungaricus**, Marshall.

Patrie : Hongrie (Hadhaz) ; je n'ai vu qu'un seul exem-
        plaire.

4   Dernier article des palpes labiaux plus long
que le précédent.   5

—   Les deux derniers articles des palpes labiaux
d'égale longueur, ovoido-cylindriques. Ressemble beaucoup au *M. thoracicus* (V. n° 6).
♀ Noire ; palpes testacés. Ailes hyalines ; stigma
noirâtre. Pattes testacées ; tibias de derrière
noirs depuis le milieu jusqu'à l'extrémité ; tarses
de la même paire noirs. Premier segment de
l'abdomen, deuxième en entier et base du troisième très finement ruguleux et mats. Tarière
plus longue que le corps. Long. 5ᵐᵐ (Description de Wesmael).   **Nitidus**, Wesmael.

Patrie : Belgique (environs de Bruxelles).

5   Troisième article des palpes labiaux un peu renflé; quatrième linéaire, au moins une fois et demie aussi long que le précédent.   **6**

—   Troisième article des palpes labiaux non renflé; quatrième linéaire, un peu plus long que le précédent. ♀ Noire, luisante; palpes ou testacés ou assombris, dernier article des labiaux cylindrique. Antennes plus longues que le corps, de 45 articles environ, parfois plus ou moins rouges dans le milieu. Thorax et scutellum faiblement pointillés; pleures granulées et mates; métathorax rugueux. Ailes hyalines avec une légère teinte obscure; stigma noirâtre, pâle à la base, ovalaire, lancéolé; nervures, radicule et écaillettes brun-foncé; deuxième cellule cubitale peu rétrécie vers le bout de l'aile; deuxième nervure transverso-cubitale de moitié moins longue que la première, non décolorée; cellule médiane un peu plus longue que la costale. Pattes rouges; premier article des trochanters, les quatre hanches antérieures et le sommet des hanches de derrière noirs; tibias de derrière plus ou moins obscurs, excepté à la base; chez les exemplaires de forte taille ils sont noirs; tous les tarses assombris. Abdomen plus court et moins étroit que chez les espèces suivantes; premier segment canaliculé dans le milieu, striolé, mais quelquefois très faiblement; deuxième striolé, lisse à l'extrémité, rebordé sur les côtés jusqu'au milieu; troisième tantôt légèrement ruguleux à la base, tantôt entièrement lisse, ainsi que tous les segments suivants. Tarière plus longue que le corps. ♂ Semblable. Long. 5-8 1/2ᵐᵐ; Eev. 10-17ᵐᵐ.

Var. 1. Palpes noirs; deuxième segment de

l'abdomen complètement lisse. (*Rogas nidula-
tor*, Nees).   **Marginator**, NEES.

> OBS. -- Cette espèce est de grande taille pour le
> genre, et assez commune ; elle varie peu, et jamais
> au point de devenir méconnaissable. Parasite de
> plusieurs Lépidoptères :
>> *Sesia culiciformis*, L.
>> — *sphegiformis*, F.
>> — *formiciformis*, Esp,
>> — *tipuliformis*, Clerck.
>> *Dicrorrhampha plumbana*, Scop.
>> *Pædisca sordidana*, Hueb.
>> *Depressaria angelicella*, Hueb.
>
> PATRIE : Europe en général

6   Antennes de 49 à 54 articles ; deuxième cellule
discoïdale presque d'un tiers plus courte que
la première. ♀ Allongée, grêle, noire ; thorax
d'un rouge testacé, quelquefois obscur en avant,
sur le lobe médian du mesonotum, et sur les
côtés. Bouche et épistome rouges ; palpes allongée, jaunes ; mandibules noires à l'extrémité.
Tête noire, très transversale, deux fois plus
large que longue. Joues très étroites, presque
nulles. Antennes beaucoup plus longues que le
corps, très minces, jaunâtres, devenant de plus
en plus obscures vers l'extrémité. Prothorax
noir en dessus. Métathorax d'un rouge testacé,
brunâtre sur le dos, ruguleux et mat. Ailes hyalines ; côte, stigma, radicule et écaillettes jaunes ;
nervures d'un brunâtre pâle ; cellule médiane
notablement plus longue que la costale. Pattes
allongées, grêles, jaunes, y compris les hanches
et les trochanters. Abdomen linéaire, pubescent,
beaucoup plus long que la tête et le thorax, les
deux premiers segments et la base ou presque
la totalité du troisième striolés ; premier segment canaliculé ; deuxième finement rebordé
jusque près du milieu ; extrémité du troisième

et tous les suivants, lisses, luisants ; segments
postérieurs comprimés. Tarière plus longue
que le corps. ♂ Semblable ; antennes deux fois
et demie aussi longues que le corps ; segments
postérieurs de l'abdomen non comprimés.
Long. 6-7ᵐᵐ ; Env. 12-14ᵐᵐ.   **Thoracicus**, Nees.

Obs. — Le *M. thoracicus* ressemble beaucoup à
l'*Eubadizon extensor*, L., mais celui-ci n'a que
deux cellules cubitales. Assez commun et répandu ;
on l'a élevé des Lépidoptères suivants :

Noctua triangulum, Hufn.
Xylina ornithopus, Rott.
Rhodophæa consociella, Hueb.
Tortrix crataegana, Hueb.
Depressaria applana, F.
—   *chœrophylli*, Zell.
—   *nervosa*, Haw.
Tachyptilia populella, Clerck.

Son ennemi à lui est l'hyperparasite *Mesochorus
fuscicornis*, Brischke.

Patrie : Europe en général.

—

Antennes de 45 articles environ ; deuxième
cellule discoïdale à peine plus courte que la
première. Corps très allongé, grêle, pubescent.
de couleur variable. Ordinairement tête, base
des antennes, prothorax, ventre et pattes d'un
testacé jaunâtre ; stemmaticum noirâtre ; on
distingue le plus souvent, dessous le scutellum,
une bande transversale noirâtre, et vers l'extrémité du métathorax une nuance obscure.
Palpes d'un testacé blanchâtre. ♀ Antennes très
minces, beaucoup plus longues que le corps ;
troisième article allongé, un peu renflé à la base.
Joues, vues de côté, un peu saillantes. Métathorax densément pointillé. Ailes hyalines ;
stigma jaune, souvent occupé en partie par une
tache sombre ou totalement assombri ; nervures
brunâtres ; radicule et écaillettes jaunâtres ;
deuxième cellule cubitale rétrécie vers le bout

de l'aile, de sorte que la deuxième nervure
transverso-cubitale n'a que le tiers de la longueur de la première ; elle est aussi décolorée.
Pattes grêles, allongées. Abdomen linéaire, déprimé, plus long que la tête et le thorax; les
trois premiers segments finement striolés, peu
luisants; premier segment impressionné d'un
sillon médian qui part de la fossette basilaire
et se continue jusque près de l'extrémité;
deuxième segment rebordé, plus ou moins
étroitement lisse sur le bord postérieur, ainsi
que le troisième. Tarière aussi longue que les
antennes. ♂ Semblable ; antennes presque
doubles de la longueur du corps. Long. 3 1/2-5ᵐᵐ;
Env. 6 1/2-9ᵐⁱⁿ,

Var. 1. D'un brun de poix ; tête testacée ; antennes assombries, pâles à l'extrême base; prothorax et ventre testacés ; mesonotum et pleures
plus ou moins testacés.

Var. 2. Testacé, métathorax en partie, et base
de l'abdomen assombris ; parfois abdomen assombri avec les bords des segments testacés ;
tache obscure du stigma peu distincte.

Var. 3. Testacé en entier, excepté le stemmaticum ; stigma jaune sans tache.

Var. 4. Noirâtre ; palpes, premier article des
antennes, pattes et base du ventre testacés ; segments intermédiaires de l'abdomen testacés sur
les côtés. (*M. pallipes*, Nees). L'identité de
cette variété avec la forme typique est maintenant bien assurée; sur 60 exemplaires élevés
par M. Bignell de la même chenille, une tren-
taine environ appartenaient à la variété; M. van
Vollenhoven atteste un semblable fait.

Abdominalis, Fabricius.

Obs. — Ce parasite, variable mais facile à reconnaître, se rencontre partout en abondance. Les so-

ciétés de ses larves sont souvent très peuplées, sortant des grandes chenilles jusqu'au nombre d'une centaine, et davantage, tandis que les petites chenilles n'en nourrissent que deux ou trois, selon leur capacité. Ces larves sont d'un vert tendre et très pâle, effilées vers la tête, en forme de fuseau; elles ressemblent à de petits asticots. Arrivées à toute leur crue, elles ont une longueur de 5 millimètres, et, après leur sortie du corps de la victime, elles se façonnent des coques brunes, soyeuses, et très allongées, qu'elles entassent les unes sur les autres en forme d'une masse ovalaire couverte extérieurement d'une enveloppe extrêmement mince, comme de la gaze, et presque blanche. Dans ce cocon commun, elles subissent leurs deux dernières métamorphoses, qui s'opèrent dans l'espace de dix-huit jours. Les nichées moins populeuses ne prennent pas la peine, ou peut-être n'ont-elles pas le moyen, de s'abriter sous un tissu externe, car on trouve en certains cas quelques coques entassées sans ordre et presque à nu. La coque dépasse de très peu la longueur de l'insecte moins les antennes et la tarière, lesquelles, lors de l'état de nymphe, se replient le long du corps, les antennes sous le ventre, la tarière sur le dos. Les éducations ont été nombreuses, et la liste des Lépidoptères infestés que je donne ici est nécessairement fort incomplète.

Vanessa Atalanta, L.
Hylophila prasinana, L.
Demas coryli, L.
Hydraecia petasitis, Doubl.
Noctua ditrapezium, Bork.
Calymnia trapezina, L.
Spilodes verticalis, L.
Nephopteryx spissicella, F.
Tortrix podana, Scop.
— *corylana*, F.
— *heparana*, Schiff.
— *rosana*, L.
— *ribeana*, Hueb.
— *viridana*, L.
Epichnopteryx radiella, Curt.
Hyponomeuta evonymellus, L.
Depressaria alstraemeriana, Clerck.

PATRIE : Europe en général.

7   Deuxième abscisse de la nervure radiale aussi longue que la première nervure trans-

verso-cubitale ; pattes courtes, épaisses ; meso·
notum de la ♀ noir ; tarière plus longue que le
corps. Noir ; palpes d'un testacé pâle, les maxil·
laires courts, pas plus longs que la tête ; mandibules testacées. Tête légèrement déprimée ;
face courte, très large, transversale. ♀ Antennes
noirâtres avec la base du funicule testacée, plus
courtes que le corps, de 30 à 33 articles. Mésothorax moins gibbeux que chez les espèces précédentes, ses sillons ponctués. Métathorax granulé, mat. Ailes hyalines avec une très légère
teinte obscure ; nervures et stigma noirâtres,
celui-ci pâle à la base ; radicule et écaillettes
d'un jaunâtre obscur. Pattes plus courtes et
plus épaisses que chez aucune autre espèce,
d'un testacé pâle ; cuisses et tibias le plus souvent rembrunis vers l'extrémité ; hanches de
derrière parfois noirâtres à la base ; cuisses subclaviformes. Abdomen linéaire ; les 2 premiers
segments et la base du troisième en partie très
faiblement striolés, à peine moins luisants que
le reste de la surface ; premier segment oblong,
non rétréci à la base, portant le vestige d'un
sillon longitudinal ; tubercules émoussés ; deu·
xième segment rebordé sur les côtés vers la
base ; base du ventre pâle. ♂ Semblable ; antennes plus longues que le corps, entièrement
noires, de 37 articles ; palpes obscurs. Pattes
d'un rouge peu clair ; hanches et cuisses plus
largement assombries vers l'extrémité. Segments 1-2 de l'abdomen presque lisses ; premier segment atténué à la base, ses tubercules
plus aigus. On trouve des individus qui, par
leurs antennes et leurs pattes plus grêles, se
rapprochent de l'espèce suivante, mais les ailes
restent toujours caractéristiques. Long. 3-
4 1/2ᵐᵐ. Env. 5 1/2-8ᵐᵐ.   **Infirmus**, Nees.

Obs. — Ce parasite n'est pas rare, infestant les
chenilles, en sociétés quelquefois extraordinairement
nombreuses. M. Bignell, en me communiquant une
quarantaine d'exemplaires, me dit en avoir déjà obtenu 172 provenant de la même chenille de *Hydræ-
cia petasitis*, Doubl., et qu'à tout instant il en sor-
tait encore d'autres. Une plus petite chenille, celle
d'*Eupæcilia curvistrigana*, Wilk. n'en donna que
deux femelles. Brischke a élevé l'*infirmus* des chenilles de *Xylophasia polyodon*, L. La coque ressemble à celle de l'espèce précédente.

PATRIE : Allemagne; Belgique; France; Angleterre, et
probablement toute l'Europe.

———

Deuxième abscisse de la nervure radiale
beaucoup plus courte que la première nervure
transverso-cubitale ; pattes allongées, grêles ;
mesonotum de la ♀ rouge ; tarière pas plus longue que l'abdomen. De forme plus svelte que
le précédent. ♀ Noire ; épistome, palpes, mandibules, prothorax et mesonotum d'un testacé-
rougeâtre. Palpes maxillaires courts, pas plus
longs que la tête. Antennes de la longueur du
corps, de 31 articles. Métathorax finement
ponctué. Ailes hyalines ; stigma tantôt obscur
avec une tache pâle, tantôt jaunâtre avec une
tache obscure ; nervures, radicule et écaillettes
brunâtres. Pattes d'un testacé rougeâtre ; deuxième article des trochanters assombri à la
base; cuisses non renflées ; tarses de derrière
beaucoup plus longs que ceux d'*infirmus*. Les
deux premiers segments de l'abdomen à peine
ruguleux, les postérieurs complètement lisses ;
premier segment rétréci à la base, avec les tubercules émoussés; deuxième rebordé de chaque côté, vers la base, quelquefois d'un brun
foncé. ♂ Mesonotum noir. Epistome et mandibules d'un testacé rougeâtre. Antennes plus
longues que le corps, de 35 articles. Tubercules du premier segment plus saillants. Long.
4-5ᵐᵐ. Env. 7 1/2-9ᵐᵐ.   **Collaris**, SPINOLA.

OBS. — Commun en Belgique et en Angleterre; il se plaît, selon Wesmael, sur les fleurs du *Sambucus ebulus*. Ratzeburg le donne pour parasite du Coléoptère *Anobium pertinax*, L., mais le fait est peu vraisemblable. Brischke l'élève des chenilles de *Gortyna ochracea*, Hueb. et de *Calocampa vetusta*, Hueb. Les coques, d'un testacé brunâtre, sont amoncelées en masse couverte d'un fin tissu blanchâtre.

PATRIE : Italie; Autriche; Allemagne; Russie; Belgique; France; Angleterre; Irlande.

ESPÈCES DE MACROCENTRUS DOUTEUSES
OU IMPARFAITEMENT DÉCRITES

J'omets à dessein les *M. interstitialis* et *rugator*, Ratz., ainsi que les treize espèces nommées dans la table dichotomique de Herrich-Schæffer. Ces dernières, à l'exclusion de trois appartenant au genre *Zele*, et des espèces ci-dessus décrites, se réduisent aux cinq suivantes : *luteus, pectoralis, compressor, lanceolatus, longicaudis*. A défaut de descriptions plus complètes, il serait inutile de s'occuper de ces indications. Deux autres espèces, citées par Brischke, *M. brevis*, Reinh. et *M. cingulum*, Reinh. sont probablement inédites, car je n'ai pu trouver leurs descriptions.

1. **Flavipes**, RATZEBURG, 1844. ♀ D'un noir-brunâtre; prothorax d'un testacé obscur en dessous. Vertex lisse; face et une partie du front finement ponctuées. Parties buccales d'un testacé obscur; palpes plus clairs. Antennes très grêles, plus longues que le corps; les trois premiers articles testacés, les suivants obscurs. Thorax finement ruguleux, lisse par places; métathorax convexe. Stigma jaune-brunâtre; écaillettes testacées; nervure récurrente rejetée à une distance une à trois fois plus longue que l'épaisseur d'une nervure. Pattes testacées. Abdomen plus long

que le thorax, linéaire, convexe en dessus, comprimé en dessous
vers l'extrémité, rétréci à la base : segments 1-3 en grande partie
striolés. Tarière un peu plus longue que le corps. ♂ Semblable;
les parties testacées moins claires; abdomen presque plan en
dessus, concave en dessous; segments 1-3 striolés dans une beaucoup moindre étendue. Long. 3 1/2-4 1/3^{mm}.

> Obs. — Il ressemble, selon Ratzeburg, au *M. pallipes*, Nees [var.
> de *M. abdominalis*, F., V. n° 6] n'en différant que par la couleur de
> la base des antennes et de l'abdomen.

Parasite de la tordeuse *Stigmonota dorsana*, F.

Patrie : Allemagne (Montagnes du Harz).

2. **Tenuis**, Ratzeburg, 1848. ♂ Semblable au précédent,
mais d'une espèce différente. Tête noire; parties buccales et orbites des yeux testacées. Antennes d'un quart plus longues que
le corps, obscures, testacées à la base. Thorax brunâtre, testacé
en dessous. Metanotum brun-noirâtre. Un petit point noir triangulaire de chaque côté du mesonotum, près de la base des ailes.
Stigma brun-noirâtre, entouré de couleur pâle ; nervure récurrente interstitiale. Pattes testacées. Abdomen brun-noirâtre, excepté le dernier segment qui est pâle. Segments 1-2 et la majeure
partie du troisième striolés. ♀ Inconnue. Taille non indiquée.

Parasite de *Bombyx castrensis*, L. et de *Tortrix heparana*, Schiff.

Patrie : Allemagne; Danemark (Copenhague).

3. **Limbator**, Ratzeburg, 1848. Voisin du *M. marginator*
(V. n° 5) par son abdomen rebordé, et du *M. abdominator* (V. n°
6) par l'ensemble des formes et des couleurs. ♀ Noire, avec une
portion de la face et les orbites des yeux testacées. Antennes d'un
sixième plus longues que le corps, le deuxième et quelquefois le
troisième articles testacés. Stigma d'un brun testacé clair. Pattes
testacées; sommet des tibias de derrière assombri. Abdomen
noir avec la base du premier segment nuancée de brunâtre; rebords latéraux du deuxième segment élevés, lisses et luisants,
s'étendant aussi, mais moins sensiblement, sur le premier et le
troisième segments. Tarière un peu plus longue que le corps.
♂ Antennes de moitié plus longues que le corps, avec le premier
article testacé. Tête noire ; épistome et palpes pâles. Pronotum
obscur. Quelques petites taches du mesonotum, les alentours du
scutellum et le metanotum noirs. Long. ♀ 7^{mm}; ♂ 5 1/2^{mm}.

Var. ♂. Tête, thorax et abdomen entièrement noirs. Long. 4^{mm}.

> Parasite d'*Eurrhypara urticata*, L., *Tortrix podana*, Scop., *Tor-
> trix rosana*, L., *Tachyptilia populella*, Clerck., *Gelechia pingui-
> nella*, Fr. La coque observée par Ratzeburg avait 8^{mm} de longueur;
> elle était d'un blanc de neige, entourée d'une zone blanche plus épais-
> se; Brischke, au contraire, décrit la coque comme étant d'un brun lui-
> sant : on entrevoit ici quelque confusion d'espèces. Toute nichée est
> couverte d'une enveloppe mince et blanche.

Patrie : Allemagne (Berlin, Darmstadt).

4. Obscurator, RATZEBURG, 1848. ♀ Très analogue au *M. marginator* (V. nᵒ 5), mais ayant les tarses de derrière testacés, et les tibias de la même paire brun foncé : il pourrait aussi se rapporter comme variété au *M. limbator*, mais sa couleur dominante est le noir, même sur l'épistome et les antennes, celles-ci devenant brunâtres seulement à l'extrémité. L'auteur hésitait à l'identifier avec *limbator* parce que, dit-il, la circonstance de son éducation paraissait commander une certaine réserve. Long. 7ᵐᵐ.

> Un seul exemplaire de la ♀ fut élevé par Reissig d'une pomme de pin habitée par les chenilles de *Dioryctria abietella*, Zinck.

PATRIE : Allemagne (Darmstadt).

2ᵉ GENRE. — ZELE (CURTIS), HALIDAY, 1835

Nom de fantaisie, sans étymologie.

Tête deux fois aussi large que longue en dessus; vertex convexe, mais ne formant point une arête transversale comme chez les *Macrocentrus*. Cellule radiale des ailes postérieures fortement resserrée au milieu, quelquefois géminée par une nervure transverse. Éperons des tibias de derrière aussi longs ou plus longs que la moitié du métatarse. Deuxième segment de l'abdomen peu ou point canaliculé le long des bords latéraux.

Occiput rebordé, légèrement échancré postérieurement; ocelles très saillants, rapprochés; yeux grands; face à peu près carrée, aplatie; épistome demi-circulaire, distinct, marqué d'une fossette de chaque côté de la base; mandibules aiguës, bidentées; palpes maxillaires allongés, leur 3ᵉ article un peu dilaté du côté interne, 4ᵉ article le plus long; 2ᵉ article des palpes labiaux fortement dilaté, obliquement tronqué. Antennes sétacées, plus longues que le corps, de 50 articles environ. Lobes du mesonotum non tubéreux, avec des sillons distincts. Métathorax convexe, court, presque tronqué en arrière. Ailes amples; stigma étroit, lancéolé; cellule radiale longue, lancéolée; nervure radiale légèrement arquée vers l'extrémité, s'étendant jusque près du bout de l'aile; nervure récurrente rejetée; 2ᵉ cellule cubitale plus petite que la 1ʳᵉ, oblongue, ayant son angle inféro-intérieur avancé, aigu; 2ᵉ cellule discoïdale complètement fermée. Pattes grêles, allongées, celles de derrière à peine épaissies; toutes les cuisses droites. Abdomen plus long que le thorax, subsessile, subclaviforme, falciforme, très comprimé vers l'extrémité chez la ♀, qui a le dernier segment brusquement tronqué; huit segments visibles en dessus; le 1ᵉʳ linéaire, occupant le tiers de la longueur totale de l'abdomen, élargi tout près de la base, où l'on distingue les tubercules; segments suivants plus courts, les derniers transversaux; pince anale du ♂ un peu exserte, comprimée, obtuse; tarière courte, comprimée, ascendante, en forme de faux.

Ce genre, d'abord établi par Curtis en 1832 avec des caractères en partie tirés du *Meteorus albiditarsis* (p. 64 de ce vol.), ne pourrait pas subsister sans les rectifications de Haliday, qui l'a restreint dans son sens actuel. Wesmael l'a publié sous le nom de *Phylax*, qui, étant préoccupé pour un genre de Coléoptères, a été changé par Reinhard en *Phylacter*. Mais comme le mot *Zele* est le plus ancien, et qu'il ne comporte maintenant aucune fausse conception, je ne vois point d'inconvénient à l'adopter.

Les *Zele* sont d'assez grande taille, et parasites solitaires de Lépidoptères. A première vue on pourrait les confondre avec les *Paniscus*, auxquels ils ressemblent par leur couleur testacée, à la réserve d'une seule espèce qui est noirâtre. Mais il existe une analogie beaucoup plus trompeuse entre les *Zele* et quelques espèces de *Meteorus*, le système alaire étant presque identique chez tous ces insectes : même la cellule radiale des ailes postérieures des *Zele* est sujette à être divisée par une nervure accessoire, comme celle des *Meteorus*. Pour faire la distinction à coup sûr, il faut regarder l'abdomen des *Zele*, qui est subsessile, ou de même largeur partout, quelque grêle qu'il soit, en même temps que les tubercules spiraculifères se montrent tout près de la base. La structure

de l'abdomen pétiolé des *Meteorus* est pleinement exposée ci-
dessus, p. 59.

On connaît cinq espèces de ce genre, propres à l'ancien
monde, et huit américaines.   .

1   Cellule radiale des ailes postérieures non
          géminée par une nervure transverse.   **2**

—   Cellule radiale des ailes postérieures gémi-
          née. (*G. Homolobus*, Foerster)   **3**

.

2   Éperons des tibias de derrière de forme
          ordinaire. ♀ D'un testacé rougeâtre; corps
          lisse; palpes pâles; mandibules noirâtres à
          l'extrémité; stemmaticum noirâtre; yeux
          d'un verdâtre obscur. Antennes obscures vers
          l'extrémité, plus longues que le corps. Un
          point noir au-dessus de l'origine des ailes.
          Métathorax obsolètement pointillé, sans
          aréoles. Ailes hyalines avec une légère
          teinte obscure; on distingue à peine, dessous
          le stigma, un trait transparent qui traverse
          la 2ᵉ cellule cubitale; nervures brunes; côte
          testacée; stigma, radicule, et écaillettes, jau-
          nâtres; cellule radiale des ailes postérieures
          contiguë, resserrée au milieu par suite d'une
          ondulation de la nervure inférieure, mais
          sans rameau transverse. Pattes testacées,
          tarses blanchâtres; les quatre cuisses et
          tibias antérieurs souvent plus pâles que ceux
          de derrière. Abdomen à peine sensiblement
          pointillé à la base; 1ᵉʳ segment élevé longitu-
          dinalement au milieu. Tarière aussi longue
          que le tiers de l'abdomen. ♂ Antennes d'un
          tiers plus longues que le corps, plus épaisses
          et plus largement assombries que chez la ♀,
          avec toutes les jointures des articles et l'ex-

trémité obscures ; abdomen souvent assombri en dessus, à partir de la base du 2ᵉ segment. Long. 8-10ᵐᵐ ; Env. 18-21ᵐᵐ.

Testaceator, Curtis.

Obs. — Médiocrement commun et répandu ; la collection Wesmael en possède un grand nombre d'exemplaires. Fransen l'éleva à Rotterdam d'une chenille de *Leucania obsoleta*, Hueb. La coque, selon Brischke, a une longueur de 8ᵐᵐ sur 4ᵐᵐ de largeur ; elle est assez solide, blanche, avec une zone médiane épaissie.

Patrie : Europe en général.

— Éperons des tibias de derrière brusquement
tronqués à l'extrémité, avec l'angle inférieur
très aigu et l'angle supérieur arrondi. ♂ Selon
Wesmael il ressemble beaucoup à l'espèce
précédente, mais le dos de l'abdomen est entièrement testacé comme le reste du corps ;
les tarses sont de même couleur que le reste
des pattes ; celles-ci sont moins allongées,
moins grêles, et moins velues ; enfin la taille
est beaucoup plus petite. La ♀ m'est connue
d'après un exemplaire capturé en Lombardie
par le Dʳ Magretti, mais je ne l'ai pas maintenant sous les yeux. Cet exemplaire corres-
pondait sous tous les rapports avec la description de l'autre sexe, seulement l'abdomen
était fortement comprimé, et, vu de côté,
claviforme ; la tarière était aussi longue que
le sixième de l'abdomen. Long. 5 1/2ᵐᵐ.

Calcarator, Wesmael.

Obs. — Parasite, selon Brischke, de *Fidonia ce-
braria*, Tr. Coque blanche, avec une bande médiane plus claire.

Patrie : Belgique (Charleroi) ; Italie (Canonica d'Adda).

3 Corps d'un testacé rougeâtre. Très ressemblant au *testaceator* (V. nᵒ 2), mais de forme plus grêle. Tête un peu plus large que le thorax; yeux verdâtres; stemmaticum noir. ♀ Antennes aussi longues que le corps, obscures vers l'extrémité. Ailes amples, hyalines; nervures brunes; stigma jaune ou d'un jaune brunâtre, plus large que chez le *testaceator;* il en est de même de la cellule radiale; dans les ailes postérieures la cellule radiale est pétiolée, resserrée au milieu, et géminée par une nervure transverse. Tarses de même couleur que le reste des pattes. Premier segment de l'abdomen quelquefois très finement ruguleux à la base. Tarière ne dépassant pas le bout de l'abdomen, ascendante. ♂ Semblable; antennes de trois quarts plus longues que le corps; abdomen entièrement testacé. Long. 6-7 1/2ᵐᵐ; Env. 14 1/2-18ᵐᵐ.

Chlorophthalma, Nees.

Obs. — Selon Brischke; la coque est d'un testacé brunâtre, laineuse.

Patrie : Allemagne (Breslau); Italie (Turin); Autriche (Vienne); Angleterre; Ecosse; Belgique (Bruxelles, Liége); rare partout.

— Corps noirâtre. ♀ Parties buccales testacées; palpes blanchâtres; mandibules d'un testacé obscur. Antennes beaucoup plus longues que le corps. Poitrine et pleures ordinairement rouges en arrière. Métathorax quelquefois rouge sur les côtés. Ailes amples, hyalines, avec une légère teinte obscure; stigma noir; nervures brunes; radicule et écaillettes testacées; cellule radiale des ailes postérieures pétiolée, resserrée au milieu, et géminée par une nervure transverse. Les quatre pattes antérieures d'un jaunâtre pâle; tibias et tarses de derrière noirâtres, excepté la base des tibias, qui est jaunâtre. Tarière à peine plus longue que la troncature apicale de l'abdomen. ♂ Inconnu. Long. 6-7ᵐᵐ; Env. 14-16ᵐᵐ.

Discolor, Wᴇꜱᴍ.

Oʙꜱ. — On l'a élevé en Hollande d'*Eugonia alniaria*, L., en Angleterre de *Cabera pusaria*, L. La coque, fabriquée d'un tissu très mince, est blanchâtre, entourée d'une bande d'un blanc plus pur, et un peu plus épaisse.

Pᴀᴛʀɪᴇ : Belgique (Bruxelles); Hollande (Rotterdam); Angleterre.

ESPÈCE DE ZELE DOUTEUSE

ET IMPARFAITEMENT DÉCRITE

1. Nigricornis, Wᴀʟᴋᴇʀ, 1871. ♀ Testacée; très finement velue. Yeux noirs, subelliptiques, assez grands et saillants. Antennes noires, épaisses. Ailes cendrées, très finement velues; nervures noires, testacées vers la base de l'aile. Pattes testacées; tarses de derrière et sommet des tibias de la même paire, noirâtres. Abdomen comprimé, subsessile. Tarière aussi longue que le sixième de l'abdomen, ses valves brunâtres. ♂ Inconnu. Long. 7ᵐᵐ. *(? Phylax) nigricornis*, Walker.

Pᴀᴛʀɪᴇ : Côtes africaines de la Mer Rouge (Harkeko).

9ᵉ Tribu. — Diospilidæ.

Caractères. — Tête grande, transversale, quelquefois sub-cubique ; occiput rebordé ; front souvent plus ou moins excavé. Palpes maxillaires de 5 à 6, labiaux de 3 à 4 articles. Mandibules bidentées. Épistome tantôt terminé en angle, tantôt tronqué ou arrondi en avant. Sillons du mésothorax distincts. Métathorax parfois aréolé. Trois cellules cubitales ; la deuxième quadrangulaire ou triangulaire ; cellule radiale allongée, atteignant presque le bout de l'aile, plus courte chez les *Diospilus*. Pattes médiocrement courtes et fortes. Segments de l'abdomen distincts ; 2ᵉ suture effacée au milieu. Tarière plus ou moins allongée.

On ne trouve presque pas de caractère qui soit constant pour tous les genres, il y a toujours des exceptions ; mais on se tirera d'embarras à l'aide du tableau suivant, ainsi que par les descriptions détaillées de genres.

TABLEAU DES GENRES

1	Première cellule discoïdale contigue au parastigma.	2
—	Première cellule discoïdale écartée du parastigma, portée sur un pétiole.	4
2	Deuxième cellule cubitale triangulaire. G. 5. **Microtypus**, RATZEBURG.	
—	Deuxième cellule cubitale quadrangulaire.	3
3	Milieu de l'épistome terminé en angle très distinct. G. 1. **Aspidogonus**, WESMAEL.	
—	Epistome tronqué ou arrondi en avant. G. 2. **Diospilus**, HALIDAY.	

4   Abdomen inséré sur le bord supérieur du métathorax, à une distance considérable des hanches
de derrière; métathorax brusquement tronqué.
G. 4. **Cænocœlius**, HALIDAY.

——   Abdomen inséré près du bord inférieur du métathorax, à une distance peu appréciable des hanches de derrière; métathorax insensiblement déclive ou bombé.   5

5   Métathorax aréolé; 1er segment de l'abdomen
striolé; cellule radiale des ailes postérieures con-
tigue.
G. 3. **Dolops**, MARSHALL.

——   Métathorax sans aréoles; 1er segment de l'abdomen lisse; cellule radiale des ailes postérieures
pétiolée.
G. 6. **Dyscoletes**, HALIDAY.

Les coupes génériques que l'on a rassemblées
autour des *Diospilus* ne se rattachent convenable-
ment ni les unes aux autres, ni à aucune des tribus ailleurs décrites; elles sont en effet isolées, de
sorte que les auteurs de systèmes qui ne regardent
que la faune européenne pourraient bien les re-
manier à leur volonté. Cependant, en les envisa-
geant comme les représentants pour la faune paléarctique de plusieurs groupes dont les chaînons
intermédiaires ou manquent entièrement, ou se
retrouvent en d'autres climats, nous croyons préférable de les laisser ensemble, au lieu de multiplier des divisions mal établies, qui seraient plus
tard à reconstituer. Quelque divers que paraissent
ces insectes en fait de détails anatomiques, ils ont
tous un certain port qui les signale comme parasites de coléoptères; un corps protégé par de forts
téguments, une tarière raide et pénétrante, enfin
un aspect général qui les assimile un peu aux victimes dont ils partagent la vie et la nourriture.

1er **GENRE. — ASPIDOGONUS**, WESMAEL, 1835.

ὑσπίς, bouclier, épistome; γωνία, angle. (*Aspigonus* de Wesmael,
nom incorrect.)

Milieu de l'épistome terminé en angle plus ou moins pro-

noncé. Palpes maxillaires de 6, labiaux de 3 articles. Antennes de la ♀ filiformes; celles du ♂ ou simples ou en massue à l'extrémité. Deuxième cellule cubitale un peu plus
longue que large, quadrangulaire; les deux nervures transverso-cubitales subparallèles, comme chez les *Diospilus*:
1ʳᵉ cellule discoïdale contiguë, sans pétiole; cellules costale et
médiane presque de même longueur; nervure récurrente
rejetée. Les quatre pattes antérieures courtes; celles de derrière allongées, épaissies; éperons très courts. Tarière
allongée.

Ces insectes avoisinent d'assez près les *Helcon*, en différant principalement par la forme de l'épistome, et par la
2ᵉ cellule cubitale, qui est celle des *Diospilus*, presque carrée
au lieu d'être trapéziforme. Ils ont la tête épaisse, plus large
que le thorax; l'épistome porte à la base deux fossettes profondes et presque contiguës; les joues sont renflées. On distingue parfois, entre les antennes, une petite saillie. Le front
porte une excavation, assez large mais peu profonde, autour
de l'origine des antennes; celles-ci sont beaucoup plus courtes
que chez les *Helcon*, et nullement sétiformes. Sillons du mesonotum profonds, rugueux. Métathorax court, très rugueux,
s'abaissant obliquement en arrière. Abdomen sessile, court,
à peine aussi long que le thorax, avec tous les segments visibles; le 1ᵉʳ fait environ le tiers de la longueur totale de l'abdomen, il est aussi long que les deux suivants réunis;
2ᵉ suture bien visible.

On ne connaît que trois espèces, dont deux trop sommaire-
ment décrites par Ratzeburg. Les *Aspidogonus* vivent, à ce
que nous croyons, aux dépens des coléoptères lignivores et
fongivores, dans les forêts.

1   Deuxième segment de l'abdomen en grande
       partie ruguleux. ♀ Corps très ramassé, noir.
       Antennes d'un roux brunâtre, noires à la base,
       et un peu obscures vers l'extrémité. Lobes
       du mesonotum très saillants. Métathorax
       fortement rugueux, parcouru dans le milieu

par une forte ride longitudinale. Pattes d'un roux brunâtre; les quatre hanches antérieures noires, ainsi que les tarses de derrière et la majeure partie de leurs tibias; dernier article des tarses rouge. Abdomen à peine aussi long que la tête et le thorax; 1ᵉʳ segment aussi rugueux que le métathorax, avec un sillon basilaire limité par deux carènes, et un bourrelet lisse au milieu du bord postérieur; 2ᵉ segment plus faiblement rugueux, notamment vers l'extrémité, et avec la ligne médiane presque lisse. Tarière un peu plus longue que l'abdomen. ♂ Inconnu. Long. 7-8ᵐᵐ.   **Contractus**, Rᴀᴛᴢᴇʙᴜʀɢ.

Oʙs. — Trouvé par Radzay dans des bûches de pin trouées par un longicorne, soit *Callidium abdominale* Bon. (*luridum* Ol.), soit *Tetropium luridum*, L.

Pᴀᴛʀɪᴇ : Allemagne (Falkenberg en Silésie).

—   **Deuxième segment de l'abdomen lisse, comme les suivants.**   2

2   Nervure radiale droite; antennes du ♂ en massue à l'extrémité. ♀ Noire, luisante. Face en grande partie chagrinée et mate; front rugueux dans le milieu, vaguement ponctué sur les côtés, comme le sont aussi le vertex et les joues. Palpes et épistome testacés; 3ᵉ article des palpes labiaux inséré sur le 2ᵉ avant son extrémité; 2ᵉ article arrondi. Une ligne enfoncée s'étend depuis le stemmaticum jusqu'à la base des antennes, traversant ainsi l'excavation frontale. Antennes noires avec le scape rouge, filiformes, aussi longues

que la tête, le thorax et la moitié de l'abdomen, de 30 articles, qui, de longs et cylindriques vers la base, deviennent très courts
vers l'extrémité. Prothorax avancé, rugueux-
ponctué, ainsi que les pleures. Sillons du mesonotum rugueux. Scutellum petit, en forme
de tubercule, et précédé par une fossette
beaucoup plus grande que lui, laquelle est
grossièrement sillonnée. Métathorax court,
brusquement déclive, chargé de quelques
lignes élevées longitudinales et irrégulières
qui forment une espèce de réticulation; la
base est presque lisse. Ailes hyalines, nervures et stigma noirâtres, celui-ci avec une
tache pâle indistincte à la base; écaillettes
d'un testacé rougeâtre; cellule radiale cultriforme, n'atteignant pas tout à fait le bout de
l'aile, mais plus longue et moins acuminée
que chez l'espèce suivante; nervure radiale
droite. Les quatre pattes antérieures rouges,
assez courtes; tibias intermédiaires arqués
près de la base; pattes de derrière allongées,
épaissies, avec les hanches et les cuisses
rouges, les tibias et les tarses noirs, sauf la
base des tibias; éperons très courts. Abdomen en ovale allongé; 1ᵉʳ segment faisant le
tiers de sa longueur totale, deux fois aussi
large à l'extrémité qu'à la base, rugueux, surmonté de deux carènes qui, partant de la
base, convergent jusque près du bord postérieur, où l'on distingue un petit bourrelet luisant; l'entre-deux de ces carènes est creusé
en sillon peu profond; côtés finement rebordés; tubercules situés avant le milieu; 2ᵉ segment chargé à la base d'un commencement
de carène médiane; il est lisse et luisant, ainsi
que tous les suivants. Ventre pâle vers la

base. Tarière aussi longue que le thorax et l'abdomen; ses valves hérissées. ♂ Antennes un peu plus longues que le corps, grêles, composées de 31 articles qui sont cylindriques jusqu'au 27ᶜ, les quatre suivants sont élargis, comprimés, et forment réunis une massue tronquée au bout. Elles sont testacées avec la massue noire; le 27ᶜ article obscur. Long. 5 1/2-6ᵐᵐ; Env. 13-14ᵐᵐ.

Diversicornis, Wesmael.

Obs. — Les antennes du ♂ présentent une conformation unique parmi les Braconides; quant au reste du corps, les deux sexes sont assez semblables aux *Helcon*. J'ai vu une paire de ces insectes élevée des larves de *Melandrya caraboides*, L., à Broût-Vernet (Allier); cet envoi me fut fait par M. le vicomte Du Buysson, qui voulut bien me céder la ♀; je possède une seconde ♀, de patrie incertaine, provenue de l'ancienne collection Walker. Wissman en envoya jadis du Hanovre à Ratzeburg plusieurs exemplaires éclos d'autres coléoptères forestiers, *Hylocœtus dermestoides* L., *Mycetochares barbata* Latr., et d'un longicorne non déterminé.

Patrie : Europe centrale; France; Allemagne; Hollande; Belgique.

— Nervure radiale fortement courbée; antennes du ♂ simples. ♀ Noire, luisante; palpes d'un brunâtre obscur; 3ᶜ article des maxillaires non dilaté; 2ᶜ article des labiaux presque cylindrique, lobé à l'extrémité. Antennes de 25 à 26 articles. Mésothorax lisse. Métathorax rugueux, réticulé. Ailes hyalines; nervures et stigma noirâtres; écaillettes brunâtres; nervure radiale sinuée; cellule radiale lancéolée, fort atténuée et acuminée vers l'extrémité, n'atteignant pas le bout de l'aile. Pattes d'un brun rougeâtre clair; hanches

noirâtres; tarses de derrière et tous les trochanters, plus ou moins obscurs. Abdomen
en ovale oblong; 1ᵉʳ segment assez étroit,
striolé, avec un petit bourrelet lisse au milieu
du bord postérieur; segments suivants lisses
et luisants. Ventre en carène aiguë jusqu'à
l'origine de la tarière. Celle-ci un peu plus
longue que le corps, courbée, ascendante.
♂ Semblable; antennes simples à l'extrémité; abdomen lancéolé, aplati. Long. 3 1/2-
4ᵐᵐ.   **Abietis**, Ratzeburg.

Obs. — Il habite les pommes de pin, en société avec les *Anobium abietis*, Fab. et *angusticolle*,
Ratz.

Patrie : France; Allemagne; Russie.

ESPÈCE DOUTEUSE D'ASPIDOGONUS

1. **Flavicornis**, Nees, 1834. ♂ Forme du *Bracon dissimilis*, Nees [probablement un *Dolops*]. D'un noir intense.
Tête plus large que le thorax; face pointillée; épistome terminé en angle obtus, avancé. Mandibules rouges, brunes à
l'extrémité. Palpes testacés; 2ᵉ article des maxillaires un peu
dilaté. Antennes filiformes, testacées, environ aussi longues
que le corps. Thorax pointillé; scutellum précédé d'une fossette profonde et rugueuse. Métathorax ruguleux, portant,
vers sa partie inférieure, une aréole médiane, ovalaire. Ailes
hyalines; nervures et stigma noirâtres, celui-ci marqué à la
base d'un petit point pâle. Pattes testacées avec les tibias et
les tarses de derrière noirâtres, sauf la base des tibias. Premier segment de l'abdomen dilaté en arrière, ses tubercules
situés avant le milieu; de chacun d'eux part une carène
rebordant étroitement les côtés, qui sont d'une teinte pâle

comme le ventre; ce segment est finement ruguleux-striolé, les suivants lisses; ventre pâle, avec une carène médiane obscure.   Long. 6 1/2ᵐᵐ *(Bracon flavicornis,* Nees.)

Obs. — Cet insecte a bien l'air d'être le ♂ d'*A. diversicornis,* seulement l'auteur n'a rien dit de la massue des antennes, caractère trop remarquable pour échapper à son observation. De l'avis de Reinhard, les deux insectes sont identiques; selon Ratzeburg ils n'ont aucun rapport l'un avec l'autre, « *B. flavicornis* ist ein ganz anderes Thier. » Cette opinion semble un peu trop tranchante, car le *B. flavicornis* appartient incontestablement au genre *Aspidogonus,* sinon à l'espèce *diversicornis.* On ne doit pas oublier qu'il existe un *A. contractus,* dont le ♂ reste inconnu.

Patrie : Allemagne (Nuremberg).

2ᵉ GENRE. — DIOSPILUS, Haliday, 1833.

διο-, préfixe dénotant l'importance, la grandeur, et σπῖλος tache, stigma.

Tête très grande. Palpes maxillaires de 6, labiaux de 3 articles. Épistome tronqué ou arrondi au bout, impressionné à la base de deux fossettes profondes. Sillons du mesonotum distincts. Métathorax partagé souvent en deux aréoles à la base. Deuxième cellule cubitale rhomboïdale ou presque carrée, chez une seule espèce, trapéziforme; nervure récurrente longuement rejetée; 1ʳᵉ cellule discoïdale contiguë au parastigma; 1ʳᵉ abcisse de la nervure radiale très courte; cellule radiale lancéolée, n'atteignant pas le bout de l'aile. Pattes courtes. Abdomen sessile, petit, court, arrondi sur les côtés. Tarière plus ou moins allongée.

Le corps court et ramassé, la grandeur de la tête, la petitesse de l'abdomen, et la forme carrée de la 2ᵉ cellule cubitale donnent à ces insectes un facies distinct de tous les autres Polymorphes : seulement le *D. speculator* s'écarte un peu du type, ayant la 1ʳᵉ nervure transverso-cubitale obliquement placée. Cette différence suffisait à Foerster pour motiver la création de son genre *Anostenus*.

Les auteurs Nees von Esenbeck, Wesmael, et Reinhard ont décrit ou indiqué plus d'une douzaine d'espèces, dont la détermination est fort difficile. On n'en a signalé aucune jusqu'ici hors de l'Europe. Les *Diospilus* sont parasites principalement des petits charançons appartenant au groupe des *Ceuthorrhynchus*.

1   Thorax en partie rouge.   10

—   Thorax entièrement noir, sauf le prothorax de *speculator*, qui est parfois brûnâtre ou testacé.   2

2   Deuxième cellule cubitale trapéziforme. ♀ Plus grêle que les espèces suivantes. Noire; bouche et épistome testacés. Tête plus large que le thorax. Face pointillée, un peu ruguleuse vers le haut. Palpes testacés. Épistome séparé de la face par un sillon qui réunit les deux fossettes. Antennes filiformes, aussi longues que le corps, testacées à la base et devenant de plus en plus obscures vers l'extrémité, de 27 articles. Prothorax souvent plus ou moins pâle ou brunâtre. Métathorax finement ruguleux, réticulé. Ailes plus étroites que chez les autres espèces, hyalines ou légèrement enfumées; stigma et nervures noirâtres; radicules et écaillettes rouges; 1ʳᵉ nervure transverso-cubitale obliquement placée, de sorte que la 2ᵉ cellule cubitale n'est plus rhomboïdale mais en triangle tronqué, cette nervure est souvent en partie décolorée; métacarpe beaucoup plus long que le stigma; nervure radiale

droite. Ailes postérieures sans échancrure à la base; nervure cubitale droite; cellule anale très courte. Pattes testacées, celles de derrière un peu plus obscures, ayant ordinairement un trait ou une tache noirâtre sur le dessus des cuisses, près de leur extrémité; tous les tarses obscurs vers le sommet. Abdomen à peine plus long que le thorax, obovale, lancéolé; 1ᵉʳ segment environ deux fois aussi long que large, ruguleux, réticulé, légèrement rebordé sur les côtés, bicaréné à la base, ses angles apicaux lisses, déprimés; tubercules saillants, situés près de la base; segments 2-3 souvent testacés ou brunâtres. Tarière aussi longue que le corps moins la tête, descendante et un peu courbée vers l'extrémité. ♂ Semblable; antennes de 27 articles, beaucoup plus longues que le corps; prothorax et segments 2-3 souvent testacés. Long. 3 1/2ᵐᵐ; Env. 7ᵐᵐ. **Speculator**, Halidy.

Obs. — Cette espèce avoisine sous quelques rapports les *Aspidogonus*.

Patrie : Angleterre; Irlande; Belgique; Hollande; Allemagne; France; assez commun dans les endroits boisés.

—— Deuxième cellule cubitale carrée ou rhomboïdale.   3

3   Nervure cubitale des ailes postérieures coudée près de sa base.   4

—— Nervure cubitale des ailes postérieures droite.   5

4   Palpes testacés. ♀ Noire, luisante, velue

de poils gris. Face lisse, densément velue. Mandibules d'un testacé rougeâtre. Antennes un peu plus longues que la tête et le thorax. Métathorax luisant, densément ponctué, surmonté à la base de deux aréoles lisses. Deuxième cellule cubitale presque carrée; nervure radiale droite. Nervure cubitale des ailes postérieures plus faiblement coudée que chez l'espèce suivante, et sans vestige de prolongement ultérieur; ailes postérieures échancrées à la base. Pattes entièrement d'un testacé rougeâtre. Premier segment de l'abdomen pas plus long que sa largeur apicale, lisse dans le milieu, rugueux-ponctué vers les côtés. Tarière à peine plus longue que l'abdomen. ♂ Inconnu. Long. 3 1/2ᵐᵐ.

Robustus, REINHARD.

PATRIE : Autriche (Vienne); un seul exemplaire capturé par Giraud.

— Palpes noirâtres. ♂♀ Face densément ponctuée. Épistome tronqué, noir; mandibules noires, rarement brunâtres. Métathorax densément rugueux, avec deux aréoles lisses à la base. Nervure radiale régulièrement arquée, terminée à mi-chemin entre le stigma et le bout de l'aile. Nervure cubitale des ailes postérieures distinctement coudée près de sa base, avec un prolongement indistinct après le coude. Pattes noires; tibias et sommet des cuisses testacés. Premier segment de l'abdomen striolé, aussi long que large. Tarière à peine aussi longue que l'abdomen. Long. 2 2/3ᵐᵐ. **Inflexus**, REINHARD.

PATRIE : Allemagne (Dantzick).

5   Palpes testacés.   6

—   Palpes noirâtres.   7

6   Premier segment de l'abdomen entièrement couvert de fortes stries longitudinales. ♀ Noire; face finement et peu densément pointillée. Épistome largement tronqué. L'extrémité inférieure des joues se courbe en forme de crochet court et aplati sur la base des mandibules. Celles-ci rouges; palpes testacés. Antennes noires (mutilées chez la ♀). Métathorax assez luisant, surmonté, à la base, de deux aréoles lisses, étroites, en forme de demi-lune, du reste parcouru en grande partie par de fortes stries, ou plutôt des rugosités convergentes. Nervure radiale des ailes antérieures et nervure cubitale des postérieures, droites; ailes postérieures échancrées à la base. Pattes fortes, d'un testacé rougeâtre; tarses de derrière un peu obscurs. Premier segment de l'abdomen un peu plus court que celui du ♂, fortement strié en longueur, avec une fossette profonde à la base. Tarière un peu plus longue que le corps. ♂ Antennes de 26 articles; 1ᵉʳ segment de l'abdomen presque de moitié plus long que sa largeur apicale. Long. 4-5ᵐᵐ.

Rufipes, Reinhard.

Patrie non indiquée, probablement Allemagne.

—   Premier segment de l'abdomen striolé dans le milieu, ruguleux sur les côtés. Noir, luisant; mandibules rouges; palpes testacés. Face lisse, luisante; épistome convexe. ♀ Antennes filiformes, à peine plus longues

que la tête et le thorax, de 22 à 25 articles.
Sillons du mesonotum lisses; métathorax
ruguleux, portant à la base deux aréoles
lisses, ovalaires. Ailes amples, hyalines;
stigma grand, triangulaire, noir; nervures
noirâtres, pâles vers la base; écaillettes testacées; 2ᵉ cellule cubitale plus longue que
large, rectangulaire; 3ᵉ abscisse de la nervure
radiale arquée à la base, terminée plus près
du bout de l'aile que du stigma. Ailes postérieures échancrées à la base; leur nervure
cubitale droite. Pattes testacées. Abdomen
ovalaire, déprimé, plus court et moins large
que le thorax; 1ᵉʳ segment aussi long que sa
largeur apicale, rétréci vers la base; segments suivants lisses; sutures à peine sensibles; côtés latéraux de l'abdomen fléchis
vers le bas, couvrant en partie la surface
ventrale. Tarière aussi longue que le corps
moins la tête. ♂ Antennes subsétiformes,
aussi longues que le corps, de 26 à 29 articles;
1ᵉʳ segment de l'abdomen plus long que sa
largeur apicale; hanches de derrière noires
en dessus; tarses et sommet des tibias de la
même paire souvent obscurs. Long. 2 1/2-3ᵐᵐ;
Env. 5 1/2-6 1/2ᵐᵐ.   **Oleraceus,** Haliday.

Obs. — Commun sur les herbes potagères de nos
jardins, notamment sur *Brassica rapa* et *Sinapis
nigra*. Elevé par Giraud des galles produites par
le charançon *Ceuthorrhynchus rapæ*, Gyl. sur les
racines de *Lepidium draba;* par Reinhard des
galles de *C. assimilis*, Payk. sur *Sinapis arvensis;*
et par Billups des cocons terreux formés aux racines de *Brassica oleracea*, par *C. sulcicollis*, Gyl.

Patrie : Europe en général.

7   Métacarpe pas plus long que le stigma.

♂♀ Noir; palpes noirs. Face pointillée, presque mate. Épistome arrondi en avant. Cellule radiale très courte, à peine plus grande que le stigma, son extrémité plus rapprochée du stigma que du bout de l'aile; 3ᵉ abscisse de la nervure radiale un peu arquée; 2ᵉ cellule cubitale étroite, deux fois aussi haute que large; ailes postérieures comme chez le précédent. Pattes testacées; sommet des cuisses de devant, et tibias de la même paire, d'un testacé brunâtre; tarses de derrière et sommet de leurs tibias, noirâtres. Tarière aussi longue que l'abdomen et le métathorax. Tous les autres caractères sont ceux de *capito* (V. nᵒ 9). Long. 2ᵐᵐ; Env. 4 1,2ᵐᵐ.   **Morosus**, Reinhard.

Patrie : Allemagne; Angleterre (I. de Wight, et environs de Londres).

— Métacarpe plus long que le stigma.   8

8   Premier segment de l'abdomen plus large que long; tarière pas plus longue que l'abdomen. ♀ Noire; palpes noirâtres. Face pointillée, luisante; épistome convexe; mandibules rouges à la base. Antennes de 23 articles; 3ᵉ article étroitement testacé à la base. Métathorax ruguleux, indistinctement aréolé. Cellule radiale un peu plus longue et plus large que le stigma, terminée à une distance égale du stigma et du bout de l'aile; nervure radiale arquée; 2ᵉ cellule cubitale avec les côtés parallèles; nervure cubitale des ailes postérieures droite. Pattes testacées; cuisses rayées de noirâtre en dessus; sommet des tibias de derrière noirâtre; tarses obscurs.

Abdomen très court, arrondi; 1ᵉʳ segment fortement élargi en arrière, transversal, lisse dans le milieu et à l'extrémité, striolé sur les côtés. ♂ Semblable; antennes de 23 articles; abdomen plus ovalaire, mais le 1ᵉʳ segment n'est pas plus long que sa largeur apicale. Long. 2 1/2ᵐᵐ; Env. 5 1/3ᵐᵐ.

Ovatus, Marshall.

Obs. — La ♀ diffère de l'espèce suivante, d'*oleraceus* (V. nº 6), et de *morosus* (V. nº 7) par la brièveté de la tarière; le ♂ se distingue d'*oleraceus* par les palpes et les pattes qui sont autrement colorés; la cellule radiale est plus courte et plus étroite, et les antennes ont un moindre nombre d'articles; il s'écarte de *capito* par la forme de la cellule radiale, et par sa taille plus grande; et de *morosus* par la taille et par le nombre des articles des antennes. On ne peut pas le confondre avec *robustus* et *inflexus* (V. nº 4) chez lesquels la nervure cubitale des ailes postérieures est coudée.

Patrie : Angleterre (environs de Londres).

——   Premier segment de l'abdomen un peu plus long que large; tarière beaucoup plus longue que l'abdomen.   9

9   Premier segment de l'abdomen striolé sur les côtés, lisse dans le milieu; tarière aussi longue que l'abdomen et le métathorax. Très semblable à *D. oleraceus* (V. nº 6) mais plus petit. Noir; palpes noirâtres. ♂♀ Antennes de 21 à 23 articles; 2ᵉ article souvent brunâtre ou testacé; 3ᵉ testacé à la base. Métathorax luisant, lisse, ou à peine ruguleux, indistinctement aréolé. Ailes d'*oleraceus*. Cuisses noirâtres à la base et rayées de noirâtre en dessus; sommet des tibias noirâtre: les pattes sont souvent presque entièrement obscures. Tous les autres caractères s'accordent avec

ceux d'*oleraceus*, dont il a été longtemps regardé comme une simple variété. Long. 1 1/2-2ᵐᵐ; Env. 4-4 1/2ᵐᵐ. **Capito**, Nees.

Obs. — Brischke le trouva une fois en abondance à Dantzick, sur le bois d'une vieille voiture, où il le prit pour parasite des *Anobium*. L'espèce est assez commune.

Patrie : Allemagne; Belgique; Angleterre.

—

Premier segment de l'abdomen lisse; tarière d'un quart plus longue que le corps entier. De forme grêle, pour le genre; il est impossible de l'identifier à aucune des espèces à tarière longue, et je le suppose inédit. ♀ Noire; palpes noirâtres. Antennes noires (mutilées à l'extrémité). Métathorax luisant, lisse, sans aréoles. Ailes à peu près comme chez *D. oleraceus* (V. nᵒ 6), mais le stigma est relativement plus allongé et plus étroit, ainsi que la cellule radiale; nervure cubitale des ailes postérieures droite. Pattes testacées; hanches de derrière noires; les quatre cuisses et tibias postérieurs légèrement enfumés dans leur moitié apicale, les tibias de derrière plus sensiblement obscurs; tarses de derrière totalement assombris, les autres seulement à l'extrémité. Abdomen étroit, plus court et moins large que le thorax; 1ᵉʳ segment un peu plus long que sa largeur apicale, rétréci de chaque côté derrière les tubercules, ensuite un peu élargi jusqu'à l'extrémité; il est presque lisse, ne présentant qu'un vestige de deux ou trois stries. ♂ Inconnu. Long. 2ᵐᵐ; Env. 5ᵐᵐ.

Productus, Marshall.

Patrie : Angleterre (Comté de Devon); un seul exemplaire.

10 Tarière aussi longue que le corps; tibias de derrière d'un testacé plus ou moins sale. ♀ Noire; prothorax, mesonotum, et 2ᵉ segment abdominal, ordinairement en grande partie roussâtres. Face lisse, luisante, velue; épistome arrondi en avant ; mandibules rouges; palpes blanchâtres. Antennes de 27 à 28 articles, de moitié moins longues que le corps; les 3 ou les 5 premiers articles testacés en dessous, les suivants bruns. Prothorax roussâtre ou noir. Mesonotum tantôt rouge en entier, tantôt avec les lobes latéraux seuls rouges, ou marqués de traits roussâtres. Poitrine roussâtre en avant. Métathorax tronqué, chargé de rugosités confuses, parfois indistinctement aréolé. Ailes hyalines; stigma noir avec une petite tache pâle à la base; nervure radiale droite ; 2ᵉ cellule cubitale presque carrée ; ailes postérieures à peine échancrées à la base, à nervure cubitale droite. Pattes d'un testacé pâle; tibias et tarses de derrière souvent plus ou moins obscurs. Premier segment de l'abdomen notablement plus long que large, un peu rétréci à la base, ponctué-rugueux ou granulé; segments suivants lisses, les 2ᵉ et 3ᵉ (réunis) souvent roussâtres. Tarière courbée. ♂ Antennes de 27 à 28 articles, presque aussi longues que le corps, entièrement noires. Long. 3 1/2ᵐᵐ.   **Ephippium**, Nees.

Obs. — Trouvé par Nees dans le *Boletus igniarius* en société avec *Dorcatoma dresdensis*, Hbst; et par Giraud dans la même espèce de bolet, avec *Diaperis boleti*, L. et autres Coléoptères fongivores. De l'avis de Reinhard, le *Bracon dispar*, Nees et le *Taphæus affinis*, Wesm. seraient des variétés d'*ephippium*, mais voir ci-dessous, espèces douteuses, nᵒˢ 1, 4.

Patrie: Allemagne (Sickershausen); Autriche (Vienne).

——— Tarière aussi longue que l'abdomen; tibias de derrière noirâtres. ♀ Corps garni de poils blanchâtres, noir; prothorax rouge. Tête transversale, aussi large que le thorax. Mandibules étroites, bidentées, brun de poix. Palpes blanchâtres, les maxillaires très longs, à 2ᵉ article dilaté et comprimé. Antennes à peine plus longues que le thorax, filiformes, noirâtres avec les deux premiers articles rouges. Prothorax étroit, abaissé. Mésothorax un peu brunâtre en avant. Métathorax court, grossièrement ponctué-rugueux. Ailes hyalines; stigma et nervures noirâtres; 1ʳᵉ et 2ᵉ cellules cubitales à peu près égales, quadrangulaires. Pattes assez fortes, rouges, à l'exception des tibias de derrière qui sont noirâtres et épaissis. Abdomen ovalaire; 1ᵉʳ segment ruguleux-ponctué, peu rétréci à la base; les suivants très lisses, luisants, ciliés sur la marge postérieure. Ventre pâle. Tarière courbée. ♂ Corps plus grêle; épistome roussâtre; antennes aussi longues que le corps; les deux premiers articles noirâtres en dessus; pattes plus pâles, tibias de derrière moins assombris; abdomen plus étroit, segments 2-3 tantôt pâles, tantôt d'un roussâtre sale. Long. 3 1/2ᵐᵐ. **Melanoscelus**, Nees.

Obs. — Cette espèce paraît ne différer de la précédente que par la longueur de la tarière; quant aux mâles, il m'a été impossible de les séparer sans les examiner en nature. Le *melanoscelus* est de la même provenance que l'*ephippium*, c'est-a-dire sorti d'un bolet habité par *Dorcatoma dresdensis*, Hbst.

Patrie : Allemagne (Sickershausen).

ESPÈCES DE DIOSPILUS DOUTEUSES

OU IMPARFAITEMENT DÉCRITES

1. Dispar, Nees, 1834. ♀ Noire, luisante; parties buccales d'un testacé rougeâtre. Antennes de même couleur à la base, noirâtres vers l'extrémité. Ailes hyalines; stigma noir; 1re et 2e cellules cubitales presque égales, quadrangulaires; nervure récurrente rejetée. Pattes d'un testacé rougeâtre. Abdomen largement sessile, oblong, lisse, sauf le 1er segment qui est très rugueux, et presque plan. Tarière de la longueur du corps. ♂ Semblable; antennes entièrement noires. Long. 2 1/2-3^{mm}.

Var. 1. ♂ Plus petit; antennes plus grêles, rouges en dessous; du reste, semblable aux femelles avec lesquelles il a été capturé. Long. 2^{mm}.

Var. 2. ♂ Antennes grêles, avec les trois premiers articles rouges; milieu de l'abdomen d'un brunâtre obscur.

Obs. — Il est voisin, dit l'auteur, des *Alysia*, de même que des *Bracon* de sa 3e section, qui sont des *Opius*. Reinhard l'a cité, avec un point d'interrogation, comme synonyme de *D. affinis*, Wesm. lequel est, peut-être, indéterminable. Ce *Bracon dispar*, Nees, est provenu avec *ephippium* (V n° 10) d'un bolet fréquenté par *Dorcatoma dresdensis*, Ilhst.

Patrie : Allemagne (Breslau, Sickershausen).

2. Filator, Nees, 1834. ♀ Très voisin du précédent. Noir, velu; parties buccales d'un testacé rougeâtre. Antennes filiformes, plus courtes que le corps, noires à radicule brunâtre. Métathorax ovalaire, presque tronqué, rugueux. Ailes hyalines; stigma d'un brun pâle; nervures testacées: cellules disposées comme chez *dispar*. Pattes grêles, d'un testacé pâle. Abdomen ovalaire, plus étroit mais pas plus court que le thorax, déprimé; 1er segment cunéiforme, aplati, striolé; les suivants lisses, ciliés sur la marge postérieure. Tarière de moitié plus longue que le corps. ♂ Inconnu. Long. 3^{mm}. (*Bracon, filator*, Nees.)

Patrie : Allemagne (Monts Sudetsch.)

3 Nigricornis, Wesmael, 1835. ♂ Noir, luisant; mandibules fauves; palpes testacés. Espace de la face situé entre

les deux fossettes fortement convexe, ce qui rend ces fossettes
tout à fait isolées. Antennes noires, un peu plus courtes que
le corps. Sillons du mesonotum profonds; on distingue, en
outre, sur la partie la plus avancée du dos, deux impressions
longitudinales très superficielles, l'une à côté de l'autre. Métathorax parcouru dans le milieu par une faible carène longitudinale. Ailes hyalines; stigma noir. Pattes testacées; l'extrémité des tibias, et les tarses postérieurs sont obscurs. Le
1ᵉʳ segment de l'abdomen a quelques rugosités longitudinales
assez fortes mais peu nombreuses; tubercules très saillants,
situés un peu avant le milieu. Chez la ♀ les tubercules sont
souvent difficiles à apercevoir, parce que la partie ventrale
déborde sur les côtés. Tarière de la longueur du corps. Long.
4ᵐᵐ. *(Taphœus nigricornis,*Wesm.) Il n'est pas invraisem-
blable que cette espèce soit *D. oleraceus,* Hal. (V. n° 6.)

P\TRIE : Belgique (Bruxelles, Charleroi).

4. Affinis, Wesmael, 1835. ♂♀ Ressemble beaucoup au *nigricornis :* en diffère par les antennes, dont les deux premiers
articles sont testacés, au moins au côté inférieur; chez les ♀
le dessous du 3ᵉ article est d'un testacé plus sombre. Face
presque plane entre les deux fossettes, de sorte que celles-ci
semblent réunies. Noir; parties de la bouche testacées. Pattes
testacées. Tarière aussi longue que le corps. Long. 3ᵐᵐ.
(Taphœus affinis, Wesm.)
   Cette espèce, selon Wesmael, pourrait bien être le *dispar*
Nees (V. n° 1), et, d'après Reinhard, il se peut que toutes
deux ne soient que des variétés de *D. ephippium,* Nees
(V. n° 10), Mais la diagnose de Wesmael est faite en comparant l'inconnu avec l'incertain, et l'on n'y voit rien de précis.

P\TRIE : Belgique (Bruxelles).

3ᵉ GENRE. — DOLOPS, Marshall, 1888.

δολοψ, se tenant en embuscade; aux aguets.

Palpes maxillaires de 6, labiaux de 4 articles. Épistome
court, transversal, élevé au bord antérieur, bisinué, avec deux
fossettes bien distinctes à la base. Métathorax régulièrement
aréolé. 2ᵉ cellule cubitale grande, trapéziforme; nervure ré-

currente interstitiale; 1ʳᵉ cellule discoïdale pétiolée; 1ʳᵉ abscisse de la nervure radiale allongée, à peine plus courte que la 2ᵉ; cellule radiale large, cultriforme, atteignant le bout de l'aile. Pattes fortes, assez allongées. Abdomen sessile, oblong, ovalaire, arrondi sur les côtés, qui se replient en bas sur le ventre. Tarière allongée.

Tête un peu transversale, pas plus large que le thorax, prolongée derrière les yeux; occiput rebordé, concave. Mandibules rétractées, séparées de l'épistome par un espace en forme de fente, comme chez certains *Opiides*. Front légèrement excavé. Prothorax avancé. Sillons du mesonotum distincts. Mésopleures lisses, luisantes, parcourues par un sillon crénelé. 2ᵉ nervure transverso-cubitale incolore; cellule costale plus longue que la médiane; nervure postérieure non interstitiale. Cellule radiale des ailes postérieures contiguë; cellule anale divisée en deux par une nervure transverse. Abdomen en ovale allongé, pas plus long que le thorax; 1ᵉʳ segment large, un peu plus long que sa largeur apicale, striolé, bicaréné; les autres segments lisses, luisants; segments 2-3 faisant à eux seuls la moitié de la longueur de l'abdomen; 2ᵉ suture effacée; segments apicaux très courts. Tarière aussi longue ou plus longue que le corps.

Une certaine analogie dans les formes rapproche ce genre du précedent et d'*Aspidogonus*, mais il s'éloigne de l'un et de l'autre par les traits importants que je viens de signaler. J'en ai découvert deux espèces en Angleterre, dont l'une au moins n'est pas rare; et il est surprenant que des insectes si remarquables aient pu échapper jusqu'en 1888 aux recherches de nos entomologistes. Le rôle des *Dolops* comme parasites reste à découvrir, mais il est probable qu'ils vivent aux dépens des Coléoptères.

1   Antennes de la ♀ de 37, du ♂ de 40 articles; tarière aussi longue que le corps. Noir, luisant; ventre brunâtre vers la base. Parties buccales rouges; mandibules noires à l'extrémité. Palpes maxillaires rouges, avec

le 1ᵉʳ article noirâtre. Vertex transversal. ♀
Antennes filiformes, plus longues que le
corps; scape rouge en dessous. Prothorax
abaissé, irrégulièrement striolé en travers.
Mésothorax élevé, tronqué presque verticalement en avant, avec les angles du lobe
médian proéminents; sillons du mesonotum
crénelés, convergeant vers un espace strié
devant le scutellum; fossette antéscutellaire
fortement striée au fond. Métathorax court,
brusquement déclive en arrière, subruguleux; deux carènes, partant du milieu de
la base, divergent jusque sur la déclivité,
d'où elles se prolongent en lignes parallèles
jusqu'à l'extrémité; l'entre-deux de ces
carènes est nettement strié en travers; deux
carènes latérales, réunies aux précédentes
chacune par un rameau transverse, achèvent
un système d'aréoles comparable à celui
des Ichneumons; angles postérieurs du métathorax avancés en saillie obtuse. Ailes
hyalines avec une légère teinte obscure, ciliées; écaillettes rouges; stigma et nervures
noirâtres. Pattes rouges, y compris toutes
les hanches; tarses légèrement obscurs. Premier segment abdominal à peine plus long
que sa largeur apicale, rebordé, bicaréné, ruguleux dans le milieu, fortement strié sur
les côtés, lisse et excavé à la base, avec les
angles postérieurs déprimés; on distingue,
au milieu de la marge postérieure, un bourrelet lisse, et de chaque côté de celui-ci une
fossette profonde, triangulaire, qui comprend
la suture et entame un peu le segment suivant; tous les autres segments très lisses;
segments 2-3 réunis beaucoup plus longs que
le 1ᵉʳ; 4ᵉ court; 5ᵉ et 6ᵉ annuliformes. La

valve ventrale ne dépasse pas l'anus. ♂ Plus
petit ; antennes plus longues, de 38 à 40 articles : 1ᵉʳ segment abdominal moins large.
Long. 4-4 2/3ᵐᵐ ; Env. 8-8 1/2ᵐᵐ.

Hastifer, Marshall.

Patrie : Angleterre ; j'ai pris plusieurs exemplaires
des deux sexes, surtout dans les comtés
méridionaux.

Antennes de la ♀ de 27 à 33 articles : tarière plus longue que le corps. ♂ Inconnu.
Plus grêle et plus petit que le précédent.
Très noir, brillant ; ventre presque entièrement d'un brunâtre pâle. Métathorax et ailes
du précédent, mais celui-là est plus lisse,
avec les carènes médianes plus rapprochées,
et l'espace compris entre elles plus fortement
strié. Pattes rouges, y compris les hanches ;
mais les hanches de derrière sont parfois
assombries à la base ; les 4 cuisses poste-
rieures plus ou moins obscures, soit en
dessus, soit à l'extrémité ; les tarses de derrière obscurs, ainsi que le sommet de leurs
tibias. Premier segment abdominal un peu
plus long que sa largeur apicale, rebordé,
bicaréné, régulièrement striolé ; ses tubercules légèrement saillants ; les autres segments lisses, très luisants. Long. 2 1/2-3 1/2ᵐᵐ ;
Env. 5-7 1/2ᵐᵐ.   **Aculeator**, Marshall.

Obs. — Quoique jusqu'à présent j'aie maintenu
la séparation de ces deux espèces, il ne serait pas
surprenant de trouver, avec un peu plus d'expérience, qu'elles doivent être réunies. A défaut de
toute preuve directe, je soupçonne ce *Dolops* d'être
parasite d'un charançon commun sur les orties,
et appartenant au genre *Phyllobius*. J'en capturai
pour la première fois une femelle près de Teign-
mouth, au sommet d'une falaise. C'était un vaste
plateau gazonné, sans buisson ni autre plante,

excepté une seule touffe d'*Urtica dioica*, au milieu. En promenant mon filet sur cette touffe, j'obtins pour toute récolte *Phyllobius alneti*, Fab. en quantité, et une seule femelle de *D. aculeator*, et j'en conclus naturellement que le *Dolops* était parasite de quelqu'un de ces Curculionites.

PATRIE : Angleterre (I. de Wight et Comté de Devon); deux femelles.

ESPÈCES DOUTEUSES

APPARTENANT PROBABLEMENT AU GENRE DOLOPS

1. Dissimilis, NEES, 1834. Noir, pubescent. ♀ Tête transversale, subcubique; vertex plan; front ruguleux-ponctué entre les antennes. Mandibules brunâtres. Palpes testacés. Épistome court, arrondi antérieurement. Antennes noirâtres, pâles en dessous (mutilées). Prothorax abaissé. Lobes du mesonotum tubéreux. Métathorax très rugueux, caréné. Ailes hyalines: nervures et stigma noirâtres; nervure récurrente rejetée; 2ᵉ cellule cubitale rétrécie vers le bout de l'aile. Pattes d'un rouge testacé; toutes les hanches obscures, ainsi que les tarses et les tibias de derrière; ceux-ci rouges à la base. Abdomen aussi long que la tête et le thorax, oblong, ovalaire, plan sur le dos, caréné en dessous, comprimé à l'extrémité; 1ᵉʳ segment peu rétréci à la base, rugueux, surmonté de deux carènes un peu divergentes, qui s'étendent jusqu'au delà du milieu; 2ᵉ segment plus finement ruguleux à la base, lisse vers l'extrémité, comme tous les suivants. Ventre caréniforme, brunâtre, pâle à la base : cette couleur, s'étendant sur les côtés du 2ᵉ segment, est perceptible en dessus. Tarière aussi longue que le métathorax et l'abdomen. ♂ Pattes rouges en entier; abdomen lancéolé. Un individu avait les ailes plus hyalines, un autre portait sur le métathorax des vestiges d'une aire pentagonale. Long. ♀ 6ᵐᵐ; ♂ 4 1/2ᵐᵐ. *(Bracon dissimilis*, Nees.)

PATRIE : Allemagne (Monts Sudetsch); Italie (Turin).

2. Gagates, Nees, 1834. ♂ D'un noir intense, luisant. Tête aussi large que le thorax, légèrement pubescente; front convexe: épistome court, séparé de la face par une ligne arquée. Thorax légèrement pubescent; métathorax rugueux, avec les angles postérieurs saillants en forme de dents aplaties, échancrées. Poitrine presque mate, velue. Ailes amples; cellule radiale ovalaire, un peu conique; 2ᵉ cellule cubitale assez petite, trapéziforme, rétrécie vers le bout de l'aile: nervure récurrente interstitiale. Pattes noires, velues, peu luisantes. Abdomen aussi long que la tête et le thorax, convexe sur le dos; 1ᵉʳ segment rétréci à la base, insensiblement dilaté vers l'extrémité, convexe, ruguleux, à côtés droits, surmonté de deux carènes écartées; segments suivants très lisses; 2ᵉ suture effacée. Ventre en carène, un peu comprimé postérieurement. Parties génitales un peu saillantes. ♀ Inconnue. Long. 5 1/2ᵐᵐ. (*Bracon gagates*), Nees.

Patrie : Autriche (Vienne).

<h3 style="text-align:center">4ᵉ GENRE. — CÆNOCOELIUS, Haliday, 1840.</h3>

ξένος, étrange; κοιλία, abdomen; celui-ci étant articulé au métathorax
d'une manière insolite. (Par erreur, Cenocoelius).

Occiput rebordé. Front largement excavé; une petite saillie dentiforme entre les antennes. Palpes maxillaires de 6, labiaux de 4 articles. Sillons du mesonotum distincts, ponctués. Première cellule discoïdale écartée du parastigma par un pétiole; 2ᵉ cellule cubitale trapéziforme. Pattes courtes, épaisses. Abdomen subsessile, articulé au bord supérieur du métathorax, qui est brusquement tronqué en arrière. Tarière exserte.

Tête grande, épaisse, plus large que le thorax; face convexe; épistome imparfaitement limité avec les fossettes faiblement creusées; joues élargies, renflées; antennes insérées dans l'excavation frontale, aussi longues que la tête et le thorax chez la ♀, de la longueur du corps chez le ♂; yeux petits. Mésopleures luisantes, pointillées, traversées par un sillon crénelé. Métathorax déprimé, vertical en arrière, portant l'abdomen à une distance considérable au-dessus des hanches de derrière. Deuxième cellule cubitale deux fois aussi large, mesurée sur la nervure cubitale, qu'elle ne l'est, mesurée sur la radiale ; à angle intérieur incomplet ; nervure récurrente interstitiale, ou peu s'en faut ; stigma assez grand, triangulaire ; cellule radiale n'atteignant pas le bout de l'aile. Abdomen pas plus long que la tête et le thorax ; 1ᵉʳ segment subtriangulaire, striolé ; les suivants lisses ; 2ᵉ et 3ᵉ segments de longueur égale ; 2ᵉ suture visible.

Ce genre, réduit à deux petites espèces noires, représente en Europe une tribu assez nombreuse et attrayante d'insectes propres aux régions intertropicales, tels que les *Capitonius* de Brullé, les *Cœnocœlius* de Westwood et de Smith, et l'*Aulacodes* de Cresson. Quelques auteurs les ont rangés parmi les *Evaniidæ*, à cause de l'insertion anormale de leur abdomen, mais évidemment à tort, puisque l'ensemble de leur anatomie les rapporte indubitablement aux *Braconidæ*. La famille des *Evaniidæ*, depuis l'apparition de la monographie magistrale de Schletterer, a serré ses rangs : elle n'admet point, comme autrefois, d'espèces détachées, au gré du hasard, des groupes voisins. Quant à ces formes exotiques, on n'est pas encore arrivé à les bien connaître, mais les *Cœnocœlius* de l'Asie et de l'Amérique sont sans doute génériquement distincts de l'espèce connue de Haliday ; c'est à cette dernière, et à une seconde espèce décrite par Ratzeburg, qu'appartient de droit le nom de *Cœnocœlius*. On reconnaît chez elles quelques traits d'analogie avec les *Helcon*, mais leur facies, et l'ensemble de leurs caractères, les rapprochent plus sensiblement du groupe des *Diospilus*. Peu d'insectes ont été autant ballottés d'un genre à un autre ; ils ont figuré successivement dans les genres *Ichneumon*, *Bracon*, *Opius*, *Alysia* et *Laccophrys*.

1   Antennes de 31 à 34 articles ; tête de la ♀ rouge, avec la bouche et le stemmaticum noirs ; abdomen entièrement noir. Corps parsemé en grande partie d'une pubescence grise et soyeuse. Métathorax très rugueux, presque

réticulé. Ailes hyalines ; stigma très grand, noirâtre, ainsi que les nervures ; cellules cubitales complètement fermées ; nervure récurrente ou interstitiale ou insérée dans l'extrême angle de la 1ʳᵉ cellule cubitale. Pattes d'un rouge brunâtre, très soyeuses, surtout vers l'extrémité. Abdomen ovalaire, plus court que le thorax, convexe en dessus ; ventre concave ; 1ᵉʳ segment presque lisse, élevé dans le milieu, et très faiblement striolé, parcouru par un sillon longitudinal ; segments suivants lisses. Tarière de la longueur de l'abdomen, droite, ascendante. ♂ Tête noire, abdomen plus étroit, lancéolé, Long. 4 1/2ᵐᵐ.

Agricolator, LINNÉ.

OBS. Cet insecte a été reconnu par M. Fitch, d'après un examen de l'exemplaire Linnéen conservé à Londres, être l'*Ichneumon agricolator* et *secalis*, L. Il n'est ni mieux ni moins bien décrit que les autres insectes de Linné, et son nom a le même droit de priorité que tout autre ; il a donc fallu supprimer le synonyme *rubriceps*, Ratz. Selon Linné, il était éclos de quelque larve habitant les épis de blé, d'un charançon, peut-être. Ratzeburg l'obtenait assez souvent des *Magdalinus phlegmaticus*, Hbst et *violaceus*, L., autres charançons, qui se développent sous l'écorce et dans les tiges des sapins. Dans la liste des éclosions d'insectes observées par Giraud, il est cité comme parasite du longicorne *Pogonocherus hispidus*, L. ; et Brischke dit l'avoir élevé de la tordeuse *Retinia buoliana*, Schiff., mais cette origine paraît un peu douteuse.

PATRIE : Suède ; Allemagne.

— Antennes de 25 articles ; tête de la ♀ noire avec la face et les joues rouges, ainsi que les segments apicaux de l'abdomen. Corps en général noir. Antennes noirâtres, rouges à l'extrême base. Palpes noirâtres. Métathorax très rugueux, réticulé. Ailes hyalines avec une légère teinte sombre; stigma et nervures noirâtres; on distingue, vis-à-vis du stigma, un trait pâle mal dessiné. Pattes rouges; hanches et moitié basilaire des cuisses plus ou moins noirâtres. Premier segment abdominal profondément striolé, trois fois aussi large à l'extrémité qu'à la base; deux rides médianes s'élèvent au-dessus des autres, formant des carènes longitudinales; 2ᶜ segment striolé à la base, mais souvent lisse comme les suivants, lesquels, à partir de la base du 4ᶜ, sont rouges. Tarière un peu plus longue que l'abdomen. ♂ Antennes aussi longues que le corps, avec les 3 premiers articles rouges; cuisses quelquefois totalement rouges: parfois le bord postérieur du 2ᶜ segment, et les suivants en entier, sont d'un rouge sale, comme chez la ♀. Long. 3-3 1/2ᵐᵐ; Env. 6-7ᵐᵐ.

Analis, NEES.

OBS. — Elevé par Bouché de *Scolytus rugulosus*, Ratz. nichant dans un ramuscule de pommier. Il est digne d'être remarqué que ce coléoptère a le bout de l'abdomen rouge, ainsi que son parasite. Un de mes exemplaires anglais a été trouvé dans une pommeraie.

PATRIE : Allemagne; Angleterre.

ESPÈCE DOUTEUSE DE CÆNOCŒLIUS

1. **Medenbachii**, VOLLENHOVEN, 1873. Selon l'auteur il ressemble au *C. agricolator*, mais en diffère par la couleur moins foncée du corps et celle plus obscure des ailes, ainsi que par la couleur rouge des pattes. ♀ D'un brun marron, tête et 2ᶜ segment de l'abdomen rouges. Palpes bruns; yeux

et ocelles noirs. Antennes de 30 articles, assez épaisses à la base, microscopiquement velues, noires, avec le scape lisse et luisant. Thorax allongé, moins large que la tête, d'un brun marron, passant au noir sur le métathorax, qui est fortement rugueux. Ailes très obscures, à raie blanchâtre au-dessous du stigma; celui-ci très grand; nervure récurrente interstitiale. Pattes assez fortes, d'un rouge fauve avec les tarses postérieurs brunâtres. Abdomen plus court que le thorax; 1ᵉʳ segment noir, aciculé; 2ᵉ lisse et rouge; les suivants très luisants, châtains avec une tache noire sur le dos. Tarière plus courte que l'abdomen, faiblement recourbée en haut. ♂ Inconnu. Long. 4ᵐᵐ. (*Laccophrys Medenbachii*, Voll.)

> Obs. — Le dessin colorié de cet insecte, représenté de profil, ne permet pas de l'attribuer au genre *Laccophrys* (*Cœnocœlius*), parce que l'abdomen est inséré dans la partie inférieure du métathorax; et les caractères distinctifs du genre ne se trouvent pas dans la description. Le même raisonnement empêcherait de le rapporter avec certitude aux *Opius*. Le *Laccophrys Villæ-novæ*, Voll. qui précède immédiatement l'espèce actuelle, n'est autre chose que l'*Opius testaceus*, Wesm.

Patrie : Hollande (Arnhem).

5ᵉ GENRE. — MICROTYPUS, Ratzeburg, 1847.

μικρός, petit; τύπος, type, forme; allusion à la petitesse
de la 2ᵉ cellule cubitale.

Corps assez grêle et allongé. Palpes maxillaires de 6, labiaux de 4 articles. Vertex assez étroit; excavation frontale sans rebord extérieur; épistome distinct, avec deux fossettes ponctiformes à la base. Yeux glabres. Métathorax plus ou moins aréolé. Deuxième cellule cubitale petite, triangulaire; 1ʳᵉ abscisse de la nervure radiale aussi longue que la 1ʳᵉ nervure transverso-cubitale; 2ᵉ abscisse ponctiforme, presque nulle; 1ʳᵉ cellule discoïdale contiguë au parastigma; nervure radiale droite, n'atteignant pas tout à fait l'extrémité de l'aile. Abdomen de la longueur du thorax, sessile, comprimé vers l'extrémité chez la ♀. Tarière allongée.

Le système alaire suffit pour faire reconnaître ce genre, qui du reste est trop peu connu, l'auteur n'en ayant donné aucune description précise. Nous nous sommes efforcé de rassembler tous les détails possibles, à l'aide de la figure de l'aile antérieure publiée par Ratzeburg. Foerster connaissait mieux que personne les *Microtypus*, car c'est lui qui en a signalé une seconde espèce, longtemps perdue de vue dans la monographie de Nees von Esenbeck sous le nom d'*Eubadizon trigonus;* il a de même rapporté le genre *Microtypus* à la tribu actuelle. Ratzeburg l'avait rangé parmi les Aréolaires, entre *Microdus* et *Microgaster*, toutefois en signalant son analogie avec les *Helcontidæ*.

On ignore les premiers états des *Microtypus*, car le fait que Ratzeburg les obtint des galles d'un Cynipide ne prouve rien; ils sont trop grands pour être nourris dans le corps de l'*Andricus terminalis* F., et l'on sait bien que les galles de cette espèce servent de rendez-vous à une foule d'insectes de divers ordres.

1   Métathorax avec une seule aréole allongée; abdomen en partie roussâtre. ♂ ♀ Noir, tout le corps pubescent de poils couchés, argentés. Face et orbites des yeux roussâtres; la même teinte s'étend plus ou moins sur le dos du prothorax et du mésothorax, formant aussi un anneau au milieu de l'abdomen. Antennes d'un noir brunâtre, un peu plus courtes que le corps, avec plus de 30 articles; ceux-ci sont si serrés, surtout vers la base, que leur énumération devient fort incertaine. Mésothorax entièrement lisse, ou clairsemé par places seulement de quelques points faibles. Métathorax faiblement rugueux, avec une aréole médiane allongée, rebordée. Ailes hyalines; stigma d'un brun noirâtre, devenant insensiblement plus pâle vers la base. Pattes d'un testacé brunâtre; tarses de derrière et

sommet des tibias de la même paire obscurs.
Abdomen noir avec le 2ᵉ segment et la majeure partie du 3ᵉ roussâtres. Tarière un peu
moins longue que le corps. Long. 4-5ᵐᵐ.

Wesmaëlii, Ratzeburg.

Obs. — Très rare : la seule paire connue de Ratzeburg est sortie d'une galle d'*Andricus terminalis*,
Fab.

Patrie : Allemagne; Hollande.

— Métathorax avec plusieurs aréoles ; abdomen entièrement noir. ♀ Noire, pubescente;
mandibules et milieu des orbites supérieures
d'un testacé brunâtre. Antennes sétiformes,
aussi longues que le corps. Thorax comprimé;
métathorax subruguleux. Ailes amples, hyalines, stigma épais, noirâtre, ainsi que les
nervures. Pattes d'un testacé brunâtre; hanches, milieu des cuisses, tibias de derrière, et
tarses de la même paire, obscurs. Abdomen
linéaire, un peu comprimé à l'extrémité;
1ᵉʳ segment conique, excavé à la base, sinué
de chaque côté, anguleux à l'endroit des tubercules, substriolé, impressionné d'une fossette oblongue avant la marge postérieure;
segments 2-3 allongés, lisses, comme tous les
suivants. Tarière un peu ascendante, aussi
longue que la tête et le thorax. ♂ Inconnu.
Long. 4 1/2ᵐᵐ.   **Trigonus**, Nees.

Obs. — Comme le coloris est certainement un
peu inconstant, et que les autres caractères con-
cordent très bien avec la description de *Wesmaëlii*,
on est tenté de soupçonner que les deux espèces
doivent être réunies : il est vrai que le métathorax
de *trigonus* est divisé, selon Nees, en plusieurs
aréoles, mais cette manière de parler est trop peu
exacte pour amener la certitude.

Patrie : Franconie (Sickershausen).

6ᵉ GENRE. — DYSCOLETES, HALIDAY, 1840.

Variante peu classique de δύσκολος, de mauvaise humeur, maussade.

Corps grêle, allongé. Palpes maxillaires de 6, labiaux de 4 articles. Bord antérieur de l'épistome droit, précédé d'une élévation semi-circulaire qui s'avance sur le bord même. Métathorax sans aréoles. Deuxième cellule cubitale trapéziforme, presque trois fois aussi large que haute, son angle intérieur très avancé vers la base de l'aile ; nervure récurrente insérée dans la 2ᵉ cellule cubitale ; 2ᵉ nervure transverso-cubitale effacée ; 1ʳᵉ cellule discoïdale pétiolée ; 1ʳᵉ abscisse de la nervure radiale presque aussi longue que la 2ᵉ ; cellule radiale étroite, cultriforme, n'atteignant pas tout à fait le bout de l'aile. Pattes grêles, allongées. Abdomen subsessile, linéaire-lancéolé. Tarière allongée.

Tête transversale, plus large que le thorax, subitement arrondie derrière les yeux ; occiput échancré, rebordé ; épistome contigu aux mandibules, fermant la bouche. Antennes insérées sur une saillie du front ; on distingue derrière chaque antenne une dépression peu profonde. Prothorax avancé ; sillons du mesonotum distincts ; mésopleures lisses, luisantes, leur sillon ordinaire en forme de fossette crénelée. Première nervure transverso-cubitale en partie incolore, trois fois aussi longue que la 2ᵉ qui est entièrement incolore ; cellule médiane plus longue que la costale. Cellule radiale des ailes postérieures pétiolée ; cellule médiane non bipartie. Abdomen aussi long que le thorax ; 1ᵉʳ segment deux fois aussi long que sa largeur apicale, bisillonné en longueur, lisse, surmonté d'une arête médiane longitudinale ; 2ᵉ suture effacée ; segments 2-3 réunis s'étendant jusque près de l'extrémité de l'abdomen ; segments apicaux très courts. Il n'y a qu'une seule espèce connue.

♀ D'un brun de poix, avec le dos du thorax et la moitié postérieure de l'abdomen noirâtres. Palpes bruns. Antennes plus longues que le corps, un peu épaissies vers l'extrémité, de 28 articles; 1ᵉʳ article du funicule presque aussi long que les deux suivants pris ensemble. Prothorax ruguleux. Mesonotum couvert d'une ponctuation très grosse, écartée; les intervalles très finement ridés par places. Métathorax allongé, déprimé, plus densément ponctué que le mesonotum, mais à points moins gros; ordinairement sans aréoles, seulement chez un exemplaire aperçoit-on de faibles traces de quelques carènes. Ailes très légèrement enfumées, étroites, allongées; stigma d'un testacé brunâtre, circonscrit d'une lisière plus sombre; nervures d'un brunâtre pâle. Pattes d'un testacé sale ou brunâtres, y compris les hanches. Abdomen entièrement lisse et luisant. Tarière d'un quart plus longue que le corps. ♂ Inconnu. Long. 3 1/2-4ᵐᵐ; Env. 6-7ᵐᵐ.   **Lancifer**, Haliday.

Obs. — Cet insecte rare et remarquable est resté perdu de vue depuis le temps de Haliday, qui n'en publia aucune description, mais nous laissa une esquisse des ailes. D'après cette esquisse, reproduite dans les « Schetsen » de Vollenhoven, mon ami le Dʳ Capron et moi, nous réussîmes en 1888 à reconnaître quatre femelles prises aux environs de Guildford; et l'examen de ces exemplaires m'a mis à même de dresser la diagnose ci-dessus, pour achever ainsi la tâche commencée par Haliday, sans changer les noms qu'il avait imposés à l'insecte. J'en ai reconnu plus tard deux exemplaires belges parmi les Braconides non déterminés de la collection Wesmael.

Patrie : Angleterre; Belgique.

10° Tribu. — Oplidæ.

Caractères. — Épistome tantôt touchant les mandibules, tantôt élevé en avant, laissant entre lui et les mandibules un intervalle étroit. Occiput échancré, sans rebord (excepté dans le genre *Ademon*). Palpes maxillaires de 6, labiaux de 3 à 4 articles. Sillons du mesonotum plus ou moins visibles ou effacés. Ailes amples, dépassant le bout de l'abdomen; 3 cellules cubitales, dont la 2ᵉ oblongue ou trapéziforme, ordinairement beaucoup moins haute que large; stigma atténué, lancéolé, rarement ovale ou elliptique; cellule radiale grande; nervure récurrente évectée, rarement interstitiale, et encore moins souvent un peu rejetée; 1ʳᵉ cellule discoïdale ordinairement pétiolée. Nervures radiale et cubitale des ailes inférieures mal dessinées ou obsolètes; nervures basilaires et nervure transverso-discoïdale ordinairement distinctes; on remarque aussi quelquefois une nervure médio-discoïdale plus ou moins rudimentaire (vol. I, pl. I, fig. B, *ef*). Abdomen le plus souvent court, ovale ou globuleux, subsessile ou subpétiolé, un peu plus allongé chez les mâles; 2ᵉ suture effacée (sauf dans les genres *Gnamptodon* et *Ademon*). Tarière ordinairement très courte ou cachée, rarement aussi longue que l'abdomen ou que la moitié de celui-ci.

Tête aussi large ou plus large que le thorax; antennes grêles, filiformes, ordinairement plus longues que le corps; face presque toujours carénée longitudinalement au milieu; mandibules fortes, souvent échancrées en dessous près de la base; palpes courts (mais allongés chez les *Hedylus*); vertex convexe en arrière, confondu avec l'occiput (sauf chez les *Ademon*); ocelles petits, très rarement saillants. Prothorax ordinairement caché; mesonotum souvent impressionné d'une fossette arrondie ou oblongue précédant la fossette ordinaire antéscutellaire, avec laquelle on ne doit pas la confondre; métathorax court, convexe, ou brusquement déclive. Cellule radiale cultriforme, atteignant presque le bout de l'aile; le stigma, de forme ovale ou lancéolée chez quelques espèces, s'allonge de plus en plus chez d'autres, et finit par devenir linéaire, occupant les trois quarts du métacarpe, comme chez les derniers Alysiides; la 2ᵉ cellule cubitale s'étend aussi en se retrécissant plus ou moins vers l'extrémité de l'aile; quelquefois, au contraire, les nervures radiale et cubitale sont presque parallèles; la 2ᵉ nervure transverso-cubitale est décolorée ou peu distincte; tantôt la cellule costale et la médiane sont d'égale longueur, tantôt la médiane est la plus longue; la nervure cubitale s'affaiblit plus ou moins après avoir dépassé les nervures transverso-cubitales. Les pattes n'offrent point de particularité à signaler. On distingue sept segments abdominaux en dessus; 1ᵉʳ segment court, rarement plus long que le quart de l'abdomen, un peu dilaté en arrière, moins large que les segments suivants, sculpté d'une manière variable; segments 2-3 soudés, beaucoup plus longs que les suivants pris ensemble.

Les *Opiidæ* constituent un groupe très naturel, dont les nombreuses espèces se trouvent dans les deux hémisphères, mais moins abondamment dans les pays chauds. On les a rangés avec raison à côté des *Alysiidæ*, avec lesquels plusieurs d'entre eux ont une si forte ressemblance qu'on ne peut les distinguer qu'en observant la forme des mandibules. Beaucoup d'autres *Opiidæ* présentent le même aspect que les *Bracon*, mais ils n'ont point l'ouverture buccale qui caractérise les Cyclostomes; ils diffèrent en outre, dans la plupart des cas, par l'absence d'une tarière exserte, ainsi que par leurs mœurs à l'état de larves. Peu d'observateurs les ont obtenus d'éclosion, par la raison que les petites mouches, qui les nourrissent, échappent à l'attention : cependant Goureau a constaté leur parasitisme auprès des larves de *Chilosia*, *Cordyla*, *Trypeta* et *Phytomyza*. Au dire de Ratzeburg, ils attaquent aussi les Lépidoptères; jamais les Coléoptères, car l'*Opius rubriceps* Ratz., ennemi des *Scolytus*, appartient à notre 9ᵉ tribu. Ils ne recherchent pas les fleurs, se tenant de préférence à l'ombre; on les recueille le plus facilement en fauchant les plantes basses dans les prairies humides, ou aux bords des étangs fréquentés par les Diptères. Leur vol est enervé, malgré l'amplitude des ailes, et ils marchent lentement.

Cette tribu représente le développement actuel du genre *Opius* de Wesmael, où cet auteur avait compris jusqu'à 40 espèces, rassemblées par lui avec une industrie remarquable, et presque toutes inconnues à l'époque de ses écrits. Il fut suivi par Haliday, qui, en profitant du travail de son devancier, fit connaître. 49 espèces propres à la Grande-Bretagne, dont 22 inconnues à Wesmael. Parmi les *Bracon* de la 3ᶜ section de Nees von Esenbeck, dix appartiennent aux *Opiidæ*, mais quatre restent indéterminables; les autres ont été reconnus par Wesmael et Haliday. Ratzeburg, sans augmenter le nombre des formes connues, nous a fourni quelques renseignements sur le parasitisme de six espèces, deux autres étant mises de côté, savoir, *O. rubriceps (Cœnocœlius)* et *O. ventricosus*, qui figurent seulement dans l'index; ce dernier n'est qu'une faute d'impression pour *Ophion*. Les genres *Gnamptodon* et *Ademon* sont deux démembrements nécessaires proposés par Haliday. En 1862 parut le *Synopsis des Braconides* par Foerster, où il fit une distribution des *Opiidæ* en 25 genres : mais sur ce nombre huit sont comme non avenus, à défaut de types décrits. Les dix-sept genres restant demandent souvent pour leur vérification des dissections au microscope, ce qui, vu la brièveté de la vie et la multitude des sujets à examiner, ne ferait que rendre inabordable l'étude qui nous occupe. Je me suis donc décidé à n'en retenir que ceux qui marquent les grandes divisions de Haliday et de Wesmael. A cet effet, j'ai incorporé ici onze genres de Foerster, soit avec les *Opius*, soit avec les *Biosteres;* ce sont *Chilotrichia, Rhabdospilus, Holconotus, Allotypus, Therobolus, Hypocynodus, Hypolabis, Biophthora, Desmiostoma, Nosopœa, Utetes.* Le mémoire que j'ai rédigé en 1890 pour la Soc. ent. de Londres résume tous les faits déjà connus à l'égard des Opiides britanniques, avec le résultat, si faible qu'il soit, de mes propres observations. De toutes les tribus d'Hymé-

noptères, les *Opiidœ* sont peut-être celle qui attire le moins
l'attention, et par conséquent je n'ai pu me procurer aucun
secours du dehors.

Avant d'entrer dans la partie descriptive, il sera utile de
dire quelques mots sur la méthode de préparer ces insectes
afin de rendre possibles les déterminations d'espèces. L'usage
d'épingles est tout à fait inadmissible parce que, en perçant le
thorax, on oblitère nécessairement la petite fossette dont
l'absence ou l'existence caractérise bien des espèces. L'étalage
des ailes est d'une importance capitale, tant pour l'étude de la
nervulation que pour découvrir le métathorax et l'abdomen.
Enfin, les exemplaires qu'on aurait laissés se dessécher avec
distorsion, ou qui ont été tamponnés sans précaution sur des
cartons, à coups de pouce, ne pourront pas être déterminés.
Les caractères dérivent principalement de la surface supérieure, notamment du mesonotum et des ailes ; en outre, il
faut toujours examiner l'épistome et le sillon des mésopleures ;
celui-là touche tantôt les mandibules, tantôt il s'en écarte par
un intervalle étroit ; et le sillon latéral peut être ou crénelé ou
lisse. On doit d'abord noter ces caractères, lorsque l'exemplaire
est frais et souple ; après quoi, on pourra le coller sur un
carton, en déployant soigneusement les ailes, et cela sans
s'inquiéter de l'inconvénient futur d'avoir à l'ôter de sa place,
pour examiner les parties cachées.

TABLEAU DES GENRES

1	Occiput distinctement rebordé ; corps finement rugueux et mat ; cellule radiale incomplètement fermée.	**G. 1. Ademon,** Haliday.
—	Occiput nettement rebordé ; corps en grande partie lisse et luisant, ou ruguleux par places seulement ; cellule radiale complètement fermée (sauf chez *Diachasma caffer*).	2
2	Deuxième segment abdominal impressionné de deux-sillons transversaux, arqués et ponctués.	**G. 2. Gnamptodon,** Haliday.

——   Deuxième segment sans impressions.   3

3   Deuxième abscisse de la nervure radiale plus
            courte que la 1ʳᵉ nervure transverso-cubitale.
                                        G. 3. Hedylus, MARSHALL.

——   Deuxième abscisse plus longue, ou de même
            longueur, que la 1ʳᵒ nervure transverso-cubitale.   4

4   Deuxième abscisse plus longue que la 1ʳᵉ ner-
            vure transverso-cubitale.   5

——   Deuxième abscisse de même longueur que la
            1ʳᵉ nervure transverso-cubitale.   6

5   Nervure radiale partant de la base même du
            stigma.   G. 4. Eurytenes, FOERSTER.

——   Nervure radiale partant de quelque autre point
            du stigma.   G. 5. Opius, WESMAEL.

6   Stigma de forme ordinaire, en ovale court ou
            subtriangulaire, n'émettant jamais la nervure ra-
            diale de sa première moitié (sauf chez *Diachasma
            rugosa*)   G. 7. Diachasma, FOERSTER.

——   Stigma allongé, étroit, émettant la nervure ra-
            diale de son milieu ou de sa première moitié.
                                        G. 6. Biosteres, FOERSTER.

1ᵉʳ GENRE. — ADEMON, HALIDAY, 1833.

ἀδήμων, troublé, tourmenté.

Épistome atteignant les mandibules; joues délimitées par
un rebord caréniforme; occiput distinctement rebordé. Palpes
labiaux de 4 articles. Corps finement rugueux ou coriacé, non
luisant. Prothorax avancé, fortement strié en travers; sillons
du mesonotum effacés; lobe médian du mésothorax canaliculé au milieu, rebordé de chaque côté par une carène plus

élevée en avant; sillon des mésopleures rugueux; métathorax court, tronqué en arrière, grossièrement et irrégulièrement réticulé. Ailes étroites, mais beaucoup plus longues que le corps; stigma cunéiforme, atténué, émettant la nervure radiale de sa seconde moitié; nervure récurrente interstitiale; 2ᵉ abscisse de la nervure radiale aussi longue que la 1ʳᵉ nervure transverso-cubitale; nervures radiale et cubitale effacées vers l'extrémité; cellule médiane un peu plus longue que la costale; ailes postérieures fort étroites, leur cellule médiane aussi longue que le tiers de la costale; point de nervure anale. Pattes grêles, allongées; cuisses subclaviformes, ainsi que le sommet des tibias; crochets des tarses allongés. Abdomen sessile, déprimé, en grande partie rugueux et mat, à sutures distinctes; chez la ♀ les segments s'élargissent depuis la base jusque près de l'extrémité du 2ᵉ, qui est aussi long que le 1ᵉʳ; 3ᵉ beaucoup plus court que le 2ᵉ; segments postérieurs très courts, annuliformes, terminés en pointe à l'anus. Tarière cachée. Le corps du ♂ est plus finement rugueux, l'abdomen plus long et plus déprimé, avec les segments postérieurs plus à découvert; crochets des tarses plus courts.

Les deux espèces de ce genre ressemblent à première vue à des *Rhogas;* en effet, Nees v. Esenbeck et Haliday les regardaient comme constituant une section de ce genre. On les trouve sur les plantes aquatiques, mais leurs premiers états restent inconnus.

1   Troisième segment abdominal pointillé, à bord postérieur lisse et relevé en carène. Variable de coloris; ordinairement noir, avec les mandibules, les palpes et les pattes roussâtres. Antennes plus courtes que le corps, de 21 à 27 articles; premiers articles du funicule allongés, les autres décroissant rapidement vers l'extrémité, les deux derniers égaux; 3ᵉ article aussi long que les 4 apicaux réunis. Fossette antéscutellaire profondément striée. Ailes variables de couleur (V. ci-dessus); ra-

dicules et écaillettes rougeâtres, celles-ci marquées d'une tache sombre. Abdomen ♀ en ovale oblong, légèrement convexe; 1ᵉʳ et 2ᵉ segments de longueur égale, élargis en arrière, rugueux ou très densément pointillés; 2ᵉ suture arquée, profondément creusée; 4ᵉ segment et suivants lisses, ou seulement la base du 4ᵉ pointillée; tous les segments ciliés sur la marge postérieure. ♂ ♀. Long. 2-3 1/2ᵐᵐ; env. 5-7ᵐᵐ.

Les variétés peuvent se disposer de la manière suivante :

I. Ailes enfumées; stigma et nervures noirâtres; corps noir, abdomen parfois brunâtre en arrière. ♂ ♀

Var. 1. Pattes noirâtres, trochanters brunâtre-pâle ou jaunes; base des tibias, et tarses, quelquefois pâles.

Var. 2. Hanches, cuisses, et base des tibias, roussâtres; ou pattes rousses avec les tibias et le sommet des tarses assombris.

Var. 3. Côtés du prothorax rouges; pattes comme chez la var. 1.

II. Ailes jaunâtres, nuageuses à la base et à l'extrémité; stigma jaune; nervures brunâtres, pâlissant vers l'extrémité. Seulement femelles.

Var. 4. Noir; prothorax roux; marge postérieure des segments 3-4, et segments suivants entièrement, brunâtres. Pattes noirâtres; trochanters jaunes; base des tibias, et tarses en grande partie, ferrugineux.

Var. 5. Roussâtre; vertex, métathorax, et 1ᵉʳ segment abdominal, noirs; antennes noires; pattes d'un brun noirâtre; hanches, sommet des cuisses, base des tibias et des tarses, d'un testacé jaunâtre; trochanters jaunes. Quelquefois le métathorax et le 1ᵉʳ segment sont assombris seulement dans le milieu, ou les pattes sont plutôt d'un testacé jaunâtre, avec la base extrême des 4 cuisses postérieures, le sommet de leurs tibias et de leurs tarses, noirâtres.

Var. 6. Noir; partie antérieure du thorax et abdomen à partir de la base du 4ᵉ segment, roux. Cuisses noirâtres; tibias bruns; hanches ferrugineuses, ainsi que la majeure partie des tarses; extrémité des cuisses et base des tibias, jaunes. On distingue parfois une tache rousse sur l'occiput, et une autre dessous les antennes. **Decrescens,** Nees.

Obs. — Répandu dans toute l'Europe, mais peu abondant; on le trouve en petites sociétés sur le cresson de fontaine *(Nasturtium officinale)* aux bords des rigoles et des fossés.

Patrie : Franconie (Sickerhausen); Bohême; Italie; Belgique; Angleterre; Irlande; Écosse (Hébrides).

Troisième segment abdominal lisse, son bord postérieur à peine relevé en carène; d'ailleurs très semblable au précédent. ♀ Noire, pubescente. Tête épaisse; palpes d'un testacé jaunâtre; mandibules brunâtres. Antennes grêles, plus courtes que le corps; 3ᵉ article jaunâtre. Ailes d'une teinte légèrement obscure; nervures et stigma d'un brunâtre pâle. Pattes jaunâtres; cuisses de derrière noirâtres au sommet, leurs tarses obscurs. Abdomen conformé comme chez le précédent, mais les segments apicaux relativement plus longs ; tous les segments ciliés de poils blanchâtres sur la marge postérieure. Tarière cachée. ♂ Antennes grêles, plus longues que le corps, de 24 articles (chez mon unique exemplaire) dont les 3 premiers quelquefois testacés. Long. 2-2 1/2ᵐᵐ ; Env. 5-6 1/4ᵐᵐ. **Mutuator, Nees.**

Patrie : Franconie (Sickershausen) ; Corse, je l'ai pris aux bords du fleuve Gravone, près d'Ajaccio.

2ᵉ GENRE. — GNAMPTODON, Haliday, 1833

γναμπτοδων, de γναμπτος courbé, ὀδούς, dent.

Épistome séparé des mandibules par une fente étroite, arquée. Tête transversale. Palpes labiaux de 3 articles. Sillons du mesonotum profonds, lisses, effacés en arrière. Mésopleures lisses, sans sillon. Stigma en ovale lancéolé, émettant la nervure radiale un peu avant le milieu ; cellule radiale oblongue, lancéolée, atteignant presque le bout de l'aile ; 2ᵉ abscisse à peine plus longue que la 1ʳᵉ, par conséquent la 2ᵉ cellule cubitale est très rétrécie, trapéziforme, et moins grande que la 1ʳᵉ, qui reçoit la nervure récurrente près de son extrémité ; cellule médiane plus longue que la costale ; nervure postérieure non interstitiale. Abdomen subsessile, ovalaire ; 1ᵉʳ segment conique, striolé, bicaréné ; 2ᵉ traversé près de sa base par une ligne enfoncée, arquée, ponctuée, et par une pareille ligne près de l'extrémité ; ces deux impressions sont concaves du côté du thorax ; 3ᵉ suture superficielle comme la 2ᵉ (caractère particulier à ce genre). Tarière très courte, subulée, descendante.

Ce genre ne contient qu'une espèce, rangée par Nees parmi

les *Bracon*, et séparée par Wesmael pour former son genre *Diraphus*, qu'il plaça parmi les Cyclostomes, à cause de l'ouverture buccale; cette ouverture pourtant diffère beaucoup du trou circulaire propre aux Cyclostomes. n'étant qu'une fente linéaire, commune à un grand nombre d'Opiides.

—— Noir, luisant; palpes et parties de la bouche jaunes. Tête très finement pointillée; face lisse au milieu. Antennes à peu près de la longueur du corps, de 19 à 23 articles, dont les 4 ou les 5 premiers jaunes. Ailes hyalines; stigma d'un testacé brunâtre; écaillettes et nervures jaunes, celles-ci très pâles, en grande partie presque effacées; 2ᵉ cellule discoïdale ouverte à l'extrémité. Pattes jaunes; crochets des tarses obscurs. ♂♀ Long. 1 1/2-2ᵐᵐ; Env. 3 1/2-4 2/3ᵐᵐ.   **Pumilio**, Nees.

Obs. — Ratzeburg a fait mention d'un *Bracon* parasite de la chenille tordeuse *Stigmonota dorsana*, Fab. et comparable, selon lui, au *Diraphus* Wesm. Mais comme ce parasite avait une tarière égale à la moitié de l'abdomen, et que les Opiides n'attaquent pas les Lépidoptères, l'identité soupçonnée par Ratzeburg est loin d'être probable.

Patrie : Franconie; Belgique; Angleterre; Écosse (Hébrides); Irlande.

3ᵉ GENRE. — HEDYLUS, Marshall, 1890

ἡδύλος, mignon.

Corps grêle, à pattes et antennes allóngées. Épistome relevé à l'extrémité; joues renflées; palpes maxillaires très longs, labiaux de 4 articles. Sillons du mesonotum distincts. Sillon des mésopleures crénelé. Stigma subovale, émettant la nervure radiale de sa seconde moitié; 2ᵉ cellule cubitale petite, transversale, à angle interne très prononcé; 2ᵉ nervure transverso-cubitale décolorée; 2ᵉ abscisse de la nervure radiale à peine plus longue que la 1ʳᵉ, et plus courte que la 1ʳᵉ nervure transverso-cubitale; nervure récurrente interstitiale; 2ᵉ cellule discoïdale incomplètement fermée; nervure cubitale effacée vers l'extrémité. Cellule médiane des ailes postérieures moins longue que la moitié de la costale; point de nervure axillaire. Abdomen subpétiolé; 1ᵉʳ segment allongé, sublinéaire; 2ᵉ suture et suivantes peu visibles. ♀ Inconnue.

Malgré l'insuffisance d'un genre fondé sans connaissance de la ♀, il semble nécessaire de signaler provisoirement l'existence d'un insecte nouveau, afin de provoquer les recherches ultérieures. Le ♂ dont il est question ici ressemble à un Alysiide par ses formes allongées, mais il a les mandibules d'un Opiide. Celles-ci n'offrent rien de remarquable; l'élévation de l'épistome laisse apercevoir entre lui et les mandibules, comme d'ordinaire, un intervalle étroit. Tête subcubique, à joues très dilatées, élargie en arrière et plus large que le thorax. Occiput sans rebord, échancré postérieurement. Face élevée longitudinalement au milieu. Palpes maxillaires très longs, s'étendant jusqu'aux hanches de derrière. Lobe médian du mesonotum tronqué en avant; sillons mésothoraciques sans ponctuation, presque effacés en arrière; avant le scutellum on distingue une fossette ponctiforme. La 2ᵉ cellule cubitale est moins haute que celle du *Gnamptodon*, et beaucoup plus acuminée du côté interne; 1ʳᵉ cellule discoïdale presque contiguë au parastigma; nervure radiale droite, atteignant le bout de l'aile; cellule radiale cultriforme. Abdomen aussi long que la tête et le thorax, déprimé, s'élargissant jusqu'à l'extrémité, qui est tronquée; il paraît biarticulé à cause de la disparition des sutures; 1ᵉʳ segment striolé, les autres lisses et luisants.

—— Noir; tête, prothorax, côtés du mésothorax, et milieu du dos de l'abdomen, testacés. Palpes blanchâtres. Stemmaticum noir. Vertex et occiput roussâtres. Antennes grêles, sétiformes, deux fois aussi longues que le corps, de 36 articles, dont le 3ᵉ beaucoup plus long que le 4ᵉ; articles 1-8 testacés, les suivants de plus en plus assombris jusqu'au sommet. Scutellum brun; métathorax court, s'abaissant insensiblement dès la base, vaguement réticulé, surmonté, de chaque côté de la base, d'un espace lisse et luisant; bord postérieur un peu relevé. Ailes hyalines, beaucoup plus longues que l'abdomen; écaillettes, nervures, et stigma, d'un brunâtre pâle; nervure cubitale, 2ᵉ nervure transversocubitale, et extrémité de la nervure postérieure, effacées; ailes postérieures étroites, ciliées de longs poils blanchâtres. Pattes jaunâtres; hanches plus pâles, presque blanches. Premier segment abdominal à peine dilaté en arrière, trois fois aussi long que sa largeur apicale, longitudinalement convexe, à bords latéraux déprimés, striolé, noir, avec l'extrême base testacée; le reste de l'abdomen lisse, luisant, noirâtre avec une tache testacée, mal limitée, sur le dos. Long. 3ᵐᵐ; Env. 7 1/3ᵐᵐ.

Habilis, Marshall.

Patrie : Angleterre; pris une fois seulement.

4ᵉ GENRE. — EURYTENES, Foerster, 1862

εὐρυτενής, qui s'étend au loin (l'envergure des ailes.)

Ce genre se distingue des *Opius* seulement par la nervulation. Face carénée; épistome touchant les mandibules. Sillon des mésopleures crénelé; mésothorax élevé, gibbeux, subruguleux; sillons du mesonotum effacés; métathorax très court, brusquement déclive, resserré postérieurement. Ailes amples, dilatées et obtusément arrondies vers le bout; stigma très long et très étroit, un peu élargi avant l'extrémité, émettant la nervure radiale de l'extrême base; 1ʳᵉ abscisse de la nervure radiale formant avec la 2ᵉ un angle très obtus; 3ᵉ abscisse droite, atteignant le bout de l'aile; cellule radiale grande, cultriforme; 2ᵉ cellule cubitale plus grande que la 1ʳᵉ et, comme elle, trapéziforme; nervure récurrente interstitiale; nervures cubitale et postérieure effacées vers l'extrémité; 2ᵉ cellule discoïdale complètement fermée; ailes inférieures de moitié moins longues que les supérieures, linéaires, étroites. Abdomen presque pétiolé; 1ᵉʳ segment court, étroit, linéaire, ruguleux, à tubercules distincts; le reste de l'abdomen forme un ovale lisse aussi large que le thorax. Tarière à peine exserte.

On ne connaît qu'une espèce de ce genre.

———   Noir; abdomen d'un testacé sale ou brunâtre, plus obscur vers l'extrémité chez le ♂; mandibules, palpes, et bord antérieur de l'épistome, d'un testacé pâle. Antennes filiformes, plus longues que le corps (mutilées chez mon unique exemplaire, qui est ♀); 1ᵉʳ article, sommet du 2ᵉ, et base du 3ᵉ, testacés. Métathorax ruguleux, avec un espace lisse de chaque côté à la base. Ailes hyalines, écaillettes, stigma, et nervures, brunâtres. Pattes testacées; sommet des cuisses de derrière, tibias de la même paire en grande partie, et leurs tarses, assombris.   Long. 2-2 1/2ᵐᵐ; Env, 4 2/3-6ᵐᵐ.   **Abnormis**, Wesmael.

Obs. — Ratzeburg a signalé un *Opius paradoxus* avec les ailes d'*Eurytenes*, et appartenant vraisemblablement à cette espèce. Il fut élevé par Bouché d'une larve du diptère *Pegomyia bicolor*, Wied. Ce parasite avait la 2ᵉ nervure transverso-cubitale

décolorée, mais cela se voit communément chez
la plupart des *Opiidæ*.

PATRIE : Belgique; Angleterre; Irlande; Allemagne;
rare partout.

5ᵉ GENRE. — OPIUS, WESMAEL, 1835

Nom de fantaisie, sans étymologie.

Les caractères étant ceux de la tribu, déjà exposés au long,
il serait inutile d'y revenir; je me bornerai à faire remarquer
que, chez les vrais *Opius*, la cellule radiale est toujours fermée,
la nervure radiale ne prend jamais naissance de la base extrême du stigma ; la 2ᵉ abscisse est plus longue, souvent beaucoup plus longue que la 1ʳᵉ nervure transverso-cubitale ; le
stigma est allongé et étroit. Les quatre genres qui précèdent
se distinguent par plusieurs caractères qui sautent aux yeux ;
les deux qui vont suivre, *Diachasma* et *Biosteres* ne diffèrent
d'*Opius* que par les proportions de quelques nervures dans
les ailes supérieures. On reconnaît les *Diachasma* à la forme
du stigma, qui est en ovale court, et les *Biosteres* à leur
2ᵉ cellule cubitale, dont le côté supérieur n'est jamais plus
long que le côté interne. *Diachasma* et *Biosteres* se confondent par la forme de la 2ᵉ cellule cubitale, mais ils diffèrent
par le stigma, qui s'allonge chez les *Biosteres*, à la manière
de celui des *Opius*.

L'étendue de ce genre de parasites doit être considérable,
car la fonction qu'ils exercent paraît être de s'opposer conjointement avec les *Alysiidæ*, à la trop grande multiplication
de ces hordes de petites mouches qui se rencontrent en tous
les lieux, et dont le nombre étonne l'imagination. Pourtant
il s'en faut de beaucoup que les entomologistes aient étudié
cette multitude d'espèces; on s'est très peu occupé de la
récolte et de l'observation de si petits êtres éparpillés dans
les vastes territoires de l'Europe. Je ne pourrai donc en

donner qu'un petit nombre de descriptions : ma collection ne
possède qu'environ une quarantaine d'espèces, ce qui m'empêche de compléter plusieurs diagnoses imparfaites, et d'é-
clairer bien des incertitudes.

Quoique certains auteurs, et surtout Ratzeburg, aient
signalé des *Opius* comme éclos des larves de plusieurs ordres
d'insectes, l'évidence ne permet guère de leur attribuer d'autres victimes que les Diptères; car, vu la difficulté d'identification, et les erreurs qui se glissent si facilement dans ces
sortes d'observations, il semble plus sage de n'admettre
qu'avec une grande réserve les cas de parasitisme extraordinaire.

1	Sillon des mésopleures sans ponctuation, lisse, ou nul.	2
—	Sillon des mésopleures crénelé ou rugueux.	25
2	Ailes hyalines.	3
—	Ailes noirâtres. ♀ Noire; milieu des man-dibules fauve; palpes d'un testacé obscur. Face distinctement carénée; épistome très court, écarté des mandibules. Antennes plus longues que le corps. Métathorax lisse, lui-sant. Cellule radiale atteignant le bout de l'aile; stigma étroit, allongé, noirâtre. Pattes fauves; hanches noires; cuisses rayées de noir en dessus; tarses de derrière et extrémité des tibias de la même paire, noirâtres. Ab-domen luisant, en ovale assez allongé. Ta-rière de la longueur du dernier segment. ♂ Inconnu. Long 2 1/2ᵐᵐ. **Fuscipennis**, Wesmael.	

Patrie : Bruxelles; décrit par Wesmael sur un seul
exemplaire.

3	Troisième article des antennes échancré au côté interne, vers le milieu. ♂ Noir, luisant;	

face carénée; épistome et mandibules testacés, laissant entre eux une ouverture transversale; mandibules fortement élargies vers
la base, mais sans échancrure distincte.
Palpes blanchâtres. Antennes noires, plus
longues que le corps, de 36 articles; base du
1ᵉʳ article en avant, et extrémité du 2ᵉ, fauves.
Métathorax légèrement rugueux. Ailes hyalines; cellule radiale atteignant le bout de
l'aile; stigma étroit, allongé, obscur; 2ᵉ cellule discoïdale entr'ouverte à l'extrémité.
Pattes testacées. ♀ Inconnue ou douteuse.
« Je possède », dit Wesmael, « une ♀ de
même taille, de même port, et de même couleur que le ♂, et qui en diffère en ce que le
3ᵉ article des antennes n'est pas échancré, et
que le 1ᵉʳ est fauve en dessous; sa tarière est
à peine saillante. Est-ce une autre espèce, ou
l'échancrure du 3ᵉ article des antennes se-
rait-elle accidentelle chez le ♂ décrit ? »
Long. 2 2/3ᵐᵐ.   **Ambiguus**, Wesmael.

Patrie : Bruxelles.

——   Troisième article des antennes sans échancrure.   4

4   Nervure récurrente insérée à l'origine de
la 2ᵉ cellule cubitale.   5

——   Nervure récurrente insérée hors de la 2ᵉ
cellule cubitale.   24

5   Mesonotum sans impression ponctiforme
devant le scutellum.   6

——   Mesonotum portant une impression ponctiforme devant le scutellum,   14

6   Épistome écarté des mandibules; bouche ouverte.   **7**

——   Epistome touchant les mandibules et fermant la bouche.   **13**

7   Premier segment abdominal lisse, sans sculpture. ♀ Noire, très luisante. Palpes d'un testacé obscur. Antennes de la longueur du corps, de 21 à 23 articles. Sillons du mesonotum effacés. Métathorax très lisse. Stigma et nervures noirâtres; cellule radiale n'atteignant pas le bout de l'aile; nervure récurrente évectée; ailes postérieures offrant un vestige de nervure médio-discoïdale. Pattes d'un testacé obscur; hanches noires; base des cuisses de devant, les quatre cuisses postérieures presque en entier, les tibias de derrière, et l'extrémité de tous les tarses, noirâtres. Abdomen suborbiculaire; 1ᵉʳ segment mince, étroitement obconique, entièrement lisse. ♂ Inconnu. Long. 1 1/2ᵐᵐ.

Lugens, Haliday.

Obs. — Il se distingue d'*O. apiculator* (V. nᵒ 10) en ce que le stigma est plus large, et la 2ᵉ cellule cubitale plus courte, rétrécie vers le bout de l'aile.

Patrie : Angleterre; Écosse (Hébrides); Irlande; rare partout.

——   Premier segment abdominal plus ou moins striolé ou ruguleux.   **8**

8   Antennes de 19 articles. ♂♀ Noir; épistome brun, écarté des mandibules; celles-ci testacées; dilatées et échancrées à la base en dessous. Palpes très longs, testacés, obscurs à la base. Antennes plus courtes que le corps. Sillons du mesonotum effacés. Point d'impression ponctiforme devant le scutellum. Sillon des mésopleures lisse. Métathorax luisant, presque lisse. Ailes hyalines; écaillettes brunâtres; stigma et nervures noirâtres; nervure récurrente évectée; première abscisse de la nervure radiale plus longue que chez *O. pygmœator* (V. n° 10), non ponctiforme; cellule radiale moins grande; 2ᵉ cellule cubitale plus longue; ailes postérieures plus larges. Pattes d'un testacé obscur; hanches noires; base des tibias; et une raie latérale des cuisses, obscures; tarses noirâtres. Premier segment abdominal striolé, légèrement luisant. Tarière aussi longue que le quart de l'abdomen. Long. 2ᵐᵐ.

Pendulus, HALIDAY.

PATRIE : Angleterre; Irlande; rare.

—	Antennes avec plus de 19 articles.	9
9	Antennes de 21 à 28 articles.	10
—	Antennes de 31 à 34 articles.	11

10   Antennes de 21 à 23 articles, pas plus longues que le corps, même chez le ♂; tarière aussi longue que la moitié ou les deux tiers de l'abdomen; pattes épaisses. ♂♀ Noir, luisant. Face faiblement carénée; épistome très peu écarté des mandibules, séparé de la face par une ligne semi-circulaire terminée de chaque côté par un point enfoncé, noir avec l'extrémité pâle, rarement tout noir: mandibules testacées, fortement dilatées et presque toujours échancrées à la base; palpes noirâtres. Antennes filiformes, de la longueur du corps. Thorax lisse, luisant; sillons du mesonotum effacés; point d'impression poncti-

forme devant le scutellum; sillon des mésopleures sans ponctuation; métathorax lisse.
Ailes hyalines avec une teinte légèrement
obscure; nervures brunâtres; stigma noirâtre ou testacé, allongé, étroit, atténué aux
deux bouts; nervure radiale naissant à un
quart de la base; 1ʳᵉ abscisse ponctiforme;
2ᵉ à peine deux fois aussi longue que la 1ʳᵉ nervure transverso-cubitale; celle-ci décolorée
et presque effacée; cellule radiale terminée
un peu avant le bout de l'aile; nervure récurrente évectée. Pattes plus épaisses que celles
d'*O. apiculator* (V. n° 10), d'un brunâtre
pâle; hanches noires; 1ᵉʳ article des trochanters obscur; cuisses obscures en dessus,
les 4 postérieures souvent presque entièrement sombres; tibias plus ou moins obscurs
vers l'extrémité; tarses assombris, toutes les
articulations pâles. Abdomen en ovale déprimé chez la ♀, plus étroit chez le ♂; 1ᵉʳ segment obconique, ordinairement un peu ruguleux au milieu et en arrière, excavé à la base,
avec les côtés de l'excavation tranchante.
Long. 2ᵐᵐ; Env. 4ᵐᵐ.   **Pygmæeator,** Nees.

Obs. — Selon Nees, le stigma est noirâtre, tandis
que selon Wesmael et chez tous les exemplaires
que j'ai vus, il est d'un brunâtre pâle ou testacé.
La ♀ se fait remarquer par la longueur de la tarière; le ♂ n'est distingué de celui d'*apiculator*
que par l'épaisseur des pattes, et par les antennes
plus courtes.

Patrie : Allemagne; Belgique; Angleterre; espèce
commune.

—— Antennes de 27 à 28 articles, plus longues
que le corps chez le ♂; tarière très courte;
pattes grêles. ♂ ♀ Noir; bouche et palpes
testacés; épistome écarté des mandibules.

Antennes grêles, filiformes, de la longueur du corps chez la ♀, plus longues chez le ♂, avec les 3 premiers articles souvent plus ou moins rouges. Sillons du mesonotum effacés ; point d'impression ponctiforme devant le scutellum ; sillon des mésopleures sans ponctuation ; métathorax presque lisse. Ailes amples, beaucoup plus longues que le corps, hyalines ; nervures brunes ; stigma étroit, allongé, d'un testacé obscur, émettant la nervure radiale à un quart de sa longueur ; 1ʳᵉ abscisse courte mais distincte ; 2ᵉ de moitié plus longue que la 1ʳᵉ nervure transverso-cubitale ; 3ᵉ un peu arquée, terminée très près du bout de l'aile ; nervure récurrente évectée. Pattes d'un testacé rougeâtre ; base des hanches de derrière et extrémité des tibias de la même paire, un peu obscures. Abdomen ovalaire ; 1ᵉʳ segment striolé, un peu brunâtre sur les côtés ; 2ᵉ garni de deux fossettes à l'endroit des stigmates. Tarière à peine aussi longue que le dernier segment. Long. 1 1/2ᵐᵐ ; Env. 4ᵐᵐ.

Var. 1. Deuxième segment abdominal pâle à la base.

Var. 2. Hanches et cuisses de derrière noirâtres en dessus.

Var. 3. Scape des antennes, et pattes en entier, testacés. **Apiculator, NEES.**

Obs. — J'ai suivi Haliday en regardant *O. levis* et *O. exiguus*, Wesm. comme synonymes de cette espèce ; cependant je fais remarquer qu'ils ont tous deux le 1ᵉʳ segment de l'abdomen lisse, ressemblant à cet égard plutôt à *O. lugens*, Hal. (V. nᵒ 7) : mais, a défaut d'exemplaires, je n'ai pu éclaircir les doutes qui pourraient s'attacher à des insectes si peu connus. *O. apiculator*, Nees, diffère d'*O. lugens*, Hal. par son 1ᵉʳ segment finement striolé, quoique encore luisant.

Patrie : Angleterre; Irlande; Belgique; Allemagne, espèce commune.

11 Pattes rouges. ♀ Noire; 2ᵉ segment abdominal rouge. Épistome et mandibules rouges, celles-ci échancrées à la base en dessous, écartées de l'épistome. Antennes plus longues que le corps, de 34 articles; scape rouge. Sillons du mesonotum effacés; point d'impression ponctiforme devant le scutellum; sillon des mésopleures sans ponctuation; métathorax lisse dans le .milieu, ruguleux sur les côtés. Ailes hyalines; écaillettes rouges; nervures brunes; stigma d'un brun plus pâle, étroit, linéaire-lancéolé, émettant la nervure radiale de son tiers basilaire; cellule radiale atteignant presque le bout de l'aile; 2ᵉ cellule cubitale très peu rétrécie extérieurement; nervure récurrente évectée. Ailes postérieures offrant un vestige de nervure médio-discoïdale. Hanches de devant testacées. Premier segment abdominal oblong, ruguleux; 2ᵉ segment rouge, à extrémité noire bien limitée; segments suivants noirs. Tarière à peine exserte. ♂ Inconnu. Long. 2ᵐᵐ. **Clarus, Haliday.**

Obs. — Cette espèce n'est pas suffisamment distinguée d'*O. spretus* (V. nᵒ 12); elle paraît n'en différer que par la teinte des pattes qui est rouge au lieu de jaunâtre.

Patrie non indiquée; probablement Irlande.

—— Pattes d'un testacé jaunâtre. **12**

12 Antennes largement testacées vers la base. ♀ Noire; épistome écarté des mandibules, testacé, ainsi que celles-ci. Palpes allongés, très pâles; face indistinctement carénée. Antennes de moitié plus longues que le corps, de 31 à 34 articles, noirâtres vers l'extrémité. Point d'impression ponctiforme devant le scutellum ; sillon des mésopleures lisse ; métathorax ponctué-ruguleux, un peu luisant. Ailes allongées, hyalines ; écaillettes testacées ; nervures et stigma bruns, celui-ci très étroit, linéaire, émettant la nervure radiale à une courte distance de sa base ; cellule radiale atteignant le bout de l'aile ; 2ᵉ cellule cubitale nullement rétrécie extérieurement, aussi longue que la 3ᵉ ; nervure récurrente évectée ; 2ᵉ cellule discoïdale fermée. Ailes postérieures offrant un commencement de nervure médio-discoïdale. Pattes d'un testacé jaunâtre ; tibias de derrière à extrémité obscure ; leurs tarses obscurs, chaque article annelé d'une teinte plus pâle. Premier segment abdominal noir, ponctué-ruguleux, un peu luisant, presque linéaire ; 2ᵉ d'un testacé obscur, avec une fossette de chaque côté, à la base. Tarière très courte. ♂ Inconnu. Long. 1 1/2-2ᵐᵐ. **Victus**, Haliday.

Obs. — Haliday le compare à *O. analis*, que j'ai été obligé d'éloigner de lui par les exigences de la dichotomie (V. nᵒ 15).

Patrie : Irlande ; très rare aux bords du Shannon.

Antennes n'ayant que le scape testacé. ♂♀ Noir ; partie antérieure du 2ᵉ segment abdominal testacée. Forme, sculpture, et ailes d'*O. clarus* (V. nᵒ 11), seulement le coloris un peu différent. Épistome et mandibules testacés ; celles-ci écartées de l'épistome. Palpes jaunâtres. Antennes de 31 à 34 articles. Sillons du mesonotum effacés ; point d'impression ponctiforme devant le scutellum ; sillon des mésopleures lisse. Pattes d'un testacé jaunâtre ; extrémité des tibias de derrière obscure, ainsi que les tarses de la même paire. Deuxième segment abdominal d'un testacé obscur à la base, portant de chaque côté une fossette peu distincte, noirâtre à l'extrémité ; ventre pâle. Tarière très courte. Long. 2ᵐᵐ.   **Spretus,** Haliday.

Obs. — Voyez *O. clarus* (nᵒ 11), et l'observation y adjointe.

Patrie: Irlande ; Angleterre.

13   Deuxième abscisse de la nervure radiale évidemment plus longue que la 1ʳᵉ nervure transverso-cubitale. Antennes de 30 articles. ♂ Noir; base du 2ᵉ segment abdominal rouge. Face très légèrement carénée; épistome atteignant les mandibules, testacé, ainsi que celles-ci. Antennes de moitié environ plus longues que le corps, d'un testacé rougeâtre vers la base. Sillons du mesonotum effacés: point d'impression ponctiforme devant le scutellum ; sillon des mésopleures lisse ; métathorax ruguleux. Ailes hyalines; écaillettes testacées ; nervures brunes ; stigma d'un testacé brunâtre, linéaire-lancéolé ; 2ᵉ cellule cubitale rétrécie vers le bout de l'aile ; nervures récurrente évectée. Nervure médio-discoïdale des ailes postérieures amorcée. Pattes testacées. Premier segment abdominal ruguleux. Long 2ᵐᵐ.

? Var. ♀. De taille plus petite ; seulement le scape des antennes testacé; stigma plus étroit; pattes d'un testacé très pâle ; 2ᵉ segment abdominal brun ; tarière un peu exserte. Long. 1 1/2ᵐᵐ.

     Tacitus. Haliday.

Obs. — Cette espèce, d'abord confondue par Haliday avec la précédente, en diffère par les articles plus allongés de ses antennes, et par la 2ᵉ cellule cubitale, qui est plus courte. On peut comparer les *Bracon circulator* et *orbiculator*, Nees (V. Espèces douteuses, nᵒˢ 2, 3) dont les descriptions se rapportent également à plusieurs espèces d'*Opius*.

Patrie : Irlande ; Angleterre ; très rare.

— Deuxième abscisse à peine plus longue que la 1ʳᵉ nervure transverso-cubitale. Antennes de 26 articles. Semblable au précédent, et au *parvulus* (V. nᵒ 27). ♀ Noire ; 2ᵉ segment abdominal roussâtre. Parties buccales testacées ; épistome atteignant les mandibules. Antennes à peine plus longues que le corps ; scape testacé. Sillons du mesonotum effacés ; point d'impression ponctiforme devant le scutellum ; sillon des mésopleures lisse ; métathorax luisant au milieu de sa base, le reste terne. Deuxième cellule cubitale courte, rétrécie extérieurement ; nervure récurrente évectée. Pattes testacées ; base des hanches de derrière, et sommet de tous les tarses, obscurs. ♂ Inconnu. Long. 1 1/2ᵐᵐ.   **Exilis**, Haliday.

Patrie non indiquée, probablement Irlande.

14 — Épistome atteignant les mandibules et fermant la bouche.   15

— Épistome écarté des mandibules ; bouche ouverte.   16

15 — Sommet de l'abdomen noir ou noirâtre ; antennes de 25 à 30 articles. ♂♀ Noir ; parties buccales testacées ; 2ᵉ ou 3ᵉ segment abdominal parfois roussâtre. Face surmontée d'une carène distincte et luisante qui

s'étend jusqu'à la base des antennes ; épistome plan, coupé droit en avant et touchant les mandibules, ordinairement noir, quelquefois testacé à l'extrémité, rarement pâle en entier ; mandibules testacées, très larges à la base qui est souvent échancrée au bord inférieur ; palpes testacés. Antennes plus longues que le corps, 1ᵉʳ article et sommet du 2ᵉ testacés ; 1ᵉʳ quelquefois noir en dessus ; articles 2-4 parfois roussâtres en dessous, ou le côté inférieur de tous les articles plus pâle que le supérieur. Mésothorax lisse et luisant, ses sillons effacés ; on distingue devant le scutellum une fossette ponctiforme ; sillon des mésopleures lisse ; métathorax finement ruguleux, surtout vers l'extrémité. Ailes hyalines ; cellule radiale atteignant à peu près le bord postérieur ; stigma très étroit, allongé, d'un testacé obscur ; nervure récurrente évectée. Pattes testacées. Abdomen de la ♀ court et large, plus long chez le ♂ ; 1ᵉʳ segment étroit, court, ordinairement ruguleux dans sa moitié postérieure. Tarière dépassant à peine le dernier segment. Long. 1 1/2-2ᵐᵐ.

> Var. 1. Deuxième segment abdominal, en tout ou en partie, d'un testacé obscur. Selon Wesmael cette variété paraît avoir beaucoup d'analogie avec le *Braconorbiculator*, Nees ; mais la tarière de celui-ci est plus longue, dépassant la longueur des deux derniers segments (V. Espèces douteuses n° 3). L'individu décrit par Ratzeburg appartenait à cette variété.

> Var. 2. Troisième segment abdominal roussâtre.   **Pallidipes**, Wesmael.

Obs. — Cette espèce forme, à elle seule, le genre *Hypolabis* de Foerster. Goureau y a rapporté un parasite éclos de la larve du diptère *Tephritis onopordinis*, Fall. mais sa description n'est guère assez technique pour assurer une identification ; les nervures et le stigma étaient noirs, et la nervure récurrente interstitiale, caractères peu applicables à l'insecte de Wesmael. Au dire de Boie, Bouché éleva le *pallidipes* du diptère, maintenant indéterminable, *Pegomyia rumicis*, Desvoidy. Ratzeburg dit en avoir reçu de Bouché un autre exemplaire, provenu d'une chenille de *Tortrix rosana*, L. ; mais on regarde comme suspecte toute assertion qui associe les *Opius* avec les Lépidoptères.

PATRIE : Belgique ; Angleterre ; France ; Allemagne ; Russie.

— Sommet de l'abdomen rouge ; antennes de 41 à 42 articles. ♀ Noire ; face carénée ; épistome testacé à l'extrémité, fermant complètement la bouche ; mandibules testacées ; palpes très pâles. Antennes environ deux fois aussi longues que le corps, avec les deux premiers articles testacés. Mésothorax lisse, luisant, ses sillons effacés ; sillon des mésopleures lisse ; une fossette ponctiforme devant le scutellum ; métathorax finement chagriné. Ailes amples, beaucoup plus longues que le corps, très légèrement enfumées ; nervures d'un brun plus ou moins pâle ; stigma d'un testacé obscur, allongé, lancéolé, émettant la nervure radiale de l'extrémité de son premier tiers ; 1ʳᵉ abcisse aussi longue que l'épaisseur du stigma ; 2ᵉ pas beaucoup plus longue que la 1ʳᵉ nervure transverso-cubitale ; 3ᵉ arquée ; 2ᵉ nervure transverso-cubitale plus ou moins décolorée comme le sont aussi la cubitale et la postérieure, vers leurs extrémités ; nervure récurrente évectée ; 2ᵉ cellule discoïdale complètement fermée. Pattes longues, grêles,

testacées ; celles de derrière ont l'extrémité
des tibias et des tarses obscure. Abdomen
en ovale allongé, se terminant en pointe
aiguë ; 1ᵉʳ segment noir, marqué de rugosités
longitudinales ; 2ᵉ et suivants d'un brun foncé
ou noirâtres, passant insensiblement au
rouge à l'extrémité. Tarière de la longueur
du dernier segment, ♂ Inconnu. Long. 2 1/2ᵐᵐ ;
Env. 6 2/3ᵐᵐ.   **Analis**, Wᴇsᴍᴀᴇʟ.

Pᴀᴛʀɪᴇ : Belgique ; Angleterre ; Irlande ; Russie.

16   Abdomen entièrement noir, ou d'un brun
sombre.   **17**

——   Abdomen, en tout ou en grande partie,
testacé ; 1ᵉʳ segment noir.   **21**

17   Deuxième abscisse de la nervure radiale à
peine plus longue que la 1ʳᵉ nervure transverso-cubitale. ♂ Noir ; parties de la bouche
testacées ; épistome écarté des mandibules ;
celles-ci échancrées à la base en dessous.
Antennes de moitié plus longues que le corps,
de 37 articles ; scape testacé. Sillon des mésopleures lisse ; métathorax ruguleux, lisse
au milieu. Deuxième cellule cubitale très
courte ; nervure récurrente évectée. Pattes
testacées. ♀ Inconnue. Long. 3ᵐᵐ.

                              Vindex, Hᴀʟɪᴅᴀʏ.

Oʙs. — Haliday n'a pas fourni assez de détails sur
son unique exemplaire pour le faire reconnaître. On
avait percé le mésothorax d'une épingle, qui, en
effaçant la fossette ponctiforme, empêche de fixer la
place de l'espèce. L'insecte ressemble à *O. sævus*
(V. nᵒ 20), mais paraît en être distinct.

Pᴀᴛʀɪᴇ : Irlande.

——   Deuxième abscisse évidemment plus longue
que la 1ʳᵉ nervure transverso-cubitale   **18**

18 Deuxième cellule cubitale non rétrécie extérieurement, à côtés parallèles. ♂♀ Noir; antennes beaucoup plus longues que le corps, de 33 à 36 articles, les deux premiers roussâtres, le 3ᵉ testacé à la base; épistome atteignant les mandibules. Sillons du mesonotum effacés; une fossette ponctiforme devant le scutellum; sillon des mésopleures lisse; métathorax ruguleux. Ailes amples, beaucoup plus longues que le corps, hyalines avec une légère teinte grisâtre; écaillettes testacées; nervures et stigma d'un brun foncé; nervure radiale naissant du 1ᵉʳ tiers du stigma; nervure récurrente évectée; 3ᵉ abscisse faiblement arquée; 1ʳᵉ très oblique; 2ᵉ cellule discoïdale ouverte à l'extrémité; nervures des ailes postérieures distinctes. Pattes d'un testacé jaunâtre; hanches de derrière marquées quelquefois d'une tache obscure; sommet des tarses assombri. Abdomen clairsemé de longs poils blanchâtres, circulaire chez la ♀, ovale chez le ♂; 1ᵉʳ segment finement ruguleux. Tarière très courte. Long. 2-2 1/2ᵐᵐ; Env. 5 1/2-6 2/3ᵐᵐ.

Celsus, Haliday.

Obs. — Se distingue d'O. savus (V. n° 20) en ce que les côtés supérieur et inférieur de la 2ᵉ cellule cubitale sont presque parallèles; le ♂ ressemble aussi au ♂ d'O. cingulatus (V. n° 23), chez lequel cependant la cellule radiale et le stigma sont plus larges, et les rugosités du métathorax et du 1ᵉʳ segment abdominal plus distinctes.

Patrie : Irlande? ; Angleterre.

—— Deuxième cellule cubitale rétrécie extérieurement, à côtés convergents.   **19**

19 Sillons du mesonotum complets, mais peu

profonds ; pattes très épaisses. ♀ Noire ;
mandibules testacées au milieu, échancrées à
la base en dessous ; palpes noirâtres ; face
distinctement carénée ; épistome écarté des
mandibules, cintré à l'extrémité. Antennes
entièrement noires, aussi longues que le corps,
de 27 articles. Sillons du mesonotum continués jusqu'à la fossette ponctiforme qui est
devant le scutellum ; sillon des mésopleures
lisse ; métathorax finement ruguleux. Ailes
amples, beaucoup plus longues que le corps,
hyalines ; nervures d'un brunâtre pâle, ainsi
que le stigma qui est elliptique, plus court et
plus épais que chez les espèces voisines, *instabilis, pygmœator, apiculator* (V. n° 10),
émettant la nervure radiale de sa 1ʳᵉ moitié,
près du milieu ; cellule radiale terminée à
quelque distance du bout de l'aile ; nervure
radiale légèrement arquée ; 1ʳᵉ abscisse très
courte, presque aussi large que longue ; nervure récurrente visiblement évectée. Pattes
testacées ; hanches, 1ᵉʳ article des trochanters, base des cuisses ainsi que leur tranche
supérieure et quelquefois l'inférieure, noirâtres ; tibias et tarses à extrémité obscure.
Abdomen court, convexe ; 1ᵉʳ segment finement ruguleux. Tarière de la longueur du
quart de l'abdomen. ♂ Inconnu. Long. 2ᵐᵐ ;
Env. 5 1/2ᵐᵐ.   **Crassipes,** Wᴇsᴍᴀᴇʟ.

Obs. — Cette espèce constitue le genre *Hypocynodus* de Foerster. Je ne connais pas le ♂ :
Wesmael possédait un ♂ dont la taille, les couleurs, et le nombre d'articles des antennes étaient
les mêmes que chez la ♀, mais il doutait qu'il
appartînt à son *crassipes* parce que les pattes
n'étaient pas aussi épaisses. Cependant l'analogie
nous enseigne que les ♂ ont ordinairement les
pattes plus grêles que les ♀.

PATRIE : Belgique ; Angleterre.

—   Sillon du mesonotum effacés ; pattes de forme ordinaire chez les deux sexes.   **20**

20   Nervure récurrente presque interstitiale ; antennes de 29 à 34 articles. ♂♀ Noir ; épistome et mandibules testacés, séparés par un intervalle étroit ; mandibules sans échancrure à la base. Antennes plus longues que le corps, noires avec le scape testacé, de 29 articles chez la ♀, de 33 à 34 chez le ♂. Sillon des mésopleures lisse ; une fossette ponctiforme devant le scutellum ; métathorax ruguleux. Ailes amples, hyalines ; écaillettes testacées ; stigma et nervures d'un brun foncé ; stigma très atténué, linéaire-lancéolé, émettant la nervure radiale de son premier tiers ; cellule radiale atteignant le bout de l'aile ; 2ᵉ cellule cubitale assez allongée, à peine rétrécie extérieurement. Nervure médio-discoïdale des ailes postérieures distinctement tracée. Pattes testacées. Premier segment abdominal épais, ruguleux, surmonté de deux carènes à la base. Tarière cachée. Long. 2 2/3ᵐᵐ ; Env. 7ᵐᵐ.   **Sævus**, HALIDAY.

OBS.— Diffère du suivant en ce que les antennes et la cellule radiale sont plus longues, et les ailes beaucoup plus amples.

PATRIE : Écosse (Hébrides) ; Angleterre.

—   Nervure récurrente évectée ; antennes de 20 à 24 articles. ♀ Noire ; abdomen plus ou moins brunâtre, avec le 2ᵉ segment parfois plus pâle en dessus. Face faiblement carénée ; épistome un peu relevé et écarté des mandibules ; celles-ci testacées, très larges vers la

base ; palpes testacés. Antennes aussi longues
que le corps, de 20 articles, submoniliformes
vers l'extrémité. Sillons du mesonotum indiqués antérieurement par deux fossettes
humérales ; une fossette ponctiforme devant
le scutellum ; sillon des mésopleures lisse ;
métathorax lisse, luisant. Ailes hyalines,
un peu blanchâtres ; stigma et nervures d'un
testacé obscur ; stigma environ six fois aussi
long que sa plus grande épaisseur, émettant
la nervure radiale à un quart de sa longueur ;
1ʳᵉ abscisse de moitié moins longue que l'é-
paisseur du stigma : 2ᵉ presque deux fois
aussi longue que la 1ʳᵉ nervure transverso-
cubitale ; 3ᵉ droite, se terminant un peu
avant le bout de l'aile ; nervure récurrente
tellement évectée que la 2ᵉ cellule cubitale
devient pentagonale. Pattes testacées ; les
quatre hanches postérieures noirâtres, avec
le côté interne testacé ; une légère nuance
obscure vers le milieu des cuisses de derrière, ainsi qu'à l'extrémité des tibias et aux
tarses de la même paire. Abdomen un peu
déprimé ; 1ᵉʳ segment légèrement ruguleux.
Tarière un peu plus longue que le quart de
l'abdomen. ♂ Antennes de 22 à 24 articles,
dont les trois premiers testacés en dessous ;
en dessus, la base du 2ᵉ et le 3ᵉ sont obscurs.
Joues et partie inférieure de la face testacées.
Pattes testacées ; hanches de derrière quelquefois obscures à l'extrémité. Long. 2ᵐᵐ ;
Env. 4 1/2ᵐᵐ.

? Var. 1. Antennes entièrement noires,
de 25 articles chez la ♀, de 27 chez
le ♂ ; épistome testacé à base noire ;
partie inférieure des joues d'un tes-

tacé plus ou · moins obscur ; les
quatre hanches postérieures noirâtres
en dessus (Wesmael).

Instabilis, Wesmael.

Obs. — Il ressemble beaucoup à *O. pygmæator*
(V. nᵒ 10) ; se distingue par la fossette ponctiforme devant le scutellum, et par l'insertion de la
nervure récurrente.

Patrie : Belgique ; Irlande ; Angleterre.

21   Cellule radiale se terminant en pointe sur
le métacarpe, à une distance appréciable du
bout de l'aile.♂♀ Noir ; abdomen, à partir de
la base du 2ᵉ segment, testacé. Face assez for·
tement carénée : épistome atteignant les mandibules, testacé, ainsi que les mandibules et les
palpes. Antennes plus longues que le corps,
d'un testacé sale, plus obscures vers l'extrémité, de 26 à 28 articles. Sillons du mesonotum
faiblement indiqués par devant ; une fossette
ponctiforme devant le scutellum ; sillon des
mésopleures effacé ; métathorax mat, chagriné. Ailes hyalines ; nervures et stigma d'un
testacé obscur ; celui-ci en ovale plus court
et plus large que chez *O. cingulatus* et *macu-*
lipes (V.nᵒ23), émettant la nervure radiale d'un
point plus rapproché du milieu : mais ce qui
caractérise l'espèce, c'est la direction de la
nervure radiale qui après avoir fait un angle
obtus avec la 2ᵉ nervure transverso-cubitale,
va aboutir au métacarpe loin de son extrémité ; 2ᵉ cellule cubitale courte, rétrécie extérieurement ; 2ᵉ cellule discoïdale ouverte à
l'extrémité ; nervure récurrente évectée.
Pattes testacées. Premier segment abdomi-
nal noir, ruguleux en long ; segments sui-

vants testacés chez la ♀ ; chez le ♂ le 3ᵉ et les suivants ont la marge postérieure largement assombrie. Tarière très courte. Long. 2-2 1/2ᵐᵐ ; Env. 6-7ᵐᵐ. **Ochrogaster**, WESMAEL.

Obs. — *O. nitidulator* (V. nᵒ 30), très différent sous d'autres rapports, présente une nervure radiale pareillement dirigée.

P ATRIE : Belgique ; Angleterre.

—   Cellule radiale cultriforme, atteignant le bout de l'aile, ou peu s'en faut.   **22**

22   Sillons du mesonotum complets, mais faiblement tracés ; tête de la ♀ rouge. ♀ Testacée ; mésothorax, métathorax, et 1ᵉʳ segment abdominal, noirs. Tête grande ; face nullement carénée ; épistome fortement transversal, coupé droit par devant, un peu écarté des mandibules, celles-ci noires à l'extrémité ; palpes pâles. Antennes plus longues que le corps, de 26 articles, dont les 6 premiers testacés, les autres noirâtres : 3ᵉ article un peu plus long que le 4ᵉ. Prothorax testacé. Sillons du mesonotum convergeant vers la fossette ponctiforme qui est devant le scutellum ; sillon des mésopleures large et lisse ; métathorax un peu roussâtre, subruguleux, plus lisse vers la base. Ailes hyalines ; stigma et nervures d'un testacé obscur ; stigma allongé, émettant la nervure radiale de son 1ᵉʳ tiers ; 2ᵉ cellule cubitale allongée, rétrécie extérieurement ; 2ᵉ cellule discoïdale incomplètement fermée ; nervure récurrente visiblement évectée. Pattes d'un testacé pâle ; crochets des tarses obscurs. Abdomen ovale, convexe, testacé, insensiblement assombri vers l'extrémité qui est presque noire ; 1ᵉʳ segment court,

noir, avec l'extrème base testacée, ruguleux,
à côtés parallèles, portant les tubercules un
peu au delà du milieu ; segments suivants
lisses et luisants. Tarière aussi longue que
les deux derniers segments.   ♂ Inconnu.
Long. 1 1/2ᵐᵐ ; Env. 4 1/2ᵐᵐ. **Compar,** Marshall.

Obs. — Je ne connais qu'un seul exemplaire de
cette espèce, qui se distingue des *O. cingulatus* et
maculipes par les sillons visibles du mesonotum et
par sa grosse tête testacée.

P\trie : Angleterre.

—   Sillons du mesonotum effacés ; tête noire
chez les deux sexes.   **23**

23   Adomen, à partir de la base du 2ᵉ segment,
entièrement testacé chez la ♀, à extrémité
noire chez le ♂ ; sommet des tibias de derrière toujours obscur. ♀ Noire ; face assez
fortement carénée ; épistome testacé, quelquefois noir à la base, assez écarté des mandibules ; celles-ci élargies régulièrement de
l'extrémité jusqu'à la base ; palpes testacés.
Antennes plus longues que le corps, de 33 à
35 articles, avec le dessous du 1ᵉʳ et l'extrémité du 2ᵉ plus ou moins d'un testacé rougeâtre. Sillons du mesonotum nuls ; sillon
des mésopleures lisse ; une fossette ponctiforme devant le scutellum ; métathorax mat,
finement chagriné. Ailes hyalines ; nervures
et stigma d'un testacé obscur ; stigma en
ovale allonge, émettant la nervure radiale de
sa première moitié ; 1ʳᵉ abcisse très courte,
presque ponctiforme ; 3ᵉ légèrement arquée ;
2ᵉ cellule cubitale rétrécie extérieurement ;
cellule radiale atteignant le bout de l'aile ;
nervure récurrente évectée. Pattes testacées

avec l'extrémité des tibias de derrière noire.
Abdomen en ovale allongé ; 1ᵉʳ segment noir.
ruguleux vers l'extrémité, lisse à la base ; les
suivants tous testacés. Tarière très courte.
♂ Semblable ; les trois derniers segments de
l'abdomen noirâtres.   Long. 1 1/2 - 2 2/3ᵐᵐ ;
Env. 3 1/2 - 6 1/2ᵐᵐ.   **Maculipes**, Wᴇsᴍᴀᴇʟ.

Oʙs. — Celle espèce se distingue difficilement de
la suivante : la 2ᵉ cellule cubitale est plus large à
l'extrémité, l'abdomen plus étroit et plus long, et
la 2ᵉ cellule discoïdale plus complètement fermée.
Chez *O. cingulatus* cette cellule est ordinairement
entr'ouverte, les nervures transversales n'atteignant
pas exactement le côté inférieur. Foerster a pris ce
caractère inconstant et peu appréciable pour base
d'un nouveau genre. *O. maculipes* est assez commun
et répandu.

Pᴀᴛʀɪᴇ : Belgique ; Allemagne ; Angleterre ; Irlande.

———

Abdomen testacé, à partir de la base du
2ᵉ segment, avec une ceinture obscure sur
chaque segment chez les deux sexes ; tibias
de derrière jamais obscurs au sommet. ♂♀
Noir ; face faiblement carénée ; joues souvent
testacées en dessous ; épistome court, un
peu relevé, n'atteignant pas les mandibules, testacé ainsi que celles-ci ; palpes
blanchâtres. Antennes plus longues que le
corps, de 25 à 35 articles, noires avec le
1ᵉʳ article et l'extrémité du 2ᵉ, ou les 3 premiers articles et quelquefois un plus grand
nombre, testacés ; 3ᵉ article plus ou moins
allongé. Sillons du mesonotum nuls ; sillon
des mésopleures lisse ; une fossette ponctiforme devant le scutellum ; métathorax chagriné, parfois lisse vers la base. Ailes
hyalines ; nervures et stigma d'un testacé
obscur ; cellule radiale atteignant le bout de

l'aile ; stigma allongé, émettant la nervure
radiale de son premier tiers ; 2ᵉ cellule cubitale allongée, rétrécie extérieurement ; 2ᵉ cellule discoïdale entr'ouverte ; nervure récurrente évectée. Pattes testacées. Premier segment abdominal noir mat, court, ordinairement chagriné vers l'extrémité, tous les suivants lisses. Tarière pas plus longue que le
dernier segment.   Long. 2 1/2ᵐᵐ ;
Env. 6ᵐᵐ.

> Var. Deuxième segment de l'abdomen
> testacé, en tout ou en partie ; le reste
> noir, par suite de la coalescence et de
> l'élargissement des bandes obscures
> sur les autres segments.

Cingulatus, Wesmael.

Obs. — Cette espèce constitue, à elle seule, le
genre *Nosopœa*, Foerster.

Patrie : Belgique ; Russie ; Angleterre.

24   Métathorax ruguleux : antennes ♂♀ de 24
à 26 articles. Noir ; 2ᵉ segment abdominal
d'un testacé obscur. Face à peine carénée ;
épistome légèrement convexe, écarté des
mandibules, quelquefois testacé en avant,
ainsi que les palpes et les mandibules. Antennes plus longues que le corps, noires
avec le 1ᵉʳ article et l'extrémité du 2ᵉ, parfois
aussi la base du 3ᵉ, testacés. Sillons du mesonotum effacés ; sillon des mésopleures lisse ;
une fossette ponctiforme devant le scutellum.
Ailes hyalines ; cellule radiale atteignant le
bout de l'aile ; stigma d'un testacé obscur,
long, étroit, émettant la nervure radiale de
l'extrémité de son 1ᵉʳ tiers ; 2ᵉ cellule cubitale
longue, étroite, rétrécie extérieurement ; ner-

vure récurrente insérée à l'extrémité de la
1ʳᵉ cellule cubitale, parfois interstitiale;
2ᵉ cellule discoïdale ouverte à l'extrémité.
Premier segment abdominal étroit, ruguleux,
noir; les autres forment ensemble un ovale
large et court, presque circulaire; 2ᵉ segment
d'un testacé plus ou moins obscur, ou
presque noir, faiblement ruguleux de chaque
côté, à la base; tous les suivants noirs.
Tarière aussi longue que le dernier segment.
Long. 1 1/2ᵐᵐ; Env. 5ᵐᵐ. **Irregularis**, Wᴇsᴍᴀᴇʟ.

Oʙs. — Cette espèce constitue, à elle seule, le
genre *Allotypus*, Foerster. Parasite, selon Giraud,
du diptère *Pegomyia acetosæ*, Desv., maintenant
indéterminable.

Pᴀᴛʀɪᴇ : Belgique; Angleterre; Irlande.

— Métathorax presque entièrement lisse; antennes de 35 articles. ♂ Noir; 2ᵉ segment
abdominal d'un testacé rougeâtre. Face faiblement carénée; épistome testacé avec la
base noire, son extrémité relevée, écartée des
mandibules; celles-ci testacées, fortement
échancrées au côté inférieur; palpes testacés.
Antennes plus longues que le corps, noires
avec les 2 premiers articles testacés. Ailes
hyalines; stigma long, étroit, noirâtre; cellule radiale atteignant le bout de l'aile;
2ᵉ cellule cubitale très longue, très étroite
extérieurement; nervure récurrente interstitiale; 2ᵉ cellule discoïdale complètement
fermée. Pattes testacées. Premier segment
abdominal noir, ruguleux; 2ᵉ testacé avec
l'extrémité noire; les suivants noirs en entier.
♀ Inconnue. Long. 2 2/3ᵐᵐ. **Singularis**, Wᴇsᴍᴀᴇʟ.

Oʙs. — Selon Wesmael, cette espèce, dont il
n'avait qu'un seul exemplaire, se rapproche sur-

tout de l'*O. ambiguus* (V. nᵒ 3), mais il la croyait
distincte.

Patrie : Belgique ; Hollande (au dire de Vollenhoven).

25   Nervure récurrente insérée à l'origine de
la 2ᵉ cellule cubitale.   26

—   Nervure récurrente insérée dans la 1ʳᵉ cellule cubitale, rarement interstitiale.   42

26   Épistome atteignant les mandibules et fermant la bouche.   27

—   Épistome écarté des mandibules ; bouche
ouverte.   28

27   Abdomen d'un testacé rougeâtre, à partir
de la base du 2ᵉ segment ; métathorax ruguleux ; long. 2 1/2ᵐᵐ. ♀ Noire ; face non sensiblement carénée ; épistome testacé à l'extrémité, qui est un peu arrondie, atteignant les
mandibules ; celles-ci testacées, fortement
échancrées en dessous ; palpes pâles. Antennes plus longues que le corps, noires
avec le scape testacé. Sillon des mésopleures fortement crénelé, allongé. Ailes
hyalines ; cellule radiale très longue, atteignant le bout de l'aile ; 1ʳᵉ abcisse allongée,
égalant au moins la hauteur de la 2ᵉ cellule
cubitale qui est notablement moins haute
que chez la plupart des espèces ; stigma d'un
testacé obscur, très long, linéaire, émettant
la nervure radiale un peu au-dessus de son
1ᵉʳ tiers ; 2ᵉ cellule discoïdale complètement
fermée ; nervure récurrente évectée. Pattes
testacées. Abdomen oblong ; 1ᵉʳ segment faisant environ le tiers de sa longueur totale,

s'élargissant insensiblement dès la base, longitudinalement ruguleux. Tarière un peu
exserte. ♂ Inconnu.   **Leptostigmus**, Wesmael.

Patrie : Belgique ; Irlande.

—— Abdomen entièrement noir ou d'un brun
foncé ; métathorax lisse ; long. 1-1 1/2ᵐᵐ.
Noir ou noirâtre ; 2ᵉ segment abdominal quelquefois roussâtre à la base. Face légèrement
carénée ; épistome noir, fermant la bouche,
non relevé, ni échancré ; mandibules et palpes
testacés, celles-là sans échancrure à la base
en dessous. ♀ Antennes noires, plus longues
que le corps, de 21 articles, dont le 1ᵉʳ plus
ou moins rouge en dessous. Sillons du mesonotum effacés ; point de fossette ponctiforme sur le disque ; sillon des mésopleures
ovalaire, marqué au fond de cinq ou six crénelures. Ailes hyalines ; cellule radiale atteignant le bout de l'aile ; stigma et nervures
brunâtres, plus ou moins pâles ; stigma
allongé, atténué ; 2ᵉ cellule cubitale fortement
rétrécie extérieurement ; 2ᵉ cellule discoïdale
entr'ouverte ; nervure récurrente évectée.
Pattes testacées ou rouges ; les quatre hanches postérieures noirâtres en dessus ; sommet des tibias de derrière, et tarses de la
même paire, assombris. Abdomen en ovale
court ; 1ᵉʳ segment presque lisse. Tarière un
peu plus longue que le dernier segment.
♂ Antennes de 22 articles, dont les deux
premiers et souvent la base du 3ᵉ, testacés ;
épistome testacé, ainsi que la partie inférieure de la face et des joues ; 1ᵉʳ segment
abdominal ruguleux ; seulement les hanches
de derrière noirâtres en dessus. Long. 1-
1 1/2ᵐᵐ ; Env. 3-4 1/2ᵐᵐ.   **Parvulus**, Wesmael.

Obs. — Au premier abord, cette petite espèce ressemble à un Alysiide du genre *Aspilota* ; on pourrait aussi la prendre pour *O. pygmæator* ou *apiculator* (V. nᵒ 10), mais elle en diffère par la forme de l'épistome et par le sillon des mésopleures : sa détermination exige le microscope. Elle constitue seule le genre *Desmiostoma*, Foerster.

Patrie : Belgique ; Angleterre.

28   Sillons du mesonotum effacés. ♂ Noir ; base du 1ᵉʳ segment abdominal roussâtre, et du 2ᵉ, testacée ; bord inférieur des joues, prothorax, et deux lignes remplaçant les sillons extérieurs du mesonotum, roussâtres. Face carénée ; épistome et mandibules testacés, celles-ci échancrées en dessous à la base ; épistome écarté des mandibules. Antennes plus longues que le corps, de 31 articles, noires avec le scape testacé. Point de fossette ponctiforme devant le scutellum ; sillon des mésopleures crénelé ; métathorax ruguleux. Ailes hyalines ; stigma et nervures brunâtres ; stigma en triangle étroit, mais assez large pour empiéter sur la 1ʳᵉ abscisse ; 2ᵉ cellule cubitale très peu rétrécie extérieurement ; 2ᵉ cellule discoïdale complètement fermée ; nervure récurrente évectée ; point de nervure médio-discoïdale aux ailes postérieures. Pattes testacées. Premier segment abdominal ruguleux. ♀ Inconnue. Long. presque 2ᵐᵐ.   **Docilis, Haliday.**

Patrie : Irlande ; pris une fois seulement par Haliday, aux bords du Shannon.

—   Sillons du mesonotum ou seulement amorcés ou complets.   29

29   Sillons du mesonotum amorcés, puis effacés postérieurement.   30

—— Sillons du mesonotum complets.   **36**

30   Abdomen testacé à partir de la base du 2ᵉ segment, avec le bord postérieur de chaque segment obscur ou noirâtre. ♀ Noire ; parties buccales, orbites des yeux, et prothorax, d'un testacé rougeâtre ; tête testacée, milieu du front et du vertex, occiput, et bord des joues, noirs. Épistome testacé, écarté des mandibules ; palpes testacés. Antennes plus longues que le corps, noires avec le scape et l'extrémité du 2ᵉ article testacés. Sillons du mesonotum visibles seulement en avant ; sillon des mésopleures profondément crénelé ; une fossette ponctiforme devant le scutellum ; métathorax ruguleux. Ailes hyalines ; stigma et nervures d'un testacé obscur ; cellule radiale atteignant presque le bout de l'aile ; stigma étroit, allongé, émettant la nervure radiale de l'extrémité de son 1ᵉʳ cinquième ; 1ʳᵉ abscisse plus longue que l'épaisseur du stigma ; 3ᵉ légèrement arquée ; 2ᵉ cellule cubitale allongée, à peine rétrécie extérieurement ; 2ᵉ cellule discoïdale complètement fermée ; nervure récurrente évectée ; nervure médio-discoïdale des ailes postérieures amorcée. Pattes testacées. Premier segment de l'abdomen noir, ruguleux. Tarière à peine exserte. ♂ Semblable ; antennes de 32 articles chez mon unique exemplaire, qui est trop défectueux pour être décrit. Long. 2 1/2ᵐᵐ.

                               Polyzonius, WESMAEL.

PATRIE : Belgique ; Angleterre.

—— Abdomen entièrement noir ou noirâtre, sauf la base du 2ᵉ segment qui est parfois plus ou moins rougeâtre.   **31**

31   Tarière de la longueur de la moitié de l'abdomen; ♂ inconnu. ♀ Noire; face fortement
carénée; épistome court, écarté des mandibules, testacé, noir à la base; mandibules
rouges ; palpes testacés. Antennes (mutilées)
à articles courts, noires avec le dessous
du 1ᵉʳ et l'extrémité du 2ᵉ rouges. Sillons du
mesonotum réduits à une courte fossette de
chaque côté du bord antérieur; sillon des
mésopleures large, fortement crénelé; métathorax ruguleux. Ailes hyalines ; stigma
épais, noirâtre, donnant naissance à la nervure radiale fort près de son milieu; cellule
radiale atteignant l'origine du bord postérieur; 2ᵉ cellule cubitale très longue, rétrécie
vers le bout; 2ᵉ cellule discoïdale complètement fermée. Pattes rouges. Abdomen en
ovale allongé; 1ᵉʳ segment ruguleux. Long.
3ᵐᵐ.   **Caudatus, Wesmael.**

Patrie : Belgique; un seul exemplaire connu.

—   Tarière plus courte que la moitié de l'abdomen; mais dans quelques cas la ♀ est inconnue.   **32**

32   Cellule radiale se terminant sur le métacarpe à une distance appréciable du bout de
l'aile. Variable; noir, varié de rouge. ♀ Tête
rouge, avec une grande tache noire qui occupe
l'occiput et s'étend sur le vertex jusqu'à la
base des antennes, épistome écarté des mandibules, celles-ci échancrées à la base, noirâtres à l'extrémité; palpes d'un roux obscur.
Antennes de la longueur du corps, filiformes,
de 28 articles, noires avec le scape et la base
du funicule rouges. Prothorax rouge en dessus, noir en dessous; mésothorax lisse et lui-

sant, ses trois lobes marqués chacun d'une
grande tache noire oblongue, la tache médiane raccourcie en arrière; sillons ordinaires
indiqués par deux fossettes humérales qui
s'effacent postérieurement; fossette basilaire
du scutellum noire, crénelée, précédée sur le
dos du mésothorax par une petite fossette
ponctiforme; scutellum rouge; sillon des
mésopleures crénelé; métathorax fortement
rugueux. Ailes subhyalines; écaillettes testacées; stigma et nervures d'un brun foncé;
celui-là en triangle allongé, atténué extérieurement, émettant la nervure radiale de sa
première moitié; 2ᵉ cellule cubitale fort rétrécie vers le bout de l'aile; 1ʳᵉ abscisse de la
nervure radiale aussi longue que la 2ᵉ nervure transverso-cubitale; nervure récurrente
évectée; ailes postérieures amples, à nervures
distinctes. Pattes courtes, épaisses, rouges,
avec une tache noirâtre à la base des hanches
de derrière; tarses obscurs, excepté à la base.
Abdomen oblong, déprimé, aussi long et aussi
large que la tête et le thorax; 1ᵉʳ segment
très rugueux, court, large, excavé à la base;
segments suivants lisses, clairsemés de poils
blanchâtres; segments 2-3 d'un roux obscur
(chez mon exemplaire), noirâtres en arrière.
Tarière cachée. ♂ Antennes plus longues,
de 34 articles; épistome noir à la base ou
aux angles postérieurs; sillons du mesonotum nuls, remplacés par 4 lignes rouges
dont les deux intérieures se lient en avant
aux deux latérales, et postérieurement l'une
à l'autre; scutellum noir; abdomen plus
long et plus étroit; segments 2-3 presque
noirs. Long. 3-3 2/3ᵐᵐ; Env. 7ᵐᵐ.

Nitidulator, Nees.

Obs. — Il diffère beaucoup de tous les précédents, se rapprochant des *Biosteres* et des *Diachasma* par son port et sa taille ; ce sont les ailes
seules qui le maintiennent parmi les *Opius*.

Patrie : Allemagne ; Angleterre ; Irlande ; rare partout.

— Cellule radiale cultriforme, atteignant le
bout de l'aile, ou peu s'en faut.   33

33   Antennes du ♂ n'ayant que 21 articles ;
pattes de couleur sombre ; ♀ inconnue. Noir ;
palpes courts, noirâtres ; épistome écarté des
mandibules . celles-ci rouges. Antennes
noires, aussi longues que le corps. Sillons du
mesonotum raccourcis, effacés en arrière ;
sillon des mésopleures crénelé ; une fossette
ponctiforme devant le scutellum ; métathorax
ruguleux, lisse au milieu. Ailes hyalines ;
nervures et stigma d'un brun foncé ; celui-ci
étroit, presque linéaire ; cellule radiale n'atteignant pas exactement le bout de l'aile ;
2ᵉ cellule cubitale allongée, à peine rétrécie
extérieurement ; 2ᵉ cellule discoïdale entr'ouverte ; nervure récurrente évectée ; nervure
médio-discoïdale des ailes postérieures amorcée. Pattes brunes, avec la base de tous les
tibias et le sommet des cuisses de devant,
plus pâles. Premier segment abdominal
presque linéaire, pointillé ; les suivants lisses.
Long. 1 3/5ᵐᵐ.   **Aethiops**, Haliday.

Obs. — Il ressemble au ♂ de *pygmæator*
(V. nᵒ 10), en différant cependant par la sculpture ; les ailes sont plus hyalines, la cellule radiale moins grande, et la 2ᵉ cellule cubitale plus
longue.

Patrie non indiquée, probablement Irlande.

——   Antennes avec plus de 21 articles; pattes d'un testacé rougeâtre, ou jaunâtres.   **34**

34   Pattes d'un testacé rougeâtre. ♀ Noire; base du 2ᵉ segment abdominal d'un testacé rougeâtre. Mandibules testacées; épistome écarté. Antennes un peu plus longues que le corps, noires avec le scape testacé, de 29 articles. Sillons du mesonotum raccourcis, effacés postérieurement; sillon des mésopleures crénelé; une fossette ponctiforme devant le scutellum; métathorax mat, ruguleux. Ailes comme celles d'*O. spretus* (V. nº12) mais plus larges, à 2ᵉ cellule cubitale moins rétrécie extérieurement; stigma étroit, linéaire-lancéolé; 1ʳᵉ abscisse de la nervure radiale très courte, mais sensible; nervure récurrente évectée; point de nervure médio-discoïdale aux ailes postérieures. Premier segment abdominal rugueux, mat, bicaréné à la base. Tarière subexserte. ♂ Inconnu. Long. 2ᵐᵐ.   **Pactus**, Haliday.

Patrie non indiquée; probablement Irlande.

——   Pattes d'un testacé jaunâtre.   **35**

35   Long. 2ᵐᵐ. Antennes ♀ de 27 articles. Noir; base du 2ᵉ segment abdominal testacé, les autres segments noirâtres. Épistome étroitement séparé des mandibules, testacé, ainsi que celles-ci. Antennes grêles, plus longues que le corps, testacées, obscures vers l'extrémité, à articles allongés comme chez *O. pallidipes* (V. nº 15). Sillons du mesonotum raccourcis, effacés postérieurement; une fossette ponctiforme devant le scutellum; sillon des mésopleures étroit, crénelé au

fond; métathorax très finement ruguleux.
Ailes hyalines; cellule radiale atteignant
presque l'extrémité; stigma très étroit, allongé, d'un testacé obscur; nervure récurrente évectée. Pattes d'un testacé jaunâtre.
Premier segment abdominal linéaire, ruguleux. Tarière exserte (peut-être accidentellement), aussi longue que le quart de l'abdomen. ♂ Inconnu. Long. 2ᵐᵐ.

Aemulus, HALIDAY.

Obs. — On n'a jamais reconnu cette espèce depuis Haliday, qui n'en possédait qu'un seul exemplaire. Il le compare à *pallidipes*, dont il diffère
principalement par l'ouverture buccale, et par le
sillon crénelé des flancs.

PATRIE non indiquée, probablement Irlande.

— Long. 3ᵐᵐ. Antennes ♂ de 37 à 38 articles.
Noir, lisse et luisant; orbites des yeux et extrémité des joues quelquefois rouges; 2ᵉ segment parfois roussâtre à la base. Face très
finement pointillée, à peine luisante, convexe, sans carène longitudinale; épistome
court, transversal, relevé, fort écarté des
mandibules, et, comme elles, testacé; mandibules noires à l'extrémité; palpes testacés.
Antennes beaucoup plus longues que le
corps, noires, avec le scape d'un rougeâtre
obscur. Sillons du mesonotum raccourcis,
effacés postérieurement; une fossette ovale
devant le scutellum; sillon des mésopleures
large, irrégulièrement crénelé; métathorax
ruguleux, plus lisse à la base. Ailes hyalines;
stigma et nervures noirâtres; écaillettes testacées; stigma en triangle allongé, donnant
naissance à la nervure radiale au-dessus du
milieu; cellule radiale atteignant le bout de

l'aile; 3ᵉ abscisse de la nervure radiale arquée; 2ᵉ cellule cubitale très peu rétrécie
extérieurement; nervure récurrente évectée;
2ᵉ cellule discoïdale complètement fermée;
point de nervure médio-discoïdale aux ailes
postérieures. Pattes d'un testacé jaunâtre;
dernier article des tarses obscur. Abdomen
ovalaire; 1ᵉʳ segment ruguleux, court, linéaire,
bicaréné, à tubercules sensibles; les autres
segments très lisses. ♀ Inconnue. Long. 3ᵐᵐ;
Env. 8ᵐᵐ.   **Zelotes**, Marshall.

> Obs. — Cet insecte, de grande taille pour le
> genre, rappelle les *Biosteres* par son port, mais la
> nervulation est celle des *Opius*. J'en ai capturé
> trois exemplaires.

Patrie : Angleterre.

36   Tête rouge; stemmaticum noir, ainsi que
tout le reste du corps; forme robuste. ♀ Epistome notablement écarté des mandibules et,
comme elles, d'un testacé rougeâtre; palpes
obscurs; face fortement carénée. Antennes
plus longues que le corps, de 34 articles
courts, dont le 1ᵉʳ testacé. Sillons du mesonotum profondément creusés; sillon des mésopleures fortement crénelé; métathorax rugueux. Ailes enfumées depuis la base jusque
vers le stigma, ensuite hyalines jusqu'à l'extrémité; stigma et nervures noirâtres; cellule
radiale atteignant le bout de l'aile; 2ᵉ cellule
cubitale médiocrement rétrécie extérieurement; stigma large, ovalaire, émettant la
nervure radiale un peu en dessous de son
milieu; 2ᵉ abscisse un peu plus longue que la
1ʳᵉ nervure transverso-cubitale; 2ᵉ cellule
discoïdale complètement fermée; nervure récurrente évectée; nervure radiale des ailes

postérieures faiblement tracée; nervure médio-discoïdale nulle. Pattes d'un testacé rougeâtre; tous les tarses noirs, ainsi que la
base des hanches de derrière. Abdomen court,
large, presque circulaire; 1ᵉʳ segment en
grande partie rugueux, à surface inégale, un
peu luisant, bicaréné à la base; les carènes
se rapprochent un peu vers l'extrémité. Tarière ne dépassant pas l'extrémité de l'abdomen. ♂ Semblable; abdomen plus étroit.
Long. 3ᵐᵐ.   **Ruficeps**, Wesmael.

Obs. — Il représente le genre *Therobolus*, Foerster. Les caractères des ailes sont ambigus, et pourraient le faire transférer au genre *Diachasma*, si
ce n'est que la 2ᵉ abscisse de la nervure radiale
est trop longue. Brischke a signalé l'éclosion d'*O.
ruficeps* des larves du diptère *Pegomyia conformis*,
l'all; et Giraud l'obtint des larves d'une mouche
qu'il appelle *Agromyza abiens*, mais qui ne se trouve
pas dans les ouvrages des diptéristes.

Patrie : Belgique; Allemagne; France; Angleterre.

———   Tête noire.   **37**

37   .   Scutellum ruguleux; hanches noires. ♂♀
      Noir, luisant. Face pointillée, surmontée
d'une carène indistincte; épistome écarté des
mandibules; celles-ci rouges; palpes obscurs.
Antennes plus longues que le corps, de
29 articles chez les deux sexes, noires avec
le scape rougeâtre. Sillons du mesonotum
convergeant vers une fossette linéaire, devant le scutellum; celui-ci gibbeux, à sommet
plan, finement rebordé et marqué de rugosités transversales; fossette basilaire du scutellum large, crénelée au fond; sillon des mésopleures crénelé; métathorax ruguleux.
Ailes hyalines; écaillettes brunâtres; nervures et stigma noirâtres; cellule radiale un

peu obtuse à l'extrémité, se terminant avant
le bord postérieur; stigma allongé, lancéolé,
émettant la nervure radiale au-dessus de son
1ᵉʳ tiers; 2ᵉ cellule cubitale aussi longue que
la 3ᵉ, non rétrécie extérieurement; nervure
récurrente notablement évectée; nervure
médio-discoïdale des ailes postérieures amorcée. Pattes d'un testacé rougeâtre. Abdomen
en ovale acuminé; 1ᵉʳ segment obconique,
court, striolé; les suivants lisses et très luisants. Tarière cachée. Long. 2-2 1/2ᵐᵐ;
Env. 6-7ᵐᵐ.   **Bajulus,** Haliday.

> Obs. — Il représente le genre *Biophthora,* Foers-
> ter. On le reconnaît à ses hanches noires, et à la
> rugosité du scutellum, caractère qui se retrouve
> chez les *Biosteres.* Haliday ne possédait que les
> débris d'un ♂, et j'ai réussi à capturer deux ♀.

Patrie : Angleterre.

——   Scutellum lisse.   38

38   Angles huméraux du mésothorax tronqués. ♂ ♀ Noir; épistome, mandibules et
palpes, testacés. Face distinctement carénée;
épistome écarté des mandibules. Antennes
plus longues que le corps, noires avec le
scape testacé, de 38 à 39 articles. Bord antérieur du mesonotum brusquement tronqué,
se terminant de chaque côté en un angle,
au-dessus duquel on aperçoit un enfonce-
ment assez profond qui indique le commencement du sillon ordinaire; une fossette
oblongue devant le scutellum; sillon des mésopleures crénelé; métathorax un peu ruguleux, portant près de son extrémité deux
petites carènes parallèles, rapprochées. Ailes
hyalines; stigma et nervures noirâtres;
stigma assez épais, en triangle allongé, émet-

tant la nervure radiale de sa première moitié;
cellule radiale assez rétrécie vers l'extrémité,
atteignant le bout de l'aile; 2ᵉ cellule cubitale
très rétrécie extérieurement; 2ᵉ cellule discoïdale complètement fermée; nervure récurrente évectée; point de nervure médio-discoïdale aux ailes postérieures. Pattes
testacées. Abdomen en ovale court, presque
circulaire; 1ᵉʳ segment presque lisse, sans
rugosités distinctes, luisant, fortement élargi
de la base à l'extrémité, son disque élevé; on
distingue à la base deux carènes qui s'effacent avant d'atteindre le milieu. Tarière très
peu exserte. Long. 3ᵐᵐ; Env. 7ᵐᵐ.

Truncatus, Wesmael.

Ois. — Très analogue à *reconditor* (V. n° 41); il
se distingue par la gibbosité anguleuse du mésothorax, par la taille et par le nombre moindre des
articles antennaires.

Patrie : Belgique; Angleterre.

— Angles huméraux du mésothorax arrondis, comme d'ordinaire.   39

39   Face et mésothorax chagrinés, mats. ♂♀
Noir; orbites des yeux et base du 2ᵉ segment
abdominal, rouges. Tête très finement ruguleuse, peu luisante; occiput lisse vers sa
partie supérieure; épistome écarté des mandibules, relevé, cintré, d'un rouge testacé,
ainsi que les mandibules; palpes testacés.
Antennes un peu plus longues que le corps,
de 28 ou 29 articles. Mésothorax très finement ruguleux, presque terne sur les flancs,
plus luisant sur le mesonotum, où l'on distingue deux stries longitudinales, crénelées;
sillon des mésopleures large, ruguleux ou

crénelé au fond ; métathorax rugueux. Ailes
hyalines: nervures et stigma noirâtres ; celui-ci linéaire-lancéolé ; cellule radiale atteignant le bout de l'aile ; 2ᵉ cellule cubitale fort
atténuée extérieurement : 2ᵉ cellule discoïdale
entr'ouverte ; nervure récurrente évectée chez
la ♀ (? interstitiale chez le ♂) ; point de nervure médio-discoïdale aux ailes postérieures.
Pattes d'un testacé rougeâtre ; tarses noirâtres. Abdomen court, subcirculaire ; 1ᵉʳ segment noir, rugueux ; 2ᵉ quelquefois entièrement noir, surtout chez la ♀, mais plus
souvent d'un testacé rougeâtre plus ou moins
clair dans sa moitié basilaire, qui est entièrement couverte d'une ponctuation très fine
et serrée, visible seulement à l'aide d'une
forte loupe. Tarière pas saillante. Long.
2-2 1/2ᵐᵐ.   **Rudis**, Wesmael.

Obs. — Wesmael décrivit son *O. rudis* sur 8 ♀
et 1 ♂ : ce dernier avait la nervure récurrente
interstitiale. « Je ne sais », dit-il, « si je dois
rapporter à la même espèce deux autres mâles,
ayant également la nervure récurrente interstitiale, mais qui diffèrent en ce que : 1° ils ont une
carène très distincte vers le haut de la face ; 2° la
face et les flancs sont d'un noir plus luisant, parce
que les rugosités sont moins serrées ; 3° le premier segment de l'abdomen a de chaque côté, vers
le milieu, un tubercule très saillant ; 4° la cellule
radiale est un peu plus allongée. »

Patrie : Belgique, Angleterre (environs de Londres).

———   Face et mésothorax lisses, plus ou moins
luisants.   40

40   Deuxième segment de l'abdomen rugueux,
mat. ♂ ♀ Noir, à peine luisant, vaguement
pointillé, pubescent. Face subcarénée ; épistome très écarté des mandibules, qui sont

testacées. Antennes de 21 à 24 articles, aussi longues que le corps chez la ♀, plus longues chez le ♂. Sillons du mesonotum faiblement tracés, pointillés, disparaissant en arrière ; angles huméraux un peu proéminents ; sillon des mésopleures large, rugueux ; métathorax ruguleux. Ailes hyalines ; écaillettes brunâtres ; nervures et stigma noirâtres, celui-ci très atténué ; 2ᵉ cellule cubitale à peine rétrécie extérieurement ; nervure récurrente évectée ; point de nervure médio-discoïdale aux ailes postérieures. Pattes allongées, testacées ; sommet des 4 cuisses et tibias postérieurs, ou ces tibias presque totalement, noirâtres, ainsi que les tarses ; parfois les pattes sont entièrement testacées. Abdomen ♀ en ovale large, un peu déprimé, plus étroit chez le ♂ ; 1ᵉʳ segment court, large, obconique, gibbeux, ruguleux, avec deux carènes à la base ; 2ᵉ très finement ruguleux ou scabre, portant à sa base, de chaque côté, une fossette oblique ; ces fossettes forment, par leur réunion, une impression arquée. Tarière subexserte. Long. J 1,2-2ᵐᵐ.   **Cæsus**, HALIDAY.

PATRIE : Angleterre ; Irlande ; rare.

—   Deuxième segment de l'abdomen, lisse, luisant.   **41**

41   Métathorax rugueux. ♂ ♀ Noir ; face carénée ; épistome noir chez la ♀, d'un testacé rougeâtre chez le ♂, écarté des mandibules ; celles-ci testacées, ainsi que les palpes. Antennes plus longues que le corps, de 28 35 articles, noires avec les deux premiers articles testacés. Sillons du mesonotum indiqués par deux fossettes lisses qui s'effacent postérieurement; une fossette ponctiforme, quelquefois allongée, devant le scutellum; sillon des mésopleures oblong, assez profond, plus ou moins inégal ou crénelé au fond. Ailes hyalines; écaillettes jaunâtres; nervures et stigma noirâtres; celui-ci en triangle allongé ou lancéolé, relativement plus large chez les exemplaires les plus grands; cellule radiale atteignant le bout de l'aile; 2ᵉ cellule cubitale courte, fortement rétrécie vers l'extrémité; 2ᵉ cellule discoïdale complètement fermée; nervure récurrente évectée. Pattes d'un testacé jaunâtre; hanches blanchâtres. Abdomen ♀ suborbiculaire, oblong chez le ♂; 1ᵉʳ segment ruguleux; 2ᵉ ordinairement roussâtre vers la base. Tarière ne dépassant pas l'extrémité du dernier segment. Long. 2-2 2/3ᵐᵐ; Env. 5 1/2-7 1/3ᵐᵐ.

Var. 1. Deuxième segment abdominal testacé ou rouge dans sa première moitié, et quelquefois jusque près de l'extrémité. ♂♀

Var. 2. Semblable à la 1ʳᵉ var., mais le prothorax est testacé, les épaules d'un testacé obscur, l'épistome et les mandibules rouges.

Var. 3. Semblable à la 1ʳᵉ var.; face, orbites, épistome et bord postérieur des segments apicaux de l'abdomen, testacés.

Reconditor, Wesmael.

Patrie : Belgique, où il est commun; Russie; Angleterre.

—— Métathorax lisse. ♀ Noire, avec une large bande longitudinale de chaque côté, sur les bords de la poitrine, et le 2ᵉ segment de l'abdomen, d'un testacé rougeâtre. Tête un peu roussâtre (peut-être accidentellement); face

surmontée d'une carène aiguë; épistome un
peu écarté des mandibules, testacé, ainsi que
celles-ci; palpes très pâles. Antennes plus
longues que le corps, avec les deux premiers
articles testacés, les suivants, jusque vers le
milieu, d'un rouge obscur, et les derniers
noirs. Prothorax d'un noir roussâtre; sillon
des mésopleures court, distinctement crénelé.
Ailes hyalines; stigma linéaire-lancéolé, d'un
testacé obscur; cellule radiale très longue,
atteignant le bout de l'aile; 3ᵉ abscisse de la
nervure radiale plus de deux fois plus longue
que la 2ᵉ; 2ᵉ cellule cubitale très rétrécie extérieurement. Pattes testacées. Abdomen en
ovale court, subcirculaire; 1ᵉʳ segment ruguleux, noir; 2ᵉ d'un testacé rougeâtre; les suivants noirs. Tarière dépassant l'abdomen de
la longueur du dernier segment. ♂ Inconnu.
Long 1ᵐᵐ.   **Pumilio**, Wesmael.

42   Face et thorax [ponctués. ♂ Noir; tête
aplatie, ponctuée; occiput lisse; face faiblement carénée; épistome séparé des mandibules par un intervalle large, semi-circulaire;
mandibules testacées; palpes pâles, allongés. Antennes beaucoup plus longues que
le corps, de 41 articles, noirâtres avec le
scape plus ou moins rouge. Thorax plus long
que d'ordinaire, densément ponctué, presque
mat; sillons du mesonotum complets; de
chaque côté, sur les lobes latéraux, on distingue un espace lisse; lobe médian vaguement ponctué; sillon des mésopleures crénelé. Ailes hyalines; écaillettes d'un testacé
rougeâtre; nervures brunes; stigma d'un testacé obscur, étroit, linéaire, donnant nais-

sance à la nervure radiale du 1ᵉʳ tiers de sa
longueur; 2ᶜ cellule cubitale non rétrécie extérieurement; nervure récurrente notablement rejetée; ailes postérieures à nervure
médio-discoïdale distincte. Pattes testacées;
extrémité des tibias de derrière, et tarses de
la même paire, obscurs. Abdomen oblong;
1ᵉʳ segment allongé, linéaire, finement ruguleux; les suivants très lisses. ♀ Inconnue.
Long. 4ᵐᵐ; Env. 8 1/2ᵐᵐ.   **Cælatus,** Haliday.

Patrie : Angleterre.

—— Face et thorax lisses.   43

43   Tête, thorax et abdomen d'un testacé clair;
tarière aussi longue que l'abdomen. ♀ Épistome écarté des mandibules; celles-ci noires
à l'extrémité. Antennes un peu plus longues
que le corps, de 38 articles, noires avec le
scape testacé. Sillons du mesonotum distincts, lisses, convergeant vers une fossette
ponctiforme devant le scutellum; sillon des
mésopleures oblong, crénelé; métathorax ruguleux. Ailes subhyalines; nervures d'un
testacé obscur; stigma grand, ovale, allongé,
noirâtre ou brun foncé, plus pâle à l'extrémité; cellule radiale n'atteignant pas tout à
fait le bout de l'aile; 1ʳᵉ abscisse de la nervure radiale plus courte que la hauteur du
stigma; 2ᶜ cellule cubitale allongée, rétrécie
extérieurement; nervure récurrente interstitiale ou à peine évectée; 2ᵉ cellule discoïdale
presque aussi grande que la 1ʳᵉ, complètement fermée. Pattes testacées avec le dernier article des tarses noirâtre. Abdomen
ovale, convexe; 1ᵉʳ segment large, élevé sur
le disque, surmonté de deux arêtes longitu-

dinales avec quelques stries intermédiaires.
Valves de la tarière filiformes, noires. ♂
Semblable; antennes de moitié plus longues
que le corps, de 39 articles. Long. 3 1/2-4ᵐᵐ;
Env. 8-9ᵐᵐ.   **Testaceus,** Wᴇꜱᴍᴀᴇʟ.

Oᴮꜱ. — Cette espèce constitue le genre *Uteles*,
Foerster. Elle est remarquable par sa couleur
insolite, et par la longueur de la tarière, mais ne
présente aucun caractère de valeur générique.
Vollenhoven l'a décrite et dessinée en profil sous
le nom de *Laccophrys Villæ-Novæ.* Une espèce très
voisine se trouve en Amérique; j'en possède des
exemplaires provenant du musée de Washington
et portant le nom manuscrit de *Phædroloma san-
guinea.* Un de mes correspondants, M. Enock, de
Londres, a élevé dernièrement l'*O. testaceus* en
quantité, des larves du *Gonyglossum Wiedemanni,*
Meigen, diptère du groupe des *Trypetidæ.*

Pᴀᴛʀɪᴇ : Belgique; Hollande; Angleterre.

—   Tête, thorax et abdomen noirs, quelquefois
un peu tachés de rouge; tarière très courte.   **44**

44   Ocelles très saillants, situés sur une élévation du vertex. ♂ Noir, luisant; face parcourue dans le milieu par une faible carène aiguë;
milieu du vertex un peu élevé; épistome
écarté des mandibules; celles-ci rouges; palpes testacés. Antennes (mutilées) noires, avec
le dessous du 1ᵉʳ article et l'extrémité du 2ᵉ
d'un rouge testacé. Bord antérieur du mesonotum marqué, à chaque extrémité latérale,
d'une fossette assez profonde; sillon des mésopleures court, luisant, faiblement crénelé;
métathorax très rugueux. Ailes hyalines;
stigma d'un testacé obscur, émettant la nervure radiale vers son tiers supérieur; cellule
radiale atteignant le bout de l'aile; 2ᵉ cellule
cubitale longue, fortement rétrécie vers l'extrémité; 2ᵉ cellule discoïdale complètement

fermée; on distingue aux ailes inférieures un très léger vestige de nervure médio-discoïdale. Pattes testacées, avec le dernier article des tarses noirâtre, ou l'extrémité des tibias de derrière et les tarses de la même paire, noirâtres en dessus. ♀ Semblable; antennes de 30 articles; abdomen plus arrondi, laissant apercevoir le bout de la tarière. Long. 2 1/2^{mm}.

Ocellatus, Wesmael.

Patrie : Belgique.

— Ocelles peu saillants, presque au niveau du vertex.   **45**

45   Orbites des yeux noires; antennes de 36 à 42 articles; 1er segment abdominal court, large; 2e sans sillon transversal. ♀ Noire; 2e segment abdominal plus ou moins rouge. Face carénée; épistome testacé à l'extrémité, écarté des mandibules; celles-ci rouges, ainsi que les palpes. Antennes environ de moitié plus longues que le corps, de 36 à 37 articles, qui sont tous courts; scape rougeâtre. Sillons du mesonotum indiqués par deux impressions humérales lisses qui s'effacent avant d'atteindre le milieu du disque; une fossette semi-circulaire devant le scutellum; sillon des mésopleures crénelé; métathorax court, rugueux. Ailes hyalines; nervures et stigma noirâtres; celui-ci en ovale un peu allongé; aigu à l'extrémité, donnant naissance à la nervure radiale exactement de son milieu; cellule radiale atteignant à peu près le bout de l'aile; 2e cellule cubitale allongée, rétrécie extérieurement; nervure récurrente rejetée; ailes postérieures à nervulation distincte; nervure medio-discoïdale à moitié complète. Pattes d'un testacé rougeâtre; tarses quelquefois obscurs. Abdomen ovale; 1ᵉʳ segment noir, rugueux ; 2ᵉ et suivants lisses, luisants ; 2ᵉ ordinairement plus ou moins roussâtre ou brunâtre à la base, quelquefois entièrement noir et, chez un seul exemplaire, d'un testacé rougeâtre. Tarière ne dépassant pas le bout du dernier segment, ascendante. ♂ Antennes de 38 à 42 articles; nervure récurrente interstitiale ou rejetée; chez un ♂ de ma collection elle est interstitiale à l'aile gauche, et manifestement rejetée de l'autre côté; chez les autres elle est rejetée. Long. 2-3 1/2ᵐᵐ; Env. 4 2/3-8ᵐᵐ.   **Rufipes, Wesmael.**

Obs. — Parmi les plus grandes espèces d'*Opius* on reconnaît celle-ci à sa nervure radiale qui part du milieu du stigma. Au dire de Ratzeburg elle fut élevée par Bouché d'une chenille de *Coleophora nigricella* Stephens, mais il y a peut-être quelque erreur dans l'observation. Giraud donne l'*O. rufipes* pour parasite du diptère *Pegomyia acetosæ*, Desvoidy.

Patrie : Belgique ; Allemagne ; Angleterre ; Irlande.

—   Orbites des yeux rouges; antennes de 21 à 31 articles; 1ᵉʳ segment abdominal long, étroit; 2ᵉ marqué d'un faible sillon transversal. ♀ Noire; tête clairsemée de poils longs; face fortement carénée, brunâtre, quelquefois testacée au milieu, légèrement ruguleuse; épistome cintré par devant, séparé des mandibules par un intervalle semi-circulaire; palpes pâles, allongés. Antennes environ de la longueur du corps, testacées vers la base, chaque article annelé de noirâtre à l'extrémité, dernier article noirâtre; 3ᵉ allongé. Sillons du mesonotum distincts, ponctués, se réunissant en arrière devant le scutellum; celui-ci est quelquefois testacé à l'extrémité; sillon des mésopleures profondément crénelé; métathorax un peu allongé, rugueux, réticulé. Ailes subhyalines; écaillettes testacées; nervures et stigma d'un testacé obscur; celui-ci étroit, lancéolé, émettant la nervure radiale de son milieu; toutes les nervures très minces; cellule radiale atteignant le bout de l'aile; 2ᵉ cellule cubitale peu ou point rétrécie extérieurement; nervure récurrente interstitiale; 2ᵉ cellule discoïdale entr'ouverte; ailes postérieures avec un commencement de nervure médio-discoïdale. Pattes testacées, avec le dernier article des tarses noirâtre. Abdomen obovale, un peu déprimé; 1ᵉʳ segment obconique, ruguleux, faiblement caréné au milieu, aux tubercules effacés; 2ᵉ segment quelquefois faiblement striolé à la base; 2ᵉ suture indiquée par un sillon sensible qui est souvent testacé; derniers segments noirs, luisants. Tarière subexserte. ♂ Antennes beaucoup plus longues que le corps, grêles, de 29 à 31 articles, testacées vers la base; 3ᵉ article très long. Tête testacée, y compris les parties de la bouche; stemmaticum et occiput noirâtres. Prothorax testacé, obscur sur les côtés; une tache testacée se voit souvent sur les flancs au-dessous de l'origine des ailes antérieures, et une autre tache sur le mesonotum, dont les sillons sont parcourus par deux lignes testacées; 1ᵉʳ segment abdominal avec les tubercules plus distincts que chez la ♀; 2ᵉ marqué d'une tache testacée de grandeur variable. Long. 1 1/2-2ᵐᵐ; Env. 4 1/2-6ᵐᵐ.

Var. Tête et épistome noirs; les trois derniers segments de l'abdomen d'un testacé rougeâtre.

Comatus, Wesmael.

Obs. — Cette espèce constitue le genre *Holconotus*, Foerster.

Patrie : Belgique; Allemagne; Angleterre; Irlande.

ESPÈCES D'OPIUS DOUTEUSES

OU IMPARFAITEMENT DÉCRITES

1. Ovator, Nees, 1834. — ♀ Très noire, lisse, pubescente. Tête transversale, aussi large que le thorax; vertex un peu aplati; épistome court, séparé de la face par une ligne semi-circulaire; mandibules rouges, tridentées. Antennes filiformes, à peine plus longues que la moitié du corps, noires avec la radicule brunâtre. Thorax ovale; métathorax court, convexe, ruguleux. Ailes hyalines; nervures et stigma noirâtres, celui-ci oblong; cellule radiale ovalaire, atteignant le bout de l'aile; 2e cellule cubitale plus courte que chez *O. pygmæator* (Voir n° 10), presque égale à la 1re, recevant la nervure récurrente à son angle intérieur. Pattes d'un brun de poix; hanches, trochanters, et marge supérieure des cuisses, noirâtres; tarses obscurs. Abdomen à peine plus long que le thorax, ovale, convexe; 1er segment très court, large, conique, légèrement convexe, ruguleux; les suivants lisses. Tarière à peine aussi longue que les deux derniers segments. ♂ Inconnu. Long. 2mm. (*Bracon ovator*, Nees).

Patrie : Allemagne (Sickershausen).

2. Circulator, Nees, 1834. — ♀ Noire, très lisse. Tête transversale, aussi large que le thorax; face verticale, convexe, couverte d'une pubescence blanchâtre; vertex obtus; occiput concave; mandibules et palpes rouge pâle ou jaune rougeâtre. Antennes filiformes, noirâtres, aussi longues que le corps. Thorax subglobuleux, gibbeux, très lisse, pubescent; métathorax très court, poli, brusquement déclive. Ailes obscurément hyalines: nervures et stigma testacés; 2ᵉ cellule cubitale recevant la nervure récurrente à son angle interne. Pattes d'un testacé rougeâtre; crochets des tarses noirs. Abdomen aussi long que la tête et le thorax, suborbiculaire, déprimé, très lisse; 1ᵉʳ segment étroit, court, conique, à surface un peu inégale; 2ᵉ rouge; les suivants noirs, ciliés le long du bord postérieur; ventre noir. Tarière de la longueur de l'abdomen, ses valves pubescentes. ♂ Antennes plus longues que le corps, subsétiformes; tête et abdomen variables de couleur. Long. 2ᵐᵐ. (*Bracon circulator*, Nees).

Variétés du ♂ : —

1. Tête et antennes noires; 1ᵉʳ segment de l'abdomen noir; 2ᵉ rouge. Long. 1 1/3ᵐᵐ.

2. Semblable à la précédente, 3ᵉ article des antennes rouge à la base; les deux premiers segments de l'abdomen rouges. Long. 2ᵐᵐ.

3. Tête noire; 2ᵉ et 3ᵉ articles des antennes rouges en dessous; 1ᵉʳ segment de l'abdomen noir; 2ᵉ et base du 3ᵉ rouges.

4. Face rouge; orbites postérieures des yeux rougeâtres; antennes rouges à la base en dessous; 2ᵉ segment rouge. Antennes grêles, presque filiformes, ainsi que chez les trois premières variétés.

5. Tête rouge, avec le vertex noir; antennes plus épaisses, ainsi que dans la variété suivante.

6. Antennes subsétiformes, noires; tête noire; orbites postérieures ou concolores, ou d'un rouge clair; 1ᵉʳ segment noir; 2ᵉ et base du 3ᵉ, rouges; segments ciliés le long du bord postérieur.

PATRIE : Allemagne (Sickershausen).

3. Orbiculator, NEES, 1834. — ♀ Noire, pubescente. Tête transversale; vertex obtus; lisse, luisant. Antennes de la longueur du corps, avec les deux premiers articles rouges. Mandibules et palpes rouges. Ailes comme chez *circulator*, mais la nervure récurrente est interstitiale. Pattes rouges; crochets des tarses noirs. Abdomen suborbiculaire; 1ᵉʳ segment court, brusquement rétréci vers la base, un peu rugueux, d'un rouge sombre, ainsi que le 2ᵉ. Tarière aussi longue que les deux derniers segments. ♂ Premier segment abdominal rouge, noirâtre dans le milieu; la totalité du second et la base du troisième rouges. Long. ♀ 1 1/2ᵐᵐ; ♂ 2ᵐᵐ. (*Bracon orbiculator*, Nees).

Var. ♀ Abdomen, à partir |*de la base ?*| du 3ᵉ segment, d'un noirâtre de poix ; antennes un peu plus longues, avec le 1ᵉʳ article plus obscur en dessus.

Patrie : Allemagne (Sickershausen).

4. Ciliatus, Nees, 1834. — ♂ Noir, pubescent. Tête transversale, excavée au-dessus des antennes ; palpes pâles, les maxillaires de 5, les labiaux de 3 articles ; mandibules pâles, bidentées. Antennes subsétiformes, aussi longues que le corps, rouges à la base, noirâtres vers l'extrémité. Ailes hyalines avec une teinte obscure ; nervures et stigma brunâtre pâle ; cellule radiale atteignant le bout de l'aile, largement ouverte à l'extrémité ; nervure récurrente interstitiale. Pattes d'un testacé rougeâtre. Abdomen oblong ; bord postérieur des segments cilié ; 1ᵉʳ segment court, conique, fortement rugueux. Un second ♂, selon Nees, avait la cellule radiale un peu plus étroite, les antennes plus obscures, avec les trois premiers articles rouges ; 1ᵉʳ segment de l'abdomen assez étroit, lisse, excavé à la base, avec les tubercules sensibles. L'auteur semble l'avoir soupçonné d'être le ♂ de son *Bracon carbonarius*, qui appartient au genre *Biosteres*. Comparez aussi *Diachasma caffer* qui se fait remarquer par sa cellule radiale ouverte à l'extrémité. ♀ Inconnue. Long 3ᵐᵐ. (*Bracon ciliatus*, Nees).

Patrie : Allemagne (Sickershausen, Breslau).

5. Ater, Nees, 1834. ♀ Très noire, pubescente. Tête lisse, luisante, transversale, aussi large que le thorax ; face verticale, parcourue par une faible carène, distincte ; vertex obtus ; front légèrement excavé au-dessus des antennes ; mandibules rouges ; palpes brunâtres. Antennes filiformes, aussi longues que la moitié du corps, noires, avec le 3ᵉ article rouge. Thorax subglobuleux, poli ; métathorax convexe. Ailes hyalines ; nervures et stigma noirâtres ; cellule radiale assez large, fermée, atteignant le bout de l'aile. Pattes d'un testacé rougeâtre ; toutes les hanches, ou seulement celles de derrière, noirâtres, et dans ce dernier cas, les 4 trochanters antérieurs sont également sombres. Abdomen aussi long que la tête et le thorax, ovale, un peu déprimé, très luisant ; 1ᵉʳ segment étroitement conique, ruguleux, portant de chaque côté une impression triangulaire ; segments suivants ciliés ; segments 1-4 presque égaux. Tarière de la longueur du dernier segment ; ses valves hérissées. ♂ Parties buccales rouges ; antennes aussi longues que le corps, avec les deux premiers articles rouges en dessous ; stigma plus épais ; pattes rouges en entier. Diffère, selon Nees, du *Bracon carbonator* par le stigma épais, les antennes et la cellule radiale plus courtes. Long. 3-4ᵐᵐ. (*Bracon ater*, Nees).

Obs. — Ainsi que le précédent, il pourrait appartenir au genre *Biosteres*, mais les caractères des ailes sont omis.

Patrie : Allemagne (Sickershausen; Monts Sudetsch).

6. Singulator, Nees, 1834. ♀ Corps presque glabre, très noir avec l'extrémité du 2ᵉ segment abdominal et la base du 3ᵉ, rouges. Tête un peu moins large que le thorax, transversale-cubique; vertex large, légèrement aplati. Antennes aussi longues que la moitié du corps, filiformes, noires, avec le 3ᵉ article rouge et très long. Thorax ovale; lobe médian du mesonotum tubéreux, lisse; scutellum petit; métathorax court, légèrement ruguleux avec vestige d'une aréole médiane rhomboïdale. Ailes hyalines; nervures et stigma d'un brunâtre pâle; celui-ci oblong; cellule radiale ovale, atteignant le bout de l'aile; 1ʳᵉ cellule cubitale petite, émettant une nervure dans la 1ʳᵉ cellule discoïdale qui est grande et carrée; 2ᵉ cubitale une fois plus longue que la 1ʳᵉ, un peu élargie extérieurement. Pattes d'un brunâtre de poix avec les trochanters, l'extrémité des cuisses de devant, et la base de tous les tibias, plus pâles. Abdomen aussi long que la tête et le thorax, dilaté insensiblement de la base jusque près de l'extrémité, puis brusquement rétréci; un peu convexe, lisse et glabre; 1ᵉʳ segment très court, resserré à la base, ridé en travers postérieurement; les autres segments presque égaux, très contigus, l'extrémité du 2ᵉ et la base du 3ᵉ, submembraneuses, déprimées. Tarière de la longueur du dernier segment. ♂ Inconnu. Long. 2ᵐᵐ. (*Bracon singulator*, Nees).

Obs. — D'après la description des ailes et de l'abdomen, cet insecte unique paraît n'avoir pas de rapports avec les *Opius*.

Patrie : Allemagne (Silésie).

7. Ambivius, Goureau, 1848. Sexe non indiqué. Noir, luisant; antennes ayant les 5 ou 6 premiers articles d'un jaunâtre pâle, ainsi que les pattes; ailes hyalines; abdomen noir aux deux extrémités avec une couleur pâle au milieu et en dessous. Il a beaucoup d'analogie, ajoute l'auteur, avec *Biosteres carbonarius*, Nees, en différant cependant par la couleur jaunâtre des premiers segments abdominaux. Long. 2ᵐᵐ.

Obs. — L'espèce est nommée *Ambirius* dans le texte, par une faute d'impression. Parasite des larves de *Phytomyza ancholiæ*, Desvoidy, mouche qui mine les feuilles de l'ancolie (*Aquilegia vulgaris*).

Patrie : France.

8. Longistigmus, Goureau, 1865. ♂ Noir, luisant. Antennes filiformes, noires, de 24 articles. Ailes hyalines, à nervures noires; stigma long, linéaire, très étroit; cellule radiale grande, atteignant le bout de l'aile: 2ᵉ cellule cubitale plus longue que large, rétrécie à son extrémité; elle reçoit la nervure récurrente à cette extrémité. Pattes d'un testacé brunâtre avec les cuisses noires en dessous; hanches d'un testacé jaunâtre; tarses testacés. Abdomen subsessile, de la longueur du thorax et même un peu plus; 1ᵉʳ segment rugueux, rétréci graduellement jusqu'au sommet [*base*]; les autres forment un ovale terminé en pointe. ♀ Inconnue, Long. 2 1/2ᵐᵐ.

Obs. — Parasite de *Phora tuberum* Goureau, petite mouche dont les larves se nourrissent des tubercules de la truffe (*Tuber cibarium*).

Patrie : France.

9. Nitidus, Goureau, 1865. ♂ Noir, luisant. Tête arrondie en devant; palpes testacés ainsi que les mandibules dont la pointe est noire. Antennes plus longues que le corps, filiformes, grêles, de 21 ou 22 articles dont le 1ᵉʳ testacé et taché de noir en dessus. Thorax ovalaire, aussi large que la tête; on distingue une fossette sur chaque flanc près des hanches postérieures. Ailes hyalines à nervures et stigma noirs; cellule radiale grande, atteignant le bout de l'aile; 1ʳᵉ cellule cubitale presque carrée: 2ᵉ allongée, atténuée à l'extrémité, où elle reçoit la nervure récurrente. ♀ Semblable; antennes plus courtes, ayant les deux premiers articles testacés en dessous; abdomen plus épais. Tarière aussi longue que le quart de l'abdomen. Long. 2ᵐᵐ.

Obs. — Parasite de plusieurs larves de diptères habitant les champignons, mais l'auteur n'a pu préciser les espèces aux dépens desquelles il vivait.

Patrie : France.

Il reste encore quatre espèces d'*Opius* mentionnées par les auteurs, mais sans description que je sache; ce sont: *O. græcus*, Wesm. parasite supposé de *Nematus quercus*, Hartig, et *N. viminalis*, L. : une telle origine est suspecte, et je ne trouve pas cet *Opius* dans les mémoires de Wesmaël (Voir vol. 1 du *Species des Hym.*, mouches à scie, p. 608) : *O. anthomyiæ*, Giraud, parasite d'une mouche non déterminée : *O. confusus*, Giraud, parasite de *Pegomyia acetosæ*, Desv. et d'*Agromyza abiens*, Desv. : enfin *O. Cynipidum*, Giraud, dit parasite d'un Cynipide nommé *Cynips macroptera*, ce qui est peut-être une erreur pour *Trigonaspis megaptera*, Panzer. Ne serait-il pas plutôt parasite de quelque larve de diptère qui loge dans la galle du Cynips? car la galle ronde du *Trigonaspis* ressemble extrêmement aux galles de certains diptères du groupe des *Cecidomyia*.

6ᵉ GENRE. — BIOSTERES, Foerster. 1862.

βιοστερής, privé de vie; pris par Foerster dans un sens actif.

Épistome atteignant les mandibules et fermant la bouche, excepté chez le *B. placidus*, Hal. Deuxième cellule cubitale, mesurée horizontalement, plus courte que chez les *Opius*; 2ᵉ abscisse de la nervure radiale jamais plus longue que la 1ʳᵉ nervure transverso-cubitale; stigma étroit, allongé, émettant la nervure radiale de son milieu, ou de sa 1ʳᵉ moitié. Les autres caractères sont ceux des *Opius*. Chez les *Diachasma*, l'épistome laisse un intervalle entre lui et les mandibules, et le stigma est plus court et plus épais, émettant la nervure radiale ordinairement de sa seconde moitié.

Douze espèces se rangent dans le genre *Biosteres* ainsi limité; elles comprennent les plus grands insectes de la tribu, et les plus voisins des *Alysiidæ*, notamment du genre *Phœnocarpa*. On les distingue au premier coup d'œil des autres *Opiidæ* à cause de leur taille; du reste, leurs organes ne subissent aucune modification sérieuse.

1   Épistome atteignant les mandibules et fermant la bouche.   2

——   Épistome n'atteignant pas les mandibules, bouche ouverte. ♀ Noire, avec la base du 2ᵉ segment abdominal rouge. Face carénée; parties buccales d'un testacé rougeâtre. Antennes plus longues que le corps, de 38 articles, noires avec le dessous du scape brunâtre. Sillons du mesonotum amorcés, effaces en arrière; une impression ponctiforme devant le scutellum; sillon des méso-

pleures lisse; métathorax finement ruguleux.
Ailes hyalines; écaillettes testacées; nervures brunes; stigma d'un testacé obscur,
linéaire, très long, émettant la nervure radiale de son 1ᵉʳ tiers. Pattes d'un testacé
rougeâtre; base des hanches noire; extrémité
des tibias de derrière, et tarses de la même
paire. noirâtres. Abdomen ovale; 1ᵉʳ segment
striolé; 2ᵉ rouge à la base, postérieurement
d'un brun de poix, ainsi que tous les segments
suivants. Tarière cachée. ♂ Inconnu. Long.
3ᵐᵐ.   **Placidus,** Haliday.

Obs. — Capturé une fois seulement par Haliday,
et non retrouvé depuis; cependant il constitue le
genre *Rhabdospilus*, Foerster.

Patrie : Irlande.

2   Sillon des mésopleures crénelé ou rugueux.   6

—   Sillon des mésopleures lisse.   3

3   Abdomen entièrement noir. ♀ Noire, luisante; face ponctuée, fortement carénée dans
le milieu; épistome touchant les mandibules,
ponctué, testacé, ainsi que les palpes et les
mandibules, celles-ci larges, obscures à l'extrémité. Antennes beaucoup plus longues
que le corps, de 43 à 44 articles, noires avec
le dessous du scape testacé. Sillons du mesonotum amorcés, effacés en arrière; scutellum
ruguleux à l'extrémité; on distingue, vis-à-
vis de lui, sur le disque, une fossette oblongue;
métathorax ruguleux. Ailes hyalines; nervures d'un brun foncé; stigma plus pâle, brunâtre, allongé, atténué, donnant naissance à
la nervure radiale un peu avant le milieu;

1ʳᵉ abscisse de la nervure radiale aussi longue que l'épaisseur du stigma; 2ᵉ aussi longue que la 1ʳᵉ nervure transverso-cubitale; 3ᵉ légèrement arquée, se terminant près du bout de l'aile; nervure récurrente évectée; pas de nervure médio-discoïdale aux ailes inférieures. Pattes testacées; 2ᵉ article de tous les trochanters souvent rougeâtre; extrémité des tarses obscure. Abdomen en ovale oblong; 1ᵉʳ segment court, en triangle tronqué, ruguleux, surmonté d'une carène médiane qui se bifurque à la base, et impressionné d'une fossette de chaque côté de l'extrémité; les autres segments lisses et luisants. Tarière cachée. ♂ Semblable; nervures des ailes épaissies, d'une teinte plus foncée; base des hanches de derrière quelquefois noire en dessus; abdomen plus étroit. Long. 4-5ᵐᵐ; Env. 9 1/2-11 1/2ᵐᵐ.   **Carbonarius**, Nᴇғs.

Oʙs. — Assez commun et répandu. Très susceptible d'être confondu avec les espèces voisines, comme *rusticus*, Hal. (V. nᵒ 9). Selon Brischke, on l'a élevé des larves du diptère *Pegomyia nigritarsis*, Zett.

Pᴀᴛʀɪᴇ : Allemagne; Belgique; Angleterre.

———   Abdomen en partie testacé.   **4**

4   Moitié postérieure des 2ᵉ, 3ᵉ, 4ᵉ et 5ᵉ segments abdominaux marquée, dans toute leur largeur, d'une profonde impression transversale d'un testacé obscur. ♂♀ Un peu moins grand que le précédent, mais offrant absolument les mêmes caractères, sauf en ce qui regarde l'abdomen. Les impressions transversales sur les segments résultent de la dessiccation du corps après la mort; pendant la

vie le tégument de l'abdomen, d'un testacé
obscur, plus clair sur les sutures, est mou et
distendu sans pli entre les segments. Long.
4-4 1/2ᵐᵐ; Env. 9 1/2-11ᵐᵐ.

Impressus, Wesmael.

Patrie : Belgique; Angleterre; Irlande; beaucoup plus
rare que le *carbonarius.*

—   Segments 2-5 de l'abdomen à surface égale,
sans impressions.   5

5   Sillon des mésopleures effacé; abdomen
testacé avec le 1ᵉʳ segment noir, les autres
obscurs à l'extrémité. ♀ Noire; face carénée
dans le milieu; épistome quelquefois d'un
fauve obscur vers l'extrémité; mandibules
testacées avec le bout noir; palpes testacés.
Antennes noires, un peu plus longues que le
corps, de 38 à 40 articles; le dessous du scape
et l'extrémité de l'article suivant sont parfois
d'un brun obscur. Ailes hyalines; stigma
très étroit et allongé, ordinairement noirâtre,
quelquefois pâle. Pattes testacées; base des
hanches de derrière, extrémité des tibias et
tarses de la même paire, noirs; les quatre
tarses antérieurs noirâtres. Abdomen à peu
près ovale; 1ᵉʳ segment assez fortement élargi
de la base à l'extrémité, bicaréné à la base,
striolé; ventre d'un testacé obscur. Tarière
cachée. ♂ Inconnu. Long. 2 1/2ᵐᵐ.

Melanocerus, Wesmael.

Patrie : Belgique; trois individus seulement dans la
collection Wesmael.

—   Sillon des mésopleures distinct, très lisse;
abdomen noir avec le 2ᵉ segment testacé.
♀ Noire; face à peine carénée; mandibules et

palpes testacés, ceux-ci très allongés. Antennes de moitié plus longues que le corps,
de 37 articles, noires avec les deux premiers
articles testacés en dessous, obscurs en dessus. Métathorax finement ruguleux. Ailes
hyalines; cellule radiale très longue; 2ᵉ cellule discoïdale complète; stigma fort long,
fort étroit, linéaire, d'un testacé obscur; il
donne naissance à la nervure radiale vers son
quart supérieur. Pattes grêles, allongées,
testacées. Premier segment de l'abdomen
noir, rugueux; 2ᵉ d'un testacé un peu obscur;
les suivants noirs. Tarière saillante, mais
dépassant à peine l'extrémité dorsale de l'abdomen. ♂ Inconnu. Long. 2ᵐᵐ.

Magnicornis, Wesmael.

Obs. — Wesmael le compare avec son *leptostigmus* (V. *Opius*, n° 27), mais la 1ʳᵉ nervure
transverso-cubitale est aussi longue que la 2ᵉ abscisse, et les mésopleures n'ont pas de sillon crénelé. L'exemplaire décrit était unique.

Patrie : Belgique.

6 Scutellum lisse. Noir; abdomen rouge, à
partir de la base du 2ᵉ segment. Face carénée;
épistome atteignant les mandibules, impressionné dans le milieu par une rangée de petits points, testacé dans sa moitié inférieure;
mandibules et palpes testacés. ceux-ci ayant
à peu près la longueur de la tête. Antennes
de la ♀ non décrites. Sillons du mesonotum
indiqués en avant par deux impressions profondes, sur les épaules. Sillon des mésopleures très superficiel, indiqué par une série de
rides légères et transversales. Métathorax
finement ruguleux. Ailes hyalines; stigma
d'un testacé rougeâtre obscur; cellule radiale
atteignant le bout de l'aile; 2ᵉ cellule cubitale

étroite; 2ᵉ cellule discoïdale complètement fermée. Pattes d'un testacé rougeâtre. Premier segment abdominal un peu luisant, marqué de quelques stries longitudinales; les autres segments lisses. Tarière cachée. ♂ Antennes plus longues que le corps, de 39 articles, noires avec le dessous du scape testacé; tous les articles courts. Long. 2-2 1/2ᵐᵐ.

Bicolor, WESMAEL.

Obs. — Wesmael ne connaissait que le ♂, Haliday la ♀; les sexes sont probablement semblables, puisque Haliday n'a fait mention d'aucune différence.

PATRIE : Belgique; Irlande.

—   Scutellum ruguleux ou ponctué, du moins vers l'extrémité.   7

7   Abdomen en partie rouge.   8

—   Abdomen entièrement noir.   9

8   Scutellum ruguleux en entier. ♀ Noire, avec la moitié postérieure de l'abdomen rouge. Épistome atteignant les mandibules et, comme elles, testacé. Antennes plus longues que le corps, noires avec le scape rouge, de 41 articles. Sillons du mesonotum amorcés, effacés en arrière; scutellum précédé d'une fossette oblongue, autour de laquelle on distingue quelques petits points; sillon des mésopleures crénelé; métathorax ruguleux, presque réticulé. Ailes hyalines; écaillettes rouges; nervures d'un brun foncé; stigma d'un testacé brunâtre, allongé, étroit, émettant la nervure radiale un peu au-dessus du milieu; 1ʳᵉ abscisse de la nervure radiale aussi longue que la 2ᵉ, et beaucoup plus longue que l'épaisseur

du stigma; 2ᵉ abscisse notablement plus courte que la 1ᵉ nervure transverso-cubitale; 3ᵉ un peu courbée, se terminant un peu avant d'atteindre le bout de l'aile; nervure récurrente à peine évectée. Point de nervure médio-discoïdale aux ailes postérieures. Pattes d'un testacé rougeâtre; tarses obscurs. Abdomen ovale, convexe, noir depuis la base jusqu'à la fausse suture, le reste rouge; 1ᵉʳ segment court, large, striolé, rebordé, avec les tubercules distincts; les autres segments lisses et luisants. Tarière cachée. ♂ Antennes non décrites; 2ᵉ segment abdominal rouge vers l'extrémité; 3ᵉ rouge de chaque côté à la base; moins souvent le 2ᵉ n'a de rouge que sur les côtés, et le 3ᵉ est noir en entier. Long. 4ᵐᵐ; Env. 10ᵐᵐ.

Var. Stigma noirâtre; extrémité du 2ᵉ segment, et tous les suivants, roussâtres, ceux-ci ceinturés de noir.

Hæmorrhoüs, Haliday.

Obs. — Cette espèce, la plus frappante du genre, a été considérée par Wesmael comme une variété du *carbonarius* (V. nº 3) : elle en est cependant bien distincte par la taille, le coloris, et la longueur relative de la 1ʳᵉ abscisse de la nervure radiale.

Patrie : Belgique; Angleterre; Irlande.

— — Scutellum seulement ponctué à l'extrémité. ♀ Noire; abdomen en partie rouge. Tête très large, rouge, avec les orbites et les joues plus obscures; stemmaticum noir; face ponctuée, carénée dans le milieu; épistome velu, rouge, atteignant les mandibules; palpes courts, testacés. Antennes plus courtes que le corps, noires avec le dessous du scape rouge. Thorax lisse, luisant; sillons du mesonotum

amorcés; scutellum grossièrement ponctué
à l'extrémité, précédé d'une petite fossette;
sillon des mésopleures large, crénelé; métathorax ruguleux, plus lisse dans le milieu.
Ailes hyalines; écaillettes testacées; nervures
d'un brun foncé; stigma d'un testacé obscur,
émettant la nervure radiale à peu près de son
milieu. Pattes courtes, d'un testacé rougeâtre;
cuisses épaisses; extrémité des tibias de derrière et leurs tarses obscurs. Abdomen ovale;
1ᵉʳ segment noir, à peine rétréci vers la base,
ruguleux, surmonté d'une carène longitudinale qui se bifurque à la base; 2ᵉ et suivants
d'un rouge brunâtre ; 3ᵉ et suivants ceinturés
de noir. Tarière cachée. ♂ Plus grand que
la ♀, avec les parties rouges d'une teinte plus
claire; tête rouge avec le stemmaticum et
l'occiput noirs; antennes presque aussi longues que le corps, de 41 articles; abdomen
plus oblong; 2ᵉ segment rouge, les autres noirâtres. Long. à peine 4ᵐᵐ.   **Blandus**, Haliday.

Obs. — Foerster a fait de cette espèce le genre
Chilotrichia, à cause de son épistome velu.

Patrie : Irlande.

9   Scutellum ponctué à l'extrémité. ♀ Noire;
épistome atteignant les mandibules, testacé,
ainsi que celles-ci. Antennes non décrites.
Prothorax et mésopleures vaguement ponctués à points gros; sillon des mésopleures
rugueux; mésothorax ruguleux en avant;
sillons du mesonotum presque complets,
ponctués; scutellum précédé d'une fossette;
metathorax rugueux. Ailes hyalines; écaillettes d'un testacé rougeâtre; nervures et
stigma d'un brun foncé, celui-ci étroit et très
long, donnant naissance à la nervure radiale

un peu au-dessus du milieu; 1ʳᵉ abscisse
plus longue que l'épaisseur du stigma. Pattes
testacées. Pour le reste, les caractères con-
cordent avec ceux de *B. carbonarius* (V. n°3).
♂ Antennes grêles, beaucoup plus longues
que le corps, de 38 articles, noires avec le
scape rouge. Long. 3ᵐᵐ; Env. 7ᵐᵐ.

Rusticus, Haliday.

Obs. — Se distingue de *carbonarius* par sa taille
plus petite, le sillon rugueux des mésopleures, la
surface inégale et la rugosité de quelques parties
du thorax. Diffère des trois espèces suivantes en
ce que les antennes sont plus longues, la sculpture
du thorax plus faible, le stigma et la cellule radiale plus longs.

Patrie : Angleterre; Irlande.

—— Scutellum ruguleux en entier.   10

10   Vertex chagriné et mat; trois séries longitudinales et parallèles de rugosités transversales sur le mesonotum. ♀ Noire; tête pubescente; face finement carénée, chagrinée et
mate, ainsi que la majeure partie des joues;
mandibules rouges; palpes obscurs. Antennes
aussi longues que le corps, de 33 articles.
Outre les trois lignes du mésothorax, les angles huméraux et le devant des côtés sont
également scabres; au lieu du sillon ordinaire,
on distingue sur les mésopleures un large espace rugueux, à peine enfoncé; scutellum et
métathorax ruguleux. Ailes hyalines; stigma
d'un testacé obscur, étroit, allongé, linéaire.
Pattes d'un testacé rougeâtre; hanches et 1ᵉʳ
article des trochanters, noirs; les quatre
cuisses postérieures rayées de noir au côté
supérieur; celles de derrière noirâtres en dessus et sur les côtés; extrémité des tibias de
derrière et tous les tarses obscurs. Abdomen

étroit, allongé; 1ᵉʳ segment couvert de rugosités longitudinales, finement caréné dans le
milieu; les suivants lisses. Tarière dépassant
l'abdomen environ du sixième de la longueur
de celui-ci. ♂ Antennes non décrites; segments 2-4 de l'abdomen munis chacun avant
l'extrémité, de deux très petites épines blanchâtres. Long. 3 1/2ᵐᵐ.   **Scabriculus**, Wesmael.

Patrie : Belgique; Angleterre.

—   Vertex et mesonotum lisses, luisants.   **11**

11   Troisième abscisse de la nervure radiale
droite, ou n'ayant qu'une très légère courbure
à l'extrémité. ♀ Noire; face fortement carénée, ponctuée; épistome atteignant les mandibules, testacé, quelquefois noir à la base,
ponctué; mandibules rouges; palpes testacés.
Antennes plus longues que le corps, de 37 à
39 articles, noires avec le scape rouge. Sillons
du mesonotum indiqués en avant, effacés en
arrière; une fossette oblongue devant le scutellum, qui est ruguleux, ainsi que le métathorax. Ailes hyalines; écaillettes testacées;
nervures d'un brun foncé; stigma d'un testacé obscur, émettant la nervure radiale de
son milieu; 1ʳᵉ abscisse moins longue que la
moitié de la 2ᵉ, et pas plus longue que l'épaisseur du stigma; 2ᵉ abscisse et 1ʳᵉ nervure
transverso-cubitale à peu près de longueur
égale; cellule radiale n'atteignant pas tout à
fait le bout de l'aile; nervure récurrente un
peu évectée. Pas de nervure médio-discoïdale
aux ailes postérieures. Pattes d'un testacé
rougeâtre; base des hanches quelquefois obscure en dessus; extrémité des tarses assombrie. Premier segment de l'abdomen couvert
de rugosités longitudinales, quelquefois fai-

blement carénée au milieu. Tarière cachée.
♂ Semblable; stigma d'une teinte plus sombre. Long. 3ᵐᵐ; Env. 7ᵐᵐ.   **Wesmaëlii**, HALIDAY.

OBS. — Confondu par Wesmael avec son *Opius carbonarius*, où sont comprises plusieurs espèces séparées plus tard par Haliday. Selon Giraud l'*O. carbonarius*, Wesm. (peut-être l'espèce actuelle) est parasite du diptère *Pegomyia acetosæ*, Rob. Desv.

PATRIE : Belgique; Angleterre; Irlande.

—   Troisième abscisse courbée, concave en dessous. ♂♀ Plus svelte que le précédent, mais ayant tous les mêmes caractères, hormis ce qui regarde les ailes. Stigma d'un testacé obscur, émettant la nervure radiale avant le milieu; cellule radiale plus rapprochée du bout de l'aile, par suite plus cultriforme et relativement plus longue; 2ᵉ cellule cubitale, mesurée horizontalement, plus longue, et, mesurée verticalement, plus étroite que chez *Wesmaëlii*. Le ♂, comme celui des espèces voisines, a les nervures épaissies, et de couleur plus foncée que celles de la ♀. Long. 3ᵐᵐ; Env. 7ᵐᵐ.   **Sylvaticus**, HALIDAY.

PATRIE : Angleterre; Irlande; plus rare que le précédent.

7ᵉ GENRE. — DIACHASMA, FOERSTER 1862.,

Dérivatif du verbe διυχαινω, je bâille; allusion à la bouche béante.

Stigma court, ovale ou subtriangulaire; tous les autres caractères sont ceux du genre précédent. D'après la définition établie par Foerster, la nervure radiale prend son origine de la moitié postérieure du stigma; mais cette indication trop rigoureuse laisse hors de ligne au moins deux espèces apparemment inconnues à l'auteur allemand, et pour lesquelles il eût dû créer, en suivant ses propres principes, autant de nouveaux genres. Afin de tourner cet obstacle, sans multiplier les genres d'une seule espèce, nous croyons devoir étendre les limites du genre *Diachasma*, et ne rien préciser sur le point de naissance de la nervure radiale.

1   Premier segment abdominal lisse et luisant.
♀ Noire, luisante; face fortement carénée; épistome court, relevé et cintré à l'extrémité, médiocrement écarté des mandibules; celles-ci d'un rouge obscur vers le milieu, à peine élargies vers la base; palpes courts, entièrement noirs. Antennes noires, un peu moins longues que le corps, de 29 articles assez courts. Sillons du mesonotum amorcés; vis-à-vis du scutellum on distingue une grande fossette ovalaire; mésopleures lisses, n'ayant pour sillon qu'une ligne enfoncée très courte et très étroite, formée par la réunion de 3 ou 4 petits points; métathorax lisse, luisant. Ailes hyalines avec une légère teinte cendrée; nervures et stigma noirâtres, celui-ci en ovale large, émettant de son milieu la nervure radiale, dont la 3ᵉ abscisse est presque effacée vers l'extrémité; fût-elle complète, la cellule radiale n'atteindrait pas exactement le bout de l'aile; 2ᵉ abscisse beaucoup plus courte que la 1ʳᵉ nervure transverso-cubitale, et beaucoup plus longue que la 2ᵉ; nervure récurrente évectée; ailes postérieures munies d'une nervure médio-discoïdale distincte. Pattes noires; cuisses de derrière un peu élargies et comprimées; base des tibias de derrière d'un rougeâtre obscur; quelquefois les pattes sont entièrement de cette teinte, avec les cuisses

rayées de noir en dessus, et les tarses assombris. Abdomen ovale, entièrement lisse ; premier segment court, marqué de deux sillons latéraux, élevé au milieu. Tarière aussi longue que le quart de l'abdomen. ♂ Semblable ; antennes un peu plus longues que le corps, de 32 articles ; tibias de derrière entièrement noirs. Long. 2 2/3ᵐᵐ ; Env. 6ᵐᵐ. **Caffer,** Wesmael.

Patrie : Belgique ; Angleterre.

—— Premier segment abdominal ruguleux. **2**

2 Deuxième segment abdominal, et une grande partie du troisième, fortement striés. ♀ De forme robuste et trapue ; variable ; tête rouge, le reste du corps d'un jaune d'ocre plus ou moins obscur, quelquefois tout noir en dessus. Partie supérieure de la face carénée ; épistome un peu écarté des mandibules, droit à l'extrémité ; stemmaticum et pointes des mandibules noirs. Antennes plus longues que le corps, grêles, filiformes, de 33 articles, noires avec le scape plus ou moins rouge. Sillons du mesonotum profondément creusés, pointillés, disparaissant en arrière ; pas d'impression ponctiforme vis-à-vis du scutellum ; mésopleures portant, vers le bas, au lieu de sillon, un espace longitudinal grossièrement ponctué ; métathorax fortement rugueux, imparfaitement caréné dans le milieu. Ailes hyalines ; écaillettes jaune d'ocre ; nervures et stigma noirâtres, celui-ci en ovale acuminé, émettant la nervure radiale de sa première moitié ; 1ʳᵉ abscisse très courte ; 2ᵉ aussi longue que la 1ʳᵉ nervure transverso-cubitale, ou un peu plus longue ; 3ᵉ droite ; atteignant presque le bout de l'aile ; nervure récurrente

évectée; nervure médio-discoidale des ailes
inférieures distincte. Pattes épaisses, d'un
jaune d'ocre; extrémité des tarses obscure.
Abdomen court, ovale, pas plus long et à
peine plus large que le thorax; 1ᵉʳ segment
aussi large que long, un peu élargi par derrière, profondément strié en longueur, avec
les bords latéraux relevés, caréné dans le milieu; à partir de la base du 2ᵉ segment, l'abdomen s'élargit et s'arrondit sur les côtés
jusqu'à l'extrémité du 3ᵉ segment, d'où il se
rétrécit brusquement vers le bout; 2ᵉ segment
profondément strié comme le 1ᵉʳ; 3ᵉ plus finement striolé, son bord postérieur et le reste
de l'abdomen lisses et luisants. Tarière aussi
longue que le quart ou le cinquième de l'abdomen. ♂ Inconnu. Long. 3ᵐᵐ; Env. environ 8ᵐᵐ.   **Rugosa,** Wᴇsᴍᴀᴇʟ.

Oʙs. — Wesmael ne possédait qu'un individu
très mutilé, envoyé de Liége; mais je m'en suis
procuré deux autres qui suffisent pour compléter
la description.

Pᴀᴛʀɪᴇ : Belgique ; Angleterre.

— Deuxième et troisième segments de l'abdomen lisses.   3

3   Abdomen entièrement noir. ♀ Noire, avec
les orbites verticales et occipitales rouges.
Tête grande, plus large que le thorax; face
carénée, vaguement ponctuée; épistome écarté des mandibules, plan, ponctué, circonscrit
par une ligne semi-circulaire enfoncée, droit
par devant, faiblement rebordé; mandibules
rouges; palpes obscurs. Antennes noires avec
la base du scape d'un rouge obscur, de 36-37
articles, épaisses, s'amincissant vers l'extré-

mité, sétiformes; tous les articles courts.
Sillons du mesonotum complets, profonds,
crénelés, réunis en angle aigu devant le scutellum; sillon des mésopleures long, profondément crénelé; métathorax rugueux. Ailes
assez courtes, légèrement enfumées; cellule
radiale courte, n'atteignant pas exactement
le bout de l'aile; nervures et stigma noirâtres,
celui-ci ovale, émettant la nervure radiale de
sa moitié postérieure; nervure récurrente interstitiale; nervure médio-discoïdale des ailes
postérieures distincte. Pattes épaisses, d'un
testacé rougeâtre; côté supérieur des hanches,
1ᵉʳ article des trochanters, et extrémité des
tarses, noirâtres. Abdomen oblong, assez
étroit, à côtés presque parallèles; 1ᵉʳ segment
ruguleux, peu élargi postérieurement, faiblement caréné dans le milieu, à tubercules sensibles. Tarière non saillante. ♂ Semblable;
abdomen plus long, tronqué à l'extrémité.
Long. 4ᵐᵐ; Env. 8ᵐᵐ.   **Cephalotes**, Wᴇꜱᴍᴀᴇɪ.

Pᴀᴛʀɪʟ : Belgique; Angleterre; rare partout.   ▸

——— Abdomen en grande partie d'un testacé
rougeâtre à partir de la base du 2ᵉ segment.
De forme trapue. ♀ D'un rouge testacé, avec
la poitrine, le métathorax, le 1ᵉʳ segment abdominal, et des bandes sur les suivants,
noirs. Partie supérieure de la face carénée;
épistome écarté des mandibules, celles-ci
noires à l'extrémité, ainsi que le stemmaticum; palpes obscurs; vertex élargi derrière
les yeux; joues renflées. Antennes noires,
un peu plus courtes que le corps, submoniliformes, de 28 articles. Sillons du mesonotum
distincts, lisses, effacés vers le milieu du
disque, leur extrémité indiquée par une fos-

sette vis-à-vis du scutellum; mésopleures d'un rouge brunâtre, à sillon profondément crénelé; scutellum rouge, aplati, lisse; métathorax très rugueux, noir, avec un commencement de carène médiane à la base. Ailes enfumées; écaillettes testacées; nervures et stigma noirâtres, celui-ci triangulaire, émettant la nervure radiale très peu au delà du milieu; 1ʳᵉ abscisse obliquement placée, aussi longue que le tiers de la 2ᵉ, qui est un peu plus courte que la 1ʳᵉ nervure transversocubitale; 3ᵉ abscisse presque droite, n'atteignant pas tout à fait le bout de l'aile; cellule radiale lancéolée; nervure récurrente interstitiale; nervure médio-discoïdale des ailes postérieures distincte. Pattes très épaisses. d'un testacé rougeâtre; tarses noirâtres à l'extrémité. Abdomen en ovale court; 1ᵉʳ segment noir, rugueux, sans carène dorsale, presque trois fois aussi large à l'extrémité qu'à la base; segments postérieurs lisses, testacés, ceinturés de bandes noirâtres plus ou moins confluentes. Tarière exserte, à peu près aussi longue que les deux tiers de l'abdomen. ♂ Antennes (mutilées chez mon exemplaire) noires, avec la base des deux premiers articles brunâtre; scutellum noir. Long. 3 1/2ᵐᵐ; Env. 8ᵐᵐ.   **Fulgida**, HALIDAY.

¹ Obs. — Parasite, selon Brischke, du diptère *Pegomyia nigritarsis*, Zett.

Patrie : Angleterre (I. de Wight), très rare; Allemagne (Dantzick); France (Nantes).

5ᵉ DIVISION — EXODONTES

1ʳᵉ Tribu. — Alysiidæ.

Caractères.—Tête grande avec les joues dilatées; occiput concave, non rebordé; mandibules élargies, aplaties, un peu carrées, 3-dentées ou 4-dentées, presque toujours bâillantes après la mort, et souvent durant la vie, même au repos. Antennes multi-articulées, quelquefois très longues. Palpes maxillaires ordinairement de 6, labiaux de 4 articles, mais le nombre en est peu constant. Thorax en ovale convexe; prothorax court; sillons du mesonotum ordinairement amorcés, en forme de deux impressions humérales, ou nuls; moins souvent complets. Trois cellules cubitales, la 1ʳᵉ quelquefois confondue avec la 2ᵉ, ou avec la 1ʳᵉ discoïdale; stigma très variable de forme, ovale ou subtriangulaire, plus ou moins allongé ou linéaire, disparaissant dans le genre *Aspilota*, où il se confond avec le métacarpe; ailes postérieures pourvues souvent d'une nervure médio-discoïdale. Le genre *Chasmodon* est dépourvu d'ailes dans les deux sexes; les genres *Panerema* et *Alloea* les ont plus ou moins raccourcies, celui-ci quelquefois seulement. Abdomen sessile ou subsessile, rarement pétiolé, au moins aussi long que le thorax, plus ou moins déprimé, moins souvent comprimé (genres *Panerema, Mesocrina, Aspilota*); 1ᵉʳ segment ruguleux, les autres presque toujours lisses; 2ᵉ suture effacée, ou rarement à peine visible; segments 2-3 pris ensemble plus longs que les suivants. Tarière exserte, de longueur variable.

Les parasites de cette tribu diffèrent si peu des *Dacnusidæ* que j'ai hésité à adopter la dichotomie introduite par Foerster, laquelle repose sur une base suffisante pour la constitution de genres, mais à peine assez importante pour motiver l'établissement d'une tribu à part. En effet, les *Dacnusidæ* représentent les formes affaiblies des *Alysiidæ*, avec lesquels ils ont la même analogie que présente le genre *Apanteles* par rapport au genre *Microgaster*, ces derniers étant tous deux compris par Foerster dans la même tribu.

L'étude des Alysiides remonte à Nees von Esenbeck, qui, en 1834, décrivit 41 espèces en 6 sections : il se servit du nom d'*Alysia* établi jadis par Latreille, avec indication du type. Mais c'est à Haliday que nous sommes redevables de la plupart de nos connaissances; sa monographie, publiée dans le 5ᵉ volume de l'*Entomological Magazine*, contient non seulement les descriptions d'espèces soigneusement travaillées, mais plusieurs sections admirablement conçues, qui, en passant par les mains de Foerster, sont devenues autant de genres, et portent maintenant les noms imposés par l'auteur allemand. Ce dernier entomologiste a ajouté beaucoup du sien, et nous adopterons volontiers ses vues toutes les fois que le laconisme regrettable de son synopsis nous permettra de nous y reconnaître. Les mémoires de Wesmaël, où nous avons puisé, depuis la première page de ce travail, tant de renseignements sur les autres tribus de Braconides, se taisent malheureusement au sujet des Alysiides. La santé de l'auteur ne lui permit pas d'aborder l'examen des longues rangées d'exemplaires qui figurent dans sa collection. Ces matériaux commencent maintenant à tomber de vétusté, et ne sauraient être utilisés pour une monographie; j'ai dû renoncer à une telle entreprise, après avoir relevé quelques notes des localités.

Les *Alysiidæ* sont parasites de plusieurs familles de Diptères, notamment des Tipules fongicoles et des Muscides.

Les modifications de structure, surtout dans les ailes, que subissent ces insectes, facilitent beaucoup leur répartition en genres, et même la détermination des espèces; par conséquent on n'est plus embarrassé par maintes incertitudes qui entravent l'étude de la tribu précédente. Le nombre des espèces doit être fort grand, mais comme les entomologistes en général ne s'occupent ni de leur récolte ni de l'observation de leurs mœurs, même dans les contrées les plus entomologiques de l'Europe, tout ouvrage à leur sujet ne peut être que très imparfait.

TABLEAU DES GENRES

1 Pas d'ailes, dans les deux sexes.
            G. 1. **Chasmodon**, HALIDAY.

——— Des ailes.   2

2 Ailes réduites à des moignons chez la ♀, presque sans nervures; ♂ inconnu. G. 2. **Panerema**, FOERSTER.

——— Ailes amples (sauf dans le genre *Alløea*, où elles sont sujettes à être plus ou moins raccourcies, ♂♀; et chez *Phænocarpa ingressor*, où elles sont raccourcies à un moindre degré); dans l'un et l'autre cas la nervulation est distincte. 3

3 Deuxième cellule cubitale confondue avec la première. G. 18. **Aspilota**, FOERSTER.

——— Deuxième cellule cubitale limitée par la 1ʳᵉ nervure transverso-cubitale. 4

4 Première nervure transverso-cubitale aussi longue ou plus longue que la 2ᵉ abscisse d e la nervure radiale. 5

——— Première nervure transverso-cubitale plus courte que la 2ᵉ abscisse (excepté l'*Adelura Dictynna*, qui a ces nervures à peu près égales). 12

5 Première cellule cubitale confondue avec la 1ʳᵉ discoïdale. G. 3. **Syncrasis**, FOERSTER.

——— Première cellule cubitale séparée de la 1ʳᵉ discoïdale. 6

6 Quatrième article des antennes plus long que le 3ᵉ. G. 10, **Idiasta**, FOERSTER.

——— Quatrième article des antennes pas plus long que le 3ᵉ. 7

7   Deuxième segment de l'abdomen ponctué et mat, avec une impression transversale au milieu.
G. 4. **Trachyusa**, RUTHE.

——   Deuxième segment de l'abdomen lisse et luisant, sans impression transversale.   8

8   Métathorax caréné; ailes souvent raccourcies, ♂♀.   G. 5. **Allœa**, HALIDAY.

——   Métathorax sans carène; ailes amples (sauf chez *Phænocarpa ingressor*, où elles sont relativement petites).   9

9   Sillon des mésopleures lisse ou nul.
G. 9. **Pentapleura**, FOERSTER.

——   Sillon des mésopleures crénelé ou rugueux.   10

10   Nervure postérieure interstitiale.
G. 6. **Cratospila**, FOERSTER.

——   Nervure postérieure naissant du milieu ou de la moitié inférieure de l'extrémité de la 2e cellule discoïdale.   11

11   Stigma court, émettant la nervure radiale de sa 2e moitié.   G. 7. **Alysia**, LATREILLE.

——   Stigma allongé, émettant la nervure radiale de sa 1re moitié.   G. 8. **Tanycarpa**, FOERSTER.

12   Première cellule cubitale confondue avec la 1re cellule discoïdale.   G. 11. **Aphæreta**, FOERSTER.

——   Première cellule cubitale séparée de la 1re cellule discoïdale.   13

13   Quatrième article des antennes plus long que le 3e; cellule médiane des ailes postérieures plus courte que la moitié de la costale.
G. 12. **Phænocarpa**, FOERSTER

——   Quatrième article des antennes pas plus long que le 3e; cellule médiane des ailes postérieures aussi longue ou plus longue que la moitié de la costale.   14

14   Stigma bien déterminé, plus épais que le métacarpe; 2e cellule cubitale toujours séparée de la 1re.   15

——   Stigma nul ou presque nul, plus ou moins confondu avec le métacarpe; 2e cellule cubitale parfois confondue avec la 1re.   G. 18. **Aspilota**, FOERSTER.

15   Stigma cunéiforme, ou en ovale lancéolé.   16

——   Stigma linéaire, parfois très long; toujours plus
épais que le métacarpe.   17

16   Stigma cunéiforme, allongé, aussi grand que
les deux premières cellules cubitales prises ensemble, émettant la nervure radiale de sa 1ʳᵉ moitié.
                                   G. 15. Prosapha, FOERSTER.

——   Stigma en ovale lancéolé, assez petit, et de lon·
gueur ordinaire, émettant la nervure radiale à peu
près de son milieu.   G. 16. Mesocrina, FOERSTER.

17   Nervure radiale sortant de l'extrême base du
stigma.   G. 14. Anisocyrta, FOERSTER.

——   Nervure radiale sortant de quelqu'autre point
du stigma.   18

18   Nervure postérieure interstitiale, ou peu s'en
faut; tarière très courte, presque cachée.
                                   G. 13. Adelura, FOERSTER.

——   Nervure postérieure naissant du milieu de
l'extrémité de la 2ᵉ cellule discoïdale: tarière
exserte, falciforme.   G. 17. Orthostigma, RATZEBURG.

1ᵉʳ GENRE. — CHASMODON, HALIDAY, 1838.

Χύσμα, bâillement, ὀδούς, dent; aux mandibules béantes.

Aptère dans les deux sexes. Tête aplatie; yeux légèrement
pubescents; palpes maxillaires de 6, labiaux de 4 articles.
Deuxième article du funicule plus long que le 1ᵉʳ (caractère
aussi de *Phœnocarpa*). Thorax beaucoup moins large que la
tête, en cylindre comprimé; sillons du mesonotum visibles,
complets, crénelés. Abdomen de la ♀ ovale, plus large et de
même longueur que le thorax; ventre comprimé, obliquement
tronqué au bout; abdomen du ♂ un peu plus étroit, légèrement déprimé. Tarière exserte.

——   ♂♀ Ferrugineux, lisse et luisant, avec la

tête et l'extrémité de l'abdomen noirâtres.
Épistome et palpes ferrugineux; mandibules
tridentées. Antennes ferrugineuses, noirâtres
vers l'extrémité, de 17 à 21 articles, aussi
longues que le corps chez la ♀, plus longues
et plus grêles chez le ♂. Sillon des mésopleures rugueux; scutellum très petit, tu-
berculiforme; métathorax ponctué-rugueux,
subcaréné, un peu obscur, tronqué postérieurement. Pattes ferrugineuses. Premier
segment de l'abdomen obconique, faiblement
caréné à la base, finement striolé. Tarière
droite, naissant du bout inférieur de la troncature, aussi longue que la moitié de l'abdomen, mesurée de sa base. Long. 1 1/2, 3^{mm}.

Var. ♂. D'un brun foncé, avec le devant
du mésothorax et la base de l'abdomen plus
clairs. Tête noire; parties de la bouche, base
des antennes, et pattes, d'un rouge ferrugineux. '   **Apterus**, Nees.

Patrie : Allemagne; Angleterre; Écosse; Irlande; Hollande; rare partout.

2e GENRE. — PANEREMA, Foerster, 1862.

πανερημος, tout seul; privé de tout.

Mâle inconnu. Ailes rudimentaires, manquant de la plupart des nervures. Tête presque hémisphérique; yeux nus;
palpes mutilés dans mes deux exemplaires. Deuxième article
du funicule plus court que le 1er. Thorax moins large que la
tête, en cylindre court, comprimé; sillons du mesonotum nuls;
une dépression au milieu du disque. Abdomen fortement
comprimé, linéaire en dessus, plus long et moins large que

le thorax, tronqué presque verticalement à l'extrémité. Tarière exserte.

—— ♀ Noire, lisse et luisante; abdomen roussâtre à partir de la base du 2ᵉ segment,
obscur vers l'extrémité. Épistome et palpes
noirâtres: mandibules noires, tridentées.
Antennes d'un rouge clair avec l'extrémité
des articles étroitement obscure; elles sont
assez épaisses, un peu plus longues que le
corps, de 24 à 25 articles progressivement
plus courts depuis la base et finissant par
devenir moniliformes vers l'extrémité. Sillon
des mésopleures lisse; scutellum très petit,
précédé d'une fossette plus grande que lui;
métathorax fortement rugueux, sans carène
médiane. Ailes antérieures aussi longues que
le métathorax, un peu triangulaires, pourvues
d'un stigma situé vers l'extrémité, de 3 nervures et de 4 cellules (voyez notre figure);
ailes postérieures sans nervures, sauf un
fragment de radiale épaissie que l'on distingue
un peu avant l'extrémité. Pattes assez longues et épaisses, d'un rouge clair. Premier
segment de l'abdomen noir, peu rétréci à la
base, presque linéaire, fortement strié, ses
tubercules médians; segments suivants rougeâtres, lisses, luisants; 2ᵉ suture effacée;
segments apicaux très courts. Long. 3ᵐᵐ.

Inops, Foerster

Patrie : Allemagne; Angleterre, trouvé par le Dʳ Capron,
dans une sablière aux environs de Guildford; très
rare.

3ᵉ GENRE. — SYNCRASIS, Foerster, 1862.

σύγκρουσις, fusion, mélange (de la 1ʳᵉ cellule cubitale
avec la 1ʳᵉ discoïdale).

Palpes courts, à nombre d'articles variable. Premier article
du funicule plus long que le suivant. Métathorax caréné. Cellule radiale lancéolée, n'atteignant pas le bout de l'aile; nervure radiale arquée, sa 2ᵉ abscisse plus courte que la 1ʳᵉ nervure transverso-cubitale; 2ᵉ cellule cubitale pas plus large
que haute, mesurée sur la nervure cubitale; nervure postérieure interstitiale.

1   Palpes maxillaires courts, obscurs, de 4 articles; palpes labiaux de 3 articles. ♀ Très
noire, luisante; mandibules roussâtres. Antennes à peine aussi longues que le corps, de
17 articles. Pas de fossette ponctiforme devant le scutellum; sillon des mésopleures
faiblement ruguleux; métathorax court, à
surface inégale, ruguleux avec deux espaces
lisses sur le dos. Ailes obscurément hyalines;
écaillettes d'un brun foncé; stigma noirâtre,
étroit, émettant la nervure radiale de son milieu; 2ᵉ cellule discoïdale entièrement ouverte
en dessous; ailes postérieures très étroites,
sans nervure transversale ni cellule médiane.
Pattes d'un testacé obscur, avec les cuisses
et les tibias noirâtres, sauf la base de ces
derniers. Abdomen obovale; 1ᵉʳ segment obconique, striolé. Tarière aussi longue que les
deux tiers de l'abdomen. ♂ Semblable; antennes un peu plus longues, de 19 articles.
Long. 2ᵐᵐ; Env. 2 2/3-4ᵐᵐ.   **Fucicola, Haliday.**

Patrie : Irlande, assez commun aux bords de la mer,
parmi les algues desséchées.

Palpes encore plus courts, maxillaires de 3, labiaux de 2 articles. ♀ Semblable à l'espèce précédente, mais plus courte; antennes plus courtes. Pattes noirâtres. Abdomen suborbiculaire, déprimé. Tarière à peine visible. ♂ Inconnu. Long. 1 3/4^{mm}; Env. 3^{mm}.

Halidaii, Foerster

Obs. — Les insectes de ce genre me sont inconnus. L'espèce actuelle, a peine décrite, a reçu de Foerster un nouveau nom au lieu de *fuscipes*, Haliday, pour n'être pas confondue avec l'*Alysia fuscipes*, Nees, qui appartient au 11ᵉ genre, *Aphæreta*. S. *Halidaii* forme, à lui seul, le genre *Phænolyta*, Foerster.

Patrie : Irlande, trouvé avec le précédent, mais plus rare ; Angleterre, environs de Londres.

4ᵉ GENRE. — TRACHYUSA, Ruthf, 1854.

Augmentation fantaisiste de τρυχύς, τρυχεΐν, τρυχύ, rude, raboteux.

Palpes de longueur ordinaire, maxillaires de 6, labiaux de 4 articles. Les deux premiers articles du funicule presque égaux. Métathorax sans carène médiane. Cellule radiale étroite, cultriforme, atteignant le bout de l'aile ; nervure radiale droite, sa 2ᵉ abscisse plus courte que la 1ʳᵉ nervure transverso-cubitale ; 2ᵉ cellule cubitale deux fois aussi large que haute, mesurée sur la nervure cubitale ; nervure postérieure non interstitiale ; stigma grand, oblong, obtus aux deux bouts, émettant la nervure radiale de sa moitié postérieure. Deuxième segment abdominal mat, pointillé, portant au milieu une ligne transversale enfoncée. Tarière à peine exserte.

Ce genre ne renferme qu'une seule et fort belle espèce, de forme plus allongée que chez les autres Alysiides, rappelant, dit Haliday, certains *Colastes :* son observation se rapporte sans doute au *Xenarcha lustrator*, dont nous avons donné une figure, ainsi que du *Trachyusa*. Ce nom ayant déplu à Foerster comme trop voisin du *Trachusa*, Jurine, il l'a changé en *Cosmiocarpa*, mais sans nécessité, paraît-il, car les hyménoptéristes n'ont pas adopté le genre *Trachusa*, Jurine, qui contenait certaines abeilles maintenant distribuées ailleurs.

—— Testacé, avec la tête, le métathorax, et la base de l'abdomen, noirs. ♀ Tête luisante; mandibules testacées; palpes très pâles. Antennes grêles, plus longues que le corps, noirâtres avec la base testacée, de 30 à 34 articles. Sillons du mesonotum convergents vers une fossette située devant le scutellum; pleures assombries; métathorax ruguleux, noirâtre. Ailes hyalines; écaillettes testacées; stigma testacé ou orangé; angle postérieur de la 2e cellule cubitale avancé; 2e cellule discoïdale entr'ouverte à l'extrémité; nervure récurrente à peine rejetée. Pattes testacées. Abdomen linéaire, légèrement claviforme, déprimé; 1er segment assez court, peu rétréci à la base, ruguleux, brun ou noirâtre, soit à la base, soit en entier; 2e pointillé, avec l'extrémité lisse, biparti transversalement par une ligne enfoncée; segments suivants pointillés à la base. Tarière très courte. ♂ Stigma noir; segments postérieurs de l'abdomen noirâtres. Long. 2 2/3-3 1/2ᵐᵐ; Env. 5 1/2-7ᵐᵐ.

Var. 1. Mesonotum brunâtre.

Var. 2. ♂ Noir, avec le dessous du scape, les mandibules, les pattes, et l'abdomen, testacés; 1er segment noirâtre. On trouve aussi des variétés intermédiaires.

Aurora, HALIDAY.

Patrie : Angleterre; Irlande; Hollande; assez rare.

5ᵉ GENRE. — ALLŒA, Haliday, 1833.

ἄλλοιος, d'une autre qualité, différent.

Palpes maxillaires de 6, labiaux de 4 articles. Premier article du funicule plus long que le suivant. Métathorax caréné. Ailes de la ♀ tantôt aussi longues que le corps, tantôt raccourcies; cellule radiale grande, cultriforme, · atteignant le bout de l'aile; nervure radiale droite, sa 2ᵉ abscisse plus courte que la 1ʳᵉ nervure transverso-cubitale; 2ᵉ cellule cubitale deux fois aussi large que haute, mesurée sur la nervure cubitale; nervure postérieure interstitiale; stigma étroit, lancéolé, émettant la nervure radiale de son milieu; 2ᵉ cellule discoïdale étroite, indistincte; nervure récurrente à peine rejetée. Ailes du ♂ pas plus longues que le thorax, très étroites, avec le stigma extraordinairement grossi, les nervures épaissies, les cellules difformes, contractées. Voir notre planche. Deuxième segment de l'abdomen lisse, comme les suivants. Tarière presque cachée.

Ce sont ordinairement les femelles des Hyménoptères qui sont aptères ou qui montrent quelque imperfection dans le système alaire; ici, c'est l'inverse qui se produit, en ce que les mâles ont les ailes mal développées et inaptes au vol. Celles des femelles sont parfois un peu raccourcies, mais en conservant toujours la disposition des nervures, sans difformité. Foerster a créé un nouveau nom *(Diaspasta)* pour ce genre, je ne sais trop pourquoi.

—   ♀ Noire; tête légèrement luisante, moins grande que chez la plupart des Alysiides; yeux saillants; face ruguleuse; mandibules étroites; tridentées, les denticules latéraux très petits, le médian saillant en pointe aiguë; elles sont ferrugineuses, ainsi que l'épistome

et les palpes. Antennes aussi longues que le
corps, ferrugineuses avec l'extrémité obscure,
de 21 articles, dont le 3ᵉ allongé. Thorax rugueux avec le milieu du mesonotum et du
scutellum un peu luisant; sillons du mesonotum sensibles, au nombre de 3, les latéraux
raccourcis; métathorax, vu de côté, se terminant en denticule à chaque angle postérieur.
Ailes hyalines; écaillettes jaune d'ocre;
stigma et nervures bruns; ailes postérieures
étroites. Pattes ferrugineuses. Abdomen spatulé, déprimé, luisant; 1ᵉʳ segment sublinéaire, couvert de rugosités confuses, tous
les autres lisses. Tarière à peine visible.
♂ Antennes noirâtres avec un peu de rouge
à la base. Pattes rougeâtres; hanches de derrière plus ou moins assombries à la base.
Nervures et stigma d'un brun plus foncé.
Long. 2ᵐᵐ environ; Env. ♀ 5ᵐᵐ, ♂ 3ᵐᵐ.

Var. 1. ♀ Mésothorax d'un brun marron
foncé en avant.

Var. 2. ♀ Ailes raccourcies.

Contracta, HALIDAY.

PATRIE : Angleterre; Irlande; dans les bois et les prairies humides, assez commun; les ♀ à ailes
courtes et les ♂ sont plus rares.

6ᵉ GENRE. — CRATOSPILA, FOERSTER, 1862.

κρατος, force; σπίλος, tache, stigma; erreur pour *Craterospila*.

Palpes maxillaires de 6, labiaux de 4 articles. Premier article du funicule plus long que le suivant. Sillon des mésopleures crénelé; métathorax sans carène médiane. Cellule radiale cultriforme, atteignant le bout de l'aile; nervure radiale
droite, sa 2ᵉ abscisse de moitié plus courte que la 1ʳᵉ nervure

transverso-cubitale; 2ᵉ cellule cubitale un peu moins haute que large; nervure postérieure interstitiale; stigma oblong, assez épais, émettant la nervure radiale de son deuxième tiers; nervure récurrente à peine rejetée; cellule médiane des ailes postérieures moins longue que la moitié de la costale. Deuxième segment de l'abdomen lisse. Tarière très courte.

Ce genre ne comprend qu'une espèce, très rare, et non retrouvée depuis le temps de Haliday.

—— Noirâtre ou brun foncé, avec le devant de la tête et la base du 2ᵉ segment de l'abdomen ferrugineux. ♀ Tête luisante, ferrugineuse avec le bord de l'occiput et le milieu ou la majeure partie du vertex noirâtres; mandibules plus pâles; palpes longs, blanchâtres. Antennes grêles, plus longues que le corps, de 30 à 34 articles, d'un ferrugineux pâle à la base, noirâtres à l'extrémité; 3ᵉ article très long. Thorax d'un brun marron foncé, luisant; prothorax plus clair, ferrugineux; sillons du mesonotum pointillés, convergents vers une petite fossette vis-à-vis du scutellum; métathorax noirâtre, ponctué-ruguleux. Ailes hyalines; écaillettes jaune d'ocre; stigma et nervures d'un brun pâle, celles-ci décolorées vers le bout de l'aile. Pattes grêles, d'un ferrugineux pâle. Abdomen en massue déprimée, subpétiolé, noirâtre; 1ᵉʳ segment étroit, obconique, faiblement striolé, ses tubercules peu sensibles; segments suivants très lisses; 2ᵉ ferrugineux ou d'un roux marron en devant; segments apicaux et ventre pâles. Tarière dépassant de très peu le bout de l'abdomen. ♂ Premier segment de l'abdomen presque linéaire. Long. 2 2/3ᵐᵐ; Env. 5 1/3ᵐᵐ. **Circe,** Haliday.

Patrie : Angleterre, environs de Londres.

7e GENRE. — ALYSIA, Latreille, 1805.

Nom de fantaisie, sans étymologie.

Antennes multiarticulées; 1er article du funicule peu ou point allongé; 2e article pas plus long que le 1er; face très courte, ordinairement ruguleuse; épistome très petit; mandibules grandes. Sillons mésothoraciques raccourcis chez la plupart des espèces, leur réunion terminale indiquée par une fossette oblongue devant le scutellum; à la base de celui-ci, on distingue une seconde fossette transversale, profonde et fortement crénelée (fossette antéscutellaire); métathorax plan, ruguleux, quelquefois caréné au milieu; sillon des mésopleures crénelé ou rugueux. Stigma oblong, émettant la nervure radiale de sa moitié postérieure; 2e cellule cubitale jamais plus grande que la 1re; 1re nervure transverso-cubitale aussi longue ou plus longue que la 2e abscisse de la nervure radiale; 1re cellule cubitale séparée de la 1re discoïdale; nervure postérieure non interstitiale; cellule médiane des ailes postérieures atteignant le milieu de la cellule costale. Abdomen un peu déprimé; 1er segment oblong, striolé, ses tubercules légèrement saillants près du milieu, de là le segment se rétrécit jusqu'à la base; il est le plus souvent de moitié plus long que sa largeur apicale: lorsqu'il est plus long et plus grêle, on peut considérer l'abdomen comme subpétiolé; 2e segment et suivants lisses.

Ce genre est, comme de raison, typique de la tribu, comprenant les espèces les plus grandes et les plus communes. Foerster a fondé pour elles plusieurs genres d'une seule espèce, lesquels ne diffèrent que par des caractères peu importants. On trouve bon nombre de ces insectes sans difficulté : les ♀ fréquentent toutes sortes de matières en décomposition, à la recherche des larves de diptères; d'autres exploitent dans le même but les plantes cryptogames vivantes, peuplées par les Tipulides fongivores, ainsi que les algues en pourriture, berceau de milliers de mouches acalyptères. Ayant assuré le sort de leur progéniture, les deux sexes abandonnent les immondices pour se jouer parmi les fleurs, dont ils prennent souvent les sucs pour aliments. Le nombre de ces parasites est trop peu considérable pour qu'ils puissent diminuer sensiblement les hordes innombrables de mouches, et comme celles-ci remplissent une fonction utile en purifiant la terre de ses détritus pentilentiels, les Alysies sont probablement plutôt nuisibles qu'utiles à l'homme, et ne justifient pas la doctrine, d'ailleurs si souvent démentie par la nature, qui représente le parasitisme comme ayant été établi intentionnellement pour le bien-être exclusif de l'humanité.

1 Antennes assez épaisses, quelquefois plus courtes que le corps; cellule radiale un peu lancéolée ou acuminée, n'atteignant pas le bout de l'aile; nervure postérieure naissant près de l'angle extéro-inférieur de la 2ᵉ cellule discoïdale; nervure récurrente rejetée *(Alysia*, Foerster). **2**

— Antennes minces, plus allongées; cellule radiale cultriforme, à côtés presque parallèles, plus rapprochée du bout de l'aile; nervure postérieure naissant du milieu du côté externe de la 2ᵉ cellule discoïdale; nervure récurrente à peu près interstitiale, rarement évectée *(Goniarcha*, etc., Foerster). **5**

2 Abdomen entièrement noir. **3**

— Deuxième segment de l'abdomen roux. ♂ Noir; tête épaisse, lisse, luisante; mandibules, palpes et joues rouges. Antennes moins épaisses et plus longues que chez les trois espèces suivantes, noires avec les 4 premiers articles testacés. Thorax ovale, court,

lisse ; prothorax rouge ; métathorax court,
ruguleux. Ailes cunéiformes, hyalines avec
une teinte obscure ; stigma ovale, d'un brunâtre pâle ; nervures noirâtres ; cellule radiale
oblongue-ovale, n'atteignant pas le bout de
l'aile ; 1ʳᵉ cellule cubitale plus grande que la 2ᵉ,
recevant la nervure récurrente presque à son
milieu. Pattes entièrement rouges, seulement
les tarses de derrière obscurs. Abdomen lancéolé, moins large que le thorax ; 1ᵉʳ segment
linéaire-conique, striolé, d'un noir brunâtre,
rougeâtre à la base ; 2ᵉ entièrement d'un roux
brunâtre, clair ou foncé ; ventre comprimé
en carène, largement rouge à la base. (Description tirée de Nees, v. Esenbeck.) La ♀ est
ainsi caractérisée par Kawall : — Antennes
brun de poix, rougeâtres à la base ; mandibules rouges ; palpes jaunâtre pâle ; abdomen
aussi long que le thorax, d'un brun de poix ;
tarière un peu plus longue que l'abdomen.
Long. 2 1/2ᵐᵐ.   **Cingulata**, NEES.

Obs. — Les caractères ci-dessus donnés sont en
partie génériques ou inutiles, et laissent quelque
incertitude sur les affinités de l'insecte, que je n'ai
pas vu. La longueur de la tarière est surtout extraordinaire : l'auteur a-t-il voulu dire qu'elle dépas-
sait un peu le bout de l'abdomen ?

PATRIE : Italie (Valentia) ; Russie ; Belgique.

3   Stigmates du métathorax grands, rebordés.
La plus grande espèce de la tribu, de forme
robuste. ♀ Noire, brillante ; tête très grande ;
face ponctuée-ruguleuse ; mandibules très
grandes, souvent roussâtres en partie ou en
totalité ; palpes bruns. Antennes moins longues que chez la plupart des espèces, dépassant un peu la longueur de la tête et du thorax, noires, souvent rougeâtres à la base en

dessous, de 22 à 35 articles; funicule épais,
hérissé, ses articles courts, cyathiformes,
striolés. Sillons mésothoraciques amorcés,
larges, ponctués au fond; lobe médian du
mesonotum élevé en avant; une fossette
oblongue, longitudinale, vis-à-vis du scutellum; mésopleures en grande partie rugueuses,
avec le sillon ordinaire élargi; métathorax
court, presque tronqué en arrière, couvert de
rugosités confuses, caréné dans le milieu.
Ailes hyalines, souvent teintées de brunâtre
dans le milieu; écaillettes roussâtres; stigma
et nervures d'un brun noirâtre; stigma épais,
triangulaire, émettant la nervure radiale un
peu au delà du milieu; 1ʳᵉ nervure transverso-
cubitale droite, un peu plus longue que la
2ᵉ abscisse; ailes postérieures amples, cellule
médiane atteignant la moitié de la cellule costale. Pattes fortes, ferrugineuses; tarses
obscurs, poilus. Abdomen obovale, aplati,
d'un noir brillant; 1ᵉʳ segment deux fois aussi
large à l'extrémité qu'à la base, ruguleux,
portant au milieu une carène obtuse, excavé
à la base, ses tubercules saillants, émoussés.
Tarière très courte, dépassant à peine le bout
de l'abdomen. ♂ Semblable; antennes plus
longues que le corps, subsétiformes, de 33
à 50 articles. Long. 3 1/2-6 1/2ᵐᵐ; Env. 6 1/2-
14ᵐᵐ.

Var. ♀ Deuxième segment de l'abdomen
rouge, noir à l'extrémité; pattes d'un rouge
plus clair; ailes hyalines; tarière plus longuement exserte. Long. 4 2/3ᵐᵐ; Env. 10ᵐᵐ.
Pris une fois aux environs de Londres. Comparable, peut-être, à *A. cingulata* (V. nº 2).

Manducator, Panzer.

Obs. — Espèce très commune et répandue dans toute la zone paléarctique ; elle a servi de type à Latreille pour fonder son genre *Alysia*, et Panzer en a donné une assez mauvaise figure. On trouve les femelles, quelquefois en foule, sur les charognes, les fumiers, etc., ou l'instinct sexuel attire aussi les mâles. Ils flairent à une distance surprenante l'odeur de charogne, comme j'ai eu occasion de le constater en observant un cadavre de freux sur lequel ils s'abattaient l'un après l'autre à la manière des vautours. On a vérifié leur parasitisme dans les larves de *Lucilia Cæsar*, L., *Cyrtoneura stabulans*, F., *Hydrotæa dentipes*, F., et ce qui semble plus remarquable, dans les larves formidables du coléoptère *Creophilus maxillosus*, L., qui habitent constamment les cadavres. Bouché a ainsi décrit la larve parasite : Oblongue, charnue, blanche, molle, glabre, translucide, de forme variable. Tête subarrondie ; parties buccales indistinctes. Segments dorsaux un peu élevés ; segment anal un peu étroit. Coque couverte d'un tissu jaunâtre excessivement mince. Long. 4ᵐᵐ.

Patrie : Europe en général.

—— Stigmates du métathorax médiocres, non rebordés, cachés parmi les rugosités du tégument.

4

4   Antennes ♀ de 40 articles ; stigma des ailes triangulaire. Semblable au précédent, sauf les particularités suivantes, qui m'ont obligé à le mettre à part. Forme plus allongée. Antennes subsétiformes, presque aussi longues que le corps, avec 5 articles de plus. Ailes relativement plus longues, hyalines ; 2ᵉ cellule cubitale autrement conformée, s'avançant vers la base de l'aile en angle aigu ; première nervure transverso-cubitale deux fois aussi longue que la 2ᵉ ; chez *manducator* la même cellule est presque carrée, son angle interne à peine prolongé, et la 1ʳᵉ nervure transverso-cubitale excède de très peu la lon-

gueur de la 2ᵉ. Premier segment de l'abdomen plus long, plus rétréci à la base, nullement élevé dans le milieu, et sans tubercules sensibles. Je ne trouve pas d'autre différence, mais les antennes et les ailes empêchent de regarder l'insecte comme une variété de *manducator*. ♂ Inconnu. Long. 5ᵐᵐ ; Env. 11 1/2ᵐᵐ.

Soror, Marshall.

Patrie : Angleterre (environs de Londres); un seul exemplaire.

— Antennes ♂♀ de 22 à 24 articles; stigma elliptique. ♀ Noire, pubescente; face mate, très finement chagrinée; mandibules roussâtres; palpes noirâtres. Antennes noires, filiformes, plus courtes que le corps. Sillons mésothoraciques au nombre de trois, dont les latéraux raccourcis; métathorax très finement ponctué-ruguleux. Ailes hyalines; nervures noirâtres; stigma et écaillettes d'un brun de poix, celui-là oblong, elliptique, émettant la nervure radiale de son tiers postérieur; cellule radiale lancéolée, n'atteignant pas le bout de l'aile; 3ᵉ abscisse légèrement courbée vers l'extrémité; 1ʳᵉ nervure transverso-cubitale arquée, presque deux fois aussi longue que la 2ᵉ abscisse; 1ʳᵉ abscisse assez longue, dirigée obliquement. Pattes noirâtres; extrémité des trochanters et des cuisses, tibias de devant en entier, et les 4 tibias postérieurs à la base, brunâtres. Abdomen luisant; 1ᵉʳ segment finement striolé, subcaréné à la base. Tarière de moitié moins longue que l'abdomen. ♂ Antennes à peine plus courtes que le corps. Ailes plus étroites; stigma grand, elliptique, noir, englobant la 1ʳᵉ abscisse; 1ʳᵉ cellule cubitale très étroite.

Pattes d'un brun moins foncé. Long. 2 2/3-
3 1/2ᵐᵐ; Env. 5-6ᵐᵐ.   **Rufidens**, Nees.

Obs. — Parasite supposé du diptère *Ensina sonchi*, L. dont la larve habite les germes d'*Aster tripolium*. Haliday le trouvait assez fréquemment en
Irlande aux bords de la mer, et j'ai capturé les
deux sexes en Angleterre. Cette espèce constitue à
elle seule le genre *Strophæa*, Foerster.

Patrie : Allemagne (Sickershausen); Hollande; Angleterre; Irlande.

5   Cuisses de derrière sinuées à la base. épaissies. comprimées. ♀ Très noire, luisante;
mandibules d'un brun de poix. Sillons mésothoraciques minces, pointillés, convergents
vers une fossette vis-à-vis du scutellum.
Ailes hyalines; écaillettes et stigma d'un
brun de poix, celui-ci étroit, émettant la nervure radiale non loin de l'extrémité; 1ʳᵉ nervure transverso-cubitale un peu plus longue
que la 2ᵉ abscisse. Pattes brun de poix; tibias et marge inférieure des cuisses d'un testacé obscur. Tarière aussi longue que la moitié de l'abdomen. ♂ Inconnu. Long. 4ᵐᵐ;
Env. 8ᵐᵐ.   **Loripes**, Haliday.

Patrie : Angleterre (environs de Londres) un seul exemplaire connu.

—   Cuisses de derrière de forme ordinaire.   6

6   Ailes enfumées. ♀ Noire, luisante; mandibules brunes; palpes noirâtres; face à peine
pointillée. Antennes plus longues que le
corps, de 28 à 37 articles. Métathorax rugueux. Stigma et nervures brunâtres ou
noirâtres, celui-là quelquefois assez pâle,
émettant la nervure radiale de sa seconde
moitié; cellule radiale cultriforme, n'attei-

gnant pas exactement le bout de l'aile; première abscisse plus courte que l'épaisseur
du stigma; 2e au moins aussi longue que la
1re nervure transverso-cubitale; 2e cellule
cubitale rétrécie vers l'extrémité. Pattes noirâtres; extrémité des trochanters et base des
tibias brunâtres. Premier segment de l'abdomen deux fois aussi large à l'extrémité
qu'à la base, sessile, striolé, quelquefois lisse
à l'extrémité ou presque en entier (chez les
petits individus); segments suivants très
lisses. Tarière de la longueur de l'abdomen,
ses valves épaisses, poilues. ♂ Antennes un
peu plus longues, de 37 à 40 articles; 1er segment de l'abdomen à peine élargi postérieurement, ou faiblement striolé, ou presque
lisse. Long. 3 1/3-4^{mm}; Env. 6 2/5-8 2/3^{mm}.

Var. Abdomen brun de poix avec le premier segment rougeâtre et presque lisse;
pattes brunâtres.   **Fuscipennis,** Haliday.

——   Ailes hyalines.   7

7   Abdomen sessile; base du 1er segment occupant environ la moitié de la largeur apicale
du métathorax.   8

——   Abdomen pétiolé ou subpétiolé; base du
1er segment occupant à peine le quart de la
largeur du métathorax.   15

8   Pattes d'un rouge obscur, rayées de noir.   9

——   Pattes testacées ou d'un rouge clair, non
rayées de noir.   11

9   Antennes de la ♀ de 25 articles (♂ non décrit). Noire, luisante; mandibules d'un roux de poix. Antennes assez fortes, plus courtes que le corps. Métathorax ponctué-ruguleux. Ailes hyalines; écaillettes d'un brun noirâtre; stigma noirâtre, plus épais que chez les espèces voisines, confondu à l'extrémité avec un renflement du métacarpe, émettant la nervure radiale à peu près de son milieu; cellule radiale n'atteignant pas tout à fait le bout de l'aile; nervure récurrente interstitiale. Pattes d'un rougeâtre obscur; cuisses de devant rayées de noirâtre vers la base, les 4 postérieures dans toute leur longueur; tarses noirâtres, ainsi que les hanches et les trochanters. Premier segment de l'abdomen régulièrement striolé, sans carènes. Tarière, selon Nees, aussi longue que la moitié, selon Haliday, que le quart de l'abdomen. ♂ Semblable à la ♀, au dire de Nees, mais non décrit; inconnu à Haliday. Long. 2 2/3-4ᵐᵐ; Env. 6-9ᵐᵐ.   **Similis**, Nees.

Obs. — Les deux descriptions de Nees et de Haliday sont dans une concordance parfaite, sauf ce qui concerne la taille et la longueur de la tarière. Il se peut cependant qu'il y ait ici une confusion de deux espèces, et dans ce cas le double emploi serait imputable à Haliday : il faudrait donc changer le nom *similis*, Haliday, et reléguer le *similis*, Nees, parmi les espèces douteuses.

Patrie : Allemagne (Sickershausen); Angleterre (environs de Londres).

——   Antennes de la ♀ avec plus de 25 articles   **10**

10   Sillons mésothoraciques commencés, effacés sur le disque. ♀ Très noire, luisante; mandibules d'un roux de poix. Tête et tho-

rax vaguement pointillés et clairsemés de
poils blanchâtres. Antennes un peu plus
longues que le corps, filiformes, assez épaisses,
de 32 à 34 articles. On distingue sur le mesonotum, au lieu des sillons ordinaires effacés,
des lignes de très petits points, et un sillon
médian vis-à-vis du scutellum, qui est un
peu ponctué; métathorax rugueux. Ailes
hyalines avec une très légère teinte obscure;
écaillettes rougeâtres; nervures brunes;
stigma rougeâtre; subelliptique, émettant la
nervure radiale de sa seconde moitié; cellule
radiale, mesurée sur la côte, à peine plus
longue que le stigma, lancéolée, n'atteignant
pas le bout de l'aile; 2ᵉ abscisse un peu plus
courte que la 1ʳᵉ nervure transverso-cubitale;
3ᵉ abscisse très légèrement arquée à l'extrémité; nervure récurrente interstitiale; cellule
médiane des ailes postérieures de moitié moins
longue que la costale. Pattes colorées comme
chez l'espèce précédente; tibias de derrière
quelquefois noirâtres à l'extrémité. Abdomen
en ovale allongé, très noir, brillant; 1ᵉʳ segment un peu rétréci vers la base, régulièrement striolé. Tarière dépassant le bout de
l'abdomen des trois quarts de la longueur de
celui-ci. ♂ Inconnu. Long. 4ᵐᵐ; Env. 7 1/3ᵐᵐ.

Mandibulator, Nees.

Obs. — Haliday ne possédait qu'une seule ♀, à
stigma obscur : j'en ai pris quatre, qui ont toutes
le stigma rougeâtre.

Patrie : Allemagne; Angleterre, dans une oseraie.

——   Sillons mésothoraciques complets. mais
très finement tracés, pointillés, convergents
dans une fossette linéaire devant le scutellum. Très voisin du précédent; corps plus

pubescent. ♀ Très noire, luisante, avec l'extrémité de l'abdomen brunâtre pâle ; mandibules roussâtres. Antennes un peu plus
courtes que le corps, de 29 à 31 articles, Ailes
hyalines ; écaillettes d'un brunâtre pâle ;
stigma d'un testacé obscur. Pattes roussâtres
avec les hanches, le côté supérieur des
cuisses, et les tarses noirâtres. Tarière aussi
longue que les deux tiers de l'abdomen. ♂
Antennes plus longues, de 35 articles ; stigma
noir ; 1ʳᵉ cellule cubitale plus étroite ; 2ᵉ plus
petite ; cellule radiale atteignant à peine le
bout de l'aile ; nervure récurrente un peu
rejetée ; pattes d'un rouge plus clair. Ce ♂
ressemble beaucoup à *A. rufidens* (V. n° 4),
en différant par la longueur des antennes, et
par les ailes. Long. 3ᵐᵐ ; Env. 6 2/3ᵐᵐ.

Atra, Haliday.

Patrie : Irlande, très rare ; Norvège (Finmark).

| 11 | Abdomen entièrement noir. | 12 |
| — | Abdomen en partie rouge ou testacé. | 13 |

12   Antennes ♀ de 31 articles : tarière aussi
longue que le tiers de l'abdomen (♂ inconnu).
Très noire, luisante ; mandibules ferrugineuses, noirâtres à l'extrémité, sur les côtés,
obtusément dentées ; palpes ferrugineux ;
face à peu près lisse et luisante. Antennes
assez épaisses, presque aussi longues que le
corps ; 1ᵉʳ article ferrugineux, obscur en dessus ; 2ᵉ ferrugineux. Métathorax très finement
pointillé. Ailes hyalines ; écaillettes ferrugineuses ; stigma d'un rougeâtre obscur ; nervures brunâtres ; cellule radiale atteignant à
peine le bout de l'aile, aiguë à l'extrémité ;

1ʳᵉ nervure transverso-cubitale plus longue que la 2ᵉ abscisse ; angle interne de la 2ᵉ cellule cubitale longuement avancé. Pattes d'un testacé rougeâtre ; tarses à extrémité obscure. · Abdomen comprimé vers l'extrémité ; 1ᵉʳ segment très peu rétréci vers la base, plan en dessus, ruguleux. Le ♂ mentionné par Nees est douteux : semblable à la ♀ ; antennes plus longues que le corps ; cuisses et tibias de derrière noirâtres à l'extrémité : tarses de derrière noirâtres. Long. 4ᵐᵐ.   **Truncator**, Nees.

Obs. — Parasite, selon Goureau, des larves d'*Agromyza Macquarti*, Rob. Desv., mouche qui mine les feuilles de *Verbascum thapsus ;* et d'*Anthomyia platyura*, Meig. vivant dans les bulbes de l'échalote, *Cepa ascalonica.* Par inadvertance, Nees a décrit deux espèces d'Alysia sous le même nom de *truncator :* elles sont numérotées 2 et 7 dans sa monographie ; nous conservons ici le n° 7, l'autre n'étant qu'un synonyme d'*A. manducator.*

Patrie : Allemagne ; Angleterre ; France.

— Antennes ♀ de 34 à 35 articles ; tarière aussi longue que les deux tiers de l'abdomen. ♀ Noire, luisante ; mandibules testacées ; palpes ferrugineux. Antennes assez épaisses, de la longueur du corps, noires avec les deux premiers articles testacés. Joues souvent en partie rougeâtres. Prothorax brunâtre ; sillons mésothoraciques commencés, effacés en arrière ; une fossette ovale vis-à-vis du scutellum ; métathorax rugueux. Ailes hyalines ; écaillettes ferrugineuses ; nervures et stigma testacés, celui-ci émettant la nervure radiale de sa seconde moitié, cellule radiale cultriforme, n'atteignant pas tout à fait le bout de l'aile ; 2ᵉ cellule discoïdale émettant la nervure postérieure du milieu de son extrémité anguleuse; 1re nervure transverso-cubitale un peu plus courte que la 2e abscisse; nervure récurrente interstitiale. Pattes testacées avec les tarses obscurs; hanches de derrière portant en dessus une tache sombre peu distincte. Abdomen en ovale oblong; 1er segment finement ruguleux, à peine deux fois aussi large à l'extrémité qu'à la base; 1re suture profonde; 2e segment et suivants très lisses, d'un noir plus ou moins brunâtre, les deux ou trois apicaux d'un brunâtre pâle. ♂ Antennes plus longues que le corps, filiformes, de 43 articles; stigma obscur; abdomen entièrement noir. Long. 3 1/2-4^{mm}; Env. 7 1/3-9^{mm}.

Var. 1. ♂♀ Deuxième segment abdominal roussâtre à la base.

Var. 2. ♀ Abdomen rouge à partir de la base du 2e segment, chaque segment ceinturé d'une bande noire; segments apicaux d'une teinte plus pâle. Cette variété est peut-être plus commune que la forme typique, car presque tous mes exemplaires y appartiennent.   **Tipulæ**, Scopoli.

Obs. — Parasite des Tipulides fongicoles, *Mycetophila*, etc.; on le trouve assez fréquemment dans les bolets et les agarics.

Patrie : Europe en général.

13   Antennes ♀ de 38 articles, d'un rouge jaunâtre, avec l'extrémité noirâtre (♂ inconnu). Noire, luisante; abdomen, sauf le 1er segment, testacé. Épistome brun; mandibules ferrugineuses; palpes plus pâles. Antennes un peu plus longues que le corps. Ailes hyalines; écaillettes et stigma d'un rouge jaunâtre. Pattes de même couleur, avec les hanches plus pâles. Deuxième segment de l'abdomen d'une teinte plus foncée que les suivants. Tarière aussi longue que les deux ou trois derniers segments. Long. 3 1/2^{mm}; Env. 8^{mm}.

Sophia, HALIDAY.

PATRIE : Irlande; un seul exemplaire connu.

— Antennes composées d'un moindre nombre d'articles, noires avec l'extrême base plus ou moins testacée.   **14**

14 Antennes ♀ de 37 articles; abdomen noir avec le 2ᵉ segment ferrugineux; tarière aussi longue que l'abdomen (♂ inconnu). De forme courte; noire, luisante; tête épaisse; face vaguement pointillée, un peu luisante; mandibules ferrugineuses; palpes de même couleur, mais plus pâles. Antennes grêles, presque de moitié plus longues que le corps, noirâtres avec les deux ou trois premiers articles ferrugineux. Ailes hyalines; écaillettes ferrugineuses; stigma brun; cellule radiale allongée; 2ᵉ cellule cubitale peu rétrécie extérieurement. Pattes ferrugineuses; les 4 tarses antérieurs courts, assombris à l'extrémité; tarses de derrière obscurs en entier, ainsi que l'extrémité des tibias de la même paire. Deuxième segment abdominal ferrugineux avec l'extrémité noirâtre; segments suivants noirâtres. Long. 3 1/2^{mm}; Env. 8^{mm}.   **Frigida**, HALIDAY.

PATRIE : Norvège (Finmark).

— Antennes de 34 à 35 articles chez la ♀, de 43 chez le ♂; abdomen noir avec la base du 2ᵉ segment roussâtre, ou avec tous les segments après le 1ᵉʳ rouges, ceinturés de noirâtre; tarière plus courte que l'abdomen.

Tipulæ, var. 1, 2 (V. n° 12).

15   Abdomen pétiolé; 1er segment mince à la base, s'élargissant un peu jusqu'aux tubercules situés devant le milieu, puis plus élargi en forme de condyle jusqu'à l'extrémité, qui est trois fois aussi large que la base. ♀ Noire; abdomen testacé à partir de la base du 2e segment. Antennes minces, presque sétiformes, aussi longues que le corps, de 37 articles, noires avec les deux premiers articles testacés. Sillons mésothoraciques commencés, effacés sur le disque; une fossette oblongue vis-à-vis du scutellum; métathorax rugueux. Ailes larges et courtes, hyalines; écaillettes testacées; nervures et stigma bruns, celui-ci assez long, émettant la nervure radiale de sa seconde moitié; cellule radiale courte, cultriforme, atteignant le bout de l'aile; 1re nervure transverso-cubitale très oblique, un peu plus longue que la 2e abscisse; nervure récurrente évectée; 2e cellule discoïdale émettant la nervure postérieure du milieu de son extrémité anguleuse. Pattes testacées, y compris les hanches; dernier article des 4 tarses antérieurs, tarses de derrière entièrement, et sommet des tibias de derrière, obscurs. Abdomen pyriforme; 1er segment noir, strié en long et caréné dans le milieu; segments suivants testacés, le 2e un peu obscur sur les côtés de la base. Tarière aussi longue que le 1er segment ou que le sixième de l'abdomen. ♂ Inconnu. Long. 5^{mm}; Env. 9^{mm}.

Pyrenæa, Marshall.

Patrie : Espagne (montagnes d'Aragon).

——   Abdomen subpétiolé ou subsessile; 1er segment mince dans toute sa longueur, peu ou point élargi en arrière.   16

16   Abdomen noir; 1ᵉʳ segment sublinéaire, deux fois aussi long que sa largeur apicale. ♀ Noire, luisante; mandibules ferrugineuses. Antennes avec plus de 29 articles (mutilées); les deux premiers articles ferrugineux, soit en dessous, soit en entier. Métathorax rugueux, réticulé. Ailes hyalines; écaillettes d'un rouge jaunâtre; stigma noirâtre, épais. Pattes d'un testacé pâle; tibias de derrière obscurs à l'extrémité, leurs tarses obscurs. Abdomen un peu comprimé, noir, un peu brunâtre vers l'extrémité; 1ᵉʳ segment longitudinalement ruguleux. Tarière aussi longue que les deux tiers de l'abdomen. ♂ Deuxième cellule cubitale un peu plus longue que chez les espèces voisines; pattes jaunes; tarses de derrière et sommet des tibias de la même paire, obscurs. Deuxième segment abdominal d'un roux obscur en avant. Long. ♀ 4 1/2ᵐᵐ; Env. 10ᵐᵐ; ♂ Long. 3 3/5ᵐᵐ; Env. 9ᵐᵐ.

Incongrua, Nees.

Obs. — Comme Nees passe sous silence la forme du 1ᵉʳ segment, on peut se demander si son *incongrua* est la même espèce que l'*incongrua*, Haliday. Le ♂ *A. Lucia*, Haliday, est réuni ici à la ♀ seulement à cause de sa grande ressemblance, sans autre preuve directe.

Patrie : Allemagne; Angleterre; Écosse; Russie.

——   Abdomen rouge à partir de la base du 2ᵉ segment; 1ᵉʳ segment linéaire, trois fois aussi long que sa largeur apicale. ♀ Noire, luisante; mandibules rouges; palpes ferrugineux. Antennes un peu plus longues que le corps, de 32 articles, dont les deux premiers testacés. Sillons mésothoraciques complets; une fossette circulaire vis-à-vis du scutellum; métathorax rugueux. Ailes hyalines avec une légère teinte sombre; écaillettes d'un ferrugineux pâle; nervures et stigma bruns; cellule radiale cultriforme, atteignant le bout de l'aile; 1re nervure transverso-cubitale très oblique, un peu plus longue que la 2e abscisse; nervure récurrente évectée; 2e cellule discoïdale émettant la nervure postérieure du milieu de son extrémité anguleuse; 2e cellule cubitale un peu rétrécie extérieurement. Pattes testacées; hanches plus pâles; tarses de derrière et sommet des tibias de la même paire, obscurs. Abdomen pyriforme, subcomprimé; 1er segment noir, striolé, faisant à lui seul le tiers de la longueur totale de l'abdomen; segments suivants lisses, testacés. Tarière un peu plus longue que la moitié de l'abdomen. ♂ Antennes de moitié plus longues que le corps, grêles, sétiformes, de 38 articles; abdomen un peu en massue et déprimé, d'un testacé moins clair que chez la ♀, avec les segments apicaux obscurs, noirâtres. Long. 4[mm]; Env. 8 1/2[mm].

Lucicola, HALIDAY.

Obs. — La ♀ ressemble beaucoup à celle d'*A. tipulæ* (V. n° 12) mais se distingue aisément par la forme de l'abdomen. On trouve cette espèce parmi les champignons.

Patrie : Angleterre; Irlande.

ESPÈCES D'ALYSIA DOUTEUSES

OU IMPARFAITEMENT DÉCRITES

1. Triangulator, NEES, 1834. ♀ Noire; mandibules roussâtres; palpes testacés. Antennes de la longueur du corps; les deux premiers articles testacés, plus épais que les suivants. Stigma subtestacé. Pattes d'un testacé rougeâtre. Abdomen un peu plus long que le thorax; 1ᵉʳ segment assez allongé, striolé, rougeâtre; ventre en carène, vu de côté, triangulaire en arrière. ♂ Inconnu. Long. 3ᵐᵐ.

PATRIE : Allemagne (Sickershausen).

2. Orchesiæ, BOIE, 1840. ♀ Couleur de poix; face, antennes, poitrine, pattes et 2ᵉ segment de l'abdomen, rouges. Antennes de 30 articles, dont les trois premiers courts, le 2ᵉ épais, le 4ᵉ très long. Radicule des ailes testacée; 1ʳᵉ moitié du stigma pâle; 1ʳᵉ cellule cubitale plus grande que la 2ᵉ qui est carrée; 2ᵉ cellule discoïdale émarginée à la base [?]. Abdomen pétiolé, un peu déprimé; pétiole à peu près aussi long que le condyle; les deux premiers segments les plus grands. ♂ Plus petit; abdomen relativement plus étroit. Long. 4ᵐᵐ; Env. 6ᵐᵐ.

PATRIE non indiquée, probablement Allemagne.

3. Aphidivora, RONDANI, 1848. Sexe non indiqué. Noir: antennes brunes; épistome jaunâtre; palpes et pattes d'un testacé pâle; cuisses et tibias, surtout ceux de derrière, souvent obscurs. Abdomen noirâtre, plus ou moins rouge jaunâtre à la base. D'après le dessin de l'aile, la nervure postérieure est interstitiale, et la 2ᵉ abscisse plus longue que la 1ʳᵉ nervure transverso-cubitale. Long. environ 2ᵐᵐ. Selon l'auteur, la larve vit dans le corps de quelque puceron.

PATRIE : Italie.

4. Picta, Goureau, 1848. ♂ « Noir, luisant ; tour des yeux, deux lignes dorsales sur le thorax, fauves ; antennes noires, à 1ᵉʳ et 2ᵒ articles fauves à la base ; bords latéraux des 2ᵒ et 3ᵒ segments de l'abdomen bruns ; pattes fauves, tarses postérieurs et dernier article des autres, noirs ; ailes hyalines, légèrement brunes, stigma noir. Les lignes du corselet occupent le mésothorax et se réunissent à son extrémité postérieure. » Long. 4ᵐᵐ.

Parasite de *Pegomyia atriplicis*, Goureau, mouche dont la larve mine les feuilles de l'arroche et de la betterave.

Patrie : France.

5. Ferrugator, Goureau, 1863. ♂ « Noir, luisant ; antennes filiformes, de la longueur du corps, composées d'environ 30 articles dont la base des deux premiers est fauve ; face et bord des yeux ferrugineux ; palpes et bouche fauves ; vertex noir ; thorax noir, lisse, luisant, ovalaire ; avec un sillon au milieu du dos ; abdomen ovalaire, de la largeur du thorax, un peu plus long que lui ; 1ᵉʳ segment atténué en pédicule très court, rugueux en dessus, noir ; 2ᵒ noir ou fauve ; 3ᵒ noir, ayant quelquefois le bord antérieur fauve ; les autres sont noirs ; hanches et pattes fauves ; ailes hyalines à stigma épais et noir, nervures noires ; 1ʳᵉ cellule cubitale grande, carrée ; 2ᵉ allongée, rétrécie à l'extrémité ; nervure récurrente interstitiale. ♀ Courte, épaisse, ferrugineuse ; les antennes ressemblent à celles du ♂ ; tête lisse, luisante ; thorax avec une impression longitudinale au milieu, noir en dessous ; abdomen ovale, de la longueur du thorax, un peu plus large ; 1ᵉʳ segment noir, rugueux ; 2ᵉ et 3ᵉ ferrugineux ; les autres noirâtres, avec une nuance ferrugineuse ; ailes légèrement noirâtres, avec une petite ligne hyaline à la base de la cellule radiale ; tarière de la longueur des deux derniers segments. » Long. ♂ 2ᵐᵐ ; ♀ 4ᵐᵐ.

« C'est avec doute que j'ai placé cet Ichneumonien dans le genre *Alysia* ; il vaudrait peut-être mieux le mettre dans le genre Bracon ; mais, en réalité, par ses caractères, il ne se rapporte correctement ni à l'un ni à l'autre.

« Ce parasite fait quelquefois une immense destruction de la *Tephritis Meigeni*, Loew, et en délivre pour quelque temps les *Berberis* qu'elle a envahis. » L'insecte, auquel il n'est pas possible d'assigner un genre sans le voir, est probablement un Opiide.

Patrie : France.

8ᵉ GENRE. — TANYCARPA, Foerster, 1862.

ταυυ-, préfixe dénotant la longueur; καρπός, poignet, carpe, stigma.

Quatrième article des antennes plus court que le 3ᵉ. Métathorax sans carène; sillon des mésopleures crénelé. Cellule radiale atteignant le bout de l'aile; nervure récurrente interstitiale; stigma allongé, émettant la nervure radiale de sa 1ʳᵉ moitié; 1ʳᵉ nervure transverso-cubitale plus longue que la 2ᵉ abscisse; 1ʳᵉ cellule cubitale séparée de la 1ʳᵉ discoïdale; 2ᵉ cellule cubitale complète, séparée de la 1ʳᵉ; nervure postérieure naissant du milieu de l'extrémité de la 2ᵉ cellule discoïdale. Premier segment abdominal un peu allongé; 2ᵉ et suivants lisses.

1	Abdomen entièrement noir.	**2**
—	Abdomen en tout ou en partie rouge.	**3**
2	Antennes de 22 à 25 articles.	

Ancilla, var. (V. nº 4).

— Antennes de 33 à 37 articles. ♀ Noire, luisante; face très finement pointillée; épistome et mandibules ferrugineux; palpes plus pâles. Antennes à peine d'une moitié plus longues que le corps, grêles, noires, avec les deux premiers articles ferrugineux. Métathorax ruguleux, quelquefois lisse à la base. Ailes hyalines; écaillettes d'un ferrugineux pâle; nervures minces; stigma d'un testacé obscur, très long, linéaire, émettant la nervure radiale de l'extrémité de son 1ᵉʳ tiers; cellule radiale cultriforme; 2ᵉ cellule cubitale rétrécie extérieurement. Pattes d'un rouge jaunâtre, avec les hanches plus pâles; sommet des 4 tarses antérieurs, ceux de derrière entièrement, noirâtres, ainsi que l'extrémité des tibias de la même paire. Abdomen subpétiolé; 1er segment allongé, presque linéaire, ou très peu élargi en arrière, très finement ruguleux, avec deux carènes dorsales qui s'effacent avant l'extrémité. Tarière aussi longue que les deux tiers de l'abdomen. ♂ Antennes à peu près deux fois aussi longues que le corps, de 39 à 42 articles; 2e segment abdominal quelquefois un peu brunâtre. Long. 3 1/3-4^{mm}; Env. 6 1/3-9 1/2^{mm}.   **Gracilicornis**, Nees.

Obs. — Parasite d'*Agromyza cicerinæ*, Rondani.

Patrie : Allemagne; Italie; Irlande.

3   Abdomen entièrement rouge. ♀ Noire, luisante; tête moins épaisse que chez la plupart des insectes de la tribu; mandibules roussâtres; palpes testacés. Antennes deux fois aussi longues que le corps, grêles, sétiformes, noirâtres, avec les deux premiers articles testacés. Thorax gibbeux, légèrement pubescent. Ailes de *gracilicornis*, mais la 2e cellule cubitale n'est pas rétrécie extérieurement, presque rectangulaire. Pattes rouges; hanches, trochanters, et les 4 pattes antérieures plus pâles que l'abdomen; crochets des tarses obscurs. Abdomen comme chez le précédent, subpétiolé, comprimé en arrière; 1er segment étroit, à peine ruguleux, ascendant. Tarière aussi longue que. la moitié de l'abdomen. ♂ Non décrit; selon Kawall, il ressemble à la ♀, mais les antennes sont de moitié plus courtes, ce qui rend son identité douteuse. Long. 2 1/3^{mm}.   **Bicolor**, Nees.

Patrie : Allemagne (Sickershausen); Russie.

———   Abdomen rouge et noir.   **4**

4   Abdomen rouge, avec le 1ᵉʳ segment noir,
ou noir avec les segments 2-3 rouges. ♀ Noire;
tête luisante, très grande, beaucoup plus large
que le thorax; face un peu terne; épistome,
mandibules, et palpes, ferrugineux. Antennes
à peine plus longues que le corps, de 35 articles, noires, avec les deux premiers articles
ferrugineux. Sillons mésothoraciques commencés; une fossette vis-à-vis du scutellum;
métathorax ruguleux. Ailes hyalines; écaillettes ferrugineuses; nervures et stigma noirâtres, celui-ci linéaire-lancéolé, émettant la
nervure radiale un peu au-dessus du milieu;
2ᵉ cellule cubitale rétrécie extérieurement;
2ᵉ cellule discoïdale avec l'angle inférieur de
son extrémité avancée. Pattes ferrugineuses,
avec les tarses de derrière et le sommet des
tibias de la même paire, assombris. Abdomen
tantôt d'un rouge clair, tantôt teinté de bru·
nâtre; 1ᵉʳ segment obconique, atténué vers
la base, ruguleux. Tarière de la longueur de
l'abdomen. ♂ Semblable; antennes plus longues, de 39 articles. Long. 3 1/2-4ᵐᵐ; Env.
7-8ᵐᵐ.   **Rufinotata**, Haliday.

Patrie : Angleterre; Irlande; assez rare, trouvé parmi
les champignons.

———   Abdomen noirâtre, avec le 1ᵉʳ segment et
la base du 2ᵉ rougeâtres ou d'un testacé sale.
♀ D'un noir brunâtre, luisante; épistome et
mandibules ferrugineux; palpes pâles. Antennes à peine plus longues que le corps, de
22 à 25 articles, noirâtres avec les deux premiers articles et la base du 3ᵉ d'un rouge jaunâtre. Fossette dorsale du mésothorax très

petite; sillon des mésopleures finement tracé, crénelé. Ailes hyalines; écaillettes et stigma d'un jaune d'ocre pâle; nervures brunâtres, dirigées comme chez le précédent; ailes postérieures plus étroites, leur nervure transversale obsolète. Pattes d'un rouge jaunâtre pâle; sommet des tarses et des tibias de derrière à peine plus obscur. Premier segment abdominal, et base du 2ᵉ rarement noirâtres et concolores: 1ᵉʳ segment assez long, finement ruguleux. Tarière aussi longue que les deux tiers de l'abdomen. ♂ Semblable; antennes un peu plus longues que le corps, de 22 à 25 articles; stigma brun; 1ᵉʳ segment et base du 2ᵉ d'un testacé rougeâtre. Long. 2ᵐᵐ; Env. 5ᵐᵐ. **Ancilla**, Haliday.

Patrie : Angleterre; Irlande.

9ᵉ **GENRE. — PENTAPLEURA**, Foerster, 1862.

πεντε, cinq; πλευρά, côté; à deuxième cellule cubitale pentagonale.

Quatrième article des antennes plus court que le 3ᵉ. Palpes maxillaires de 6, labiaux de 3 ou 4 articles. Métathorax sans carène; sillon des mésopleures lisse ou nul. Stigma petit, quelquefois mal déterminé à l'extrémité, qui se confond avec le métacarpe, quelquefois presque nul; cellule radiale ample, cultriforme, atteignant le bout de l'aile; 1ʳᵉ nervure transverso-cubitale plus longue que la 2ᵉ abscisse; 1ʳᵉ cellule cubitale séparée de la 1ʳᵉ discoïdale; 2ᵉ cellule cubitale complète, pentagonale; nervure récurrente distinctement évectée; 2ᵉ cellule discoïdale entr'ouverte; nervure postérieure subinterstitiale.

Les petites espèces noires de ce genre se reconnaissent facilement à leurs ailes ; la 2ᵉ cellule cubitale s'avance en angle pour recevoir la nervure récurrente, formant ainsi à la cellule un côté additionnel, mais idéal, parce que les nervures deviennent décolorées en s'approchant de l'anastomose. Les antennes, et parfois les palpes labiaux, offrent un plus petit nombre d'articles.

1　Stigma fort atténué, presque nul, confondu avec la côte et le métacarpe; antennes de 17 à 22 articles. ♀ Noire, ou brun de poix; mandibules d'un testacé obscur; palpes labiaux de 3 articles. Antennes de 17 articles, un peu plus courtes que le corps. Mésopleures très lisses, sans trace de sillon; métathorax presque sans sculpture. Ailes hyalines; nervures brunâtres; cellule radiale très longue; 1ʳᵉ nervure transverso-cubitale à peine plus longue que la 2ᵉ abscisse; 1ʳᵉ abscisse plus longue que la plus grande épaisseur du stigma; ailes postérieures très étroites; cellule médiane petite; une seule nervure transversale. Pattes d'un testacé obscur. Abdomen sessile, un peu comprimé; 1ᵉʳ segment lisse, obtusément caréné dans le milieu. Tarière courbée, ascendante, aussi longue que l'abdomen. ♂ Antennes de 22 articles, grêles, deux fois aussi longues que le corps, noires avec les deux premiers articles testacés; abdomen en ovale déprimé. Long. 1 1/2ᵐᵐ ; Env. 3-4ᵐᵐ.

Angustula, HALIDAY.

PATRIE : Angleterre; Irlande; rare partout.

——　Stigma assez déterminé par un renflement de la côte et du métacarpe; antennes de 19 à 27 articles.

2

2   Stigma assez épais, bien déterminé à chaque extrémité. ♀ Noire, luisante; mandibules d'un testacé obscur; palpes labiaux de 4 articles. Antennes de 24 articles, aussi longues que le corps. Mésopleures sans sillon; métathorax court, ruguleux. Ailes subhyalines; nervures et stigma bruns; cellules disposées comme chez *angustula*; 1ʳᵉabscisse de moitié moins longue que l'épaisseur du stigma. Pattes d'un testacé sale. Abdomen comprimé vers l'extrémité; 1ᵉʳ segment striolé. Tarière aussi longue que les deux tiers de l'abdomen. ♂ Antennes de moitié plus longues que le corps, de 27 articles. Long. 2ᵐᵐ; Env. 4 2/3ᵐᵐ.   **Fuliginosa**, Haliday.

Obs. — Cette espèce, par la forme du stigma, ainsi que par les palpes labiaux de 4 articles, paraît relier le genre actuel avec les *Alysia*.

Patrie : Angleterre; moins commun que le suivant.

—   Stigma atténué, mais sensible, confondu vers son extrémité avec le métacarpe. ♀ Noire, luisante; mandibules roussâtres; palpes labiaux de 3 articles. Antennes de 19 articles, noires, plus courtes que le corps, à 3ᵉ article allongé. Sillons mésothoraciques commencés, quelquefois (chez les plus grands exemplaires) presque complets; une fossette dorsale vis-à-vis du scutellum; sillon des mésopleures à peine indiqué, sans ponctuation; métathorax indistinctement ruguleux. Ailes hyalines; écaillettes brunes; nervures et stigma d'un brun pâle, ou testacés; 1ʳᵒ abscisse un peu moins longue que l'épaisseur du stigma; cellule médiane des ailes postérieures n'atteignant pas tout à fait le milieu de la cellule costale. Pattes d'un testacé obs-

cur, avec les hanches, et le sommet des
cuisses et des tibias, assombris. Abdomen
en ovale oblong; 1ᵉʳ segment obconique, très
finement striolé. Tarière aussi longue que les
deux tiers de l'abdomen. ♂ Antennes de
25 articles, de moitié plus longues que le
corps; pattes plus obscures, plus grêles et
plus longues ; ailes légèrement enfumées.
Long. 1-2ᵐᵐ; Env. 2 1/3-4 2/3ᵐᵐ.   **Pumilio**, Nees.

PATRIE : Allemagne; Norvège (Finmark); Angleterre;
Irlande; assez commun.

10ᵉ GENRE. — **IDIASTA**, Foerster, 1862.

ἰδιώστης, reclus, ermite.

Quatrième article des antennes plus long que le 3ᵉ; palpes
maxillaires de 6, labiaux de 4 articles. Sillons mésothoraciques
profonds, complets; sillon des mésopleures crénelé, métathorax caréné vers la base. Stigma grand, bien déterminé;
1ʳᵉ nervure transverso-cubitale plus longue que la 2ᵉ abscisse;
1ʳᵉ cellule cubitale séparée de la 1ʳᵉ discoïdale; 2ᵉ cellule cubitale quadrangulaire ; cellule radiale lancéolée, n'atteignant
pas le bout de l'aile; 3ᵉ abscisse droite; nervure récurrente
non évectée; 2ᵉ cellule discoïdale fermée; nervure postérieure
non interstitiale. Tarière de longueur médiocre.

1   Corps d'un noir bronzé, submétallique;
ailes nuancées de taches obscures; nervure
récurrente longuement rejetée; nervure postérieure non interstitiale. ♀ Luisante, clairsemée d'une pubescence blanchâtre; face et
bordure du front très finement ruguleuses;
mandibules roussâtres; palpes obscurs. An-

tennes filiformes, de la longueur du corps.
de 24 à 25 articles, avec la base du funicule
d'un testacé sale. Sillons du mesonotum
crénelés-ponctués, séparés postérieurement
par un espace rugueux parcouru par une
fossette oblongue. Métathorax rugueux avec
deux aréoles lisses à la base, séparées par
une carène. Ailes jaunâtres avec toutes les
nervures transversales et une tache vers
l'extrémité de la cellule radiale obscures,
nuageuses; écaillettes ferrugineuses; nervures et stigma noirâtres; celui-ci grand,
semi-ovale, occupant la majeure partie de la
1re abscisse; nervure postérieure naissant au-
dessous du milieu de l'extrémité de la 2e cellule discoïdale; cellule médiane des ailes postérieures atteignant presque le milieu de la
cellule costale. Pattes d'un testacé obscur;
hanches noirâtres. Abdomen luisant, déprimé, arrondi vers l'extrémité: 1er segment
de moitié plus long que large, rétréci vers la
base, striolé, élevé au milieu vers la base.
Tarière aussi longue que les deux tiers de
l'abdomen. ♂ Semblable; antennes de 29 articles. Long. 2 2/3-4mm; Env. 6-8mm.

Maritima, Haliday.

Obs. — Il se trouve parmi les algues pourris-
santes, aux bords de la mer, et dans les salines,
mais pas communément.

Patrie : Côtes d'Angleterre et d'Irlande.

Corps noir, sans reflet métallique; ailes
enfumées, sans taches plus obscures; nervure récurrente moins longuement rejetée;
nervure postérieure à peu près interstitiale.
♀ Mandibules roussâtres; yeux très finement
pubescents. Antennes filiformes, aussi lon-

gues que le corps, de 20 articles, noirâtres, brunâtres au-dessous de la base. Sillons mésothoraciques commencés : une petite fossette dorsale vis-à-vis du scutellum ; métathorax ponctué-rugueux. Ailes étroites ; écaillettes brunâtres ; stigma noirâtre, moins épais que chez l'autre espèce ; cellule médiane des ailes postérieures relativement plus petite. Tarière à peu près aussi longue que l'abdomen. ♂ Inconnu. Long. 2ᵐᵐ ; Env. 5ᵐᵐ.

Nephele, HALIDAY.

PATRIE : Écosse (Iles Hébrides) ; Norvège (Finmark).

11ᵉ GENRE. — APHÆRETA, FOERSTER 1862.

ἀφίρετος, retiré, enlevé.

Quatrième article des antennes plus long que le 3ᵉ ; palpes maxillaires de 6, labiaux de 4 articles. Première cellule cubitale confondue avec la 1ʳᵉ discoïdale ; 2ᵉ cellule cubitale séparée de la 1ʳᵉ ; 1ʳᵉ nervure transverso-cubitale plus courte que la 2ᵉ abscisse ; 2ᵉ cellule discoïdale nulle ; nervure postérieure interstitiale ; ailes postérieures très étroites, cellule médiane et nervure transversale obsolètes.

Avec ce genre commence la seconde section artificielle des *Alysiidœ*, comprenant tous ceux qui ont la 2ᵉ cellule cubitale allongée, ou, en d'autres termes, la 1ʳᵉ nervure transverso-cubitale plus courte que la 2ᵉ abscisse de la nervure radiale. Il n'y a qu'une seule espèce d'*Aphœreta*, commune et variable de taille, qui se distingue parmi les autres de la tribu par la disparition de la nervure séparatrice entre la 1ʳᵉ cellule cubitale et la 1ʳᵉ discoïdale.

—   ♀ D'un noir un peu brunâtre, luisante ; tête

grande; mandibules et palpes ferrugineux.
Antennes un peu plus longues que le corps,
noirâtres, avec les deux premiers articles
ferrugineux, de 19 à 25 articles. Prothorax
souvent brunâtre; sillons mésothoraciques
ordinairement distincts, lisses, à peine sensibles chez les plus petits individus; pas de
fossette dorsale vis-à-vis du scutellum; sillon
des mésopleures rugueux, plus lisse sur le
dos et vers la base. Ailes hyalines avec une
légère teinte obscure; écaillettes brunes; nervures et stigma d'un testacé plus ou moins
sale; celui-ci très atténué, confondu extérieurement avec le métacarpe; cellule radiale cultriforme, très longue, atteignant le bout de
l'aile; 2e cellule cubitale allongée, rétrécie
extérieurement; 2e abscisse presque deux fois
aussi longue que la 1re nervure transverso-
cubitale; nervure postérieure naissant de la
nervure cubitale; 2e cellule discoïdale nulle.
Pattes d'un ferrugineux sale. Premier seg-
ment abdominal obconique, très finement
ruguleux, parfois roussâtre. Tarière aussi
longue que les deux tiers de l'abdomen.
♂ Semblable; antennes à peine deux fois
aussi longues que le corps, de 27 articles.
Long. 2-2 1/2^{mm}; Env. 5-6^{mm}.

Var. 1. ♀ De forme plus grêle. Antennes
de moitié plus longues que le corps, de 25 articles, noirâtres, avec la base longuement
rouge-jaunâtre; une fossette sur le mesonotum; sillon des mésopleures très finement
tracé, crénelé; métathorax presque lisse;
pattes allongées, grêles, d'un rouge jaunâtre;
ailes hyalines. Long. 2^{mm}; Env. 5^{mm} (Haliday).
Selon l'auteur, cette variete serait peut-être

une seconde espèce ; elle se trouve très rarement ; ma collection en possède un seul
exemplaire.

Var. 2. ♂ Entièrement noir, grêle ; antennes très minces (mutilées); sillons mésothoraciques effacés ; pas de fossette sur le
mesonotum ; ailes hyalines ; nervures et
stigma d'un testacé pâle, celui-ci presque
nul ; pattes d'un brun obscur, avec les genoux
et le 2ᵉ article des trochanters rougeâtres.
Long. 1 1/2ᵐᵐ ; Env. 3 3/4ᵐᵐ. Cette variété,
qui me fut communiquée par le Dʳ Capron,
paraît aussi douteuse que la précédente ; elle
peut être l'*Alysia fuscipes,* Nees, trop insuffisamment décrit, mais que je regarde, jusqu'à supplément d'observations, comme
synonyme de *cephalotes,* dont elle ne diffère
que par la couleur plus obscure des pattes.

Cephalotes, Haliday.

Obs. — Ratzeburg, par suite de quelque erreur,
a cru avoir obtenu son *Alysia confluens* (synonyme
d'*A. cephalotes)* du Lépidoptère *Amphidasys betularius,* L.

Patrie : Angleterre ; Irlande ; Allemagne ; Hollande ;
Russie ; parmi les algues aux bords de la
mer, et dans l'intérieur.

12ᵉ GENRE. — PHÆNOCARPA, Foerster, 1862.

De la racine φαιν-, φυν-, éclairer, rendre visible ;
κυρπός, stigma.

Quatrième article des antennes plus long que le 3ᵉ ; palpes
maxillaires de 6, labiaux de 4 articles. Cellules cubitales complètes ; 1ʳᵉ nervure transverso-cubitale plus courte que la

2ᵉ abscisse; 2ᵉ cellule discoïdale complète; nervure postérieure subinterstitiale, rarement interstitiale; cellule médiane des ailes postérieures n'atteignant pas le milieu de la cellule costale.

Les *Phænocarpa*, à peu d'exceptions près, ont les antennes longues et grêles, avec le 4ᵉ et même le 5ᵉ article plus long que le 3ᵉ; les sillons mésothoraciques plus ou moins continus; les rugosités du métathorax et du 1ᵉʳ segment abdominal moins distinctes que chez les *Alysia;* l'épistome plus grand; la face convexe et presque lisse; le stigma oblong, émettant la nervure radiale de sa seconde moitié, souvent atténué et mal déterminé du côté externe.

On connaît environ une quinzaine d'espèces propre à la faune européenne, et ce nombre sera sans doute augmenté quand on aura porté quelque attention à ces insectes. Les genres *Homophyla, Asobara, Idiolexis,* de Foerster, ne sont pas adoptés ici, de crainte de multiplier les divisions inutiles.

1   Cellule radiale écartée du bout de l'aile (genre *Homophyla,* Foerster).   **2**

—   Cellule radiale atteignant le bout de l'aile.   **3**

2   Abdomen entièrement noir. ♀ D'un noir intense, luisante; mandibules brunâtres; palpes obscurs. Antennes aussi longues que le corps, de 34 articles. Sillons mésothoraciques complets, crénelés au fond, se réunissant postérieurement en angle aigu; métathorax ruguleux. Ailes subhyalines; écaillettes ferrugineuses; nervures et stigma noirâtres; celui-ci oblong, émettant la nervure radiale au delà du milieu; cellule radiale courte, lancéolée; nervure radiale arquée; 2ᵉ abscisse à peine plus longue que la 1ʳᵉ nervure transverso-cubitale; nervure récurrente

interstitiale; cellule médiane des ailes postérieures n'atteignant pas le milieu de la cellule costale. Pattes noirâtres ou brunes, celles de devant plus claires, ainsi que le dessous de toutes les cuisses, et la base des tibias. Abdomen déprimé, luisant; 1ᵉʳ segment à peine plus long que large, striolé. Tarière ascendante, courte, ne dépassant pas le bout de l'abdomen. ♂ Semblable; antennes plus longues que le corps, de 38 articles. Long. 4ᵐᵐ; Env. 8ᵐᵐ.   **Pullata**, Haliday.

Patrie : Angleterre; Irlande; rare.

—— Abdomen avec les segments 2-3 testacés. ♀ Tête et thorax noirs, luisants; mandibules brun de poix; palpes blanchâtres. Antennes plus longues que le corps, noires, avec la base brun de poix en dessous; 4ᵉ article plus long que le 3ᵉ. Sillons mésothoraciques complets; métathorax ruguleux. Ailes légèrement enfumées; écaillettes brunes; stigma épais, un peu triangulaire; cellule radiale lancéolée, très écartée du bout de l'aile; 2ᵉ abscisse plus longue que la 1ʳᵉ nervure transverso-cubitale; 3ᵉ abscisse arquée; nervure récurrente presque interstitiale; les 4 pattes antérieures jaune brunâtre, celles de derrière brun de poix à articulations jaunâtres. Abdomen très obtus à l'extrémité, un peu plus long que le thorax, et moins large que lui; 1ᵉʳ segment rugueux ou aciculé, noir en dessus, fauve en dessous; les deux suivants entièrement jaunâtres; le 4ᵉ noir à bordure fauve; les suivants noirs. Tarière à peine saillante. ♂ Inconnu. Long. 5 1/3ᵐᵐ.

Theodori, Vollenhoven.

Obs. — C'est par erreur que cet insecte figure dans le texte comme un ♂, tandis que la planche, représentant l'abdomen en profil, annonce indubitablement l'autre sexe.

Patrie : Hollande (dunes de Loosduinen); un seul exemplaire connu.

3   Cellule médiane beaucoup plus longue que la cellule costale, avancée en saillie obtuse; 2e cellule discoïdale petite, subobsolète; cellule radiale des ailes postérieures presque bipartie par une nervule accessoire. ♀ D'un brun châtain foncé, avec la tête noirâtre, luisante; mandibules et palpes ferrugineux. Antennes à peine aussi longues que le corps, pubescentes, noirâtres, avec les deux premiers articles ferrugineux; 4e article à peine allongé. Sillons mésothoraciques incomplets; une fossette ponctiforme devant le scutellum ; sillon des mésopleures finement dessiné, crénelé. Ailes obscures; écaillettes ferrugineuses; stigma assez long et épais, d'un brunâtre pâle; cellule radiale cultriforme; 2e abscisse courbée à la base, à peine plus longue que la 1re nervure transverso-cubitale; 3e abscisse droite; 2e cellule discoïdale rétrécie aux deux bouts, à nervures transversales très courtes, ponctiformes; nervure postérieure interstitiale; cellule médiane des ailes postérieures n'atteignant pas le milieu de la cellule costale. Pattes ferrugineuses. Premier segment abdominal subbicaréné, d'un châtain rougeâtre. Tarière aussi longue que les deux tiers de l'abdomen. ♂ Inconnu. Long. 3^{mm}; Env. 5 1/2^{mm}.   **Punctigera, Haliday.**

Obs. — Cette espèce forme à elle seule le genre *Idiolexis*, Foerster.

Patrie : Irlande; un seul exemplaire connu.

——   Cellule médiane et 2ᵉ cellule discoïdale de forme ordinaire, celle-ci rarement obsolète; cellule radiale des ailes postérieures simples.   **4**

4   Deuxième cellule discoïdale obsolète; stigma très atténué, presque nul. ♀ Brune, luisante, avec la tête et la partie postérieure de l'abdomen noires; 1ᵉʳ segment d'un testacé rougeâtre; mandibules et palpes rouges. Antennes de moitié plus longues que le corps. brunâtres, avec les 4 ou 5 premiers articles testacés, de 19 à 21 articles assez longs, le 4ᵉ très allongé. Prothorax rouge; mésothorax d'un brun châtain ou roussâtre; sillons du mesonotum incomplets; métathorax quelquefois testacé, presque lisse; une fossette circulaire vis-à-vis du scutellum. Ailes hyalines; écaillettes rouges; nervures et stigma d'un testacé obscur; cellule radiale cultriforme, atteignant le bout de l'aile; 2ᵉ cellule cubitale allongée, très rétrécie extérieurement; nervure postérieure interstitiale; ailes postérieures étroites, à cellule médiane très rapetissée. Pattes testacées. Premier segment abdominal inégal, à peine ruguleux, bicaréné, testacé, les suivants roussâtres, s'assombrissant de plus en plus jusqu'à l'extrémité qui est noire. Tarière aussi longue que les trois quarts de l'abdomen. ♂ Semblable; antennes plus longues, de 20 à 22 articles, Long. 2ᵐᵐ; Env. 5ᵐᵐ.   **Tabida**, Nees.

Obs. — Cette espèce forme à elle seule le genre *Asobara*, Foerster.

Patrie : Allemagne; Angleterre; Irlande; rare.

—   Deuxième cellule discoïdale complète ou
presque complète; stigma plus déterminé.   5

5   Nervures transversales à bordure nuageuse. ♀ Noire, luisante, légèrement bronzée;
face pointillée, subcarénée; mandibules
rouges; palpes d'un rouge obscur. Antennes
minces, noires, rougeâtres à la base en dessous, plus longues que le corps, de 27 articles.
Sillons mésothoraciques complets, crénelés,
réunis en courbe postérieurement; on distingue entre eux une ligne longitudinale enfoncée; métathorax ruguleux, plus lisse vers
la base. Ailes brunâtres; écaillettes testacées; nervures et stigma noirâtres; celui-ci
bien déterminé, émettant la nervure radiale
de sa moitié externe; cellule radiale cultriforme, atteignant à peine le bout de l'aile;
2ᵉ cellule cubitale allongée, peu rétrécie extérieurement, 2ᵉ abscisse deux fois aussi longue
que la 1ʳᵉ nervure transverso-cubitale; toutes
les nervures transversales lisérées d'une
teinte obscure: la 2ᵉ transverso-cubitale plus
intensément que les autres; cellule médiane
des ailes postérieures très rapetissée. Pattes
d'un ferrugineux obscur. Abdomen déprimé;
1ᵉʳ segment assez long, deux fois aussi large
à l'extrémité qu'à la base, finement striolé.
Tarière, mesurée de sa base, aussi longue
que l'abdomen. ♂ Semblable; antennes de
moitié plus longues que le corps, et même
davantage, de 30 à 32 articles. Long. 3-31/2ᵐᵐ;
Env. 6-8ᵐᵐ.   **Picinervis**, Haliday.

Patrie : Angleterre; Irlande; assez commun.

—   Nervures transversales sans bordure obscure.   6

6 Antennes tricolores, blanchâtres avant l'extrémité. ♀ Noire, luisante; face convexe,
avec une fossette arrondie au-dessous des
antennes; mandibules ferrugineuses, à pointes
obscures; palpes blanchâtres. Antennes filiformes, presque deux fois aussi longues que
le corps, de 28 articles, dont les 6 premiers
testacés, les 10-11 suivants noirâtres, les
avant-derniers blanc jaunâtre, et les deux
apicaux noirs; 4ᵉ article de moitié plus long
que le 3ᵉ. Sillons mésothoraciques commencés; une fossette circulaire devant le scutellum; fossette ordinaire antéscutellaire crénelée; postscutellum élevé en carène dentiforme triangulaire; sillon des mésopleures
lisse; métathorax rugueux. Ailes étroites,
hyalines; stigma semi-ovale, noirâtre ainsi
que les nervures; cellule radiale lancéolée,
n'atteignant pas tout à fait le bout de l'aile;
3ᵉ abscisse légèrement courbée; 2ᵉ cellule cubitale (mesurée sur la nervure cubitale) deux
fois aussi longue qu'elle ne l'est sur la nervure radiale; nervure récurrente un peu rejetée; 2ᵉ cellule discoïdale fermée; nervure postérieure non interstitiale. Pattes allongées,
d'un testacé sale, avec les tarses plus clairs;
crochets noirs. Abdomen subsessile, comprimé; triangulaire vu de côté; aussi long
que le thorax, mais beaucoup moins large;
1ᵉʳ segment peu élargi en arrière, terne, marqué de 10 stries longitudinales, dont les deux
latérales plus élevées; 2ᵉ segment d'un brun
châtain, plus clair vers la base, testacé sur
les côtés et en dessous; segments 2-3 très
longs, cachant presque tous les suivants.
Tarière aussi longue que l'abdomen. ♂ Inconnu. Long. 2 1/2ᵐᵐ.   **Picticornis, Ruthe.**

Patrie : Allemagne (environs de Berlin); un seul exemplaire connu.

—

Antennes noirâtres ou bicolores, brunâtres ou testacées, jamais blanchâtres vers l'extrémité.

7

7 Métathorax subcaréné transversalement vers l'extrémité; tête le plus souvent rouge, corps noir ou tête et corps testacés; stigma assez épais, semi-ovale. ♀ Luisante; vertex noirâtre; face pointillée. Antennes plus longues que le corps, de 22 à 27 articles dont les deux premiers rouges; 4ᵉ article très long. Sillons mésothoraciques ponctués en avant, s'affaiblissant en arrière, convergent vers une fossette profonde vis-à-vis du scutellum; métathorax finement ruguleux, lisse vers la base, quelquefois avec une petite aréole au milieu. Ailes hyalines; écaillettes d'un rouge obscur; nervures et stigma noirâtres; celui-ci oblong, arrondi à chaque bout, plus épais que chez les espèces voisines, *picinervis, conspurcator* (V. nᵒˢ 5, 13); cellule médiane des ailes postérieures un peu plus longue. Pattes testacées ou ferrugineuses, avec l'extrémité des tarses obscure. Abdomen d'un noir brun, un peu comprimé; 1ᵉʳ segment obconique, striolé. Tarière aussi longue que l'abdomen, à valves hérissées. ♂ Semblable; antennes de 25 à 32 articles, beaucoup plus longues que le corps; tête plus largement rouge que celle de la ♀. Long. 2 2/5-4ᵐᵐ; Env. 5-10ᵐᵐ.

Var. 1. ♂ Ailes jaunâtres, avec les nervures extérieures décolorées, à peine sensibles.

Var. 2. ♂♀ La teinte rouge de la tête s'étend plus ou moins sur le thorax.

Var. 3. ♂♀ Tête d'un rouge pâle ou testacée ; thorax et 1ᵉʳ segment abdominal d'un rouge obscur ; le reste de l'abdomen noirâtre ; sillons mésothoraciques et mésopleures obscurs. Cette variété, selon Haliday, serait l'*Alysia testacea*, Nees. Je possède deux mâles écossais parfaitement homogènes, qui ont la tête, le thorax et le 1ᵉʳ segment entièrement pâles ; leur métathorax est presque lisse.

Var. 4. Tête noire, concolore avec le reste du corps ; reconnaissable à la carène transversale du métathorax, et à l'épaisseur du stigma.   **Ruficeps**, Nees.

Obs. — Cette espèce est très commune : on l'a élevée des larves d'*Anthomyia radicum*, L., *Lonchæa vaginalis*, Fall., et *Piophila casei*, L. C'est certainement à tort que Ratzeburg signale son *Alysia oculator* (synonyme de *ruficeps*), comme parasite de *Tortrix lævigana*, L.

Patrie : Europe en général.

——   Métathorax sans carène transversale ; tête concolore avec le corps, noire ou testacée ; stigma moins épais, souvent très atténué.   8

8   Ailes raccourcies, dépassant de peu le bout de l'abdomen. ♂ Noir, avec le 2ᵉ segment abdominal et la majeure partie du 3ᵉ, rouges ; palpes testacés. Antennes beaucoup plus longues que le corps, de 34 articles, testacées, avec l'extrémité largement noirâtre ; tous les articles étroitement annelés de noirâtre au sommet ; 4ᵉ article deux fois aussi

long que le 3e. Sillons mésothoraciques peu profonds, pointillés, convergent vers une fossette triangulaire vis-à-vis du scutellum ; métathorax à peine ruguleux, surmonté d'une aréole semi-elliptique assez grande, limitée par une ligne élevée qui atteint la base de chaque côté. Ailes subhyalines ; écaillettes testacées ; nervures et stigma brunâtres ; celui-ci petit, atténué extérieurement et confondu avec le métacarpe ; nervure récurrente très oblique, évectée ; nervure postérieure interstitiale ; cellule médiane des ailes postérieures nulle. Pattes d'un testacé rougeâtre. Premier segment abdominal assez étroit, deux fois aussi long que sa largeur apicale, striolé. ♀ Inconnue. Long. 4mm : Env. 7mm.

Ingressor, Marshall.

Patrie : France ; je l'ai capturé à Gavarnie (Hautes-Pyrénées.

—   Ailes d'amplitude ordinaire.   9

9   Antennes de la ♀ à peine aussi longues que le corps, de 19 à 21 articles seulement ; ♂ inconnu.   10

—   Antennes des deux sexes beaucoup plus longues que le corps, avec plus de 21 articles.   11

10   Deuxième cellule cubitale courte, la 2e abscisse étant à peine plus longue que la première nervure transverso-cubitale. ♀ Noire, luisante ; mandibules roussâtres. Antennes un peu plus courtes que le corps, filiformes, de 19 à 21 articles. Sillons mésothoraciques complets, pointillés, réunis postérieurement en angle aigu ; sillon des mésopleures fine-

ment tracé, crénelé; métathorax lisse, luisant. Ailes hyalines, un peu blanchâtres; écaillettes testacées; nervures et stigma noirâtres; celui-ci assez petit, acuminé aux deux bouts; 1ʳᵉ abscisse aussi longue que l'épaisseur du stigma; cellule radiale cultriforme, atteignant le bout de l'aile; nervure récurrente interstitiale; nervure postérieure presque interstitiale; cellule médiane des ailes postérieures atteignant le tiers de la cellule costale. Pattes noirâtres, avec la base des tibias rougeâtre. Abdomen atténué aux deux bouts, large au milieu; 1ᵉʳ segment un peu plus long que sa largeur apicale, faiblement striolé, élevé longitudinalement dans le milieu. Tarière aussi longue que le tiers de l'abdomen. ♂ Inconnu. Long. 2 1/2ᵐᵐ; Env. 5-6ᵐᵐ.

Maria, Haliday.

—— Deuxième cellule cubitale allongée, la 2ᵉ abscisse étant deux fois aussi longue que la première nervure transverso-cubitale. ♀ Noire ou brun de poix, luisante; mandibules roussâtres. Antennes à peine aussi longues que le corps, de 21 articles. Sillons mésothoraciques incomplets, à peine commencés; une petite fossette ponctiforme vis-à-vis du scutellum; sillon des mésopleures subobsolète, pointillé. Ailes hyalines, blanchâtres; écaillettes d'un roussâtre obscur; stigma d'un brunâtre pâle, plus étroit que chez le précédent; 2ᵉ cellule cubitale à côtés supérieur et inférieur parallèles; nervure séparatrice de la 1ʳᵉ cubitale et de la 1ʳᵉ discoïdale presque décolorée; nervure récurrente interstitiale; nervure postérieure non interstitiale. Pattes noiràtres, avec les tibias roussàtres, ainsi que les trochanters et le sommet des cuisses de devant. Tarière courte, exserte. ♂ Inconnu. Long. 2 1/3ᵐᵐ; Env. 5 1/2ᵐᵐ.   **Galatea, Haliday.**

Patrie : Irlande; pris une fois seulement sur la côte sablonneuse près de Dublin.

11   Corps ferrugineux ou testacé, luisant; avec le milieu du vertex, la majeure partie du thorax et le 1ᵉʳ segment abdominal noiràtres. ♀ Antennes testacées, obscures vers l'extrémité, deux fois aussi longues que le corps, de 41 à 42 articles; 4ᵉ article un peu plus long que le 3ᵉ, qui est de même longueur que le 5ᵉ. Prothorax et partie antérieure des pleures ferrugineux ou testacés; sillons mésothoraciques complets, lisses, réunis postérieurement en angle aigu ponctué au fond; mesonotum marqué de quelques points épars; scutellum convexe, très lisse; métathorax ponctué-ruguleux, lisse à la base. Ailes hyalines avec une légère teinte cendrée; écaillettes ferrugineuses; nervures brunàtres; stigma jaune, assez étroit, atténué extérieurement; 2ᵉ abscisse de moitié plus longue que la 1ʳᵉ nervure transverso-cubitale; nervure récurrente interstitiale; nervure postérieure non interstitiale. Pattes épaisses, ferrugineuses ou testacées. Abdomen ferrugineux ou testacé, à partir de la base du 2ᵉ segment; le 1ᵉʳ noir, aussi long que sa largeur apicale, striolé, élevé dans le milieu. Tarière un peu plus longue que la moitié de l'abdomen; ses valves hérissées, élargies à l'extrémité. ♂ Antennes de 49 articles; stigma noiràtre. Long. 4ᵐᵐ; Env. 8ᵐᵐ.

Var. ♀ Tête presque en entier d'un noir

brunâtre; antennes à peine de moitié plus
longues que le corps; prothorax ferrugineux
sur le dos seulement; ailes enfumées, stigma
noirâtre; côtés et extrémité de l'abdomen assombris. Long. 3ᵐᵐ; Env. 6ᵐᵐ. Pris une fois
aux environs de Londres.   **Eugenia**, Haliday.

PATRIE : Angleterre (j'ai pris la ♀ en Cornouailles); Irlande; extrêmement rare.

—   Corps noir ou noirâtre presque en entier.   **12**

12   Sillons mésothoraciques complets, se réunissant en arrière vis-à-vis du scutellum.   **13**

—   Sillons mésothoraciques commencés, disparaissant en arrière,   **14**

13   Antennes de 24 à 32 articles; tarière de la
longueur des deux tiers de l'abdomen. Noir;
mandibules d'un rouge obscur; palpes plus
pâles. ♀ Antennes un peu plus longues que
le corps, de 24 à 30 articles, dont les deux
premiers d'un rouge obscur. Sillons mésothoraciques complets, finement ponctués,
réunis postérieurement en angle aigu; métathorax inégal, irrégulièrement marqué de
quelques lignes élevées. Ailes subhyalines;
écaillettes roussâtres; nervures et stigma
bruns, celui-ci étroit, très atténué extérieurement et confondu avec le métacarpe; 2ᵉ cellule cubitale légèrement rétrécie vers l'extrémité, l'angle supérieur de sa base souvent
un peu émoussé; nervure récurrente interstitiale; nervure postérieure non interstitiale.
Pattes roussâtres. Premier segment abdominal un peu plus long que sa largeur apicale, mat, à peine ruguleux, subcaréné dans

le milieu, la carène se bifurque près de la base. ♂ Semblable; antennes plus grêles et plus longues, de 32 articles. Long. 2 1/2ᵐᵐ- 4 1/2ᵐᵐ; Env. 6-10ᵐᵐ.   **Conspurcator, HALIDAY.**

Oʙs. — Espèce des plus communes, reconnaissable principalement à l'étroitesse du stigma. La femelle fréquente les fumiers, les crottins de cheval, à la recherche des larves de diptères.

Pᴀᴛʀɪᴇ : Angleterre; Irlande; France; Hollande; et probablement toute l'Europe.

— Antennes de 33 à 41 articles; tarière plus longue que le corps. ♀ D'un noir brun, luisant, quelquefois avec le milieu du mesonotum rouge. Tête large, d'un noir brillant; épistome et mandibules rouges. Antennes très grêles, filiformes, presque deux fois aussi longues que le corps, noirâtres avec la base ferrugineuse, de 33 à 35 articles; 4ᵉ article allongé. Sillons mésothoraciques complets, lisses; métathorax très court, inégal, un peu ruguleux, Ailes hyalines; écaillettes testacées; nervures brunâtres; stigma jaune, étroit, brusquement atténué du côté externe; 2ᵉ cellule cubitale rétrécie extérieurement; nervure récurrente interstitiale; nervure postérieure non interstitiale. Pattes testacées. Premier segment abdominal peu rétréci à la base, une fois et demie aussi long que large, très finement striolé, parfois rouge avec le disque noirâtre. Tarière de la longueur des antennes, ou deux fois aussi longue que le corps. ♂ Semblable; antennes de 41 articles; milieu du mesonotum, scutellum et 1ᵉʳ segment abdominal, rouges, ce dernier (chez mon exemplaire) noirâtre sur le disque. Long. 4ᵐᵐ; Env. 9ᵐᵐ.   **Pratellæ, CURTIS.**

Patrie : Angleterre; Écosse; trouvé rarement parmi
les agarics.

14   Ailes enfumées.   **15**

——   Ailes hyalines.   **16**

15   Tarière plus courte que l'abdomen. ♂ Inconnu. ♀ Corps noir; mandibules d'un rouge
obscur. Antennes de la longueur du corps,
noirâtres avec la base brunâtre en dessous,
de 22 articles. Sillons mésothoraciques raccourcis; fossette petite. Formes de *flavipes*
(V. nᵒ 16); ressemble aussi beaucoup à *conspurcator* (V. nᵒ 13). Voilà toute la description de cette espèce, qui reste peut-être indéterminable. Long. 2 2/3ᵐᵐ; Env. 6ᵐᵐ.

                                        Nina, Haliday.

Patrie : Écosse (Hébrides).

——   Tarière plus longue que l'abdomen. ♀ Corps
noir; face pointillée; yeux légèrement poilus;
mandibules ferrugineuses; palpes obscurs.
Antennes de la longueur du corps, noirâtres
avec la base brune en dessous, de 25 articles;
4ᵉ article peu allongé, 3ᵉ un peu plus long
que le 5ᵉ. Sillons mésothoraciques commencés; une fossette courte vis-à-vis du scutellum. Ailes enfumées; écaillettes d'un testacé
pâle; stigma étroit; cellule médiane des ailes
postérieures très petite. Pattes roussâtres.
J'ajoute la diagnose d'un ♂ qui paraît appartenir à la même espèce : —'Noir; antennes
presque deux fois aussi longues que le corps,
de 30 articles, noirâtres avec les deux premiers articles testacés. Sillons mésothoraciques commencés; une fossette circulaire et

peu profonde vis-à-vis du scutellum. Ailes
enfumées; stigma médiocrement étroit.
Long. 4mm; Env. 9mm.   **Eunice**, HALIDAY.

PATRIE : Irlande; très rare ♀; Angleterre, ♂.

16   Abdomen noir ou noirâtre, parfois avec
une ceinture jaunâtre à la base du 2e segment.
♀ Corps noir de poix, luisant; mandibules
et épistome ferrugineux; palpes jaunâtres.
Antennes plus longues que le corps, noirâtres, avec le 1er tiers testacé, de 29 à 32 articles. Sillons mésothoraciques très affaiblis
ou disparaissant en arrière; une fossette vis-
à-vis du scutellum, située dans une tache
rouge bilobée; métathorax inégal, luisant.
Ailes hyalines; écaillettes jaunâtres; nervures et stigma d'un testacé brunâtre; celui-
ci distinct, envahissant en grande partie la
1re abscisse; 2e cellule cubitale rétrécie du côté
externe; nervure récurrente et nervure postérieure interstitiales. Pattes d'un testacé
jaunâtre. Abdomen déprimé; 1er segment un
peu plus long que sa largeur apicale, peu rétréci vers la base, faiblement striolé. Tarière
aussi longue que les deux tiers de l'abdomen.
♂ Semblable; antennes deux fois aussi longues que le corps, de 30 articles (chez mon
exemplaire): stigma assez atténué du côté
externe, se confondant avec le métacarpe;
1re abscisse courte mais distincte. Long.
2 1/2-3 1/2mm; Env. 5 1/2-7 1/2mm. **Flavipes**, HALIDAY.

PATRIE : Irlande; Angleterre; Hollande; rare partout.

—   Abdomen roussâtre ou testacé à partir de
la base du 2e segment. ♀ D'un noir de poix;
parties buccales ferrugineuses. Antennes

presque deux fois aussi longues que le corps,
de 27 à 28 articles, noirâtres avec les 3 ou 4
premiers articles testacés; 4ᵉ article peu
allongé; 3ᵉ et 5ᵉ articles presque égaux. Prothorax testacé; sillons mésothoraciques
commencés seulement; une fossette ovale
vis-à-vis du scutellum; métathorax mat,
finement ponctué-ruguleux. Ailes hyalines;
écaillettes jaunâtres; nervures et stigma d'un
brunâtre pâle ou testacé; celui-ci étroit, atténué du côté externe et se confondant avec le
métacarpe; 2ᵉ cellule cubitale rétrécie du côté
externe; nervure récurrente interstitiale; nervure postérieure presque interstitiale; ailes
postérieures sans cellule médiane sensible.
Pattes jaunâtres. Abdomen déprimé, d'un
rouge châtain ou ferrugineux, avec le 1ᵉʳ segment noirâtre; celui-ci de forme ordinaire,
mat, très finement ponctué-ruguleux. Tarière
aussi longue que les deux tiers de l'abdomen.
♂ Semblable; antennes trois fois aussi longues que le corps, de 31 articles; une tache
rouge bilobée sur le mesonotum (chez mon
exemplaire); abdomen testacé à partir de la
base du 2ᵉ segment, avec les segments apicaux noirâtres. Long. 2-2 2/3ᵐᵐ; Env. 5-6ᵐᵐ.

Livida, Haliday.

Patrie : Angleterre; Irlande; rare.

13ᵉ GENRE. — ADELURA, Foerster, 1862.

ἄδηλος invisible; οὐρά, queue; tarière cachée.

Palpes maxillaires de 6, labiaux de 4 articles. Antennes
longues, grêles, multiarticulées; 4ᵉ article pas ou à peine
plus long que le 3ᵉ (sauf chez *A. florimela*). Sillons mésotho-

ciques incomplets ; une fossette dorsale vis-à-vis du scutellum ; sillon des mésopleures plus ou moins distinct ; ponctué ou lisse ; métathorax ruguleux, sans carène longitudinale. Première cellule cubitale séparée de la 1ʳᵉ discoïdale ; 2ᵉ cellule cubitale complète ; 1ʳᵉ nervure transverso-cubitale plus courte que la 2ᵉ abscisse (sauf chez *A. dictynna*) ; stigma allongé, atténué aux deux bouts, ou linéaire ; nervure récurrente et nervure postérieure non exactement interstitiales ; cellule médiane des ailes postérieures atteignant au moins le milieu de la cellule costale ; nervure transverso-discoïdale obsolète. Abdomen déprimé, élargi postérieurement chez les ♀. linéaire chez les ♂ : 1ᵉʳ segment étroit, ruguleux, linéaire, avec les tubercules médians ; 2ᵉ segment et suivants lisses. Tarière très courte, presque cachée.

Suivant les vues de Foerster, le genre *Adelura* ne contient qu'une seule espèce, *Alysia florimela*, Haliday, qu'il a éloignée de ses voisines pour des raisons peu importantes ; les autres portent dans son système le nom générique de *Dapsilarthra*. Elles ont toutes le même facies, et présentent les caractères ci-dessus précisés : en les réunissant, je n'ai fait que restituer la Section XII des *Alysia* de Haliday *(Brachycentri)*, caractérisée surtout par l'extrême brièveté de la tarière. Quant à la dernière espèce de Haliday, *Alysia perdita*, cet auteur lui-même l'a erigée en section particulière, qui est maintenant le genre *Anisocyrta*, Foerster. Les *Adelura* se distinguent sans trop de difficulté par la disposition des nervures alaires.

1   Stigma en ovale lancéolé, épais au milieu, atténué du côté externe, émettant la nervure radiale un peu avant le milieu. ♀ Corps noir, luisant ; abdomen roussâtre à partir de la base du 2ᵉ segment, les segments ceinturés de noir ; ou noirs, avec la base du 2ᵉ segment roussâtre ; tête beaucoup plus large que le thorax ; face pointillée ; mandibules et palpes ferrugineux, ceux-ci plus pâles. Antennes

grêles, deux fois aussi longues que le corps,
de 48 à 50 articles, dont les deux premiers
rouges; 4ᵉ article un peu plus long que le 3ᵉ
(caractère propre à cette espèce). Sillons mésothoraciques à peine commencés; sillon des
mésopleures rugueux; une fossette courte et
linéaire vis-à-vis du scutellum; métathorax
finement ruguleux. Ailes hyalines; écaillettes
rouges; nervures et stigma noirâtres; celui-ci
moins allongé que chez les autres espèces;
cellule radiale cultriforme, n'atteignant pas
le bout de l'aile; 2ᵉ cellule cubitale non rétrécie du côté externe; 3ᵉ abscisse presque
droite; 1ʳᵉ nervure transverso-cubitale plus
courte que la 2ᵉ abscisse; cellule médiane des
ailes postérieures dépassant à peine la moitié
de la cellule costale. Pattes rouges; extrémité
des tibias de derrière, et tarses de la même
paire, assombris. Premier segment abdominal linéaire, deux fois aussi long que large,
finement striolé, avec les tubercules saillants.
Tarière subexserte. ♂ Inconnu. Long. 4ᵐᵐ;
Env. 8ᵐᵐ.   **Florimela**, Haliday.

Patrie : Angleterre; rare.

—   Stigma linéaire, peu ou point épaissi au
milieu, atténué du côté externe, émettant la
nervure radiale non loin de sa base.   2

2   Stigma ne dépassant pas le milieu de la
cellule radiale; 2ᵉ cellule cubitale un peu rétrécie du côté externe.   3

—   · Stigma atteignant les deux tiers de la longueur de la cellule radiale, ou encore plus
long, se confondant avec le métacarpe; 2ᵉ cellule cubitale peu ou point rétrécie du côté
externe.   4

3   Abdomen, à partir de la base du 2ᵉ segment, tantôt d'un rouge foncé, tantôt jaunâtre; segments postérieurs ceinturés de bandes obscures plus ou moins distinctes. ♀ Noire, luisante; parties buccales et palpes rouges. Antennes très grêles, de moitié plus longues que le corps, de 27 à 30 articles, noirâtres, avec les deux premiers articles rouges ou testacés; 3ᵉ article un peu plus long que le 4ᵉ. Fossette dorsale du mesonotum très petite; métathorax pointillé. Ailes hyalines; écaillettes jaunâtres; nervures et stigma testacés; celui-ci linéaire, atteignant à peine le milieu de la cellule radiale, émettant la nervure radiale de son 1ᵉʳ quart; cellule radiale cultriforme, atteignant le bout de l'aile; 2ᵉ cellule cubitale allongée, à peine rétrécie du côté externe. Pattes rouges ou jaunâtres; crochets des tarses obscurs. Abdomen ovalaire: premier segment obconique, presque plan, noir, pointillé; les suivants lisses, Tarière très courte. ♂ Semblable, au dire de Kawall; face et scutellum d'un jaune brunâtre. Long. 1 3/5ᵐᵐ; Env. 4 2/3ᵐᵐ.   **Rufiventris**, Nees.

—   Abdomen noir, à 2ᵉ et 3ᵉ segments en grande partie brunâtres. ♀ Noire; mandibules rouges. Antennes deux fois plus longues que le corps, noirâtres, avec les deux premiers segments rouges, de 40 à 41 articles; 3ᵉ article un peu plus long que le 4ᵉ. Fossette du mesonotum circulaire, peu profonde. Ailes hyalines; écaillettes testacées, ainsi que les nervures et le stigma; ce dernier linéaire, n'atteignant pas tout à fait le milieu de la cellule radiale, puis se confondant avec le

métacarpe, émettant la nervure radiale de ·.
son 1ᵉʳ tiers; 2ᵉ cellule cubitale allongée,
étroite, un |peu rétrécie du côté externe;
2ᵉ abscisse plus de deux fois aussi longùe que
la 1ʳᵉ nervure transverso-cubitale ; 3ᵉ abscisse
arquée. Pattes jaunâtres, avec les tibias de
derrière légèrement assombris au sommet.
Abdomen en ovale court, élargi en arrière.
Tarière subexserte. ♂ Semblable; abdomen
linéaire. Long. 3ᵐᵐ; Env. 6 1/2ᵐᵐ.

Isabella, H. Lɪᴅᴀʏ.

Oʙs. — Je possède les deux sexes de cette espèce,
dont Haliday ne connaissait que le mâle; ils se
ressemblent sous presque tous les rapports, et la
même remarque concerne aussi les autres espèces.

Pᴀᴛʀɪᴇ : Angleterre; très rare.

4   Deuxième abscisse pas plus longue que la
1ʳᵉ nervure transverso-cubitale ; 2ᵉ cellule cubitale très courte, pas plus longue que haute;
cellule radiale un peu lancéolée, écartée du
bout de l'aile. ♀ Noire, luisante; abdomen, à
partir de la base du 2ᵉ segment, d'un brun de
poix ; mandibules rougeâtres. Antennes filiformes, grèles, presque deux fois aussi longues que le corps, d'un testacé obscur près
de la base, noirâtres vers l'extrémité, de
36 articles; 3ᵉ et 4ᵉ articles de longueur égale.
Fossette du mesonotum linéaire. Ailes hyalines, admirablement irisées; écaillettes jaunâtres ; nervures et stigma d'un testacé obscur; celui-ci linéaire, presque nul, à peine
plus épais que le métacarpe, et confondu
avec lui du côté externe, émettant la nervure
radiale de son 1ᵉʳ tiers; 3ᵉ abscisse sinuée au
milieu, à la manière des *Dacnusa;* 2ᵉ nervure

: transverso-cubitale décolorée; nervure récurrente et nervure postérieure interstitiales;
cellule médiane des ailes postérieures dépassant le milieu de la cellule costale. Pattes
testacées: tibias et tarses de derrière légèrement assombris. Abdomen élargi en arrière,
comme chez *florimela* (V. n° 1). Tarière cachée. ♂ Semblable; antennes mutilées, il en
reste cependant plus de 40 articles, fossette
du mesonotum circulaire; ailes légèrement
enfumées, irisées; nervures et stigma bruns,
celui-ci mieux déterminé que chez la ♀.
Long. 3 1/2mm; Env. 8mm.   **Dictynna**, MARSHALL.

OBS. — Cette espèce nouvelle, découverte par le
Dr Capron, diffère de toute autre par la petitesse
de la 2e cellule cubitale, pas plus grande que la 1re.
Elle présente la plus grande analogie avec les *Dac-*
nusidæ, et ne peut y être rapportée seulement à
cause de ses trois cellules cubitales.

PATRIE : Angleterre (Comté de Surrey).

Deuxième abscisse plus longue que la
1re nervure transverso-cubitale; 2e cellule cubitale plus longue que haute; cellule radiale
cultriforme, atteignant à peu près le bout de
l'aile.   5

5   Antennes ♀ de 50 articles; longueur du
corps 3 1/2mm. ♀ Noire, luisante; face densément pointillée; mandibules rouges, palpes
d'un rouge plus pâle. Antennes deux fois
aussi longues que le corps, très grêles; les
deux premiers articles rouges; 3e et 4° de
longueur égale. Fossette du mesonotum subcirculaire; sillon des mésopleures indistinct,
lisse; métathorax ponctué. Ailes hyalines,
avec une légère teinte obscure, très irisées;
écaillettes testacées; nervures et stigma noi-

râtres; celui-ci très long et très atténué, à
peine distinct du métacarpe, dépassant le
milieu de la cellule radiale, émettant la nervure radiale de son 1ᵉʳ quart; cellule radiale
cultriforme, atteignant le bout de l'aile;
3ᵉ abscisse droite; 2ᵉ cellule cubitale allongée,
non rétrécie du côté externe; cellule médiane
des ailes postérieures d'un tiers plus courte
que la cellule costale, qui est elle-même plus
courte que d'ordinaire. Pattes d'un testacé
rougeâtre; extrémité des tibias de derrière,
et tarses de la même paire, plus ou moins
obscurs. Abdomen comme chez *florimela*
(V. nᵒ 1); segments postérieurs tantôt noirs,
comme le 1ᵉʳ, tantôt brun de poix, avec la
base du 2ᵉ quelquefois roussâtre. Tarière
très courte. ♂ Semblable; antennes pas plus
longues que chez l'autre sexe; abdomen plus
étroit, à côtés parallèles, tronqué postérieurement. Long. 3 1/2ᵐᵐ; Env. 7 1/3-8 2/3ᵐᵐ.

Apii, Curtis.

Obs. — Parasite d'*Acidia heraclei*, L., mouche
habitant, à l'état de larve, le parenchyme des
feuilles de céleri, *Apium graveolens*.

Patrie : Angleterre; Irlande; Hollande; moins rare
que les autres espèces.

——

Antennes ♀ de 35 articles environ; longueur du corps 2ᵐᵐ. ♂ Inconnu. ♀ Semblable
au précédent, mais plus petite; noire; mandibules rouges; palpes d'un rouge plus pâle.
Antennes deux fois aussi longues que le
corps, noirâtres, d'un rouge pâle à la base;
tous les articles plus longs que chez *Apii;*
3ᵉ article à peine plus long que le 4ᵒ. Ailes
hyalines, à radicule blanchâtre; écaillettes
d'un brunâtre pâle, ainsi que les nervures et

le stigma; celui-ci linéaire, très long, émettant la nervure radiale près de sa base;
2ᵉ cellule cubitale un peu plus longue que
celle d'*Apii;* cellule radiale n'atteignant pas
de si près le bout de l'aile. Pattes un peu
moins longues, d'un rouge pâle; extrémité
des tibias de derrière, et tarses de la même
paire, obscurs; cuisses plus sensiblement sinuées que chez les autres espèces. Les autres
caractères sont ceux d'*Apii.*   **Sylvia**, Haliday.

Patrie : Irlande boréale, dans les bois; peu commun.

14ᵉ GENRE. — ANISOCYRTA, Foerster, 1862.

ὄνισος, inégal; κυρτός, courbé; allusion à la direction insolite
. des deux premières abscisses de la nervure radiale.

Troisième article des antennes plus long que le 4ᵉ. Sillon
des mésopleures effacé. Stigma linéaire, très étroit, s'avançant au delà du milieu de la cellule radiale, émettant la nervure radiale de son extrême base; 1ʳᵉ abscisse très oblique,
ayant presque la même direction que la 2ᵉ, sans faire aucun
angle distinct; 2ᵉ abscisse deux fois aussi longue que la
1ʳᵉ nervure transverso-cubitale; 2ᵉ cellule cubitale allongée,
non rétrécie du côté externe; cellule radiale cultriforme, atteignant le bout de l'aile; nervure récurrente presque évectée;
nervure postérieure non interstitiale. Tarière longuement
exserte.

— ♂ Noir, luisant; mandibules et palpes ferrugineux. Antennes presque de moitié plus
longues que le corps, de 36 articles; 1ᵉʳ article
ferrugineux en dessous, noirâtre en dessus;
2ᵉ ferrugineux; 3ᵉ très long, noirâtre, ainsi
que les suivants. Ailes subenfumées; écail-

lettes ferrugineuses; stigma noirâtre; cellule médiane des ailes postérieures atteignant le milieu de la cellule costale; nervure transverso-discoïdale distincte. Pattes ferrugineuses; extrémité des tibias de derrière, et tarses de la même paire, à peine assombris. ♀ Premier segment abdominal plus large à l'extrémité. Tarière un peu plus longue que l'abdomen. Long. 4ᵐᵐ; Env. 8ᵐᵐ.

Perdita, Haliday.

Patrie : Écosse (Hébrides); Norvège (Finmark).

15ᵉ GENRE. — PROSAPHA, Foerster, 1862.

προσυφή, attouchement, contact (de la 2ᵉ cellule cubitale et du stigma).

Quatrième article des antennes pas plus long que le 3ᵉ. Stigma allongé, cunéiforme; 2ᵉ cellule cubitale complète; 1ʳᵉ nervure transverso-cubitale plus courte que la 2ᵉ abscisse; 1ʳᵉ cellule cubitale séparée de la 1ʳᵉ discoïdale; cellule médiane des ailes postérieures atteignant le milieu de la cellule costale; nervure récurrente évectée; nervure postérieure à peu près interstitiale. Abdomen ♀ comprimé. Tarière exserte, courbée.

Comme le précédent, ce genre m'est inconnu en nature; il comprend la 13ᵉ section *(Macrocarpi)* de Haliday, laquelle présente, au dire de cet auteur, les mêmes formes que la 15ᵉ section *(Acarpi,* genre *Aspilota,* Foerster), mais se distingue par la nervulation. Le caractère du genre *Prosapha,* précisé par Foerster, convient au mâle seul, à l'exclusion de la femelle.

1   Stigma très grand, occupant plus d'espace
que la 2ᵉ cellule cubitale, et oblitérant la
1ʳᵉ abscisse. ♂ Noir, luisant, avec le 1ᵉʳ segment abdominal rouge; mandibules rouges.
Antennes aussi longues que le corps, de 16 à
18 articles, dont les deux premiers rouges.
Sillons mésothoraciques effacés; sillon des
mésopleures pointillé; métathorax ruguleux.
Ailes hyalines; écaillettes ferrugineuses;
nervures et stigma noirs; celui-ci très épais
vers la base, acuminé du côté externe, émettant la nervure radiale de sa première moitié;
2ᵉ cellule cubitale allongée, fortement rétrécie
du côté externe; cellule radiale n'atteignant
pas le bout de l'aile, sublancéolée; 2ᵉ cellule
discoïdale très étroite. Pattes rouges; cuisses
et tibias souvent assombris au sommet. Abdomen étroit, légèrement déprimé; 1ᵉʳ segment rouge; 2ᵉ roussâtre à la base; les suivants noir de poix. Long. 1 1/2ᵐᵐ; Env. 3 1/2ᵐᵐ.

Speculum, HALIDAY.

Patrie : Irlande; Angleterre; très rare.

—   Stigma beaucoup plus long et plus atténué,
confondu vers l'extrémité avec le métacarpe,
laissant libre une portion de la 1ʳᵉ abscisse.
♀ D'un noir de poix, avec le 1ᵉʳ segment abdominal rouge; mandibules rouges. Antennes
plus courtes que le corps, de 14 à 17 articles,
dont les deux premiers rouges; derniers articles ovalaires. Thorax du précédent. Ailes
hyalines; écaillettes brunâtres; nervures et
stigma d'un brunâtre pâle; 2ᵉ cellule cubitale
moins fortement rétrécie du côté externe;
cellule radiale cultriforme, atteignant le bout
de l'aile. Pattes ferrugineuses. Abdomen for-

tement comprimé, comme chez les *Aspilota*, genre *XVIII*. Tarière exserte, courte, courbée. Long. 1 1/2-2ᵐᵐ; Env. 3-4ᵐᵐ.

Venusta, Haliday.

Obs. — Malgré la dissemblance des ailes, cet insecte est presque certainement la ♀ du précédent.

Patrie : **Angleterre**; très rare.

16ᵉ GENRE. — MESOCRINA, Foerster, 1862.

μεσοκρινής, séparant au milieu; allusion à l'insertion de la nervure radiale au milieu du stigma.

Troisième article des antennes plus long que le 4ᵉ. Sillons mésothoraciques commencés, effacés postérieurement: une fossette oblongue vis-à-vis du scutellum. Stigma en ovale lancéolé, bien déterminé, de grandeur médiocre, émettant la nervure radiale du milieu, ou d'un peu au delà du milieu; 1ʳᵉ cellule cubitale séparée de la 1ʳᵉ discoïdale; 2ᵉ cellule cubitale complète; 1ʳᵉ nervure transverso-cubitale un peu plus courte que la 2ᵉ abscisse. Abdomen fortement comprimé. Tarière exserte, courte. Le mâle reste inconnu.

A ce genre appartiennent deux femelles de ma collection, représentant autant d'espèces non décrites. Leur condition laisse à désirer, et ne m'a pas permis de fournir tous les détails possibles, mais j'espère les avoir rendues reconnaissables. La forme du stigma, et la nervation en général empêchent de les rapporter aux *Aspilota*, avec lesquels elles ont d'ailleurs beaucoup de points de contact.

1 Abdomen noir. ♀ Noire, luisante. Antennes épaisses, presque aussi longues que le corps, de 28 articles, noires, avec les deux premiers articles testacés; 3ᵉ article presque deux fois aussi long que le 4ᵉ. Mesonotum très lisse,

brillant; une fossette ovalaire assez grande
et ruguleuse vis-à-vis du scutellum; métathorax ruguleux. Ailes hyalines avec une légère
teinte cendrée; écaillettes testacées; nervures
et stigma bruns: celui-ci émettant la nervure
radiale un peu au delà du milieu; cellule radiale courte, cultriforme, n'atteignant pas
tout à fait le bout de l'aile; 3ᵉ abscisse droite;
nervure récurrente interstitiale; nervure postérieure naissant de la partie inférieure du
bout de la 2ᵉ cellule discoïdale; cellule médiane des ailes inférieures atteignant le milieu de la cellule costale. Pattes courtes,
épaisses, surtout vers l'extrémité des cuisses,
testacées, avec le sommet des tarses obscur.
Abdomen un peu plus long que la tête et le
thorax, fortement comprimé, linéaire en dessus, acuminé en arrière; vu de côté, il est
oblong-ovale; 1ᵉʳ segment linéaire, de même
largeur à la base et à l'extrémité, presque
trois fois aussi long que large, striolé, à tubercules médians; 2ᵉ segment pas plus large
que le 1ᵉʳ, portant à la base deux fossettes
(gastrocœli); 3ᵉ et suivants très comprimés,
formant une arête progressivement plus
mince, qui se termine en pointe aiguë; ventre
testacé à la base. Tarière très courte, inclinée vers le bas, à valves épaissies. Long.
3 1/2ᵐᵐ; Env. 7ᵐᵐ.   **Pugnatrix,** Marshall.

Patrie : Angleterre :

— Abdomen, à partir de la base du 2ᵉ segment, d'un testacé rougeâtre peu clair, les
segments indistinctement bordés de noirâtre.
♀ Tête et thorax d'un noir brillant. Antennes
grêles, un peu plus longues que le corps, de

35 articles, testacées, devenant de plus en
plus obscures vers l'extrémité ; tous les articles plus allongés que chez le précédent ;
3ᵉ d'un quart plus long que le 4ᵉ. Fossette du
mesonotum linéaire, lisse ; métathorax luisant, à peine marqué de quelques très petites
rides éparses. Ailes hyalines ; écaillettes d'un
testacé pâle ; nervures et stigma d'un brunâtre pâle ; celui-ci plus allongé que chez
pugnatrix, ainsi que l'est la cellule radiale,
qui atteint plus exactement le bout de l'aile.
Pattes d'un jaune blanchâtre, à sommet des
tarses obscur ; cuisses et tibias plus longs et
plus grêles que chez *pugnatrix.* Abdomen
de même forme. Tarière très courte, à valves
minces.   **Venatrix,** Marshall.

Patrie : Angleterre.

17ᵉ **GENRE. — ORTHOSTIGMA,** Ratzeburg, 1848.

ὀρθός, droit ; στίγμα, stigma.

Troisième article des antennes plus long que le 4ᵉ. Sillons
mésothoraciques effacés ; fossette dorsale du mesonotum
ponctiforme ; métathorax presque lisse ; sillon des mésopleures ponctué. Stigma plus épais que le métacarpe, linéaire,
allongé, s'étendant jusqu'au milieu de la cellule radiale, émettant la nervure radiale près de sa base ; 1ʳᵉ cellule cubitale
complète, aussi grande que la 1ʳᵉ discoïdale ; 2ᵉ cellule cubitale
complète, allongée, légèrement rétrécie du côté externe ;
2ᵉ abscisse deux fois aussi longue que la 1ʳᵉ nervure transverso-cubitale ; nervure récurrente courte, incomplète, un
peu évectée ; nervure cubitale et nervure postérieure décolorées, celle-ci naissant du milieu de l'extrémité de la 2ᵉ cellule

discoïdale; cellule médiane des ailes postérieures plus longue que la moitié de la cellule costale. Abdomen de la ♀, vu d'en haut, en ovale lancéolé, comprimé en dessous; celui du ♂ oblong, déprimé. Tarière exserte, falciforme.

Ce genre, nommé *Ischnocarpa* par Foerster, et dont on ne connaît qu'une seule espèce, se lie intimement avec le suivant, n'en différant essentiellement que par les ailes; même quelques individus, à stigma plus atténué, paraissent abolir les limites qui divisent les deux genres. Foerster n'a pas reconnu l'identité de l'*Orthostigma,* Ratzeburg, avec son *Ischnocarpa;* cependant la figure donnée par Ratzeburg (I, pl. vii, f. 13) est très reconnaissable. Ni l'un ni l'autre genre n'étant décrit par son auteur, j'ai choisi le nom qui réclame la priorité.

♀ D'un noir de poix, luisante, souvent à 1ᵉʳ segment abdominal rouge; mandibules et palpes testacés. Antennes assez épaisses, de la longueur du corps, ou un peu plus longues, de 17 à 24 articles, dont les deux ou trois premiers testacés. Métathorax luisant, à peine marqué de quelques petites rides, presque lisse (chez cinq exemplaires); Nees le décrit comme pointillé, Haliday comme ruguleux; tous deux inexactement. Ailes hyalines, avec une légère teinte sombre, irisées; écaillettes testacées; nervures et stigma brunâtres, ou roussàtres; celui-ci plus atténué que chez le ♂, mais d'une épaisseur variable. Pattes jaunâtres, ou testacé rougeâtre. Premier segment abdominal deux fois aussi long que sa largeur apicale, très peu rétréci vers la base, striolé, plus ou moins rougeâtre ou noir; segments suivants comprimés en dessous, noirâtres ou brun de poix. Tarière aussi longue que les deux derniers segments.

♂ Semblable; antennes plus longues que le

corps, de 23 à 24 articles; stigma plus épais, noirâtre, quelquefois presque aussi large que la 2ᵉ cellule cubitale; pattes d'un rouge plus foncé. Long. 2-2 2/3ᵐᵐ; Env. 4 1/2-6ᵐᵐ.

Var. Pattes assombries, avec les tibias et la base des tarses plus pâles; stigma très atténué, noirâtre. *(Orthostigma brunnipes,* Ratzeburg.) Semblable à *Aspilota maculipes,* Haliday. Long à peine 2ᵐᵐ. (Haliday.)

Pumila, Nees.

Obs. — C'est un parasite commun, obtenu une fois (5 août) par Ratzeburg des larves du diptère *Phora rufipes,* Meigen. Les mouches sortirent en foule d'un amas pourri de diverses larves et pupes mortes, et avec elles une multitude également nombreuse de parasites.

Patrie : Europe en général.

18ᵉ GENRE. — ASPILOTA, Foerster 1862.

ἀσπίλωτος, sans tache, sans stigma.

Palpes maxillaires de 6, labiaux de 4 articles. Antennes des femelles courtes, pauciarticulées, épaisses et moniliformes; plus longues chez les mâles; 3ᵉ article plus long que le 4ᵉ. Sillons mésothoraciques à peine commencés; fossette ordinaire du mesonotum petite ou nulle; sillon des mésopleures crénelé cu ponctué. Première cellule cubitale petite, souvent confondue avec la 2ᵉ, et imparfaitement séparée de la 1ʳᵉ discoïdale, par suite de la décoloration des nervures transversales; les deux nervures transverso-cubitales toujours plus faibles que les autres; 1ʳᵉ nervure transverso-cubitale plus courte que la 2ᵉ abscisse; stigma nul ou presque nul, plus ou moins confondu avec le métacarpe; celui-ci, dans toute la longueur de

la cellule radiale, paraît ordinairement un peu plus épais que
la côte, mais il n'offre que rarement un léger renflement à
l'origine de la nervure radiale, pour indiquer la place du stigma. Abdomen de la ♀ fortement comprimé; vu de côté, ovale
ou subtriangulaire; celui du ♂ déprimé, linéaire ou spatulé;
1ᵉʳ segment linéaire, peu rétréci vers la base, ruguleux, ascendant; 2ᵉ et 3ᵉ, pris ensemble, très longs; les suivants (♀) formant une arête en dessus; segments apicaux fléchis en arc
vers le bas; ventre caréné, donnant naissance à la tarière de
son angle inféro-postérieur; celle-ci falciforme ascendante; sa
longueur externe variable.

Les *Aspilota* sont les derniers des *Alysiidæ*, présentant une
sorte d'affaiblissement de caractères qui les distingue à première vue des précédents. Leur taille est plus petite, souvent
très minime; leur tête est autrement conformée, moins aplatie par devant, à vertex plus élargi derrière les ocelles, à face
oblique, convexe, et lisse; l'épistome est relativement plus
grand, bombé, presque semi-circulaire, tronqué à l'extrémité;
mandibules petites; thorax court; métathorax déclive dès la
base, indistinctement sculpté; cellule radiale cultriforme,
atteignant le plus souvent le bout de l'aile; nervure récurrente évectée; 1ʳᵉ cellule cubitale moins grande que la 1ʳᵉ cellule discoïdale; nervure postérieure souvent effacée, insérée
près du milieu de l'extrémité de la 2ᵉ cellule discoïdale; nervure cubitale incomplète du côté externe; 2ᵉ nervure transverso-cubitale toujours décolorée.

Les espèces indiquées ou décrites sont au nombre de onze;
leurs caractères obscurs et vacillants échappent à l'œil le plus
exercé, et quoique je soupçonne l'existence de plusieurs espèces sous le même nom, la pauvreté de ma collection (de 60
exemplaires, tous anglais) ne m'a pas permis d'apporter
toutes les rectifications nécessaires. Il faut une série d'observations pour s'assurer des limites de variation et pour associer correctement les sexes, ce qui ne s'accomplira pas sans
les élever ensemble. J'ai fait une expérience de la sorte pour
l'*Aspilota nervosa*, d'où il résulte clairement que les variétés
signalées par Haliday se rapportent réellement à d'autres es-

pèces; le *fuscicornis* du même auteur demande également une
revision. Parmi les espèces que nous allons passer en revue
il n'y a que les suivantes qui se distinguent d'une manière
satisfaisante; *ruficornis, fulvicornis, compressa, concinna,
præcipua, nervosa :* les autres, avec leurs variétés, ont toutes
un caractère plus ou moins suspect.

1   Abdomen rouge, à partir de la base du 2ᵉ segment; noirâtre à l'extrémité chez le ♂; les
segments plus ou moins ceinturés de couleur
obscure chez la ♀. Tête et thorax noirs, luisants; celle-là dilatée derrière les yeux; épistome brun ; palpes rougeâtres ; mandibules
rouges. ♀ Antennes assez épaisses, plus
courtes que le corps, de 21 à 24 articles, noirâtres, avec les six ou sept premiers articles
testacés. Sillons mésothoraciques effacés;
fossette dorsale du mesonotum nulle ; métathorax ruguleux, réticulé. Ailes hyalines avec
une teinte brunâtre; écaillettes testacées;
nervures minces, d'un testacé obscur ; 2ᵉ abscisse quatre fois aussi longue que la 1ʳᵉ; nervure postérieure effacée vers l'extrémité.
Pattes d'un testacé rougeâtre. Abdomen subpétiolé, beaucoup moins comprimé que chez
les autres espèces, pyriforme; 1ᵉʳ segment
deux fois et demie aussi long que large, rétréci vers la base; finement ruguleux, noirâtre, avec l'extrême base rouge ; ventre testacé. Tarière très courte. ♂ ordinairement
plus petit; antennes plus longues que le
corps, de 21 à 24 articles ; nervures plus distinctes; abdomen oblong, déprimé; 1ᵉʳ segment presque linéaire, trois fois plus long
que large; le reste de l'abdomen varie quant
à la couleur, étant parfois rouge ou testacé,
avec les derniers segments noirs, ou presque

entièrement noir, avec une tache dorsale
rougeâtre. Long. 3-3 1/2^{mm} ; Env. 7^{mm}.

Var. ♂ Antennes de 19 articles ; longueur
du corps 2^{mm}.   **Ruficornis**, Nees.

PATRIE : Allemagne ; Angleterre ; commun dans les
bois.

— Abdomen noir, ou brun foncé ; 1er segment
quelquefois rouge ; 2ᵉ quelquefois rougeâtre
vers la base. Chez *A. curta* (V. nº 11) l'abdomen est entièrement testacé ou brunâtre
pâle, ainsi que le reste du corps.   2

2 Troisième cellule cubitale quatre fois aussi
longue que la 2ᵉ.   3

— Troisième cellule cubitale à peine deux fois,
rarement presque trois fois, aussi longue
que la 2ᵉ.   4

3 Antennes rouges en entier, de 23 articles
chez la ♀ (♂ inconnu) ; ailes longuement ciliées. D'un noir de poix ; mandibules rouges.
Antennes épaisses, aussi longues que le
corps, submoniliformes, pubescentes ; 3ᵉ article très long. Métathorax ponctué-rugueux.
Ailes assez étroites, hyalines ; légèrement
obscures ; écaillettes rouges ; cellules extérieures allongées. Pattes rouges. Abdomen
d'un brun de poix, avec la base du 2ᵉ segment plus claire. Tarière très courte. Long.
3^{mm} ; Env. 6^{mm}.   **Fulvicornis**, Haliday.

PATRIE : Irlande ; un seul exemplaire connu.

— Antennes noirâtres avec les deux premiers
articles rougeâtres, de 16 à 17 articles ♂♀ ;
ailes non remarquablement ciliées. ♀ D'un
brun noirâtre ; parties buccales rouges. Tête

aplatie, avancéc dessous les antennes; face
très oblique, presque horizontale. Antennes
à peine plus longues que la tête et le thorax.
Thorax comprimé, de moitié moins large
que la tête. Fossette dorsale du mesonotum
nulle. Ailes étroites, hyalines, légèrement
obscures; écaillettes rouges; cellules extérieures allongées. Pattes rouges. Abdomen
d'un brun noirâtre, à 1ᵉʳ segment rougeâtre.
Tarière très courte. ♂ Antennes à peu près
aussi longues que le corps; tibias quelquefois
assombris au sommet. Long. 1 1/3ᵐᵐ; Env.
3-4ᵐᵐ.   **Compressa**, Haliday.

Obs. — Cette espèce forme, à elle seule, le genre
Dipiesta, Foerster.

Patrie : Angleterre; très rare.

4   Ailes blanchâtres; nervure cubitale brusquement effacée, à partir de la 2ᵉ cellule cubitale. ♀ D'un noir foncé, luisante. Tête assez
dilatée derrière les yeux; mandibules d'un
roussâtre obscur. Antennes épaisses, noires,
plus courtes que le corps, de 17 à 18 articles.
Sillons mésothoraciques effacés; fossette
dorsale en forme de sillon court, vis-à-vis du
scutellum; métathorax finement ruguleux.
Ailes à nervures brunes; écaillettes brunes;
métacarpe un peu renflé vers la base; 1ʳᵉ cellule cubitale imparfaitement séparée de la
1ʳᵉ discoïdale; nervures transverso-cubitales
décolorées, ainsi que la nervure postérieure
et la cubitale; les autres très distinctes.
Pattes d'un rouge testacé, avec les hanches,
parfois aussi les cuisses et la moitié inférieure des tibias, noirâtres. Premier segment
abdominal un peu rétréci vers la base, très

finement striolé, ascendant. Tarière exserte, courte. ♂ Antennes plus longues que le corps, de 24 articles; ailes d'un blanc de lait, à nervures très distinctes; pattes noirâtres, avec l'extrémité des trochanters et la base des tibias rougeâtres. Long. 2 1/2ᵐᵐ ; Env. 5 1/2ᵐᵐ.   **Concinna, HALIDAY.**

Patrie : Angleterre; Irlande; rare.

— Ailes hyalines, plus ou moins cendrées; nervure cubitale prolongée au delà de la 2ᵉ cellule cubitale.   5

5   Première nervure transverso-cubitale plus ou moins faible, mais non complètement effacée, de sorte que la 1ʳᵉ cellule cubitale est séparée de la 2ᵉ.   6

— · Première nervure transverso-cubitale complètement effacée; 1ʳᵉ cellule cubitale confondue avec la 2ᵉ.   11

6   Tarière aussi longue que l'abdomen, ou presque aussi longue que le corps (♂ douteux). ♀ Noire, luisante; abdomen d'un brun de poix avec le 1ᵉʳ segment rougeâtre; mandibules et palpes rougeâtres. Antennes plus longues que le corps, moniliformes, assez grêles, noirâtres, à scape rouge, de 18 à 23 articles. Sillons mésothoraciques effacés; une fossette oblongue vis-à-vis du scutellum; métathorax ruguleux. Ailes à nervures d'un testacé brunâtre; écaillettes testacées; cellule radiale fort allongée; 2ᵉ et 3ᵉ abscisses presque en ligne droite, faisant à peine un angle au point de jonction; 2ᵉ cellule cubitale non rétrécie du côté externe. Pattes rouges. Premier

segment abdominal presque linéaire, striolé, rouge, ainsi que l'extrême base du 2ᵃ. ♀♂ Antennes de moitié plus longues que le corps, de 24 articles; tibias de derrière assombris vers l'extrémité; 1ᵉʳ segment abdominal plus étroit, d'un rougeâtre obscur: du reste il ressemble parfaitement à la ♀, surtout par la nervulation. Long. 1 1/2ᵐᵐ; Env. 4ᵐᵐ.

Jaculans, Haliday.

Patrie : Irlande; Angleterre.

— Tarière beaucoup plus courte que l'abdomen.   7

7   Cellule radiale n'atteignant pas exactement le bout de l'aile. ♀ Semblable à *fuscicornis* (V. n° 9); d'un noir foncé. Antennes courtes. épaisses, de 15 à 18 articles. Fossette du mesonotum ponctiforme. Ailes hyalines; écaillettes brunâtres; nervures distinctes, noirâtres. Pattes obscures, avec l'extrémité des trochanters et la base des tibias et des tarses pâles. Tarière exserte, plus courte que l'abdomen. ♂ Inconnu. Long. à peine 2ᵐᵐ; Env. 4ᵐᵐ.   **Maculipes, Haliday.**

Obs. — J'ai traduit la courte description donnée par Haliday, l'insecte m'étant inconnu. L'auteur ajoute la note que voici : — Quelques individus à métacarpe un peu épaissi et noir ne diffèrent pas beaucoup de *concinna* (V. n° 4); d'autres se rapprochent d'*Orthostigma pumila*, Nees (var. déjà décrite); mais plusieurs espèces de la section actuelle *(Aspilota)* seraient probablement de simples variétés, si l'on possédait assez d'exemplaires pour asseoir un jugement.

Patrie : Angleterre; Irlande.

8

Cellule radiale atteignant le bout de l'aile.   **8**

Longueur 3 1/2^{mm}; antennes de 27 à 30 articles; stigmates du métathorax visibles, rebordés. ♀ Noire, luisante; 2e segment abdominal quelquefois un peu roussâtre à la base; mandibules et palpes rouges. Antennes plus longues que le corps, submoniliformes, de 27 à 29 articles, noires, avec le scape ou les deux premiers articles rouges. Sillons mésothoraciques effacés; fossette du mesonotum en forme de sillon; métathorax surmonté de deux aréoles ovalaires et lisses, ruguleux sur les côtés, et sur une bande médiane longitudinale, plus ou moins distincte. Ailes hyalines; écaillettes et nervures brunâtres; 2e abscisse deux fois aussi longue que la 1re; 2e cellule cubitale courte, non rétrécie du côté externe; 1re nervure transverso-cubitale très atténuée, quelquefois effacée; 1re cellule cubitale imparfaitement séparée de la 1re discoïdale; 3e abscisse droite; cellule médiane des ailes postérieures un peu plus longue que la moitié de la cellule costale. Pattes rouges, extrémité des tibias de derrière parfois assombrie. Premier segment abdominal deux fois aussi long que sa largeur apicale, irrégulièrement striolé. Tarière aussi longue que la troncature apicale de l'abdomen. ♂ Semblable; antennes de 30 articles. Longueur 3 1/2^{mm}; Env. 8^{mm}.

Var. ♀ Antennes un peu plus courtes, n'ayant que la longueur du corps, de 25 articles, dont les deux premiers rouges; funicule d'un rouge obscur, noirâtre vers l'extrémité. Diffère de *fulvicornis* (V. n° 3) en ce que la 3e cellule cubitale n'est pas quatre fois aussi longue que la 2e.   **Præcipua, Marshall.**

Obs. — La plus grande espèce du genre *Aspilota*, formant probablement le genre *Dinotrema* Foerster, en vertu de ses stigmates métathoraciques. Dans l'ouvrage de Haliday elle est confondue avec *nervosa* (V. n° 9), ou tout au moins on ne peut la rapporter à aucune autre de ses espèces. La véritable *nervosa* diffère constamment par sa taille plus petite, par les antennes de la ♀ qui sont épaissies et plus courtes que le corps, avec un moindre nombre d'articles, etc.

Patrie : Angleterre; assez commun.

—   Taille beaucoup moindre, souvent très petite; antennes de 13-15-26 articles; stigmates du métathorax à peine visibles, non rebordés.   9

9   Abdomen plus ou moins rouge à la base, ordinairement avec le 1ᵉʳ segment et la base du 2ᵉ rouges. ♀ Noire ou brune, luisante; mandibules rouges. Antennes de 15 à 19 (selon Haliday aussi de 13) articles, noirâtres avec les trois premiers articles rouges, à peine plus courtes que le corps, Fossette du mesonotum ou nulle ou ponctiforme; métathorax très finement ruguleux. Ailes dépassant de beaucoup le bout de l'abdomen, hyalines; écaillettes testacées; nervures d'un brunâtre très pâle; 1ᵉ cellule cubitale séparée de la 2ᵉ et de la 1ʳᵉ discoïdale; 2ᵉ cellule cubitale allongée, étroite, légèrement rétrécie du côté externe; cellule radiale plus longue que la moitié de l'aile. Pattes testacées. Premier segment abdominal presque linéaire, ou un peu élargi vers l'extrémité, très finement striolé, rouge, roussâtre, ou presque noir; 2ᵉ rougeâtre à la base. Tarière exserte; beaucoup moins longue que l'abdomen. ♂ Semblable; antennes de 17 articles (chez mon exemplaire). Long. 1 1/3ᵐᵐ; Env. 3ᵐᵐ.

Var. D'un châtain rouge, avec la tête et le bout de l'abdomen noirâtres. (Haliday.)

Fuscicornis, Haliday.

Obs. — Je rapporterais à *fuscicornis* tous les individus de très petite taille, qui ont l'abdomen rouge à la base, et les antennes pauciarticulées. Ils se confondent cependant avec quelques autres, et l'espèce est loin d'être solidement établie.

Patrie : Angleterre; Écosse; Irlande; commun.

— Abdomen entièrement noirâtre, à part les variétés douteuses de *nervosa*, qui sont trop peu connues pour entrer dans un système dichotomique.

10   Antennes de 18 à 19 articles chez la ♀, de 22 à 24 chez le ♂. ♀ Noire, luisante; mandibules rouges; palpes obscurs; épistome très court, noir, séparé de la face par un sillon profond; face saillante, convexe, lisse. Antennes plus courtes que le corps, épaisses, grossissant un peu dans le milieu. Sillons mésothoraciques effacés; fossette du mesonotum ponctiforme; métathorax mat, entièrement ponctué-ruguleux, quelquefois avec deux très petites aréoles luisantes, tout près de la base. Ailes hyalines; écaillettes d'un brunâtre pâle; nervures noirâtres, distinctes, disposées comme chez l'espèce précédente; 1ʳᵉ cellule cubitale toujours séparée de la 2ᵉ et de la 1ʳᵉ discoïdale. Pattes rouges; hanches, cuisses et tibias de derrière souvent en partie obscurs. Abdomen et tarière comme chez *fuscicornis*. ♂ Semblable; antennes noires, plus longues que le corps; pattes rougeâtres; base des hanches de derrière assombrie; cuisses plus ou moins noirâtres, souvent

10

rayées de noirâtre en dessus ; tibias et tarses assombris vers l'extrémité. Long. 2-2 1/2ᵐᵐ; Env. 5-7ᵐᵐ.

Variétés. — Haliday a indiqué en peu de mots la variabilité de cette espèce : il existe, en effet, plusieurs modifications dont on ignore les limites et les distinctions de sexe. Je possède jusqu'à dix de ces variétés, mais à défaut de toute évidence, je n'oserai pas les décrire comme espèces à part.

1. ♀. Long. 1 1/2ᵐᵐ. Antennes grêles, aussi longues que le corps, moniliformes, de 17 articles ; nervures d'un testacé pâle ; 1ʳᵉ cellule cubitale mal déterminée ; pattes testacées. Un second exemplaire à la 1ʳᵉ cellule cubitale confondue avec la 2ᵉ ; les cuisses et l'extrémité des tibias assombries.

2. ♀ Long. 2ᵐᵐ. Antennes épaisses, moniliformes, aussi longues que le corps, de 18 articles ; nervures pâles ; 1ʳᵉ cellule cubitale fermée ; 2ᵉ segment abdominal rouge à la base.

3. ♀ Long. 1 1/2ᵐᵐ. Antennes grêles, moniliformes, plus longues que le corps, de 18 articles ; nervures pâles ; 1ʳᵉ cellule cubitale fermée ; abdomen noir en entier.

4. ♀ Long. 1 1/2ᵐᵐ. Antennes grêles moniliformes, plus longues que le corps, de 19 articles ; nervures très pâles ; 1ʳᵉ cellule cubitale ouverte ; cellule radiale très longue ; 1ᵉʳ segment abdominal rougeâtre.

5. ♂♀ Long. 2ᵐᵐ. Semblable à var. 4 ; antennes assez grêles, de 22 articles.

6. ♂ Long. 1ᵐᵐ. Antennes grêles, filiformes, plus longues que le corps, de 19 articles ; ailes à teinte brunâtre, nervures distinctes ;

1ʳᵉ cellule cubitale fermée; 2ᵉ allongée, très étroite.

7. ♀ Long. 2ᵐᵐ. Antennes grêles, moniliformes, plus longues que le corps, de 20 articles; nervures pâles; 1ʳᵉ cellule cubitale fermée; 2ᵉ de longueur médiocre.

8. ♀ Long. 2ᵐᵐ. Antennes assez épaisses, moniliformes, plus longues que le corps, de 21 articles, testacées à la base; nervures pâles; 1ʳᵉ cellule cubitale confondue avec le 2ᵉ; abdomen d'un rouge châtain avec le 1ᵉʳ segment rouge clair, lisse et luisant.

9. ♀ Long. 2 1/2ᵐᵐ. Antennes médiocrement grêles, plus longues que le corps, de 23 articles, à scape rouge; fossette du mesonotum ponctiforme; nervures pâles; 1ʳᵉ cellule cubitale confondue avec la 2ᵉ, et peu distincte de la 1ʳᵉ discoïdale; 1ᵉʳ segment abdominal rouge, noirâtre en arrière; 2ᵉ rouge à la base.

10. ♂♀ Ressemble beaucoup à *nervosa*, mais les antennes de la ♀, de 24 articles, sont grêles et plus longues que le corps; celles du ♂ beaucoup plus longues, de 25 articles; cuisses quelquefois rayées de noir en dessus.   **Nervosa**, HALIDAY.

Obs. — Je suis porté à croire que la plupart des variétés ci-dessus sont de bonnes espèces, d'autant plus que j'ai vu des centaines de la véritable *nervosa*, élevées ensemble, sans pouvoir trouver parmi elles la moindre variation. *A. nervosa* est parasite du diptère commun *Homalomyia canicularis*, L. Mon ami, M. Bignell, conservait dans une caisse vitrée un vieux nid de *Vespa vulgaris*, plein de guêpes mortes, de tout âge. C'est de

leurs cadavres que sortaient par milliers les
mouches que je viens de nommer, accompagnées
de leurs parasites en nombre presque égal.   .

Patrie : Angleterre; Écosse ; Irlande ; espèce commune.

——   Antennes de 15 articles chez la ♀; ♂ inconnu. De forme trapue; noire, luisante; abdomen un peu brunâtre; mandibules rouges ;
palpes obscurs. Antennes à peine aussi
longues que le corps, grossissant vers l'extrémité, noires, avec le 2ᵉ article rouge. Sillons mésothoraciques effacés ; fossette du
mesonotum oblongue, peu profonde ; métathorax mat, coriacé. Ailes hyalines ; écaillettes et nervures d'un testacé obscur; 1ʳᵉ
nervure transverso-cubitale décolorée ; 1ʳᵉ
cellule cubitale imparfaitement séparée de la
1ʳᵉ discoïdale ; 2ᵉ cellule cubitale courte ; 2ᵉ
abscisse seulement deux fois aussi long que
la 1ʳᵉ nervure transverso-cubitale ; cellule radiale atteignant le bout de l'aile. Pattes d'un
testacé sale; cuisses et tibias assombris vers
le sommet. Abdomen peu comprimé, pyriforme ; 1ᵉʳ segment très court, fortement
élargi en arrière, luisant, à peine striolé.
Tarière exserte, courte. Long. 1 1/2ᵐᵐ ; Env.
3 1/2ᵐᵐ.   Insidiatrix, Marshall.

Obs. — Cette espèce diffère de *maculipes*, Hal.
(V. nᵒ 7) en ce que sa cellule radiale atteint le bout
de l'aile.

Patrie : Angleterre.

11   Corps rouge, avec la tête et les derniers
segments abdominaux assombris; cellule radicale n'atteignant pas le bout de l'aile. ♀ De
forme trapue, luisante ; tête très grande. Antennes de la longueur du corps, d'un rouge

obscur, avec 15 articles. Pas de fossette dorsale au mesonotum ; métathorax très court,
coriacé. Nervures testacées ; 1ʳᵉ cellule cubitale confondue avec la 2ᵉ et avec la 1ʳᵉ discoïdale. Pattes épaisses, rouges. Premier segment abdominal court, épais, non élargi en
arrière, mat, coriacé. Tarière un peu exserte.
♂ Inconnu. Long. 2/3ᵐᵐ ; Env. à peine 2ᵐᵐ.

Curta, Marshall.

Obs. — Cette espèce peut se rapporter à la var.
β de *fuscicornis* (V. nº 9) mentionnée par Haliday
mais non décrite ; cependant il ne dit rien de la
cellule radiale, qui se termine sur le métacarpe,
assez loin de l'extrémité de l'aile. Du reste, l'insecte s'éloigne de *fuscicornis* sous bien des rapports. Je n'en ai trouvé qu'un seul exemplaire.

Patrie : Angleterre.

Corps noir ou noirâtre, quelquefois avec le
1ᵉʳ segment abdominal rougeâtre ; cellule radiale atteignant le bout de l'aile. ♀ Lisse,
luisante ; mandibules et palpes rougeâtres.
Antennes plus courtes que le corps, ou un
peu plus longues, de 13 à 18 articles. Fossette du mesonotum ponctiforme ou nulle ;
sillon des mésopleures crénelé, ou indiqué
par une série de points ; métathorax plus ou
moins ruguleux, lisse sur les côtés. Ailes
hyalines ; écaillettes et nervures d'un brunâtre pâle ; 1ʳᵉ cellule cubitale confondue
avec la 2ᵉ et avec la 1ʳᵉ discoïdale ; 3ᵉ abscisse
droite, ou insensiblement arquée. Pattes ou
rouges en entier, ou noirâtres avec l'extrémité des trochanters et la base des tibias et
des tarses, rouges. Abdomen fortement comprimé ; 1ᵉʳ segment presque linéaire, à peine
striolé. Tarière moins longue que l'abdomen.
♂ Semblable ; antennes beaucoup plus

longues que le corps, de 21 à 23 articles.
Long. 1 1/3-3ᵐᵐ; Env. 2 1/4-5 1/3ᵐᵐ.

Var. ♂ Antennes de 23 articles ; nervures
noirâtres, distinctes; 2ᵉ cellule cubitale fortement rétrécie du côté externe ; 1ʳᵉ cellule cubitale séparée de la 1ʳᵉ discoïdale; 1ʳᵉ abscisse très oblique, formant avec la 2ᵉ une
même ligne courbe, sans faire l'angle ordinaire; 2ᵉ angle de la nervure radiale presque
nul. Long. 1 1/3ᵐᵐ.   **Distracta, Nees.**

Obs. — Cette espèce représente la xviᵉ section des
Alysia de Haliday (*Tanychori*, genre *Synaldis* de
Foerster). On a cherché à la différencier d'*Aspilota*
par un caractère qui n'est rien moins que solide,
c'est-à-dire l'effacement de la 1ʳᵉ nervure transverso-cubitale. Nous avons vu que ce fait se reproduit
plus ou moins complètement, et comme par accident, chez d'autres espèces, et que toutes, par la fai-
blesse de ladite nervure, montrent une tendance à
la même particularité. Selon l'opinion de Haliday,
les deux espèces *concolor* et *distracta* Nees doivent
être réunies en une seule ; et moi, j'irais volontiers
plus loin, en soupçonnant que toutes deux doivent
être la même espèce que l'*Aspilota fuscicornis*, Hal.
Foerster paraît n'avoir eu aucune idée arrêtée de
son propre genre *Synaldis*, puisque dans son Synopsis il a commis l'erreur de le ranger parmi les *Dacnusidæ*.

Patrie : Allemagne ; Angleterre ; Irlande ; assez commun.

ESPÈCES DOUTEUSES D'ASPILOTA

1. Brevicornis, Nees, 1834. ♀ Noire; abdomen brun de poix; mandibules rouges ; palpes d'un rouge obscur. Antennes épaisses, à peine aussi longues que la moitié du corps, filiformes, noirâtres, de 15 [i. e. 14] articles. Métathorax indistinctement ruguleux. Ailes, hyalines avec une teinte obscure; nervures brunâtres. Pattes grêles, d'un brun rougeâtre; tibias et 2ᵉ article des trochanters plus pâles. Abdomen aussi long que la tête et le thorax ; 1ᵉʳ segment ruguleux, étroit, conique, rétréci vers la base. Tarière aussi longue que le cinquième de l'abdomen. ♂ Antennes filiformes, de 15 [i. e. 14] articles ; pattes entièrement brunes. Long. ♀ 2ᵐᵐ ; ♂ 1-1 1/3ᵐᵐ. (*Alysia brevicornis*, Nees.)

Patrie : Allemagne.

2. Minuta, Nees, 1814. ♀ Noire, avec les deux premiers segments de l'abdomen d'un roussâtre obscur; mandibules et palpes rouges. Antennes brunâtres, avec le 2ᵉ article rouge, aussi longues que le corps, de 21 articles cylindriques, courts, dont le 3ᵉ le plus long. Ailes hyalines avec une teinte obscure ; stigma à peine plus épais que la côte. Pattes totalement rouges, de teinte plus foncée que les palpes ; dernier article des tarses assombri. Premier segment abdominal conique, rétréci vers la base, indistinctement bicaréné, ruguleux ; segments suivants lisses, subcomprimés. Tarière aussi longue que les trois cinquièmes de l'abdomen, ses valves brunâtres. ♂ Semblable mais plus petit ; antennes plus longues, entièrement sombres ; segments abdominaux 1-2 d'un roussâtre plus clair. Long. 2ᵐᵐ. (*Alysia minuta*, Nees).
Var. 1. ♀ Antennes plus grêles ; base de l'abdomen à peine roussâtre. Trouvée en nombre dans une serre chaude sur les champignons.
Var. 2. Première cellule cubitale confondue avec la 1ʳᵉ discoïdale ; d'ailleurs semblable à la var. 1.

Patrie : Allemagne.

3. Pusilla, Nees, 1814. ♀ Noire, pubescente ; 1ᵉʳ segment abdominal rouge; mandibules et palpes d'un rouge plus pâle. Antennes plus longues que le corps, avec les articles allongés, les 2 premiers plus courts et plus épais, rouges. Ailes hyalines. Pattes d'un testacé rougeâtre, avec les tibias de derrière et le dernier article de tous les tarses assombris. Abdomen ovalaire; 1er segment conique, court, presque lisse; les suivants ciliés le long du bord postérieur. Tarière aussi longue que l'abdomen, ses valves hérissées, grossies vers l'extrémité. ♂ Semblable ; antennes de 19 articles : matéthorax lisse, luisant, sa partie déclive indistinctement partagée en deux par une carène longitudinale ; stigma à peine indiqué ; 1re cellule cubitale petite, à nervure séparatrice atténuée ; 2e très prolongée vers la base de l'aile ; tibias de derrière assombris à l'extrémité seulement ; abdomen un peu déprimé vers le bout. Long. 1 1/3^{mm}. (*Alysia pusilla,* Nees).

PATRIE : Allemagne.

4. Castanea, NEES, 1834. ♀ Corps court, trapu, glabre, lisse, luisant, d'un brun châtain avec la tête et le bout de l'abdomen noirâtres. Tête transversale ; mandibules brunâtres. Antennes aussi longues que le corps, grêles, sétiformes, de 30? articles. Métathorax lisse, convexe, marqué dessous le scutellum d'un sillon arqué. Ailes hyalines avec une teinte obscure ; nervures et stigma d'un brun foncé ; stigma linéaire. Pattes brunâtres ; cuisses assombries dans le milieu. Abdomen aussi long que la tête et le thorax, sessile, obtus, convexe, ovalaire ; 1er segment à peine aussi long que le 2e, conique, lisse, élargi; les suivants ciliés le long du bord postérieur. Tarière aussi longue que les deux derniers segments. ♂ Inconnu. Long. 2 1/2^{mm}. (*Alysia castanea,* Nees).

PATRIE : Allemagne ; un seul exemplaire.

2e Tribu. — Dacnusidæ.

Caractères. — La tête et ses appendices, le thorax, et les pattes, excepté dans quelques genres aberrants, sont analogues à ceux des *Alysiidæ;* la distinction principale des *Dacnusidæ* réside dans les ailes antérieures, qui n'ont que deux cellules cubitales, et cela non à cause de la simple décoloration d'une nervure transverse, mais par suite d'une modification radicale de structure, car la nervure radiale ne présente que deux abscisses : c'est-à-dire qu'en partant de la première abscisse elle se dirige en arc plus ou moins sinué jusqu'à sa terminaison, sans former un second angle. La cellule radiale est lancéolée, très rarement cultriforme *(Liposcia)*, ordinairement éloignée du bout de l'aile ; stigma de forme variable, ovale, ovale-lancéolé, ou linéaire, atténué, parfois presque nul, se confondant avec le métacarpe *(Gyrocampa uliginosa)*; 1ʳᵉ cellule cubitale presque toujours séparée de la 1ʳᵉ discoïdale ; nervures cubitale et postérieure plus ou moins effacées vers l'extrémité. Abdomen le plus souvent subsessile, rarement aussi large à la base que le métathorax *(Polemon)*, souvent comprimé chez les femelles *(Chænon, Cœlinius, Polemon)*; 1ᵉʳ segment ruguleux ou striolé, les postérieurs ordinairement lisses, parfois avec un peu de rugosité sur le 2ᵉ segment, rarement avec plusieurs segments ruguleux *(Œnone, Epimicta, Polemon)*. Tarière très courte ou cachée, rarement aussi longue que la moitié de l'abdomen.

Analogues aux *Alysiidæ* par leurs caractères externes, les *Dacnusidæ* le sont aussi par leurs mœurs, attaquant exclusivement, comme il paraît, les diptères, et principalement les dernières tribus des *Muscidæ*.

TABLEAU DES GENRES

1	Postscutellum armé d'une forte épine dentiforme ; les trois premiers segments de l'abdomen très grands, rugueux, formant une carapace sous laquelle les postérieurs sont ou cachés, ou considérablement rétractés, ainsi que chez les *Sigalphus* ; corps robuste.	**G. 1. Œnone,** Haliday.
—	Postscutellum inerme ; segments abdominaux disposés comme d'ordinaire, lisses, excepté le premier, ou quelquefois les deux premiers.	2
2	Premier segment de l'abdomen plus large que long ; 2ᵉ suture en forme de sillon arqué indistinct ; corps robuste, ainsi que chez les *Œnone*.	**G. 2. Epimicta,** Foerster.
—	Premier segment plus long que large ; 2ᵉ suture	

effacée ou peu s'en faut ; corps non remarquablement robuste, conformé comme chez les *Alysiidæ*. 3

3   Corps linéaire, allongé; abdomen plus long que
la tête et le thorax réunis. 9

—   Corps court ou de longueur médiocre: abdomen
oblong, ovale, ou suborbiculaire, pas plus long,
ou à peine plus long, que la tête et le thorax. 4

4   Stigma allongé, linéaire, pâle et dépourvu de
matière colorante excepté une tache à la base ;
cellule radiale très grande, presque cultriforme,
atteignant de très pres le bout de l'aile.

G. 3. Liposcia, Foerster.

—   Stigma de forme variable, de couleur uniforme;
cellule radiale médiocrement grande, ou petite,
lancéolée, éloignée du bout de l'aile. 5

5   Deuxième abscisse de la nervure radiale en
courbe irrégulière, ordinairement sinuée, ou concave en dessous; en tout cas, elle se redresse plus
ou moins vers l'extrémité, par quoi la cellule radiale devient lancéolée et acuminée. **G. 4. Dacnusa**, Haliday.

—   Deuxième abscisse en arc de parabole régulier,
ni sinuée ni redressée avant l'extrémité. 6

6   Yeux glabres; thorax lisse; stigma très allongé,
linéaire, atténué. **G. 5. Gyrocampa**, Foerster.

—   Yeux velus; thorax mat, pointillé; stigma moins
allongé ou même assez court, en ovale lancéolé. 7

7   Stigma assez allongé, émettant la nervure radiale de sa 1ʳᵉ moitié; palpes labiaux de 3 articles. **G. 6. Chorebus**, Haliday.

—   Stigma court, en ovale lancéolé, émettant la
nervure radiale de son milieu; palpes labiaux de
4 articles. **G. 7. Chænusa**, Haliday.

8   Deuxième abscisse de la nervure radiale en arc
régulier, non sinuée. **G. 9. Cœlinius**, Nees.

—   Deuxième abscisse sensiblement sinuée avant
l'extrémité. 9

9   Abdomen sessile, ayant le premier segment à
peu près aussi large que le métathorax; abdomen
de la ♀ légèrement comprimé à l'extrémité seulement. **G. 10. Polemon**, Giraud.

> Abdomen subsessile; premier segment beau-
> coup moins large que le métathorax; abdomen de
> la ♀ fortement comprimé des la base du 3ᵉ segment,
> en plat d'aviron.   G. 8. Chænon, Curtis.

De ces dix genres les deux premiers sont bien distincts et naturels, quoiqu'on ne connaisse qu'une seule espèce d'*Epimicta*; les suivants paraissent être plutôt des coupes artificielles, qui pourraient se diviser naturellement en trois groupes : 1º *Dacnusa* (G. 3-4); 2º *Gyrocampa* (G. 5-7) et 3º *Cœlinius* (G. 8-10). En effet, les genres *Gyrocampa*, *Chorebus*, *Chænusa* ne diffèrent que par de très légers caractères, et l'on peut regarder à volonté *Chænon* et *Cœlinius* comme synonymes.

1ᵉʳ GENRE. — ŒNONE, Haliday, 1839.

Οἰνώνη, nom d'héroïne mythologique.

Tête large, transversale; front très court; yeux glabres; épistome à peu près semi-circulaire, ou en triangle émoussé; mandibules quadridentées avec la 2ᵉ dent plus longue que les autres, la 4ᵉ la plus petite; palpes maxillaires de 6, labiaux de 4 articles. Postscutellum armé d'une forte épine dentiforme. Stigma plus ou moins court, en ovale lancéolé, émettant la nervure radiale de son milieu, ou d'un peu avant le milieu; cellule radiale lancéolée, écartée du bout de l'aile; nervure récurrente un peu rejetée. Abdomen subsessile, ovale, aussi large que le thorax, entièrement ou en grande partie couvert de stries longitudinales; segments 2-3 soudés, formant avec le 1ᵉʳ une sorte de carapace qui cache les suivants, ou bien ceux-ci, visibles chez la 1ʳᵉ espèce, sont excessivement courts; ventre concave; tarière cachée. Pour distinguer les sexes, il faut regarder la longueur des antennes.

Nees von Esenbeck connaissait deux espèces de ces insectes, dont il fit une section de *Sigalphus;* leur ressemblance avec ce genre est assez frappante, à moins qu'on ne fasse attention aux mandibules. Foerster a changé le nom du genre en *Symphya,* sans s'expliquer sur ses motifs. Il est fait mention (vol. I, p. 368) du *Chelonus pullatus,* Dahlbom, paraissant à première vue appartenir au genre *Œnone;* cependant une étude attentive de l'aile antérieure figurée par Dahlbom ne permet guère de rester dans cette opinion : c'est aux entomologistes suédois à décider la question de ses affinités.

Les mœurs des *Œnone* restent inconnues : on en prend sur le feuillage des chênes et des saules.

1   Carapace de l'abdomen assez finement striolée, lisse vers l'extrémité ; segments postérieurs exserts, courts, lisses. ♀ Noire, couverte d'une pubescence pâle, éparse ; tête lisse, luisante ; face pointillée, presque mate, pubescente ; mandibules d'un brun noirâtre ; épistome noirâtre ; palpes testacés. Antennes sétiformes, à peine aussi longues que le corps, de 34-35 articles. Mesonotum pointillé, parcouru longitudinalement par trois sillons ponctués au fond, dont les latéraux se réunissent en angle près du scutellum, le médian s'efface antérieurement; scutellum pointillé ; postscutellum armé d'une épine aiguë ; métathorax rugueux-réticulé, indistinctement canaliculé dans le milieu, avec deux petits tubercules de chaque côté à l'extrémité ; mésopleures lisses, avec le sillon large et rugueux ; poitrine pointillée. Ailes hyalines ; écaillettes testacées ; stigma et nervures noirâtres ; nervures des ailes postérieures testacées, effacées vers l'extrémité. Pattes testacées ; tarses, et sommet des tibias de derrière, assombris ; hanches de derrière parfois noirâtres à la base. Abdomen rétréci à la base, obovale, spatulé, légèrement bombé en dessus; 1ᵉʳ segment élargi en arrière, portant à la base une carène bifurquée; 2ᵉ très finement striolé; 3ᵉ et suivants lisses; 2ᵉ suture, qui limite la partie striolée de l'abdomen, rarement un peu visible. ♂ Semblable; antennes un peu plus longues que le corps, de 34-35 articles; abdomen plus étroit, rétréci en cône au bout; segments apicaux plus longuement exserts. Long 31/2-4ᵐᵐ; Env. 7-8ᵐᵐ.   **Hians**, Nees.

Patrie : Allemagne; Hollande; Russie; Angleterre; Irlande; on le trouve dans les oseraies.

—   Carapace couverte de stries d'un bout à l'autre, cachant les segments postérieurs.   2

2   Antennes de 27-29 articles, scutellum grossièrement rugueux, mat; stigma court, émettant la nervure radiale de son milieu. ♀ D'un noir intense, couverte d'une pubescence pâle, éparse; tête lisse; vertex et joues velus; front rugueux; face ruguleuse, pubescente; mandibules et épistome noirs; palpes d'un testacé obscur. Antennes écartées à la base, plus courtes que le corps, submoniliformes, à peine amincies vers l'extrémité, noires avec le 2ᵉ article testacé. Mesonotum ponctué-rugueux, avec les côtés plus lisses, parcouru par trois sillons qui se réunissent en arrière; scutellum et métathorax couverts de rugosités confuses; épine du postscutellum comprimée, émoussée; métathorax non caréné; mésopleures et poitrine rugueuses; un espace lisse dessous chaque aile. Ailes enfumées; écaillettes brunâtres; nervures et stigma noirâtres; stigma moins allongé que chez l'espèce suivante, en ovale lancéolé. Pattes de devant testacées; les in-

termédiaires d'un testacé moins clair avec les cuisses rayées de noirâtre en dessus, et les tarses noirâtres au sommet; pattes de derrière noirâtres, trochanters en tout ou en partie, ainsi que la base des tibias, rougeâtres; toutes les hanches noires; quelquefois les pattes sont entièrement testacées. Abdomen parfois brun; obovale, légèrement convexe, fortement strié et hérissé de poils blanchâtres jusqu'au bout de la carapace, qui cache tous les segments postérieurs; 1ᵉʳ segment court, ascendant; 2ᵉ suture effacée. ♂ Antennes plus longues que le corps, de 29 articles. Long. 3-4 1/2ᵐᵐ; Env. 6-9ᵐᵐ.

Mandibularis, Nees.

Patrie : Allemagne; Angleterre; Irlande; sur les chênes.

—— Antennes de 36-38 articles; scutellum ponctué, un peu luisant; stigma plus long que chez les précédents, émettant la nervure radiale de sa première moitié. Très semblable à *hians* (V. n°1). ♂♀ Palpes obscurs. Mesonotum plus grossièrement ponctué; sillon intermédiaire dilaté en avant, au lieu de s'effacer; épine du postscutellum plus courte et plus forte. Ailes obscures; écaillettes brunâtres; nervures et stigma noirâtres; ailes postérieures à nervulation noirâtre. Pattes d'un rouge obscur; hanches, base des trochanters, sommet des tibias de derrière, et tarses noirâtres. Stries de la carapace fines comme chez *hians*, et continuées jusqu'à l'extrémité ainsi que celles de *mandibularis*. Long. 31/2-4ᵐᵐ; Env. 7-8ᵐᵐ.   **Ringens, Haliday.**

Patrie : Angleterre; Irlande; assez commun.

2ᵉ GENRE. — EPIMICTA, Foerster, 1862.

ἐπίμικτος, commun, mélangé.

Corps robuste, convexe, en grande partie lisse. Tête et appendices comme chez les *Œnone*. Sillons mésothoraciques complets, profonds, crénelés; une ligne enfoncée part de la marge antérieure, entre les deux sillons, et se dilate en fossette ovale, crénelée, devant le scutellum; postscutellum inerme; sillon des mésopleures large, ponctué-rugueux, ainsi que le reste des pleures; mesosternum lisse; métathorax très court, rugueux. Stigma linéaire-lancéolé, émettant la nervure radiale du bout de sa 1ʳᵉ moitié; cellule radiale lancéolée, assez éloignée du bout de l'aile, acuminée; nervure radiale presque insensiblement sinuée à l'extrémité. Abdomen convexe, ovalaire, aussi large et un peu plus long que le thorax; on distingue en dessus 7 segments; dont le 2ᵉ et le 3ᵉ soudés, n'atteignant pas le milieu de l'abdomen; 1ᵉʳ très court, transversal, ascendant, rugueux; 2ᵉ très finement striolé, souvent presque lisse; 2ᵉ suture à peine visiblement enfoncée; 3ᵉ segment et suivants lisses; 4ᵉ un peu plus long que le 3ᵉ; 5ᵉ de même longueur que le 4ᵉ; 6ᵉ un peu plus court, diminuant de largeur; 7ᵉ à peine exsert chez le ♂, rétracté chez la ♀. Tarière cachée.

Ce genre, jusqu'ici non décrit, fut d'abord confondu par Curtis avec les *Œnone*, dont il diffère tout à fait par la conformation de son abdomen; plus tard Haliday le plaça en tête de son genre *Dacnusa*, mais sous une rubrique spéciale. Sa forme lourde et trapue lui donne un facies tout autre que celui des *Dacnusa*, bien que les détails techniques soient à peu de chose près les mêmes. Il faut rectifier une erreur qui se trouve dans la table de Foerster et ailleurs, où il est dit que le 2ᵉ segment est marqué d'un sillon transversal; le sillon en question n'est autre chose que la 2ᵉ suture, toujours superficielle chez les Braconides; dans les descriptions de Ha-

liday les segments 2-3 passent presque toujours pour le
2e segment.

L'unique espèce de ce genre n'est comparable à aucune
autre parmi les Exodontes; elle est assez rare, et semble être
inconnue aux auteurs continentaux.

——   Noir, avec le bout de l'abdomen rouge ou
testacé; segments postérieurs étroitement
bordés de la même couleur. ♀ Front très
court; face pointillée, indistinctement carénée; épistome, mandibules et palpes testacés. Antennes un peu plus longues que le
corps, submoniliformes, d'un testacé brunâtre ou rougeâtre, de 37-38 articles. Ailes
légèrement enfumées; écaillettes, stigma et
nervures brunâtres, parfois très pâles; nervure récurrente à peine rejetée. Pattes testacées; base des hanches de derrière, tarses de
la même paire, et sommet des autres tarses,
assombris. Abdomen noir, parsemé de poils
blanchâtres; segments 3-5 bordés de testacé;
6e testacé avec une tache dorsale obscure;
7e caché; ventre concave, testacé. Valves de
la tarière épaisses, cachées. ♂ Semblable;
6e segment abdominal sans tache obscure;
7e exsert, testacé. Long. 4ᵐᵐ; Env. 8ᵐᵐ.

Marginalis, Haliday.

Patrie : Angleterre : ma collection en possède trois
exemplaires.

3e GENRE. — LIPOSCIA, Foerster, 1862.

λιποσκιος, sans ombre; allusion au stigma en partie décoloré.

Forme et caractères de *Dacnusa* (4e Genre), sauf ce qui
concerne les ailes. Tête transversale; palpes maxillaires

de 6, labiaux de 4 articles. Sillons mésothoraciques complets, mais faiblement tracés, ainsi qu'une cannelure médiane additionnelle; métathorax court, un peu velu. Ailes étroites depuis la base jusqu'au stigma, élargies et arrondies postérieurement; cellules de la région basilaire très courtes; cellule radiale ample, cultriforme, s'étendant au bout de l'aile; 2ᶜ abscisse non exactement droite; stigma linéaire-lancéolé, d'un tiers moins long que la cellule radiale, se confondant vers l'extrémité avec le métacarpe, il a l'apparence d'une ampoule vide et pâle, toute la matière colorante s'étant ramassée en petit ovale à la base; nervure récurrente rejetée; nervures radiale et postérieure faiblement tracées; ailes postérieures à nervulation presque effacée. Je ne possède qu'un mâle, dont l'abdomen est ovalaire, un peu déprimé, plus large que le thorax; 1ᵉʳ segment linéaire, étroit, deux fois aussi long que large, à tubercules distincts.

La singularité du stigma n'est pas accidentelle, comme on serait tenté de le croire : au dire de Foerster, tous les individus, des deux sexes, se ressemblent sous ce rapport.

— ♂ Noir; abdomen d'un brun de poix à partir de la base du 2ᶜ segment, qui est plus clair que les suivants. Tête lisse, luisante; mandibules quadridentées, à dents égales et très petites, testacées, ainsi que les palpes. Antennes minces, beaucoup plus longues que le corps, noirâtres avec le scape brun, filiformes, composées de 28 articles cylindriques, dont le 1ᵉʳ allongé, le dernier plus long que large. Lobe médian du mésothorax d'un noir brillant, les latéraux un peu ternes; scutellum, métathorax, et 1ᵉʳ segment abdominal hérissés de poils blanchâtres; métathorax mat, coriacé, sans carène médiane. Ailes hyalines; écaillettes testacées; nervures radiale, transverso-cubitale, et cubitale, pâles et indistinctes; nervure postérieure effacée;

nervures de la région basilaire brunes, ainsi
que la tache basilaire du stigma, dont la
partie vide est d'un jaune pâle. Pattes testacées; tarses noirâtres au sommet. Premier
segment abdominal striolé, les suivants lisses,
glabres; 2e suture presque effacée; segments
2-3 pris ensemble plus courts que les suivants; 4e aussi long que le 3e, les autres diminuant progressivement de longueur jusqu'à l'extrémité. ♀ Inconnue. Long. 2mm;
Env. 4 1/2mm.   **Discolor** (FOERSTER), MARSHALL.

PATRIE : Angleterre; j'en ai capturé un seul ♂ dans
la Cornouaille.

4e GENRE. — DACNUSA, HALIDAY, 1839.

δάκνουσα, mordante.

Corps de forme courte ou médiocrement allongée, ressemblant aux *Alysiidæ* du genre *Adelura*. Tête transversale, rarement aussi longue que large *(D. gilvipes)*; mandibules quadridentées; palpes maxillaires de 6, labiaux de 4 articles.
Antennes ordinairement sétiformes, multiarticulées, aussi longues ou plus longues que le corps, souvent très allongées;
courtes et pauciarticulées chez la ♀ d'*ampliator*. Sillons mésothoraciques, le plus souvent incomplets ou à peine commencés : on distingue entre eux une cannelure médiane plus
ou moins accusée et de longueur variable, qui se termine en
fossette devant le scutellum; métathorax court, ruguleux,
portant souvent à la base une carène incomplète. Stigma allongé, linéaire, d'épaisseur variable, émettant la nervure
radiale de sa 1re moitié; 1re abscisse de la nervure radiale
distincte, exceptionnellement annulée par le stigma chez
adducta; cellule radiale en demi-ovale, lancéolée, acuminée;
nervure radiale en courbe irrégulière, sinuée près du milieu

et redressée vers l'extrémité; la sinuosité est parfois peu sensible (*parviventris, semi-rugosa*, etc.), le redressement ne manque jamais; nervure récurrente aboutissant, dans la plupart des cas, à l'angle inférieur de la 1ʳᵉ cellule cubitale, rarement à l'angle inféro-intérieur de la 2ᵉ. Abdomen subsessile, rarement subpétiolé, oblong-ovale ou suborbiculaire, souvent spatulé, pas plus long, ou à peine plus long que la tête et le thorax; tous les segments lisses, excepté parfois le 2ᵉ (*semi-rugosa*, etc.); 1ᵉʳ segment plus long que large; 2-3 soudés, plus longs que les suivants pris ensemble. Tarière courte, presque cachée, rarement aussi longue que le quart de l'abdomen, ou davantage.

Ce genre, le plus nombreux en espèces de la tribu qui nous occupe, a été trop négligé pour que l'on puisse en rendre bon compte dans une monographie. Nees von Esenbeck, le premier, fit connaître trois ou quatre espèces dans le *Berliner Magazin* de 1814, sous le nom générique de *Bassus;* plus tard il les transféra, dans sa monographie, en 1834, à la cinquième section des *Alysia,* avec des additions, faisant un total d'environ douze espèces, dont quelques-unes sont à peine reconnaissables. Depuis ce temps nous n'avons que le mémoire de Haliday publié en 1839 sous le titre « Hymenoptera Britannica : Alysia. Fasciculus alter » : cette brochure est devenue fort difficile à se procurer. Elle contient 21 espèces du genre *Dacnusa* restreint dans ses limites actuelles; elles appartiennent toutes à la faune des îles Britanniques. Les cinquante-cinq années qui se sont écoulées depuis cette époque n'ont rien produit de nouveau au sujet de ces insectes, à l'exception de deux descriptions par Ratzeburg et autant par Goureau, lesquelles ne sont pas exemptes de doute. Je n'ai réussi, dans mes voyages sur le continent, à rencontrer que très peu d'espèces, et les envois que plusieurs entomologistes ont bien voulu me communiquer des pays étrangers ne contiennent presque jamais d'exemplaires de *Dacnusa*. A ce défaut de ressources s'ajoute l'impossibilité de déterminer la plupart des exemplaires conservés sans précaution spéciale pour l'étalage des ailes : je n'insisterai pas encore sur cette nécessité, déjà suffisamment signalée p. 283 de ce volume. Quant à mes propres récoltes, j'ai pris enfin le parti de jeter comme inutile tout exemplaire que je n'aurais pas eu occasion de bien préparer, et je conseille à mes collègues d'agir de même pour éviter la perte de leur temps.

C'est une tâche vraiment ardue et peut-être impossible que de ranger dans nos tables dichotomiques les petites espèces noires et trop semblables de ce genre : en essayant cette œuvre décourageante j'ai trop souvent senti faiblir mes forces, et je prie les lecteurs de bien vouloir suppléer aux défauts de cet arrangement en se reportant aux descriptions détaillées.

Le synopsis de Foerster contient, outre les genres ici adoptés, 14 nouveaux démembrements de *Dacnusa* que j'ai laissés de côté, voulant faire grâce aux lecteurs d'une foule de difficultés aussi inutiles qu'insurmontables. Un genre artificiel n'est utile qu'en tant qu'il facilite la connaissance des objets, et toutes les fois qu'on arrive plus promptement à la détermination d'une espèce bien décrite qu'à celle d'un genre imparfaitement indiqué, ce dernier perd sa raison d'être, et pourrait bien être négligé.

Il est impossible de dénombrer le total des espèces de *Dacnusa*, qui excède probablement de beaucoup la quarantaine comprise dans ce volume. Les espèces transatlantiques qui figurent dans le catalogue de Cresson sont au nombre de 4, et comme il n'est pas parvenu jusqu'à nous une seule espèce des pays tropicaux, on peut soupçonner que les *Dacnusa* sont plus particulièrement propres aux parties boréales et tempérées de notre hémisphère.

1   Deuxième cellule cubitale contiguë au stigma; 1ʳᵉ abscisse de la nervure radiale nulle. ♀ Noire, luisante, finement pubescente; milieu de l'abdomen brunâtre. Antennes deux fois aussi longues que le corps, minces, sétiformes, de 31-32 articles, noirâtres, tes-

tacées à la base. Tête plus large que le thorax ; palpes obscurs. Thorax court, gibbeux : sillon des mésopleures lisse, très fin et très court; métathorax mat, velu. Ailes amples, teintées de brunâtre; écaillettes testacées; nervures et stigma d'un ferrugineux obscur; cellules de la région basilaire courtes, petites; cellule radiale plus longue que la costale, dilatée au milieu, sinuée et rétrécie aux deux bouts; stigma allongé, linéaire, émettant la nervure radiale très près de la base; 2ᵉ cellule discoïdale courte, un peu carrée; nervure récurrente rejetée. Pattes d'un testacé jaunâtre; tarses assombris au sommet. Abdomen aussi long que le thorax, en massue courte, tronquée au bout; 1ᵉʳ segment noir, linéaire, deux fois aussi long que sa largeur apicale, mat, à peine aciculé; tubercules médians; segments suivants d'un brun de poix, devenant noirâtres vers l'extrémité anale. Tarière très courte. ♂ Antennes plus longues, de 32 articles; 2ᵉ cellule cubitale plus envahie et même tronquée par le stigma ; abdomen moins large, déprimé. Cette espèce constitue le genre *Agonia* de Foerster.

Adducta, HALIDAY.

PATRIE : Irlande, très rare; Angleterre, où j'ai pris les deux sexes.

—	Deuxième cellule cubitale dégagée du stigma; 1ʳᵉ abscisse distincte.	**2**
2	Nervure récurrente dirigée vers l'angle inféro-intérieur de la 2ᵉ cellule cubitale.	**31**
—	Nervure récurrente dirigée vers l'angle inférieur de la 1ʳᵉ cellule cubitale.	**3**
3	Deuxième segment abdominal ruguleux	

ou aciculé quelquefois seulement à l'extrême base (*talaris*, V. nº 4), exceptionnellement lisse chez une variété de *talaris*.   **4**

—   Deuxième segment totalement lisse, comme les suivants.   **7**

4   Abdomen rouge avec le 1ᵉʳ segment noirâtre, les 2-3 bruns, les suivants testacés; cellule radiale atteignant presque le bout de l'aile. ♂ Noir, parsemé de poils longs. Tête épaisse, plus large que le thorax, ponctuée; front lisse; face et joues scabres; mandibules roussâtres; palpes testacés. Antennes plus courtes que le corps, noirâtres, de 26 articles dont le 2ᵉ rougeâtre. Thorax subcylindrique, rétréci aux deux bouts, velu, ponctué en avant; sillons du mésothorax huméraux, raccourcis, non réunis postérieurement; une cannelure longitudinale devant le scutellum; fossette antéscutellaire lisse, bipartie; métathorax scabre, déclive, rétréci par derrière; mésopleures ruguleuses en avant, plutôt lisses au milieu, leur sillon ruguleux, subobsolète. Ailes hyalines; écaillettes d'un testacé brunâtre; nervures et stigma brun foncé; celui-ci linéaire, lancéolé, émettant la nervure radiale de son 1ᵉʳ tiers; cellule radiale oblongue, atténué vers le bout. Pattes de devant testacées; les intermédiaires de même couleur, avec les cuisses et les tibias plus obscurs; celles de derrière épaissies, noirâtres, avec les trochanters et les tarses rougeâtres; cuisses de derrière de moitié plus courtes que leurs tibias. Adomen plus étroit que le thorax, déprimé, pubescent; 1ᵉʳ segment à peine deux fois aussi long que sa largeur apicale, peu atténué à la base, noirâtre, finement ruguleux, surmonté d'une carène longitudinale qui se bifurque à la base; tubercules petits, situés près de la base; 2ᵉ et 3ᵉ bruns, très finement ruguleux, carénés, lisses et testacés à l'extrémité, comme les ont les suivants. ♀ Inconnue. Long. 2 1/2ᵐᵐ.

Phœnicura, HALIDAY.

OBS. Espèce à moi inconnue, singulière, selon Haliday, et qui demanderait peut-être une section à part, mais imparfaitement examinée d'après un seul exemplaire mal préparé.

PATRIE : Irlande.

—   Abdomen entièrement noir; cellule radiale éloignée du bout de l'aile.   5

5   Nervure radiale en courbe parabolique, non sinuée. ♂♀ Noirs et luisants. Antennes de 36 articles environ, un peu plus courtes que le corps chez la ♀, un peu plus longues chez le ♂; derniers articles ovalaires et courts. Sillons mésothoraciques très fins, lisses, convergents vers une fossette vis-à-vis du scutellum ; métathorax rugueux, caréné dans le milieu, couvert d'une pubescence éparse; sillon des mésopleures rugueux. Ailes hyalines, légèrement enfumées; écaillettes brunâtres; nervures et stigma d'un brun foncé; celui-ci linéaire, lancéolé, atténué peu à peu jusqu'à l'extrémité, émettant la nervure radiale de son 1ᵉʳ tiers; cellule radiale lancéolée; 2ᵉ cellule discoïdale ouverte du côté externe; ailes postérieures avec un vestige ponctiforme de nervure récurrente, qui ne se retrouve pas chez les autres espèces. Pattes d'un rouge brun; hanches et base des trochanters noires; cuisses souvent rayées de noir en dessus,

les postérieures souvent noirâtres en entier.
Abdomen subsessile, oblong, déprimé, peu
rétréci à la base; 1ᵉʳ segment oblong-obco-
nique, de moitié plus long que large, ruguleux
en longueur, à pubescence éparse, ses tubercules peu sensibles; 2ᶜ finement ruguleux,
les suivants lisses. Tarière cachée. Long.
3 1/3-4ᵐᵐ; Env. 6 1/2-7ᵐᵐ. **Semirugosa**, Haliday.

Patrie : Irlande Angleterre; Allemagne.

— Nervure radiale sinuée. 6

6 Mesonotum n'ayant qu'un court commencement de sillon médian: sillons mésothoraciques subosolètes, convergents jusqu'à une
fossette vis-à-vis du scutellum. Noir, à pubescence noirâtre; mandibules roussâtres;
palpes testacés. ♂♀ Antennes à peine plus
longues que le corps, de 32 articles environ.
Thorax oblong-ovalaire, pubescent; sillons
pointillés; on distingue sur le bord antérieur
du mesonotum une courte ligne enfoncée;
métathorax obtus, rugueux-ponctué, à pubescence jaunâtre, à peine caréné au milieu.
Ailes légèrement enfumées; écaillettes brunâtres; nervures et stigma d'un brun ferrugineux; celui-ci linéaire, émettant la nervure
radiale près de sa base; cellule radiale allongée, sinuée, attenuée vers le bout. Pattes d'un
testacé brunâtre; toutes les hanches, bord
supérieur des 4 cuisses postérieures vers
l'extrémité, sommet des 4 tarses antérieurs,
et tarses de derrière entièrement assombris.
Abdomen aussi large que le thorax, et à
peine plus long, oblong, subsessile, rétréci à
la base; 1ᵉʳ segment du ♂ sublinéaire, celui
de la ♀ obconique, robuste, un peu gibbeux,

de moitié plus long que sa largeur apicale,
ponctué-rugueux, pubescent, à tubercules
peu sensibles; 2ᵉ pubescent, rugueux-ponctué à l'extrême base, rarement lisse dans les
deux sexes. Tarière à peine exserte. Long.
2 2/3ᵐᵐ; Env. 5 1/3ᵐᵐ.

Var. Scape des antennes et pattes, d'un
testacé obscur; dernier article des tarses
noirâtre.   **Talaris**, Haliday.

> Obs. — Cette espèce n'est pas à confondre avec
> *lateralis* (V. nº 21) auquel elle ressemble extrême-
> ment: les antennes de ce dernier sont beaucoup
> plus longues, et le 2ᵉ segment toujours lisse à la
> base.

Patrie : Irlande ; Angleterre ; Allemagne ; assez commun.

— Mesonotum parcouru par un sillon médian
profond; sillons huméraux distincts, n'atteignant pas la fossette ordinaire. ♂ Noir, pubescent; mandibules brunâtres; palpes noirâtres. Antennes plus longues que le corps
(chez mon exemplaire), aussi longues que le
corps (selon Haliday), de 28 articles. Sillons
mésothoraciques ponctués, s'étendant sur le
disque; métathorax obtus, sans carène médiane, grossièrement rugueux, réticulé; sillon des mésopleures large, rugueux. Ailes
légèrement enfumées; écaillettes brunâtres;
nervures et stigma noirâtres; celui-ci linéaire,
assez épais, émettant la nervure radiale près
de sa base; cellule radiale acuminée; nervure
radiale sinuée; 2ᵉ cellule discoïdale complètement fermée. Pattes testacées; hanches noirâtres; tibias de derrière assombris au sommet,
leurs tarses noirâtres. Abdomen un peu plus
étroit et plus long que le thorax, oblong, déprimé, rétréci à la base, luisant; 1ᵉʳ segment

plus de deux fois aussi long que large, ponctué-rugueux, ses tubercules obsolètes ; 2ᶜ nettement striolé au milieu, lisse sur les côtés,
un peu rétréci vers la base ; 3ᵉ et suivants
lisses, très luisants. ♀ Inconnue. Long. 3ᵐᵐ;
Env. 6ᵐᵐ.   **Striatula**, Haliday.

Patrie : Irlande du nord ; Angleterre ; rare.

7   Pattes noires ; tibias de devant et tous les
           tarses plus ou moins testacés ou brunâtres.   8

—   Pattes testacées, rarement avec les cuisses
           de derrière plus ou moins noirâtres, et les
           quatre antérieures rayées de noirâtre en
           dessus.   10

8   Deuxième cellule discoïdale fermée du côté
           externe. ♀ D'un noir intense, luisante, très
           finement pubescente ; mandibules brunâtres ;
           palpes noirs. Antennes un peu plus courtes
           que le corps, de 21 articles. Une petite fos-
           sette précède le scutellum ; mésopleures par-
           faitement lisses, sans sillon ; métathorax
           densément pubescent. Ailes comme chez
           l'espèce suivante, sauf la 2ᶜ cellule discoïdale.
           Pattes noires avec la base des tibias et des
           tarses brunâtre. Abdomen moins large que
           le thorax ; 1ᵉʳ segment densément pubescent.
           Tarière subexserte. ♂ Inconnu. Long. 2 1/2ᵐᵐ.
                                       Lugens, Haliday.

Obs. — La courte description qui précède ne suffit
pas pour séparer cette espèce de la suivante ; le
caractère tiré de la 2ᵉ cellule discoïdale est presque insaisissable, et probablement inconstant. En
regardant de très près on voit, chez tous ces insectes, que la cellule en question n'est jamais
rigoureusement fermée. Mais comme Haliday a
signalé ce trait comme distinctif, et que je n'ai pu
en trouver de meilleur, je m'abstiens de décider

la question. Cependant il me semble bien possible
. que cette ♀ ne soit autre chose qu'une ♀ de *tristis*.

PATRIE : Norvège (Hammerfest) : un seul exemplaire
    connu.

—   Deuxième cellule discoïdale ouverte du côté
externe.   9

9   Antennes plus longues que le corps, de
25 articles chez la ♀, de 31 chez le ♂; stigma
allongé, assez épais, acuminé en dehors, noir,
ainsi que les nervures; cellule radiale plus
longue que la costale; nervure radiale très
faiblement sinuée. D'un noir intense, luisant,
à pubescence blanchâtre; palpes assombris.
Tête transversale, plus large que le thorax.
Sillons huméraux du mésothorax à peine
commencés; mesonotum parcouru par une
faible gouttière longitudinale qui débouche
dans une fossette ovale, allongée et profonde,
devant le scutellum; sillon des mésopleures
crénelé; métathorax très court, arrondi, mat,
granulé. à pubescence blanchâtre assez dense.
Ailes amples, hyalines, parfois un peu blanchâtres; d'autres fois légèrement cendrées;
écaillettes noires; nervure récurrente interstitiale. Pattes de devant d'un testacé brunâtre, avec les cuisses et tibias rayés de
noirâtre en dessus, ou presque totalement
noirâtres; tarses obscurs; les quatre pattes
postérieures noires, avec le 2ᵉ article des trochanters et la base des tibias d'un testacé
brunâtre. Premier segment abdominal obconique, deux fois aussi long que sa largeur
apicale, rétréci à la base, rebordé, finement
striolé, surmonté de deux carènes qui se
réunissent avant le bord postérieur, renfermant un espace triangulaire: tubercules peu

saillants; segments suivants en ovale court.
lisses et luisants. Tarière cachée. ♂ Semblable; antennes plus longues; 1ᵉʳ segment
sublinéaire, peu élargi en arrière; segments
suivants oblong, plus longs que chez la ♀.
Long. 2-2 2/3ᵐᵐ: Env. 4-5 1/3ᵐᵐ. **Tristis**, Nees.

Obs. — Cette espèce est certainement *ampliator*,
Hal. qui n'est pas *ampliator*, Nees. Le *tristis*. Nees
me paraît un peu moins assuré, à cause d'omissions
dans la description. Selon Goureau *D. tristis* est
parasite du diptère *Agromyza nigripes*, Macquart;
on la trouve aussi dans la liste d'éclosions observées par Giraud, où elle est citée comme provenant
de quelque galle de diptère sur les racines d'*Artemisia campestris*.

Patrie: Allemagne; Irlande; Angleterre; assez commun.

—— Antennes de la ♀ pas plus longues que la
tête et le thorax, de 15-17 articles; celles du
♂ à peine aussi longues que le corps, de 21 articles; stigma court, épais, obtus aux deux
bouts, testacé ou brunâtre pâle, ainsi que les
nervures; cellule radiale pas plus longue
que la costale; nervure radiale faiblement
sinuée. Corps court, trapu, d'un noir intense,
à pubescence blanchâtre; palpes brunâtres;
mandibules rouges. Tête transversale, plus
large que le thorax; face couverte d'un duvet
blanchâtre; front excavé, avec une petite
fossette au fond de l'impression. Antennes ♀
moniliformes à partir du 7ᵉ article, épaissies
vers l'extrémité, minces à l'extrémité même.
Sillons mésothoraciques à peine commencés;
point de fossette, ni de gouttière devant le
scutellum; métathorax très court, mat.
couvert d'un duvet blanchâtre, tronqué verticalement en arrière; une carène transverse
sépare les deux portions, formant, avec une

carène médiane de la base, deux compartiments. Ailes blanchâtres, presque laiteuses;
cellule radiale acuminée, fort éloignée du bout
de l'aile; stigma aussi épais que la longueur
de la 1ʳᵉ abscisse, quatre fois aussi long que
large; nervure récurrente distinctement rejetée. Pattes de devant brunâtres, avec le
tranchant supérieurs des cuisses, le sommet
des tibias, et les tarses noirâtres; les quatre
pattes postérieures, ou parfois toutes les
pattes, noirâtres avec le 2ᵉ article des trochanters et les genoux, roussâtres. Abdomen
petit, moins large et pas plus long que le
thorax, en massue convexe; 1ᵉʳ segment
deux fois aussi large à l'extrémité qu'à la
base, très finement aciculé et rebordé; segments suivants lisses, luisants. Tarière presque cachée. ♂ Antennes non épaissies avant
l'extrémité; pattes de devant entièrement
testacées; abdomen en ovale plus allongé.
Long. 1 1/2ᵐᵐ; Env. 3 2/3ᵐᵐ.   **Ampliator**, NEES.

Oᴮˢ.— Notre dessin colorié représente fidèlement
cette espèce curieuse; elle se reconnaît à la brièveté des antennes et à ses formes en général. Le
Dʳ Capron l'a découverte en Angleterre, et m'a
communiqué les deux sexes sous le nom générique
de *Brachystropha*, Foerster.

Pᴀᴛʀɪᴇ : Franconie (Sickershausen); Angleterre (environs de Guildford).

10   Longueur presque 5ᵐᵐ; envergure 7-10ᵐᵐ;
les plus grandes espèces; antennes de 36-49
articles.   **11**

——   Taille beaucoup moindre; antennes ♀ ordinairement de 21-35 articles, exceptionnellement de 40 chez *lateralis*, nᵒ 20, et de 42
chez *cincta*, nᵒ 20; antennes ♂ de 21-37 arti-

cles, exceptionnellement de 40 chez *senilis*, n° 13, et de 43 chez *lateralis*.

                    12

11 Abdomen spatulé; 1ᵉʳ. segment linéaire, presque trois fois aussi long que les hanches de derrière; antennes de 44 articles chez la ♀, de 49 chez le ♂; 2ᵉ cellule discoïdale ouverte du côté interne. La plus grande espèce. ♀ Noire, pubescente; abdomen d'un rouge testacé à partir de la base du 2ᵉ segment. Tête largement transversale, profondément excavée en arrière; face ponctuée, faiblement carénée; mandibules noirâtres; ocelles rouges; palpes testacés. Antennes aussi longues que le corps, d'un roussâtre obscur, avec les incisions noirâtres. Thorax court, gibbeux, moins large que la tête; sillons mésothoraciques à peine commencés; mesonotum parcouru par une cannelure médiane qui débouche dans une fossette profonde devant le scutellum; métathorax court, obtus, ruguleux, presque tronqué postérieurement, à pubescence jaunâtre, surmonté d'une carène raccourcie. Ailes subhyalines; écaillettes brunâtres; nervures et stigma brun foncé; stigma médiocrement épaissi au milieu, allongé, acuminé aux deux bouts, émettant la nervure radiale de son 1ᵉʳ tiers; celle-ci épaissie vers la base; cellule radiale lancéolée, à peine rétrécie et sinuée vers l'extrémité; nervure récurrente longuement rejetée. Pattes de devant testacées, parfois avec une raie noirâtre sur les cuisses, en dessus; pattes intermédiaires testacées, leurs cuisses plus ou moins noirâtres vers la base; pattes de derrière noirâtres, sommet des trochanters et extrême base des tibias d'un testacé obscur; toutes les hanches noirâtres. Abdomen plus long que la tête et le thorax, spatulé, déprimé; 1ᵉʳ segment noir, grêle, linéaire, aussi long que le tiers de l'abdomen, striolé, canaliculé au milieu, ses tubercules saillants; segments suivants testacés, lisses, les avant-derniers plus ou moins assombris ou ceinturés de brun, chaque segment portant, près du bord postérieur, une série transverse de petits points. Tarière à peine exserte. ♂ Semblable; antennes plus grêles et plus longues, noirâtres; 1ᵉʳ segment relativement plus long que celui de la ♀. Long. 5ᵐᵐ; env. 10ᵐᵐ.

Petiolata, Nees.

Obs. — On rencontre cet insecte assez rarement dans les bois de l'Europe. Sa taille est gigantesque pour le genre, surpassant même celle des plus gros Alysiides. Foerster en a fait son genre *Phænolexis*.

Patrie : Allemagne (montagnes Sudetsch); Belgique (collection Wesmael); Angleterre.

— Abdomen oblong; 1ᵉʳ segment linéaire, environ deux fois aussi long que les hanches de derrière; antennes de 36 articles; 2ᵉ cellule discoïdale fermée aux deux bouts. ♀ Noire, pubescente; abdomen, à partir de la base du 2ᵉ segment, d'un roux brunâtre, plus obscur vers l'extrémité. Tête transversale, plus large que le thorax, profondément excavée en arrière; palpes testacés. Antennes aussi longues que le corps, grêles, sétiformes, noires avec les cinq premiers articles testacés. Thorax gibbeux, très pubescent; sillons mésothoraciques complets mais peu profonds, réunis postérieurement dans une petite fossette ronde, d'où part une faible gouttière médiane qui n'atteint pas le milieu du dos;

métathorax court, ruguleux, parsemé de poils
blanchâtres, presque tronqué postérieurement, caréné à la base. Ailes subhyalines;
écaillettes brunâtres; nervures et stigma
brun foncé; stigma très atténué, acuminé
aux deux bouts, émettant la nervure radiale
de son 1ᵉʳ tiers; celle-ci épaissie vers la base;
cellule radiale plus large à l'extrémité que
chez *petiolata;* nervure récurrente interstitiale. Pattes testacées; cuisses intermédiaires
un peu assombries, celles de derrière noirâtres; tous les tarses brunâtres. Abdomen
plus long que la tête et le thorax pris ensemble, peu élargi postérieurement, légèrement comprimé; 1ᵉʳ segment beaucoup plus
court que chez *petiolata*, linéaire, finement
ponctué-ruguleux, avec les tubercules subobsolètes. Tarière brièvement exserte, falciforme. ♂ Inconnu. Long. 4ᵐᵐ; env. 7ᵐᵐ.

Egregia, MARSHALL.

OBS. — Autrefois je regardais cet insecte, unique
dans ma collection, comme *navicularis*, Nees (V.
Espèces douteuses, n° 1), mais je pense maintenant que c'était une erreur; les descriptions sont
en désaccord sous plusieurs rapports.

PATRIE : Angleterre.

12   Stigma plus épais que la longueur de la
1ʳᵉ abscisse.   13

—   Stigma moins épais que la longueur de la
1ʳᵉ abscisse.   14

13   Stigma d'un ferrugineux obscur, plus de
quatre fois aussi long que large; nervure récurrente à peine rejetée; 2ᵉ cellule discoïdale
oblongue. ♂ Noir, luisant, à peine pubescent;
milieu de l'abdomen d'un brun testacé. Man-

dibules et palpes ferrugineux. Antennes à
peine plus longues que le corps, noirâtres
avec les trois premiers articles ferrugineux,
sauf à leur extrémité; de 25 articles qui sont
tous cylindriques à partir de la base du 3ᵉ.
Thorax oblong-ovale; sillons huméraux du
mésothorax raccourcis; une ligne enfoncée
devant le scutellum; métathorax finement
scabre; sillon des mésopleures lisse. Ailes
hyalines; écaillettes d'un testacé pâle; nervures ferrugineuses, épaisses; stigma grand,
linéaire-lancéolé, obtus à la base, acuminé à
l'extrémité, émettant la nervure radiale de
son 1ᵉʳ tiers; cellule radiale atténuée et sinuée
vers l'extrémité; nervure récurrente à peine
rejetée; nervure postérieure à peine commencée. Pattes d'un testacé pâle. Abdomen
ovalaire; 1ᵉʳ segment noir, finement scabre,
deux fois aussi long que large, un peu rétréci à la base, rectangulaire à l'extrémité;
segments suivants d'un brun testacé, les derniers assombris. ♀ Inconnue. Long. 2-2 2/3ᵐᵐ.

Temula, HALIDAY.

PATRIE : Irlande du nord, dans les bois; rare en Angleterre.

—

Stigma noirâtre, à peine trois fois aussi
long que large; nervure récurrente sensiblement rejetée; 2ᵉ cellule discoïdale courte,
presque carrée. ♂ Très semblable à *temula*,
n'en différant que par la teinte plus foncée
des pattes, et la nervulation. Noir, luisant; milieu de l'abdomen, et parfois le 1ᵉʳ segment,
d'un brun testacé. Antennes testacées à la
base. Ailes légerement enfumées; écaillettes
d'un ferrugineux obscur; nervures épaisses,
noirâtres; stigma grand, épais, en ovale lan-

céolé, dépassant la côte en saillie, acuminé au bout, émettant la nervure radiale avant le milieu; nervure récurrente assez longuement rejetée. Pattes testacées. ♀ Inconnue. Long. 2ᵐᵐ.

Cette espèce et la précédente constituent le genre *Pachysema*, Foerster.

Macrospila, Haliday.

Patrie : Angleterre; Irlande; très rare.

14   Métathorax et 1ᵉʳ segment abdominal couverts d'un duvet assez dense pour en cacher la sculpture; cuisses de derrière noirâtres, ou rayées de noirâtre en dessus. Noir, à pubescence dense, blanchâtre. Tête plus large que le thorax; mandibules d'un roussâtre obscur; palpes ferrugineux. ♀ Antennes plus longues que le corps, noirâtres avec le 2ᵉ article roussâtre, de 32 à 36 articles. Thorax subcylindrique; sillons mésothoraciques faiblement enfoncés, continués sur le disque mais n'atteignant pas exactement le bord postérieur; une fossette oblongue vis-à-vis du scutellum; sillon des mésopleures crénelé; métathorax excavé postérieurement, ruguleux, caréné à la base. Ailes légèrement enfumées; écaillettes brunâtres; nervures et stigma brun foncé; celui-ci sublinéaire, moins épais que la longueur de la 1ʳᵉ abscisse, obtus à la base, acuminé vers l'extrémité, émettant la nervure radiale de son 1ᵉʳ quart; cellule radiale à peine rétrécie et sinuée vers le bout; nervure récurrente interstitiale. Pattes de devant ferrugineuses, leurs hanches souvent assombries; les intermédiaires ferrugineuses, avec les hanches, la base des trochanters, le tranchant supérieur des cuisses, et les tarses, noirâtres; celles de derrière noirâtres, avec le 2ᵉ article des trochanters et les tibias ferrugineux, ces derniers assombris au sommet; les cuisses quelquefois roussâtres en dessous. Abdomen plus long et moins large que le thorax, convexe, pointu à l'extrémité: 1ᵉʳ segment sublinéaire, caréné au milieu, ruguleux, ses tubercules peu sensibles; 2ᵉ et suivants très lisses, portant chacun le long du bord postérieur une rangée de petits points. Tarière brièvement exserte, courbée, ses valves épaisses, comprimées. ♂ Antennes plus longues, de 37 à 40 articles; abdomen déprimé, un peu spatulé. Long. 3ᵐᵐ; env. 6 1/2ᵐᵐ.

Var. ♂♀ Les parties ferrugineuses de teinte plus claire; mandibules, base des antennes, écaillettes, et pattes, rouges; hanches de derrière et sommet des cuisses de la même paire, noirâtres, ou rouges (*Alysia rufipes*, Nees). Duvet du métathorax et du 1ᵉʳ segment extrêmement fin. Chez un ♂ de ma collection le 2ᵉ segment est rougeâtre à la base. **Senilis**, Nees.

Obs. — Parasite, selon Rondani, de *Phytomyza albiceps*, Meigen.

Patrie : Allemagne; Italie; Angleterre; Finmark, etc.; assez commun dans les marécages.

— Métathorax et 1ᵉʳ segment moins densément ou à peine duveteux; cuisses de derrière totalement pâles, ou rarement et faiblement rayées de couleur plus sombre. 15

15 Taille 3/4ᵐᵐ; la plus petite espèce. Corps court, noir, luisant, à pubescence blanchâtre; base du 2ᵉ segment abdominal un peu roussâtre. Tête grosse, transversale,

plus large que le thorax ; mandibules tridenticulées, rouges, ainsi que les palpes. ♀ Antennes beaucoup plus longues que le corps,
noires, de 20 à 22 articles ; scape pâle à
l'extrémité. Thorax court, gibbeux ; mesonotum parcouru par une gouttière peu distincte
et parfois effacée qui se termine en fossette
devant le scutellum ; poitrine et pleures cou-
vertes d'une pubescence blanchâtre ; sillon
des mésopleures lisse ; métathorax très
court, mat, tronqué abruptement en arrière,
caréné à la base, portant à chaque angle
postérieur une touffe de pubescence laineuse
blanchâtre. Ailes subhyalines ; écaillettes,
nervures, et stigma, d'un brunâtre pâle ;
stigma allongé, linéaire, acuminé extérieurement, moins épais que la longueur de la
1ʳᵉ abscisse, émettant la nervure radiale de
son 1ᵉʳ quart ; cellule radiale lancéolée, à
peine sinuée vers l'extrémité, très éloignée
du bout de l'aile ; nervure récurrente rejetée ;
1ʳᵉ cellule cubitale imparfaitement séparée de
la 1ʳᵉ discoïdale à cause de la décoloration
de la nervure ; nervure postérieure effacée.
Pattes testacées, avec les hanches brunâtres.
Abdomen pas plus long que le thorax, spatulé, légèrement convexe, pointu au bout ;
1ᵉʳ segment deux fois aussi long à l'extrémité qu'à la base, à peine pubescent, très
finement aciculé, ses tubercules peu sensibles ; segments suivants lisses. Tarière cachée. ♂ Parfaitement semblable ; antennes
de 22 articles ; abdomen moins élargi en
arrière, déprimé ; 1ᵉʳ segment sublinéaire.
Long. 3/4ᵐᵐ ; env. 3 1/2ᵐᵐ.   **Misella,** MARSHALL.

PATRIE : Angleterre ; commun dans les haies.

| — | Taille beaucoup plus grande. | **16** |

| **16** | Cellule radiale plus courte que la costale. | **17** |

| — | Cellule radiale égalant ou dépassant la longueur de la costale. | **19** |

17 Abdomen entièrement noir. ♂ Noir, luisant, à peine pubescent. Mandibules ferrugineuses; lèvre et palpes jaunes. Antennes aussi longues que le corps, noires avec les articles 1-5 jaunes, de 21 à 25 articles. Thorax subglobuleux; une très petite fossette devant le scutellum. Ailes hyalines; écaillettes jaunes; nervures pâles; stigma jaune d'ocre, linéaire, émettant la nervure radiale de sa base; nervure récurrente rejetée; sillon des mésopleures rugueux; cellule radiale plus courte que la costale, sinuée et rétrécie vers l'extrémité. Pattes jaune-pâle en entier avec le dernier article des tarses obscur. Abdomen spatulé, déprimé; 1ᵉʳ segment sublinéaire, ponctué-ruguleux. ♀ Inconnue. Long. 2ᵐᵐ.

Albipes, HALIDAY.

PATRIE : Irlande, dans les bois, très rare; Allemagne (au dire du Dʳ Schmiedeknecht).

— Abdomen rouge, à partir de la base du 2ᵉ segment, ou rouge dans le milieu. **18**

18 Deuxième segment abdominal en entier, et 3ᵉ en partie, rouges; tête et thorax très gros; abdomen petit, plus court et beaucoup moins large que le thorax; 1ᵉʳ segment linéaire, trois fois aussi long que large, ses tubercules très saillants. ♀ Corps noir, luisant, à pubescence blanchâtre; tête transversale, de même largeur que le thorax; mandibules rougeâtres; palpes noirs. Antennes plus longues que le

corps, noires, de 31 articles. Thorax gibbeux;
sillons mésothoraciques dirigés d'abord à
travers le disque, tournant en courbe vers
la fossette, puis disparaissant brusquement
sans l'atteindre; une fossette ponctiforme
devant le scutellum précédée d'une impression longitudinale peu profonde; sillon des
mésopleures ponctué; métathorax court, rugueux, couvert de poils blanchâtres assez
serrés, caréné à la base. Ailes rembrunies
dans les régions basilaire et caractéristique,
plutôt hyalines vers le bout; écaillettes brunâtre-pâle; nervures et stigma brun foncé;
celui-ci court pour le genre, épais, lancéolé,
obtus à la base, acuminé extérieurement,
émettant la nervure radiale de l'extrémité de
son 1ᵉʳ quart; cellule radiale peu rétrécie vers
le bout, à peine sinuée; nervure récurrente
interstitiale. Pattes d'un testacé rougeâtre;
sommet des tibias de derrière et tarses de
la même paire assombris; dernier article de
tous les tarses noirâtre. Premier segment de
l'abdomen striolé, profondément excavé en
triangle à la base; segments suivants lisses,
d'un noir brunâtre à partir du milieu du 3ᵉ;
extrémité anale tronquée. Tarière brièvement
exserte. ♂ Inconnu. Long, 2 1/4ᵐᵐ; env. 5ᵐᵐ.

Gyrina, Marshall.

Patrie : France (environs de Nantua), un seul exemplaire.

Deuxième segment et tous les suivants
d'un testacé clair; tête et thorax de grandeur
normale; abdomen aussi long que le thorax,
déprimé, spatulé; 1ᵉʳ segment linéaire, plus
de quatre fois aussi long que large, ses tubercules à peine sensibles. ♂ Noir, luisant,

assez densément velu et pubescent; mandibules et palpes rougeâtres. Antennes beaucoup plus longues que le corps, noires avec le scape rouge, en tout ou en partie, de 29 articles. Sillons mésothoraciques larges mais peu profonds, dirigés comme chez *gyrina*, mais ponctués et continués jusqu'à la fossette, qui s'avance en gouttière large et distincte vers le bord antérieur, sans l'atteindre; métathorax conforme à celui de *gyrina*. Ailes uniformément enfumées; écaillettes testacées; nervures et stigma brun foncé; même nervulation que chez *gyrina*. Pattes testacé-rougeâtre, y compris toutes les hanches; cuisses intermédiaires faiblement rayées en dessus de couleur sombre; cuisses de derrière noirâtres en dessus vers le sommet, tibias de la même paire noirâtres au sommet, leurs tarses assombris; dernier article de tous les tarses noirâtre. Premier segment très grêle, presque aussi long que la moitié de l'abdomen. ♀ Inconnue. Long. à peine 2ᵐᵐ; env. 4ᵐᵐ.   **Bathyzona**, Marshall.

Obs. — Les différences entre cette espèce et la précédente n'étant pas simplement sexuelles, je les regarde comme spécifiquement distinctes. Celle que j'ai nommée *bathyzona*, à cause de sa taille élancée, rappelle en miniature les formes de *petiolata* (V. nᵒ 10).

Patrie : France (environs de Nantes, où les mâles décrits ont été capturés par l'abbé Dominique).

19	Sillon des mésopleures rugueux ou ponctué.	**20**
—	Sillon des mésopleures lisse ou effacé.	**27**
20	Antennes de 37 à 43 articles environ.	**21**

—— Antennes ayant un moindre nombre d'articles, 25 à 33 environ.   **22**

21   Antennes très allongées, de moitié plus longues que le corps; nervure radiale sensiblement sinuée; 1er segment abdominal trois fois aussi long que large. Corps noir, luisant, très finement pubescent; abdomen ordinairement noir (V. les variétés). ♀ Antennes grêles, testacées, noirâtres vers l'extrémité, de 40 articles environ. Sillons mésothoraciques commencés; une fossette oblongue, linéaire, vis-à-vis du scutellum; métathorax rugueux, très court, descendant presque verticalement dès la base, caréné au milieu, à pubescence blanchâtre. Ailes légèrement enfumées; écaillettes testacées; nervures et stigma brun pâle; stigma linéaire, étroit, allongé, émettant la nervure radiale près de la base; cellule radiale grande, lancéolée, sinuée avant l'extrémité; nervure récurrente interstitiale. Pattes testacées; hanches de derrière noirâtres; tibias de la même paire obscurs au sommet; cuisses souvent rayées de noirâtre vers le sommet; tarses obscurs, les quatre antérieurs à l'extrémité seulement. Abdomen déprimé, ovale-orbiculaire, presque plus large que le thorax; 1er segment linéaire, ponctué-ruguleux, ses tubercules médians. Tarière à peine exserte. ♂ Semblable; abdomen sublinéaire. Long. 2 2/3mm; env. 6mm.

Var. 1. Deuxième segment d'un testacé obscur à la base; base des antennes et pattes de couleur moins claire.

Var. 2. ♂♀ Abdomen testacé, noirâtre sur les côtés; 1er segment noir. Cette variété est peut-être particulière à l'Irlande, et dé-

crite par Haliday comme la forme ordinaire
de l'espèce; mais tous les exemplaires que
j'ai vus ont l'abdomen noir, tout au plus
avec un peu de roussâtre obscur à la base
du 2ᵉ segment.   **Lateralis,** HALIDAY.

OBS. — On peut distinguer cette espèce commune à la longueur des antennes; elle ressemble
beaucoup a *talaris* (V. nº 6), surtout aux individus
à 2ᵉ segment sans rugosité; mais ceux-ci ont les
antennes et le 1ᵉʳ segment plus courts.

PATRIE : Angleterre; Irlande; Finmark.

— Antennes un peu plus longues que le
corps; nervure radiale à peine sinuée; 1ᵉʳ segment abdominal deux fois aussi long que
large. ♀ Noire, luisante, à pubescence très
fine; 2ᵉ segment et suivants testacés, ceinturés de couleur sombre, à partir de la base
du 4ᵉ; mandibules testacées. Antennes grêles,
plus ou moins testacées à la base, de 42 articles. Métathorax court, obtus, ponctué-ruguleux. Ailes hyalines avec une teinte obscure; écaillettes d'un testacé jaunâtre; nervures et stigma d'un ferrugineux obscur;
stigma linéaire, émettant la nervure radiale
près de la base; cellule radiale peu rétrécie
et sinuée vers l'extrémité. Pattes testacées
avec le dernier article des tarses assombri.
Abdomen un peu plus long que la tête et le
thorax, aussi large que celui-ci; 1ᵉʳ segment
sublinéaire, rétréci à l'extrême base, noir,
ponctué-ruguleux. Tarière subexserte. ♂ Inconnu. Long. 2 2/3ᵐᵐ.   **Cincta,** HALIDAY.

PATRIE : Non indiquée, probablement Irlande.

22   Abdomen court, aussi large que le thorax,
déprimé chez le ♂, convexe et non comprimé

chez la ♀ (mais la ♀ de *lepida* m'est inconnue).   **23**

—   Abdomen plus long, linéaire, moins large
que le thorax, comprimé postérieurement
chez la ♀.   **24**

23   Pattes allongées, d'un jaune blanchâtre,
ainsi que les écaillettes; ailes très amples,
obtuses et tronquées au bout; face blanchâtre. ♂ Noir, luisant, clairsemé de poils
blanchâtres; abdomen d'un brun de poix.
Tête transversale, plus large que le thorax;
face et parties buccales d'un jaune blanchâtre.
Antennes beaucoup plus longues que le
corps, grêles, d'un testacé obscur avec le
scape et l'extrême base du funicule testacé
clair, de 33 articles. Sillons mésothoraciques
sub-obsolètes; une fossette linéaire devant le
scutellum; métathorax presque lisse, un peu
luisant, sans carène basilaire. Ailes hyalines;
nervures et stigma bruns; stigma épais,
assez long, lancéolé, obtus à la base, acuminé à l'extrémité, émettant la nervure radiale de son 1ᵉʳ quart; cellule radiale sensiblement rétrécie et sinuée vers le bout, plus
longue que la cellule costale; nervure récurrente interstitiale. Pattes très pâles, y compris les hanches; sommet des tibias de derrière, et les quatre tarses postérieurs, un
peu brunâtres; une petite tache noire à la
base des hanches de derrière, en dessus.
Premier segment abdominal court, à peine
deux fois aussi long que large, peu rétréci à
la base, canaliculé au milieu dans toute sa
longueur, rebordé, un peu luisant, et sans
rugosités, ses tubercules saillants; segments

suivants formant une massue ovalaire brune, plus courte que le thorax. ♀ Inconnue. Long. presque 2ᵐᵐ; Env. 5ᵐᵐ.   **Lepida**, Marshall.

Patrie : Angleterre; un seul exemplaire.

—

Pattes plus courtes, d'un testacé sale, ainsi que les écaillettes; ailes moins amples, régulièrement arrondies au bout; face noire. Corps noir, luisant; métathorax et 1ᵉʳ segment finement duveteux; 2ᵉ segment un peu roussâtre à la base. Tête transversale, plus large que le thorax; mandibules tridenticulées, rouges; palpes obscurs. ♀ Antennes plus longues que le corps, noirâtres avec les deux ou trois premiers articles plus ou moins testacés, de 31 articles (chez 4 exemplaires). Thorax court, gibbeux; sillons mésothoraciques presque nuls; une fossette ovalaire assez grande devant le scutellum; métathorax court, mat, finement rugueux, tronqué verticalement en arrière, la partie verticale limitée par une carène transversale. Ailes subhyalines; écaillettes testacées; nervures et stigma bruns; stigma allongé, linéaire-lancéolé, obtus à la base, acuminé vers l'extrémité, émettant la nervure radiale près de la base; cellule radiale grande, très dilatée au milieu, sensiblement sinuée et rétrécie vers le bout, plus longue que la cellule costale; nervure récurrente interstitiale. Pattes testacées, y compris les hanches; dernier article des tarses assombri. Premier segment court, deux fois aussi long que sa largeur apicale, à peine rétréci à la base, mat, finement aciculé; tubercules médians, peu prononcés; segments suivants formant ensemble un ovale pointu, aussi large et de même longueur que le thorax, noirâtre avec la base plus ou moins rousse. Tarière à peine exserte. ♂ Semblable; antennes de 31 articles; pattes d'un testacé moins clair; abdomen obtus à l'extrémité, moins large que le thorax. Long. à peine 2ᵐᵐ; Env. 5ᵐᵐ.

Var. ♀ Abdomen, à partir de la base du 2ᵉ segment, d'un testacé sale, assombri sur les côtés. **Ovalis**, Marshall

Patrie : Angleterre : 5 exemplaires.

24 Écaillettes noires. Corps noir, pubescent; abdomen linéaire, moins large que le thorax; 2ᵉ segment roussâtre à la base. Semblable à *petiolata* (V. n° 11), mais la tête et l'abdomen sont relativement plus étroits, et la taille beaucoup moindre. ♀ Antennes aussi longues que le corps, de 26 à 30 articles. Thorax oblong-ovalaire; une fossette ponctiforme devant le scutellum; métathorax court, duveteux, légèrement excavé en arrière. Ailes hyalines avec une teinte obscure; nervures et stigma brun foncé; stigma linéaire, assez épais, émettant la nervure radiale de son 1ᵉʳ quart: cellule radiale courte, à peine sinuée et rétrécie vers l'extrémité. Pattes testacées; les quatre cuisses antérieures rayées de noirâtre en dessus; tibias de derrière noirâtres au sommet. Abdomen un peu comprimé, tronqué au bout; 1ᵉʳ segment grêle, linéaire, presque aussi long que les suivants réunis, rugueux, réticulé; tubercules situés avant le milieu, subobsolètes; segments suivants parfois totalement roussâtres. Tarière subexserte. ♂ Antennes un peu plus longues que le corps, de 33 articles, et davantage; abdomen linéaire, non comprimé. Long. 2 2/3ᵐᵐ.   **Leptogaster,** HALIDAY.

—   Écaillettes roussâtres, rougeâtres, ou jaunâtres.   **25**

25   Abdomen testacé avec le 1ᵉʳ segment noir. Semblable à *senilis* (V. nᵒ 14), mais le 1ᵉʳ segment est plus grêle, à pubescence moins dense. ♂ Noir, pubescent; tête grosse, plus large que le thorax; mandibules rouges, palpes plus pâles. Antennes testacées à la base. Thorax oblong; métathorax duveteux, légèrement excavé en arrière. Ailes hyalines avec une teinte obscure; écaillettes roussâtres; nervures et stigma brun foncé; nervulation (selon Haliday) comme chez *senilis*. Pattes testacées. Abdomen plus étroit que le thorax; 1ᵉʳ segment grêle, linéaire, ponctué-ruguleux, subcaréné; tubercules obtus, situés un peu avant le milieu. ♀ Inconnue, mais comparez *gracilis* (nᵒ 26). Long. 3 1/2ᵐᵐ.

          Postica, HALIDAY.

OBS. — L'unique exemplaire, capturé jadis par M. Walker, est trop succinctement décrit L'auteur ajoute qu'il est assez différent de *cincta* (V. nᵒ 21) par ses formes plus allongées, la tête plus large, le 1ᵉʳ segment plus grêle, et la cellule radiale moins grande.

—   Abdomen noir avec le 2ᵉ segment et parfois le 3ᵉ en partie, testacés ou ferrugineux.   **26**

26   Tête subcubique, aussi longue que large, non dilatée derrière les yeux; nervures et

stigma d'un jaune pâle. Noir, luisant, à pubescence éparse. La forme de la tête est particulière à cette espèce, et facile à saisir; la
tête est aussi large que le thorax, et moins
aplatie que d'ordinaire; mandibules et palpes
ferrugineux. ♀ Antennes plus longues que le
corps, grêles, noirâtres avec la base ferrugineuse, de 32 articles, et au delà. Thorax
subcylindrique; sillons mésothoraciques réunis non loin du bord antérieur dans une
gouttière qui débouche dans une fossette
profonde et arrondie devant le scutellum;
métathorax duveteux, ponctué-ruguleux, obtus en arrière, canaliculé au milieu. Ailes
hyalines; écaillettes d'un jaune pâle, stigma
linéaire, acuminé à l'extrémité, émettant la
nervure radiale près de la base; cellule radiale lancéolée, à peine sinuée, plus longue
que la cellule costale; nervure récurrente
interstitiale. Pattes entièrement ferrugineuses. Abdomen plus étroit que le thorax,
un peu comprimé vers le bout; 2ᵉ segment
ferrugineux, les suivants noirâtres. Tarière
subexserte. ♂ Antennes deux fois aussi
longues que le corps, de 32 articles environ;
1ᵉʳ segment deux fois aussi long que sa largeur apicale, à peine rétréci à la base, canaliculé au milieu, très finement aciculé; tubercules peu prononcés, médians; abdomen en
oblong étroit, non comprimé; 2ᵉ et 3ᵉ segments testacés. Je ne possède qu'un mâle
en mauvaise condition. Long 1ᵐᵐ; Env. 3ᵐᵐ.

Var. Deuxième segment d'un brun de poix.

Diremta, Haliday.

Patrie : Irlande; Angleterre, dans les marécages;
Allemagne; Russie (selon Kawall).

Tête plus large que longue, dilatée derrière
les yeux; nervures et stigma d'un brun
foncé. Noir, luisant; milieu de l'abdomen
ferrugineux. ♀ Tête grosse, transversale;
parties buccales rouges. Antennes un peu
plus longues que le corps, testacées jusqu'au
milieu, puis de plus en plus assombries jusqu'à l'extrémité, de 31 articles. Sillons mésothoraciques continués jusqu'à la fossette
oblongue qui précède le scutellum; métathorax caréné au milieu, duveteux en arrière,
à peine ruguleux, tronqué postérieurement.
Ailes hyalines avec une teinte obscure;
stigma et nervures d'un brunâtre pâle; stigma
linéaire-lancéolé, émettant la nervure radiale
de l'extrémité de son 1ᵉʳ tiers; nervure radiale à peine sinuée; nervure récurrente
rejetée. Pattes rouges, y compris les hanches; dernier article des tarses obscur. Abdomen plus long que la tête et le thorax,
grêle, fortement comprimé vers le bout;
1ᵉʳ segment presque linéaire, striolé, caréné
au milieu, ses tubercules subobsolètes;
2ᵉ segment, et 3ᵉ en partie, testacés; segments suivants noirâtres, excepté le dernier
et l'hypopygium, qui sont rouges. Tarière
exserte, arquée vers le haut. ♂ Semblable,
selon Nees v. Esenbeck, mais non décrit.
Long. 3ᵐᵐ; Env. 6 1/2ᵐᵐ.   **Gracilis**, Nᴇᴇs.

Oʙs. — J'ai pris deux femelles de cette espèce,
l'une en France, l'autre en Angleterre, qui se
ressemblent exactement quant aux caractères
spécifiques, mais diffèrent par leurs dimensions,
la femelle anglaise n'ayant pas la moitié de la
grosseur ci-dessus indiquée. Elle a figuré longtemps dans ma collection sous le nom de *postica*,
Hal. (V. n° 25), et peut-être avec raison; cependant, pour en être sûr, il faudrait voir le mâle, dont
la description n'est pas concluante.

Patrie : Allemagne (Montagnes Sudetsch); France
(Nantua); Angleterre.

27   Première cellule cubitale plus ou moins
confondue avec la 1re discoïdale. Noir ; abdomen brun ; corps peu pubescent. Tête plus
large que le thorax ; parties buccales pâles.
♀ Antennes deux fois aussi longues que le
corps, noirâtres avec le scape en partie testacé, de 25 articles. Sillons mésothoraciques
obsolètes ; une fossette linéaire devant le
scutellum ; métathorax mat, déclive dès la
base, partagé en deux par une carène transverse. Ailes hyalines ; écaillettes jaune-pâle ;
nervures et stigma brunâtre-pâle ; stigma
épais, allongé, abruptement acuminé à l'extrémité, émettant la nervure radiale de son
1er quart ; cellule radiale grande, beaucoup
plus longue que la cellule costale, dilatée au
milieu et sinuée avant l'extrémité ; nervure
séparatrice entre la 1re cellule cubitale et la
1re discoïdale longuement interrompue, subobsolète ; nervure récurrente interstitiale.
Pattes d'un testacé très pâle, y compris les
hanches ; sommet des tibias de derrière et
dernier article de tous les tarses assombris. Abdomen en massue, aussi long que le
thorax, un peu comprimé au bout et verticalement tronqué ; 1er segment linéaire, noir,
deux fois et demie aussi long que large,
mat, à peine aciculé ; tubercules peu prononcés ; segments suivants bruns. Tarière
brièvement exserte. ♂ Douteux à cause de
ses antennes, qui n'ont que 24 articles et
sont un peu plus courtes que celles de la ♀.
D'ailleurs il répond exactement à la description ; la 1re cellule cubitale se confond fran-

chement avec la 1ʳᵉ discoïdale, caractère accidentel peut-être, mais je n'en trouve point d'autre qui puisse servir pour fixer la place d'une espèce si peu distincte. Long. 1 1/2ᵐ ; Env. 4ᵐᵐ.   **Aphanta**, Marshall.

Obs. — Foerster a indiqué un genre *Aphanta*, fondé sur la séparation incomplète des deux cellules, mais il n'y a pas de type décrit.

Pairie : Angleterre.

—   Première cellule cubitale complètement fermée.   **28**

28   Cellule radiale rapprochée du bout de l'aile ; stigma linéaire, atténué, très allongé.   **29**

—   Cellule radiale éloignée du bout de l'aile ; stigma linéaire, atténué, mais moins allongé.   **30**

29   Deuxième cellule discoïdale ouverte en dehors ; antennes beaucoup plus longues que le corps, de 26 à 31 articles ; tarière aussi longue que le quart ou même que les trois quarts de l'abdomen. Corps d'un noir brunâtre, ou brun, pubescent ; extrémité de l'abdomen pâle. Tête pas plus large que le thorax ; joues brunâtre-pâle ; mandibules rouges ; palpes pâles. ♂♀ Antennes très grêles, noirâtres, plus ou moins testacées à la base. Mesonotum aplati en arrière, portant vis-à-vis du scutellum une fossette linéaire, de longueur variable, souvent courte, ovalaire ; sillons ordinaires effacés ; sillon des mésopleures nul ; métathorax poilu, court, mat, pointillé, sans carène médiane. Ailes amples, très longues, hyalines ; écaillettes testacées ; stigma et nervures testacés chez

la ♀, noirs chez le ♂; stigma linéaire, très
allongé, acuminé à l'extrémité; cellule radiale très allongée, plus longue que la cellule
costale, et plus avancée vers le bout de l'aile
que chez les espèces n° 30, légèrement dilatée et sinuée au milieu, peu rétrécie au bout
et presque cultriforme; nervure radiale pre-
nant naissance près de la base du stigma;
nervure récurrente rejetée. Pattes jaune
de paille; dernier article des tarses obscur.
Abdomen subsessile, obovale, un peu déprimé; 1ᵉʳ segment pas plus long que sa largeur apicale, un peu rétréci à la base, aciculé,
mat, duveteux: ses tubercules non apparents. Long. 3ᵐᵐ; Env. 7 1/2ᵐᵐ.

Stramineipes, Haliday.

Obs. — Cette espèce constitue le genre *Tany-
stropha* de Foerster. Elle se confond insensiblement, par des chaînons intermédiaires, avec
areolaris (V. n° 30, et les remarques y adjointes),
dont on pourrait la soupçonner d'être une variété
grosse et bien nourrie.

Patrie : Irlande; Angleterre; commun.

——   Deuxième cellule discoïdale complètement
fermée; antennes du ♂ aussi longues que le
corps, de 30 à 33 articles; ♀ inconnue. Corps
pubescent, noir ou brun-noirâtre. Tête transversale; vertex large; épistome, palpes, et
mandibules, d'un brun rougeâtre. Antennes
noirâtres, roussâtres à la base. Métathorax
densément pubescent. Première cellule discoïdale beaucoup plus longue que la 2ᵉ;
nervure radiale médiocrement sinuée, atteignant presque le bout de l'aile; stigma très
allongé; nervure récurrente interstitiale.
Pattes d'un brun rougeâtre; hanches plus
ou moins noirâtres. Abdomen pétiolé (selon

Ratzeburg), aussi long que la tête et le thorax; 1ᵉʳ segment faisant le tiers de la longueur totale, sublinéaire, peu rétréci à la base, ses tubercules fort saillants; segments suivants ciliés le long du bord postérieur, lisses et luisants. Long. 2ᵐᵐ.

Gedanensis, RATZEBURG.

OBS. — Obtenu à plusieurs reprises par Brischke et Reissig des excroissances formées sur les ramuscules de *Populus·tremula* et habitées par le longicorne *Saperda populnea*, L. Provenu probablement de quelque diptere qui logeait dans les mêmes excroissances.

PATRIE : Allemagne.

30   Stigma allongé, émettant la nervure radiale non loin de la base, qui est un peu amincie; abdomen entièrement noirâtre ou brun foncé; tarière très peu exserte. Corps noir, à pubescence pâle; palpes obscurs; mandibules rouges. ♂♀ Antennes un peu plus longues que le corps, de 25 articles environ. Mésonotum peu convexe, parcouru en longueur par une cannelure très fine qui s'efface avant d'arriver au bord antérieur; sillon des mésopleures nul; métathorax densement pubescent, court, ruguleux. Ailes hyalines; écaillettes brunâtres; nervures et stigma pâles chez la ♀, noirâtres chez le ♂; stigma fort atténué, s'étendant jusqu'aux deux tiers de la cellule radiale; celle-ci plus longue que la cellule costale et moins rapprochée du bout de l'aile qu'elle ne l'est chez *sramineipes* (V. nᵒ 29); nervure radiale assez épaisse, arquée et sinuée avant l'extrémité; nervure récurrente interstitiale. Pattes rouges; hanches, base des trochanters, bord supérieur des quatre cuisses postérieures,

ainsi que le bout des tibias de derrière, et tarses de la même paire, souvent assombris. Abdomen comme chez *stramineipes*, seulement il n'est pas pâle à l'extrémité. Tarière cachée ou à peine exserte. Long. 1 1/2-2ᵐᵐ; Env. 4 1/2-6ᵐᵐ. · **Areolaris, NEES.**

Obs. — Cette espèce varie beaucoup, non seulement quant à la taille, mais sous le rapport de la couleur des palpes, des mandibules, et des pattes, qui sont plus ou moins obscurs chez les petits individus, d'un rouge clair chez les grands. Il y en a qui semblent intermédiaires entre *areolaris* et *stramineipes*, de sorte que parmi le grand nombre que je possède, quelques exemplaires restent dans le doute. Il est à remarquer aussi que la cellule radiale s'allonge plus ou moins, le stigma est plus ou moins atténué, mais la ressemblance de tous ces individus également communs est tellement intime, qu'on ne peut guere douter de leur identité spécifique. Ils sont probablement très répandus, se présentant partout dès les premiers jours du printemps, quoiqu'on ne les ait pas signalés dans plusieurs régions de notre hémisphère. Ils constituent le genre *Rhizarcha*, Foerster.

PATRIE : Europe en général.

— Stigma un peu plus court, émettant la nervure radiale de son 1ᵉʳ quart, et là un peu dilaté; abdomen noirâtre, les segments ceinturés de jaune pâle; tarière aussi longue que la moitié de l'abdomen. ♀ Noire, pubescente; tête grande, plus large que le thorax, brune avec les joues plus pâles; mandibules ferrugineuses, obscures aux pointes; palpes longs, d'un testacé très pâle. Thorax ovalaire; mesonotum parcouru longitudinalement par une cannelure lisse, qui s'efface vers le bord antérieur; mésopleures lisses; métathorax court, obtus. Ailes hyalines; écaillettes et stigma d'un jaune d'ocre pâle;

cellule radiale légèrement dilatée et sinuée
au milieu, un peu acuminée au bout, plus
courte que chez l'espèce précédente; nervure
recurrente à peu près interstitiale. Pattes
d'un testacé pâle, à dernier article des tarses
et sommet des tibias, assombris. Abdomen
subsessile, ovalaire, convexe; 1ᵉʳ segment
obconique, densement duveteux comme le
métathorax et finement ruguleux; segments
2-5 ceinturés chacun de jaune pâle avant le
bord postérieur; 6-7 d'un jaune ocreux. Décrite par Haliday d'après un seul exemplaire.
♂ Inconnu. Long. 3ᵐᵐ.   **Clandestina**, Haliday.

Patrie : Irlande.

31   Stigma de même longueur que la cellule
costale; nervure radiale presque coudée au
milieu en angle émoussé, indiquant ainsi
une 3ᵉ abscisse, qui chemine presque droit
vers le métacarpe et se termine en angle
aigu très loin du bout de l'aile. Cette conformation est analogue à celle d'*Opius nitidulator* et *O. ochrogaster*, Wesm. (V. pp. 311,
322). ♀ Noire, peu pubescente; abdomen
brun avec le 2ᵉ segment testacé. Tête beaucoup plus large que longue; mandibules
rouges; palpes plus pâles. Antennes grêles,
plus longues que le corps, de 28 articles,
noires avec les deux premiers articles roussâtres. Mesonotum portant avant le scutellum une ligne enfoncée; métathorax court,
mat, pubescent, avec un espace lisse au milieu de la base. Ailes hyalines; écaillettes
testacées; nervures et stigma bruns; stigma
épais, occupant les deux tiers de la courte
cellule radiale, émettant la nervure radiale
non loin de la base; nervure séparatrice en-

tre la 1ʳᵉ cellule cubitale et la 1ᵉ discoïdale
décolorée, mais sensible ; nervure récurrente
dirigée vers l'angle inféro-intérieur de la
2ᵉ cellule cubitale. Pattes d'un testacé rougeâtre, y compris les hanches ; dernier article des tarses noirâtre. Abdomen aussi
long que la tête et le thorax, subsessile ;
1ᵉʳ segment deux fois aussi long que sa largeur apicale, peu rétréci à la base, finement
striolé et rebordé, ses tubercules saillants ;
segments suivants lisses, formant une massue aussi large que le thorax. Tarière cachée. ♂ Inconnu. Long. 2ᵐᵐ ; env. 5ᵐᵐ.

Aquilegiæ, Marshall.

Obs. — Le seul exemplaire connu a été obtenu
par éclosion d'une pupe de diptère trouvée sur
l'ancolie (*Aquilegia vulgaris*).

Patrie : Angleterre.

Stigma plus long que la cellule costale ;
nervure radiale en courbe sinuée, sans indication des deux abscisses extérieures.   32

32   Mésopleures sans sillon distinct. ♀ Noire,
luisante, à pubescence éparse ; abdomen le
plus souvent noir en entier, parfois ceinturé
de testacé le long du bord postérieur des
segments. Tête courte, transversale, plus
large que le thorax ; épistome brun ; mandibules rouges ; palpes blanchâtres. Antennes
plus longues que le corps, noires avec le
scape testacé, de 31-35 articles. Thorax
court, gibbeux, ovalaire ; mesonotum portant
vis-à-vis du scutellum une fossette ovalaire
plus ou moins distincte, qui se prolonge en
cannelure sur le disque ; métathorax court,

rugueux, tronqué en arrière. Ailes amples, hyalines, finement velues; écaillettes testacées; nervures et stigma bruns; stigma épais, linéaire-lancéolé, allongé, parfois aminci vers la base, près de laquelle il émet la nervure radiale; cellule radiale grande, beaucoup plus longue que la cellule costale, fortement dilatée et sinuée avant l'extrémité; nervure récurrente dirigée vers l'angle inféro-intérieur de la 2ᵉ cellule cubitale. Pattes testacées; sommet des tibias de derrière et tarses de la même paire obscurs, ceux-ci plus courts que les tibias. Abdomen convexe, suborbiculaire; 1ᵉʳ segment sublinéaire, un peu rétréci devant les tubercules qui sont assez visibles, situés près du milieu; segments suivants très lisses, ciliés tant en avant qu'en arrière; ventre testacé. Tarière à peine exserte. ♂ Semblable, un peu plus grêle; antennes de 32 articles (chez trois exemplaires); abdomen déprimé, oblong, à côtés parallèles; segments postérieurs obscurément bordés de testacé. Long. 2 1/2ᵐᵐ; env. 6ᵐᵐ.   **Abdita, Haliday.**

Obs. — On peut distinguer cette espèce commune à la direction insolite de la nervure récurrente, ainsi que par les tarses de derrière qui sont exceptionnellement courts ; d'ailleurs elle ressemble beaucoup à *talaris* (V. nº 5) et à *lateralis* (V. nº 21); chez *talaris* les tarses de derrière sont aussi longs que les tibias; *lateralis* a les tarses courts, mais les antennes beaucoup plus longues. Parasite de quelque *Phytomyza* dont la larve loge dans le parenchyme des feuilles.

Patrie : Irlande; Angleterre.

——   Mésopleures à sillon crénelé.   33

33   Antennes de 25 à 29 articles. ♀ Noire, luisante, finement pubescente ; mandibules, épistome et palpes jaunes. Antennes aussi longues que le corps, noirâtres, avec les 4 ou 5 premiers articles jaunes, le 3ᵉ un peu allongé. Thorax ovalaire, convexe; sillons mésothoraciques à peine commencés, pointillés; une fossette ponctiforme devant le scutellum ; métathorax très court, obtus, ponctué-ruguleux. Ailes hyalines; écaillettes jaunes ; nervures et stigma testacés, celui-ci fort étroit, émettant la nervure radiale de sa base amincie; nervulation (selon Haliday) pareille à celle d'*areolaris* (V. nᵒ 30), mais la nervure récurrente est autrement dirigée, et la 1ʳᵉ abscisse plus longue. Pattes grêles, jaunes. Abdomen subpétiolé, spatulé, un peu moins large que le thorax, légèrement comprimé au bout ; 1ᵉʳ segment linéaire, ponctué-ruguleux, peu rétréci vers la base, ses tubercules médians. Tarière exserte, aussi longue que le quart de l'abdomen, ses valves minces. ♂ Semblable, ses pattes moins grêles. Long. 2-2 2/3ᵐᵐ.

Var. 1. ♂ Segments abdominaux, sauf le 1ᵉʳ, brunâtres; une tache testacé obscur à la base du 2ᵉ.

Var. 2. ♂ Sommet des tibias de derrière, et tarses de la même paire, assombris.

Gilvipes, HALIDAY.

Oʙs. —Selon Haliday cette espèce, qui m'est inconnue en nature, r-ssemble à *albipes* (V. nᵒ 17), n'en différant que par le thorax presque glabre, la cellule radiale et le stigma plus courts, et la direction de la nervure récurrente. Foerster en a fait son genre *Mesora*.

Pᴀᴛʀɪᴇ : Irlande; Angleterre; très rare.

Antennes de 35 articles. Corps court, trapu, d'un noir luisant: abdomen d'un noir de poix, bord des 2ᵉ et 3ᵉ segments et toute l'extrémité rouges. ♂ Tête courte, très large, avec deux petites élévations obliques au-dessous de la base des antennes. Parties buccales brunes; la mandibule de droite a deux dents, celle de gauche en a trois: palpes pâles. Antennes sétacées, plus longues que le corps, brunes; le scape allongé, noir, les derniers articles presque granuleux. Thorax presque aussi haut que long; sillons mésothoraciques crénelés; sur le lobe médian, avant le scutellum, commence une autre ligne enfoncée dont les bords semblent dentelés; deux fossettes à la base du scutellum; métathorax rugueux. Ailes enfumées; stigma et nervures d'un brun de poix. Pattes fauves, à l'exception de la base des hanches et des tarses postérieurs. Abdomen aussi long que la tête et le thorax, en ovale arrondi à l'extrémité, couvert d'une pubescence blanche. ♀ Inconnue. Long. 4ᵐᵐ; env. 7ᵐᵐ.   **Analis**, Vollenhoven.

Obs. — La description est celle de Van Vollenhoven, qui a donné aussi une excellente figure de l'insecte. L'auteur ne doutait nullement que son espèce n'appartînt au même genre que *gilvipes*, type de *Mesora*, Foerster.

Patrie : Hollande (Zélande); un seul exemplaire connu.

ESPÈCES DE DACNUSA DOUTEUSES

OU IMPARFAITEMENT DÉCRITES

1. Navicularis, NEES, 1814. ♀ Noire avec le milieu de l'abdomen rougeâtre; tête épaisse, transversalement cubique; épistome court, demi-circulaire, élevé ; palpes roussâtres. Antennes aussi longues que le corps, grêles, noirâtres, de 24 articles, dont les deux premiers rouges. Thorax luisant, pubescent; métathorax marqué dessous le scutellum de deux sillons arqués, lisse, déclive postérieurement, pointillé, mat, assez densément pubescent. Ailes hyalines avec une teinte obscure ; nervures épaisses, d'un brun sombre; stigma plus pâle, linéaire; cellule radiale subparabolique; nervure récurrente rejetée. Toutes les hanches noires ; 2ᵉ article des trochanters roussâtre ; pattes de devant totalement roussâtres ; pattes intermédiaires de même couleur, avec les cuisses largement rayées de brun en dessus; pattes de derrière brunes avec la base des tibias plus pâle. Abdomen sessile, tronqué; 1ᵉʳ segment rectangulaire, un peu convexe, rétréci vers la base, pointillé, mat, pubescent ; 2ᵉ d'un roussâtre obscur, lisse et luisant comme tous les suivants; hypopygium grand, en forme de bateau ; tarière un peu saillante. ♂ Semblable ; antennes entièrement noires, de 36 articles; abdomen presque plan, non caréné. Long. 4ᵐᵐ (*Alysia navicularis*, Nees).

PATRIE : Allemagne (Silésie ; Franconie ; Montagnes Sudetsch) ; Hollande (au dire de Vollenhoven).

2. Annulata, NEES, 1834. ♀ Noire avec le milieu de l'abdomen rougeâtre; tête moins épaisse que chez la plupart des espèces; parties de la bouche rouges. Antennes plus longues que le corps, sétiformes, noires avec les 4 premiers articles rouges. Métathorax en pente douce, presque lisse, marqué de deux lignes transversales. Ailes obscures, mutilées [ce qui rend douteux le genre de l'insecte]. Les quatre pattes antérieures d'un testacé rougeâtre pâle; pattes de derrière noirâtres, hanches ainsi que la base des cuisses, des tibias et des tarses, testacées. Abdomen obovale, lisse; 1ᵉʳ segment étroit, conique, striolé ; segments suivants d'un brun noirâtre, portant chacun au milieu du bord postérieur une tache pâle. Tarière exserte, mutilée. ♂ Inconnu. Long. 4ᵐᵐ (*Alysia annulata*, Nees).

Patrie : Allemagne (Montagnes Sudetsch).

3. Cingulator, Nees, 1834. ♀ Noire, pubescente ; 2ᵉ segment abdominal roussâtre, avec le bord postérieur assombri ; palpes d'un rougeâtre pâle. Antennes sétiformes, aussi longues que le corps, noirâtres, de 22 articles. Métathorax très finement pointillé, à pubescence assez dense. Nervures alaires brun foncé ; stigma linéaire, étroit, s'étendant presque au bout de la cellule radiale, qui est distinctement sinuée en dessous. Pattes roussâtres en entier, les 4 cuisses postérieures d'une teinte plus foncée. Abdomen obovale, spatulé, arrondi au bout ; 1ᵉʳ segment linéaire-conique, striolé, d'un brun noirâtre, ainsi que les postérieurs. Tarière cachée. ♂ Semblable ; abdomen plus large. Long. 1 1/2ᵐᵐ (*Alysia cingulator*, Nees).

Patrie : Allemagne (Montagnes Sudetsch ; Franconie).

4. Exserens, Nees, 1834. ♀ Noire, un peu pubescente ; mandibules et palpes rouges. Antennes grêles, aussi longues que le corps, noirâtres avec le pédicule brun, de 24 articles. Métathorax pubescent. Stigma pâle, linéaire, occupant les trois quarts de la longueur de la cellule radiale, qui est oblongue et parabolique. Pattes entièrement rouges. Abdomen ovalaire : 1ᵉʳ segment exactement conique, plan, ruguleux, couvert d'une pubescence blanchâtre. Tarière exserte, aussi longue que les deux derniers segments. ♂ Semblable ; abdomen arrondi au bout. Long. 2 2/3ᵐᵐ (*Alysia exserens*, Nees).

Patrie : Franconie.

5. Flavipes, Goureau, 1848. Sexe non indiqué. Noir, luisant ; 1ᵉʳ article des antennes taché de jaune en dessous ; ailes hyalines à nervures noires ; pattes jaunâtres. On en trouve dont le 1ᵉʳ article des antennes est entièrement noir, et les pattes d'un jaune fauve. Long. 2ᵐᵐ.

Obs. — La larve vit dans celle de *Phytomyza lateralis*, Macquart, qui mine les feuilles du laiteron (*Sonchus oleraceus*). Lorsque cette larve parasite a entièrement consommé sa victime, elle se file un cocon léger de soie blanche, cylindrique, arrondi aux deux bouts, sur lequel on voit des traces de segments, probablement ceux de la larve. Ce cocon est placé dans la galerie creusée par la *Phytomyza*, et solidement fixé aux parois. L'insecte observé par Goureau était bien réellement un *Dacnusa*,

comme démontre la très petite figure publiée dans les Ann. de Soc. ent.
Fr., laquelle ne permet pas de deviner l'espèce ; ce n'est que le trait
biologique qui a mérité une place dans ces pages. Goureau obtint ce
même parasite d'une larve d'*Agromyza nana*, Meigen, laquelle mine les
feuilles de l'Iris des marais (*Iris pseudacorus*).

PATRIE : France.

6. Gallarum, RATZEBURG, 1852. ♀ Antennes de 23 articles,
un peu plus longues que le corps. Nervures alaires d'un
testacé grisâtre ; deux cellules cubitales ; stigma étroit,
allongé, occupant plus de deux tiers de la longueur de la
cellule radiale. Pattes totalement d'un testacé brunâtre.
Abdomen comprimé. Tarière aussi longue que le quart de
l'abdomen. ♂ Inconnu. Long. 2ᵐᵐ (*Orthostigma gallarum*,
Ratzeburg).

OBS. — D'origine inconnue, mais trouvé par Brischke en société avec
un *Eurytoma*, parasite supposé du Cynipide *Dryophanta folii*, Lin.

PATRIE : Allemagne (Dantzig ?).

7. Lysias, GOUREAU, 1869. Sexe non indiqué. Noir, luisant ; tête arrondie en devant, un peu échancrée en arrière ;
mandibules fauves. Antennes grêles, plus longues que le
corps. Thorax ovalaire, aussi large que la tête. Ailes hyalines,
dépassant beaucoup l'abdomen, à nervures et stigma grisâtres ;
ce dernier linéaire, très allongé ; cellule radiale lancéolée,
n'atteignant pas le bout de l'aile ; 1ʳᵉ cellule cubitale subcar-
rée ; nervure récurrente interstitiale. Patte d'un fauve pâle,
un peu brun. Abdomen ovalaire, subpétiolé, de la longueur
et de la largeur du thorax. Long. 2ᵐᵐ.

OBS. — Parasite de *Phytomyza geniculata*, Macquart, vivant en mineuse
dans l'épaisseur des feuilles de la giroflée (*Cheiranthus cheiri*), de la
capucine (*Tropæolum majus*), du pavot (*Papaver somniferum*), et probablement de quelques autres plantes.

Le même auteur a fait mention, en 1848, de quatre autres
espèces de *Dacnusa*, dont j'omets les diagnoses malheureusement trop peu détaillées pour assurer les déterminations,
tout en conservant les faits intéressants de leur parasitisme.
Dacnusa incerta, Goureau, était éclose des pupes d'*Agromyza
nana*, Meigen et d'*A. pusilla*, Meigen. *D. punctum*, Goureau,
de *Phytomyza scolopendrii*, Desvoidy, vivant dans les feuilles
de la fougère langue-de-cerf (*Scolopendrium officinale*).
D. maculata, Goureau, de *Phytomyza aquifolii*, Goureau,
qui mine les feuilles du houx (*Ilex aquifolium*). Enfin *D.
Chereas*, Goureau est parasite de *Phytomyza aquifolii*, Desvoidy, habitant les feuilles de l'ancolie (*Aquilegia vulgaris*).

5ᵉ GENRE. — GYROCAMPA, Foerster. 1862.

γῦρος, anneau, cercle ; καμπή, courbure ; ayant la nervure
radiale courbée en arc régulier.

Palpes allongés, les maxillaires de 6, les labiaux de 3 ou 4
articles. Tête transversale ; joues un peu dilatées ; yeux assez
petits, glabres. Thorax lisse ; mesonotum canaliculé au
milieu, la cannelure s'élargissant en fossette devant le scutellum ; sillons mésothoraciques imcomplets, dirigés d'abord à
travers le disque, ils forment bientôt un angle presque droit
signalé par une impression ponctiforme, et disparaissent
brusquement ; sillon des mésopleures lisse ; métathorax
pubescent. Ailes plus étroites que chez les *Dacnusa* ;
2ᵉ abscisse en arc de parabole régulier, nullement sinuée ;
nervure récurrente rejetée ; stigma allongé, linéaire, parfois
très atténué et presque nul, émettant la nervure radiale à un
quart ou un tiers de sa longueur ; cellule radiale n'atteignant
pas le bout de l'aile ; 2ᵉ cellule discoïdale complètement fermée ;
nervure radiale des ailes postérieures décolorée ou effacée.
Abdomen spatulé, terminé en pointe chez la ♀ ; 2ᵉ suture et
suivantes très indistinctes ; 1ᵉʳ segment oblong, un peu aminc
vers la base, striolé, pubescent, ses tubercules plus ou moins
sensibles. Tarière brièvement exserte, ses valves larges,
aplaties.

Ces insectes se distinguent des *Dacnusa* par un certain
facies qui est dû à la forme de la tête et de l'abdomen, conjointement avec la nervulation. Foerster en a fait deux genres
Gyrocampa et *Ametria*, dont le second ne diffère de l'autre
que par la cellule radiale plus allongée et le nombre d'articles
aux palpes labiaux. Le même auteur a voulu, sans doute,
séparer son genre *Gyrocampa* de *Dacnusa* par la nervure
radiale, régulièrement arquée chez le premier, mais les
erreurs typographiques de son Synopsis, page 276 (où le
nᵒ 20 est à corriger) laissent le lecteur dans une impasse. Il

est à remarquer cependant que certaines espèces de *Dacnusa*, comme *semirugosa*, présentent une radiale pas plus sinuée que les *Gyrocampa*.

On ignore les premiers états des *Gyrocampa*; elles se trouvent dans les endroits marécageux, surtout sur les plantes de la famille des *Lemnaceæ*.

1	Palbes lapiaux de 4 articles; stigma allongé, atténué, émettant la nervure radiale à un quart de sa longueur, ce quart ayant à peu près la même longueur que la 1ʳᵉ abscisse.	**2**

—	Palpes labiaux de 3 articles; stigma encore plus allongé et atténué, à peine distinguable de la côte, émettant la nervure radiale à un tiers de sa longueur, ce tiers étant plus long que la 1ʳᵉ abscisse. ♀ Noire, luisante; tête et thorax pubescents. Tête de la même largeur que le thorax; palpes et mandibules rouges. Antennes un peu plus longues que le corps, de 24 articles, dont le 2ᵉ testacé. Mesonotum parcouru par une ligne enfoncée qui se termine en fossette ronde devant le scutellum; mésopleures à sillon fin et lisse; métathorax hérissé de poils blanchâtres. Ailes hyalines; écaillettes brunes; stigma et nervures brun-ferrugineux; la partie du stigma qui précède la 1ʳᵉ abscisse est plus longue que celle-ci, par conséquent le parastigma est repoussé vers la base de l'aile, et la 1ʳᵉ cellule cubitale se prolonge en angle dans le même sens; cellule radiale plus longue et plus étroite que chez les espèces suivantes; ailes postérieures étroites. Pattes rouges; sommet des cuisses, et tarses, assombris. Abdomen convexe, spatulé, aussi large que le thorax et un peu plus long,

glabre. très luisant; 1ᵉʳ segment deux fois
plus large à l'extrémité qu'à la base, striolé,
finement rebordé, ses tubercules à peine sensibles; 2ᵉ parfois faiblement striolé à l'extrême base. Tarière à peine exserte. ♂ Semblable; antennes de 28 articles; abdomen en
ovale allongé, déprimé; 2ᵉ segment d'un roux
de poix vers la base. Long. 2ᵐᵐ; Env. 4 1/2ᵐᵐ.

Uliginosa, HALIDAY.

PATRIE : Angleterre; Écosse; Irlande; Hollande; assez
commun sur les plantes aquatiques.

2   Deuxième segment de l'abdomen entièrement lisse: taille 2-2 2/3ᵐᵐ. ♀ Noire, luisante,
faiblement pubescente; mandibules et palpes
rouges. Antennes un peu plus longues que
le corps, de 24 articles, dont les 3 ou 4 premiers rouges. Prothorax ridé transversalement; mesonotum parcouru par une ligne
enfoncée très fine débouchant dans une fossette ronde devant le scutellum; métathorax
mat, hérissé de poils blanchâtres, tronqué
en arrière. Ailes hyalines; écaillettes brunes;
nervures et stigma brun-rougeâtre, parfois
très pâles. Pattes d'un testacé rougeâtre;
dernier article des tarses allongé, épaissi,
noir, à crochets très petits. Abdomen aussi
long que le thorax, spatulé; 1ᵉʳ segment finement striolé, pubescent, caréné au milieu,
deux fois aussi large à l'extrémité qu'à la
base, ses tubercules peu sensibles. Tarière à
peine exserte. ♂ Semblable; antennes plus
longues, 28-33 articles; 1ᵉʳ segment de l'abdomen presque linéaire; 2ᵉ et suivants en
ovale allongé et plus étroits que chez la ♀;
2ᵉ quelquefois roussâtre vers la base. Long.
2-2 2/3ᵐᵐ; Env. 4 1/2-6ᵐᵐ.

Var. ♂♀ De forme plus svelte; tête moins
aplatie; antennes plus longues, de 36 articles;
stigma plus atténué, presque obsolète. (Haliday.)

Affinis, Nees.

Patrie : Commun en Europe sur la lenticule des étangs,
et autres plantes aquatiques.

—   Deuxième segment striolé à l'extrême
base; taille 3 1/2ᵐᵐ, la plus grande espèce.
♀ Noire, luisante. Antennes de 30-35 articles,
dont les 2 premiers plus ou moins testacés.
Sillon médian du mesonotum large et profondément enfoncé; métathorax densément
pubescent. Ailes légèrement enfumées; nervures et stigma brun foncé. Premier segment
de l'abdomen avec les tubercules saillants,
striolé, avec un petit espace médian triangulaire et lisse; extrémité de l'abdomen plus
acuminée que chez *affinis*; tarière plus longuement exserte, ses valves élargies, aplaties. Les autres caractères s'accordent avec
ceux de l'espèce précédente. ♂ Semblable;
2ᵉ segment roussâtre vers la base; chez un
♂ de ma collection les antennes n'ont que
30 articles. Long. 3 1/2ᵐᵐ; Env. 7 1/2ᵐᵐ.

Foveola, Haliday.

Patrie : Irlande; Angleterre; beaucoup plus rare que
les autres espèces.

ESPÈCE DOUTEUSE DE GYROCAMPA

Limnicola, Nees, 1814. ♂ Noir, à pubescence blanchâtre; mandibules et palpes d'un testacé pâle. Antennes allongées, noirâtres, rougeâtres vers la base. Métathorax couvert d'un duvet blanchâtre. Ailes hyalines; cellule radiale acuminée; nervure radiale en arc de parabole; stigma très atténué, s'étendant presque au bout de la cellule radiale. Pattes d'un testacé pâle. Abdomen spatulé; 1ᵉʳ segment exactement linéaire, densément couvert d'un duvet blanchâtre. ♀ Inconnue. Long. 2ᵐᵐ. (*Bassus*, plus tard *Alysia limnicola*, Nees.)

Obs. — Cette espèce paraît avoisiner *G. uliginosa* Hal. ayant le stigma pareillement atténué; mais le 1ᵉʳ segment est autrement façonné. L'auteur la compare avec *Dacnusa senilis*, Nees, mais cette comparaison semble singulière. Il avait trouvé ses exemplaires en société avec *G. affinis*, sur deux espèces de *Lemnaceæ*.

Patrie : Franconie (Sickershausen).

6ᵉ GENRE. — CHOREBUS, Haliday, 1833.

Ou nom de fantaisie, ou erreur, soit pour Χορηγός chorège, soit pour Κόροιβος, nom propre, Corœbus.

Palpes maxillaires de 6 articles, dont le 4ᵉ plus long que le 5ᵉ, le 6ᵉ plus court, subovale; palpes labiaux de 3 articles, dernier article grossi, ovale. Tête transversale; yeux poilus; mandibules subcomprimées, en forme de prisme, 3-denticulées, le denticule médian le plus long. Thorax finement et densément pointillé, souvent mat, rugueux sur les côtés et en dessous; mesosternum lisse; sillon des mésopleures rugueux ; sillons mésothoraciques incomplets, dirigés d'abord à travers le disque, ils forment bientôt un angle presque droit signalé par une impression ponctiforme, et disparaissent brusquement ; métathorax rugueux, réticulé. Stigma ou linéaire, allongé, atténué, émettant la nervure radiale de son 1ᵉʳ tiers, ou moins atténué, en triangle allongé, émettant la nervure radiale un peu avant le milieu ; nervure radiale nullement sinuée : cellule radiale étroite, allongée, eloignée du bout de l'aile ; nervure récurrente plus ou moins rejetée ; 2ᵉ cellule discoïdale complète ; 1ʳᵉ cellule cubitale souvent hexagonale, par suite de la rejection de la nervure récurrente. Abdomen subsessile, 1ᵉʳ segment striolé, les suivants lisses, finement ciliés le long du bord postérieur. Tarière très courte.

Haliday connaissait trois espèces de ce genre, auxquelles je suis à même d'ajouter une quatrième, à cause de la dissemblance de sa nervulation, Elles se lient étroitement au genre précédent et au suivant, et se trouvent dans les mêmes situations, soit aux bords des fleuves et des étangs, soit parmi les rebuts de la plage, mais leur parasitisme reste inconnu.

1	Nervure récurrente longuement rejetée, jusqu'au milieu ou au tiers de la 1ʳᵉ cellule cubitale, ce qui donne à cette cellule un sixième côté.	**2**
—	Nervure récurrente moins longuement rejetée.	**3**
2	Stigma atténué, presque linéaire, moins épais que la longueur de la 1ʳᵉ abscisse, émettant la nervure radiale de son 1ᵉʳ quart ; pattes noirâtres. ♀ Noire ; tête transversale, un peu moins large que le thorax, luisante, densément pubescente ; vertex faiblement canaliculé ; mandibules brunâtres ; palpes	

pâles, assombris aux deux bouts. Antennes à peine aussi longues que la tête et le thorax, de 18 articles. Thorax densément pubescent, ses sillons huméraux effacés en arrière, une petite strie courte et lisse placée entre eux, en avant ; métathorax court, presque tronqué. Ailes hyalines ; écaillettes noires; nervures et stigma brun-foncé ; cellule radiale lancéolée, fort étroite; 1ʳᵉ cellule cubitale hexagonale; cellule costale des ailes inférieures assez courte. Pattes robustes, noirâtres, avec l'extrémité des trochanters rouge. Abdomen aussi large et un peu plus long que le thorax, lancéolé, déprimé ; 1ᵉʳ segment obconique, un peu plus long que sa largeur apicale, sans tubercules sensibles, obsolètement ruguleux, rebordé, portant souvent une impression médiane, 2ᵉ et 3ᵉ pris ensemble subrectangulaires, de moitié plus longs que le 1ᵉʳ; les suivants réunis à peine plus longs que la moitié de ceux-ci. Tarière à peine exserte. ♂ Semblable; antennes presque de moitié plus longues que la tête et le thorax, de 22 articles; abdomen à peine plus étroit que le thorax: segments 2-3 de même longueur que les suivants réunis. Long. 2 1/2ᵐᵐ : Env. 4 1/2ᵐᵐ.

Nereïdum, Haliday.

Patrie : Irlande; Angleterre; Hollande; trouvé rarement parmi les algues aux embouchures des fleuves et aux bords de la mer; la démarche de cet insecte est lente.

Stigma en triangle scalène, émettant la nervure radiale très près du milieu, où il est plus épais que la longueur de la 1ʳᵉ abscisse; pattes en grande partie testacées. ♀ Noire; tête trans-

versale, de même largeur que le thorax, luisante, pubescente; vertex faiblement canaliculé; mandibules et palpes testacés. Antennes
mutilées, il en reste cependant 16 articles.
Mésothorax comme chez l'espèce précédente;
métathorax ponctué-rugueux, parcouru par
quelques lignes élevées, irrégulières, dont
les deux médianes renferment un espace
ovale. Ailes hyalines; écaillettes, stigma, et
nervures brun-roussâtre; cellule radiale, lancéolée, moins étroite que celle de *Nereidum*;
nervure récurrente rejetée jusqu'au tiers de
la longueur du côté inféro-intérieur de la
1ᵉ cellule cubitale, qui devient par là hexa-
gonal; cellule costale des ailes inférieures
plus courte que chez *Nereidum*. Pattes testacées, pubescentes; les quatre hanches antérieures, toutes les cuisses, les tibias, et les
tarses, brunâtres à l'extrémité; hanches de
derrière noires. Abdomen en ovale allongé,
déprimé, subpétiolé; 1ᵉʳ segment striolé, presque linéaire, beaucoup moins large que le
métathorax, rebordé de la base jusqu'aux
tubercules qui sont aigus, fort saillants;
segments suivants très lisses. Tarière à
peine exserte. ♂ Inconnu. Long. 2 1/2ᵐᵐ; env.
5ᵐᵐ.   **Limoniadum,** Marshall.

PATRIE: Angleterre (Devonshire); capturé aux bords
d'un ruisseau, loin de la mer.

3   Antennes ♀ de moitié plus longues que
la tête et le thorax réunis; abdomen nullement comprimé; ♂ inconnu. De forme plus
svelte que les espèces *Nereidum* et *Naiadum*.
♀ Noire; tête transversale, subcubique,
plus large que le thorax, luisante; yeux vaguement poilus; mandibules et palpes fer-

rugineux. Antennes de 22 articles; 2ᵉ article roussâtre. Thorax très finement pointillé, pubescent; mesonotum portant en avant une ligne enfoncée, et une fossette vis-à-vis du scutellum; métathorax obtus. Ailes hyalines; écaillettes jaunâtres; stigma et nervres d'un ferrugieux obscur; stigma encore plus atténué que celui de *Nereïdum*; cellule radiale plus allongée. Pattes ferrugineuses; sommet des tarses assombri. Abdomen semblable à celui de *Nereïdum*, mais moins rétréci postérieurement; 1ᵉʳ segment presque deux fois aussi long que large, ses tubercules situés avant le milieu. Tarière subexserte. Cette espèce se distingue de la précédente surtout par la forme du stigma. Long. 3ᵐᵐ.

Lymphatus, Haliday.

Patrie : Irlande du Nord; pris une fois par Haliday dans un fossé herbeux.

—

Antennes ♀ aussi longues que la tête et le thorax réunis; abdomen fortement comprimé dès la base du 4ᵉ segment. ♀ Noire; tête transversale, un peu moins large que le thorax, luisante, densément pubescente; vertex faiblement canaliculé; mandibules brunâtres; palpes pâles. Antennes de 16 articles, plus minces que celles de *Nereïdum*. Thorax très densément pubescent; mesonotum canaliculé au milieu, ordinairement parsemé de gros points; métathorax très court, gibbeux sur les côtés, tronqué postérieurement. Ailes hyalines; écaillettes noires; stigma et nervures d'un ferrugineux obscur; stigma linéaire-lancéolé, émettant la nervure radiale de son 1ᵉʳ tiers; nervure récurrente médiocrement rejetée. Pattes d'un

ferrugineux obscur. Abdomen plus long que
la tête et le thorax ; 1er segment à peu près
de moitié plus long que sa largeur apicale,
faiblement ruguleux ; 2e et 3e formant ensemble un cône atténué à peine aussi long que
les suivants réunis ; ces derniers comprimés
en plat d'aviron, avec les arêtes verticales.
Tarière exserte, ses valves minces. ♂ Antennes plus grêles et plus longues, de 20-21
articles ; stigma et nervures brun-foncé ; pattes
d'un roussâtre de poix obscur, beaucoup
plus longues et plus grêles. Long. ♀ 3 1/2^{mm} ;
♂ 3^{mm}.   **Naïadum**, Haliday.

Patrie : Irlande ; trouvé sur les rives des lacs et des
fleuves, mais pas communément.

7e GENRE. — CHÆNUSA, Haliday, 1839.

Χαίνουσα, bâillante.

Palpes maxillaires de 6 articles dont le dernier subovale ;
labiaux de 4 articles, les deux derniers courts, soudés, formant une massue un peu plus longue que le 2e article. Tête
un peu transversale, subcubique, élargie derrière les yeux,
lisse, luisante, finement pubescente ; yeux vaguement poilus ;
mandibules subcomprimées en forme de prisme, comme chez
les *Chorebus*, tridenticulées. Thorax densément pointillé,
pubescent ; prothorax grand, ridé transversalement ; sillons
mésothoraciques comme chez les *Chorebus*, mais plus lisses,
la ligne médiane presque effacée ; une fossette linéaire devant
le scutellum ; mésopleures lisses, le sillon ordinaire crénelé ;
métathorax court, arrondi, rugueux. Stigma en ovale lancéolé, plus court que chez les *Chorebus*, et plus épais que la lon-

gueur de la 1ʳᵉ abscisse, émettant la nervure radiale très près du milieu; cellule radiale petite, plus courte que la cellule costale, éloignée du bout de l'aile; nervure récurrente peu rejetée; 2ᵉ cellule discoïdale fermée. Abdomen aussi long que la tête et le thorax, déprimé, spatulé chez la ♀, en ovale allongé chez le ♂; 1ᵉʳ segment deux fois aussi long que sa largeur apicale, très peu rétréci à la base, finement striolé et rebordé, ses tubercules presque effacés; avant ceux-ci on distingue ordinairement un impression transversale semblable à une fausse suture; segments suivants lisses, ciliés le long du bord postérieur. Tarière très courte.

L'unique espèce de ce genre a le port et l'ensemble des *Chorebus*, n'en différant que par la nervulation et les palpes labiaux; ce dernier trait, auquel nous attribuons maintenant peu d'importance, paraissait de premier ordre aux auteurs du temps de Haliday, aussi se crut-il obligé d'établir, à ce seul titre, un sous-genre nouveau. Nees von Esenbeck regardait l'insecte comme appartenant aux *Perilitus*, sans doute à cause de la cellule radiale, tout en oubliant l'espèce voisine *Gyrocampa affinis*, placée par lui parmi les *Alysia*.

—   Corps noir. ♀ Mandibules testacées; lèvre et palpes ferrugineux. Antennes plus longues que le corps, de 24-25 articles. Ailes hyalines; écaillettes brunâtres; stigma du ♂ brun foncé, de la ♀ ferrugineux. Pattes ferrugineuses, trochanters et base des tibias plus pâles, genoux et sommet des tarses assombris. Tarière à peine aussi longue que le dernier segment. Long. 2-3ᵐᵐ; env. 4 1/2-6ᵐᵐ.

Conjungens, Nees.

Patrie : Allemagne (Franconie); Irlande; Angleterre; assez commun dans les marais.

8ᵉ GENRE. — CHÆNON, Curtis, 1829.

χαίνων, bâillant.

Corps de forme allongée, sublinéaire. Palpes maxillaires plus longs que d'ordinaire, de 6 articles dont le 3ᵉ plus épais et plus court que les suivants; palpes labiaux de 4 articles. Tête plus longue que large, fort étirée derrière les yeux, déprimée, pas plus large que le thorax; occiput profondément excavé; vertex légèrement échancré postérieurement, parcouru par un sillon fin médian; une fossette profonde à la base des antennes; face horizontale, élevée en carène dans le milieu; épistome distinct; mandibules 4-denticulées; le 3ᵉ denticule allongé, aigu. Antennes sétiformes, multiarticulées, moins longues que le corps chez la ♀, très allongées chez le ♂. Prothorax profondément abaissé, ridé transversalement; mesonotum pointillé, ses sillons ordinaires commencés; une fossette oblongue devant le scutellum; sillon des mésopleures rugueux; métathorax rugueux-réticulé, surmonté de deux carènes irrégulières, longitudinales. Stigma en ovale allongé, lancéolé, émettant la nervure radiale près du milieu; cellule radiale semblable à celle des *Dacnusa*, en demi-ovale, atténuée et légèrement sinuée vers l'extrémité, éloignée du bout de l'aile. Pattes de derrière robustes, allongées. Abdomen deux fois aussi long que la tête et le thorax; chez la ♀ le 1ᵉʳ segment est grêle sublinéaire, finement striolé; 2ᵉ et suivants fortement comprimés en plat d'aviron (V. notre planche); hypopygidium un peu proéminent, montrant la pointe mousse de la tarière; chez le ♂ le 2ᵉ segment et les suivants sont déprimés, en massue allongée.

Curtis, en 1829, publia une bonne figure de *Chænon anceps* ♀, avec indication de 11 autres espèces anglaises; il ne savait pas que le même genre eût été décrit par Nees von Esenbeck en

1818, sous le nom de *Cœlinius*. Ce dernier auteur, dans sa monographie, fit connaître deux espèces de *Cœlinius*, dont la première, *parvulus*, est synonyme de *Chænon anceps*; mais il ignorait la ♀, et décrivit deux mâles comme ♂♀; le second ♂, provenu de Vienne en Autriche, appartient à une espèce incertaine. Haliday, en 1839, supprima le nom de *Chænon*, et rassembla tous ces insectes sous le genre *Cœlinius*. Foerster, dont nous avons suivi l'exemple, laisse subsister les deux noms, attribuant à *Chænon* la grande espèce typique, et toutes les autres à *Cœlinius*. Schioedte et Zetterstedt ont contribué à grossir la synonymie.

———   Noir; abdomen rouge, noir à la base. ♀ Face à pubescence blanchâtre; mandibules brunâtres; épistome et palpes testacés. Antennes pubescentes, noires avec le 2ᵉ article, ou plusieurs, d'un testacé brunâtre; plus courtes que le corps, de 50 à 55 articles. Mesosternum à poils blanchâtres. Ailes légèrement enfumées; écaillettes rouges; stigma et nervures brun-foncé; ailes postérieures plus larges que chez les espèces voisines. Pattes rouges; sommet des cuisses de derrière, leurs tibias et leurs tarses, noirs, ainsi que le sommet des quatre tarses antérieurs; tibias de derrière parfois rouges à la base; hanches de derrière un peu comprimées, pointillées, souvent assombries, à peine plus courtes que le 1ᵉʳ segment. Premier segment abdominal et base du 2ᵉ, noirs; 2ᵉ striolé à l'extrême base; 3ᵉ et suivants rouges avec une raie noire sur le tranchant dorsal: hypopygidium et valves de la tarière noirs. ♂ Antennes plus longues que le corps, de 60 à 67 articles; abdomen avec les segments postérieurs assombris, ou ceinturés de couleur obscure. Long. 5 - 7ᵐᵐ; Env. 6 2/3 - 9 1/3ᵐᵐ.

Var. ♂. Palpes et écaillettes assombris ; hanches intermédiaires noirâtres à la base : milieu des cuisses et sommet des tibias et des tarses de la même paire, noirâtres ; pattes de derrière noirâtres avec les trochanters et l'extrême base des cuisses rouges ; abdomen noir en dessus avec le milieu du dos rougeâtre.

Anceps, Curtis.

Obs. — Le *Chænon anceps* se confectionne une coque blanche, de tissu épais ; Nees V. Esenbeck en trouva une attachée à quelque larve morte inconnue.

Patrie : Angleterre ; Irlande ; Ecosse ; Suède ; Laponie ; France : j'en ai capturé une fois une belle série en Ecosse au pied des monts Grampiens. On les trouve dans les prairies marécageuses.

9e **GENRE. — CŒLINIUS**, Nees, 1818.

De κοῖλος, creux, selon l'auteur ; mais il n'explique pas le reste du mot.

Très voisin du genre précédent, mais distinguable par plusieurs petites particularités, comme suit : Tête moins proéminente sous les antennes ; face ponctuée ou ruguleuse, à carène raccourcie ou nulle ; épistome plus distinctement limité, et plus saillant ; palpes plus courts, les maxillaires avec les articles 3e et 4e presque égaux ; mandibules bidenticulées ; antennes avec un moindre nombre d'articles ; mesosternum plan, son sillon médian rugueux, disparaissant avant d'atteindre les hanches intermédiaires ; carène du métathorax unique ou obsolète. Nervure radiale en arc régulier, non sinuée, naissant d'au delà du milieu du stigma. Hanches de derrière moins comprimées, ruguleuses à la base. Premier segment

abdominal plus de deux fois aussi long que les hanches de
derrière, ponctué-rugueux, plus ou moins échancré à l'extrémité; 2ᵉ lisse à la base ou à peine striolé; abdomen de la ♀
comprimé à un moindre degré; 4ᵉ segment et suivants très
courts. Taille des espèces beaucoup moindre que celle des
Chœnon.

Elles sont parasites de petites mouches acalyptères, *Chlorops*, *Hydrellia*, etc. Quatre espèces, *viduus*, *niger*, *gracilis*,
elegans, sont communes, les autres sont à peine connues.

1   Sillons mésothoraciques subobsolètes, réunis près du milieu du disque, puis continués
en gouttière indistincte jusqu'à la base du
scutellum.   2

—   Sillons mésothoraciques plus visibles, ponctués, convergents vers une fossette assez
profonde vis-à-vis du scutellum.   3

2   Pattes de longueur ordinaire. ♀ Noire,
pubescente. Tête un peu plus longue que
large; vertex à bord postérieur presque droit;
front impressionné de chaque côté au-dessus
des antennes, avec une petite carène au milieu; mandibules roussâtres; palpes testacés,
assombris au sommet. Antennes plus longues que la tête et le thorax, épaisses, rougeâtres en dessous à la base, de 29-32 articles.
Mesonotum pointillé, à sillons subobsolètes,
convergents vers le milieu du disque, puis
continués en fossette jusqu'à la base du scutellum. Ailes hyalines avec une teinte obscure; écaillettes brunâtres; nervures et stigma
brun foncé; celui-ci étroit. Pattes de devant
rouges, tantôt sans tache, tantôt assombries
à la base; les quatre postérieures noires,
avec les tibias et tarses bruns; extrémité des

trochanters rougeâtre, ainsi que la base des tibias et des tarses. Abdomen comprimé en carène tant au-dessus qu'en. dessous ; 1ᵉʳ segment allongé, striolé, échancré au bout. Tarière très courte, un peu relevée. ♂ Antennes grêles, aussi longues que le corps, de 42-47 articles, dont le 2ᵉ brunâtre, les 2ᵉ et 3ᵉ égaux ; stigma et cellule radiale plus étroite que chez la ♀ ; abdomen sublinéaire déprimé. Long. 3 1/2 6ᵐᵐ.

VAR. ♀ Antennes longuement rougeâtres vers la base ; pattes testacées ; cuisses intermédiaires rayées de noirâtre en dessus ; hanches et cuisses de derrière noirâtres, ainsi que la base des trochanters ; milieu de l'abdomen roussâtre. (*C. obscurus*, Curtis).

Viduus, Haliday.

Patrie : Irlande, Angleterre ; assez commun dans les endroits sablonneux.

Pattes très courtes, celles de derrière à peine plus longues que l'abdomen ; cuisses épaissies, pas plus longues que les trochanters. ♂ Semblable au ♂ de *viduus*, mais de forme plus courte. Mandibules roussâtres : palpes courts, testacés. Ailes étroites ; cellule radiale et stigma plus atténués. Cuisses presque ovalaires ; pattes noires, celles de devant et base de tous les tibias, rougeâtres. ♀ Inconnue. Long. 5ᵐᵐ.

Podagricus, Haliday.

Patrie : Irlande ; pris une fois seulement par Haliday dans une plage sablonneuse près de Dublin.

3   Palpes et les quatre pattes antérieures blanchâtres. Probablement ♂. Noir avec le milieu

de l'abdomen rouge. Tête luisante, subcubique, fort prolongée derrière les yeux, notablement plus large que le corps. Antennes
minces, plus longues que le corps, d'un brunâtre foncé à l'exception du 1ᵉʳ article qui est
noir; mandibules noires. Thorax à pubescence
uniforme, surtout sur le métathorax ; la
pubescence est soyeuse, grise ; mésopleures
très lisses, glabres. Ailes enfumées, avec les
radicules testacées ; nervures noires. Les
quatre hanches antérieures noires, les cuisses
blanchâtres rayées de brunâtre en dessus dès
leur base ; pattes de derrière noires avec les
trochanters brunâtre-pâle, les tibias annelés
à la base de la même couleur ; tarses de la
même paire brunâtres. Premier segment abdominal très grêle, longitudinalement aciculé,
avec une courte carène luisante à la base ;
2ᵉ segment et base du 3ᵉ rouges-luisants, glabres ; les suivants brun-foncé, sauf le dernier
qui est testacé-brunâtre. La partie la plus
large du corps est la tête, et la plus étroite
l'abdomen. Long. à peine 5ᵐᵐ.

Albimanus, Vollenhoven.

Obs. — La description est traduite du hollandais
- de M. van Vollenhoven, qui n'indique pas le sexe
de son insecte : il le place dans le genre *Polemon*,
mais évidement à tort, comme le prouve sa description de l'abdomen, « Het achterlijf heeft een
zeer slank eerste segment », etc.

Patrie : Hollande ; trouvé une fois seulement par
Ritsema.

—— Palpes et les quatre pattes antérieures
testacés ou ferrugineux, parfois en partie
noirâtres. 4

4 Abdomen entièrement noir; tout au plus

on distingue un peu de roussâtre à la base du 2ᵉ segment. ♀ Noire, pubescente ; tête courte pour le genre, subcubique, transversale, déclive et échancrée par derrière; front légèrement impressionné; mandibules roussâtres; palpes assombris, les labiaux courts, atténués au sommet. Antennes plus minces que chez les autres femelles, aussi longues que le corps, un peu roussâtres à la base, de 35-40 articles. Sillons mésothoraciques dirigés vers une fossette vis-à-vis du scutellum, d'où part une courte gouttière médiane entre les deux sillons; métathorax grossièrement ponctué-rugueux. Ailes hyalines avec une teinte brunâtre: écaillettes brunes; nervures et stigma brun-foncé, celui-ci moins étroit que d'ordinaire, comme l'est aussi la cellule radiale, qui forme à peu près un demi-ovale, lancéolé. Pattes de devant testacées avec les hanches et la base des trochanters noires, les cuisses rayées de noirâtre en dessus; les quatre pattes postérieures noires, avec les tibias et les tarses un peu brunis; sommet des trochanters et base des tibias rougeâtres. Abdomen comprimé seulement à l'extrémité; 1ᵉʳ segment rudement ponctué-rugueux, plus court que chez les autres espèces, à peine échancré au bout. Tarière très courte ou cachée. ♂ Antennes noires en entier, plus longues que le corps, de 44-47 articles; abdomen plus long que la tête et le thorax, spatulé, en massue déprimée. Long. 2 1/2-5ᵐᵐ; Env. 4-8ᵐᵐ.   **Niger**, Nees.

Obs. — C'est peut-être l'espèce la plus commune, souvent élevée, par Goureau des diptères *Chlorops læta*, Meig., *herpini* Guér., *lineata*, Meig., etc. Westwood la trouva dans des épis d'orge gâtés, infestés

par les larves de quelqu'une des 60 a 70 espèces
de *Chlorops*.

PATRIE : Europe en général.

—   Abdomen plus ou moins rouge ou testacé
au milieu.   5

5   Prothorax rouge. ♀ Semblable à l'espèce
suivante, mais plus grande. Noire; palpes
testacés; mandibules roussâtres. Antennes
testacées à la base, de 41 articles et davantage (mutilées). Ailes hyalines avec une teinte
glauque, enfumées au milieu et dans la région cubitale; écaillettes testacées; stigma et
nervures brun-foncé. Pattes testacées; une
tache sombre au milieu des cuisses intermédiaires; hanches et cuisses de derrière assombries, de même que les tibias et le sommet
des tarses de la même paire; cuisses de derrière testacées à l'extrême base. Deuxième
segment abdominal testacé, noirâtre aux
deux bouts. ♂ Inconnu. Long. 7ᵐᵐ.

Procerus, HALIDAY.

PATRIE : Angleterre; Hollande; Allemagne.

—   Prothorax noir.   6

6   Taille 5-6ᵐᵐ; antennes de 36 articles chez
la ♀, de 54 chez le ♂. ♀ Noire, pubescente;
tête subcubique, aussi longue que large, à
peine échancrée postérieurement, plus large
que le thorax; mandibules et palpes ferrugineux. Antennes plus courtes que le corps,
épaisses, submoniliformes, longuement rouges vers la base. Ailes largement enfumées
dans le milieu, stigma et nervures de cette
région brun-foncé; base et extrémité des

ailes blanchâtres à nervures jaunâtres; la nébulosité s'étend le plus souvent à travers la région cubitale jusqu'au bout de l'aile, la cellule radiale et les postérieures restant blanchâtres, mais les ailes sont quelquefois à peine nuageuses. Pattes ferrugineuses; cuisses intermédiaires largement noirâtres; hanches et cuisses de derrière, ainsi que le sommet des tibias, noirâtres; tous les tarses noirâtres au sommet. Abdomen en massue un peu comprimée; 2ᵉ segment ferrugineux, testacé clair, ou jaunâtre, avec l'extrémité noirâtre; tous les suivants noirâtres. Tarière presque cachée. ♂ Antennes plus longues que le corps, minces, noires avec la base brunâtre; ailes enfumées hyalines à la base et dans la cellule radiale; écaillettes brunâtres; pattes plus assombries que celles de la ♀, ayant en outre les hanches intermédiaires et les tarses de derrière noirâtres; abdomen très allongé, 1ᵉʳ segment noir; 2ᵉ et 3ᵉ réunis, d'un ferrugineux obscur, noirâtres aux deux bouts; 4ᵉ et 5ᵉ noirâtres, ou base du 4ᵉ ferrugineux; les suivants noirâtres. Long. ♀ 5ᵐᵐ; Env. 7 1/2ᵐᵐ; Long. ♂ 6ᵐᵐ; Env. 9ᵐᵐ.

Var. ♂ Abdomen noir, 2ᵉ segment ceinturé de roussâtre.   **Gracilis,** Haliday.

Obs. — La ♀ se distingue de la suivante par sa couleur plus claire, la taille supérieure, et la forme plus allongée, surtout par rapport a la tête et au 1ᵉʳ segment : chez le ♂ la différence est moins sensible.

Patrie : Irlande du nord: très rare, selon Haliday; médiocrement commun en Angleterre; je possède quatre femelles et trois mâles.

———   Taille 3-5ᵐᵐ; antennes de 30-32 articles

chez la ♀, de 40-45 chez le ♂. ♀ Noire; tête plus large que longue, à peu près aussi large que le thorax. Antennes plus longues que la tête et le thorax, épaisses, submoniliformes, noirâtres, ferrugineuses à la base, et parfois jusqu'au milieu; ses articles un peu carrés. Ailes légèrement enfumées, subhyalines vers la base; écaillettes brunâtres; nervures et stigma brun-foncé ou brun-ferrugineux. Pattes de devant testacées; hanches intermédiaires noirâtres, de même que les cuisses en grande partie, et le sommet des tarses; pattes de derrière noirâtres avec les trochanters, les tibias jusque près de l'extrémité, et la base des tarses, ferrugineux; la teinte sombre des pattes est sujette à être plus ou moins étendue. Premier segment abdominal plus court que chez *gracilis*; 2ᵉ et 3ᵉ roussâtres, ou d'un testacé sale; les suivants noirs. Tarière presque cachée. ♂ Antennes un peu plus longues que le corps, minces, noires; milieu de l'abdomen d'un roussâtre très obscur, ou brun de poix. Long. 3-5ᵐᵐ; Env. 4 1/2—7 1/2.

Var. ♂ Noir; mandibules roussâtres; palpes ferrugineux; base des antennes en dessous, milieu de l'abdomen, et pattes, rouges; hanches des quatre pattes postérieures, et quelquefois le bord supérieur des cuisses de derrière, noirâtres. Long. 5ᵐᵐ (Haliday.) L'auteur ajoute que n'ayant pas de femelles de cette variété, il n'osait pas séparer les mâles comme espèce à part : en effet, ils ne semblent différer que par les couleurs. **Elegans,** Haliday.

Patrie : Irlande; Angleterre; espèce commune.

———

ESPÈCES DOUTEUSES DE CŒLINIUS

1. Festus, Goureau, 1848. Sexe non indiqué. « Noir luisant ; antennes noires, à 1ᵉʳ article jaunâtre en dessous : dos du 2ᵉ segment de l'abdomen et pattes jaunâtres ; ailes hyalines. La tache jaunâtre de l'abdomen est quelquefois très peu apparente. » Long. 2 1/2ᵐᵐ.

Obs. — Parasite de *Phytomyza cinerella*, Meigen, dont la larve mine les feuilles de primevere (*Primula grandiflora*). Je conserve le fait biologique quoique le parasite reste inconnu, a défaut de description. La petite figure publiée dans les *Ann. Soc. ent. Fr. pour 1848*, planche VI, nᵒ XI, fig. 10, n'a pas les ailes de *Cœlinius*, et appartient plutôt à quelque *Dacnusa ;* l'auteur remarque aussi que la cellule radiale est « large et longue », ce qu'il n'eût jamais dit s'il avait eu sous les yeux un *Cœlinius*. Dans l'explication des planches l'insecte est nommé *Cœlius futus*, par une faute de typographie.

Patrie : France.

2. Hydrelliæ, Kawall, 1867. ♂♀ Noir ; tête luisante ; mandibules bibentées. Prothorax et mésopleures luisants, le reste du thorax ruguleux. Ailes hyalines, ciliées ; stigma brun clair chez la ♀, brun foncé chez le ♂. Pattes brun noirâtre ; les trochanters, le tiers basilaire des cuisses et la base des tibias brunâtre clair. Abdomen spatulé, aussi long que la tête et le thorax ; 1ᵉʳ segment étroit, finement striole, les suivants lisses, ciliés le long du bord postérieur. Long. 2ᵐᵐ.

Obs. — Parasite d'*Hydrellia griseola*, Fall. Il pourrait se rapporter tres bien a l'une ou l'autre des espèces *viduus*, Hal. (V. nᵒ 2), et *niger*, Nees (V. nᵒ 5).

Patrie : Russie.

Des six espèces de *Cœlinius* indiquées par Herrich-Schaeffer, *flexuosus* et *bicarinatus* sont des synonymes de *Chænon anceps* ; *ruficollis* est *procerus*, Hal. ; *parvulus* (qui n'est pas le *parvulus*, Nees), *gravis*, et *depressus*, restent sans description.

10ᵉ GENRE. — POLEMON, Giraud, 1863.

πολεμῶν, faisant la guerre.

Voisin du genre *Cœlinius*, en différant principalement par la forme de l'abdomen. Corps allongé, subcylindrique. Tête subcubique; vertex presque plan; front déprimé; occiput profondément excavé, à bord arrondi; épistome large, transversal, relevé, séparé de la face par un sillon profond; lèvre quadrilatérale; mandibules quadridentées, l'une des dents médianes plus grande; palpes maxillaires de 6 articles, labiaux de 4, plus courts de moitié que les premiers; yeux glabres. Antennes de la ♀ plus courtes que le corps, celles du ♂ un peu plus longues, multiarticulées. Prothorax très court; mésothorax et scutellum assez finement et peu densément pointillés; sillons mésothoraciques larges et profonds, aboutissant à une large fossette près du scutellum; sillon des mésopleures large, crénelé, se réunissant en avant à un sillon semblable placé un peu obliquement près de l'insertion des ailes; métathorax rugueux, portant sur la ligne médiane une gouttière irrégulière, souvent indistincte. Stigma lancéolé, émettant la nervure radiale un peu au delà du milieu; cellule radiale lancéolée, éloignée du bout de l'aile; nervure radiale faiblement sinuée vers l'extrémité; nervure récurrente assez longuement rejetée. Abdomen sessile, déprimé, aussi long ou plus long que le reste du corps, striolé depuis la base jusqu'aux trois quarts du 3ᵉ segment, médiocrement comprimé au bout chez la ♀; 1ᵉʳ segment à peu près aussi large que le métathorax, très peu rétréci à sa base; 2ᵉ suture bien marquée. Tarière à peine saillante. La description est empruntée en grande partie à Giraud, un peu abrégée.

On ne connaît que deux espèces de *Polemon*, car la prétendue troisième, *albimanus,* Vollenhoven, appartient fran-

chement au genre *Cœlinius*, par son abdomen lisse et nullement sessile.

1	Abdomen en grande partie rouge; tibias
de derrière rouges; mandibules noires ou
assombries. ♀ Tête noire, pubescente, un
peu plus large que le thorax, ponctuée sur
la face et les côtés du vertex, plus vaguement en dessus; épistome assez court, plus
ou moins sinué au bord antérieur; palpes
d'un fauve testacé, les maxillaires ayant les
deux premiers articles plus petits, le 3ᵉ le
plus épais de tous, les suivants presque
égaux, allongés. Antennes de 55 articles environ. Thorax noir pubescent; mésothorax
et scutellum un peu luisants, finement et
peu densément pointillés. Ailes plus ou
moins enfumées ou lavées de roussâtre;
écaillettes et stigma noirs; nervures brunes
ou roussâtres, plus claires vers la base; 2ᵉ cellule discoïdale fermée. Pattes rouges, le bout
des tibias de derrière et les tarses de la
même paire, noirâtres. Abdomen assez plat,
sessile, médiocrement comprimé au bout;
1ᵉʳ segment une fois et demie aussi long que
large, à peine rétréci à la base, faiblement
rebordé, couvert de rugosités qui deviennent
longitudinales en arrière, et parcouru au
milieu par une carène qui s'efface avant d'atteindre le bord postérieur; ce segment est
rouge au bout dans une étendue variable;
segments 2-3 rouges; 4ᵉ rouge avec le bord
postérieur noir, ou noir avec la base rouge,
ou entièrement noir; de fines stries longitudinales couvrent le dos jusqu'à la moitié ou
les deux tiers du 3ᵉ, dont le bord et tous les
segments suivants sont lisses et très vague-

ment pointillés; ventre de même couleur que le dos, mais le rouge s'étend sur le 1ᵉʳ segment; un pli saillant parcourt toute la longueur; la tarière se dégage du bout anal et non d'une fissure ventrale. ♂ Semblable: antennes plus longues, de 65 à 68 articles; abdomen non comprimé à l'extrémité, et muni d'un segment de plus; segments apicaux noirs. Long. 7ᵐᵐ; env. 12 1/2ᵐᵐ.

Var. ♀ Premier segment tout rouge.

Liparæ, GIRAUD.

OBS. — Parasite des diptères *Lipara lucens*, Meigen, *tomentosa*, Macquart, et *similis*, Schiner, tous trois très abondants sur les bords du Danube, et formant des galles sur le roseau (*Phragmites communis*). La taille du *P. liparæ* varie selon celle de sa victime, les individus provenant de *Lipara lucens* étant les plus grands; sa coque est d'un roux plus foncé que celle du diptère, plus étroitement cylindrique, et d'une consistance plus forte : le parasite perfore le chaume du roseau sur le côté, près de la cime (Giraud).

PATRIE : Autriche; Hollande; Angleterre, où il est très rare; l'unique mâle que j'ai figuré est conservé dans la collection de M. Dale, étiqueté comme provenu de *Lipara lucens*.

———

Abdomen entièrement noir; tibias de derrière noirs; mandibules ferrugineuses. ♂♀ Noir; pubescent, pointillé. Il se pourrait que cette espèce ne fût qu'une variété de la précédente. Elle en a la forme et la sculpture, mais la différence des couleurs dans les deux sexes et la taille plus petite semblent justifier sa séparation. Les mandibules sont ferrugineuses au lieu d'être noires ou d'un marron obscur. L'abdomen n'a aucune trace de nuance claire. Les tibias et les tarses de derrière sont noirâtres, à l'exception de l'extrême base des premiers. Le stigma paraît aussi un peu plus mince. Long. 5^{mm}.

Melas, Giraud.

Obs. — Je n'ai pas vu cet insecte, dont un seul couple a été obtenu par Giraud des pupes de *Lipara tomentosa*, Macquart, avec un assez grand nombre d'individus de l'espèce précédente.

Patrie : Autriche, dans les îles du Danube, près de Vienne.

6ᵉ DIVISION. — FLEXILIVENTRES

Tribu. — Aphidiidæ

Caractères. — Tête ordinairement transversale, resserrée en arrière, attachée au bas de la face antérieure du thorax ;
occiput rebordé, au moins en partie (excepté dans le genre
Dyscritus), étroit, subitement tronqué ; mandibules bidenticulées, cunéiformes, étroites, à peine courbées ; palpes courts,
les maxillaires moins longs que la tête, de 2-4, les labiaux
de 1-3 articles ; épistome subtriangulaire. Antennes filiformes ou submoniliformes, de 11-25-27 articles, plus courtes
que le corps chez les femelles, plus longues chez les mâles.
Prothorax court ; mésothorax gibbeux ; sillons du mesonotum
ordinairement effacés (distincts chez les *Praon* et quelques
Aphidius) ; métathorax court, déclive dès sa base, partagé
ordinairement en compartiments, par des carènes. Ailes
supérieures à 1ʳᵉ cellule discoïdale contiguë au parastigma ;
d'ailleurs la nervulation est ou assez complète, avec trois
cellules cubitales (*Ephednus, Toxares*, ou incomplète (*Praon,
Aphidius, Monoctonus, Dyscritus*), n'ayant que deux cellules
cubitales, souvent une seule, parfois aucune ; dans ces cas les
nervures radiale et cubitale s'arrêtent brusquement avant le
milieu de leur parcours, et tout le tiers extérieur de l'aile est
dépourvu de nervures ; les nervures transverso-cubitales
sont effacées, la 1ʳᵉ cellule cubitale confondue avec la 1ʳᵉ discoïdale (imparfaitement séparée chez les *Praon*) ; la nervure
postérieure interstitiale (excepté dans *Dyscritus*), mais faiblement dessinée ou effacée ; les ailes inférieures n'ont que

deux nervures longitudinales, renfermant une cellule costale ouverte à l'extrémité; chez la femelle d'une espèce les ailes manquent entièrement. Pattes de forme ordinaire. Abdomen subpétiolé ou subsessile, plus long que la tête et le thorax, montrant en dessus 7 segments, 6 en dessous; les trois premiers lâchement articulés, de sorte que l'abdomen se courbe facilement sous le thorax; 2ᵉ suture remplacée par une membrane extensible (voir vol. I. Introd. p. 26); hypopygidium dépassant un peu le dernier segment dorsal de la femelle, pour soutenir la tarière; celle-ci brièvement exserte, ses valves larges, velues, comprimées, de forme variable.

La manière de vivre de ces insectes, si différente de celle des autres Braconides, nous a été connue depuis l'an 1695, date des « Arcana Naturæ » de Van Leeuwenhœk, qui le premier les signala comme parasites des pucerons. Ses observations ont été suivies et étendues par une foule d'entomologistes, tant anciens que modernes, de sorte que les faits généraux de l'histoire des Aphidiens sont devenus familiers à tous ceux qui s'intéressent à la haute biologie du monde animal. Toutefois le nombre des auteurs qui ont cherché à descendre dans les détails, en décrivant les espèces et en les groupant selon leur ordre naturel, est beaucoup moins considérable. Il n'y a en effet que deux monographies dans lesquelles j'ai pu puiser les renseignements nécessaires, celle de Nees von Esenbeck qui ne contient que 15 espèces, et celle de Haliday qui s'étend jusqu'à 44; quant à Wesmael, Ratzeburg, et encore d'autres, on ne trouve dans leurs ouvrages presque rien de nouveau; Ratzeburg seul nous a fait connaître une espèce nouvelle et très intéressante, découverte par Tischbein. Il existe aussi un certain nombre de diagnoses éparses, émanant de divers auteurs, et qui, s'il eût été toujours possible d'en reconnaître les sujets, nous auraient été d'une grande utilité : mais le manque d'uniformité qui règne inévitablement dans ces sortes de descriptions, joint à leur extrême laconisme, oblige à les considérer pour la plupart comme non avenues.

Mes propres recherches ont été trop peu suivies pour

pouvoir être de quelque importance dans un sujet si vaste, et longtemps j'ai désespéré de pouvoir remplir la lacune qui se présentait au moment de clore ce volume, lorsqu'une belle collection d'Aphidiens m'est tombée entre les mains par l'obligeance de mon ami M. Bignell, dont je ne saurais assez reconnaître l'empressement et la bienveillance à mon égard. Il est vrai que cette collection ne contient que des espèces britanniques, et qu'elle est loin de donner une idée de la richesse des pays du Continent, mais j'ai tout lieu de me féliciter d'avoir pu, à l'aide de ces matériaux, augmenter considérablement le nombre d'espèces connues, et jeter quelque lumière sur les descriptions anciennes, souvent d'une intelligence difficile.

La récolte de ces petits insectes avec le filet et au hasard ne produit que des résultats très incertains, à cause de leur nombre et leur très grande ressemblance : on rencontre une infinité de mâles qu'il est impossible d'accoupler avec leurs femelles, et les caractères de celles-ci sont souvent trop peu appréciables pour pouvoir être reconnus à l'aide de tables dichotomiques et de descriptions. Pour arriver à la certitude, il est indispensable de recueillir à la fois plusieurs pucerons attaqués par des *Aphidius*, avec les plantes qu'ils habitent, et de conserver le tout jusqu'au temps de l'éclosion des parasites. Il reste encore une difficulté, celle d'acquérir une certaine connaissance des espèces de pucerons, sans laquelle on ne saurait rendre compte de ses observations; les pucerons mentionnés dans ces pages ont été déterminés d'après la monographie de Buckton, en quatre volumes, ouvrage d'une haute autorité, où sont corrigés les doubles emplois et les erreurs des anciens auteurs.

Chacun peut s'initier à la manière d'agir de ces petits ichneumons pour assurer la continuation de leur race, en guettant dans un jardin, au mois de juin ou de juillet, les sociétés de pucerons, attroupées sur les tiges ou les feuilles de certaines plantes. En examinant un rosier, par exemple, on est presque sûr de tomber sur une de ces familles malfaisantes, et de voir en même temps quelques femelles d'*Aphi-*

dius, qui marchent lentement au milieu de leurs victimes, flairant avec leurs antennes vibratiles des sujets propres à recevoir leurs œufs. Il n'y a rien de remarquable dans la ponte, qui s'opère de la manière pratiquée par les parasites en général. Chaque puceron reçoit un œuf; l'*Aphidius* ne le touche que par la pointe de la tarière, dirigée entre les pattes et s'avançant au delà de la tête; la piqûre a lieu ordinairement sur le ventre, non loin de l'anus, plus rarement sur le dos; elle est instantanée, et si légère qu'elle ne dérange pas sérieusement la victime, qui d'ailleurs ne peut l'éviter, étant ancrée par son suçoir plongé profondément dans la substance du végétal. Même dans le cas où elle s'agite, en regimbant contre l'aiguillon, ses efforts pour parer le coup ne prévalent pas longtemps contre l'agilité de son ennemi.

Ce sont les pucerons aptères et adultes qui sont frappés, le parasite s'attaquant rarement aux individus ailés. Après la blessure le puceron continue sa vie ordinaire pendant quatre ou cinq jours, puis il commence à languir, s'écarte de ses compagnons, et reste sans mouvement, attaché à la feuille tant par l'adhérence du liquide sucré qui exsude de son corps, que par les crochets des tarses. En examinant les plantes chargées de pucerons, on ne tarde pas à découvrir des individus qui ont le corps gonflé comme un petit ballon, et luisant; ce sont les victimes des *Aphidius*, renfermant chacune une larve parasite; ces cadavres présentent une apparence variable selon l'espèce; ceux qui ont été verts pendant la vie prennent une teinte brunâtre ou feuille sèche, d'autres sont noirs, et quelques-uns présentent un éclat nacré ou blanc de perle. Arrivée en peu de jours au terme de sa croissance, la larve parasite se dispose à subir sa première métamorphose : à cet effet elle ne sort pas ordinairement de la dépouille qui la protège, comme le font la plupart des Braconides, mais se construit une sorte de cocon en tapissant d'une soie fine et blanche l'intérieur de son domicile; nous avons constaté cependant que les *Praon* sortent par un trou percé au ventre du puceron, et tissent leurs coques en forme de pavillon sur la surface de la feuille, la dépouille du puceron restant fixée au-dessus de la coque : notre planche représente un de ces pavillons, appartenant au *Praon flavinode*. Certains de ces parasites attaquent plusieurs espèces de pucerons, mais ce fait est loin d'être constant, et la plupart se montrent plus exclusifs, s'adressant toujours à des victimes d'une espèce déterminée. En ouvrant le corps d'un puceron piqué on découvre la larve parasite roulée en demi-cercle, pour s'accommoder à la forme de son logement.

Comme il arrive constamment dans le monde des insectes, les ennemis des pucerons ont encore leurs ennemis personnels, justement désignés sous le nom d'hyperparasites. Les petits Cynipides du genre *Allotria* pondent leurs œufs dans le corps des pucerons déjà infestés par les *Aphidius* : ce fait est maintenant bien constaté (V. vol. I. Introd. p. 44). Outre les *Aphidius*, on a signalé d'autres parasites de pucerons, appartenant aux familles des *Chalcididæ* et des *Proctotrypidæ*, mais il est difficile de décider s'ils se nourrissent directement aux dépens de ces Homoptères, ou s'ils attaquent plutôt d'autres larves parasites de ces derniers. Quoi qu'il en soit, j'aurai occasion d'en parler en temps et lieu.

La tribu des Aphidiens a été trop négligée pour que l'on puisse préciser leur répartition géographique, mais leur vie liée à celle des pucerons fait présumer qu'ils n'existent que dans les pays habités par ces hordes dévastatrices. Il est donc probable qu'ils se trouvent partout dans les climats tempérés ou médiocrement froids ; nulle part, au contraire, dans les régions intertropicales, où les pucerons sont remplacés par les *Coccus* et autres Homoptères.

TABLEAU DES GENRES

1	Première cellule discoïdale séparée de la 1re -cellule cubitale (par une nervure qui est souvent en partie, mais jamais totalement, indistincte)	2
—— .	Première cellule discoïdale confondue avec la 1re cellule cubitale	4

2   Point de nervures transverso-cubitales ; une seule cellule cubitale qui s'étend jusqu'au bout de l'aile.

                                                    G. 1. Praon, Haliday.

——   Nervures transverso-cubitales plus ou moins distinctes ; trois cellules cubitales.   3

3   Abdomen lancéolé, subsessile ; antennes de 11 articles dans les deux sexes.   **G. 2. Ephedrus**, Haliday.

——   Abdomen orbiculaire, subpétiolé ; antennes avec plus de 11 articles.   **G. 3. Toxares**, Haliday.

4   Abdomen orbiculaire.   **G 4. Monoctonus**, Haliday.

——   Abdomen lancéolé.   5

5   Antennes de 10 à 13 articles ; valve ventrale de la femelle munie de deux appendices apicaux, sétiformes, plus longs que la tarière.   **G. 5. Trioxys**, Haliday.

——   Antennes avec plus de 13 articles (très rarement de 11, 12 ou 13 chez les plus petits *Aphidius*) ; valve ventrale de la femelle sans appendices.   6

6   Tête transversale, non prolongée derrière les yeux ; joues non dilatées ; nervure postérieure interstitiale   **G. 6. Aphidius**, Nees.

——   Tête plus longue que large, fort prolongée derrière les yeux ; joues dilatées ; nervure postérieure insérée au milieu du bout de la 2ᵉ cellule discoïdale.   **G. 7. Dyscritus**, Marshall.

1ᵉʳ GENRE. — PRAON, Haliday, 1833.

πρᾶος, doux, paisible.

Tête subglobuleuse, aplatie en devant ; palpes maxillaires de 4, labiaux de 3 articles ; mandibules profondément bidenticulées. Antennes ayant un nombre d'articles variable, plus grand chez les mâles. Sillons du mesonotum distincts, convergents vers le scutellum ; thorax duveteux. Première cellule discoïdale séparée de la 1ʳᵉ cubitale par une nervure plus ou moins indistincte ; 2ᵉ cellule discoïdale élargie extérieurement ; nervures transverso-cubitales nulles ; radiale courbée sans angle ; une seule cellule cubitale qui s'étend jusqu'au bout de l'aile ; stigma en triangle court, subitement resserré et prolongé en ligne mince jusqu'au parastigma ; nervures anale et postérieure écartées à leur origine ; cellule brachiale des ailes inférieures fermée. Abdomen de la ♀ presque sessile, lancéolé ; plus court chez le ♂, en ovale sublinéaire ; 1ᵉʳ segment court, à tubercules basilaires. Tarière conique, portée horizontalement ou légèrement courbée vers le haut.

On reconnaît ce genre : 1° à la nervure radiale, qui ne présente pas le moindre vestige des anastomoses où prennent origine les nervures tranverso-cubitales ; 2° au stigma, qui est plus court que chez les autres espèces de la tribu, mais se continue en prolongement linéaire jusqu'au parastigma ; 3° à la brièveté et l'épaisseur du 1ᵉʳ segment, qui donnent à l'abdomen un aspect sessile. Huit espèces sont connues jusqu'ici en Europe, et plusieurs autres en Amérique; toutes sont difficiles à déterminer. On en rencontre trois dans la monographie de Nees v. Esenbeck, rangées par cet auteur sous le genre *Blacus*, mais leurs descriptions ne sont pas de nature à permettre de les identifier. J'ai mentionné ci-dessus l'habitude des *Praon* de sortir du corps de l'*Aphis* pour se changer en nymphes, tandis que les autres *Aphidiens* restent toujours en dedans. *Pachycrepis clavata*, Walk. est un Chalcidide hyperparasite des *Praon*, et supposé par Haliday être l'auteur des cocons en forme de pavillon (Voyez Ent. Mag. II, p. 99), mais à tort, comme je l'ai constaté en élevant les *Praon*, qui sont sortis de ces coques sans apparence d'aucun *Pachycrepis*. Bignell, à plusieurs reprises, a démontré le même fait, et, en outre, les Chalcidides, à peu d'exceptions près, ne sont pas connus comme fabricant des cocons externes, mais bien comme se servant plutôt des corps mêmes de leurs victimes. Voir un mémoire de L. O. Howard

(Insect Life, vol. IV, p. 196) où est figurée la construction faite par un *Praon* américain, laquelle correspond exactement aux cocons observés en Europe.

1 Antennes de la ♀ de 14 articles, rarement de 13 ou de 15 à 18; celles du ♂ de 15 à 18 articles. La plus petite espèce du genre, de forme beaucoup plus courte que les autres, semblable à *exoletum*, qui se distingue par son abdomen rouge. ♀ Noire; abdomen brun, pâlissant au milieu de la base. Parties buccales et palpes brunâtres. Antennes un peu moins longues que le corps, à 3ᵉ article testacé vers la base. Métathorax lisse, sans aréoles. Ailes subhyalines; écaillettes noires; radicules brunâtres; stigma pâle, cendré; nervures basilaires brun-sombre, les autres presque effacées; cubitale s'étendant jusqu'au bout de la 2ᵉ cellule cubitale, mais à peine sensible. Pattes ferrugineuses; base des quatre cuisses postérieures, milieu de leurs tibias, hanches et sommet des tarses, assombris. Abdomen un peu plus long que la tête et le thorax, et aussi large que celui-ci au milieu; 1ᵉʳ segment brun-clair, de moitié plus long que large, ses tubercules situés près de la base, subobsolètes; segments suivants en ovale lancéolé, très pointu à l'extrémité; le 2ᵉ brun clair, les autres de plus en plus assombris, le dernier noir. Tarière noire. ♂ Semblable; antennes entièrement noires, un peu plus longues que le corps; 1ᵉʳ segment moins large. Long. 1 1/2-2ᵐᵐ; Env. 3-4ᵐᵐ. **Abjectum,** Haliday.

Obs. — Assez commun en automne. Au dire de Haliday il est parasite des pucerons de l'Angélique des bois, *Angelica sylvestris;* trouvé aussi

sur un saule. Plus récemment Bignell en a élevé
plusieurs exemplaires d'*Aphis epilobii*, Kallen-
bach, sur *Epilobium hirsutum;* d'*Aphis hieracii*,
Kalt. sur *Pastinaca sativa*, le panais; et de *Tychea
phaseoli*, Passerini, sur *Phaseolus vulgaris*, le haricot. Il attaque aussi *Siphonophora lactucæ*, Kalt.
sur *Lactuca scariola*, et c'est de ce puceron, qui
détruisait jadis les laitues de mon jardin, que j'ai
élevé les deux sexes.

PATRIE : Angleterre.

—   Antennes de 18 à 23 articles.   2

2   Abdomen d'un rouge jaunâtre; occiput et
mesonotum noirs, le reste du corps testacé,
pubescent. ♀ Tête plus large que le thorax,
testacée dessous les antennes, noire en dessus, presque lisse. Antennes noirâtres avec
les trois premiers articles testacés. Ailes
hyalines, un peu obscures, pubescentes; stigma et nervures pâles. Pattes testacées;
crochets des tarses noirs. Premier segment
abdominal en rectangle, subcylindrique, rebordé, faiblement ruguleux, un peu rétréci
au milieu : segments suivants presque plans
en dessus, le dernier bifide à l'extrémité,
contenant entre ses deux valves les organes
sexuels. ♂ Testacé; occiput, yeux et sommet des antennes, noirs; mesonotum un peu
obscur; abdomen lancéolé, aigu au bout.
(Description de Nees v. Esenbeck.) Long.
1 1/3^mm.   **Exoletum**, NEES.

Var. Corps noirâtre; pattes d'un rouge testacé.

PATRIE : Franconie (Sickershausen); Italie (Parme);
          Angleterre; Russie (au dire de Kawall);
          Allemagne.

—   Abdomen noirâtre ou brun foncé, souvent
avec plus ou moins de testacé à la base.   3

3   Ailes enfumées sous la cellule radiale.
♀ Noirâtre avec le dessous du thorax jaune-
ferrugineux ; abdomen brun-ferrugineux,
obscur, avec le 1ᵉʳ segment noirâtre. Épistome et parties buccales jaune-ferrugineux;
palpes plus pâles, très allongés. Antennes
de 20 à 21 articles, longuement jaunâtres à
la base. Ailes amples, très allongées, hyalines, avec un petit nuage sous la nervure
radiale; stigma brun-pâle, jaunâtre durant
la vie; nervures noirâtres; stigma et écaillettes bruns. Pattes jaune-ferrugineux,
grêles, plus longues que chez les autres
espèces. Premier segment abdominal resserré postérieurement. Tarière noire. ♂ Inconnu. Long. 2 1/2ᵐᵐ; Env. 5ᵐᵐ.

Dorsale, HalidaY.

Obs. — Selon Haliday, cette espèce est peu
commune; il n'en avait vu que trois femelles. Elle
se distingue de ses congénères par la longueur
insolite des palpes, des ailes et des pattes.

Patrie : Angleterre.

——   Ailes non enfumées sous la cellule ra-
diale.   **4**

4   Antennes des deux sexes notablement
plus longues que le corps. ♀ Tête et thorax
noirs; abdomen brun de poix, testacé à
l'extrémité, 1ᵉʳ segment rouge, noir à la
base. Antennes très grêles, filiformes, de
22 articles, noires avec les trois premiers
articles testacés. Thorax noir, tant en
dessous qu'en dessus; métathorax parsemé de poils blanchâtres. Ailes amples,
très longues, hyalines; écaillettes et radicules testacées; stigma jaunâtre pâle; ner-

vures brunâtres. Pattes testacé-jaunâtre.
Abdomen à peine plus long que la tête et le
thorax, lancéolé; 1er segment deux fois aussi
long que large, ridé en long, rebordé, ses
tubercules très petits, situés avant le milieu; les côtés de ce segment divergent un
peu depuis la base jusqu'aux tubercules, ensuite ils sont parallèles jusqu'à l'extrémité;
le dernier segment, la majeure partie de
l'avant-dernier, et la valve ventrale, sont
jaunes. Tarière noire. ♂ Plus petit; antennes d'un tiers plus longues que le corps,
de 22 articles, noires avec les deux premiers
articles testacés; épistome et mandibules
roussâtres; palpes testacé-pâle; pattes de
couleur moins claire que chez la ♀, cuisses
roussâtre-obscur, hanches de derrière assombries à la base; abdomen plus court que la
tête et le thorax, 1er segment noir, 2e testacé
avec une tache sombre de chaque côté; seg-
ments suivants bruns. ♀ Long. 2 1/4^{mm};
Env. 6^{mm} : ♂ Long. 2^{mm}; Env. 5^{mm}.

Longicorne, Marshall.

Obs. — Comme les deux sexes n'ont pas été
élevés ensemble, leur association pourrait être
révoquée en doute, cependant ils ne présentent
que les différences de sexe ordinaires, et la longueur des antennes les sépare évidemment des
autres espèces. J'ai capturé la ♀ une fois seulement dans le pays de Galles; Bignell a élevé le ♂
dans le comté de Devon: il est provenu de *Siphonophora chelidonii,* Kaltenbach, puceron de *Chelidonium majus,* la grande chélidoine, mais vivant,
dans le cas actuel, sur un framboisier, *Rubus
Idæus.*

Patrie : Angleterre.

Antennes de la ♀ pas plus longues ou à

peine plus longues que le corps ; mais un
peu plus longues chez les ♂.   5

5   Premier segment abdominal jaune-ferrugineux à l'extrémité, ou entièrement de cette
couleur, ainsi que la base ou la totalité du 2ᵉ. ♀
Tête et thorax noirs en dessus; face, prothorax, et poitrine, testacé-rougeâtre ; abdomen, après le 2ᵉ segment, brun sombre. Parties de la bouche jaunâtres. Antennes plus
courtes que le corps, de 18 à 19 articles, dont
les trois premiers testacés. Sillons du mesonotum complets et bien marqués; métathorax roussâtre, sans carène médiane. Ailes
hyalines, moins amples que chez *dorsale*
(V. nᵒ 3); stigma décoloré, jaunâtre durant
la vie, les nervures qui l'entourent, de même
que celles de la région basilaire, distinctes,
d'un brun foncé ; 1ʳᵉ cellule discoïdale à
moitié confondue avec la cubitale; nervure
radiale courte, arquée ; nervure cubitale
presque nulle. Pattes plus courtes que chez
dorsale, testacées, y compris les hanches.
Abdomen comprimé à partir de la base du
3ᵉ segment, caréné en dessus dans toute sa
longueur ; 1ᵉʳ segment de moitié plus long
que large, ses tubercules saillants près de la
base ; 3ᵉ segment et suivants noirs, ainsi que
la tarière qui est courte. ♂ Inconnu. Long.
2ᵐᵐ; env. 4 2/3ᵐᵐ.   **Flavinode**, Haliday.

Obs. — Assez rare ; parasite de *Pterocallis tiliæ*,
L. puceron du tilleul, *Tilia europæa;* et de *Siphonophora absinthii*, L. puceron de l'absinthe, *Artemisia absinthium*.

Patrie : Angleterre.

—   Premier segment brun foncé, ainsi que les

suivants, dont le 2e et 3e un peu roussâtres.
♀ Tête et thorax noirs ; prothorax parfois
testacé-rougeâtre en dessous. Tête subglobuleuse, pas plus large que le thorax ; épistome testacé-rougeâtre ; palpes plus pâles.
Antennes très grêles, filiformes, aussi longues
que le corps, de 19 articles dont les deux
premiers roussâtres, le 3e jaune, et tous les
suivants noirs ; 3e article très long. Sillons
du mesonotum distincts ; prothorax ridé
transversalement, tantôt noir en dessous,
tantôt rougeâtre ; métathorax lisse, sans
carène médiane. Ailes hyalines ; écaillettes,
radicules, et nervures d'un testacé brunâtre
pâle ; stigma très pâle, jaunâtre ; 1re cellule
discoïdale non entièrement séparée de la
cubitale ; nervure radiale arquée sans angle,
sa partie extérieure ou 3e abscisse tracée
jusqu'au bout de l'aile, quoique peu visible ;
il en est de même de la nervure cubitale.
Pattes d'un testacé brunâtre. Abdomen plus
long que la tête et le thorax, lancéolé, brun,
noir à l'extrémité, un peu plus clair ou roussâtre sur la 2e suture et à la base du 2e segment ; ventre brun-roussâtre ; valve ventrale
dépassant un peu le dernier arceau dorsal.
Tarière noire. ♂ Semblable ; antennes un
peu plus longues que le corps, plus épaisses
que chez la ♀, de 22 articles bien distincts ;
elles sont noires avec les deux premiers
articles brunâtres ; 3e article noir, de même
longueur que les suivants ; pattes d'une
nuance plus sombre que chez la ♀ ; abdomen
pas plus long que la tête et le thorax, un
peu claviforme. Long. 2 1/2mm ; env. 4 1/2mm.

Volucre, Haliday.

Obs. — Le plus commun du genre; il paraît être un peu polyphage, attaquant les pucerons suivants :

Callipterus quercus, Kaltenbach, sur le chêne, *Quercus robur*.

Siphonophora sonchi, L., sur le laiteron, *Sonchus oleraceus*.

Siphonophora absinthii, L., sur l'absinthe, *Artemisia absinthium*.

Siphonophora chelidonii, Kaltenbach, sur la grande chelidoine, *Chelidonium majus*.

Aphis pruni, Réaumur, sur le pommier *Pyrus malus*, le prunier, *Prunus domestica*, l'abricotier. *P. armeniaca*, et le néflier, *Mespilus germanica*.

Et quelques pucerons inconnus du chrysanthème des jardins, *Chrysanthemum sinense*, et de la Reine-Marguerite, *Aster chinensis*.

Sa dernière métamorphose s'opère dans l'espace de 11 jours, dans une coque pyramidale, en forme de pavillon, construite sous la dépouille d'un puceron, qu'il trouve le moyen de soulever et d'asseoir au sommet aplati de la coque. Un ♂ provenu de *Callipterus* a le 1ᵉʳ segment rougeâtre, et la nervure séparatrice entre la 1ʳᵉ cellule discoïdale et la cubitale à peine commencée. Hyperparasites : *Allotria Ullrichi*, Giraud ; *Isocratus vulgaris*, Walker ; *Lamprotatus*, espèce non décrite.

Patrie : Angleterre ; Franconie (Sickershausen).

ESPÈCES DE PRAON DOUTEUSES

1. Discolor, Nees, 1834. —♂♀ Testacée ; vertex, occiput, mesonotum et metanotum d'un noir un peu brunâtre. Antennes subsétacées, à peine plus courtes que le corps, noires, de 22 [i. e. de 21] articles, dont les deux premiers d'un testacé clair. Dessous du thorax d'un testacé un peu brunâtre. Ailes hyalines avec une teinte obscure ; nervures et stigma pâles.

Pattes d'un rouge pâle. Premier segment de l'abdomen un peu plus court que le 2e, subrugueux et presque mat ; segments suivants lisses. Tarière noire. ♂ Inconnu. Long. 2mm. (*Blacus discolor*, Nees).

Obs. — Selon l'opinion de Curtis, dans son « Guide to an arrangement of British insects », cet insecte serait de la même espèce que le *Praon dorsale*, Hal.

Patrie : Franconie (Sickershausen).

2. Emacerator, Nees, 1834. — ♀ Semblable à *Blacus angulator*, Nees (*Praon volucre*, Hal., V. n° 5). Noire ; 1er segment abdominal plus ou moins rougeâtre. Bouche d'un testacé brunâtre ; face carénée, impressionnée de deux points au-dessus de l'épistome. Antennes de moitié moins longues que le corps, noirâtres, de 16 [15 ?] articles, dont le 3e nettement testacé. Ailes hyalines ; nervures et stigma pâles. Pattes plus épaisses que chez *angulator*, Nees, d'un testacé brunâtre ; hanches de derrière assombries. Premier segment abdominal rectangulaire, d'un brun de poix, subruguleux, à tubercules saillants, situés près de la base ; segments suivants noirs. ♂ Antennes à peu près aussi longues que le corps, de 21 [20 ?] articles, le 3e plus court que chez la ♀, noirâtre ; 1er et 2e segments de l'abdomen testacés. Long. 2mm. (*Blacus emacerator*, Nees).

Obs. — Les deux sexes (probablement dépareillés) ont été capturés ensemble sur un chêne. Selon Curtis, ils seraient peut-être identiques à *flavinode*, Hal. (V. n° 5).

Patrie : Franconie (Sickershausen).

2e GENRE. — **EPHEDRUS**, Halidav, 1833.

εφεδρος, aposté aux aguets.

Tête subglobuleuse, aplatie par devant ; palpes maxillaires de 4, labiaux de 2 articles. Antennes de 11 articles dans les deux sexes, 3e article le plus long chez la femelle, peu ou point allongé chez le mâle. Thorax ou pubescent ou glabre ; sillons du mesonotum peu distincts, convergents près du scutellum. Première cellule discoïdale complète ; 3 cellules cubitales, dont la 2ᵉ plus longue que large, recevant la nervure récurrente près de sa base ; stigma prolongé et atténué à chaque extrémité ; cellule radiale complète ; nervure cubitale commencée seulement ; nervure postérieure presque interstitiale ; point de cellule costale aux ailes inférieures. Abdomen subpétiolé ou subsessile, lancéolé, comprimé à l'extrémité chez la ♀ ; plus court, obovale ou sublinéaire chez le ♂ ; 1ᵉʳ segment plus ou moins étroit, cylindrique, un peu arqué, ses tubercules obsolètes.

On a décrit quatre espèces européennes de ce genre et deux américaines, lesquelles, bien que très analogues aux *Aphidius* par leur port et leurs habitudes, en diffèrent essentiellement par la disposition des nervures. Pour saisir leurs caractères il est presque indispensable de les posséder toutes, afin d'établir des comparaisons.

1 Premier segment abdominal subrectangulaire, plus court et plus large que chez les autres espèces, deux fois aussi long que large, gibbeux à la base, portant les tubercules avant le milieu. ♀ Corps pubescent, beaucoup plus court que chez les suivants, d'un noir de poix, avec une tache pâle au milieu de la base du 2ᵉ segment. Tête pointillée. Antennes plus courtes que celles de *lacertosus* ; 3ᵉ article testacé. Thorax pointillé. Ailes un peu enfumées ou subhyalines ; stigma brunâtre-pâle, plus étroit que chez *plagiator*, plus large et moins long que chez *lacertosus*. Pattes ferrugineuses. Abdomen oblong-lancéolé ; 1ᵉʳ segment noirâtre, granulé, mat. Tarière épaisse, noire, relevée à la pointe, presque en forme de soc de charrue. ♂ Semblable ; antennes entièrement noires. Long. 2 1/4ᵐᵐ ; Env. 5ᵐᵐ.

Validus. Haliday.

Obs. — Espèce très rare, selon Haliday, décrite
par lui d'après trois exemplaires dans l'ancienne
collection de la Soc. entom. de Londres. Parasite
de *Myzus cerasi*, Fab., le puceron noir du cerisier;
élevé par Bignell.

Patrie : Angleterre.

—   Premier segment linéaire, trois fois aussi
long que large, portant les tubercules au
milieu.   2

2   Stigma étroit, atténué et fort allongé intérieurement. ♀ Noire, luisante, pubescente.
Antennes noires avec le 1ᵉʳ article ferrugineux; 3ᵉ très long. Ailes plus longues que
chez *plagiator*, légèrement enfumées; nervures brunes; stigma pâle, jaunâtre durant
la vie. Pattes ferrugineuses; cuisses de derrière assombries. Abdomen linéaire-lancéolé; 1ᵉʳ segment linéaire, noirâtre; 2ᵉ et 3ᵉ
d'un brun moins foncé, ou même testacés.
Tarière assez grêle, noire. ♂ Semblable;
antennes entièrement noires, pas plus longues que celles de la ♀. Long. environ 21/2ᵐᵐ;
Env. 5ᵐᵐ.   **Lacertosus**, Haliday.

Obs. — Ce parasite est assez commun dans les
champs, attaquant quelques pucerons dont je ne
sais pas le nom, sur l'ivraie, *Ervum hirsutum*, ainsi
que le *Myzus cerasi*, Fab. Dans l'acte de pondre, la
♀ porte son abdomen comme les vrais *Aphidius*,
mais elle frappe le dos du puceron, ayant à cet
effet la tarière un peu inclinée; le coup est moins
instantané, se prolongeant souvent durant quelques secondes.

Patrie : Angleterre.

—   Stigma plus large, moins atténué et allongé
intérieurement.   3

3   Antennes plus longues que la tête et le
thorax. Noir, luisant, pubescent, abdomen
brun. Parties de la bouche d'un roux brunâtre : palpes obscurs. Antennes comprimées, assez courtes, leur dernier article pas
plus long que le précédent; 1ᵉʳ article rouge,
les suivants noirs. Métathorax partagé en
plusieurs compartiments réguliers; celui qui
occupe le milieu de l'extrémité est penta-
gonal et ordinairement le plus distinct. Ailes
hyalines; nervures brunes; stigma assez
large, peu allongé intérieurement, testacé.
Pattes d'un rouge brunâtre, les intermédiaires assombries; celles de derrière encore
plus obscures, avec les trochanters et la
base ou la plus grande partie des tibias,
rougeâtres; les quatre hanches postérieures
noirâtres. Abdomen linéaire-lancéolé, brun
de poix, quelquefois avec une nuance de
testacé obscur dans le disque du 2ᵉ segment;
1ᵉʳ segment étroit, cylindrique, rugueux,
portant près de l'extrémité une impression
transversale. Tarière grêle, conique, noire,
un peu plus longue que le dernier segment,
ses valves tronquées au bout. ♂ Semblable;
ordinairement plus petit, à pattes plus obscures ; abdomen arrondi à l'extrémité. Long.
1-2ᵐᵐ ; Env. 2-4ᵐᵐ.   **Plagiator**, NEES.

Obs. — Parasite supposé de *Siphonophora granaria*, Kirby, puceron de diverses espèces de graminées : mais l'identification paraît douteuse, à
en juger par la figure donnée par Buckton (Aphi-
des, vol. I. pl. vii) représentant un insecte fort
différent des *Ephedrus*. Quoi qu'il en soit, M. Buckton a fait une observation très concluante à l'égard
d'un autre petit hyménoptère, *Lygocerus Carpenteri*, Curtis ; car il a vu au microscope la ♀, ren-
fermée avec des *Siphonophora*, laquelle pondait
avec acharnement ses œufs dans leurs corps,

choisissant toujours ceux qu'occupaient déjà des
larves d'*Ephedrus plagiator*. On ne peut donc douter
plus longtemps que les *Lygocerus* et autres *Cera-
phronidæ* ne soient des parasites au second degré.

PATRIE : Franconie (Sickershausen); Italie; Belgique;
       Hollande; Angleterre; Espagne (Séville);
       espèce répandue mais peu commune.

Antennes de même longueur que la tête et
le thorax. ♀ Noire; parties buccales rougeâtres; 1ᵉʳ segment abdominal roussâtre. Semblable à *plagiator*, en différant principalement par les antennes à articles plus
cylindriques, dont le 3ᵉ moins allongé, et le
dernier petit, conique, à peine séparé de
l'avant-dernier; le 1ᵉʳ article est rouge. Métathorax sans aréole régulière au milieu de
l'extrémité. Pattes d'un noirâtre de poix;
trochanters, extrême sommet des cuisses, et
base des tibias, roussâtres. Abdomen noir,
excepté le 1ᵉʳ segment. ♂ Inconnu. Long.
2ᵐᵐ.   **Brevicornis**, NEES.

PATRIE : Franconie (Sickershausen); un seul exemplaire
       connu.

3ᵉ GENRE. — TOXARES, HALIDAY, 1840.

τοξον, arc; racine ἀρ-, joindre, adapter; τοξαρος, muni d'un arc.

Tête transversale, arrondie. Palpes assez longs; maxillaires
de 4, labiaux de 3 articles; mandibules aiguës, profondément
bidenticulées. Antennes assez longues, de 19 à 22 articles bien
distincts. Thorax glabre; sillons du mesonotum à peine visi-

bles, convergents vis-à-vis du scutellum. Nervulation en
général semblable à celle des *Ephedrus* ; 1ʳᵉ cellule discoïdale
complète ; trois cellules cubitales ; stigma étroit, allongé, lancéolé aux deux bouts ; cellule radiale cultriforme, atteignant
le bout de l'aile ; nervure postérieure non interstitiale ; nervures transverso-cubitales quelquefois peu distinctes. Abdomen de la femelle spatulé ou en massue aplatie, subpétiolé ;
celui du mâle plus étroit, oblong ; 1ᵉʳ segment linéaire, portant
ses tubercules entre la base et le milieu ; segments 2-3 les
plus grands, les suivants courts, transversaux. Tarière courbée vers le bas, fort dilatée en dessous, de forme deltoïde,
trifide à l'extrémité.

Ce genre ressemble à *Praon* sous le rapport des palpes, et
ses ailes sont comparables à celles d'*Ephedrus*; pour le reste
il est plus voisin de *Monoctonus*, les antennes, le pétiole,
l'abdomen de la femelle, et le port en général, étant à peu près
les mêmes ; seulement les *Monoctonus* n'ont que deux articles
aux palpes labiaux. Pour ne pas le confondre avec quelques
petits *Opius* (*pygmæator*, etc.) il suffit de faire attention à la
longueur du pétiole. Une seule espèce est décrite comme
appartenant à notre faune, et une autre d'Amérique. Le soi-
disant *Toxares* (*Trionyx*) *rapæ*, Curtis, appartient au genre
Aphidius.

— ♀ Tête et thorax noirs, luisants ; abdomen
ou testacé, assombri sur les côtés, ou entièrement brun sombre ; 1ᵉʳ segment toujours
rougeâtre. Bouche et palpes jaunâtres. Antennes de 19 articles environ, plus longues
que le corps, noirâtres avec les 5 ou 6 articles
basilaires, ou seulement le 3ᵉ, testacés. Métathorax caréné au milieu, partagé en compartiments réguliers, comme chez les *Aphidius*.
Ailes hyalines ; écaillettes et radicules d'un
testacé sale ; stigma d'un jaune brunâtre, analogue, quant à la forme, à celui d'*Ephedrus*
validus. Pattes d'un jaune ferrugineux. Abdo-

men de même couleur, plus ou moins brun
sur les côtés et dans la partie postérieure du
disque, parfois brun en entier, hormis le 1er
segment qui est toujours rougeâtre. Valves
de la tarière d'un jaune ferrugineux. ♂ Semblable ; antennes de 21 à 22 articles, dont les
deux premiers bruns, le 3e testacé (chez mon
exemplaire) : abdomen moins arrondi que
celui de la ♀ ; 1er segment d'un rouge plus
clair. Long. 2 1/2^{mm} ; Env. 5^{mm}.

Deltiger, HALIDAY.

PATRIE : Angleterre, où il est assez rare.

4e GENRE. — MONOCTONUS, HALIDAY, 1833.

μονος, seul, solitaire ; racine κταν-, κτεν-, tuer ; μονοκτονος,
tuant un à un.

Tête transversale, arrondie. Palpes maxillaires de 4, labiaux
très courts, de 2 articles. Antennes pas plus longues que le
corps, à nombre d'articles variable, plus grand chez les mâles.
Mesonotum glabre, sans sillons, ou ceux-ci sont fort indis-
tincts ; métathorax sans carène médiane, ni compartiments
réguliers. Première cellule discoïdale confondue avec la 1re
cubitale ; on distingue tout au plus 2 cellules cubitales, dont
la 2e grande, irrégulière, plus courte que chez les *Aphidius,*
et moins longue que le stigma, à moitié obsolète ; stigma
étroit, en triangle allongé, émettant la nervure radiale de son
milieu ; 1re abscisse en ligne droite, placée obliquement ; 2e de
même longueur que la 1re, puis disparaissant brusquement ;
2e cellule discoïdale ouverte intérieurement ; nervure postérieure interstitiale. Cette description des ailes est faite d'après
nervosus ; chez les autres espèces le réseau de la région caractéristique est décoloré et à peine distinct, les cellules cubi-

tales et radiale disparaissent entièrement. Quelques mâles à 2ᵉ cellule cubitale mal définie se distinguent à peine des mâles de *Trioxys*, mais on les reconnaîtra à la forme du stigma. Abdomen de la ♀ spatulé, suborbiculaire; ou lancéolé, et élargi au milieu; 1ᵉʳ segment grêle, linéaire. Tarière courbée vers le bas, ses valves pointues et dilatées en angle à la base en dessous, presque en forme de soc de charrue.

Les trois espèces connues sont difficiles à trouver, et peu communes; elles se tiennent parmi les plantes aquatiques dans les marais.

1   Deuxième cellule cubitale complète et distincte. ♀ Noire; antennes de 16 articles, jaunâtres vers la base, avec le scape noirâtre. Ailes obscures; stigma d'un brunâtre pâle; nervures épaisses, brunes. Pattes ferrugineuses; cuisses de derrière assombries. Premier segment abdominal noirâtre; 2ᵉ d'un brun pâle; les suivants noirâtres. Tarière brune. ♂ Inconnu. Long. 1 1/2ᵐᵐ; Env. 3ᵐᵐ.

Nervosus, HALIDAY.

PATRIE : Angleterre ou Irlande; rare, au dire de Haliday, qui en connaissait seulement deux femelles.

—— Deuxième cellule cubitale à moitié incomplète du côté externe, ou totalement effacée.   2

2   Face, prothorax, poitrine, et bout de l'abdomen d'un testacé rougeâtre; le reste de la tête et le dessus du thorax, noirs; abdomen brun, testacé aux deux bouts. Parties de la bouche et palpes testacés. Antennes plus courtes que le corps, de 13 articles, noires avec le 1ᵉʳ article et la base du 3ᵉ testacés. Métathorax brun, devenant rougeâtre postérieurement. Ailes hyalines; écaillettes noirâtres; radicules testacées; stigma pâle, presque

hyalin ; nervures de la région basilaire brunes, toutes les extérieures effacées, excepté le commencement de la radiale. Pattes d'un testacé rougeâtre, y compris les hanches ; cuisses et tibias bruns en dessus, ou presque en entier, testacés aux deux bouts. Abdomen épais au milieu, mais lancéolé, aigu à l'extrémité ; 1ᵉʳ segment rougeâtre, presque linéaire, deux fois et demie aussi long que large, tubercules situés entre la base et le milieu ; 2ᵉ en grande partie testacé pâle, brun sur les côtés ; segments 3ᵉ à 5ᵉ bruns ; les 2 derniers testacé-pâle. Valves de la tarière pâles, rayées de brun en dessus. ♂ Inconnu. Long. 2ᵐᵐ ; Env. 4ᵐᵐ. **Paludum**, Marshall.

PATRIE : Angleterre méridionale ; je n'ai trouvé que deux femelles.

Face, prothorax, poitrine, et bout de l'abdomen, noirs. ♀ D'un brun noirâtre ; abdomen brunâtre-pâle ou ferrugineux sale, noir à l'extrémité. Antennes jaunâtres à la base ; scape noirâtre. Ailes hyalines avec une teinte obscure ; stigma pâle. Pattes d'un rouge jaunâtre, ou ferrugineuses. Premier segment abdominal plus court que chez *nervosus*. Tarière brune ou jaunâtre. ♂ Noir ; antennes aussi longues que le corps, de 16 articles ; pattes à genoux bruns de poix ou ferrugineux ; abdomen plus étroit que celui de la ♀, d'un brun de poix pâle, noirâtre à l'extrémité, et parfois sur le 1ᵉʳ segment. Il existe une variété de couleur moins foncée. Long. 1 1/2ᵐᵐ ; Env. 3 1/2ᵐᵐ. **Caricis**, Haliday.

OBS. — Se trouve rarement dans les prés marécageux sur la fétuque, *Festuca pratensis*, la laîche, *Carex*, et diverses espèces de graminées.

PATRIE : Angleterre.

5ᵉ GENRE. — TRIOXYS, Haliday 1833.

τρι-, trois fois, triplement ; ὀξύς, aigu ; par allusion à l'armature
de l'abdomen.

Tête transversale, arrondie, plus épaisse que dans les genres
précédents. Palpes maxillaires de 4, labiaux de 2 articles.
Antennes de la ♀ courtes, quelquefois épaissies vers le sommet, de 11 articles (rarement de 10 ou de 12); celles du ♂ de
13 articles. Sillons du mesonotum obsolètes. Première cellule
discoïdale confondue avec la 1ʳᵉ cubitale ; 2ᵉ cellule cubitale
entièrement effacée ; stigma triangulaire ; nervure radiale arquée
sans angle, effacée avant d'atteindre le bout de l'aile; elle est
cependant plus longue que chez les *Aphidius*. Abdomen
lancéolé, pétiolé; valve ventrale de la ♀ munie de deux appendices ou cornes minces, plus longues que la tarière, courbées
au sommet vers le haut; 1ᵉʳ segment linéaire, ses tubercules
diversement placés. Tarière courbée vers le bas comme chez
les *Monoctonus*. Les femelles se font remarquer à première
vue par les appendices de l'abdomen ; les mâles sont suscep-
tibles d'être confondus avec certains *Aphidius* à 1ʳᵉ cellule
cubitale indistincte, mais ceux-ci se distinguent par leur nervure radiale plus courte, les articles des antennes ordinairement plus nombreux, et la forme du stigma qui est le plus
souvent plus étroit.

On a décrit 10 espèces de *Trioxys* propres à notre faune,
et un assez grand nombre d'Amérique.

1   Antennes de 12 articles ♀. Tête et thorax
         noirs, luisants; abdomen d'un brun de poix,
         plus pâle ou même jaunâtre au milieu de la
         base ; 1ᵉʳ segment d'un fauve ferrugineux.
         Parties buccales d'un jaune rougeâtre; base

des antennes de même couleur. Ailes hyalines, un peu obscures; stigma plus étroit que chez la plupart des espèces, d'un jaune rougeâtre durant la vie, après la mort d'un brun pâle, ainsi que les nervures. Pattes d'un fauve ferrugineux; hanches des 4 postérieures, milieu des cuisses et des tibias, et sommet des tarses, noirâtres. Premier segment abdominal assez épais, portant les tubercules entre la base et le milieu. ♂ Antennes grêles, assez allongées, noires ; cuisses de devant assombries en dessus, tibias de la même paire assombris au milieu; les quatre pattes postérieures plus obscures que chez la ♀. Long. 1 1/2ᵐᵐ; Env. 2 3/4ᵐᵐ.   **Auctus, Haliday.**

Patrie : Angleterre; assez commun sur les saules ; Hollande.

—   Antennes avec un moindre nombre d'articles.   2

2   Antennes de 10 articles. ♀ Noire; abdomen d'un brunâtre pâle, assombri sur les côtés, d'un testacé obscur à l'extrémité. Antennes très courtes, épaisses vers le sommet; dernier article gros, oblong, 3ᵉ pâle à la base. Pattes d'un brun de poix, tous les genoux, et dessous des cuisses et des tibias de devant, ferrugineux. Premier segment de l'abdomen indistinctement denticulé près du milieu, parfois bituberculé. Long. 2/3ᵐᵐ; Env. 1 1/3ᵐᵐ.

Brevicornis, Haliday.

Patrie : Angleterre; il se trouve sur les ombelliferes, notamment sur l'angélique des bois, *Angelica sylvestris*.

—   Antennes de 11 articles.   3

3   Antennes épaissies vers le sommet.   4

——   Antennes filiformes.   **6**

4   Face jaunâtre. ♀ Noire ; abdomen jaunâtre, assombri au milieu. Antennes progressivement épaissies dès la base, qui est d'un jaunâtre clair ; dernier article épaissi. Prothorax jaunâtre, moins souvent brunâtre. Pattes jaunâtres ; les quatre cuisses et tibias postérieurs noirâtres, excepté la base ; hanches de derrière noirâtres. Premier segment abdominal portant près du milieu de chaque côté deux petits denticules, ou crénelé ; appendices de la valve ventrale plus fortement courbés que chez les autres espèces. ♂ Noir presque en entier : antennes concolores ; pattes de devant, de même que les trochanters, les tibias et la base des tarses des 4 pattes postérieures, d'un jaunâtre sale ; abdomen d'un brun noirâtre avec la base d'un jaunâtre sale. Long. 1 1/2ᵐᵐ ; Env. 3ᵐᵐ.

Heraclei, Haliday.

Obs. — Parasite des pucerons de la berce, *Heracleum sphondylium* ; très commun en juillet, disparaissant ensuite.

Patrie : Angleterre ; Hollande.

——   Face noire, seulement les parties de la bouche jaunâtres.   **5**

5   ♀ Abdomen brun en dessus, d'un jaune presque safrané postérieurement ; 1ᵉʳ segment d'un testacé sale. Parties buccales jaunâtres. Antennes beaucoup plus longues que chez les espèces suivantes, progressivement épaissies dès la base ; dernier article gros, oblong ; 2ᵉ et 3ᵉ d'un jaune sale. Ailes hyalines, pubescentes, légèrement teintées de brunâtre; stigma très pâle, presque hyalin ; nervures brunes. Pattes d'un jaune rougeâtre ; les quatre cuisses postérieures, milieu de leurs tibias et sommet de leurs tarses assombris, de même que les 4 hanches postérieures. Abdomen court, déprimé; tubercules du 1ᵉʳ segment situés près de la base. ♂ Inconnu. Long. 2ᵐᵐ; Env. 4 1/2ᵐᵐ.   **Aceris**, HALIDAY.

OBS.   Curtis avait décrit et figuré cet insecte en 1831, sous le nom d'*Aphidius cirsii* (V. planche 383 de son ouvrage), comme parasite supposé du puceron de *Cirsium arvense*, ou *Carduus arvensis*. Mais Haliday, décrivant en 1833 ce même exemplaire, qu'il avait élevé lui-même du puceron de l'érable blanc, *Acer pseudoplatanus*, changea le nom *Cirsii* comme impliquant une inexactitude.

PATRIE: Angleterre, Hollande.

— Abdomen noir jusqu'à l'extrémité ; 1ᵉʳ segment jaune clair. ♀ Tête et thorax noirs ; parties buccales jaunâtres. Antennes de 11 articles, épaissies vers le sommet, plus courtes que le corps, noires avec les 3 premiers articles jaunes. Métathorax caréné au milieu, partagé en compartiments réguliers. Ailes hyalines ; écaillettes d'un brun noirâtre ; radicules testacées ; nervures très fines, les basilaires brunâtres, la radiale et l'entourage du stigma testacés, ce dernier hyalin. Pattes d'un testacé jaunâtre ; les 4 postérieures brunes avec les genoux et la base des tarses pâles ; hanches de derrière brunes. Abdomen plus long que la tête et le thorax, lancéolé, comprimé et pointu à l'extrémité ; 1ᵉʳ segment jaune clair, linéaire, deux fois et demie aussi long que large, portant les tubercules avant le milieu; 2ᵉ segment brun-roussâtre au milieu, noirâtre le long des côtés ; segments suivants noirs. Valves de la tarière noires, comprimées, courbées vers le bas en forme de griffe assez épaisse ; appendices de la valve ventrale testacés. ♂ Inconnu. Long. 1 1/2ᵐᵐ ; Env. 3ᵐᵐ.

Betulæ, Marshall.

Obs. — Une seule femelle a été élevée par Bignell de *Callipterus betularius*, puceron du bouleau, *Betula alba*.

Patrie : Angleterre.

6   Tubercules du 1ᵉʳ segment situés entre le milieu et l'extrémité.   **7**

——   Tubercules du 1ᵉʳ segment situés dans le milieu.   **8**

7   Appendices de la valve ventrale noirs. Long. 2ᵐᵐ. ♀ Noire, luisante. Antennes filiformes, plus longues que la tête et le thorax, mais plus courtes que chez *auctus*, noires avec le 2ᵉ article et la base du 3ᵉ testacés. Palpes brunâtres. Thorax glabre ; sillons du mesonotum assez distincts. Ailes hyalines ; écaillettes et radicules d'un testacé sale ; stigma après la mort d'un jaunâtre très pâle ; nervures fines, brunâtres. Pattes d'un testacé sale ; hanches, cuisses, et tibias des 4 postérieures en grande partie assombris ; trochanters et base des tibias testacés. Abdomen linéaire-lancéolé, noir ; 1ᵉʳ segment étroit, testacé aux deux bouts ou entièrement testacé ; 2ᵉ étroitement testacé à l'extrémité ; tubercules situés au delà du milieu, position particulière à cette espèce et la suivante. ♂ Semblable ; antennes un peu plus courtes

que le corps, de 13 articles dont le sommet
du 2ᵉ et la base du 3ᵉ testacés : pattes plus
assombries que chez la ♀; abdomen arrondi
à l'extrémité. Long. 2ᵐᵐ; Env. 4ᵐᵐ.

Centaureæ, HALIDAY.

OBS. — Selon Haliday, cette espèce est peu commune. La ♀, lorsqu'elle s'occupe de la ponte, se
comporte comme la ♀ *d'Aphidius* : elle applique
sa tarière au ventre de l'Aphis, le coup est instantané; les deux cornes singulières du 6ᵉ segment
ventral paraissent n'être pour rien dans l'opération. Haliday éleva une fois ce parasite des pucerons de la centaurée, *Centaurea nigra;* il n'obtint
que des femelles, mais en répétant son expérience
j'ai réussi a me procurer plusieurs individus des
deux sexes.

PATRIE : Angleterre.

Appendices de la valve ventrale testacés.
Long. 1ᵐ. Tête et thorax noirs ; abdomen
d'un brun noirâtre, moins foncé ou même un
peu testacé au milieu du 2ᵉ segment et sur
le 1ᵉʳ. ♀ Parties buccales et palpes jaunâtres.
Antennes plus longues que la tête et le thorax, filiformes, avec les 2 premiers articles
jaunes. Ailes hyalines ; écaillettes noires ;
radicules d'un testacé sale ; stigma d'un
jaune rougeâtre, brunâtre pâle après la mort.
Pattes d'un fauve ferrugineux ; cuisses des
4 postérieures en dessus, milieu des tibias
et sommet des tarses, assombris ; hanches
de derrière noirâtres, testacées à l'extrémité.
Abdomen lancéolé, élargi au milieu ; 1ᵉʳ segment grêle, bidenticulé de chaque côté un
peu au delà du milieu, jaunâtre, plus ou
moins assombri au milieu. ♂ Inconnu.
Long. presque 1ᵐ; Env. 2ᵐᵐ.

Angelicæ, HALIDAY.

> Obs. — Haliday le donne pour parasite de quelque puceron sur l'angélique des bois, *Angelica sylvestris*. Il a été élevé par Bignell de *Siphonophora olivata*, Buckton, habitant en automne le chardon *Carduus lanceolatus*.

Patrie: Angleterre.

8   Dernier article des antennes étroitement réuni au précédent, à peine distinct. ♀ Tête et thorax noirs ; abdomen d'un brun de poix avec l'extrémité d'un testacé obscur. Semblable à *brevicornis* (V. nᵒ 2), mais ayant 11 articles aux antennes, dont les deux derniers conjoints, et l'apical pas allongé. Pattes d'un brun de poix ; genoux fauves ; tarses plus courts. ♂ Inconnu. Long. 1 1/2ᵐᵐ ; Env. 2 3/4ᵐᵐ.   **Minutus, Haliday.**

> Obs. — Pris une fois seulement par Haliday sur un buis, *Buxus balearica*, chargé de pucerons. Les caractères de cette espèce et des deux suivantes sont si mal exposés par leur auteur qu'il a été impossible de les différencier d'une manière satisfaisante.

Patrie : Angleterre.

—   Dernier article des antennes distinct.   9

9   Abdomen d'un jaune pâle avec les segments intermédiaires ou même les postérieurs assombris. ♀ Tête et thorax noirs ; parties buccales jaunes. Antennes grêles, plus longues par rapport au corps que chez les autres espèces, jaunes avec les sept derniers articles assombris. Ailes hyalines ; stigma jaune pâle ; nervures brunâtres ; radicules et écaillettes jaune de paille obscur. Pattes ou totalement jaune pâle ou avec le milieu des cuisses et des tibias de derrière légèrement assombri. Abdomen grêle. ♂ Inconnu. Long. 1 3/4ᵐᵐ ; Env. 3ᵐᵐ.

Pallidus, HALIDAY.

Obs. — Capturé rarement par Haliday sur la laîche des marais, *Carex;* une fois sur le coudrier, *Corylus.*

PATRIE : Angleterre.

— Abdomen indistinctement jaunâtre en devant ; 1ᵉʳ segment assombri au milieu. Antennes assez courtes, noires, avec la base pâle et le scape brun. Semblable à *heraclei* (Voir nº *4*). ¡Tête et thorax noirs. Pattes obscures ; tarses courts. ♂ Inconnu. Long. presque 1ᵐ; Env. 2ᵐᵐ. **Letifer**, HALIDAY.

Obs. — Elevé par Haliday des pucerons d'une espèce de saule, *Salix ulmifolia*, en juin.

PATRIE : Angleterre.

6ᵉ GENRE. — APHIDIUS, NEES, 1818.

Nom de fantaisie dérivé du mot Aphis.

Tête aussi large que le thorax, rarement plus large ou plus étroite ; face courte ; mandibules faiblement bidenticulées ; palpes à nombre d'articles variable ; 4, 3, 2, aux maxillaires ; 3, 2, 1, aux labiaux. Antennes de 11 jusqu'à 27 articles, dont la supputation n'est pas à negliger ; le nombre est presque constant pour chaque espèce, n'admettant qu'un ou deux articles de plus ou de moins ; il est plus variable pour les espèces à 20 articles et au delà. Sillons du mesonotum le plus souvent effacés, rarement plus ou moins visibles ; métathorax très court, en pente abrupte, souvent sillonné au milieu et partagé en compartiments réguliers par des carènes. Première cellule cubitale toujours confondue avec la 1ʳᵉ discoïdale, tantôt ouverte aussi en dessous par la disparition de la nervure cubitale, et par conséquent nulle, tantôt limitée en dessous par la même nervure ; nervures transverso-cubitales nulles, ou fort indistinctes ; les cellules discoïdales sont aussi sujettes à disparaître, la 2ᵉ, lorsqu'elle existe, est fermée postérieurement ; nervure postérieure interstitiale ; nervures médiane et anale très rapprochées ; point de cellule costale aux ailes inférieures. La ♀ d'*A. ephippium* est aptère. Abdomen de la ♀ subpétiolé, lancéolé, plus long que la tête et le thorax ; arrondi au bout et parfois un peu spatulé chez le ♂ ; 1ᵉʳ segment linéaire, faisant au plus le quart ou le tiers de la longueur de l'abdomen, rarement étranglé au milieu par suite de la saillie des tubercules ; 2ᵉ suture distincte, couverte d'une pellicule lâche et translucide qui permet à l'abdomen de se plier en bas facilement : cette suture forme toujours une tache pâle sur l'abdomen ; valve ventrale de la ♀ sans appendices. Tarière très courte, épaisse, à peine saillante, rarement arquée et un peu plus exserte.

Ce genre, après les démembrements déjà décrits, comprend encore la grande majorité de la tribu : le nombre d'espèces n'a jamais été évalué, mais il rivalise probablement avec celui de la famille des *Aphidæ*, comptant ainsi des centaines de formes différentes, sur la plupart desquelles nous n'avons jusqu'ici aucun renseignement. L'ouvrage de Haliday, qui est le plus complet, n'en décrit que vingt-quatre, et l'auteur avoue que son but unique était d'établir quelques sections, à l'aide desquelles d'autres travailleurs pussent coordonner les matériaux plus considérables de l'avenir. Ces sections ne suffisent guère à l'arrangement de toutes les espèces que nous connaissons maintenant, mais elles indiquent la bonne voie, que je me suis efforcé de suivre autant que possible dans les tableaux. Les *Aphidius* mâles diffèrent beaucoup de leurs femelles, tandis qu'ils se ressemblent entre eux à un tel degré que leur séparation par une simple inspection, faite sur des exemplaires capturés isolément, est presque certaine d'être fautive. Il est nécessaire de les obtenir par éclosion, ce qui dans la plupart des cas n'entraîne pas bien des difficultés : on évite par là l'encombrement de sexes dépareillés.

L'étude de ce genre difficile et nombreux a été si peu en vogue parmi les entomologistes, qu'on pourrait la regarder presque comme *res integra*; elle demanderait les expériences de plusieurs années pour la mettre au niveau des autres branches de l'hyménoptérologie. C'est donc presque à contre-cœur que je me trouve engagé dans ces difficultés sans autre aide que deux ou trois traités d'ancienne date, qui ne font qu'aborder le sujet, et ne possédant pour toute ressource que la faune limitée des Iles Britanniques. Mais ces difficultés sont bien connues de tous les lecteurs du « Species »; aussi serait-il superflu de faire l'apologie de cette tentative, qui trouve son excuse dans la nécessité.

Je vais donner dans un premier tableau les diagnoses propres aux deux sexes d'*Aphidius*, toutes les fois qu'on peut les associer avec certitude, c'est-à-dire lorsqu'ils ont été élevés ensemble. Cette catégorie comprend heureusement la grande majorité des espèces. Une seconde dichotomie sera consacrée à quelques mâles isolés, qui ne se trouvent pas dans le premier tableau, mais qui sont assez remarquables pour être distingués à eux seuls ; leur nombre est fort restreint, parce que j'ai jugé inutile d'y introduire les douteux.

I. FEMELLES ET MALES

1   Aptère ; selon Haliday, cette espèce, dont on ne connaît pas le ♂, se distingue des autres uniquement par le manque d'ailes. D'un jaune ferrugineux ; tête, métathorax, et partie postérieure de l'abdomen assombris.

Antennes brunes, à base jaunâtre, de 14 articles. Pattes ferrugineuses ; les quatre hanches
postérieures légèrement assombries, ainsi
que le milieu des cuisses et des tibias. Abdomen brun, pâle à la base ; 1ᵉʳ segment grêle,
linéaire, jaune ou ferrugineux. Tarière obtuse.
ses valves noires. Long. 1 1/2 — 1 3/4ᵐᵐ.

Ephippium, HALIDAY.

OBS. — La courte diagnose est celle de Haliday,
faite sur les exemplaires de l'ancienne collection
de la Société Entom. de Londres. L'espèce est rare.

PATRIE : Angleterre.

——   Ailés dans les deux sexes.   2

2   Première cellule cubitale limitée en dessous par la nervure cubitale, quelquefois peu
distinctement.   3

——   Première cellule cubitale entièrement effacée.   35

3   Abdomen linéaire, très grêle, trois fois aussi
long que la tête et le thorax. ♀ Tête noire ;
thorax brun foncé en dessus, testacé pâle en
dessous ; prothorax pâle ; abdomen brun avec
une bande transversale sur chaque suture, et
l'extrémité, testacé pâle. Tête un peu plus
large que le thorax ; parties buccales et palpes
pâles. Antennes de 18 articles, très grêles,
aussi longues que l'abdomen, testacé-brunâtre, à 1ᵉʳ et 3ᵉ articles jaunes. Thorax brun-
noir en dessus, roussâtre à un certain jour ;
mesonotum sans sillons ; métathorax aréolé.
Ailes hyalines, un peu cendrées : écaillettes
et radicules testacé-pâle ; stigma jaunâtre
pâle ; nervures basilaires épaisses, distinctes ;

nervure cubitale s'étendant jusqu'au bout de la 1ʳᵉ cellule cubitale. Pattes longues, grêles, testacées; hanches plus pâles; base des hanches de derrière, cuisses et tibias de la même paire, testacé-rougeâtre; tibias de derrière moins longs que les tarses. Premier segment plus de trois fois aussi long que sa largeur moyenne; pétiole testacé; condyle brun, à extrémité testacée, un peu dilaté; tubercules peu distincts, situés derrière le milieu; segments suivants beaucoup moins larges que le thorax, formant un cylindre allongé, un peu comprimé vers le bout; 2ᵉ segment testacé à l'extrémité; 3ᵉ et 4ᵒ bruns, plus pâles le long des sutures; 5ᵉ et suivants testacés, vaguement nuancés de brun sur les côtés; une petite tache brune au sommet du dernier. Valves de la tarière épaisses, émoussées, noires. ♂ Inconnu. Long. 3ᵐᵐ; Env. 4ᵐᵐ.

Longulus, MARSHALL.

OBS. — Cette femelle a presque les couleurs d'*urticæ* (V. nᵒ 11), mais les différences de forme empêchent de la réunir à cette espèce : elle se fait remarquer par son abdomen allongé, auquel on ne trouve rien de semblable chez les autres espèces.

PATRIE : Angleterre (comté de Devon).

Abdomen lancéolé, ni remarquablement grêle ni linéaire, plus ou moins dilaté au milieu, un peu plus long que la tête et le thorax.   4

4   Antennes de la ♀ composées de 20 à 22 (chez *Wissmannii* de 27) articles; celles du ♂ de 25 articles. Les plus grandes espèces (*Pinicolæ*, Haliday), attaquant les gros pucerons des arbres conifères (*Lachnus*, etc.)   5

—   Antennes composées d'un moindre nombre
d'articles.   **10**

5   Ailes bariolées de taches alternativement
claires et enfumées; stigma bicolore. ♀ Corps
d'un brun-rougeâtre peu clair, assombri par
places. Antennes brunes, de 23 à 24 (dans un
cas de 27) articles, dont le 3ᵉ et tous les suivants annelés de noir. Métathorax rugueux,
caréné au milieu; la carène se bifurque près
de l'extrémité et les deux branches sont élevées et recourbées, renfermant entre elles un
espace déprimé, en forme d'auget. Nervulation comme chez *rosæ* (V. nᵒ 14); stigma
brun-noir, blanchâtre à la base; 2ᵉ cellule
discoïdale fermée et arrondie au bout; nervure postérieure effacée. Abdomen un peu
plus long que la tête et le thorax; 1ᵉʳ segment faisant presque le tiers de sa longueur
totale, déprimé, peu convexe, distinctement
aciculé; le reste de l'abdomen linéaire-lancéolé, lisse et luisant. Tarière un peu exserte,
ses valves comprimées, cultriformes. ♂ Inconnu. Long. 3 1/2ᵐⁱⁿ.

Wissmannii, Ratzeburg.

Obs. — Selon Ratzeburg, à qui j'emprunte la
description, cette espèce s'écarte de ses congénères
par tant de particularités qu'on pourrait bien en
faire un genre à part. Wissmann obtint plusieurs
femelles écloses de *Stomaphis quercus* Réaumur,
puceron très rare habitant le chêne.

Patrie : Le Hanovre (Münden).

—   Ailes hyalines, tout au plus légèrement
enfumées au bout et dessous le stigma;
stigma unicolore.   **6**

6   Abdomen jaune, au moins postérieurement.   **7**

—   Abdomen noir ou brun-noir, avec les deux
premières sutures plus ou moins pâles ; ou
bien il est traversé par des bandes jaunes,
noir postérieurement.   **8**

7   Antennes noires à l'extrémité; ailes totalement hyalines; 1ᵉʳ segment abdominal graduellement dilaté dès la base; tarière arquée,
ascendante ; tubercules du pétiole situés
avant le milieu. ♀ Jaune-rougeâtre; yeux,
une tache sur le vertex, bord de l'occiput,
tempes, trois taches sur le mesonotum, scutellum, métathorax et pétiole noirs. Mesonotum luisant, très finement pointillé. Ailes
hyalines ; écaillettes et radicules jaunâtres;
nervures brunes; stigma brun-ferrugineux.
Pattes de devant testacées; les intermédiaires légèrement assombries ; celles de derrière brunes, avec les trochanters, le dessous
des cuisses, la base et le sommet des tibias
d'un jaunâtre sale. Abdomen très allongé,
recourbé en haut vers l'extrémité; 1ᵉʳ segment granulé, terne, régulièrement élargi
dès son origine, mais le sommet n'est que
très peu plus large que la base; tubercules
peu sensibles; segments antérieurs assombris en dessus. Tarière mince, à peu près
aussi longue que la moitié du 1ᵉʳ article des
tarses de derrière. ♂ Inconnu. Long. à peu
près 4-4 1/2ᵐᵐ; Env. 6ᵐᵐ.   **Pictus**, Haliday.

Patrie : Angleterre; trouvé très rarement sur *Pinus
sylvestris*, le pin d'Écosse. Cette espèce, les
quatre suivantes et plusieurs autres inconnues doivent se trouver partout dans les

forêts paléarctiques, mais à défaut d'observations on n'est pas en mesure de préciser les noms des pays.

—— Antennes testacées à l'extrémité; ailes enfumées sous le stigma et vers le bout; 1ᵉʳ segment linéaire jusqu'aux tubercules, condyle dilaté; tubercules situés au milieu; tarière droite, horizontale. ♀ Tête testacé-rougeâtre; vertex et yeux noirs; thorax noir; abdomen jaune-rougeâtre. Antennes noires, le scape testacé, les 5 ou 6 derniers articles jaunes, et le sommet du dernier assombri. Prothorax jaunâtre en dessous; mesonotum luisant, finement et vaguement pointillé. Ailes hyalines, en partie enfumées; écaillettes et radicules jaune de paille; nervures brunes; stigma brun-ferrugineux. Pattes jaune-rougeâtre, les quatre postérieures en grande partie avec une teinte nuageuse obscure; hanches de derrière tachées de brun. Abdomen à segments antérieurs assombris en dessus, sans tache postérieurement; 1ᵉʳ segment comme chez *pini* (V. n° 9), mais moins dilaté à l'extrémité, noir. ♂ Noir; antennes plus grêles que chez les espèces voisines, entièrement noires; ailes hyalines; écaillettes et radicules jaunâtre-sale; nervures et stigma bruns; pattes de devant jaune de paille, moins claires du côté externe; les quatre postérieures brunes, avec la presque totalité des trochanters, la base et le sommet des tibias, jaune de paille; toutes les hanches noires; abdomen brun de poix, avec un espace médian sur le disque jaunâtre; 1ᵉʳ segment à peine dilaté à l'extrémité, Long. à peu près 2 3/4-3 1/2ᵐᵐ; Env. 4 1/2-5 2/3ᵐᵐ.

Infulatus, Haliday.

Patrie : Angleterre ; trouvé rarement sur *Abies larix,*
le mélèze.

8   Abdomen avec les deux premières sutures
plus ou moins pâles.   9

—   Abdomen traversé par des bandes jaunes
très distinctes, dont l'antérieure la plus large.
♀ Noire; face, prothorax et sillons du mesonotum d'un testacé obscur ; abdomen brun.
Tête un peu plus large que le thorax ; parties
de la bouche et palpes d'un testacé obscur.
Antennes presque de la longueur du corps,
noires avec les deux premiers articles testacés, de 21 articles. Thorax testacé en dessous ; partie postérieure de la poitrine noire ;
scutellum brunâtre à l'extrémité ; métathorax
parsemé de poils blancs, partagé en deux
par une gouttière large et profonde. Ailes
hyalines ; écaillettes et radicules jaune de
paille ; stigma grand, triangulaire, brun-noirâtre, ainsi que les nervures ; 2ᵉ nervure
transverso-cubitale décolorée ; nervure cubitale ne dépassant pas le bout de la 1ʳᵉ cellule cubitale. Pattes de devant testacées ; les
quatre hanches antérieures de même couleur,
celles de derrière noires, tous les trochan·
ters testacés ; cuisses intermédiaires brunes,
ainsi que le milieu de leurs tibias ; cuisses
de derrière noires, leurs tibias noirs, testacés à la base ; leurs tarses noirs. Abdomen plus court que la tête et le thorax ;
1ᵉʳ segment grêle, linéaire jusqu'au delà des
tubercules qui sont situés un peu avant le

milieu; condyle élargi dès sa base, de sorte
que le sommet du segment est deux fois
aussi large que la base; ce segment noir,
d'un testacé sale à la base; 2ᵉ segment jaune,
assombri dans le milieu, vers la base; 3ᵉ jaune
jusqu'au milieu, le reste brun; segments suivants bruns avec une bande jaune à la base
de chacun; abdomen tronqué au bout. Tarière à peine saillante, ses valves coniques,
épaisses, noires. ♂ Inconnu. Long. 3ᵐᵐ;
Env. 5ᵐᵐ.   **Abietis**, Marshall.

> Obs. — Cette ♀ unique est provenue de *Lachnus
> pini*, L., puceron vivant sur plusieurs espèces de
> conifères, et trouvé par M. Bignell sur *Abies excelsa*,
> la sapinette.

Patrie : Angleterre.

9   Premier segment linéaire jusqu'aux tubercules, à condyle graduellement dilaté; tarière
obtuse, horizontale. ♀ Noire; face et prothorax d'un testacé peu clair; une tache pâle
et mal déterminée sur la 2ᵉ suture. Tête très
large; parties de la bouche et palpes testacé
sale. Antennes noires avec les deux premiers
articles testacé-brunâtre en dessous. Mesonotum très finement ridé et pointillé, peu
luisant, ses sillons distincts, ainsi qu'une
cannelure médiane qui n'atteint pas la base
du scutellum; il est ou noir en entier, ou
marqué de lignes testacées entre les lobes;
angles huméraux souvent testacés; prothorax
parfois noir en dessus. Ailes légèrement enfumées, notamment vers le bout, avec un nu-
bécule sur la 2ᵉ nervure transverso-cubitale;
écaillettes et radicules jaunâtres; nervures
et stigma noirâtres, celui-ci grand, triangulaire. Pattes d'un testacé-brunâtre, les inter-

médiaires plus ou moins assombries vers le
milieu des cuisses et des tibias ; pattes de derrière encore plus obscures, avec les genoux et
la base des tarses pâles ; hanches de derrière
assombries ; tous les trochanters testacés. Abdomen noir ou brun-noir, plus long que la tête
et le thorax, lancéolé, comprimé vers l'extrémité ; 1ᵉʳ segment linéaire jusqu'au delà des
tubercules qui sont situés au milieu ; condyle
dilaté comme chez le précédent. Valves de la
tarière obtuses, assez larges, non relevées.
♂ Noir avec la 2ᶜ suture pâle ; pattes plus assombries, toutes les hanches noires ; ailes
hyalines, blanchâtres, stigma et nervures
noirs ; condyle du 1ᵉʳ segment peu dilaté.
Long. 4ᵐᵐ; Env. 6ᵐᵐ.   **Pini**, HALIDAY.

Obs. — Parasite des espèces de *Lachnus* habitant
Pinus sylvestris et *Abies larix*, élevé par Bignell de
Lachnus pini, L., sur *Abies excelsa*, la sapinette.

PATRIE : Angleterre.

———   Premier segment linéaire sans dilatation
sensible du condyle ; tarière pointue, ascendante. ♀ Noire ; 2ᶜ suture, et moins souvent
quelques-unes des suivantes, brunâtre-pâle.
Mesonotum luisant, très finement et vaguement pointillé. Ailes hyalines, enfumées vers
le bout et dessous le stigma ; écaillettes et radicules testacé-brunâtre ; nervures et stigma
brun-noir. Pattes de devant jaunâtres, assombries du côté externe, leurs tarses obscurs ;
les 4 postérieures assombries, sommet des
trochanters, base et sommet des tibias, jaunâtre-sale ; toutes les hanches noires. Premier segment peu ou point élargi postérieurement. Tarière courte, dirigée vers le haut,

aiguë à l'extrémité. ♂ Ailes blanches non enfumées: pattes plus obscures que celles de la ♀.
Long. à peu près 2 3/4-3 1/2ᵐᵐ; Env. 4-4 1/2ᵐᵐ.

Laricis, Haliday.

Obs. — Parasite de quelque puceron sur *Abies
larix;* élevé par Haliday.

Patrie : Angleterre.

10   Antennes de la ♀ de 17 à 20, et chez *ervi*
de 21 articles.   11

—   Antennes de la ♀ de 12 à 16 articles.   21

11   Antennes ferrugineuses. ♀ Corps grêle, allongé, jaune; dessus de la tête et du thorax
assombri, noir ou roussâtre; segments antérieurs de l'abdomen rembrunis en avant; sutures et extrémité pâles. Antennes de 18 à
19 articles, presque aussi longues que le
corps, assez minces, à base jaune pâle; funicule parfois d'un ferrugineux assez obscur.
Mesonotum ou ferrugineux ou noir, parfois
jaune le long des sillons, qui sont à peine
indiqués; scutellum testacé; métathorax
roussâtre, aréolé, à carènes noirâtres. Ailes
hyalines; écaillettes et radicules jaune-pâle;
nervures brunâtres ou testacées; stigma
jaune pâle, presque décoloré; nervure cubitale atteignant le bout de la 1ʳᵉ cellule cubitale. Pattes jaune pâle. Abdomen allongé,
comprimé en carène vers l'extrémité; 1ᵉʳ segment sublinéaire, trois fois aussi long que
large, rembruni dans le milieu; tubercules
situés après le milieu, à peine sensibles; 2ᵉ et
3ᵉ segments rembrunis en dessus, jaunes sur
le ventre; 4ᵉ et 5ᵉ n'ayant qu'une petite tache

brunâtre sur le disque, le reste jaune clair.
Valves de la tarière noires. ♂ Inconnu. Long.
3ᵐᵐ; Env. 5ᵐᵐ.   **Urticæ**, HALIDAY.

Obs. — Il ressemble beaucoup à *Rosæ* (V. nᵒ 14),
qui se trouve parfois sur les orties, et à *Loniceræ*
(V. nᵒ 14); mais ceux-ci ont les antennes noires,
plus courtes et plus épaisses. Parasite médiocrement commun de *Siphonophora urticæ*, Kaltenbach,
puceron d'*Urtica dioica*, infestant aussi *Geranium
robertianum, Malva sylvestris*, et *Chelidonium majus*.
Un des pucerons que je gardais pour obtenir cet
Aphidius donna naissance à un hyperparasite :
Lygocerus Carpentieri, Curtis. Un autre hyperparasite est le Cynipide aptère *Allotria cursor*, Hartig,
et un troisième *Agonioneurus basalis*, Westwood,
insecte très rare.

Patrie : Angleterre.

——   Antennes noires ou noirâtres.   **12**

12   Abdomen entièrement testacé à partir de
la base du 2ᵉ segment. ♀ D'un testacé rougeâtre ; tête noire ; mesonotum et métathorax
d'un roux plus ou moins brunâtre ou noirâtre. Tête transversale, plus large que le
thorax ; parties de la bouche testacées. Antennes plus courtes que le corps, noirâtres,
de 20 articles dont le 1ᵉʳ testacé, le 2ᵉ brunâtre. Mesonotum sans sillons, lisse, trilobé;
sur chaque lobe une tache d'un brun plus
foncé que le fond; scutellum brun ou roussâtre, précédé d'un espace plus pâle; métathorax caréné au milieu, aérolé, roussâtre.
Ailes hyalines; écaillettes et radicules jaunes;
nervures basilaires brunâtres ; stigma et nervures de la région caractéristique d'un vert
pâle durant la vie, testacés dans l'insecte desséché ; nervure cubitale complète jusqu'au
delà du bout de la 1ʳᵉ cellule cubitale. Pattes

testacées; base des hanches de derrière, cuisses et tarses de la même paire, plus ou moins assombris. Premier segment brun ou noirâtre, aciculé, trois fois aussi long que large, linéaire jusqu'aux tubercules, qui sont situés après le milieu; condyle un peu dilaté; le reste de l'abdomen fusiforme, d'un testacé pâle, chaque segment bordé postérieurement d'une teinte plus foncée. Valves de la tarière noires, assez épaisses, droites. ♂ Semblable, à coloris plus foncé: antennes plus longues, de 25 articles environ. Long. 2 2/3ᵐᵐ; Env. 5ᵐᵐ.

Gregarius, Marshall.

Obs. — Parasite de *Melanoxanthus salicis*, L., gros puceron infestant les saules, *Salix viminalis*, et les peupliers, observé par le Dʳ Knaggs et M. Mc Lachlan dans un jardin à Kentish Town, aux environs de Londres. Les pucerons piqués sont extraordinairement nombreux : ils se rassemblent en foule autour des feuilles sur les tiges de saule. « J'ai vu, » dit l'un de ces observateurs, «sur une tige de saule une masse qui devait être composée de plusieurs milliers, dont chaque individu, je pense, avait reçu une piqûre. » Au moment d'écrire, j'ai sous les yeux une de ces tiges, entièrement couverte et disparaissant sous les dépouilles de pucerons morts. Cet *Aphidius* a pour hyperparasite *Lygocerus Carpenteri*, Curtis.

Patrie : Angleterre.

—   Abdomen non entièrement testacé à partir de la base du 2ᵉ segment.   13

13   Abdomen jaune safrané, sa partie anterieure tachée ou bandée de brunâtre.   14

—   Abdomen noir, noirâtre, ou brun, tout au plus avec quelques-unes des sutures, une tache entre les 2ᵉ et 3ᵉ segments, et parfois l'extrémité, pâles.   15

14   Premier segment brun (rarement testacé); cuisses et tibias plus ou moins assombris; une tache sombre de chaque côté des segments 2-5. ♀ D'un jaune safrané; dessus de la tête et mesonotum noirs; abdomen avec les segments 2-3, et souvent 4-5 assombris de chaque côté en forme de bandes interrompues ou de deux rangées de taches. Parties buccales et palpes jaune-pâle. Antennes de 17 à 18 articles, plus courtes que le corps et manifestement plus épaisses et plus courtes que celles d'*urticæ* (V. nº 11), noires, testacées en dessous à l'extrême base. Ailes hyalines; écaillettes et radicules jaune-pâle; stigma jaune ou vert pâle durant la vie, après la mort brunâtre, comme les nervures, qui sont épaisses et distinctes; nervure cubitale complète jusqu'au bout de la 1ʳᵉ cellule cubitale; 2ᵉ cellule discoïdale ouverte intérieurement. Pattes de devant jaunes; les intermédiaires légèrement assombries; celles de derrière encore plus sombres, avec l'extrémité des trochanters et la base des tibias pâles, les tarses assombris. Abdomen beaucoup plus long que la tête et le thorax, comprimé postérieurement; 1ᵉʳ segment légèrement élargi dès sa base, portant les tubercules entre la base et le milieu (à l'inverse de la structure d'*urticæ*), tantôt jaunâtre, tantôt brun avec l'extrémité jaunâtre; taches des segments intermédiaires variables de nombre et d'intensité. Valves de la tarière noires. ♂ Noir; parties buccales testacées; palpes brunâtre-pâle; antennes de 20 articles; écaillettes et radicules testacé-sale; pattes de devant jaunes, rayées de brun; les 4 postérieures brunes avec les trochanters et la base des

tibias jaunâtres; toutes les hanches noires:
abdomen brun, avec les sutures pâles, une
tache plus large sur la 2ᵉ suture. Long. 3ᵐᵐ;
Env. presque 6ᵐᵐ.   **Rosæ**, Haliday.

Obs. — Parasite très commun de *Siphonophora
rosæ*, Réaumur, puceron infestant les rosiers de plusieurs espèces, *Rosa canina, gallica, centifolia*, etc., à
l'exception de *R. rubiginosa*, l'églantier, qui nourrit
une autre espèce, avec son parasite, *A. eglanteriæ*
(V. nº 27). En élevant l'espèce actuelle, je n'ai
rencontré que deux hyperparasites, *Lygocerus Carpenteri*, Curtis, en abondance, et *Allotria victrix*,
Westwood; cependant on en connaît quelques autres appartenant aux Chalcididæ, comme *Isocratus
vulgaris*, Walker, *Pachycrepis clavata*, W., *Cyrto-
gaster vulgaris*, W., et certaines espèces d'*Encyrtus*
non déterminées.

Patrie : Europe en général.

—   Premier segment et toutes les pattes jaunes;
disque des segments antérieurs plus ou
moins assombri. ♀ Tête noire en dessus;
mesonotum et metanotum brun-roussâtre;
le reste du corps jaune-safrané très pâle, en
partie blanc. Bouche, palpes, joues, et tout
le dessous de la tête, blancs. Antennes très
grêles, un peu moins longues que le corps,
de 18 articles, brunes avec la radicule, les
deux premiers articles, et la base du 3ᵉ, blancs.
Scutellum testacé-rougeâtre; métathorax
aréolé, roussâtre, à carènes noires. Ailes
hyalines; écaillettes et radicules blanchâtres;
stigma jaune-pâle, presque décoloré; nervures basilaires assez fines, brunâtre-pâle,
nervure radiale et autres extérieures pâles;
très amincies, subobsolètes. Pattes jaunes;
hanches et trochanters blancs. Abdomen
comme chez le précédent, mais les bandes
dorsales ne sont pas interrompues, et le co-

loris est plus pâle. ♂ Diffère beaucoup quant à la coloration. Tête noire ; épistome et palpes testacés ; antennes de 20 articles, un peu plus longues que le corps, moins grêles que chez la ♀, noires avec les deux premiers articles et la base du 3ᵉ roussâtres ; thorax noir, roussâtre en dessous ; prothorax totalement roussâtre ; pattes testacées ; hanches de derrière roussâtres en dessus vers la base ; abdomen brun-noirâtre avec les deux premières sutures pâles ; ventre roussâtre. Long. 2 1/2-3ᵐᵐ; Env. 5-6ᵐᵐ   **Loniceræ**, MARSHALL.

OBS. — Voisin du précédent, mais apparemment d'une espèce différente. Abstraction faite d'un coloris trop variable, l'extrême ténuité des antennes et de la nervulation chez *Loniceræ* empêche de les réunir à *Rosæ*, qui d'ailleurs est d'une tout autre provenance. On pourrait comparer, peut-être, *A. lutescens*, Haliday (V. Esp. douteuses, n° 8), mais l'auteur n'en a pas donné une description détaillée : en outre, il n'avait qu'une seule femelle, dont la nervulation ressemblait à celle de *Rosæ*. Bignell a élevé 8 ♀ et 2 ♂ de *Loniceræ*; ils sont éclos de *Siphocoryne xylostei*, Schrank, puceron de *Lonicera xylosteum*, espèce de chèvrefeuille, mais habitant ici *Lonicera periclymenum*; d'autres sont provenus de *Siphonophora pisi*, Kaltenbach, vivant sur *Silene inflata*, le béhen blanc; et une ♀ plus petite que les autres, de *Siphonophora urticæ*, Kalt. sur l'ortie.

PATRIE : Angleterre.

15   Sillons du mesonotum indiqués par des dépressions longitudinales.   **16**

—   Sillons du mesonotum effacés.   **18**

16   Prothorax noir. ♀ Noire, avec la 2ᵉ suture fauve ou rougeâtre, et les segments apicaux de l'abdomen testacés. Tête de la largeur du

thorax; mandibules testacées; palpes obscurs. Antennes de 17 à 18 articles, plus
courtes et plus épaisses que celles de l'espèce
suivante, noires avec l'extrémité du 2ᵉ article
et la base du 3ᵉ, étroitement testacées. Sillons du mesonotum assez sensibles; métathorax luisant, subruguleux postérieurement, aérolé, caréné au milieu. Ailes hyalines,
à nervulation épaisse et distincte; écaillettes
et radicules testacées; stigma fauve, brunâtre
pâle après la mort; nervures brunes, la cubitale complète jusqu'au bout de la 1ʳᵉ cellule cubitale. Pattes en grande partie brunes
ou noirâtres; cuisses et tibias de devant rougeâtres ou testacés, parfois rayés de couleur
sombre sur leur tranche externe; les quatre
pattes postérieures avec le 2ᵉ article des trochanters, la base et le sommet des tibias, et
la base des tarses, testacés. Abdomen lancéolé, comprimé vers le bout, noir, luisant,
avec une bande plus ou moins pâle sur la
2ᵉ suture, et les segments 5-6 testacés. Valves
de la tarière noires. ♂ Semblable au mâle de
rosæ (V. n° 14); palpes noirâtres; antennes
de 20 à 21 articles, aussi longues que le
corps; pattes plus sombres que celles de la ♀;
abdomen noir à l'extrémité. Long. 3ᵐᵐ;
Env. 6ᵐᵐ.   **Avenæ, HALIDAY.**

Obs. — Très commun partout, et un peu polyphage, attaquant plusieurs espèces de pucerons. Haliday l'obtint du puceron d'*Avena sativa*, l'avoine,
probablement *Siphonophora granaria*, Kirby, et d'un
autre, infestant *Hypochœris radicata*, la porcelle. Les
nombreux exemplaires de la collection Bignell sont
provenus de *Siphonophora, urticæ*, et *rubi*, Kalt.;
Siphocoryne xylostei, Schrank; *Aphis scabiosæ*,
Kalt.; *A. myosotidis*, Koch; *A. cratægaria*, Walk.
Hyperparasite, *Allotria cursor*. Le synonyme *picipes*, Nees, portant la même date que le nom spé-

cifique imposé par Haliday, la priorité reste dans le doute ; j'ai donc préféré l'auteur de la meilleure description.

Patrie : Angleterre, Allemagne, Belgique, et sans doute le reste de l'Europe.

Prothorax testacé, soit en entier, soit en dessous seulement.   17

17   Antennes de 19 à 21 articles, presque aussi longues que le corps ; nervulation épaisse et distincte ; abdomen noir avec la 2ᵉ suture pâle ; tubercules du 1ᵉʳ segment assez sensibles. ♀ Tête et thorax noirs ; face et prothorax jaunes ; les parties pâles deviennent parfois ferrugineuses ; quelques variétés présentent aussi le coloris plus sombre du mâle. Palpes jaunâtres. Antennes grêles, noires avec le 1ᵉʳ article et la base du 3ᵉ jaunes. Métathorax caréné au milieu, ruguleux en arrière, peu distinctement aréolé. Ailes hyalines ou légèrement enfumées ; écaillettes et radicules jaunesale ; stigma jaunâtre, brunâtre dans l'insecte desséché ; nervures brun-ferrugineux, la cubitale complète jusqu'au bout de la 1ʳᵉ cellule cubitale. Pattes testacé-jaunâtre ; hanches de derrière brunes à la base en dessus ; les quatre tarses postérieurs légèrement assombris. Abdomen étroit, lancéolé, comprimé vers le bout, de coloris un peu variable ; toutes les sutures quelquefois jaunâtres, ainsi que la totalité des segments postérieurs, à l'instar d'*avenœ* ♀ (V. nᵒ 16) ; 1ᵉʳ segment presque linéaire, trois fois aussi long que large, ses tubercules situés près de l'extrémité. Valves de la tarière noires. ♂ Assez semblable ; noir ; parties de la bouche jaunâtres ; palpes

bruns ou noirs ; antennes noires, de 23 articles environ ; les quatre hanches postérieures, la base des cuisses intermédiaires,
la tranche externe des cuisses et des tibias
de derrière assombries, ou les pattes presque
entièrement noires. Long. 3ᵐᵐ ; Env. 6ᵐᵐ.

Ervi, Haliday.

Obs. — Cette espèce se confond facilement avec
avenæ, Hal. toutes les deux étant également communes, et attaquant les mêmes espèces de pucerons. Les antennes d'*ervi* sont évidemment plus
longues et plus grêles, avec un ou deux articles de
plus ; les pattes plus longues, ordinairement jaunâtres : la distinction des mâles est à peine appréciable, mais les antennes d'*ervi* présentent 23 articles. Haliday obtint ses exemplaires des pucerons
non déterminés d'*Ervum hirsutum*, et de quelque
Trifolium. La collection Bignell en possède un grand
nombre provenus de *Siphonophora urticæ*, Kaltenbach, *rubi*, Kalt., *rosæ*, Réaumur, *Tychea phaseoli*,
Passerini, infestant le haricot vert, et *Aphis scabiosæ*, Kalt. habitant la scabieuse. Hyperparasite :
Isocratus æncus, Nees.

Patrie : Angleterre, et presque certainement toute
l'Europe ; très abondant.

— Antennes de 18 articles, beaucoup plus
courtes ; nervulation très fine ; abdomen brun
avec les sutures antérieures pâles ; tubercules
du 1ᵉʳ segment effacés. ♀ Noire ; prothorax
testacé en dessous, brun en dessus. Parties
buccales et palpes testacés. Antennes assez
épaisses, noires, avec les 2 premiers articles
et la base du 4ᵉ testacés. Sillons du mesonotum sensibles ; métathorax caréné, aréolé.
Ailes hyalines ; écaillettes, radicules et nervures testacé obscur ; stigma beaucoup plus
pâle, presque hyalin ; nervures excessivement fines, à peine sensibles ; nervure cubitale complète jusqu'au bout de la 1ʳᵉ cellule

cubitale. Pattes testacées; les quatre cuisses
de derrière d'une teinte plus foncée; hanches
de derrière marquées d'une tache obscure en
dessus, à la base. Abdomen beaucoup plus
long que la tête et le thorax, lancéolé; 1ᵉʳ segment presque linéaire; trois fois aussi long
que large, testacé dans sa moitié basilaire,
noir à partir du milieu, à tubercules pas saillants; segments suivants bruns; 2ᵉ largement bordé postérieurement de couleur pâle,
3ᵉ plus étroitement bordé; 4ᵉ et suivants rougeâtres en arrière. Valves de la tarière noires.
♂ Plus petit; antennes plus épaisses, à articles distincts, aussi longues que le corps,
de 20 articles, noires avec la radicule testacée; prothorax noir; pattes brunes avec le
2ᵉ article des trochanters, la base des tibias
et des tarses, pâles; hanches de derrière noirâtres; abdomen beaucoup plus court, à
1ᵉʳ segment noir en entier; segments suivants
bruns avec seulement la 2ᵉ suture pâle. ♀
Long. 2 2/3^{mm}; Env. 4 1/2^{mm}; ♂ Long. 2 1/4^{mm};
Env. 4^{mm}.   **Ulmi,** MARSHALL.

OBS. — Parasite de *Schizoneura ulmi*, L., puceron
de l'orme, *Ulmus campestris*. Bignell a élevé les
deux sexes.

PATRIE : Angleterre.

18   Taille 1 1/2^{mm}; nervulation très fine et indistincte; nervure cubitale visible seulement
dessous la 2ᵉ cellule cubitale. ♀ Noire: abdomen brunâtre, testacé en dessus à l'extrémité.
Parties buccales et palpes assombris. Antennes de 17 articles, moins longues que le
corps, noires avec les deux premiers articles
bruns. Sillons du mesonotum effacés; méta-

thorax caréné, aréolé. Ailes hyalines ; écail-
leltes et radicules blanchâtre-sale ; stigma
hyalin ; nervures brunâtre pâle, visibles seulement dans la région basilaire, excepté le
commencement de la radiale, et le côté inférieur de la 1ʳᵉ cellule cubitale. Pattes brun-
sombre, y compris toutes les hanches ;
trochanters et genoux pâles. Abdomen plus
long que la tête et le thorax, lancéolé, brunâtre ; 1ᵉʳ segment concolore, assez épais,
deux fois aussi long que large, sans tubercules sensibles. Valves de la tarière noires.
♂ Inconnu. Long. 1 1/2ᵐᵐ ; Env. 3ᵐᵐ.

Pascuorum, MARSHALL.

OBS. — Parasite de *Siphonophora longipennis*,
Buckton, puceron de *Poa annua*, élevé par Bignell.
Cette même espèce de puceron n'a produit d'autres
fois que les Cynipides *Allotria victrix* Westw. et un
autre appelé *erythrocephala*, Jurine (mais l'espèce
de Jurine est maintenant indéterminable) ; ils sont
probablement des hyperparasites de l'*A. pascuorum*.

PATRIE : Angleterre.

—   Taille 2 1/2-2 3/4ᵐᵐ ; nervulation distincte ;
nervure cubitale complète jusqu'au bout de la
2ᵉ cellule cubitale.   19

19   Toutes les pattes testacé-rougeâtre ; abdomen brunâtre avec les segments 2-5 étroitement pâles à la base. ♀ D'un testacé brunâtre ; tête et thorax noirs en dessus ; face et
poitrine testacées, celle-ci noire en arrière.
Tête plus large que le thorax ; parties de la
bouche, palpes, et parfois occiput, testacés :
palpes blancs chez un exemplaire ; mandibules avec la pointe noire. Antennes presque
aussi longues que le corps, de 19 à 20 articles,

noires avec le 1ᵉʳ article, le sommet du 2ᵉ, et l'extrême base du 3ᵉ, testacés. Prothorax et côtés du mésothorax testacé-rougeâtre ; mesonotum sans sillons ; métathorax caréné au milieu, aréolé. Ailes hyalines ; écaillettes et radicules testacées ; nervures et stigma bruns ; nervures épaisses, bien déterminées ; radiale coudée au commencement de la 2ᵉ cellule cubitale ; 2ᵉ nervure transverso-cubitale parfois indiquée, mais peu distincte ; nervure cubitale complète jusqu'au bout de la 1ʳᵉ cellule cubitale. Pattes testacées. Abdomen plus long que la tête et le thorax, étroit, lancéolé, comprimé vers le bout ; 1ᵉʳ segment un peu élargi vers l'extrémité, trois fois aussi long que sa largeur moyenne, brun rougeâtre, à tubercules obsolètes. ♂ Inconnu. Long. 2 1/2ᵐᵐ ; Env. 5ᵐᵐ.

Pterocommæ, MARSHALL.

OBS. — Parasite de *Pterocomma pilosa*, Buckton, puceron de *Salix viminalis*, où il vit en société avec *Melanoxanthus salicis*, L. (V. n° 12, OBS.) Bignell en a élevé 6 femelles. Espèce voisine d'*urticæ* (V. n° 11) et de *rosæ* (V. n° 14).

PATRIE : Angleterre.

Les quatre pattes postérieures assombries plus ou moins ; abdomen brun foncé avec les segments 5ᵉ et suivants jaunes en dessus. ♀ Tête et thorax noirs en dessus ; face, dessous du prothorax et poitrine, testacés, partie postérieure de cette dernière noire. Epistome, mandibules, et palpes testacés. Antennes plus courtes que le corps, de 17 articles, noires avec la radicule et le dessus du 2ᵉ article testacés. Sillons du mesonotum effacés ; métathorax caréné au milieu, aréolé, les aréoles parfois à fond roussâtre. Ailes hyalines ; écaillettes et radicules testacées ; stigma hyalin avec une teinte jaunâtre ; nervures testacé-sale, assez distinctes ; nervure cubitale complète jusqu'au bout de la 1ʳᵉ cellule cubitale ; on distingue un vestige de la 2ᵉ nervure transverso-cubitale. Pattes testacé-brunâtre ; hanches, cuisses, et tibias des 4 postérieures plus ou moins assombris ; 2ᵉ article des trochanters, genoux, sommet des tibias, et base des tarses, testacés. Abdomen plus long que la tête et le thorax, lancéolé, comprimé vers l'extrémité ; 1ᵉʳ segment linéaire, rebordé, noir, sans tubercules sensibles ; segments 2-4 d'un brun progressivement plus pâle vers l'arrière ; une bande pâle sur la 2ᵉ suture, ou sur les trois 1ʳᵉˢ sutures ; le reste de l'abdomen testacé-pâle en dessus ; ventre brun jusqu'à l'extrémité, avec les sutures pâles. Valves de la tarière noires. ♂ Antennes plus longues que le corps, de 19 articles, entièrement noires, excepté les radicules ; face noire ; parties buccales et côtés du prothorax testacés ; le reste du thorax noir ; pattes plus assombries que chez la ♀ ; abdomen aussi long que la tête et le thorax, un peu spatulé, brun jusqu'au bout, avec les deux premières sutures testacées.

Long. 2 3/4ᵐᵐ ; Env. 5ᵐᵐ. **Granarius**, Marshall.

Obs. — Parasite de *Siphonophora granaria*, Kirby, puceron des *Gramineæ*, tant cultivées que sauvages, comme *Secale*, le seigle, *Triticum*, le froment, et les genres *Holcus*, *Poa*, etc. Bignell a élevé 11 individus des deux sexes.

Patrie : Angleterre.

20   Valves de la tarière testacées, courbées vers le bas.   21

—   Valves de la tarière noires, droites, hori-
zontales.   ꞏ22

21   Premier segment de l'abdomen robuste,
portant les tubercules avant le milieu. ♀ Corps
fauve, avec la tête et le thorax noirs en dessus.
Tête petite, rétrécie en arrière, peu transversale ; face, parties buccales, et extrémité des
joues, testacées. Antennes de 13 articles, plus
courtes que le corps, noires avec les 2 premiers articles et la base du 3ᵉ fauves, quelquefois plus longuement fauves à la base.
On distingue sur le mesosternum une grande
tache noire, et une autre au milieu du métathorax ; celui-ci est occupé antérieurement
par deux aréoles, qui laissent entre elles un angle droit dont le sommet remonte à la base ; cet
angle forme la partie supérieure d'une 3ᵉ aréole, qui occupe le milieu de la face postérieure.
Ailes hyalines, un peu cendrées ; écaillettes
et radicules brunâtres ; nervures brunes, distinctes ; stigma allongé, fauve lorsque l'insecte
est vivant, cendré après sa mort ; 1ʳᵉ abscisse
arquée, naissant un peu avant le milieu du
stigma ; nervure cubitale complète jusqu'au
bout de la 1ʳᵉ cellule cubitale ; 1ʳᵉ nervure
transverso-cubitale à demi complète. Pattes
fauves, parfois en entier, ordinairement cuisses et tibias des 4 postérieures, ou même de
celles de devant, assombris sur la tranche
supérieure ; tarses assombris. Abdomen lancéolé ; 1ᵉʳ segment fauve, légèrement ruguleux, plus large que d'ordinaire, deux fois
aussi long que large, à tubercules prononcés,
situés non loin de la base ; segments intermédiaires assombris, soit dans le disque entier,
soit sur les côtés seulement. Tarière pâle,

rayée de noirâtre en dessus, exserte, courbée en bas, élargie en angle en dessous. ♂ Noir; antennes un peu plus longues que le corps, de 16 articles ; parties de la bouche fauves ; ailes cendrées ; pattes assombries, hanches de derrière noires ; abdomen brun de poix, un peu spatulé ; 1ᵉʳ segment étroit, linéaire, trois fois aussi long que large, fauve à la base et quelquefois aussi à l'extrémité ; une tache pâle occupe la 2ᵉ suture et le disque du 2ᵉ segment. Long. 2ᵐⁱˡˡ ; Env. 4ᵐⁱˡˡ.

Crepidis, Haliday.

Obs. — Les deux sexes se reconnaissent sans difficulté au développement insolite de la 1ʳᵉ nervure transverso-cubitale ; la ♀, en outre, à la forme de sa tarière, analogue à celle des *Monoctonus.* Haliday se procura de ces parasites en élevant les pucerons qui habitent *Crepis virens* et *Cichorium intybus* ; et moi, j'en ai élevé un bon nombre, de quelques pucerons trouvés sur *Lapsana communis.*

Patrie : Angleterre, Belgique.

———— Premier segment de l'abdomen grêle, portant les tubercules au milieu. De forme plus mince que le précédent. ♀ Corps d'un jaune pâle blanchâtre ; tête et thorax bruns en dessus ; mesosternum parfois assombri. Palpes très longs, pour le genre. Antennes grêles, noirâtres avec les 4 ou 5 premiers articles jaunes, un peu plus courtes que le corps, de 16 (rarement de 15) articles. Mesonotum sans sillons ; métathorax lisse, faiblement caréné et aréolé. Ailes hyalines ; écaillettes et radicules jaunâtres ; nervures brun-pâle, distinctes ; stigma jaune lorsque l'insecte est vivant, brunâtre pâle après sa mort ; nervure cubitale complète jusqu'au bout de la 1ʳᵉ cellule cubitale. Pattes jaunes; sommet des 4 cuisses et tibias postérieurs assombri du côté externe; tarses assombris à l'extrémité. Premier segment linéaire, grêle, trois fois aussi long que large, à tubercules saillants. Tarière plus longuement exserte que celle de *crepidis*, ses valves jaunes, comprimées, coniques, non anguleuses en dessous, courbées en bas à l'extrémité seulement. ♂ Tête et thorax noirs; palpes brunâtre pâle; antennes noires, de 18 articles; écaillettes et radicules brunâtres; pattes jaunâtre-sale ou rembrunies, base des hanches, cuisses, milieu des tibias, et sommet des tarses, assombris; abdomen jaunâtre peu clair, nuancé de couleur sombre, parfois entièrement sombre après le 1ᵉʳ segment. Long. 2ᵐᵐ; Env. 4ᵐᵐ.

Pseudoplatani, Marshall.

Obs. — Cette espèce est le *constrictus*, Haliday, dont il a fallu changer le nom, puisqu'il diffère du *constrictus*, Nees (V. Espèces douteuses, nº 1). Bignell en a élevé deux femelles et un mâle, provenus de *Drepanosiphum acerinum*, Walker, puceron d'*Acer pseudoplatanus*, l'érable: les pucerons piqués sont devenus blancs, et deux d'entre eux portent des ailes. *Isocratus vulgaris*, Walker et *æneus*, Nees, sont hyperparasites de cet *Aphidius*.

Patrie: Angleterre; France; probablement répandu dans toute l'Europe.

22   Prothorax noir; ailes enfumées; nervure cubitale effacée vers sa base, reparaissant dessous la 1ʳᵉ cellule cubitale, puis effacée encore. ♀ Noire, luisante; abdomen brun, pâle à la base. Mandibules et palpes testacés, ceux-ci très courts, les maxillaires de deux articles, subclaviformes, les labiaux d'un seul article. Antennes épaisses, noires, de

16 articles dont le 3ʳ pâle. Mesonotum sans
sillons. Ailes étroites, brunes, plus claires
vers la base ; stigma étroit, brun, ainsi que
les nervures. Pattes de devant presque totalement jaune pâle, ainsi que les hanches, les
trochanters, les genoux, et les tarses des
4 postérieures ; le reste des pattes assombri.
Abdomen court, en ovale lancéolé ; 1ᵉʳ segment court, cyathiforme, resserré à la base,
dilaté et presque rectangulaire en arrière, un
peu ruguleux. Tarière subexserte, noire, obtuse. ♂ Antennes plus longues, entièrement
noires, de 16 articles plus distincts que chez
la ♀ ; ailes de teinte moins foncée ; cuisses et
tibias de devant rembrunis du côté externe ;
les quatre pattes postérieures assombries, à
genoux et tarses jaunâtres ; abdomen moins
distinctement jaunâtre à la base ; 1ᵉʳ segment
moins fortement dilaté. Long. 2ᵐᵐ ; Env. 4ᵐᵐ.

Dissolutus, Haliday.

Obs. — Il y a deux descriptions de *dissolutus*,
l'une par Nees v. Esenbeck, l'autre par Haliday,
qui a pris l'espèce de l'auteur allemand pour synonyme de la sienne. Ce qui me fait douter de leur
identité, c'est que, 1° Selon Nees, les antennes de
la ♀ n'ont que 14 (13 ?) articles : 2° Il passe sous
silence la conformation des palpes. 3° Le caractère
tiré de la nervure cubitale ne comporte rien de
spécial, se retrouvant chez plusieurs autres *Aphidius*, souvent, je pense, par accident. Le genre
Lysiphlebus, Forster, créé pour contenir ces formes,
n'a, à mon avis, aucun fondement solide. La variété
de *dissolutus*, indiquée par Nees, appartient évidemment à quelque autre espèce, et l'*A. obsoletus*,
Wesmael, que cet auteur rapporte avec doute a
A. dissolutus, Nees, n'est autre chose que *Trioxys
heraclei*, Haliday. *A. dissolutus*, Haliday, se trouve,
quoique très rarement, dans les prairies parsemées
de *Ranunculus acer*, le bouton d'or des marais ; le
dissolutus, Nees, habite, selon lui, les haies et les
chênaies.

Patrie : Angleterre.

Prothorax testacé; ailes hyalines; nervure cubitale complète depuis son origine jusqu'au bout de la 1ʳᵉ cellule cubitale.   **23**

23   Antennes de 16 articles. ♀ Noire; prothorax, base et extrémité de l'abdomen, épistome, mandibules, et palpes, testacés. Antennes grêles, filiformes, moins longues que le corps, avec les deux premiers articles et la base du 3ᵉ testacés. Sillons du mesonotum obsolètes; métathorax caréné au milieu et traversé plus bas par une autre carène transversale. Ailes hyalines; écaillettes et radicules testacées: stigma décoloré; nervures brunâtre-pâle, obsolètes au delà du stigma; nervure cubitale faible vers son origine, mais complète jusqu'au bout de la 1ʳᵉ cellule cubitale. Pattes d'un testacé clair, y compris les hanches. Abdomen lancéolé, aussi large que le thorax au milieu; 1ᵉʳ segment presque linéaire, trois fois aussi long que large, testacé clair, portant les tubercules un peu avant le milieu; 2ᵉ brunâtre avec une tache pâle au milieu, qui s'étend jusqu'au bord antérieur: 2ᵉ suture bordée de testacé de chaque côté; segments 3-4 brunâtres; les suivants testacés; on distingue parfois une nuance brunâtre dans le disque du 5ᵉ. Tarière très courte, ses valves noires, épaisses, obtuses. ♂ Antennes aussi longues que le corps, de 18 articles; les parties testacées du corps moins claires; les quatre tibias postérieurs et les cuisses de derrière assombris; hanches de derrière portant à la base une tache brunâtre; 1ᵉʳ segment brunâtre vers l'extrémité; 2ᵉ brun-sombre, laissant toujours les sutures pâles; abdomen noir après la 2ᵉ suture. Ce mâle ressemble à tant d'autres, qu'il serait impossible de le distinguer sans connaissance de la femelle. Long. 21/2ᵐᵐ; Env. 5ᵐᵐ.   **Sonchi,** MARSHALL.

OBS. — Six individus ont été élevés par Bignell, et huit par l'auteur, des pucerons de la laitue, *Siphonophora lactucæ*, Kaltenbach, mais vivant dans le cas actuel sur *Sonchus oleraceus*, le laiteron. Hyperparasite, *Allotria minuta*, Hartig.

PATRIE : Angleterre.

—	Antennes de 15 ou de moins de 15 articles.	**24**
24	Antennes de 15 articles.	**25**
—	Antennes de 14 ou de moins de 14 articles.	**28**
25	Abdomen testacé aux deux bouts.	**26**
—	Abdomen testacé seulement à la base.	**27**
26	Hanches de derrière noires. ♀ Coloris de *rosæ* (V. nº 14), avec les teintes moins claires. Tête et thorax noirs; abdomen d'un jaune sale, les segments intermédiaires assombris. Epistome et palpes jaunâtres, ceux-ci assombris vers l'extrémité. Antennes grêles, entièrement noires, de 15 articles. Partie antérieure de la poitrine jaunâtre. Ailes hyalines; écaillettes et radicules d'un jaunâtre obscur; stigma jaune sale, brunâtre après la mort; nervures brunâtres. Pattes jaunâtre sale, cuisses rayées en dessus de couleur sombre, celles de derrière assombries presque en entier; les quatre tibias postérieurs assombris, excepté la base, tarses presque totalement assombris; les quatre hanches postérieures	

noires. Une tache jaunâtre sur la 2ᵉ suture.
♂ Noir, avec les parties buccales d'un jaunâtre sale; antennes de 18 articles; pattes
brunes, cuisses et tibias de devant ferrugineux
en dessous, sommet des trochanters et tous
les genoux ferrugineux ; abdomen brun ;
1ᵉʳ segment jaune, en partie brun ; 2ᵉ suture
jaunâtre. (Haliday).
Long. 2 3/4ᵐᵐ ; Env. 4 1/3ᵐᵐ.   **Asteris**, Haliday

Obs. — Parasite des pucerons d'*Aster tripolium*,
l'aster marin.

Patrie : Angleterre.

—— Hanches de derrière jaunes. ♀ Noirâtre ou
brun sombre; tête noire; abdomen jaune aux
deux bouts. Parties de la bouche jaunes. Antennes brunes avec les deux premiers articles
jaunes, de 15 articles. Prothorax jaune ; poitrine plus pâle que le disque du thorax. Ailes
hyalines ; écaillettes et radicules jaunâtres :
stigma jaune, brunâtre après la mort; nervures brunâtre-pâle, en grande partie subobsolètes ; nervure cubitale interrompue au
milieu, reparaissant dessous la 1ʳᵉ cellule
cubitale et la moitié de la 2ᵉ, puis brusquement effacée ; 1ʳᵉ cellule cubitale indistinctement séparée de la 1ʳᵉ cellule discoïdale.
Pattes jaunes, y compris toutes les hanches;
extrémité des cuisses en dessus, milieu des
tibias, et sommet des tarses, légèrement assombris. Abdomen jaune; base du 2ᵉ segment
et extrémité du 3ᵉ assombries, ainsi que le
disque des suivants jusqu'au dernier, qui est
jaune. Valves de la tarière noires. ♂ Antennes de 15 à 16 articles, aussi longues que
le corps, épaisses, noires avec les deux pre-

miers articles testacés ; prothorax noirâtre ;
abdomen, après le 1ᵉʳ segment, brun jusqu'à
l'extrémité ; d'ailleurs semblable à la ♀.
Long. 1-11/2ᵐᵐ ; Env. 3-41/2ᵐᵐ.   **Ribis**, Haliday.

Obs. — Ce petit *Aphidius* est très commun, attaquant *Myzus ribis,* L. puceron qui infeste les gro-
seilliers, *Ribis rubra* et *Ribis grossularia*, occasion-
nant la déformation de leurs feuilles. Les pucerons
frappés par l'*Aphidius* deviennent blanc de perle
ou nacrés : ils donnent naissance a l'hyperparasite
Allotria minuta, Hartig, en si grand nombre qu'il
est souvent difficile de voir éclore un *Aphidius*.

Patric : Angleterre, et probablement Europe en général.

27   Prothorax jaune ferrugineux ; pattes testacées ; cuisses de derrière roussâtres. ♀ Tête
et thorax noirs ou noirâtres ; abdomen brun
de poix, plutôt noir à l'extrémité, avec le
1ᵉʳ segment et les deux 1ʳᵉˢ sutures jaunes.
Face et épistome noirs ; palpes assombris ;
mandibules jaunes, avec les pointes assombries. Antennes de 15 articles (rarement de 16,
et une fois de 17 articles, selon Haliday), plus
courtes que le corps, leur dernier article le
plus gros ; elles sont noires avec les deux
premiers articles brunâtres, le 3ᵉ testacé avec
l'extrémité noire. Mesonotum sans sillons ;
métathorax caréné au milieu, aréolé. Ailes
hyalines, un peu cendrées ; écaillettes et radicules testacées ; stigma très pâle ; nervures
fines, assez distinctes, brunâtre-pâle ; nervure cubitale complète jusqu'au bout de la
1ʳᵉ cellule cubitale. Pattes testacé-rougeâtre ;
hanches et trochanters plus pâles ; hanches
de derrière assombries à la base en dessus ;
cuisses et tibias de derrière ordinairement
d'un rouge plus foncé. Abdomen grêle, lan-

céolé, moins large que le thorax; 1ᵉʳ segment
jaune-rougeâtre, légèrement élargi en arrière,
deux fois et demie aussi long que sa largeur
moyenne, sans tubercules distincts; les deux
1ʳᵉˢ sutures et la moitié postérieure du 2ᵉ segment, pâles; segments suivants noirs. Valves
de la tarière noires. ♂ Inconnu. Long 1 1/2ᵐᵐ;
Env. 3 3/4ᵐⁿ.   **Cirsii,** HALIDAY.

Obs. — Bignell a élevé six femelles de cette espèce, dont l'une provenue d'*Aphis cardui*, L. infestant *Carduus lanceolatus, Pyrethrum maritimum,* et
autres plantes. Au dire de Buckton, ce puceron
est souvent attaqué par un *Aphidius,* probablement
de cette espèce : sur une seule tige de *Pyrethrum,*
longue d'un pouce et demi, il compta dix-neuf
pucerons piqués. Trois autres sont écloses d'*Aphis
tanacetina,* Walker, sur un géranium, et deux d'un
puceron non déterminé, sur *Galium verum,* le gail-
let jaune. Haliday obtint ses exemplaires sur *Cirsium arvense,* le cirse des champs, mais non par
éclosion.

PATRIE: Angleterre.

Prothorax noir ou ferrugineux ; pattes
jaune-ferrugineux avec le côté externe des
cuisses, le milieu des tibias et le sommet des
tarses assombris. ♀ Noire; base de l'abdomen jaune. Parties buccales et palpes brunâtres. Antennes noires, de 14 ou 15 articles.
Hanches de derrière parfois assombries. Abdomen brun de poix; 1ᵉʳ segment jaune fer-
gineux, moins souvent brun; milieu du 2ᵉ segment et sutures antérieures jaunâtres. ♂
Noir; pattes brunes, celles de devant jaunâtres en dessous, ainsi que tous les genoux;
abdomen plus sombre que chez la ♀.
Long. 1 1/2-1 3/4ᵐᵐ; Env. 3-4 1/2ᵐᵐ. (Haliday).

                    Eglanteriæ, HALIDAY.

Obs. — Elevé par Haliday des pucerons de *Rosa*

rubiginosa, l'églantier, lesquels, lorsqu'ils sont piqués, s'attachent au dessous des feuilles et deviennent d'un blanc lustré.

Patrie : Angleterre.

28   Antennes de 14 articles.   **29**

—   Antennes de 13, ou de moins de 13 articles.   **32**

29   Abdomen jaune aux deux extrémités,
brun pâle dans le milieu. ♀ Face brune; épistome, mandibules, et palpes blanchâtres.
Antennes plus courtes que le corps, noirâtres avec les deux premiers articles blanchâtres, de 14 articles. Mésonotum lisse,
sans sillons; métathorax faiblement caréné,
aréolé. Ailes hyalines avec une teinte obscure; stigma et nervures pâles, cendrés;
nervure cubitale presque effacée, sauf la portion qui limite en dessous la 1ʳᵉ cellule cubitale. Pattes jaunes, cuisse et tibias des 4 postérieures légèrement nuancés d'une teinte
obscure. Abdomen étroit, comprimé vers le
bout; 1ᵉʳ segment jaune, presque linéaire,
sans tubercules visibles; 2ᵉ jaune, obscur au
milieu ou avec une tache obscure de chaque
côté; 3ᵉ à 5ᵉ légèrement obscurs en dessus;
segments suivants jaunes. Valves de la tarière noires. ♂ Antennes de 16 articles,
aussi longues que le corps, les deux premiers
articles jaunâtres; cuisses et tibias postérieurs plus assombris que chez la ♀; abdomen entièrement brun pâle, excepté le
1ᵉʳ segment et l'extrême base du 2ᵒ, qui sont
jaunes. Long. 2ᵐᵐ; Env. 3 2/3ᵐᵐ.

Hortensis, Marshall.

Obs. — Neuf individus sont provenus des pucerons d'un arbuste non indigène, dont le nom ne
m'a pas été communiqué : les pucerons conservés
sur le même carton sont blanc de perle.

Patrie : Angleterre.

—   Abdomen noirâtre ou assombri à l'extrémité.   **30**

30   Premier segment abdominal jaune ou
ferrugineux   **31**

—   Premier segment abdominal noirâtre, ou
en partie assombri. ♀ noire; parties de la
bouche d'un testacé sale. Antennes un peu
plus longues que la tête et le thorax, assez
épaisses, de 14 articles. Prothorax et poitrine noirs; métathorax caréné au milieu,
aréolé. Ailes hyalines; écaillettes, radicules,
stigma, et nervures, brunâtre-pâle; nervure
cubitale faible vers son origine, plus distincte
sous la 1ʳᵉ cellule cubitale. Pattes brunes,
avec les trochanters, la base et l'extrémité
des cuisses et des tibias, et la base des tarses,
testacés. Abdomen noirâtre, avec seulement
les deux premières sutures étroitement
pâles; 1ᵉʳ segment linéaire, noirâtre en entier
ou en partie, sans tubercules distincts.
♂ Semblable; antennes de 16 articles; pattes
plus sombres et 1ᵉʳ segment plus clair que
chez la ♀. Long. 1 3/4ᵐᵐ; Env. 4ᵐᵐ.

Chrisanthemi, Marshall.

Obs. — Décrit sur trois femelles de la collection
Bignell. Elles sont provenues d'*Aphis tanacetina,*
Walker, habitant *Tanacetum vulgare,* la tanaisie,
Chrysanthemum sinense, le chrysanthème des
jardins, etc.

31	Nervure cubitale complète jusqu'au bout de la 1ʳᵉ cellule cubitale. ♀ Noire; abdomen brun-sombre avec le 1ᵉʳ segment ferrugineux. Palpes assombris. Antennes filiformes, ou totalement noires, ou brunâtres à la base, de 14 articles. Prothorax parfois ferrugineux. Ailes hyalines; stigma brunâtre, très pâle; nervures brunes. Pattes ferrugineuses, celles de devant rayées de brun en dessus; les 4 postérieures avec les hanches, les cuisses, le milieu des tibias, et le sommet des tarses, plus ou moins assombris. Abdomen lancéolé, assez large au milieu; 1ᵉʳ segment presque linéaire, deux fois aussi long que large, ses tubercules peu sensibles, situés dans le milieu; sa couleur est très claire et s'étend un peu sur le milieu du 2ᵉ segment : segments suivants noirs. Valves de la tarière obtuses. ♂ Semblable; antennes plus longues, de 16 à 17 articles; pattes plus sombres; abdomen en ovale aplati, spatulé, 1ᵉʳ segment plus grêle. Long. 1 1/2-1 3/4ᵐⁱⁿ; Env. 3-4 1/2 ᵐᵐ.	**Matricariæ**, Haliday.

Obs. — Trouvé rarement par Haliday sur *Pyrethrum inodorum* et *maritimum*. La collection Bignell possède deux paires de cette espèce, provenues d'*Aphis myosotidis*, Koch, habitant *Polygonum aviculare*, la renouée des oiseaux. J'élevai une fois la femelle du puceron de *Raphanus maritimus*.

——	Nervure cubitale décolorée, à peine perceptible sous la 1ʳᵉ cellule cubitale. ♀ Noire ou brune; 1ᵉʳ segment abdominal jaune ferrugineux. Parties buccales et palpes de même couleur. Antennes de 14 (parfois de 15) articles, noires avec la base jaune. Prothorax jaune ferrugineux. Ailes hyalines; écaillettes et radicules jaune de paille; stigma presque hyalin; nervures en grande partie décolorées. Pattes jaune ferrugineux. Haliday a eu sous les yeux quelques individus, probablement immatures, où le noir était devenu rouge-brunâtre, et le scutellum rouge : il les regardait comme étant de la même espèce. ♂ Inconnu. Long. 1 1/2ᵐᵐ; Env. 3ᵐᵐ. (Haliday). **Arundinis**, HALIDAY.

PATRIE : Angleterre; trouvé sur les roseaux, mais pas commun.

32   Antennes de 13 articles   **33**

—   Antennes de 12 articles. ♀ Tête et thorax noirs; abdomen subsessile, brun, avec le 1ᵉʳ segment et la base du 2ᵉ jaune-blanchâtre. Epistome, mandibules, et palpes rougeâtres, très pâles. Antennes un peu plus longues que la tête et le thorax, épaisses, submoniliformes, noires avec les deux ou trois premiers articles rougeâtre-pale; dernier article allongé, le plus gros de tous; prothorax parfois testacé en dessous; mesonotum sans sillons; métathorax roussâtre, lisse, sans carène médiane ni aréoles. Ailes hyalines; écaillettes, radicules, stigma, et nervures brunâtre-pâle, ces dernières assez sensibles, hormis la cubitale qui s'efface vers la base, reparaissant seulement pour former le côté inférieur de la 1ʳᵒ cellule cubitale. Pattes de devant testacées; les 4 postérieures brunâtres, avec les hanches, les trochanters et les genoux testacé-pâle. Abdomen un peu

plus long que la tête et le thorax, lancéolé,
légèrement comprimé à l'extrémité; 1ᵘʳ segment court, pas plus de deux fois aussi long
que sa largeur moyenne, linéaire jusqu'aux
tubercules situés avant le milieu, élargi ensuite jusqu'à l'extrémité, qui est deux fois
aussi large que la base; segments postérieurs
de plus en plus assombris jusqu'au bout, qui
est presque noir. Valves de la tarière noires.
♂ Semblable; antennes presque aussi longues que le corps, totalement noires, de
14 articles. Long. 1 1/3ᵐᵐ; Env. 3ᵐᵐ.

Cardui, Marshall.

Obs. — Parasite commun, élevé en grand nombre par Bignell d'*Aphis cardui*, L. sur *Carduus
lanceolatus*; de *Siphonophora olivata*, Buckton, vivant aussi sur les chardons; d'*Aphis jacobæ*,
Schrank, sur *Senecio jacobæa*, herbe de St-Jacques;
et de *Siphocoryne capreæ* Fab. infestant plusieurs
sortes de saules.

Patrie : Angleterre.

33 Côté inférieur de la 1ʳᶜ cellule cubitale distincte; 1ᵉʳ segment abdominal brun ou noirâtre. ♀ Noire avec une tache pâle sur l'abdomen. Parties buccales d'un jaunâtre sale.
Antennes un peu plus longues que la tête et
le thorax, grossissant légèrement vers l'extrémité, de 13 articles. Ailes hyalines;
stigma jaunâtre, brunâtre après la mort,
nervures plus pâles. Les quatre pattes antérieures d'un ferrugineux obscur; les intermédiaires avec la base des cuisses, le milieu
des tibias, et les tarses, assombris; celles de
derrière brunes, avec les trochanters et les
deux extrémités des tibias ferrugineux;
toutes les hanches noires. Deuxième segment abdominal pâle dans le milieu, ainsi

que les sutures ; ou bien l'abdomen porte au milieu une tache pâle, mal déterminée. ♂ Antennes de 15 ou 16 (rarement aussi de 17) articles ; ailes blanchâtres ; pattes et abdomen d'un brun plus foncé. Long. 1 1/2-2ᵐᵐ ; Env. 3-4ᵐᵐ. (Haliday.)

Salicis, HALIDAY.

Obs. — Comme le précédent, il attaque quelque puceron habitant les saules. Haliday remarque que les pucerons blessés, qui sont reconnaissables à leur teinte brunâtre-pâle, se retirent aux extrémités des feuilles. La plupart d'entre eux renferment, outre l'*Aphidius*, une *Allotria* à tête rouge (*fulviceps*, Curtis), ou une autre espèce, toutes deux maintenant indéterminables. Le même auteur observa certains *Aphidius* plus petits sur *Daucus carota*, la carotte, lesquels lui semblaient appartenir à *A. salicis* ; mais voir plus loin *A. dauci*. nᵒ 39.

PATRIE : Angleterre.

Côté inférieur de la 1ʳᵉ cellule cubitale indistincte ; 1ᵉʳ segment jaune. ♀ Noire ; abdomen brun, pâle à la base et au milieu. Parties de la bouche jaune d'ocre. Antennes un peu plus longues que la tête et le thorax, grossissant légèrement vers l'extrémité, de 13 articles. Ailes obscures ; stigma brunâtre-pâle ; 1ʳᵉ cellule cubitale à peine limitée en dessous. Pattes brun de poix, avec les genoux pâles. Premier segment presque linéaire, un peu élargi postérieurement. Valves de la tarière obtuses. ♂ Douteux (*A. fumatus*, Hal.), semblable à *Monoctonus caricis*, Haliday. D'un noir brun ; palpes très courts ; antennes un peu épaissies, de 16 articles ; ailes enfumées ; stigma étroit ; 2ᵉ abscisse légèrement arquée ; 1ʳᵉ cellule cubitale indistincte ou effacée ; pattes brunes, les ge-

noux et les tarses pâles; abdomen brunâtre,
pâle à la base, dilaté, spatulé; 1ᵉʳ segment
épais, linéaire. Long. 1 1/4 ᵐᵐ; Env. 2 3/4ᵐᵐ.
(Haliday.)   **Exiguus**, HALIDAY.

> OBS. — J'ai réuni les sexes conformément à la
> conjecture de Haliday. Un mâle de ma collection,
> pris au hasard, répond à la diagnose de *fumulus*,
> mais tout est incertain à cause du laconisme de
> l'auteur. Ces insectes se trouvent fréquemment
> dans les prairies humides occupées par *Ranunculus
> acer*, le bouton d'or des marais.

PATRIE : Angleterre.

34   Antennes de 15 articles   **35**

——   Antennes de 14 ou de moins de 14 articles   **36**

35   Ailes hyalines; stigma très pâle, décoloré;
abdomen jaune pâle, brunâtre dans le milieu.
♀ Tête et thorax noirs en dessus. Face, épistome, palpes, poitrine, et tout le dessous du
corps, jaune pâle ou blanchâtres. Antennes
un peu plus courtes que le corps, de 15 articles, noirâtres avec les deux premiers articles jaunes. Mesonotum sans sillons; métathorax caréné au milieu, aréolé. Ailes hyalines; cellules cubitales et 1ʳᵉ discoïdale
effacées; point de nervures visibles au delà
du stigma, où il n'en reste que rarement
une ombre incertaine. Pattes jaune-pâle;
hanches et trochanters blanchâtres. Abdomen lancéolé, peu comprimé vers l'extrémité; 1ᵉʳ segment jaune pâle, linéaire, étroit,
sans tubercules sensibles; 2ᵉ brunâtre-pâle,
jaune au milieu de la base, ou jaune avec
une tache brunâtre de chaque côté; 3ᵉ et
4ᵉ brunâtres; 5ᵉ jaune, plus ou moins bru-

nâtre en arrière; 6ᵉ n'ayant qu'une petite
tache brunâtre à l'extrémité; dernier segment jaune. Valves de la tarière noirâtres.
♂ Antennes aussi longues que le corps, de
17 articles; les quatre cuisses et tibias postérieurs teintés de brun-rougeâtre; abdomen
arrondi au bout, entièrement brunâtre en
dessus après le 1ᵉʳ segment. Long. 2ᵐᵐ;
Env. 4ᵐᵐ.   **Scabiosæ**, MARSHALL.

OBS. — Semblable, quant au coloris, à *asteris*
(V. n° 26) et *hortensis* (V. n° 29), mais assez distinct par les caractères ci-dessus précisés. Il est
parasite d'*Aphis scabiosæ*, Kaltenbach, habitant
Scabiosa arvensis, la scabieuse. Bignell en a élevé
29 exemplaires, et il en a observé plusieurs autres sur les fleurons de *Ballota nigra*, le marrube
noir.

PATRIE : Angleterre.

Ailes blanchâtres; stigma jaune; abdomen
noirâtre, à 1ᵉʳ segment concolore. ♀ D'un
noir intense, luisante. Antennes grêles,
noires, de 15 articles. Pattes de devant jaunâtres, les 4 postérieures d'un noir brun,
avec les trochanters et la base des tibias et
des tarses, pâles. Abdomen d'un noir brun
avec un espace plus pâle au milieu du disque.
Tarière anguleuse à la base en dessus, aiguë
à l'extrémité. ♂ Antennes de 16 articles;
ailes blanches; toutes les pattes d'un noir
brun, annelées de couleur pâle; abdomen
noir, moins distinctement pâlissant dans le
milieu. Long. à peu près 1 1/2ᵐᵐ; Env. 3 ᵐᵐ.
(Haliday.)   **Leucopterus**, HALIDAY.

PATRIE : Angleterre; trouvé très rarement sur les conifères.

36   Antennes de 14 articles. ♀ Noire; abdomen brun avec le 1ᵉʳ segment plus ou moins pâle vers la base, et les deux premières sutures pâles. Parties buccales et palpes pâles. Antennes courtes, s'étendant jusqu'à l'extrémité du 1ᵉʳ segment, noires, avec seulement le sommet du 2ᵉ article testacé. Sillons du mesonotum nuls; métathorax caréné, aréolé. Ailes hyalines; écaillettes, radicules et nervures basilaires, d'un testacé sale; stigma pâle, jaunâtre; cellules cubitales et 1ʳᵉ discoïdale effacées; point de nervures visibles au delà du stigma. Pattes de devant testacées, avec les cuisses quelquefois rayées de brun; les 4 postérieures brunes; sommet des hanches, 2ᵉ article des trochanters, sommet et dessous des cuisses, et base des tibias, d'un testacé sale; tarses bruns, chaque article pâle à la base. Abdomen lancéolé; 1ᵉʳ segment linéaire, trois fois aussi long que large, sans tubercules distincts, testacé pâle vers la base, brun à l'extrémité; 2ᵉ brun, pâle à la base et en arrière; le reste de l'abdomen brun. Valves de la tarière noires.

♂ Semblable; antennes presque aussi longues que le corps, de 17 articles; corps et pattes de couleur plus foncée, les pattes de devant elles-mêmes sont brunâtres, ou rayées de cette couleur en dessus; abdomen en ovale allongé, arrondi au bout. Long. 2ᵐᵐ; Env. 4ᵐᵐ. **Brassicæ,** Marshall.

plus de quarante, élevés d'*Aphis brassicæ*, L.
puceron du chou, *Brassica oleracea*, et d'autres
plantes. Comparez *Aphidius rapæ*, Curt. (Espèces
douteuses, nº 10).

PATRIE : Angleterre.

—   Antennes de 13 ou de 12 articles   **37**

37   Antennes de 13 articles   **38**

—   Antennes de 12 articles, dont le dernier
formé de deux articles soudés. ♀ Tête et
thorax noirs; abdomen d'un testacé sale
dans sa moitié basilaire, les deux premiers
segments nuancés de brunâtre dans le disque; moitié apicale noire. Tête un peu plus
large que le thorax; palpes et parties buccales brunâtre-pâle. Antennes filiformes,
épaisses, moins longues que le corps, noires
avec les deux premiers articles bruns. Mesonotum finement pointillé en avant, lisse en
arrière, comme le sont aussi le scutellum et
le métathorax, ce dernier sans carène médiane. Ailes hyalines; écaillettes et radicules brunâtre-pâle; stigma décoloré avec
une tache de matière colorante dans le milieu (chez mon exemplaire); nervures basilaires brunâtres, distinctes, les autres effacées excepté une ombre de la radiale; même
la 2ᵉ cellule discoïdale est subobsolète, ouverte en dessous. Pattes de devant testacées;
les 4 postérieures testacées avec les cuisses
rayées de brunâtre en dessus, et les tibias
brunâtres dans le milieu; hanches de derrière brunâtres. Abdomen pas plus long que
la tête et le thorax, lancéolé, aussi large au
milieu que le thorax; 1ᵉʳ segment plus épais

que d'ordinaire, notablement élargi postérieurement, où il est deux fois aussi large
qu'à la base, testacé, portant les tubercules
au milieu; 2ᵉ brunâtre-pâle, bordé de testacé
aux deux bouts; le reste de l'abdomen noir,
pointu à l'extrémité; hypopygium proéminent. Valves de la tarière épaisses, coniques,
noires. ♂ Diffère : antennes de 13 articles
bien distincts, presque moniliformes, brû-
nâtres à la base; stigma décoloré sans
tache; nervure radiale plus sensible; abdomen beaucoup moins large; 1ᵉʳ segment
étroit, linéaire, rebordé, subitement resserré
à l'extrémité; le testacé des deux premiers
segments plus obscur; partie postérieure en
oblong étroit, sublinéaire, arrondie au bout.
♀ Long. 1 3/4ᵐᵐ; Env. 3 3/4; ♂ 1 1/4ᵐᵐ ;
Env. 2 3/4.   **Fabarum**, Marshall.

Obs. — J'ai élevé les deux sexes, provenus
d'*Aphis rumicis*, L. puceron polyphage attaquant
Rumex crispus, l'oseille, et plusieurs autres plantes :
je le trouvais dans mon jardin sur *Faba vulgaris*,
la grosse fève commune.

Patrie : Angleterre.

38   Abdomen subsessile, 1ᵉʳ segment court,
cyathiforme. Antennes filiformes, noires,
plus longues que la tête et le thorax, de 13
articles. Ailes hyalines; stigma brunâtre-
pâle, cellules cubitales et nervures extérieures obsolètes. Pattes jaune-pâle, hanches et
crochets des tarses assombris; aux 4 pattes
postérieures le milieu des cuisses et des
tibias, et le sommet des tarses sont assombris. Abdomen en ovale court, lancéolé, pâlissant vers la base, brun de poix en arrière;
tubercules du 1ᵉʳ segment visibles. Valves

de la tarière pointues. ♂ Inconnu. Long.
1 1/4ᵐᵐ; Env. 2 1/2ᵐᵐ. (Haliday).

Ambiguus, Haliday.

Patrie : Angleterre; dans les terrains marécageux assez, rare.

—   Abdomen subpétiolé; 1ᵉʳ segment de forme
ordinaire, long, linéaire, ou sublinéaire.   **39**

39   Abdomen brunâtre; 1ᵉʳ segment testacé;
taille petite (1ᵐᵐ), ♀ tête et thorax noirs.
Epistome noir; bouche et palpes d'un testacé
sale, ceux-ci quelquefois bruns. Antennes de
13 articles, à peine plus longues que la tête
et le thorax, 1ᵉʳ et 2ᵉ articles bruns, base du
3ᵉ pâle. Mesonotum sans sillons, mais on
distingue parfois deux dépressions longitudinales et peu profondes qui représentent les
sillons; métathorax caréné, aréolé. Ailes
hyalines; écaillettes et radicule pâles; stigma
hyalin, à peine jaunâtre; nervures basilaires
testacé-brunâtre, assez distinctes; 2ᵉ cellule
cubitale nulle, ou bien l'on ne distingue qu'une
trace de son côté inférieur; nervure radiale
à peine visible, aussi longue que le stigma;
le reste de la nervulation effacé. Pattes de
devant testacées, avec les hanches brunâtres; les 4 postérieures brunes, avec le sommet des hanches, les trochanters, et les genoux, testacés, ainsi que la base des tarses
de derrière. Abdomen mince, subcylindrique, plus long que la tête et le thorax, lancéolé, un peu comprimé dès la base du 2ᵉ segment; 1ᵉʳ segment testacé, linéaire, trois fois
aussi long que large, ses tubercules à peine
sensibles, situés au milieu; 2ᵉ segment brun,
testacé aux deux bouts, le long des sutures;

le reste de l'abdomen brun, noir vers l'extrémité. Valves de la tarière noires. ♂ semblable; antennes de 15-16 articles, un peu plus
courtes que le corps; pattes de devant brunâtres, les quatre postérieures et l'abdomen
plus assombris que chez la ♀. Long. 1-1/2ᵐᵐ;
Env. 1 3/4-2 1/2ᵐᵐ.   **Dauci**, MARSHALL.

OBS. — C'est peut-être l'insecte mentionné par
Haliday comme variété d'*Aphidius salicis* (V. nᵒ 33.
OBS.). Cependant, après examen de bon nombre
des deux espèces, je n'hésite pas à les placer à
part. L'espèce actuelle infeste *Siphonophora pas-
tinacæ* L. puceron de *Pastinaca sativa*, le panais,
et d'*Apium graveolens*, le céleri. La collection Bignell possède une série de ces parasites, éclose de
la même espece de puceron, habitant *Daucus carota*, la carotte, et *Crithmum maritimum*, le bacile
maritime.

PATRIE : Angleterre.

———   Abdomen noir, avec les deux premières
sutures pâles; taille 2ᵐᵐ· ♀ Tête et thorax
noirs; parties de la bouche et palpes testacés. Antennes de 13 articles, à peine plus
longues que la tête et le thorax, noires
avec la base du 3ᵉ article testacée. Mesonotum sans sillons ; métathorax caréné, aréolé.
Ailes hyalines, un peu cendrées ; écaillettes,
radicules, stigma, et nervures d'un brunâtre
cendré, nervures basilaires distinctes; nervure cubitale nulle; cellules cubitales et
1ʳᵉ discoïdale effacées. Pattes de devant testacées ; cuisses brunes en dessus, tibias
bruns au milieu, tarses bruns excepté à la
base; les quatre pattes postérieures noires
avec le sommet des hanches, le 2ᵉ article des
trochanters, les genoux et la base des tarses,
testacés; 1ᵉʳ article des trochanters brun.

Abdomen deux fois aussi long que la tête et
le thorax, lancéolé; 1ᵉʳ segment un peu plus
large à l'extrémité qu'à la base, deux fois et
demie plus long que sa largeur moyenne,
jaunissant un peu vers les deux bouts, brun
dans le milieu; tubercules peu apparents, situés au milieu. Valves de la tarière épaisses,
tronquées au sommet. ♂ Noir presque en
entier, seulement les deux sutures pâles,
translucides; bouche testacée; palpes noirs;
antennes un peu plus courtes que le corps,
de 15 articles, noires; pattes noires. Long.
2ᵐᵐ; Env. 3 3/4ᵐᵐ.   **Polygoni**, MARSHALL.

OBS. — Elevé par Bignell d'*Aphis myosotidis*,
Koch, sur *Polygonum aviculare*, renouée des oiseaux.

PATRIE : Angleterre.

II. MALES DONT LES FEMELLES SONT INCONNUES

1   Nervure cubitale complète jusqu'au bout
de la première cellule cubitale.   2

—   Nervure cubitale incomplète ou nulle.   3

2   Troisième abscisse de la nervure radiale à
moitié complète; nervures très fines; antennes de 20-21 articles, plus longues que le
corps; taille 2 1/2ᵐᵐ. ♂ Noir; poitrine roussâtre; abdomen brun de poix avec la 2ᵉ suture pâle; 1ᵉʳ segment noir postérieurement.
Epistome, palpes, et mandibules brunâtre-
pâle. Antennes épaisses, noires, avec les
deux premiers articles brunâtres, le 3ᵉ tes-

tacé à la base ; articles 3-6 anguleux extérieurement et comme dentés en scie, les suivants subfiliformes. Sillons du mesonotum faiblement indiqués ; métathorax caréné au milieu, aréolé. Ailes hyalines ; écaillettes et radicules testacé sale ; stigma étroit, hyalin ou à peine jaunâtre ; nervures brunâtre-pâle ; 2ᵉ cellule cubitale limitée en dessous par une nervure très mince, à peine sensible. Pattes testacées ; cuisses et tibias des quatre postérieures rembrunis ; hanches, trochanters, et base des tibias, pâles ; hanches de derrière assombries à la base ; un second exemplaire a les pattes testacé-pâle avec les cuisses de derrière rayées en dessus de brunâtre. Abdomen claviforme, un peu plus long que la tête et le thorax ; 1ᵉʳ segment linéaire, rebordé, sans tubercules visibles. Long. 2 1/2ᵐᵐ ; Env. 5ᵐᵐ.   **Silenes**, Marshall.

Obs. — Parasite de *Siphonophora pisi*, Kaltenbach, puceron des pois, *Pisum arvense*, *sativum*, etc., de *Silene inflata*, le behen blanc, et d'autres plantes. Élevé par Bignell.

Patrie : Angleterre.

———   Troisième abscisse nulle ; nervures basilaires épaisses ; antennes de 19 articles, pas plus longues que le corps ; taille 2ᵐᵐ. ♂ Noir ; abdomen brun avec l'extrémité du 2ᵉ segment et la 2ᵉ suture pâles. Palpes bruns. Antennes noires, sétiformes. Sillons du mesonotum faiblement indiqués ; métathorax lisse, caréné au milieu, aréolé. Ailes hyalines ; écaillettes, radicules, et nervures brunâtre-pâle ; stigma jaunâtre, allongé, émettant la première abscisse obliquement, avant

le milieu; 2ᵉ abscisse de la nervure radiale
effacée ; nervure cubitale complète jusqu'au
bout de la 1ʳᵉ cellule cubitale, dont le côté
inférieur est notablement épaissi. Pattes
brunes ; trochanters, genoux, et base des
tarses, testacés. Premier segment abdominal linéaire, noir, ruguleux, à tubercules peu
sensibles, situés près de l'extrémité. Long.
2ᵐᵐ; Env. 5ᵐᵐ.   **Crithmi**, Marshall.

Obs. — Élevé par Bignell d'*Aphis crithmi*, Buckton, habitant *Crithmum maritimum*, le bacile maritime ou fenouil de mer.

Patrie : Angleterre.

3   Antennes de 17-18 articles.   4

——   Antennes de 16 ou de 13 articles.   5

4   Nervure cubitale distincte au-dessous de
la 1ʳᵒ cellule cubitale, effacée ailleurs ; antennes de 17 articles. ♂ Tête et thorax noirs ;
abdomen brun, avec le 1ᵉʳ segment testacé-
pâle. Parties buccales et palpes très pâles,
blanchâtres. Antennes aussi longues que le
corps, noires avec les deux premiers articles
bruns. Mesonotum sans sillons ; prothorax
noir ; métathorax roux-brunâtre, caréné au
milieu, partagé en quatre aréoles. Ailes légèrement cendrées ; écaillettes et radicules
blanchâtre-sale: stigma très pâle, cendré ;
nervures basilaires brunâtres, assez distinctes, les autres effacées, excepté la radiale qui
s'avance jusqu'au milieu du stigma. Pattes
noirâtres ; trochanters et genoux testacés.
Abdomen un peu plus long que la tête et le
thorax ; 1ᵉʳ segment linéaire, testacé-pâle, à

tubercules très petits, situés avant le milieu;
base du 2ᵉ segment et 2ᵉ suture testacé-pâle;
le reste de l'abdomen brun. Long. 1ᵐ, Env.
2 1/6ᵐᵐ.   **Absinthii**, Marshall.

> Obs. — Élevé par Bignell de *Siphonophora ab-*
> *sinthii*, L. puceron d'*Artemisia absinthium*, l'ab-
> sinthe.

Patrie : Angleterre.

—   Nervure cubitale nulle ou presque nulle;
antennes de 18 articles. ♂ Tête et thorax
noirs; 1ᵉʳ segment testacé en avant, condyle
rougeâtre, tubercules situés derrière le milieu; les deux premières sutures testacées; le
reste de l'abdomen brun. Parties de la bouche roussâtres; palpes rembrunis. Antennes
épaisses, noires, de la longueur du corps.
Prothorax brun; mesonotum sans sillons;
métathorax caréné au milieu, aréolé. Ailes
subhyalines; écaillettes, radicules, et stigma,
cendrés, nervures basilaires brunâtres; cubitale à peine tracée, s'étendant seulement
en ombre jusqu'au bout de la 1ʳᵉ cellule cubitale. Pattes brunes, celles de derrière presque noires; trochanters et genoux testacés.
Abdomen aussi long que la tête et le thorax;
1ᵉʳ segment linéaire, au moins trois fois
aussi long que large, ses tubercules assez
visibles mais petits. Long. 1 1/2ᵐᵐ, Env.
3 1/2ᵐᵐ.   **Euphorbiæ**, Marshall.

> Obs. — Deux mâles élevés par Bignell sont para-
> sites d'un puceron qui habite *Euphorbia paralias*,
> l'euphorbe maritime; c'est peut-être l'*Aphis eu-*
> *phorbiæ* de Koch et de Kaltenbach, espèce dont je
> ne trouve pas mention dans l'ouvrage de Buckton.
> L'*Aphidius* ♂ ne diffère aucunement d'*A. pseudo-*
> *platani* (V. ♀ n° 21), mais n'ayant pas vu la fe-

melle, et considérant la différence des habitats, je n'ai pas osé les réunir.

Patrie : Angleterre; île de Hayling, près de Southampton.

5	Antennes de 16 articles.	6
—	Antennes de 13 articles.	7

6   Deuxième cellule discoïdale plus longue que la moitié de la nervure margino-discoïdale; ailes de grandeur ordinaire; antennes aussi longues que le corps. ♂ Brun-noirâtre, plus pâle sur l'abdomen; 1ᵉʳ segment jaune. Parties buccales et palpes brunâtre très pâle. Antennes brunes, de 16 articles, dont le 2ᵉ roussâtre. Sillons du mesonotum nuls. Ailes subhyalines; stigma et nervures très pâles, celles-ci indistinctes; nervure radiale arquée sans angle, raccourcie; nervure cubitale effacée; nervure margino-discoïdale mieux tracée que les autres; tout le tiers apical de l'aile dépourvu de nervures. Pattes testacé-brunâtre, y compris les hanches; les quatre cuisses postérieures rembrunies, de même que les tibias et les tarses. excepté à la base. Abdomen en ovale étroit, allongé; 1ᵉʳ segment linéaire, sans tubercules sensibles, jaune, ainsi que l'extrême base du 2ᵉ segment. Long. 1 3/4ᵐᵐ, Env. 3 1/2ᵐᵐ.

Lychnidis, Marshall.

Obs — Élevé par Bignell : parasite d'*Aphis lychnidis*, L. qui infeste *Lychnis vescaria*, *diurna*, et *vespertina*, les lychnides.

Patrie : Angleterre.

—   Deuxième cellule discoïdale plus courte

que la moitié de la nervure margino-discoïdale; ailes plus amples que d'ordinaire; antennes un peu plus longues que le corps.
♂ Tête et thorax noirs; abdomen noir avec
le 1er segment testacé; une tache pâle, oblongue, irrégulière, s'étend sur les segments suivants. Parties buccales et palpes pâles. Antennes grêles, filiformes, de 16 articles,
noires avec les deux premiers articles brunâtres. Mesonotum sans sillons; métathorax
très court, partagé en quatre aréoles par
deux sillons en forme de croix. Ailes légèrement cendrées; écaillettes, radicules, et nervures basilaires, brunâtres, très pâles; point
de vestige des nervures externes, excepté la
1re abscisse de la radiale; stigma hyalin,
allongé, mal limité inférieurement, émettant
la 1re abscisse avant le milieu. Pattes testacées; les quatre cuisses et tibias postérieurs
un peu rembrunis au milieu, hanches de
derrière brunâtres à la base en dessus. Abdomen aussi long que la tête et le thorax, et
moins large que celui-ci; 1er segment à condyle un peu élargi, tubercules sensibles,
situés avant le milieu; la tache décolorée des
segments suivants n'est peut-être qu'un accident provenant de la dessiccation. Long.
1^m; Env. 3 1/2^{mm}.   **Cerasi**, Marshall.

Obs. — Je l'ai élevé du puceron *Myzus cerasi*, F.
trouvé sur un cerisier; c'est le seul exemplaire
que j'aie réussi à faire éclore, tous les autres étant
attaqués par le Cynipide hyperparasite *Allotria
flavicornis*, Hartig.

Patrie: Angleterre.

7   Sillons du mesonotum non entièrement
effacés; on distingue en outre une cannelure

longitudinale entre les deux. ♂ Tête et thorax noirs; abdomen brunâtre avec le 1ᵉʳ segment et les deux sutures pâles. Tête grosse; parties buccales et palpes pâles. Antennes de 13 articles, épaisses, plus longues que le corps, un peu moniliformes, noires avec les deux premiers articles bruns. Scutellum et métathorax un peu brunâtres, celui-ci bombé, lisse, sans carène médiane ni aréoles. Ailes hyalines; écaillettes, radicules, stigma et nervures, pâles, cendrés; nervures basilaires fines, peu distinctes; 1ʳᵉ cellule cubitale ouverte en dessous, effacée. Pattes brunâtres; trochanters et genoux pâles. Abdomen aussi long que la tête et le thorax et plus étroit que celui-ci; 1ᵉʳ segment jaune de paille, trois fois aussi long que large, linéaire, à tubercules petits, situés avant le milieu. Long. 3/4ᵐ; Env. 2ᵐᵐ.

Acalephæ, MARSHALL.

Obs. — Le plus petit *Aphidius* que je connaisse; trouvé une seule fois par Bignell sur *Urtica dioica*, l'ortie.

PATRIE : Angleterre.

Point de sillons ni de cannelure médiane sur le mesonotum. ♂ Tête et thorax noirs; abdomen brun de poix avec le 1ᵉʳ segment blanc-jaunâtre, à tubercules distincts. Parties de la bouche et palpes testacés. Antennes de 13 articles, aussi longues que le corps, noirâtres avec les trois ou quatre premiers articles brunâtre-pâle. Prothorax noir, métathorax caréné au milieu. Ailes hyalines; écaillettes et radicules testacé-sale; stigma hyalin, un peu cendré; nervures basilaires

très fines, brunâtres ; radiale à peine sensible,
toutes les autres nervures extérieures effacées. Pattes de devant testacé-pâle, cuisses
et tibias rayés de brunâtre en dessus ; les
quatre postérieures brunâtres, à trochanters
et genoux pâles ; hanches de derrière brunâtre-pâle. Abdomen aussi long que la tête et
le thorax, spatulé ; 1ᵉʳ segment linéaire, deux
fois et demie aussi long que large, presque
blanc ; tubercules situés avant le milieu ;
2ᶜ segment et suivants brun de poix avec la
2ᶜ suture et une ligne médiane du 2ᵉ segment
pâles. Long. 1ᵐ ; Env. 2 1/2 ᵐᵐ.

Callipteri, MARSHALL.

OBS. — Élevé une fois par Bignell de *Callipterus
quercus,* Kaltenbach, l'un des pucerons du chêne,
Quercus robur.

PATRIE : Angleterre.

ESPÈCES D'APHIDIUS DOUTEUSES

Je ne m'arrêterai pas à discuter les espèces des plus anciens entomologistes, lesquelles restent à jamais indéterminables. Telles sont l'*Ichneumon aphidum*, Lin., *Cryptus
aphidum*, Fab., *Ichn. aphidiphagus, dipsaci, aparines,*
Schrank, etc. Quelques autres, cependant, mieux décrites,
paraissent mériter notre attention ; ce sont les suivantes :

1. Constrictus, NEES, 1811. ♀ Noire ; dessous du prothorax, 1ᵉʳ segment, et extrémité de l'abdomen, jaunes. Parties bucales jaunes. Yeux grands, saillants. Antennes de 20 |19| articles, noirâtres, avec les trois premiers articles jaunes. Stigma parfois fauve. Pattes jaunes en entier. Abdomen lancéolé, un peu comprimé à l'extrémité ; 1ᵉʳ segment étranglé au milieu [à cause de la saillie des tubercules] ; les deux derniers segments et le sommet de la tarière, jaunes. ♂ Inconnu. Long. 2ᵐᵐ. (*Bracon constrictus*, NEES, 1811 ; *Aphidius constrictus*, NEES, 1834).

Var. Dessous du prothorax d'un rouge obscur ; extrémité de l'abdomen noire. Parasite de quelque puceron habitant le rosier.

OBS. — Ce n'est pas le *constrictus*, Hal. (V. ♀ nº 21, *pseudoplatani*), qui a les antennes de 15 ou 16 articles, la couleur jaune, et se trouve parmi les pucerons de l'érable.

PATRIE : Franconie (Sickershausen).

2. Dissolutus, NEES, 1811. ♀ Tête et thorax noirs ; abdomen testacé à la base. Mandibules et palpes testacés. Antennes de 14 |13| articles. Stigma et nervures brunâtres ; 1ʳᵉ cellule cubitale fermée en dessous par la nervure cubitale qui ailleurs est obsolète. Pattes de devant testacées, les cuisses légèrement rembrunies, les tibias indistinctement annelés à deux places de teinte sombre ; les quatre pattes postérieures d'un brun de poix avec la base des tibias, les tarses, et le sommet des hanches testacés ; trochanters un peu pâles aux deux bouts. Les deux premiers segments abdominaux, et une tache médiane indistincte sur les suivants, testacés ; 1ᵉʳ segment court, à peine aussi long que le sixième de l'abdomen, peu ruguleux, à condyle dilaté, cyathiforme ; le reste de l'abdomen oblong atténué en arrière. ♂ Semblable ; toute la nervulation effacée, excepté le commencement de la radiale. Long. 2ᵐᵐ. (*Bracon dissolutus*. NEES , 1811 ; *Aphidius dissolutus*, NEES, 1834).

Var. Un peu plus petit ; antennes de 11 |10| articles, pâles vers la base ; parties de la bouche et épistome testacés. Stigma et nervures pâles ; nervure cubitale entièrement décolorée, les autres effacées excepté le commencement de la radiale. Pattes comme chez la forme primitive, mais tous les trochanters sont testacés, les tibias de devant non annelés, les cuisses de la même paire testacées, un peu brunâtres à la base. Abdomen d'un testacé-brunâtre ; 1ᵉʳ segment plus pâle, linéaire, peu dilaté en arrière, à peine resserré au milieu ; segments suivants assombris en dessus, noirs après la mort. Tarière aussi longue que le dernier segment, courbée en bas, subulée. pubescente. ♂ Antennes de 12 [11] articles, dont le dernier le plus gros; pattes comme chez le ♂ primitif; 1ᵉʳ segment testacé, 2ᵉ brunâtre, les suivants noirs; ou tout l'abdomen noirâtre.

Obs. — On entrevoit ici un mélange de deux espèces différentes, dont la première ne peut pas être *dissolutus*, Hal. (V. ♀, n° 22), et la seconde n'appartient pas au genre *Aphidius*: c'est plutôt un *Trioxys*, d'après la description des antennes et de la tarière, bien que l'auteur ne mentionne pas les cornes anales de la ♀ faciles à négliger dans les exemplaires mal préparés.

Patrie: Franconie (Sickershausen); dans les haies et les chênaies; la variété sur les fleurs de *Pastinaca*, et l'*Anethum*.

3. Melanocephalus, Nees, 1811. ♂ D'un roux de poix sale; tête et partie postérieure de l'abdomen, noires. Parties buccales rouges. Antennes noires, aussi longues que le corps, de 18 [17] articles cylindriques. Pattes noirâtres, d'une teinte moins foncée que le thorax; base des tibias, et tarses, rougeâtres, ceux-ci assombris au sommet. Abdomen spatulé; 1ᵉʳ segment linéaire, ruguleux, rétréci vers la base, sans constriction ni impression médiane [i. e. sans tubercules sensibles]. ♀ Inconnue. Long 1 1/2ᵐᵐ. (*Bracon melanocephalus*, Nees, 1811; *Aphidius melanocephalus*, Nees, 1834). C'est probablement un *Monoctonus*.

Patrie: Franconie (Sickershausen).

4. Restrictus, Nees, 1834. ♀ Noire, luisante; 1ᵉʳ segment abdominal, et une tache sur le 2ᵉ, testacés. Mandibules étroites, rouges, à deux denticules aigus, assombries à l'extrémité; palpes pâles. Antennes filiformes, noirâtres, de 13 [12] articles, dont le premier rougeâtre. Ailes hyalines, à nervulation fine: stigma et nervures brunâtre-pâle. Pattes testacé-rougeâtre; les quatre hanches postérieures assombries vers la base; sommet des trochanters et milieu des cuisses assombris; tibias assombris, testacés aux deux bouts; tarses testacés avec le sommet des articles plus obscur. Abdomen lancéolé, comprimé au bout, d'un brun noirâtre; 1ᵉʳ segment linéaire, peu élargi postérieurement, subbicaréné, d'un testacé rougeâtre. ♂ Inconnu, si ce n'est pas le suivant (*diminuens*), selon la conjecture de l'auteur. Long. 1 1/2ᵐᵐ.

Ratzeburg croyait avoir reconnu cet *Aphidius*, communiqué par Nördlinger, qui l'avait élevé de quelque puceron habitant l'érable. Voici la diagnose, qui est applicable, comme celle de Nees, à un nombre considérable d'espèces. Le défaut de la plupart des descriptions est celui d'omettre les détails de la nervulation, etc., et de s'appuyer constamment sur des caractères purement génériques.

♀ D'un testacé brunâtre; tête noire; mesonotum, scutellum, et abdomen par places, d'un brun plus foncé, Parties buccales pâles. Antennes plus courtes que le corps, de 13-14 articles, dont le dernier le plus long. Métathorax aréolé. Stigma pâle. Abdomen plus long que la tête et le thorax, très étroit, comprimé au bout; 1ᵉʳ segment moins long que le quart de l'abdomen, linéaire, à tubercules sensibles. Long. 2ᵐᵐ.

PATRIE : Franconie (Sickershausen); capturé sur *Anethum graveolens*.

5. Diminuens, NEES, 1834. ♂ D'un noir foncé. Parties de la bouche brunâtres. Antennes noirâtres, à peine plus longues que la tête et le thorax, de 13 [12] articles. Ailes hyalines, à nervulation fine; stigma pâle; nervures brunes. Pattes de devant brun de poix, cuisses plus obscures dans le milieu; pattes postérieures noirâtres, avec le sommet des trochanters et la base des tibias un peu brunâtres. Abdomen noir; 1ᵉʳ segment à peine resserré au milieu; 2ᵉ d'un brun roussâtre. Long. 2ᵐᵐ.

PATRIE : Franconie (Sickershausen).

6. Resolutus, NEES, 1834. — ♀ Tête et thorax très noirs, luisants; les deux premiers segments et l'extrémité de l'abdomen jaunes. Tête un peu plus large que le thorax; face très courte; mandibules, palpes et sommet de l'épistome jaunes; yeux grands. Antennes presque aussi longues que le corps, filiformes, de 12 [11] articles, dont le premier court, subovalaire, les suivants allongés; 3ᵉ et 4ᵉ plus longs; articles 1-3 jaunes, les autres noirâtres. Métathorax lisse. Ailes hyalines; stigma pâle; cellule costale et commencement de la nervure radiale distincts, le reste de la nervulation obsolète. Pattes entièrement jaunes. Abdomen lancéolé; 1ᵉʳ segment linéaire, descendant à la base, sans sculpture. Tarière courbée vers le bas. ♂ Douteux; un peu plus petit, antennes plus épaisses, noirâtres en entier, de 13 [12] articles, dont le 3ᵉ moins allongé; face moins courte; métathorax brun de poix; cuisses et tibias de derrière assombris dans le milieu; abdomen spatulé, concolore au bout. Long. 2ᵐᵐ.

PATRIE : Franconie (Sickershausen).

7. Enervis, NEES, 1834. — ♂ Très noir, avec les deux premiers segments abdominaux d'un brun obscur. Tête courte, triangulaire; épistome arrondi, court, élevé; vertex court, presque plan, canaliculé au milieu; yeux petits; globuleux, situés en avant; mandibules et palpes rouges, ceux-ci très courts. Antennes noirâtres avec le 2ᵉ article rouge, plus courtes que le corps, filiformes, assez épaisses, de 18 [17] articles, dont le 1ᵉʳ assez long, cylindrique, 2ᵉ très court; les suivants cylindriques, le dernier pointu. Métathorax court, avec deux sillons arqués sous le scutellum, ensuite brusquement déclive, subrugueux, brunâtre. Ailes amples, hyalines; stigma épais, brun; cellules costale et médiane distinctes, celle-ci linéaire; cellule radiale ovalaire, à peine dessinée par une nervure subobsolète qui disparaît avant l'extrémité; les autres cellules nulles; on distingue vers le bout de l'aile des vestiges raccourcis des nervures cubitale et postérieure. Pattes un peu épaissies, brun de poix; 2ᵉ article des trochanters, base et sommet des tibias, et tarses, testacé-rougeâtre. Abdomen ovalaire, arrondi au bout, aussi long que la tête et le thorax; 1ᵉʳ segment subcylindrique et descendant près de la base, subrugueux, subitement dilaté et conique derrière les tubercules qui sont très saillants; condyle lisse, aplati; segments suivants lisses, noirs; ventre convexe, rouge à la base. ♀ Inconnue. Long. 2 1/2ᵐᵐ.

Obs. — Cet insecte n'est pas un *Aphidius*, se rattachant plutôt, par l'ensemble des traits, aux *Praon*, chez lesquels la nervulation est souvent en grande partie décolorée. Il a aussi quelque analogie avec *Dyscritus*, mais s'en écarte par la conformation de la tête. Pour trancher la question, il faudrait connaître la femelle.

Patrie : Franconie (Sickershausen); un seul exemplaire connu.

8. Lutescens, Haliday, 1834. — ♀ Jaune; yeux et antennes noirs, scape jaunâtre; vertex, trois taches sur le mesonotum, scutellum, métathorax, 1ᵉʳ segment et des taches transversales sur quelques-uns des suivants, assombris. Pattes jaunes sans taches. Taille et proportions de *rosæ*, Hal. (V. ♀ nᵒ 14) : il ne diffère peut-être pas de *loniceræ* (V. *ibid.*). Long, 3ᵐᵐ; Env. 6ᵐᵐ.

Patrie : Angleterre.

9. Duodecim-articulatus, Ratzeburg, 1852. — Sexe non indiqué. D'un brun noirâtre; parties buccales d'un testacé sale. Antennes de 12 articles; dernier article non composé de deux articles réunis. Ailes hyalines; écaillettes, radicules et stigma d'un testacé sale; nervulation comme chez *rosarum*, Nees [i. e. *avenæ*, Hal., V. ♀ nᵒ 15]. Pattes de devant en grande partie testacé sale; les 4 postérieures assombries, avec les articulations pâles. Long. 1 1/2ᵐᵐ.

Obs. — Deux individus ont été élevés par Brischke, et supposés parasites de *Cecidomyia salicina*, De Geer; mais il est difficile d'accepter l'idée qu'un *Aphidius* soit parasite d'un diptère.

Patrie : Allemagne (Dantzig).

10. Rapæ, Curtis, 1860. — Sexe non indiqué, mais la figure représente une ♀. Tête et thorax noirs, luisants, abdomen brun de poix, avec les sutures pâles; 1ᵉʳ segment jaunâtre. Parties buccales jaunes. Antennes plus courtes que le corps de 14 articles, dont le 1ᵉʳ jaune en dessous; selon Buckton elles ont 16 articles, et j'en distinguai le même nombre chez l'individu qui me fut envoyé; c'était une femelle. Ailes hyalines; stigma étroit, brun; cellule costale complète; nervure cubitale s'étendant jusqu'au bout de la 1ʳᵉ cellule cubitale; nervure radiale commencée: le reste de la nervulation effacé. Pattes d'un jaune clair, variées de brun sombre. Abdomen lancéolé. ♂ Inconnu. Long. 2 1/2ᵐᵐ; Env. 4 2/3ᵐᵐ.

Obs. — Publié par Curtis (Farm Insects, p. 73) sous le nom de *Trionyx* (i. e. *Toxares*) *rapæ :* plus tard, il reconnut son erreur et rapporta l'insecte au genre *Aphidius* (V. Curtis dans le " Book of the garden " par Mac Intosh, ii. p. 194, où la figure représente assez clairement un *Aphidius*.) Il en est de même de la figure coloriée dans l'ouvrage de Buckton, qui eut l'obligeance de m'en communiquer un exemplaire; mais cet exemplaire, préparé pour le microscope, décoloré et écrasé entre deux lames de verre, permettait seulement de constater le genre. Selon Curtis, ce parasite détruit les pucerons du navet, *Brassica rapa*; et Buckton nous informe que ces pucerons sont de l'espèce *Aphis brassicæ*, Lin. Ils se plaisent sur plusieurs plantes crucifères, notamment *Brassica oleracea*, le chou; les hordes de pucerons qui se rassemblent sur les choux, jusqu'à en cacher les feuilles, sont beaucoup diminuées, quelquefois même réduites des neuf dixièmes par cet *Aphidius*. Les individus ayant 14 articles aux antennes sembleraient appartenir à *Aphidius brassicæ* (V. ♀ nº 36); quant aux autres, je n'oserais pour le moment énoncer une opinion sur leur compte.

Patrie : Angleterre.

11. Aphidiperdus, Rondani, 1877. — Sexe non indiqué. Noir, luisant. Antennes de 13 articles. Ailes subhyalines; stigma triangulaire, noirâtre. Pattes rougeâtres; cuisses et tibias postérieurs en grande partie bruns ou noirâtres; tarses assombris à l'extrémité, ceux de devant avec les articles 1ᵉʳ et dernier de longueur presque égale, les postérieurs à 1ᵉʳ article plus longs que les autres. Taille non indiquée (*Misaphidus aphidiperda* [sic], Rondani.).

. Obs. — Parasite d'*Aphis chloris*, Koch, puceron de *Hypericum perfo-*

ratum. Le genre *Misaphidus*, à en juger par l'esquisse de l'aile donnée par l'auteur, serait synonyme de *Praon* et de *Trioxys*.

Patrie : Italie.

12. Crudelis, Rondani, 1877. — ♂ Tête et thorax noirs, luisants, abdomen brun-noirâtre, un peu jaunâtre à la base et sur les côtés ; les sutures quelquefois pâles. Epistome jaunâtre ; palpes testacé-pâle. Antennes noirâtres, de 13 articles. Ailes subhyalines ; stigma gris. Pattes testacé-pâle ; cuisses et tibias postérieurs plus ou moins rembrunis. ♀ Face, joues et poitrine jaunâtres. Antennes de onze articles [caractère de *Trioxys*], dont les trois premiers jaunâtre-pâle ; abdomen plus jaunâtre que celui du mâle. Taille non indiquée. (*Misaphidus crudelis*, Rondani).

Obs. — Parasite d'un puceron inconnu. Le lecteui du Bullet. Soc. ent. Ital. 1877, est renvoyé aux Ann. des Sc. nat. de Bologna, 1848, que je n'ai pu consulter ; c'est là peut-être que se trouvent les caractères du genre *Misaphidus*.

Patrie : Italie.

13. Halticæ, Rondani, 1877. — Sexe non indiqué. Noir, luisant ; 1ᵉʳ segment de l'abdomen pâle. Antennes noirâtres, de 15-16 ? articles, presque nues. Ailes hyalines ; stigma grand, triangulaire, allongé, brunâtre ou noirâtre. Pattes brunes ; hanches, tarses et genoux plus pâles ; articles des tarses comme chez *aphidiperdus*. Premier segment de l'abdomen court. Taille non indiquée.

Obs. — Provenu, selon l'auteur, de la larve d'un coléoptère, qu'il nomme *Phyllotreta nigra*, Ent. Heft. Outre qu'il n'y a pas de *Phyllotreta nigra* parmi les *Halticidæ*, un rapport de parasitisme entre un Aphidius et un coléoptère est peu vraisemblable.

Patrie : Italie.

7ᵉ GENRE. — **DYSCRITUS**, Marshall, 1895.

δύσκριτος, difficile à discerner.

Tête semi-circulaire en dessus, à peine plus large que le thorax, un peu aplatie, fort prolongée derrière les yeux; occiput non rebordé; bouche fermée; épistome non distinct. Palpes courts. Antennes insérées vers le haut de la face, grêles, filiformes, aussi longues que le corps; 3ᵉ article deux fois aussi long que le suivant. Sillons du mesonotum complets; une fossette antéscutellaire lisse; mésopleures lisses, à sillon obsolète; métathorax court, tronqué en arrière, aréolé, sa partie antérieure en pente légère, séparée de la partie déclive par une carène transversale; on y distingue 5 aréoles, deux basilaires séparées par une carène, une postéro-médiane complète, pointue à la base, et une de chaque côté de la partie déclive. Ailes amples; nervulation semblable à celle de *Praon*, seulement la 1ʳᵉ cellule cubitale se confond avec la 1ʳᵉ discoïdale; nervures distinctes à la base, subobsolètes vers le bout de l'aile; point de nervures transversocubitales, de sorte qu'il n'y a qu'une cellule cubitale; stigma assez gros, triangulaire, atténué aux deux bouts, émettant la radiale du milieu; celle-ci en courbe légère sans angle, atteignant le bout de l'aile, distincte et noire depuis la base jusqu'au tiers de sa longueur, puis très fine et à peine sensible jusqu'au bout; nervure cubitale très fine; nervure récurrente très oblique; nervure postérieure non interstitiale; 2ᵉ cellule discoïdale incomplètement fermée aux deux bouts. Abdomen sessile, aussi long que la tête et le thorax, fortement comprimé en arrière à partir de la base du 3ᵉ segment; 1ᵉʳ segment en rectangle plus long que large, avec les tubercules prononcés, situés avant le milieu; abdomen, vu de côté, en massue aplatie; tarière très courte, ses valves épaisses.

L'insecte que je veux faire connaître ici s'écarte des *Praon*
par la forme insolite de la tête, la confluence des cellules cubitale et première discoïdale, l'aréolation complète du métathorax, et la forte compression de l'abdomen. Bien que
j'ignore ses habitudes, je crois devoir le placer parmi les parasites des pucerons à cause de sa conformation générale,
qui empêcherait de le classer ailleurs.

♀ D'un jaune testacé, assombri en dessus
sur le stemmaticum, le thorax, et le milieu
de l'abdomen. Corps lisse, luisant. Mandibules noirâtres au sommet; milieu de l'occiput noir; palpes jaunes. Antennes de 24 articles, dont les cinq premiers jaunes, le 6ᵉ et
les suivants noirs; le 3ᵉ et le 4ᵉ étroitement
noirs à l'extrémité; le 5ᵉ d'un jaune moins
clair. Prothorax jaune; mesonotum noirâtre
sur les trois lobes, rougeâtre au milieu près
du scutellum; celui-ci roussâtre, lisse, convexe, en triangle allongé; métathorax brun
à la base; la partie déclive et les côtés
testacés; il est faiblement quadridenticulé en
arrière. Ailes hyalines; écaillettes jaune-pâle;
nervures brunâtres; stigma jaunâtre; cellule
radiale grande, en ovale allongé, atteignant
le bout de l'aile, mais paraissant ouverte par
suite de la ténuité de la nervure radiale.
Pattes jaunes, seulement le sommet des
tarses brun. Premier segment de l'abdomen
jaune, relevé au milieu en bosse ruguleuse,
assombrie; 2ᵉ et suivants jaunes, les 3ᵉ à 5ᵉ
marqués d'une grande tache commune d'un
brun de poix; segments apicaux jaunes.
Valves de la tarière noires. ♂ Inconnu. Long.
2 1/2ᵐᵐ; Env. 6ᵐᵐ.   **Planiceps**, Marshall.
Patrie : Angleterre (Devonshire).

VIIe DIVISION. — PACHYLOMMATIDÆ

Avant de terminer ce volume, il reste à décrire un genre de conformation singulière, *Pachylomma*, dont la place systématique a beaucoup embarrassé les auteurs. A cet effet, il est nécessaire d'établir une division supplémentaire, et de supprimer ce qui est dit à l'égard de ce genre p. 26 du premier volume, où l'on peut voir que je n'avais pas alors adopté l'opinion de la plupart des entomologistes modernes. De Brébisson, auteur du genre *Pachylomma*, le plaça parmi les *Ichneumonidæ* : Latreille, Westwood et Haliday le regardèrent comme attenant aux *Evaniidæ;* Förster, Curtis, Ratzeburg, Nees von Esenbeck, Brullé, Giraud, Ashmead et Haliday lui-même dans ses derniers écrits, furent d'accord pour les réunir aux *Braconidæ*. Toutefois les rapports de *Pachylomma* avec l'une quelconque de ces trois familles sont loin d'être indiscutables, comme je vais le démontrer.

Il diffère des *Ichneumonidæ* par le manque d'une seconde nervure récurrente, caractère essentiel de cette famille, par l'insertion de l'abdomen au-dessus des hanches de derrière, et par ses habitudes formicicoles. Il diffère des *Evaniidæ* par presque tous ses caractères (comme on le voit en étudiant la monographie de Schletterer), excepté seulement par l'insertion de l'abdomen. Il s'écarte des *Braconidæ* par l'ensemble de la nervulation, à laquelle on ne trouve rien de semblable dans toute la famille, et par la conformation de l'abdomen, où le deuxième segment est séparé du troisième par une véritable suture, qui est diarthrodiale ou pénétrante, comme chez les *Ichneumonidæ*.

Mais je ne fais pas trop de cas de ces difficultés : toutes les tentatives vers un arrangement des hyménoptères parasites sont simplement des artifices de convenance, qui n'expliquent pas les problèmes de la nature; il importe peu où l'on fasse place, dans certaines familles étroitement alliées, à tel ou tel insecte étrange. J'accueille donc volontiers les *Pachylomma* dans le présent volume jusqu'à nouveaux renseignements, tout en les regardant comme une petite famille isolée, comparable sous ce rapport aux *Stephanus* (1), aux *Monomachus*, aux *Pelecinus* et à d'autres encore.

On n'en connaît jusqu'ici que deux espèces en Europe, qui paraissent fréquenter constamment les sociétés de fourmis, dont elles sont presque certainement les parasites. Cette manière de vivre rappelle un autre genre anormal, les *Elasmosoma*, très éloignés des *Pachylomma* quant à leur structure, mais également formicicoles; on trouvera leur description page 549 du premier volume. MM. Provancher et Ashmead ont signalé trois espèces américaines censées appartenir au même groupe que nos *Pachylomma*, ce sont *Eupachylomma Rileyi*, Ashmead; *E. flavocincta*, Ashm., et *Ropronia pediculata*, Provancher. Ces insectes diffèrent essentiellement des nôtres par leurs habitudes, deux d'entre eux étant provenus de pucerons, et le deuxième (*flavocincta*) d'origine inconnue. C'est donc probablement avec raison qu'on a regardé les espèces transatlantiques comme génériquement différentes des *Pachylomma*. Malgré le parasitisme des deux espèces (génériquement distinctes) à l'égard des *Aphidæ*, je suis porté à

<hr>

(1) Nees von Esenbeck commence sa monographie des Braconides par le genre *Stephanus*. Ce genre constitue maintenant une famille à part, les *Stephanidæ*, auxquels Schletterer vient d'ajouter le genre *Stenophasmus* enlevé aux Braconides, et voisin des *Spathius*, dont il a les formes exagérées avec une nervulation absolument identique, mais fort différente de celle de *Stephanus*. Ainsi le groupe des *Spathius* jouit-il d'une double représentation, figurant parmi les *Braconidæ* comme *Spathius*, parmi les *Stephanidæ* comme *Stenophasmus*.

penser qu'en rapprochant les *Pachylomma* des *Aphidius*,
les auteurs se sont laissé guider par une ressemblance illu-
soire. Admettons qu'à première vue la forme générale des
Pachylomma ressemble plus ou moins à celle des *Aphidius*,
mais les caractères de structure, qui seuls peuvent établir
une affinité, manquent entièrement. Qu'on examine en détail
un *Pachylomma*, on remarquera l'épistome avancé en bec,
les ailes à nervation complète et singulière, l'insertion de
l'abdomen sur le métathorax, l'articulation du 2ᵉ segment sur
le 3ᵉ, qui s'effectue par imbrication, enfin les pattes de derrière allongées, à hanches très longues, à tarses épaissis, le
tout constituant un ensemble de caractères importants dont
on chercherait vainement le moindre vestige chez les *Aphidius*. Je pense donc que les prétendus rapports entre les
Pachylomma et les *Aphidius* sont imaginaires, et c'est seulement par les nécessités de la rédaction que ceux-là font suite
immédiatement aux *Aphidius* dans le présent ouvrage. M. Ashmead se déclare, au contraire, très frappé par la ressemblance
de ces deux groupes : malheureusement il n'a pas précisé (1)
les points par où ils se rapprochent, ce qui eût été plus difficile que d'en signaler les divergences, comme je viens de
faire.

Après ces données préalables, il convient d'exposer les
caractères du groupe, qui sont ceux de l'unique genre
Pachylomma.

(1) Voir « Proc. Ent. Soc. Washington », 1894, vol. III. nº 1, « Notes on
Pachylommatoidæ ». D'après la description d'*Eupachylomma Rileyi*, il paraît
que cet insecte diffère à peine de *Pachylomma*. L'auteur de ce mémoire inté-
ressant a bien fait de corriger l'erreur et de reléguer son *Eupachylomma* à la
tribu des *Euphoridæ* et au genre *Wesmaelia*, Förster, qui est hors de la question. Je remarque aussi en passant que lorsqu'il parle de l'insertion de l'abdomen chez *Pachylomma*, M. Ashmead cite comme exemple de la même singularité, *Cænocœlius*, Hal., ce qui est juste, mais il se trompe en supposant
que mon genre *Promachus* soit synonyme de *Cænocœlius*. En effet, le nom
Promachus n'a jamais vu le jour; il était déjà préoccupé et je lui ai substitué
celui de *Dolops*. *Dolops* est fort différent de *Cænocœlius* (voir vol. II. pl. 8
fig. 9, 10).

GENRE. — **PACHYLOMMA**, DE Brébisson, 1825.

παχυλος, un peu épais; ομμα, œil. Diversement orthographié par les
auteurs, *Paxillomma, Paxylomma, Paxylloma.*

Tête grande, transversale, plus large que le thorax; yeux
et ocelles très gros; face étroite, un peu concave; épistome
caréné, avancé sur les mandibules en forme de bec; palpes
courts, les maxillaires de 4, les labiaux de 3 articles. Antennes de 13 articles ♂ ♀, plus courtes que le corps chez la ♀,
presque aussi longues que le corps chez le ♂, filiformes.
Thorax très court et très gibbeux; prothorax caché en dessus;
mesonotum sans sillons, on distingue une fossette peú profonde vis-à-vis du scutellum; métathorax très court, profondément échancré en arrière pour laisser passer l'abdomen, à
une distance appréciable des hanches de derrière; poitrine
gibbeuse. Nervulation distincte; 2 cellules cubitales; cellule
radiale étroite, en triangle allongé, éloignée du bout de l'aile;
stigma étroit, allongé, lancéolé, émettant la nervure radiale
près de la base; 1ʳᵉ abscisse plus longue que la largeur du
stigma; 2ᵉ (chez l'une des espèces) très courte, souvent ponctiforme ou nulle; chez l'autre espèce, plus longue que la 1ʳᵉ;
nervure cubitale naissant anormalement, soit du point de
jonction des deux abscisses, soit de l'extrémité externe de
la 2ᵉ; il en résulte que les deux cellules ou sont complètement
séparées par un isthme, ou se touchent en un point seulement; point de nervures transverso-cubitales; 1ʳᵉ cellule
cubitale confondue avec la 1ʳᵉ discoïdale; 2ᵉ cellule discoïdale
presque aussi grande que la 1ʳᵉ; nervure postérieure non
interstitiale; nervure récurrente longuement rejetée; point de
nervure récurrente aux ailes postérieures. Pattes antérieures
assez longues et grêles; celles de derrière très longues, leurs

hanches allongées, leurs tarses dilatés, aplatis, avec le 1er article aussi long ou plus long que les suivants réunis. Abdomen beaucoup plus long que la tête et le thorax, falciforme, en massue, vu de côté; 1er segment très étroit, cylindrique, portant les tubercules près du milieu; 2e de moitié plus long que le 1er, étroit, subcylindrique; segments suivants plus courts, étroits sur le dos, élargis et comprimés sur les côtés. Tarière, à l'état de repos, ne dépassant pas le bout de l'abdomen, exserte; elle est aussi longue que les 3 ou 4 derniers segments, légèrement courbée vers le haut, très acuminée, ses valves aplaties, spatulées. On reconnaît le ♂ à la longueur des antennes, à l'étui de l'organe sexuel un peu proéminent, et à l'échancrure latérale du 3e segment qui est plus forte que chez la ♀.

Les singularités du système alaire s'expliquent par le déplacement de la nervure cubitale, qui au lieu de partir de la margino-discoïdale (comme chez les autres hyménoptères), prend naissance de la radiale, entraînant nécessairement le dérangement de quelques autres nervures et cellules. Giraud a décrit la tête de *Pachylomma* comme « petite », évidemment par inadvertance; elle est au contraire très grande. Je n'adopte pas le genre *Eurypterna*, Forster, créé pour *P. Cremieri*, et fondé sur des caractères qui ne sont que spécifiques, non plus que le genre *Hybrizon*, Fallén : il est vrai que ce dernier, portant la date de 1813, devrait l'emporter sur tout autre en vertu de la priorité, s'il était suffisamment décrit; mais il est si mal défini qu'on pourrait y comprendre une foule d'autres insectes et même la tribu entière des Aphidiens. Le genre *Plancus*, Curtis (1833) a été fondé sur *P. buccata*, que cet auteur découvrit le premier en Angleterre.

1   Deuxième abscisse de la nervure radiale très courte, le plus souvent réduite à un point; 1er article des tarses de derrière d'un tiers plus long que les 4 suivants réunis; tibias de derrière testacés. ♀ Corps d'un noir plus ou

moins brun; base des antennes, sutures de l'abdomen et pattes testacées. Tête noire; épistome, palpes, et mandibules, testacés. Antennes d'un quart moins longues que le corps; articles 1-2 courts, égaux, testacés, le 2ᵉ arrondi; 3ᵉ très long, cylindrique, noirâtre, ainsi que les suivants, qui diminuent progressivement de longueur jusqu'au sommet. Mesonotum noir ou roussâtre; on distingue parfois sous les ailes une tache fauve; métathorax noir, caréné au milieu dans sa moitié postérieure, la carène se bifurque antérieurement, avec indication de quelques aréoles, notamment de deux postérieures. Ailes subhyalines ou légèrement enfumées; écaillettes et radicules fauves; stigma et nervures d'un brun noirâtre; nervure cubitale naissant du point de jonction des deux cellules cubitales, représentant la 2ᵉ abscisse. Pattes testacées y compris les hanches; cuisses, tibias et tarses de derrière d'une teinte plus foncée, ou fauves; tibias et tarses médiocrement épaissis et comprimés, sans concavité sensible en dehors. Abdomen claviforme, courbé vers le bas à l'extrémité, noirâtre, plus ou moins largement ceinturé de testacé ou de fauve le long des sutures, parfois presque entièrement fauve, noirâtre à l'extrémité; 1ᵉʳ segment linéaire, faiblement ridé en long, occupant à peu près le sixième de la longueur totale de l'abdomen; 2ᵉ pareillement ridé vers la base, élargi postérieurement; 3ᵉ et suivants courts, comprimés; le 3ᵉ échancré de chaque côté. Tarière ordinairement cachée ou peu exserte, ses valves noires. ♂ Semblable; antennes à peine plus courtes que le corps, longuement testacées à

la base, d'un fauvè sale jusqu'au sommet (chez
mon exemplaire); abdomen plus long que
celui de la ♀, moins en massue à l'extrémité.
Long. 2 1/2-4^{mm}; Env. 4-6 2/5^{mm}.

Buccata, DE BRÉBISSON

OBS. — J'ai rencontré cet insecte en France, à
Nantua; en Corse, près d'Ajaccio; et trois fois en
Angleterre, principalement à Freshwater Bay
(Comté de Pembroke), où les ♀ se cachaient en
grand nombre dans les touffes du jonc maritime,
pêle-mêle avec *Myrmica scabrinodis*, Nyl. et plusieurs autres insectes. N'ayant jamais eu la chance
de les observer en activité, planant au-dessus des
fourmilières, je me borne à soupçonner que leurs
manœuvres doivent être les mêmes que celles de
l'espèce suivante, au sujet desquelles on a le
témoignage du célèbre Giraud, que je vais citer
tout à l'heure.

En parlant de l'espèce actuelle, Giraud dit :
« Dans une excursion que je fis, le 6 juillet, dans
« les environs de Vienne, mon attention se porta
« sur un tronçon de saule en partie vermoulu, sur
« lequel se promenait une société de très petites
« fourmis dont je regrette de n'avoir pas déter-
« miné l'espèce. Au-dessus d'elles planait un nom-
« bre assez considérable de petits hyménoptères;
« j'en mis une quinzaine dans un flacon et je les
« apportai vivants chez moi. Après m'être assuré
« que j'avais affaire à la *P. buccata*, je les plaçai
« dans une boîte vitrée qui me permettait d'ob-
« server leurs mouvements : le lendemain, vers
« dix heures, je vis, à ma grande satisfaction, que
« leur réclusion ne mettait pas obstacle à leurs
« ébats amoureux; une paire était accouplée, etc. »
C'était une conjecture de Ratzeburg, que *P. buccata* fût parasite du coléoptère *Throscus dermes-
toïdes*, L , un individu ayant été pris volant autour
de cet insecte; pourtant, après les observations
faites sur *P. cremieri*, constatant les rapports qui
existent entre les *Pachylomma* et les fourmis, on
est autorisé à rejeter toute opinion contraire.

PATRIE : France; Corse; Belgique; Angleterre; Autriche; Allemagne.

Deuxième abscisse de la nervure radiale plus longue que la 1ᵉ; 1ᵉʳ article des tarses de derrière deux fois aussi long que les 4 suivants réunis; tibias de derrière noirs. ♀ Corps d'un noir de poix, lisse, luisant; deux taches humérales, et scutellum, blanc-jaunâtre; abdomen testacé-rougeâtre, noir à l'extrémité; pattes testacées, excepté les tibias de derrière. Tête noire; épistome et parties buccales blanc-jaunâtre. Thorax noirâtre en dessus, brunâtre en dessous, souvent avec quelque mélange de jaunâtre et de roussâtre, quelquefois un dessin rougeâtre fait suite aux deux taches pâles des épaules. Métathorax lisse et luisant, sans rugosités ni carènes, faiblement cannelé au milieu; scutellum roux au milieu vers la base. Ailes comme chez le précédent, seulement le stigma plus long et plus large, la cellule radiale plus étirée vers le bout de l'aile; la 2ᵉ abscisse notablement plus longue, émettant la nervure cubitale de son extrémité externe; il en résulte que les deux cellules cubitales sont éloignées l'une de l'autre. Tibias de derrière en grande partie noirâtres; hanches et cuisses proportionnellement plus longues et beaucoup plus grêles que chez *buccata*: tibias et tarses de la même paire très aplatis et très larges; tibias concaves en dehors comme ceux d'une abeille, couverts de poils courts, raides, dirigés en arrière. Abdomen plus de deux fois aussi long que la tête et le thorax, courbé brusquement vers le bas après le 6ᵉ segment; 1ᵉʳ segment muni inférieurement, à l'extrémité, d'une petite élévation dentiforme; 2ᵉ et 3ᵉ segments portant de chaque côté un trait longitudinal noirâtre ; derniers segments étroitement bordés de blanc lacté ou glauque. ♂ Semblable ; face, parties de la bouche, et orbites internes jusqu'au vertex, jaune de citron ; de même couleur sont les deux premiers articles des antennes, quelques stries sur le mésothorax, ainsi que le scutellum, les pleures, et les hanches ; pattes testacé-brunâtre, tibias de derrière en grande partie noirâtres ; abdomen testacé-brunâtre, assombri à l'extrémité. Long. 6^{mm}. **Cremieri**, DE ROMAND.

Obs. — Giraud raconte ainsi ce qu'il a pu observer au sujet des habitudes de ce rare et bel insecte : « Les circonstances dans lesquelles j'ai pris cet « insecte confirment de tout point l'observation de « M. Bach dont M. Ratzeburg parle dans son troi- « sième volume : je crois utile de les faire con- « naître. Pendant la dernière quinzaine du mois « d'octobre dernier, je m'arrêtai devant un vieux « saule carié dans lequel une colonie de *Formica* « *fuliginosa* avait établi son domicile ; la chaîne « formée par ces vertueuses ouvrières était dans « un mouvement perpétuel de va-et-vient ; pen- « dant que je cherchais des yeux le *Myrmedonia* « *funesta* qui est leur hôte ordinaire, j'aperçus un « insecte qui me parut étrange par son port et « son vol, il vint se placer dans la crevasse du « saule à très peu de distance des fourmis et se « soutint pendant quelque temps dans un espace « très circonscrit à la manière des Syrphides. Je « m'en emparai et, ayant aussitôt reconnu un « hyménoptère rare, je redoublai d'attention et « de patience ; quelques instants après, il en vint « un second, puis un troisième et enfin, après « une halte de plus d'une heure à cette heureuse « place, j'en avais quatre dans ma boîte. Tous ve- « naient planer au-dessus des fourmis à une dis- « tance de quelques lignes seulement et l'unifor- « mité de leur vol n'était interrompue que par « quelques mouvements brusques qu'ils exécu- « taient en s'éloignant de quelques pouces, après « quoi ils revenaient à leur point de départ ; mais « une fois effrayés, ils disparaissaient avec la ra- « pidité de l'éclair. Pendant le vol, l'abdomen

« forme une ligne droite, et les pattes postérieures
« sont dirigées en bas. J'ai rarement vu l'insecte
« se poser dans le voisinage des fourmis, mais
« jamais sur leur parcours. Quelque attention que
« j'y aie mise, je ne l'ai pas vu les toucher, et
« celles-ci ne m'avaient pas l'air de se préoccuper
« de sa présence. Très désireux d'apprendre quel-
« que chose de plus positif, je me rendis le len-
« demain auprès de mon vénérable saule, mais le
« ciel se couvrait de nuages, le temps était un peu
« froid, je ne rencontrai pas l'objet de ma con-
« voitise. Je revins plusieurs fois encore par un
« temps plus propice, et chaque fois j'eus le plai-
« sir de rencontrer quelques individus renouve-
« lant toujours le même manège, mais je ne pus
« rien apprendre de nouveau. J'examinai avec
« soin tous les vieux arbres du voisinage qui se
« trouvaient à peu près dans les mêmes conditions
« que mon saule, je ne vis aucun hyménoptère ;
« il faut ajouter qu'il n'y avait pas non plus de
« *Formica fuliginosa*... La parfaite concordance
« de ces deux observations me semble justifier
« l'opinion que ces espèces sont parasites du
« genre *Formica*; mais dans quelles conditions ce
« parisitisme a-t-il lieu? C'est ce qu'une observa-
« tion ultérieure nous révélera peut-être. »

PATRIE : France; le Hanovre (Oldenburg); bords du Rhin; Allemagne; Autriche (environs de Vienne); Russie.

NOTE DU DIRECTEUR

La *Monographie des Braconides* est terminée, mais, pendant les sept années environ qu'a duré sa publication, bien des espèces nouvelles ont été décrites, bien des matériaux se sont accumulés dans les cartons de l'auteur et, pour mettre ce travail au niveau de la science, il est nécessaire de le compléter par un supplément qui, avec les tables générales et le catalogue synonymique, fournira encore la matière d'un volume.

Nous clôturerons donc ici ce second tome qui achève la Monographie proprement dite et, de même que pour le premier tome, nous allons donner des tables sommaires de son contenu, en attendant les tables générales qui figureront à la fin du supplément.

Gray, 1er mai 1896.

Ernest ANDRÉ.

TABLE MÉTHODIQUE

DES MATIÈRES CONTENUES DANS CE VOLUME

Paris. — E. Kapp, imprimeur, 83, rue du Bac.

EXPLICATION

DES PLANCHES

PLANCHE I

Euphorides

1. Aile d'*Euphorus pallidipes*, Curtis.
   1a Antenne de la ♀.

2. *Euphorus ornatus*, Marshall, ♀.

3. *Euphorus brevicornis*, H. Sch. (d'après Herrich-Schaeffer).

4. Aile d'*Euphorus claviventris*, Wesm. (d'après Wesmael).

5. *Wesmaelia cremasta*, Marshall, ♀.

6. Aile d'*Eustalocerus clavicornis*, Wesm. (d'après Vollenhoven).
   6a Antenne de la ♀.

7. Tête de *Cosmophorus Klugii*, Ratz., vue en dessous (d'après Ratzeburg).
   7a Ailes.
   7b Tête, vue de côté.

8. *Streblocera fulviceps*, Westwood, ♀.
   8a Antenne du ♂ (d'après Westwood).
   8b Antenne de la ♀.

9. Antenne de *Streblocera macroscapa*, Ruthe, ♀ (d'après Reinhard).

10. *Perilitus terminatus*, Nees, ♀.

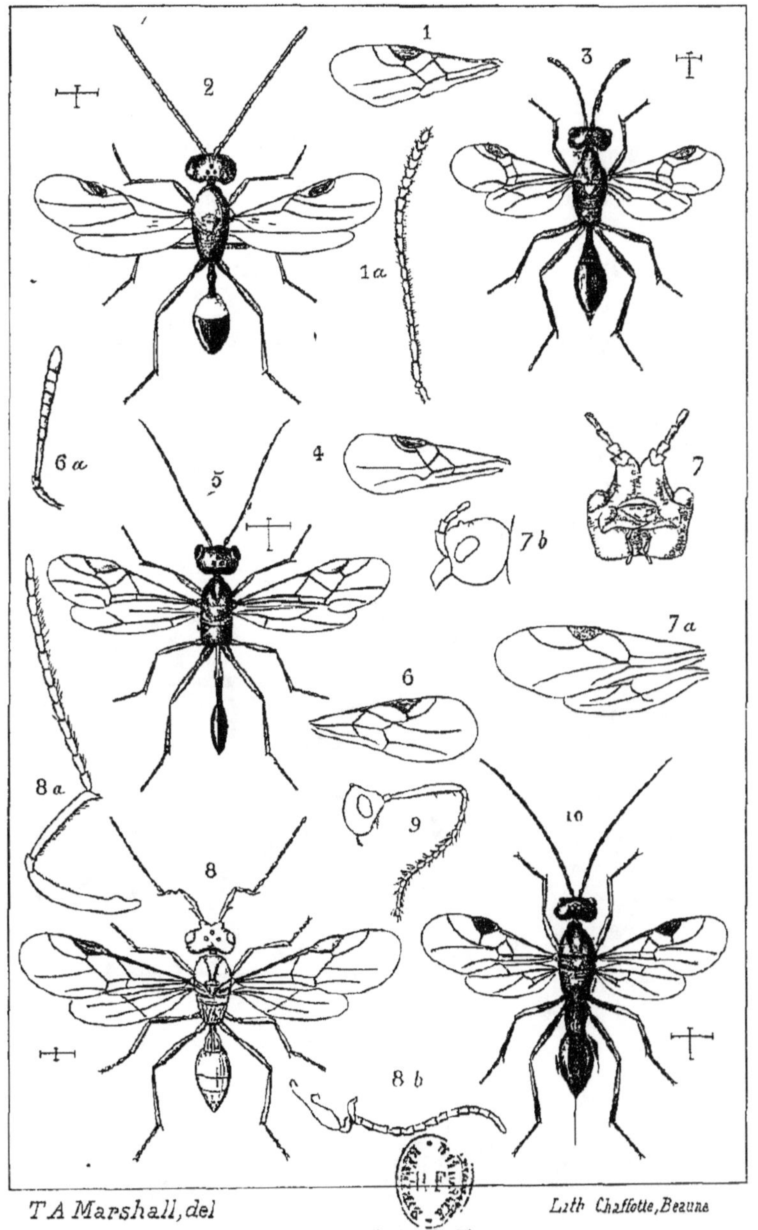

T.A Marshall, del   Lith Chaffotte, Beaune

EUPHORIDÆ

(PLANCHE II)

PLANCHE II

Euphorides

1. *Perililus æthiops*, Nees, ♂.
2. *Perililus bicolor*, Wesm., ♂.
3. *Perililus rulilus*, Nees. ♀.
   3a *Perilitus rulilus*, Nees, ♂.
4. Tête de *Microctonus boops*, Wesm., vue de front (d'après Wesmael).
5. *Microctonus conterminus*, Nees ♀,
6. *Microctonus elegans*, Ruthe, ♀.

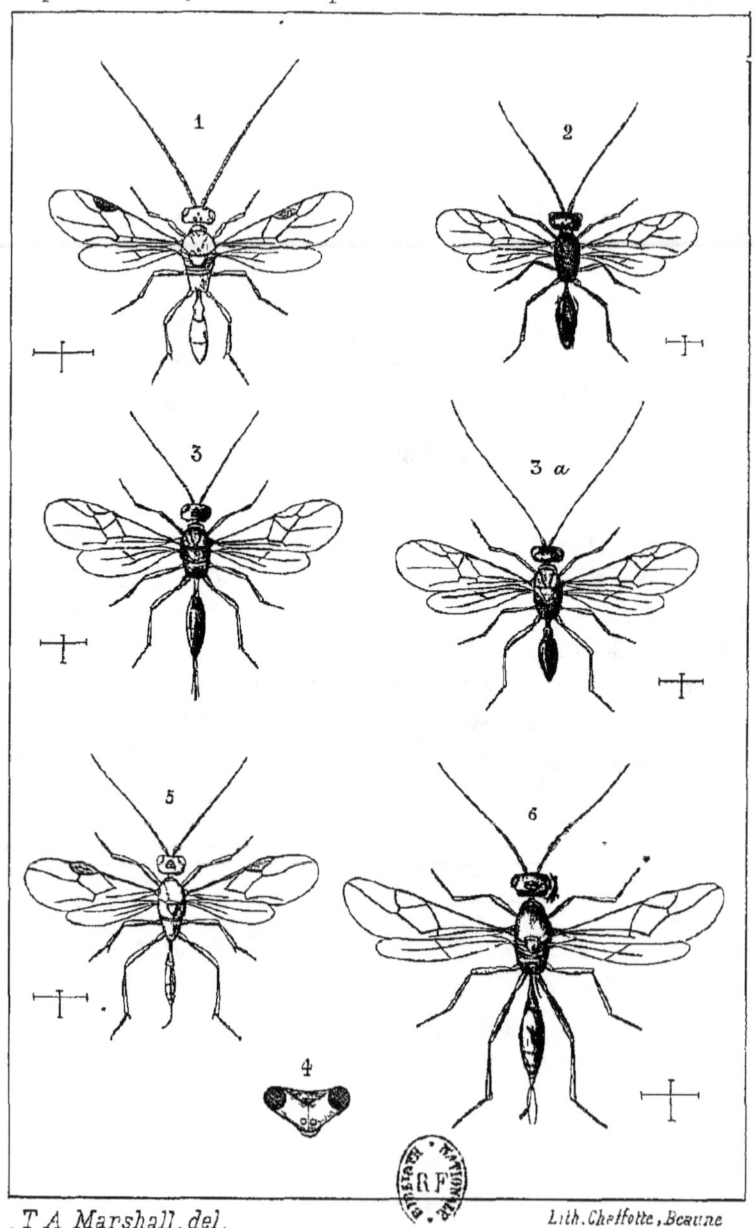

.T A Marshall, del.

Lith. Cheffotte, Beaune

EUPHORIDÆ

(PLANCHE III)

PLANCHE III

Météorides

1. Premier segment de l'abdomen de *Meteorus pulchricornis*, Wesmael,
   pour montrer les rainures trachéales, a, a.

2. *Meteorus caligatus*, Haliday, ♀.
   > 2a. Aile inférieure de la même espèce, ayant la cellule radiale divisée par une nervure accessoire.
   > 2b. Coque de la même espèce.

3. Coque de *Meteorus deceptor*, Wesmael, de grandeur naturelle.

4. *Meteorus pallidus*, Nees, ♀.

5. *Meteorus obfuscatus*, Neès, ♀.

6. Coques pendantes de *Meteorus scutellator*, Nees, de grandeur naturelle.

7. *Meteorus unicolor*, Wesmael. ♀.

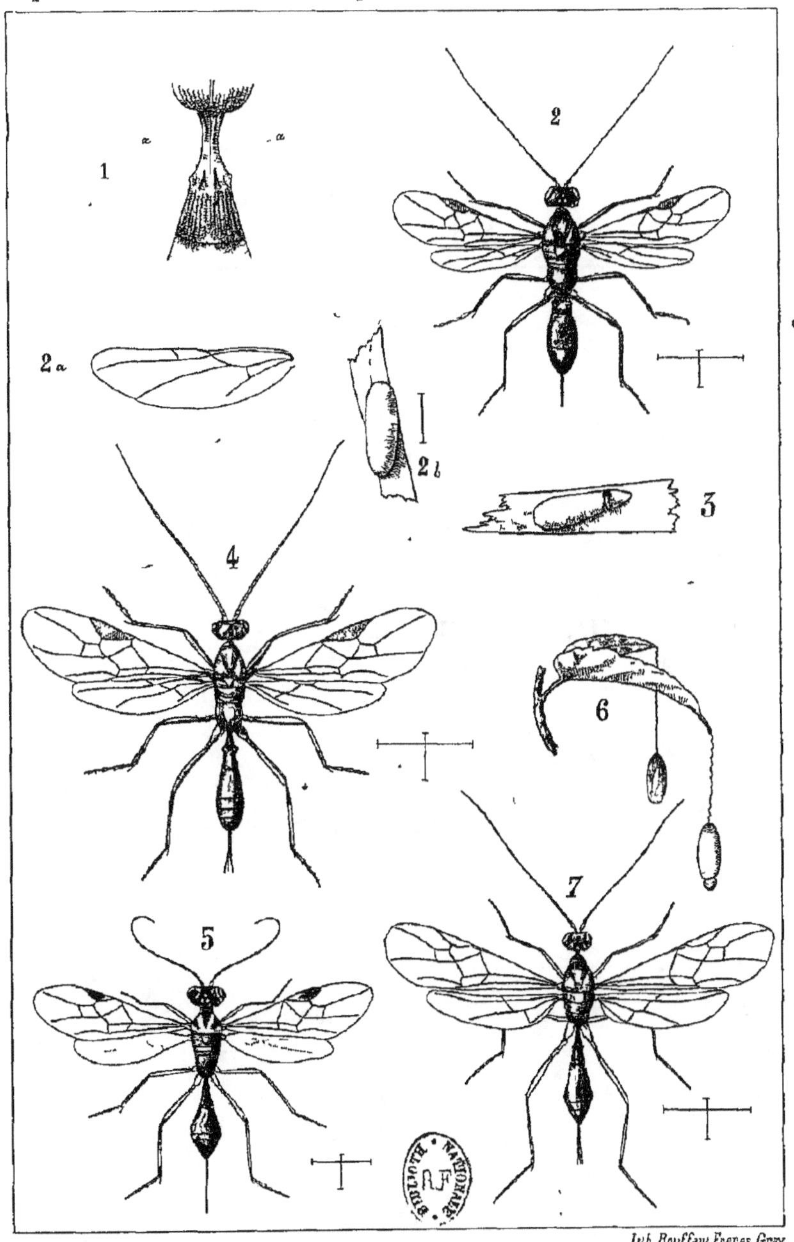

METEORIDES

(PLANCHE IV)

Météorides. — Calyptides

1. *Meteorus abdominator*, Nees, ♀.

2. *Meteorus filator*, Haliday, ♀.

3. *Perilitus unicolor*, Hartig; espèce douteuse (d'après Ratzeburg), ♂.
    3a. Aile.
    3b. Abdomen.

4. *Eubadizon extensor*, L. ♀.
    4a. Coque du même.

5. *Eubadizon rufipes*. Herrich-Schaeffer, ♂.

6. *Eubadizon pallidipes*, Nees, ♂.

7. *Eubadizon aequator*, Herrich-Schaeffer, ♀.

8. *Eubadizon macrocephalus*, Nees, ♀.
    Les figures 5-8 sont reproduites d'après les dessins grossiers mais caractéristiques de Herrich-Schaeffer; elles peuvent jeter quelque lumière sur les descriptions incomplètes de quatre insectes à peine connus.

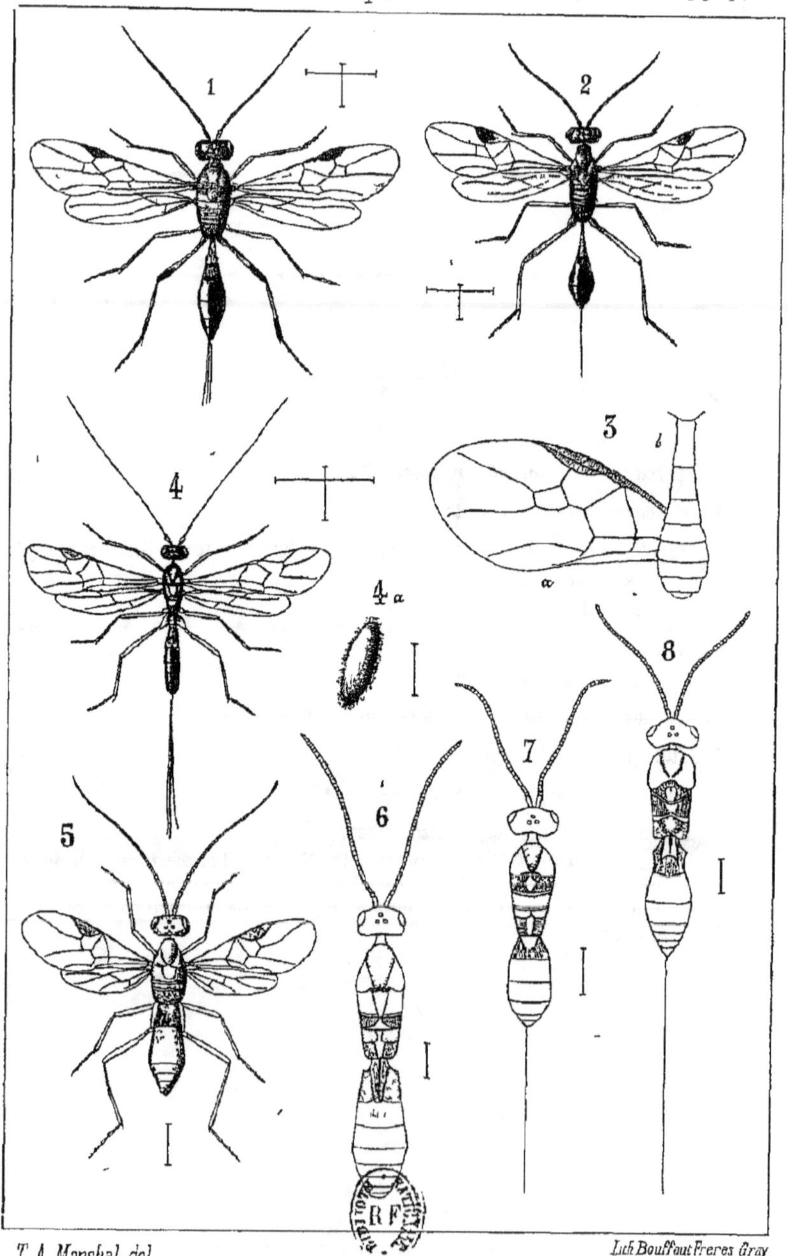

METEORIDES–CALYPTIDES

(PLANCHE V)

Calyptides. — Blacides

1. *Calyptus tibialis*, Haliday, ♀.
2. — *minutus*, Ratzeburg; abdomen ♂, très grossi.
3. — — — — ♀, d'après Ratzeburg.
4. Aile de *C. atricornis*, Ratz, d'après Ratzeburg.
5. *Pygostolus multiarticulatus*, Ratz. ♀.
6. Coque de *P. multiarticulatus*. ·
7. *P. sticticus*, F. ♀.
8. *Blacus tuberculatus*, Wesm. ♀.

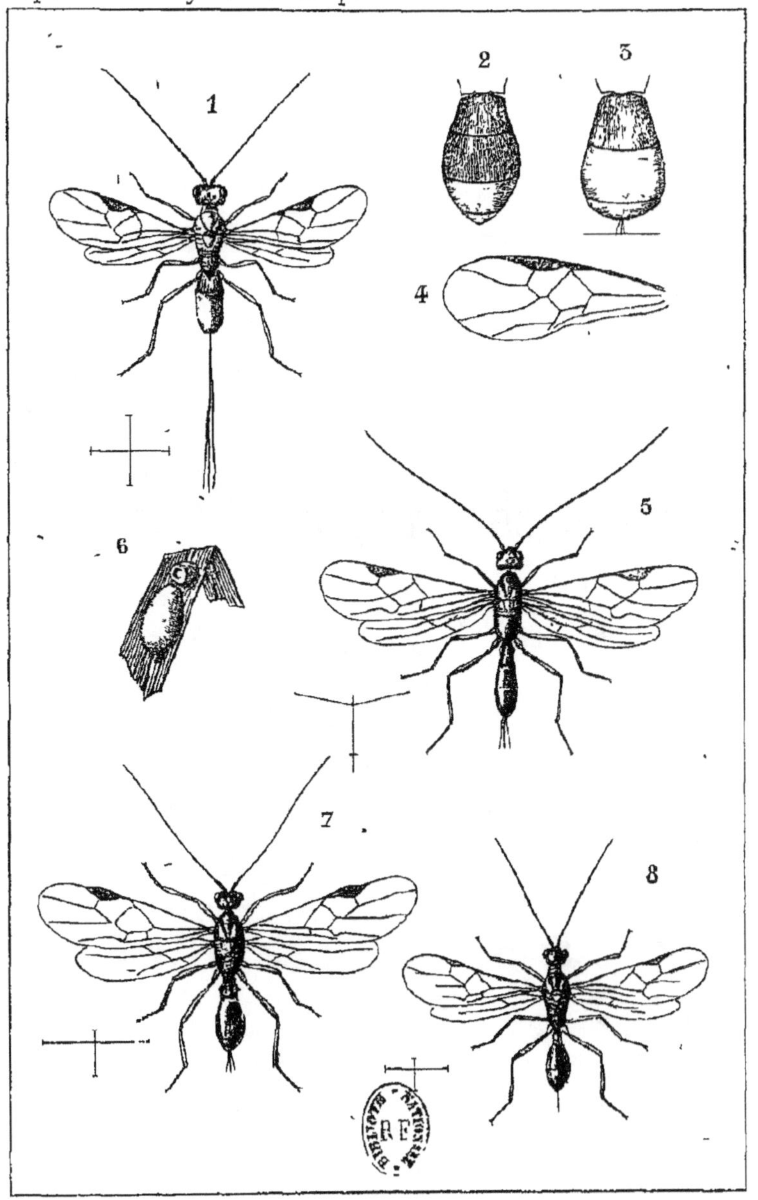

CALYPTIDÆ – BLACIDÆ

(CHAPITRE VI)

Liophronides. — Ichneutides. — Helcontides

1. *Liophron muricatus*, Haliday, ♀.
   1a. Abdomen vu de côté.
2. *Centistes lucidator*, Nees, ♂.
3. *Ichneutes reunitor*, Nees, variété ♂.
4. *Proterops nigripennis*, Wesmael, ♂.
5. *Helcon annulicornis*, Nees, ♀.
6. —   —   — ♂.

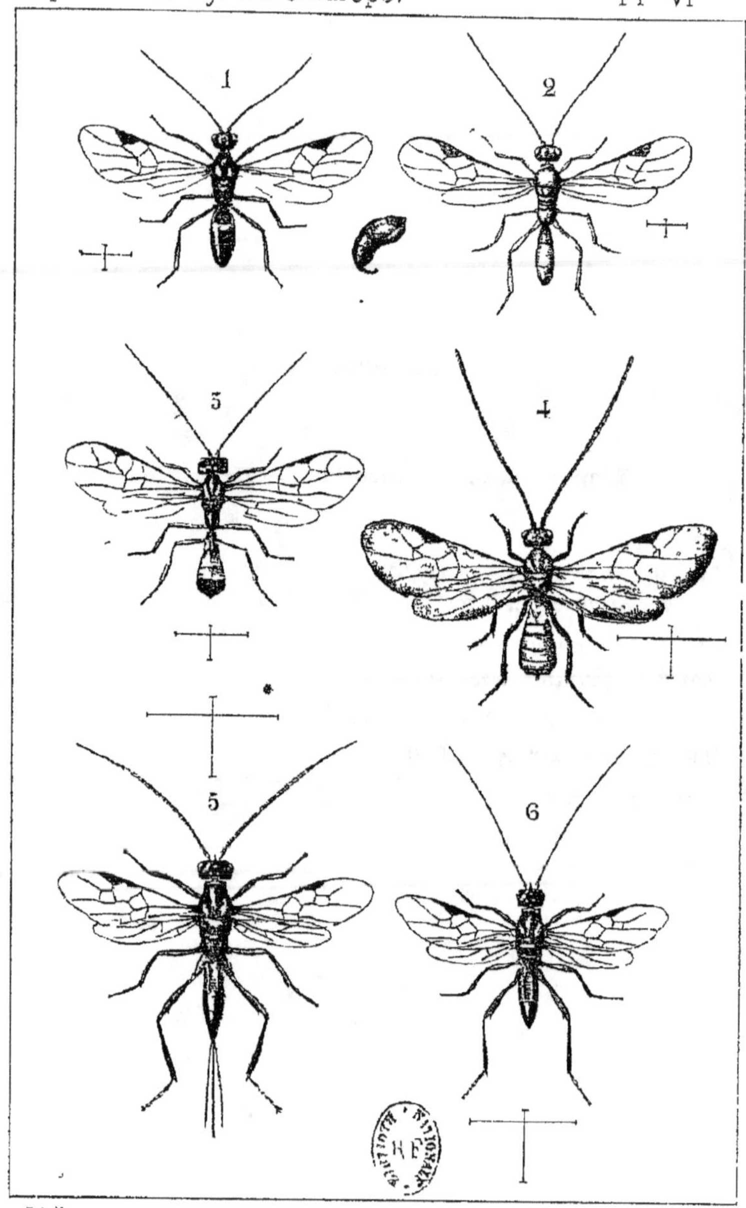

LIOPHRONIDÆ-ICHNEUTIDÆ-HELCONTIDÆ.

(PLANCHE VII)

Helcontidæ — Macrocentridæ.

1. *Helcon carinator*, Nees, ♀.
2. *Macrocentrus hungaricus*, Marsh. ♂.
3. *Macrocentrus abdominalis*, Fab. ♀
    3 *a*. Coques de *M. abdominalis*.
4. *Zele discolor*, Wesm.

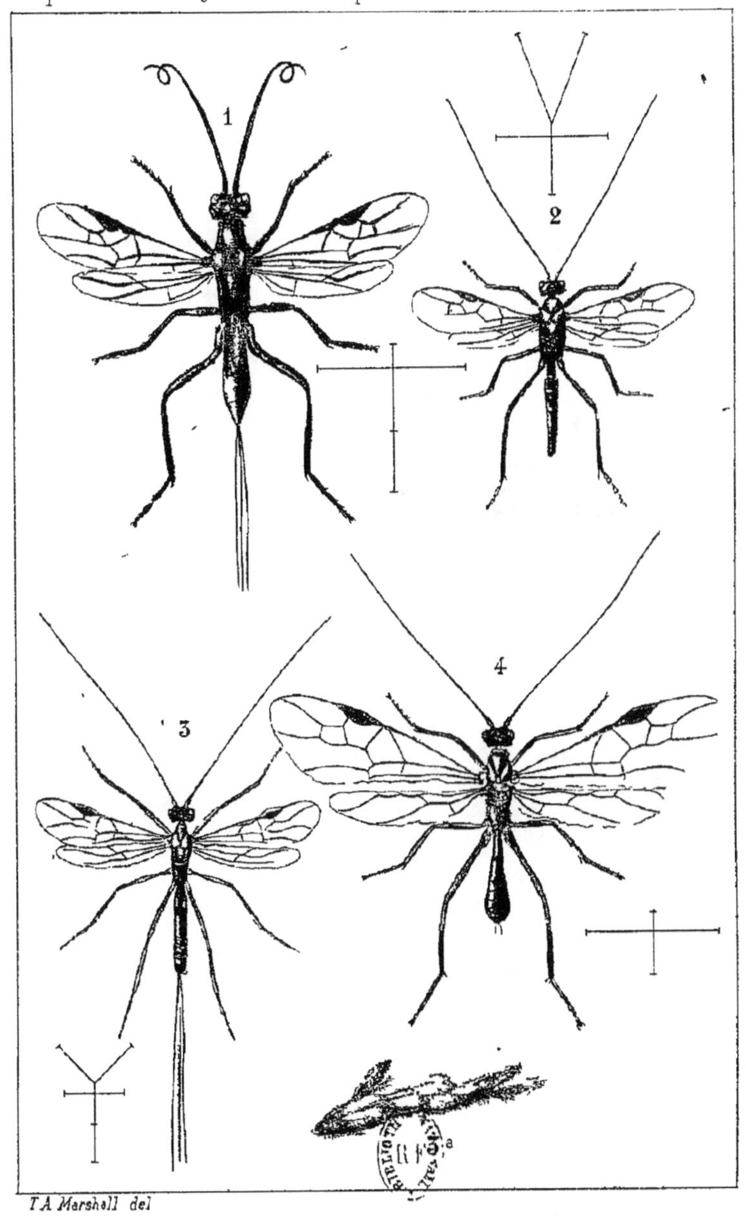

HELCONTIDÆ – MACROCENTRIDÆ.

(PLANCHE VIII)

PLANCHE VIII

Diospilidæ.

1. *Aspidogonus diversicornis*, Wesm. ♀
    1 *a*. Antenne du ♂ (d'après Wesmael).
2. Face d'*Aspidogonus abietis*, Ratz. (d'après Ratzeburg).
3. Aile antérieure d'*Aspidogonus abietis*, Ratz. (d'après Ratzeburg).
4. Ailes de *Diospilus rufipes*, Reinhard. (d'après Reinhard).
5. *Diospilus oleraceus*, Hal. ♀.
6. Aile antérieure de *Diospilus morosus*, Reinh. (d'après Reinhard).
7. — postérieure de *Diospilus inflexus*, Reinh. (d'après Reinhard).
8. Face de *Diospilus capito*, Nees (d'après Ratzeburg).
9. *Dolops hastifer*, Marsh. ♀.
10. *Cænocœlius analis*, Nees.
11. Aile antérieure de *Microtypus Wesmaëli*, Ratz. (d'après Ratzeburg).
12. *Dyscoletes lancifer*. Hal. ♀.

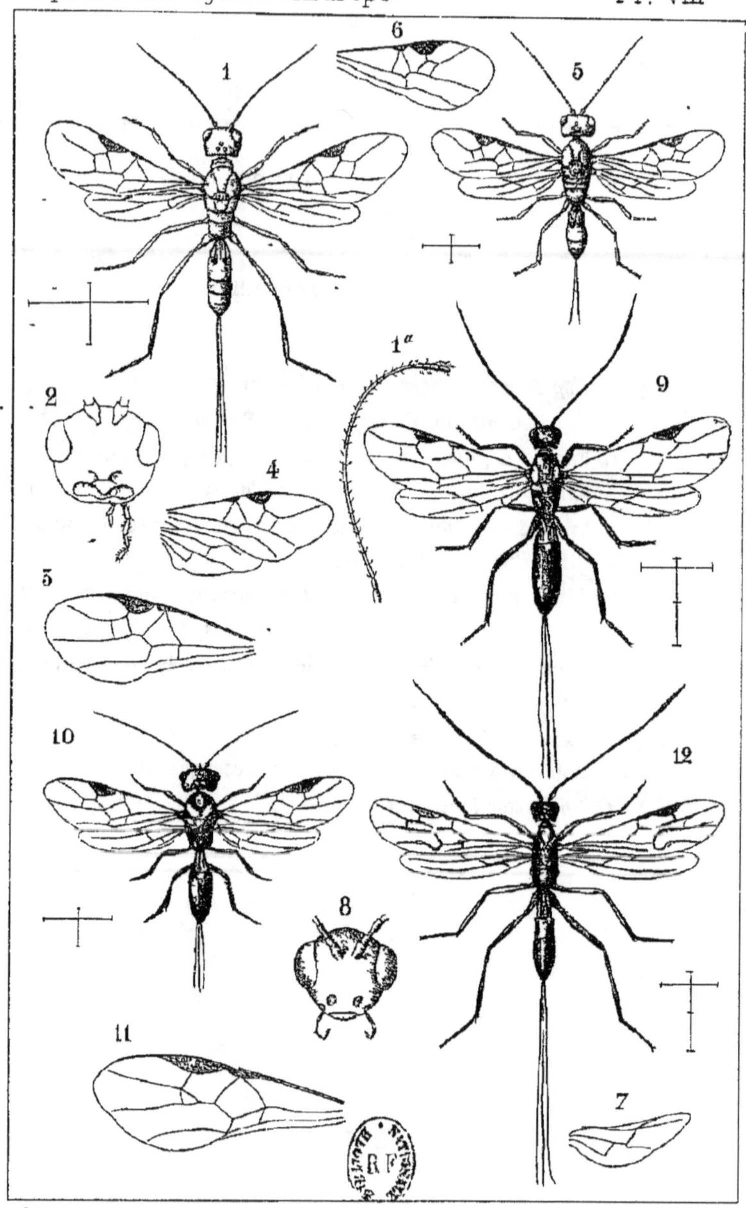

T A Marshall del.

DIOSPILIDÆ

(PLANCHE IX)

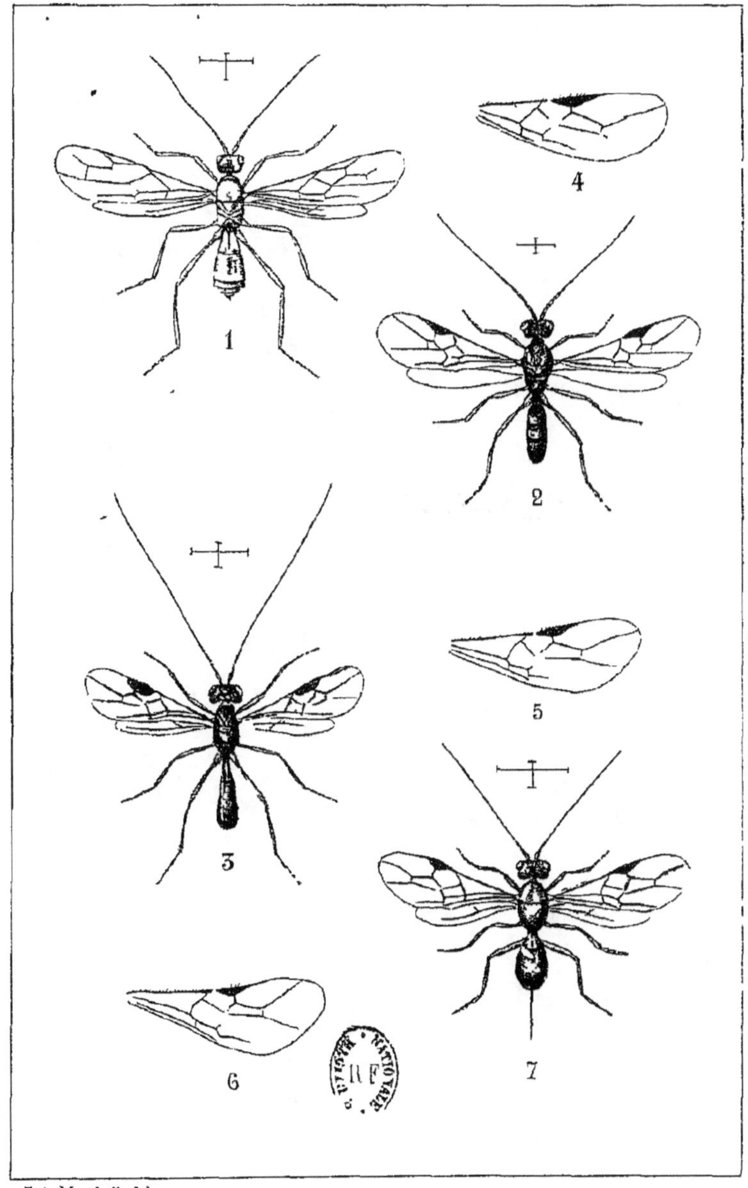

OPIIDÆ

(PLANCHE X)

PLANCHE X

Opiidæ — Alysiidæ.

1. *Biosteres carbonarius*. Nees, ♂.
2. *Biosteres hæmorrhous*, Haliday, ♀.
3. *Diachasma fulgida*, Haliday, ♂.
4. *Panerema inops*, Foerster, ♀.
    4 *a*. Ailes du même.
    4 *b*. Abdomen, vu de côté.
5. *Trachyusa aurora*, Haliday, ♂.

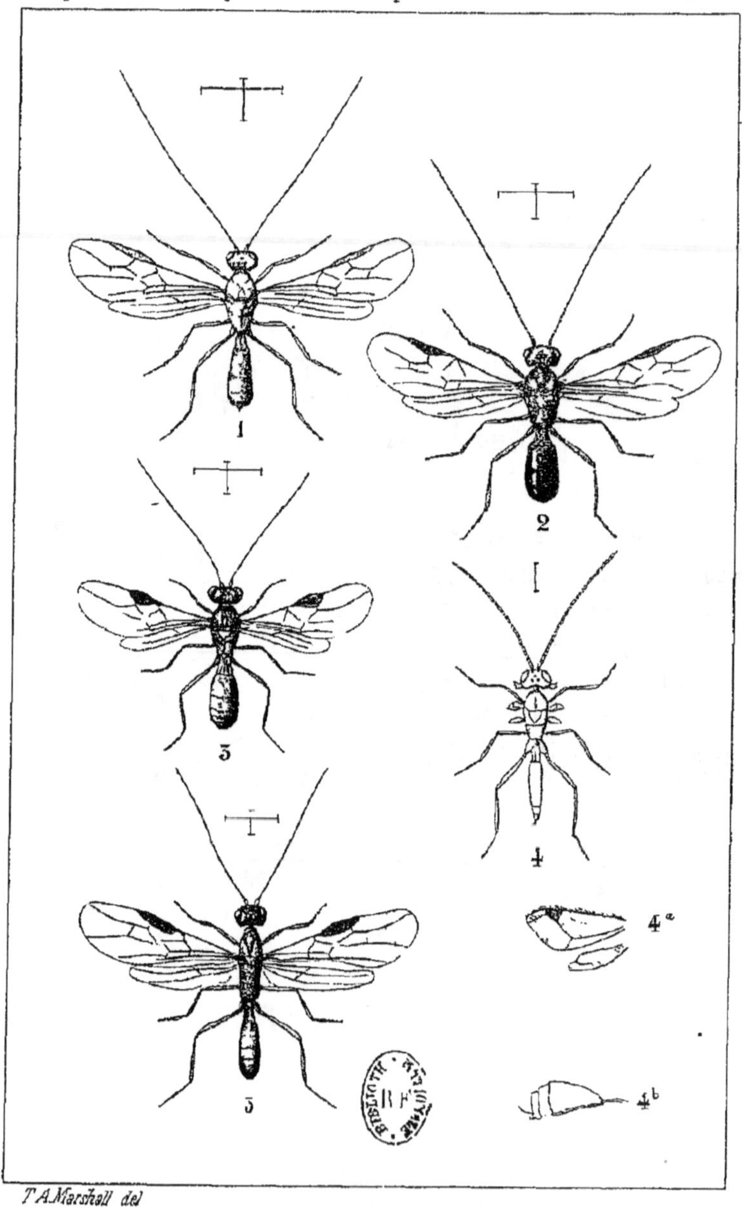

OPIIDÆ   ALYSIIDÆ

(PLANCHE XI)

PLANCHE XI

Alysiidæ

1. Aile de *Syncrasis fucicola*, Haliday.
2. *Allœa contracta*, Haliday, ♀.
3 — — — ♂.
   3 *a*. Ailes du ♂.
4. Aile de *Cratospila Circe*, Haliday.
5. *Alysia manducator*, Panzer, ♀.
   5 *a*. Antenne.
   5 *b*. Mandibule.
   5 *c*. Abdomen vu de côté.
6. Aile d'*Alysia rufidens*, Nees.
7. — d'*Alysia atra*, Haliday, ♂.
8. *Alysia tipulæ*, Scopoli, ♀.
9. Aile de *Tanycarpa gracilicornis*, Nees.
10. — de *Tanycarpa rufinotata*, Haliday.
11. — de *Pentapleura angustula*, Haliday.
12. — de *Pentapleura pumilio*, Nees.

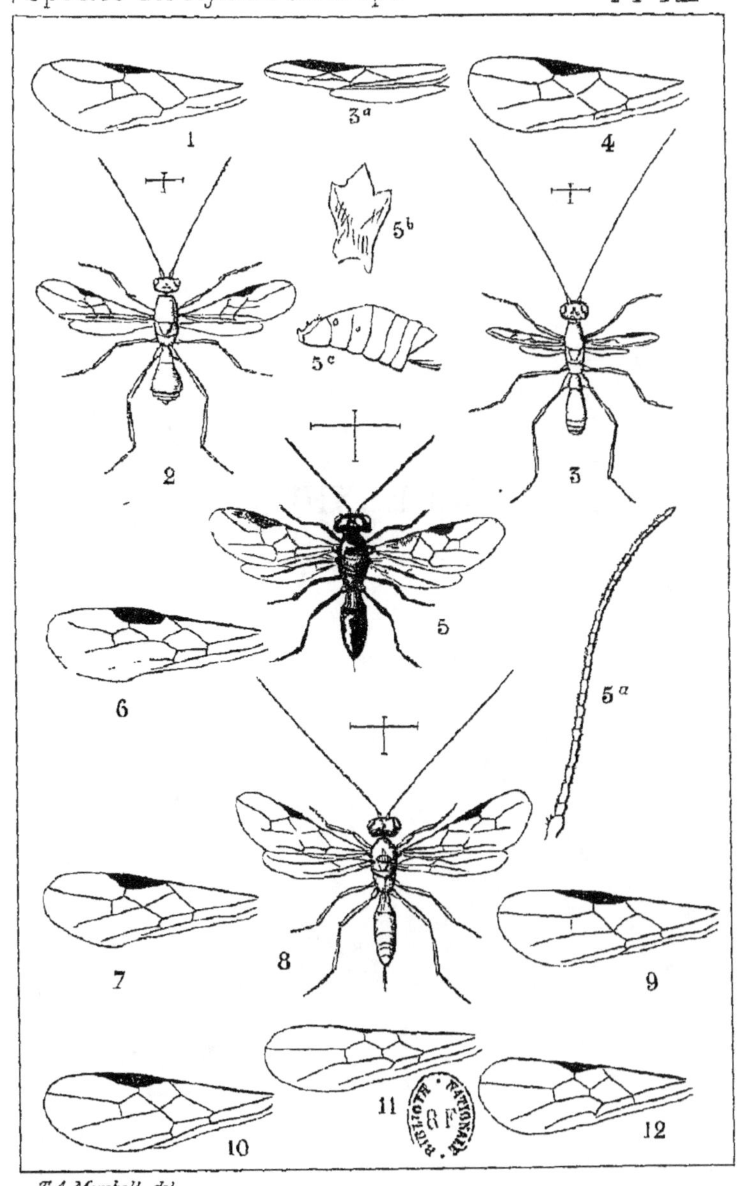

ALYSIIDÆ

(PLANCHE XII)

PLANCHE XII

Alysiidæ.

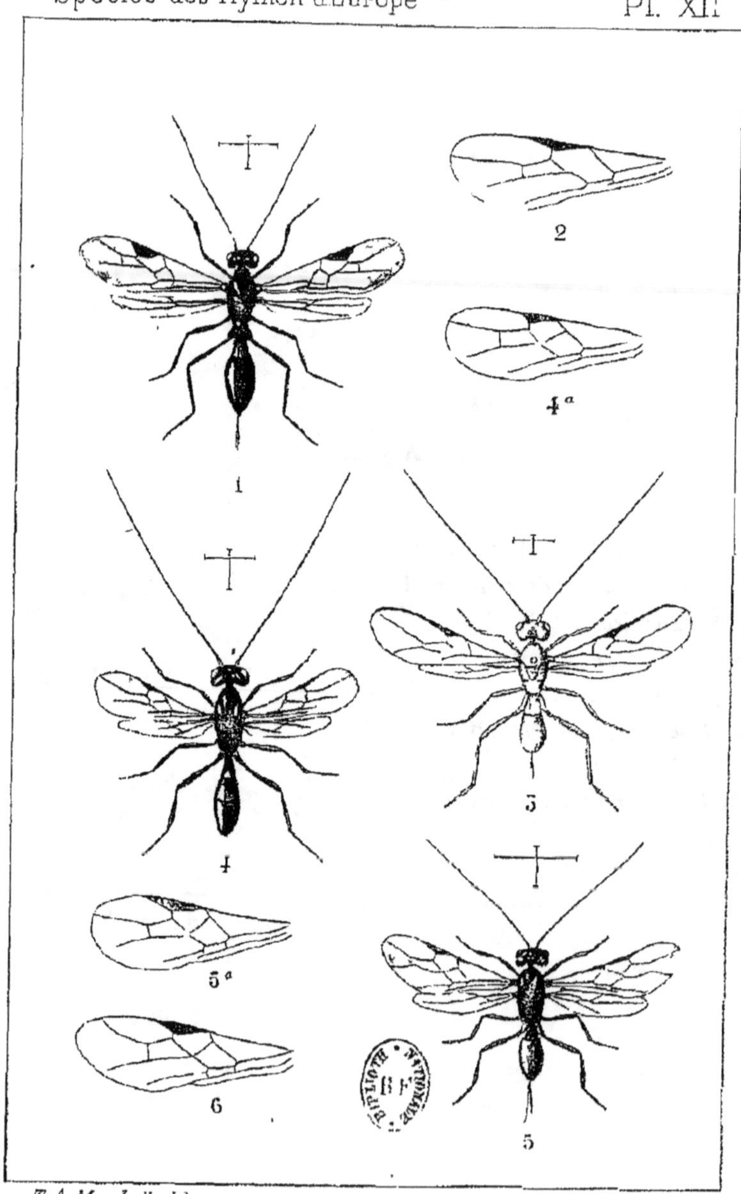

T A Marshall del

ALYSIIDÆ

(PLANCHE XIII)

Alysiidæ.

1. Ailes de *Phænocarpa punctigera*, Hal.
2. — de *Phænocarpa Galatea*, Hal.
3. *Phænocarpa pratellæ*, Hal. ♀.
4. Aide d'*Adelura florimela*, Hal.
5. — — *apii*, Curtis.
6. *Adelura Dictynna*, Marsh. ♀.
7. Aide d'*Anisocyrta perdita*, Hal.

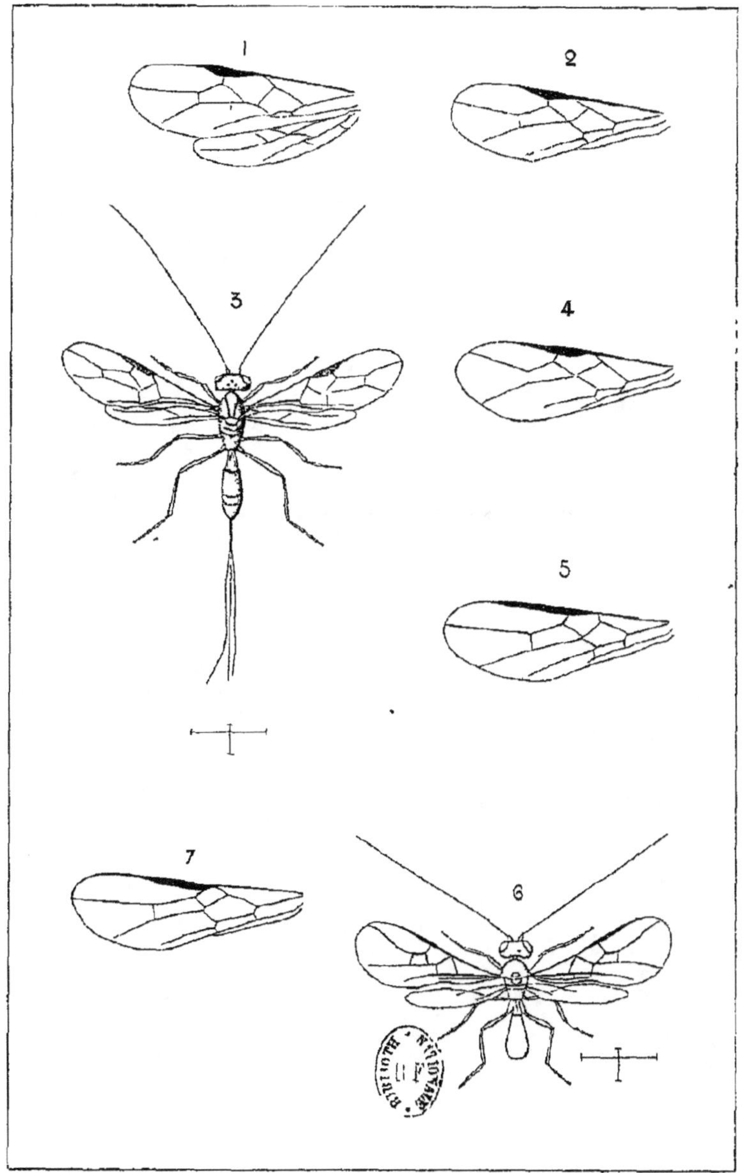

ALYSIIDÆ

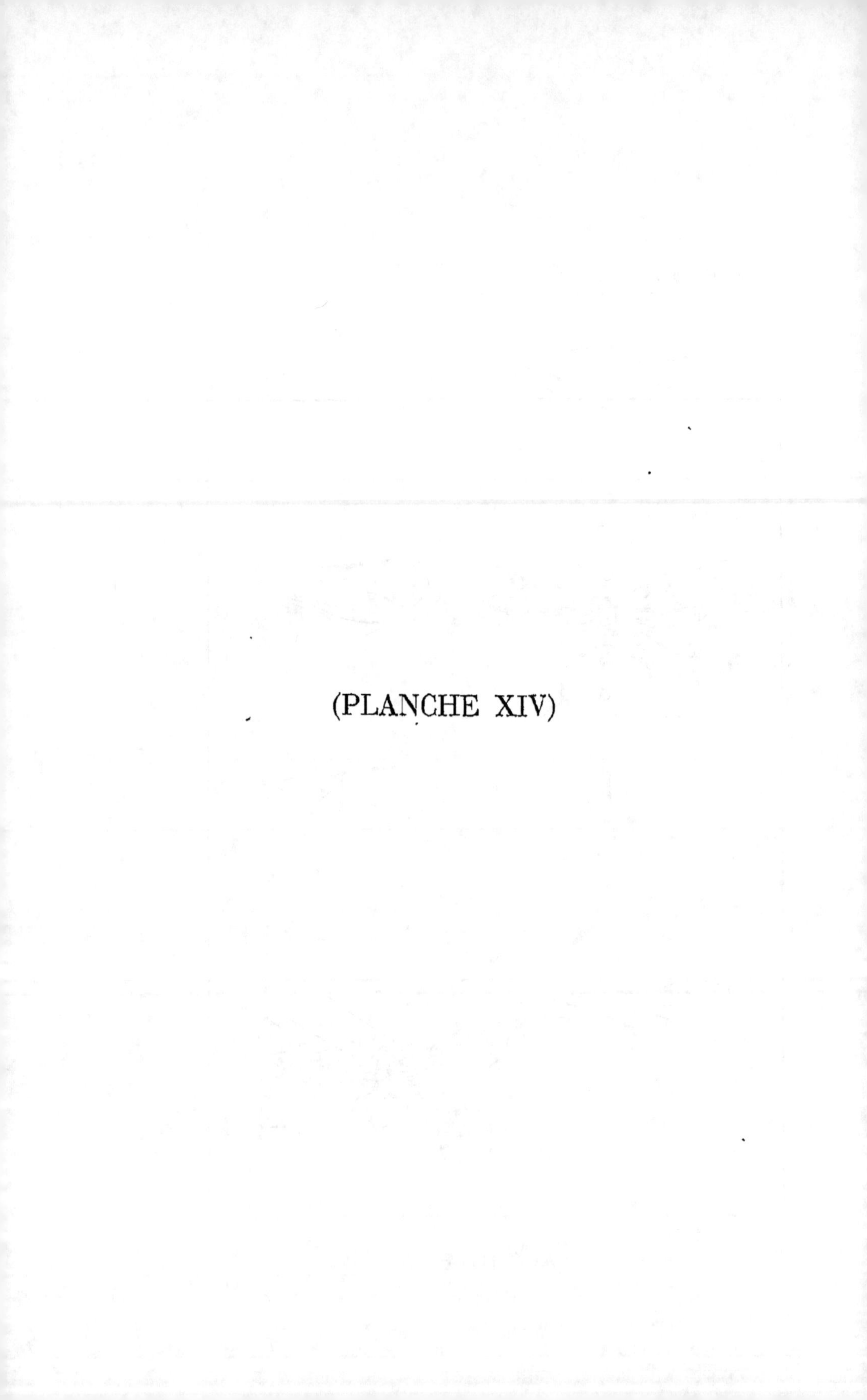

(PLANCHE XIV)

PLANCHE XIV

Alysiidæ.

1. Aile de *Prosapha speculum*, Hal. ♂.
2. —   — *venusta*, Hal.
3. — *Mesocrina venatrix*, Marsh.
4. — *Orthostigma pumila*, Nees, ♂.
5. — *Aspilota nervosa*, Hal.
6. *Aspilota distracta*, Nees ♂.

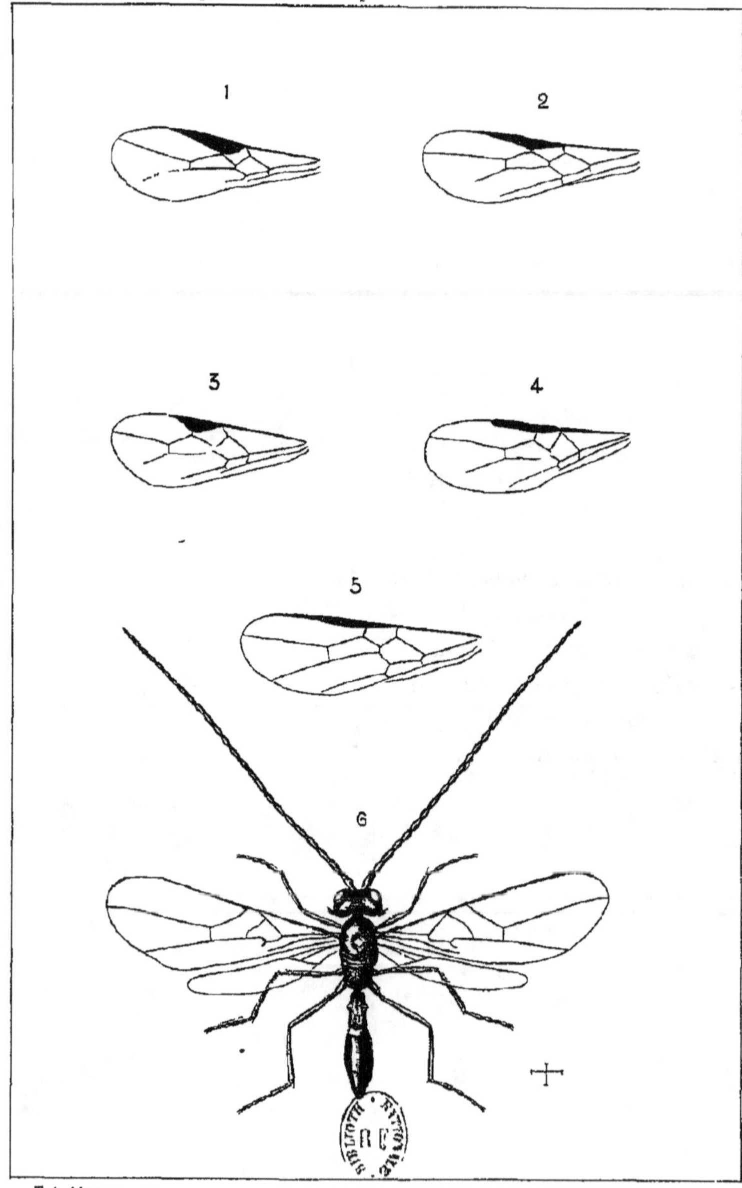

ALYSIIDÆ

(PLANCHE XV)

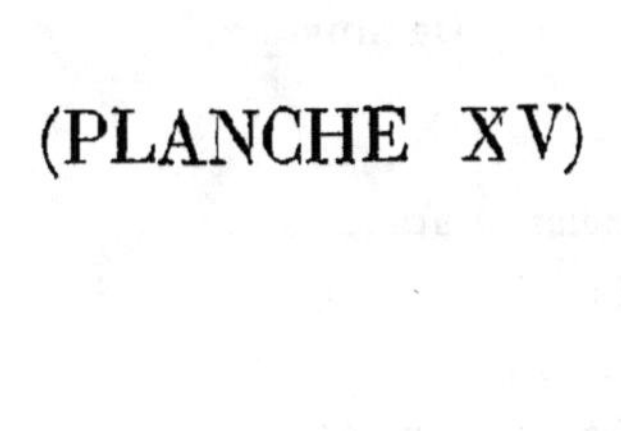

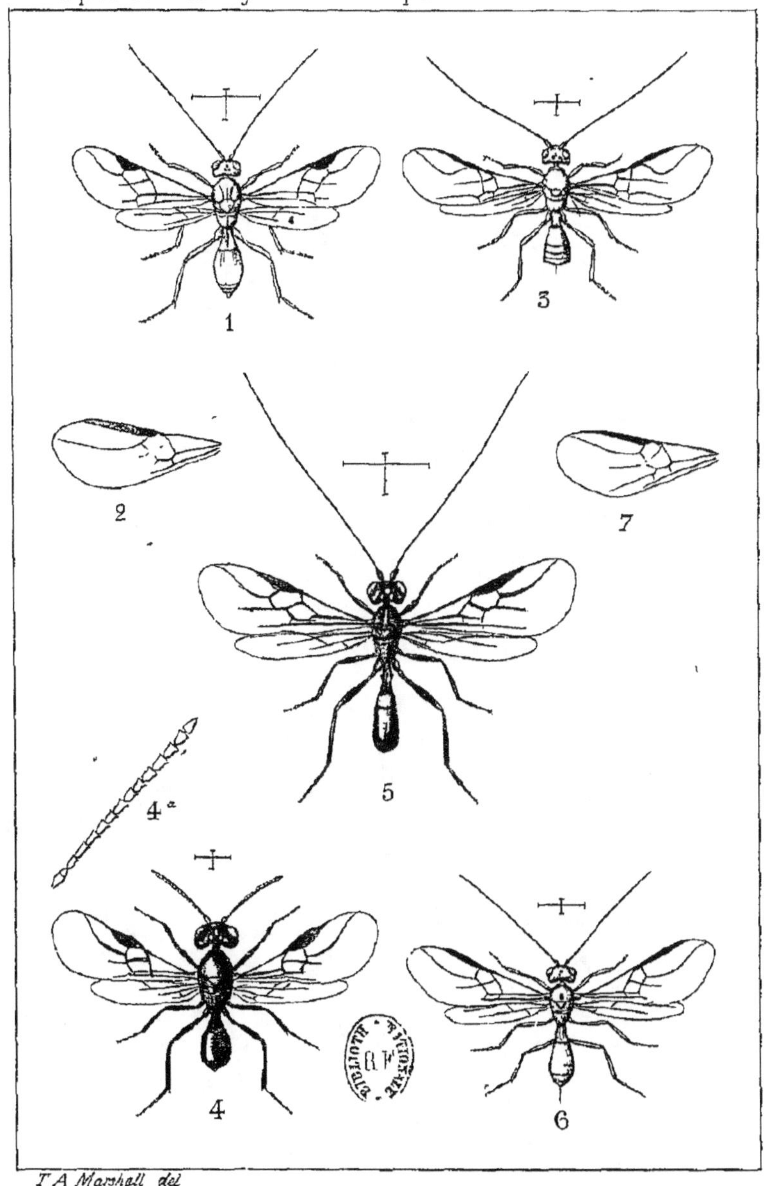

DACNUSIDÆ

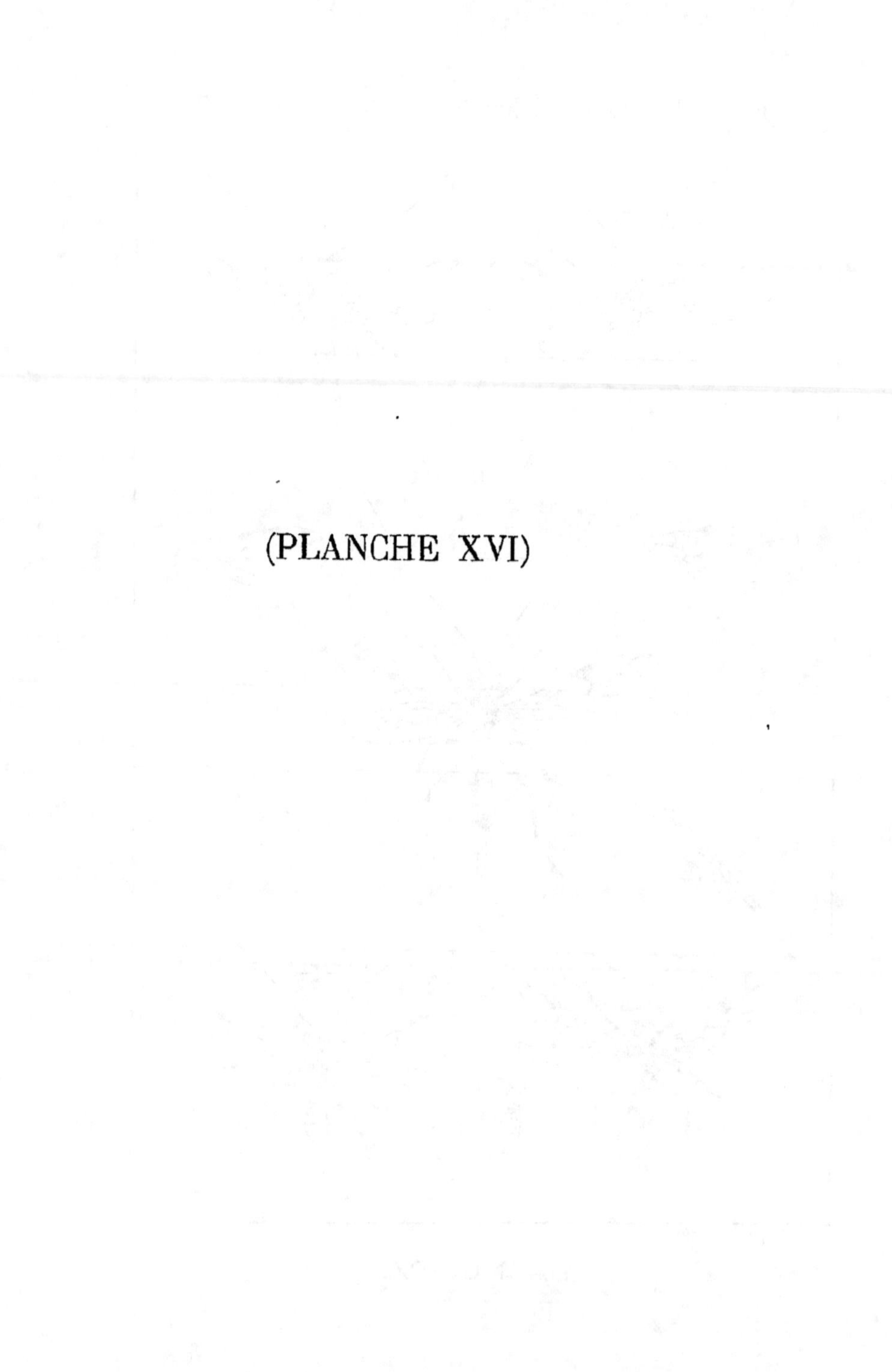

(PLANCHE XVI)

PLANCHE XVI

Dacnusidæ.

1. *Gyrocampa uliginosa*, Hal. ♀
2. *Chorebus nereidum*,, Hal. ♀
3. *Chænusa conjungens*, Nees, ♂
4. *Chænon anceps*, Curtis, ♀

> 4 *a* Tête vue de front, d'après Curtis.
>
> 4 *b*. Mandibule.
>
> 4 *c*. Abdomen vu de côté.
>
> 4 *d*. Abdomen du ♂.

5. *Cœlinius gracilis*, Curtis, ♂.
6. *Polemon liparæ*, Giraud, ♂.

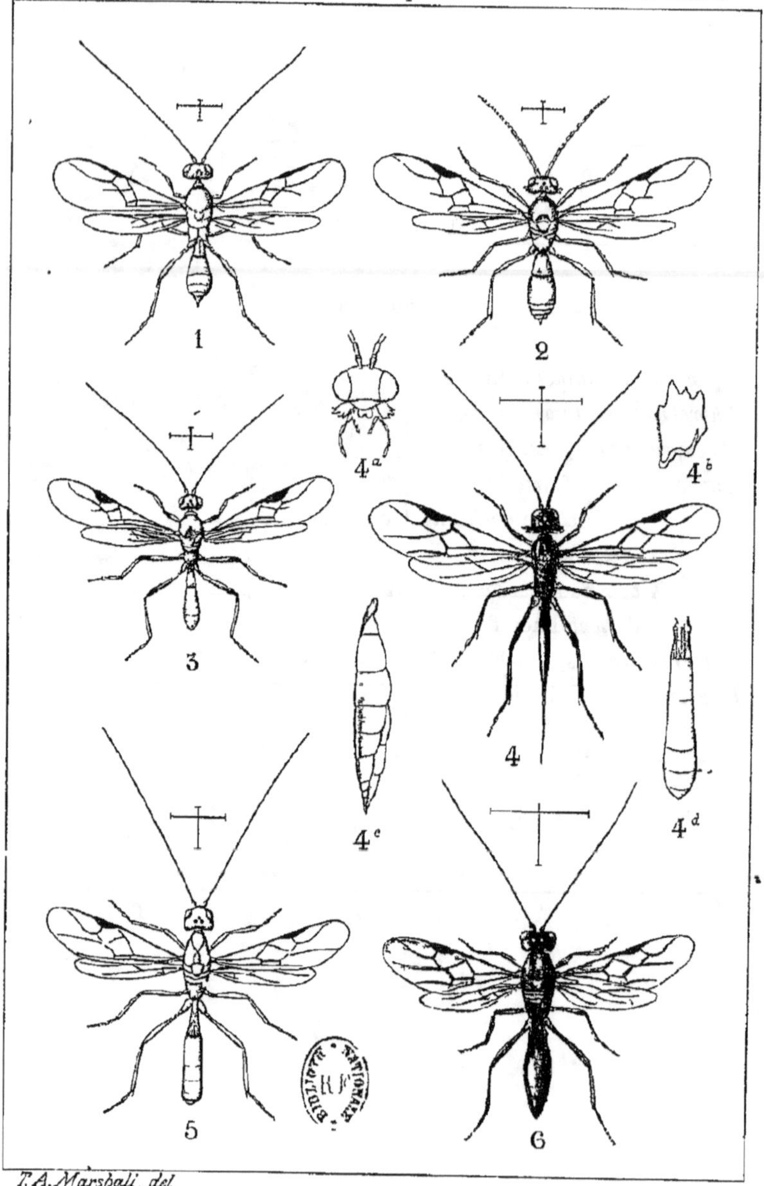

DACNUSIDÆ

T.A.Marshall, del.

(PLANCHE XVII)

1. Ailes de *Praon*.
2. *Praon flavinode*, Haliday, ♀.
3. Coque de *P. flavinode*, surmontée de la dépouille
   de *Siphonophora absinthii*.
4. Aile d'*Ephedrus*.
5. *Ephedrus validus*, Haliday, ♀.
6 Aile de *Toxares*.
7. *Toxares deltiger*, Haliday.

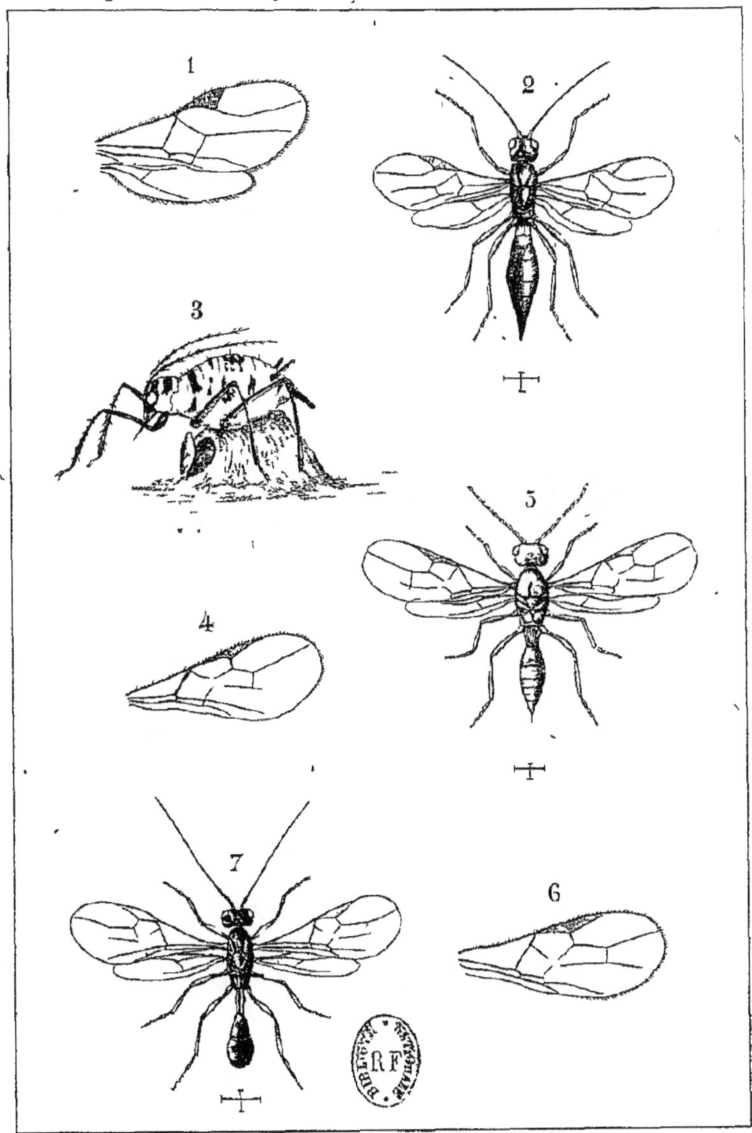

APHIDIIDÆ

(PLANCHE XVIII)

.PLANCHE XVIII

Aphidiidæ.

1. Aile de *Monoctonus*, Hal.
2. *Monoctonus paludum*, Marsh. ♀.
       2 *a*. Valve de la tarière, vue de côté.
3. Aile de *Trioxys centaureæ*, Hal
4. *Trioxys aceris*, Hal. ♀.
5. Abdomen de *Trioxys angelicæ*, Hal. ♀.
6. *Aphidius pini*, Hal. ♀.
7. *Aphidius longulus*, Marsh. ♀.

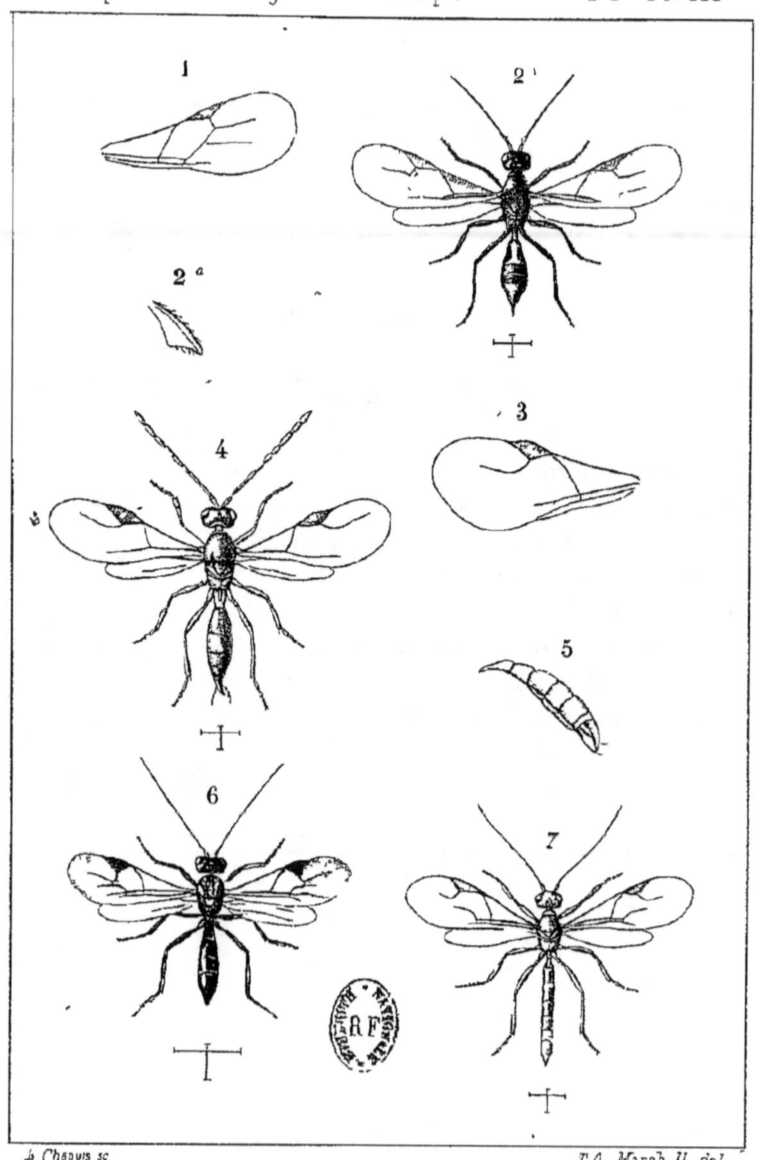

L Chapuis sc

TA Marshall, del

APHIDIIDÆ

(PLANCHE XIX)

PLANCHE XIX

Aphidiidæ.

1. *Aphidius gregarius*, Marshall, ♀.
2.   —   *loniceræ*, Marshall, ♀.
3.   —   *ervi*, Haliday, ♀.
4. *Dyscritus planiceps*, Marshall, ♀.

Parasites.

5. *Isocratus æneus*, Nees, ♀, hyperparasite de
      plusieurs espèces d'*Aphidius*.
6. *Agonioneurus basalis*, Westwood, ♀, hyperparasite
      d'*Aphidius urticæ*, Haliday.
7. *Allotria cursor*, Hartig ♀, hyperparasite de
      plusieurs espèces d'*Aphidius*.

Pachylommatidæ.

8. *Pachylomma buccata* De Brebisson, ♀.
9.   —   —   vu de côté.

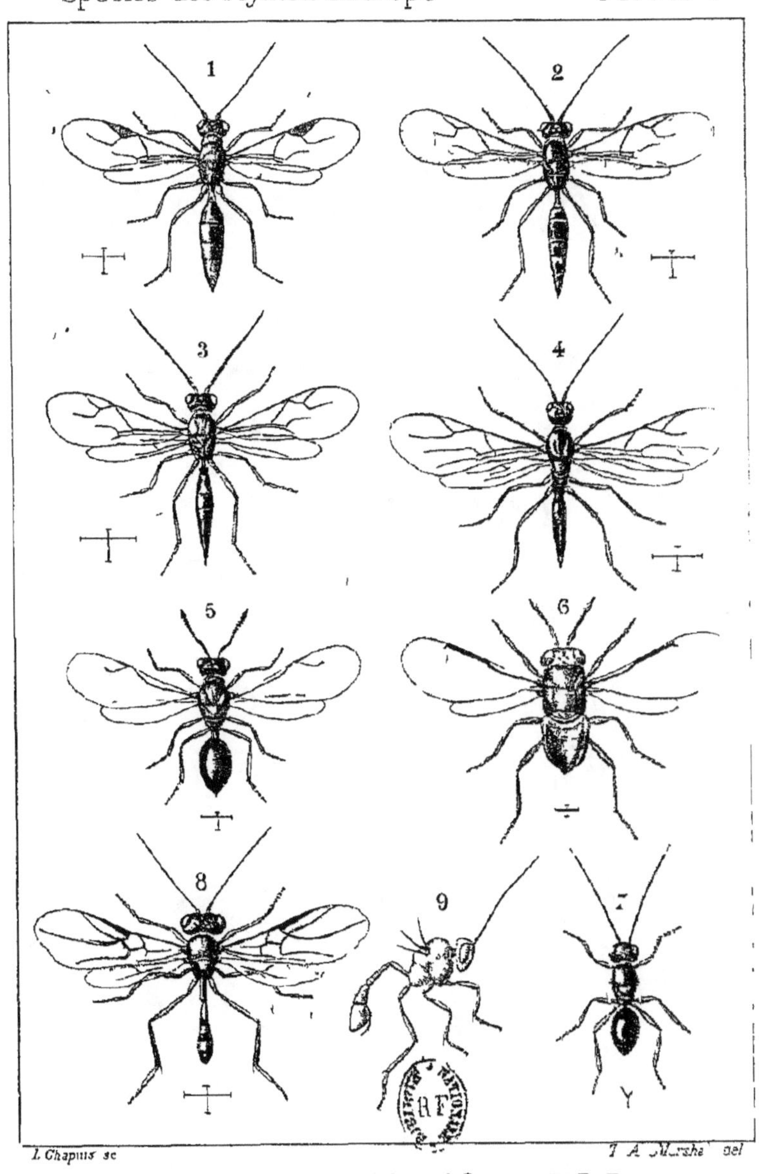

L. Chapuis sc   T. A. Marshall del

APHIDIIDÆ PACHYLOMMATIDÆ

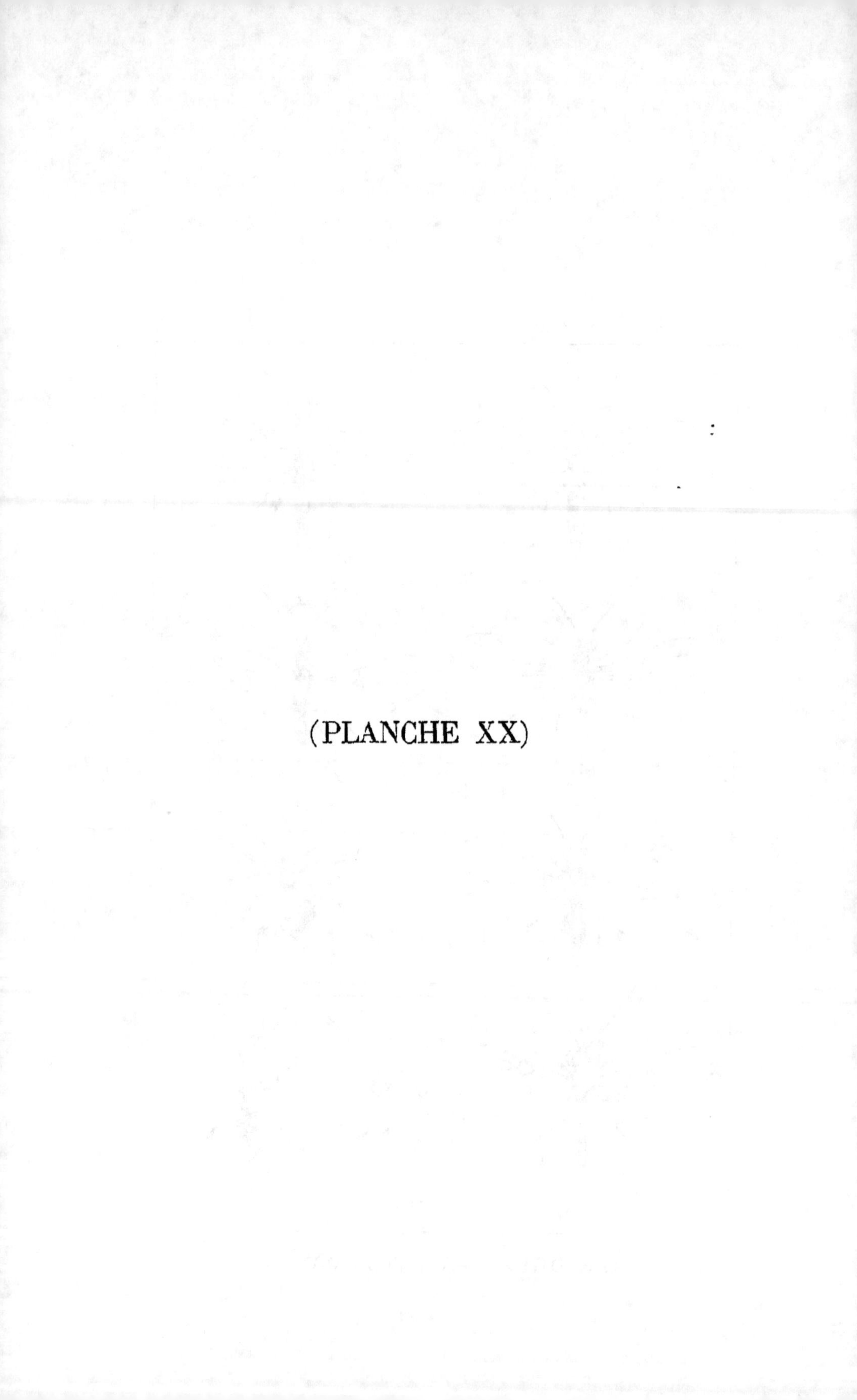

(PLANCHE XX)

PLANCHE XX

SUPPLÉMENT

1. *Vipio terrefactor*, Villers, ♀.
2. *Bracon impostor*, Scopoli. ♀.
3. *Atanycolus denigrator*, Nees, ♀.
4. *Dendrosoter protuberans*, Wesmæl, ♀.
5. *Agathis glaucoptera*, Nees, ♀.

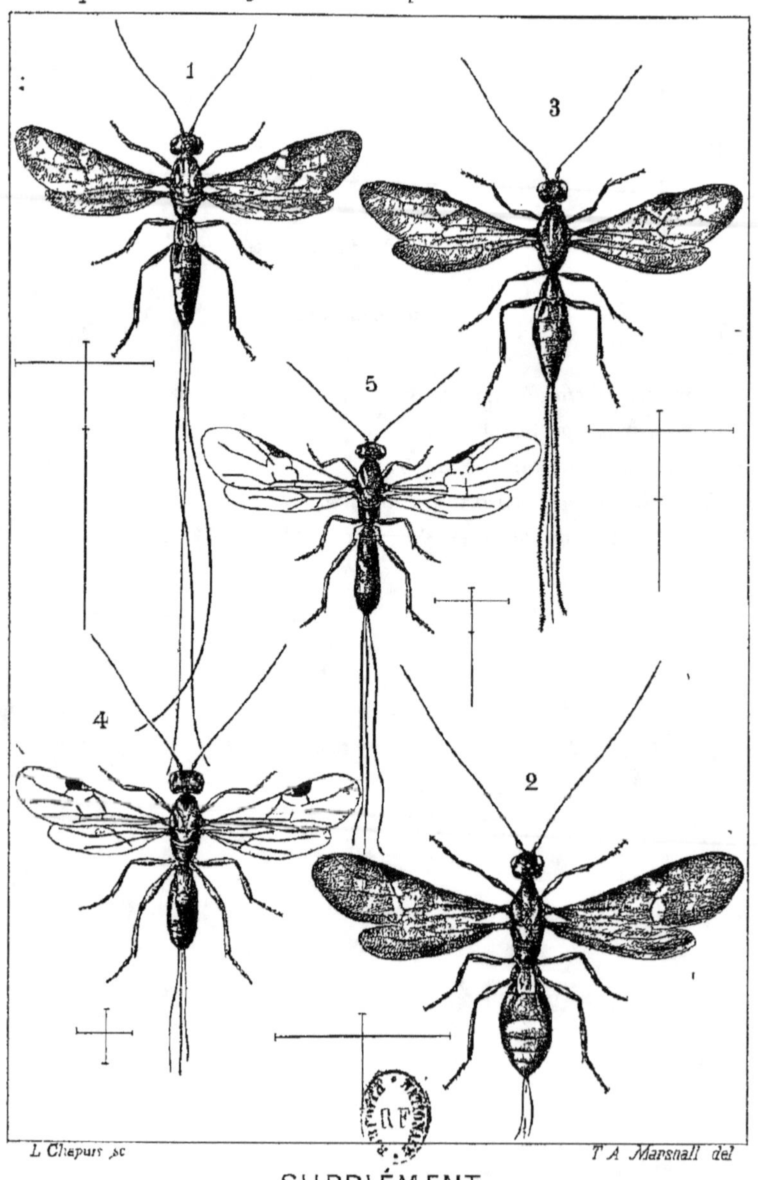

SUPPLÉMENT

www.ingramcontent.com/pod-product-compliance
Lightning Source LLC
Chambersburg PA
CBHW051247060726
47596CB00001B/13